国家出版基金项目
"十三五"国家重点出版物出版规划项目

先进复合材料丛书

高性能热固性树脂

中国复合材料学会组织编写
丛书主编　杜善义
丛书副主编　俞建勇　方岱宁　叶金蕊
编　　著　赵　彤　周　恒　等

中国铁道出版社有限公司
CHINA RAILWAY PUBLISHING HOUSE CO., LTD.

内 容 简 介

"先进复合材料丛书"由中国复合材料学会组织编写,并入选国家出版基金项目。丛书共12册,围绕我国培育和发展战略性新兴产业的总体规划和目标,促进我国复合材料研发和应用的发展与相互转化,按最新研究进展评述、国内外研究及应用对比分析、未来研究及产业发展方向预测的思路,论述各种先进复合材料。

本书为《高性能热固性树脂》分册,全书共9章,对各类热固性树脂的分子结构、合成反应、固化机理和典型性能进行了论述,并在树脂的结构表征、成分分析以及固化物微观结构调控研究等方面进行了探究,对聚合物陶瓷前驱体也进行了论述。

本书内容先进,适合从事复合材料研究的科研人员参考,也可供新材料研究院所、高等院校、新材料产业界、政府相关部门、新材料技术咨询机构等领域的人员参考。

图书在版编目(CIP)数据

高性能热固性树脂/中国复合材料学会组织编写;赵彤等编著. —北京:中国铁道出版社有限公司, 2020.12

(先进复合材料丛书)

ISBN 978-7-113-27410-8

Ⅰ.①高… Ⅱ.①中… ②赵… Ⅲ.①热固性树脂 Ⅳ.①TQ323

中国版本图书馆CIP数据核字(2020)第224917号

书　　名:	高性能热固性树脂
作　　者:	赵彤 周恒 等

策　　划:	初祎 李小军	编辑部电话:(010)83550579
责任编辑:	李小军	
封面设计:	高博越	
责任校对:	苗丹	
责任印制:	樊启鹏	

出版发行:中国铁道出版社有限公司(100054,北京市西城区右安门西街8号)
网　　址:http://www.tdpress.com
印　　刷:中煤(北京)印务有限公司
版　　次:2020年12月第1版 2020年12月第1次印刷
开　　本:787 mm×1 092 mm 1/16 印张:27.25 字数:595千
书　　号:ISBN 978-7-113-27410-8
定　　价:188.00元

版权所有 侵权必究

凡购买铁道版图书,如有印制质量问题,请与本社读者服务部联系调换。电话:(010)51873174
打击盗版举报电话:(010)63549461

先进复合材料丛书

编委会

主 任 委 员： 杜善义
副主任委员： 方岱宁　俞建勇　张立同　叶金蕊
委　　　员（按姓氏音序排列）：
　　　　　　　陈　萍　陈吉安　成来飞　耿　林　侯相林
　　　　　　　冷劲松　梁淑华　刘平生　刘天西　刘卫平
　　　　　　　刘彦菊　梅　辉　沈　健　汪　昕　王　嵘
　　　　　　　吴智深　薛忠民　杨　斌　袁　江　张　超
　　　　　　　赵　谦　赵　彤　赵海涛　周　恒　祖　群

序

新材料作为工业发展的基石，引领了人类社会各个时代的发展。先进复合材料具有高比性能、可根据需求进行设计等一系列优点，是新材料的重要成员。当今，对复合材料的需求越来越迫切，复合材料的作用越来越强，应用越来越广，用量越来越大。先进复合材料从主要在航空航天中应用的"贵族性材料"，发展到交通、海洋工程与船舰、能源、建筑及生命健康等领域广泛应用的"平民性材料"，是我国战略性新兴产业——新材料的重要组成部分。

为深入贯彻习近平总书记系列重要讲话精神，落实"十三五"国家重点出版物出版规划项目，不断提升我国复合材料行业总体实力和核心竞争力，增强我国科技实力，中国复合材料学会组织专家编写了"先进复合材料丛书"。丛书共12册，包括：《高性能纤维与织物》《高性能热固性树脂》《先进复合材料结构制造工艺与装备技术》《复合材料结构设计》《复合材料回收再利用》《聚合物基复合材料》《金属基复合材料》《陶瓷基复合材料》《土木工程纤维增强复合材料》《生物医用复合材料》《功能纳米复合材料》《智能复合材料》。本套丛书入选"十三五"国家重点出版物出版规划项目，并入选2020年度国家出版基金项目。

复合材料在需求中不断发展。新的需求对复合材料的新型原材料、新工艺、新设计、新结构带来发展机遇。复合材料作为承载结构应用的先进基础材料、极端环境应用的关键材料和多功能及智能化的前沿材料，更高比性能、更强综合优势以及结构/功能及智能化是其发展方向。"先进复合材料丛书"主要从当代国内外复合材料研发应用发展态势，论述复合材料在提高国家科研水平和创新力中的作用，论述复合材料科学与技术、国内外发展趋势，预测复合材料在"产学研"协同创新中的发展前景，力争在基础研究与应用需求之间建立技术发展路径，抢占科技发展制高点。丛书突出"新"字和"方向预测"等特色，对广大企业和科研、教育等复合材料研发与应用者有重要的参考与指导作用。

本丛书不当之处，恳请批评指正。

2020 年 10 月

前　言

"先进复合材料丛书"由中国复合材料学会组织编写，并入选国家出版基金项目和"十三五"国家重点出版物出版规划项目。丛书共 12 册，围绕我国培育和发展战略性新兴产业的总体规划和目标，促进我国复合材料研发和应用的发展与相互转化，按最新研究进展评述、国内外研究及应用对比分析、未来研究及产业发展方向预测的思路，论述各种先进复合材料。丛书力图传播我国"产学研"最新成果，在先进复合材料的基础研究与应用需求之间建立技术发展路径，对复合材料研究和应用发展方向做出指导。丛书体现了技术前沿性、应用性、战略指导性。

树脂基体是复合材料的重要原材料之一。树脂基体的质量分数为 30%～40%，体积分数为 40%～50%。树脂基体作为复合材料的连续相，有效地将增强纤维连接黏合成为一个整体，并在增强体之间传递载荷。树脂基体决定了复合材料的成型工艺、耐热温度和耐湿热性能，对其力学、绝缘、透波、隐身等性能也有重要影响。调节增强纤维和树脂基体之间界面作用的上浆剂，其化学本质也更偏重于树脂基体。树脂基体主要分为热固性树脂（环氧树脂、双马树脂、聚酰亚胺、氰酸酯树脂、酚醛树脂、苯并噁嗪树脂等）和热塑性树脂（尼龙、聚苯硫醚、聚醚醚酮等）两大类。热塑性树脂由于具有高抗冲、成型速度快且易回收再利用等优点，加之近年来其成型装备技术的不断提升，在复合材料领域重新受到重视。由于热塑性树脂基体覆盖聚合物种类多，本书只限于对热固性树脂和聚合物陶瓷前驱体进行论述。

航空航天对复合材料日趋扩大的应用是树脂基体性能不断提升和技术发展的源动力。商用客机大型碳纤维复合材料主结构件大量应用高强韧的环氧树脂，超音速战机复合材料结构件直接推动了耐热性能优良的双马树脂的使用，飞机雷达天线罩则使电性能优异的氰酸酯树脂独占鳌头，再入式航天飞行器烧蚀防热材料提供了高残碳率酚醛树脂独特的用武之地，航空发动机轻量化外涵道则最早应用了耐高温性能优异的聚酰亚胺树脂。在当今世界大国之间着力发展高超声速飞行器的激烈竞争背景下，聚合物陶瓷前驱体作为一类新型的基体，在极端热环境下使役的陶瓷基复合材料中发挥着基础材料的关键作用。复合材料在民用领域的扩大应用尤其是 5G 通信的发展，对树脂基体的低介电性能提出了新的挑战。

从基本性能的角度，高性能树脂基体一直在向更高的强度和韧性、更优异的耐高/

低温性、更长的使役时间等方向发展；从特殊应用功能的角度，树脂基体在向更优异的耐烧蚀性能、更低的介电常数、耐老化、抗静电等方向发展；从加工工艺的角度，树脂基体在向低温成型、低成本高效率、多重工艺适用性等方向发展。然而，树脂基体并不是一味追求单一性能的提高，而是更强调综合性能的平衡，例如力学性能、耐热性能和工艺性能三者的协调统一。近20年来，国内在耐高温树脂方面开展了大量的研究，取得了很多不错的研究结果，但最终获得应用突破还是在解决了成型工艺难题之后，例如近几年系列化聚酰亚胺树脂在航天高温结构上的应用。航空复合材料领域以玻璃化温度和复合材料冲击后压缩强度（CAI）作为树脂基体的特征性指标，强调的就是耐热性和力学性能的统一。邻苯二甲腈树脂之所以新近出现就能够获得若干应用，也是因为在研发过程中注重了工艺性能，使其具备相对温和的RTM工艺并且适应预浸料工艺，而不仅仅是其具备优异的耐热性。

近年来，复合材料高性能树脂方面的著述已有很多。本书更加注重对各类热固性树脂的分子结构、合成反应、固化机理和典型性能进行论述，并在树脂的结构表征、成分分析以及固化物微观结构调控研究等方面进行有益的探究。

本书内容包括9章，其中第3章由中国航空工业集团公司济南特种结构研究所王志强、苏韬、轩立新编著；第6章由四川大学冉启超编著；其余各章由中国科学院化学研究所高技术材料实验室人员编著：第1章由赵彤、周恒编著，第2章由赵晓娟、杨欣、黄伟编著，第4章由郭颖、刘锋（现任职于郑州大学）、韩悦（现任职于华南理工大学）、周恒、赵彤编著，第5章由李昊、赵彤、罗振华编著，第7章由周恒、韩悦、赵彤编著，第8章由范琳、刘仪编著，第9章由鲁艳（现任职于中国科学院兰州化学物理研究所）、赵彤、韩伟健编著。最后全书由赵彤、周恒统稿、定稿。

由于时间仓促，加之水平有限，本书疏漏和不妥之处在所难免，敬请广大读者批评指正。

编著者
2020年9月

目 录

第 1 章 概论 ·· 1
 1.1 高性能热固性树脂发展背景及战略意义 ······················· 1
 1.2 高性能热固性树脂研究现状 ·· 2
 1.3 高性能热固性树脂发展趋势 ······································ 13
 参考文献 ·· 15

第 2 章 高性能环氧树脂 ·· 16
 2.1 环氧树脂概述 ··· 16
 2.2 高性能环氧树脂分子结构设计及合成思路 ··················· 25
 2.3 环氧树脂增韧 ··· 28
 2.4 环氧树脂的自修复研究 ·· 37
 2.5 高强度高模量环氧树脂研究 ······································ 42
 2.6 超低温环氧树脂研究 ··· 49
 2.7 非热压罐成型环氧树脂研究 ······································ 53
 2.8 高压 RTM 环氧树脂研究 ··· 55
 2.9 高性能环氧树脂面临的挑战及展望 ···························· 56
 参考文献 ·· 57

第 3 章 氰酸酯树脂 ·· 64
 3.1 氰酸酯树脂单体合成方法 ··· 66
 3.2 氰酸酯树脂固化特性 ··· 82
 3.3 氰酸酯树脂及其复合材料性能和应用 ························· 88
 参考文献 ·· 113

第 4 章 高性能双马来酰亚胺树脂 ···································· 116
 4.1 双马来酰亚胺单体的合成工艺 ································· 116
 4.2 新型 BMI 单体 ··· 119
 4.3 新型改性剂 ··· 133
 4.4 几种国内外商品化双马来酰亚胺树脂介绍 ················· 155
 参考文献 ·· 166

第 5 章 酚醛树脂 ... 169
5.1 酚醛树脂的合成与固化 ... 169
5.2 酚醛树脂的分析与表征 ... 172
5.3 酚醛树脂的改性研究 ... 188
5.4 酚醛树脂复合材料的制备与应用 ... 191
5.5 总结与展望 ... 219
参考文献 ... 219

第 6 章 高性能苯并噁嗪树脂 ... 224
6.1 概述 ... 224
6.2 高耐热型苯并噁嗪树脂 ... 232
6.3 阻燃型苯并噁嗪树脂 ... 238
6.4 苯并噁嗪树脂的功能特性 ... 241
6.5 苯并噁嗪树脂基复合材料 ... 245
参考文献 ... 255

第 7 章 氰基树脂 ... 263
7.1 氰基树脂的概念 ... 263
7.2 氰基作为交联基团的优势 ... 263
7.3 高纯氰基树脂的合成方法 ... 265
7.4 单氰基树脂的研究情况 ... 272
7.5 邻苯二甲腈树脂的研究情况 ... 273
7.6 聚芳醚腈的研究情况 ... 306
参考文献 ... 311

第 8 章 高性能聚酰亚胺树脂 ... 316
8.1 概述 ... 316
8.2 热固性聚酰亚胺树脂 ... 320
8.3 热塑性聚酰亚胺树脂 ... 328
8.4 聚酰亚胺薄膜 ... 334
参考文献 ... 339

第 9 章 聚合物陶瓷前驱体 ... 342
9.1 聚合物陶瓷前驱体的合成与设计 ... 342
9.2 前驱体陶瓷化 ... 367
9.3 PDC 的性能 ... 377
9.4 陶瓷前驱体的应用 ... 385
参考文献 ... 401

第1章 概 论

1.1 高性能热固性树脂发展背景及战略意义

材料是先进科技发展的重要物质基础。"一代材料,一代装备",例如,新型航空航天飞行器的诞生往往建立在先进新材料研制的基础上,航空航天飞行器性能很大程度上受到材料发展水平的制约[1]。现代高新技术的蓬勃发展,对材料的要求也越来越高,单一功能的材料已经无法满足现代工业的需求,材料复合化是未来新材料的重要发展方向。世界各科技强国纷纷将复合材料列入未来科技发展重点方向,美国"工业互联网计划"将开发碳纤维复合材料等轻质材料作为制造业领域的发展重点;德国"工业4.0计划"将为未来复合材料工业发展提供重大机遇;我国"中国制造2025"中明确将复合材料列为十大重点领域中的关键词,为复合材料学科基础发展与应用研究指明了方向。

高性能聚合物基体即复合材料中作为连续相的聚合物材料,主要作用是将分散存在的增强相连接成为整体,在增强体之间传递载荷,并兼具一些功能作用。聚合物基体主要分为热固性(环氧树脂、双马树脂、聚酰亚胺、酚醛树脂等)和热塑性(尼龙、聚苯硫醚、聚醚醚酮等)两大类。从基本性能的角度,聚合物基体一直在向更高的机械强度、更优异的耐高/低温性、更好的韧性、更长的使役时间等方向发展;从应用需要的特殊功能角度,聚合物基体在向更优异的耐烧蚀性能、更低的介电常数、抗原子氧、耐紫外老化、抗静电等方向发展;从加工工艺的角度,聚合物基体在向低温、低成本、高效率、多重工艺适用性等方向发展。

航空航天等高精尖领域是先进复合材料技术不断发展的原动力和成果转化的重要领域。高性能聚合物基复合材料以其轻质、高比强度、高比模量、材料-性能可设计性强而成为先进复合材料中产量最大、应用范围最广的重要组成部分[2]。高性能聚合物基复合材料的用量已经成为航空航天装备的先进性标志之一。空客A350和波音787复合材料用量已经超过50%,其中大量使用韧性环氧树脂基复合材料(简称环氧树脂);美国最先进的F-22战斗机复合材料的用量达到23.5%,其中双马来酰亚胺树脂(简称双马树脂,BMI)基复合材料扮演了重要角色。火箭、导弹等武器装备的整流罩、舱段、防护罩、推进剂贮箱、仪器舱等部位大量使用了环氧树脂、双马树脂、酚醛树脂等高性能聚合物基复合材料。此外,聚酰亚胺复合材料广泛应用于发动机机匣等部位,聚苯硫醚(PPS)和聚醚醚酮(PEEK)等热塑性复合材料已经应用于商用飞机机翼前缘,军用飞机设备舱口盖、维修口盖等部位。

近年来,先进聚合物基复合材料应用范围不断扩大,正在从航空航天等国防领域向更广泛的工业领域延伸,应用范围已经遍及轨道交通、舰艇船舶、能源环境、建筑加固、医疗健康、运动休闲等各个行业,成为非常有前途的重要新兴产业之一。航空航天领域对高性能聚合物复合材料越来越高的要求仍是牵引聚合物基体不断发展的动力,轨道交通和舰艇船舶领域对高性能复合材料的新需求有可能引起聚合物基体发展的新浪潮。

本书将主要围绕高性能热固性树脂基体进行阐述,包括几种高性能树脂基体的分子结构设计及制备、性能测试与表征、复合材料性能评价以及典型应用案例等。

1.2　高性能热固性树脂研究现状

在国外聚合物基体复合材料应用领域,不饱和聚酯树脂(包含乙烯基树脂)是应用量最大的树脂体系,主要应用在风电领域、建筑领域以及船舶领域。环氧树脂作为先进复合材料聚合物基体是航空航天领域应用最多的树脂体系,尤其是多官能度环氧树脂逐渐成为主流。双马树脂和聚酰亚胺树脂主要应用于航空航天高温结构部位。酚醛树脂大量应用于航天器抗烧蚀防热复合材料部件。氰酸酯树脂主要应用于对透波要求较高的雷达、天线罩等复合材料部件。

1.2.1　环氧树脂

环氧树脂具有十分灵活的结构可设计性,易于加工成型,并且具有优良的而且相对其他热固性树脂更可靠的机械性能和黏结性能。产品形态从低黏度液体到固体,固化条件可在很大范围内调节(温度、时间),固化物性能可在很大范围调节(玻璃化温度 T_g:室温~300 ℃),在复合材料基体树脂、黏合剂、涂料、封装材料中得到广泛应用,是用量最大的树脂基复合材料的基体。

在结构复合材料基体的应用中,特别是在对强度、韧性和耐热性有更高要求的航空航天等领域的应用中,特种环氧树脂主要是多官能团环氧树脂,以 N,N,N',N'-四缩水甘油基-4,4'-二氨基二苯甲烷(TGDDM,国内对应牌号为 AG-80)和 N,N,O-三缩水甘油基对氨基苯酚(TGPAP,国内对应牌号为 AFG-90)为典型代表,如图 1.1 所示。多官能缩水甘油胺环氧树脂活性高,固化物交联密度大,具有耐热性高、力学性能优异和耐腐蚀性好等优点,可与其他环氧树脂混用。

缩水甘油胺类环氧树脂活性高,合成反应不容易控制,因此其合成技术含量更高。此外,缩水甘油胺类环氧树脂用量比通用环氧树脂小得多,因此国外生产多官能缩水甘油胺类环氧树脂的企业比较少(见表 1.1)。亨斯曼(Huntsman)是全球最大的多官能缩水甘油胺环氧树脂生产商,产能达到 2 万 t/a。除了 Huntsman 之外,其他企业生产规模都不大。

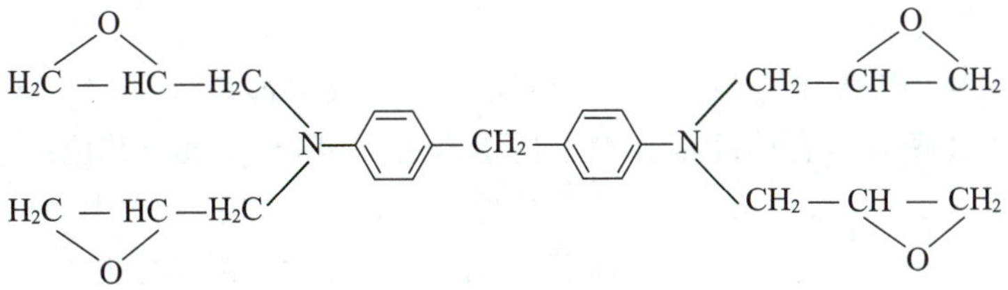

(a) AG-80

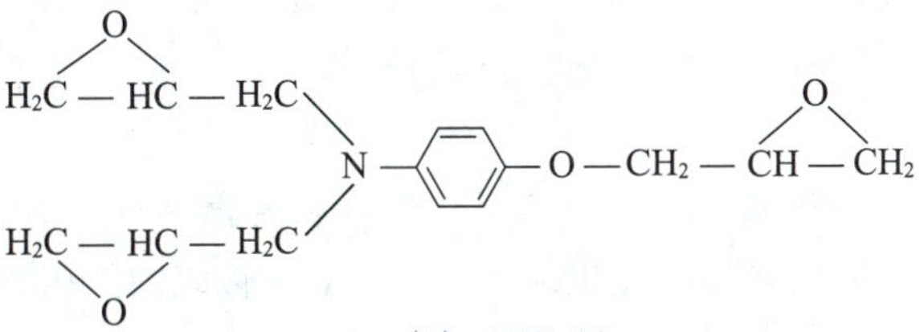

(b) AFG-90

图 1.1　典型的缩水甘油胺环氧树脂

表 1.1　国外主要多官能缩水甘油胺类环氧树脂生产企业情况

序号	生产企业	主要牌号	产能
1	Huntsman（原 Ciba-Geigy）	MY 720、MY 721、MY 9512、MY 9612、MY 9634、MY 9655、MY 9663、MY 0500、MY 0510、MY 0600、MY 0610	2 万 t/a
2	印度阿图	XR-13、XR-23	不详
3	东都化成	YH 434、YH 434 L	不详
4	DIC	Epiclon 430	已停产
5	住友化学	ELM-434、ELM-100	100 t/a

缩水甘油胺环氧树脂的主要用户是从事高性能纤维复合材料生产的大公司，如 Hexcel、Cytec、日本东丽等。高性能碳纤维环氧树脂预浸料制备的结构复合材料广泛应用于航空、航天、军工等领域，如 Cytec 的 977-2、977-3；Hexcel 的 M-21、M-91、X-850；东丽的 T800/3900-2 等。国际上最先进的大型民用客机 A350 和 B787 复合材料用量超过 50%，其中大量采用环氧树脂预浸料为主、次承力立结构原材料。波音 787 飞机选用 Toray 公司的 Torayca 3900/T800S 系列高增韧的环氧树脂基复合材料作为主承力结构用材，部分选用了 Hexcel 公司的 HexMC 8552 高增韧环氧树脂基复合材料来制造飞机的大窗框，选用 HexPly 8552/AS4 来制造大型复合材料发动机罩等。

除了以预浸料形式应用，缩水甘油胺环氧树脂也可以用于液体成型。国外液态成型高性能树脂研制单位主要为美国的 Cytec 公司、Hexcel 公司和欧洲的 Tencate 公司（2019 年被日本东丽公司收购）。如开发比较早的树脂传递模塑成型（RTM）树脂是 3M 公司的 PR500 树脂，已经应用于 F22 和 F35 四代战斗机；Hexcel 公司的 RTM6 树脂体系已经应用于 B787

和 A380 等大型飞机。

不管是预浸料还是在液体成型领域,树脂的配方技术都是公司的核心机密。大部分的应用都是以上述两种多官能缩水甘油胺树脂为主要组分,通过与其他环氧树脂组合,采用合适的固化体系、增韧改性方法,制备出高性能的复合材料。配方中原材料的制约主要是多官能缩水甘油胺环氧树脂、改性剂和增韧剂。常用的高性能热塑性树脂有聚醚砜(PES)、聚醚酰亚胺(PEI)、聚芳醚酮(PAEK)、聚酰亚胺(PI)、聚酰胺(PA)等。经过反应诱导相分离(RIPS)形成连续相结构和相反转时增韧效果最佳,已经在高性能复合材料配方中得到大量应用,特别是复合材料层间用热塑性树脂薄膜或者热塑性树脂颗粒增韧,已成为主流技术。

最近几年,热压罐外固化预浸料体系的工艺性能和复合材料力学性能已满足航空结构用先进复合材料的要求,开始应用于飞机结构上。相对于传统的热压罐固化预浸料体系,热压罐外固化(out-of-autoclave,OOA)预浸料在烘箱内即可加热固化,节省了设备费用,适合大型零件整体化成型。为降低 OOA 复合材料孔隙率,必须优化控制预浸料黏性、树脂体系挥发分含量和反应活性等参数,减少树脂挥发分和预浸料中裹入的空气,并控制好树脂凝胶前空气或挥发分的排除路径。

适合航空结构件的热压罐外固化预浸料用树脂体系一般限于中温使用的环氧树脂体系,国外商业化的热压罐外固化预浸料用树脂体系见表1.2。ACG 公司正在开发高温使用环氧树脂体系和双马树脂体系 EF5710,且已具备 OOA 体系的理想黏度和反应活性。可以预见的是,今后十年对于热压罐外预浸料将会是一个激动人心的时期,环氧、双马和苯并噁嗪等耐高温树脂体系都将得到开发。

表1.2 商业化的热压罐外固化预浸料用树脂体系

公司	树脂体系	典型固化工艺	T_g/℃(干/湿)	外置时间/d
Advanced Composites Group	MTM45-1	130 ℃/2 h+180 ℃/2 h	180/160	21
	MTM44-1	130 ℃/2 h+180 ℃/2 h	190/155	21
	MTM46	120 ℃/1 h+180 ℃/1 h	—/133	60
	XMTM47	121 ℃/2 h+177 ℃/2 h	—/157	30
Cytec	CYCOM 5320	121 ℃/2 h+177 ℃/2 h	202/154	21
Hexcel	HexPly M56	110 ℃/1 h+180 ℃/2 h	203/174	35
Toray	2511IT	88 ℃/1.5 h+132 ℃/2 h	210/161	21
Park	E-765	137 ℃/2 h	165/—	30
Electrochemical	E-761	126 ℃/2 h	115/—	30

高压 RTM(HP-RTM)工艺是近年来推出的一种针对大批量生产高性能热固性复合材料零件的新型 RTM 工艺技术,主要用来满足日益增长的汽车用复合材料市场对整车减重、

零部件高性能及高生产效率的综合要求。德国宝马公司已经具备利用 HP-RTM 设备生产自有品牌电动车 i3 复合材料零部件的技术。

HP-RTM 采用高压注射,在高压下完成树脂的浸渍和固化工艺,注射速度高达 10~200 g/s,树脂充满模具及固化完成的时间约为 6 min,要求树脂系统具有低黏度、优异的纤维浸润性及快速固化特性。陶氏化学拥有 HP-RTM 复合材料解决方案的整体技术,包括基体树脂配方、碳纤维、胶黏剂和泡沫等多种产品。VORAFORCE™ 是其复合树脂系统的商品牌号。

大型运载火箭液氢液氧燃料贮箱是低温复合材料发展的一个重要应用领域,近几年得到越来越多的关注。波音公司大型复合材料贮箱采用连续纤维自动铺丝和非热压罐固化的成型技术,所用材料是碳纤维/环氧树脂预浸料(IM7/5320-1)。该贮箱采用超薄预浸料铺层技术,解决了复合材料贮箱防渗漏技术难题。2014 年 8 月,波音公司制造的 ϕ5.5 m 的复合材料低温贮箱在 NASA 马歇尔航天中心成功完成试验测试,达到预期目标。2016 年,Space X 公布了其"星际运输系统"(ITS)的两个最关键的技术之一——碳纤维复合材料液氧贮箱(见图 1.2),当前已经成功完成飞行试验,其复合材料基体也为环氧树脂。

电子领域一直是复合材料应用量很大的一个领域。耐温性能、电性能、尺寸稳定性、阻燃性能等是该领域对材料应用的考察标准。

图 1.2　Space X 公司制造的复合材料液氧贮箱

1.2.2　双马来酰亚胺树脂

双马来酰亚胺树脂(简称双马树脂,BMI)耐温等级高于环氧树脂。当前,BMI 树脂均是通过双马来酰亚胺单体与改性剂共聚而成的改性树脂体系。最重要的商品化双马来酰亚胺单体是 4,4′-二苯甲烷型双马来酰亚胺(BDM),最常见的改性剂是二烯丙基双酚 A。当前绝大部分商品化双马树脂体系均是基于二烯丙基双酚 A 改性。

基于双马树脂工艺性和力学性能发展需要,国外发展了一些新型的双马单体。例如,Huntsman 公司研制开发了一种低熔点双马单体 RD85-101,如图 1.3(a)所示,该双马来酰亚胺单体是混乱度较大的异构体混合物,熔融温度为 90~100 ℃,可溶于丙酮中形成稳定的溶液,制备的树脂熔融温度和黏度低,适合于 RTM 工艺。带有侧甲基的间位双马来酰亚胺单体[Homide 123,如图 1.3(b)所示],其与二烯丙基双酚 A 的共聚树脂体系具有更好的冲击韧性。

当前已经开发出商品化众多牌号的共聚改性双马来酰亚胺树脂,见表 1.3。典型双马树脂基复合材料性能见表 1.4。5250 系列树脂是美国 Narmco 公司(已被 Cytec 公司并购)研制开发的基于二氰酸酯和环氧共聚改性的 BMI 树脂,其复合材料具有优良的耐湿热、耐高温和抗冲击性能,被用于第四代战斗机 F-22,其用量占 F-22 飞机结构质量的 23.5%,应用部位包括机身、管道、骨架、机翼蒙皮和尾翼等。X-37B 空天飞行器机身蒙皮、梁等耐高温部件使用了 IM7/5250-4 双马树脂复合材料,并成功通过两次飞行试验,验证了双马树脂基复合材料体系不仅能够满足结构强度的要求,而且能在近地轨道环境、再入大气层气动加热的高温环境实现其功能。X-33 空天飞行器机翼面板蒙皮和箱间段也采用了 IM7/5250-4 双马树脂复合材料。

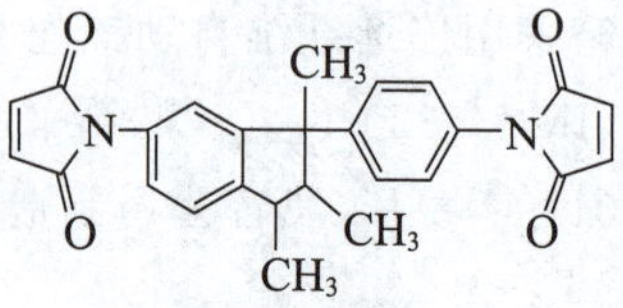

(a) RD85-101 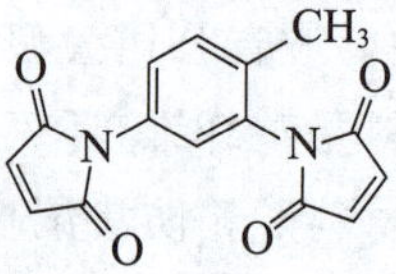　　　　(b) Homide 123

图 1.3　新型双马单体 RD85-101 和 Homide 123

表 1.3　国外常用双马树脂体系性能

牌号	密度/(g·cm^{-3})	T_g/℃	拉伸强度/MPa	拉伸模量/GPa	断裂伸长率/%	生产厂家
XU292	—	310	93.3	3.9	3.0	Huntsman
RD85-101	—	298	61	3.77	1.8	Huntsman
5250-4	1.25	300	103	4.6	4.8	Cytec
5245C	1.25	227	83	3.3	2.9	Cytec
5260	1.25	274	—	—	—	Cytec
HexPlyM65	1.25	300	—	—	—	Hexcel
F650	1.27	316	—	—	—	Hexcel

表 1.4　典型双马树脂基复合材料性能

牌号	拉伸强度/MPa	拉伸模量/GPa	短梁剪切强度/MPa	CAI/MPa	T_g/℃	生产厂家
IM7/5250-4	2 618	162	139	208	300	Cytec
IM7/5260	2 690	165	159	345	177	Cytec

5260 树脂是美国 Cytec 公司并购 Narmco 公司以后开发的高韧性双马树脂,其复合材料 CAI 值为 345 MPa,最高使用温度为 177 ℃。Cytec 公司开发的 5270 双马树脂复合材料是一种耐热性与工作温度均高于以往双马来酰亚胺树脂的品种,其玻纤复合材料构件在

226 ℃,经 8 000 h 使用效果良好,抗损伤能力、力学性能、热稳定性则与普通的双马来酰亚胺树脂相当,高温状态性能已接近 PMR-15 聚酰亚胺树脂体系。

Hexcel 研制的 F650 双马树脂在潮湿环境中长时间工作温度为 204 ℃,短时间使用温度可达 430 ℃,已应用于改进型超音速海麻雀导弹。

BMI 树脂以其优良的电性能,在高性能印制线路板基板(覆铜板)领域也获得了广泛应用。在全球范围内,使用这些高性能覆铜板所制得的印制线路板绝大多数均应用于航天、航空等军工领域的电子设备或电子控制系统。在世界上生产这种高性能覆铜板的公司有 AR-LON、ISOLA、PARKNELE 等。

1.2.3 聚酰亚胺树脂

聚酰亚胺分为热固性体系和热塑性体系,此处论述热固性体系,热塑性体系将在后文论述。20 世纪 70 年代,美国 NASA Lewis 研究中心成功开发了 PMR-15 树脂,已经广泛应用于 F404、F414、GE90-115B、GenXx 发动机外涵道等部位,其耐温等级在 316 ℃,但是该树脂存在热氧化稳定性、韧性和工艺性较差的问题,因此,美国 NASA 以及空军材料实验室又开发了多种以六氟二酐替代酮酐制备的耐热等级更高的树脂,如 PMR-II-50、V-CAP、AFR-700B 等,将复合材料的耐热等级从 316 ℃ 逐步提升到 371 ℃。主要应用在 B-2 轰炸机尾喷管的尾缘蒙皮等高温部位。此类树脂的弊端是复合材料的成型温度和压力大幅度提升,工艺难以实施并导致复合材料层间性能下降很多,并且原材料成本(六氟二酐)和工艺成本也提高了几十倍,其发展一度受到制约。

上述树脂都是采用耐热性较低以及韧性较差的 NA 封端剂。美国 NASA 的 Langley 中心于 20 世纪 90 年代开发了苯炔基封端的 PETI 系列聚酰亚胺树脂。其树脂固化温度提高到 371 ℃,固化物的韧性得到了大幅度的提升,但由于依然采用边升温、边固化、边释放小分子的模式,其复合材料的工艺性依然不佳。其复合材料制品应用在美国早期的超音速客机的舱段上。

进入 21 世纪,以非对称结构的 3,4′-联苯二酐为基础制备的新型聚酰亚胺以其特有的低黏度、高 T_g 和力学性能引起了人们的普遍关注。日本 JAXA 提出了无定形-芳香非对称-加成型聚酰亚胺树脂的概念,其制备的 TriAl-PI 树脂黏度只有 200 Pa·s,T_g 达到了 343 ℃。美国 NASA 在原 PETI-298 树脂的基础上,用 3,4′-联苯二酐代替 4,4′-联苯二酐,成功制得了低黏度的适合于 RTM 工艺的聚酰亚胺树脂,其 T_g 最高可达 375 ℃。其应用目标则为空间往返式飞行器蒙皮材料。

近年来,日本和美国针对过去聚酰亚胺复合材料边升温固化边释放小分子的缺点,有针对地开展了一系列可溶性聚酰亚胺树脂的合成工作,其优势是复合材料固化制备时仅仅是前期低温阶段溶剂的挥发,而不再产生高温时反应产生的小分子水,这样不仅从工艺,而且从成本和时间上极其有利于大尺寸、大厚度复合材料的制备。日本 JAXA 报道了一种高温聚酰亚胺树脂在 NMP(N 甲基吡咯烷酮)中溶解度可达 30% 以上,因此,可一次性制备厚度 10 mm 以上的大尺寸复合材料,大大提升了复合材料工艺性能,显示出非常好的应用前景。

美国最近还开发了含硅芳香二胺、基于含硅二胺开发的聚酰亚胺树脂（P2SI900HT），其耐温等级超过了 500 ℃，趋近有机树脂复合材料的耐温极限。

各种聚酰亚胺树脂的应用情况见表 1.5。

表 1.5　各种聚酰亚胺树脂的应用情况

牌号	研究机构	耐温等级/℃	用途
PMR-15	美国 NASA Lewis 研究中心	316（长期）	发动机外涵道、发动机芯冒、导流叶片、动机高压冷却管、尾喷管外调节叶片
PMR-Ⅱ-50	美国 NASA Lewis 研究中心	343（长期）	B-2 轰炸机尾喷管的尾缘蒙皮、哈姆反辐射导弹舱段
AFR-700B	美国空军材料实验室	371（长期）	发动机 X 支架
PETI-5	美国 NASA Langley 中心	177（长期）	超音速飞机舱段
PETI-375	美国 NASA Langley 中心	375	空间往返式飞行器

从前述可以看到，热固性聚酰亚胺的耐热等级受二酐单体、二胺单体和活性封端剂的综合影响。近几年国外聚酰亚胺新单体已经很少出现，异构聚酰亚胺关键单体也大多出现在十余年前。美国 NASA 和日本 JAXA 研究中心主要致力于复合材料性能的提升以及复合新工艺的研究，而树脂创新研究工作大多集中在高校和研究所，关键单体的批量生产基本都在公司进行。其中聚酰亚胺树脂最重要的两种单体，如苯炔基苯酐（PEPA），国际上主要是瑞典的 Nexam 公司收购美国相关专利和技术后一直在生产，其单批次供货能力早已超过百公斤级，并且根据用户需求，其单体的金属和卤素离子含量也分为两个等级，对国内不限售。而日本 Ube 公司主要是 3,4′-联苯酐（3,4′-BPDA）单体以及 RTM 聚酰亚胺树脂 PETI-330 的稳定生产厂家，其单批次也超过了百公斤级能力。

1.2.4　酚醛树脂

国外航天领域将酚醛树脂作为最为成熟的瞬时耐高温和烧蚀材料，用于空间飞行器、火箭、导弹和超音速飞机的部件，如美国的"和平保卫者"MX、三叉韩系列，俄罗斯的白杨-M、X-31，欧洲新型织女星火箭等。在深空探测飞行器的热防护材料中，酚醛树脂也起着不可替代的作用，如"好奇号"火星探测器的防热体系采用低密度碳/酚醛防热复合材料（PICA），"伽利略"号、"先驱者"号探测器的防热材料也采用了高密度碳/酚醛复合材料。国外研发酚醛树脂的知名公司包括美国迈图、美国圣莱科特、美国乔治太平洋、日本住友、韩国科隆、芬兰太尔等。美国热固性酚醛代表性牌号为 SC-1008，该树脂由美国最大的酚醛树脂生产厂家迈图公司生产，并根据不同成型工艺的要求[如 RTM、预浸布、树脂膜熔渗（RFI）等]发展了系列化的 SC-1008 产品（分别为 SC-1008、SC-1008HS、SC-1008VHS、SC-1008LSE），很好地支撑了美国航空航天事业的发展。俄罗斯则以热塑性酚醛为主，将其应用于弹头的大面积防热。其进一步采用卡硼烷、硅钛杂化等改性技术，将酚醛树脂应用于耐高温有机胶黏剂，最高使用温度超过1 000 ℃。

酚醛树脂在航空领域最主要的用途是舱内阻燃复合材料。波音、空客等先进飞机制造商均广泛采用阻燃酚醛制备层压板、Nomex蜂窝夹芯板，应用于飞机的地板、壁板、天花板、隔墙、行李舱等部位，其用量占飞机整体内饰材料的80%~90%。国外生产阻燃酚醛预浸布的企业有Gruit、Cytec、G. C. Gill、Park等。其典型的牌号有CYCOM-2265系列、CYCOM-2290系列、GILLFAB 5071系列等。早期国外成熟的阻燃酚醛预浸布多采用卤素类阻燃体系，随着环保要求的提高，已经发展了磷、氮系的阻燃酚醛预浸布。在汽车工业领域，酚醛树脂良好的高温尺寸稳定性和阻燃性能日益得到重视，在发动机、驱动制动系统、电器零件等部位广泛应用。宝马公司采用酚醛模塑料制备了发动机进气歧管，奔驰公司采用酚醛注塑成型工艺生产汽车制动活塞。在高耐热、低吸湿酚醛模塑料制造领域，最具特色的是日本住友电木公司，典型牌号有PM-8380、PM-9250，其负荷弯曲温度达到210 ℃，尺寸精度达到0.004%。

1.2.5 氰酸酯树脂

氰酸酯树脂具有优良的耐热和力学性能，其复合材料主要应用于航空航天结构材料、高性能透波材料、高温绝缘材料等高科技领域。加之其优异的介电性能和宽频带特性，氰酸酯树脂又适于飞机及其他空间飞行器雷达天线罩的制造。在现代电子通信领域，氰酸酯树脂是较理想的高性能印制线路板基体材料。

氰酸酯树脂及其预聚体的主要生产厂商为日本Mitsubishi和美国Mobay、Huntsman、DOW化学公司等。近年来，瑞士Lonza公司一跃成为全球产量规模最大的氰酸酯树脂生产商，其生产能力为1 000 t/a。瑞士Lonza公司只对外销售双酚A型氰酸酯预聚体和酚醛型氰酸酯，美国海军也是Lonza公司氰酸酯树脂的用户之一。当前，Lonza在中国内地的销售量约5 t/a，其中大部分为氰酸酯预聚体。国外主要氰酸酯单体的结构和市场供应能力见表1.6。国外氰酸酯预聚体类型及制备能力见表1.7。

表1.6 国外主要氰酸酯单体的结构和市场供应能力

单体类型	单体结构	物理状态	供应能力
单官能团氰酸酯		液体	实验室
		油	实验室

续表

单体类型	单体结构	物理状态	供应能力
单环多官能团氰酸酯	1,3-(OCN)₂-C₆H₄	晶体（熔点:80 ℃）	实验室
	1,3,5-(OCN)₃-C₆H₃	晶体（熔点:102 ℃）	实验室
双酚型二氰酸酯	NCO-C₆H₄-C₆H₄-OCN (联苯)	晶体（熔点:131 ℃）	实验室
	NCO-C₆H₄-SO₂-C₆H₄-OCN	晶体（熔点:169~170 ℃）	小批量
	2,2-双(3-烯丙基-4-氰酸酯基苯基)丙烷	晶体（熔点:48~49 ℃）	小批量
	2,2-双(4-氰酸酯基苯基)丙烷 (双酚A型)	晶体（熔点:79~81 ℃）	百吨级
	2,2-双(4-氰酸酯基苯基)六氟丙烷	晶体（熔点:88 ℃）	实验室
	1,1-双(4-氰酸酯基苯基)乙烷	熔点:29 ℃	吨级
	双环戊二烯型二氰酸酯	半固体	吨级

续表

单体类型	单体结构	物理状态	供应能力
低聚物型氰酸酯	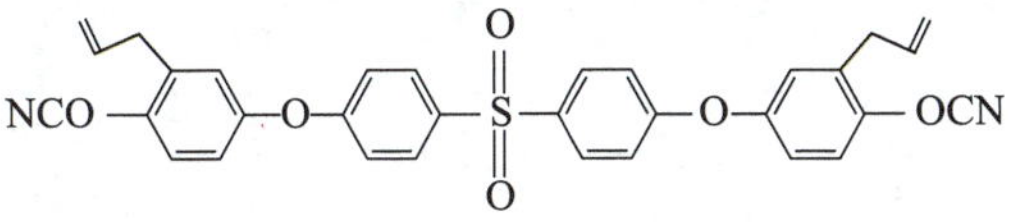 (含砜基二烯丙基双氰酸酯结构)	晶体（熔点:63 ℃)	—
	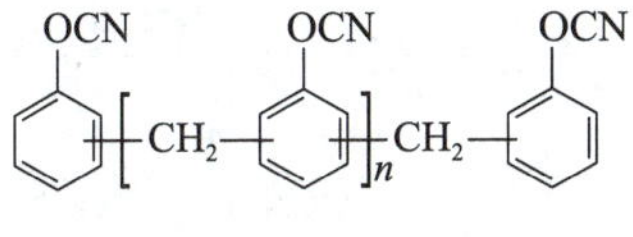 (酚醛型多氰酸酯结构)	半固体	10 吨级
稠环型二氰酸酯	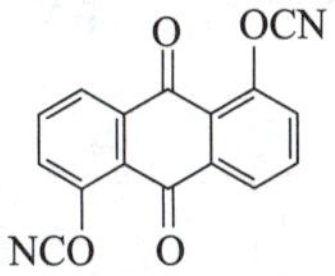 (蒽醌型二氰酸酯结构)	140 ℃分解	实验室
	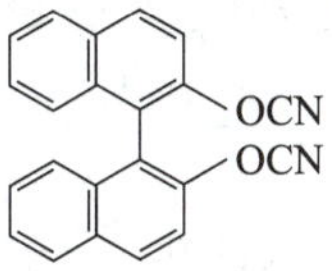 (联萘型二氰酸酯结构)	晶体（熔点:149 ℃)	实验室
氟代脂肪族氰酸酯	$NCO-CH_2-(CF_2)_3-CH_2-OCN$	液体	实验室
碳硼烷型氰酸酯	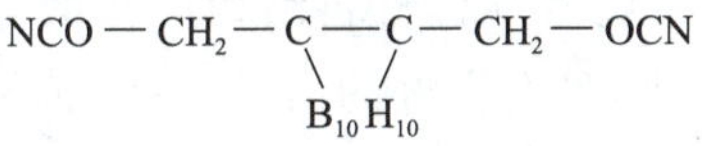 $NCO-CH_2-C-C-CH_2-OCN$（$B_{10}H_{10}$)	晶体（熔点:127.5～128 ℃)	实验室

表 1.7 国外氰酸酯预聚体类型及制备能力

预聚体商品名	形态	树脂类型	能力	供应商
Arocy B-30	半固体	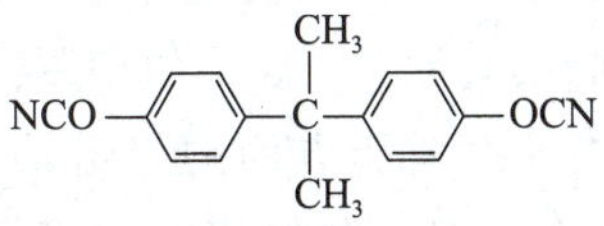 (双酚A型氰酸酯)	百吨级	Huntsman、Lonza
Arocy B40-S	75％丁酮溶液			
Arocy B-50	硬树脂			
Arocy M-20	半固体	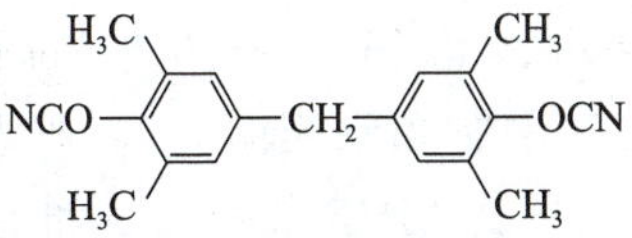 (四甲基双酚F型氰酸酯)	吨级	
Arocy M-30	半固体			
Arocy M40-S	65％丁酮溶液			
Arocy M-50	硬树脂			

续表

预聚体商品名	形态	树脂类型	能力	供应商
Arocy T-30	半固体	NCO—C₆H₄—S—C₆H₄—OCN	小批量	Huntsman、Lonza
Arocy F40-S	75%丁酮溶液	NCO—C₆H₄—C(CF₃)₂—C₆H₄—OCN	实验室	Huntsman、Lonza
Rex-378	半固体			Huntsman、Lonza
Rex-379	75%丁酮溶液	酚醛型氰酸酯（OCN—Ar—CH₂—[Ar—CH₂]ₙ—Ar—OCN）	百吨级	
Primaset PT30	黏稠液			Allied-Signal、Lonza
Primaset PT60	半固体			
Primaset PT90	固体			
Xu71787.02	半固体	双环戊二烯型氰酸酯	吨级	DOW
Xu71787.07	10%橡胶改性			
Skylex CA260	固体	NCO—C₆H₄—C(CH₃)₂—C₆H₄—OCN	百吨级	Mitsubishi
Skylex CA270	固体			

此外，国外用于中温固化制造宇航器复合材料结构的氰酸酯树脂，如 Hexcel 的 954-6、Bryte 的 EX-1515 等可在 121 ℃固化，具有良好的力学性能、抗辐射性能、介电性能、低吸湿及低挥发分性能，一般用于高模碳纤维增强复合材料制造卫星结构件。

1.2.6　其他树脂体系

乙烯基树脂已经被大量应用于国外舰船领域，成为聚合物基复合材料在舰艇船舶领域最重要的树脂体系。苯并噁嗪树脂复合材料成功应用于大型民用客机兼具结构性能与阻燃性能要求的后机舱面板。聚三唑树脂具有低温固化高温使用特性，已在航天耐高温部件得到应用。

近些年，国外在新型特种热固性树脂方面的报道较少。邻苯二甲腈树脂是一类可以在 300 ℃以上高温长时、450 ℃以上高温短时使用的树脂体系。美国国防部制定《各军种先进复合材料技术嵌入计划》，使得邻苯二甲腈树脂引起关注。该树脂具有优异的耐高温性能及力学性能，可应用于导弹中某些耐高温(550~830 ℃)部件。美国海军实验室开始研究邻苯二甲腈树脂基复合材料用作海军潜艇和水面耐高温、阻燃材料的可行性。Maverick 公司是美国邻苯二甲腈树脂主要供应商，其 MVK-3 已进入批量化生产阶段，适用于 RTM/VARTM 成型工艺。Renegade 和 JFC 公司则可以提供邻苯二甲腈树脂预浸料。

1.3 高性能热固性树脂发展趋势

高性能热固性树脂领域多年来一直在向树脂具有更高机械强度、更高的耐温性、更好的工艺性、更长的使役时间等方向发展,以及面向某些应用需要的特殊功能性发展,例如更低的介电常数、优异的耐烧蚀性能、隐身吸波功能、耐湿热老化、抗原子氧、耐紫外老化、耐高低温交变、抗静电、低膨胀系数等。为了获得这些优异的性能和特殊功能功能,专业技术人员持续不断地提高特种树脂的结构设计、制备纯化、聚合控制、配方合成、性能评价和稳定批产等方面的技术能力。

1.3.1 基体树脂强韧化

以波音787和空客350为典型代表,树脂基复合材料在航空飞机结构上应用比例达到了前所未有的高度,这得益于树脂基复合材料层间剪切强度和冲击韧性的大幅度提高,而基体树脂的强韧化技术是重要保障之一。复合材料从最初的第一代无增韧经历了热塑性树脂对基体增韧(第二代),发展到至今的热塑料薄膜或粒子的层间增韧(第三代)。T800碳纤维增强环氧树脂复合材料的CAI超过360 MPa;双马树脂基复合材料在保持可260 ℃使用的耐热等级下,CAI也达到320 MPa以上。

热塑性树脂的结构(分子量与端基)与形态(粒径大小)对工艺性能和增韧体系的形态与性能影响很大,这方面的应用基础研究,特别是层间增韧技术和涉及复合材料工艺与性能的应用基础研究非常关键,仍需要进一步的深化。

1.3.2 不断提高耐温等级

以模压聚酰亚胺树脂为例,从航空结构复合材料用第一代耐314 ℃树脂发展到第二代耐371 ℃树脂。航天短时使用已经实现耐450 ℃聚酰亚胺树脂的应用,正在进行短时耐500 ℃聚酰亚胺树脂体系的稳定化制备和复合材料工程化应用研究。

RTM工艺的聚酰亚胺树脂,国内外都正在开展耐350 ℃树脂体系的工艺和复合材料构件研究。预期的工艺注入温度为280~300 ℃,较高的注入温度仍是需要克服的一个问题。邻苯二甲腈树脂耐温等级与聚酰亚胺相当,RTM工艺能够在150 ℃以下实现,是一类值得今后重视研发的新品种树脂。

为适应复合材料耐温等级不断提升的应用要求,结构胶膜经历了从环氧胶膜到双马胶膜再到耐高温氰酸酯胶膜的发展历程,结构胶黏剂近年也发展出耐350~380 ℃等级的聚酰亚胺胶黏剂。对于结构胶膜,除增韧技术外,新型结构的耐热单体、改性剂的不断引入和配方合成工艺的优化逐步提高了结构胶膜的耐温等级。

1.3.3 多重工艺适应性

环氧、双马来酰亚胺、氰酸酯、酚醛等基体树脂适用于不同的成型工艺,例如预浸料/热压罐、缠绕、树脂传递模塑(RTM)、树脂膜浸润(RFI)等。不同成型工艺对树脂基体的流变和固化特性要求不同，树脂基体是否具有匹配成型过程的流变调节能力，就成为树脂配方研究水平高低的重要标志。热熔法预浸料、真空辅助 RTM、真空袋加压固化等是当前结构复合材料成型的主流工艺，树脂的黏温/黏时曲线、挥发分含量、预浸料可铺覆性(表观黏性)及成型过程中气泡形成和排除等都是树脂配方研究的关注重点。

室温或低温固化是胶黏剂和特种涂料的普遍要求，在室温或固化下仍具有优异的高温使役性能更是胶黏剂和特种涂料研制和用户的追求目标。近期国内已实现了耐 1 000 ℃ 硅钛杂化酚醛树脂胶黏剂的研制和应用，进一步需要研究该胶黏剂的室温固化技术，以适应大尺寸复杂构件的黏结要求。

1.3.4 使役时间长

长时间重复使用是航空结构材料的基本要求。近年来，航天飞行器对构件和材料也越来越多地提出长时间使用和重复使用的性能要求，例如临近空间飞行器、空天往返运载器的前缘、结构舱体、热防护系统、发动机等要求对材料高温强度、耐烧蚀性能、抗热振的同时提出了更长使役时间的要求，使役时间已成为航天新型材料性能水平的重要标志。陶瓷基复合材料成为极端环境下航天航空材料技术的热点，聚合物陶瓷前驱体因而成为当前亟待发展的关键原材料。

低成本的树脂基烧蚀材料依然是航天飞行器热防护的主流方案之一，但已从传统酚醛树脂基复合材料的高热流下耐几十秒烧蚀要求发展到中低热流下抗千秒以上的耐烧蚀要求。除了对树脂基体除高残碳要求外，进一步提出了抗氧化、低收缩的性能要求，并且要适应低密度复合材料的成型工艺要求。有希望的解决方案将是发展抗氧化组元改性的杂化树脂、适应于热熔法预浸料工艺的树脂、低密度低收缩率填料，以及树脂体系中微纳多孔的可控制备技术。

1.3.5 结构功能一体化

除结构隐身复合材料发展相对成熟外，结构透波复合材料、结构烧蚀一体化复合材料也是复合材料技术的发展趋势。与结构隐身复合材料主要靠吸波剂和树脂基体更偏重于适应预浸料及复合材料成型工艺有所不同，结构透波复合材料中树脂分子结构及配方合成将占很大的比重，低介电常数、低介电损耗的氰酸酯改性环氧或双马树脂体系将成为重点研究对象。具有高残碳和较高力学强度要求的树脂体系有望为结构烧蚀一体化复合材料提供最便捷的解决方案。

此外，针对卫星、空间站长寿命、轻量化复合材料构件及涂层、胶黏剂的需求，与高模量碳纤维模量相匹配的树脂基体、低膨胀系数树脂、耐空间原子氧改性树脂等也是高性能树脂的发展趋势。面向民用绝缘基板、微电子封装等领域的需求，高 T_g、低膨胀系数、高热导率、光固化及电子束固化等也是今后高性能树脂领域技术的发展方向。

从高性能热固性树脂研发的技术角度看，当今高性能树脂研究呈现单体结构多样化的发展态势，越来越多的新型分子结构单体实现商品化，为高性能树脂配方的工艺调控和性能提升提供了更大可能性，例如不同结构的多官能环氧、脂环族环氧、新型结构双马来酰亚胺、新型二酐和新型二胺、新型结构氰酸酯单体等。

配方研究是高性能树脂开发的核心，谁掌握预浸料制备成型和复合材料性能评价谁就能在树脂牌号研发中占据主导地位。

材料基因组计划将加快高性能树脂配方的研发进程。树脂配方研究涉及多维输入和多维输出，若按照传统方式将耗费大量的人力物力和研发时间。高通量平行配方合成仪能够大幅加速材料研究效率，是国际主要跨国公司开展涂料、催化剂、润滑油脂配方研究较先进的技术手段，也正在开始应用于高性能树脂配方的开发。

参考文献

[1] 赵渠森.先进复合材料手册[M].北京:机械工业出版社,2003.
[2] 陈祥宝.聚合物基复合材料手册[M].北京:化学工业出版社,2004.

第2章 高性能环氧树脂

2.1 环氧树脂概述

环氧树脂是指含有两个及两个以上环氧基的小分子化合物或低聚物,是典型的热固性树脂。环氧树脂分子结构中的环氧基可与胺类、酸酐类等固化剂反应形成三维交联网状结构的高分子。由于环氧树脂固化产物具有优异的机械性能、黏结性能、良好的电绝缘、耐湿热与耐化学腐蚀等性能,在涂料、复合材料基体、胶黏剂等领域得到了极为广泛的应用。环氧树脂与酚醛树脂、不饱和树脂是应用最广、用量最大的三大通用型热固性树脂。在这三类树脂中,环氧树脂的种类最多,配方设计最灵活,应用也最广泛。在应用过程中,为满足特定工艺和使用性能的需求,需要对环氧树脂的组成进行合理设计,包括树脂类型和固化体系、功能性添加剂(如增韧剂、稀释剂、触变剂、流平剂)的选择以及组成优化。

2.1.1 环氧树脂的分类[1]

环氧树脂的分类方法很多,如根据合成的方法可分为缩水甘油型、环氧化烯烃型环氧树脂;根据分子结构中环氧基的数量可分为双官能度环氧树脂和多官能度环氧树脂。由于主链的分子结构与材料实际应用中的物理与化学性能密切相关,也可以根据主链结构中是否含有芳香环、脂环结构简单地分为以下几类:

1. 芳香族环氧树脂

芳香族环氧树脂分子结构中含芳香环,这类环氧树脂一般强度较高、黏结性能好,耐热性优良。芳香族环氧树脂可分为缩水甘油醚型、缩水甘油酯型及缩水甘油胺型环氧树脂,分别由环氧氯丙烷与相应的多元酚、多元酸、多元胺反应制备,其结构式如图2.1~图2.3所示。其中双酚A型缩水甘油醚环氧树脂是该类树脂中最具代表性的产品,是全世界范围内应用最广泛的一种环氧树脂,其用量占所有环氧树脂的80%以上。

2. 脂环族环氧树脂

脂环族环氧树脂的分子结构中含有脂环结构,其环氧基与脂环直接相连。如果环氧基不是直接与脂环相连,如芳香环氧树脂中苯环氢化后的产物,则不称之为脂环族环氧树脂。脂环族环氧树脂一般通过环状烯烃化合物的双键氧化合成。代表性的有3,4-环氧环己烯甲基-3,4-环氧环己烯酸酯,如图2.4所示。该类树脂具有黏度低、力学性能优异的特点,由于不含苯环,其耐紫外老化性及耐候性较好,电绝缘性能优良。

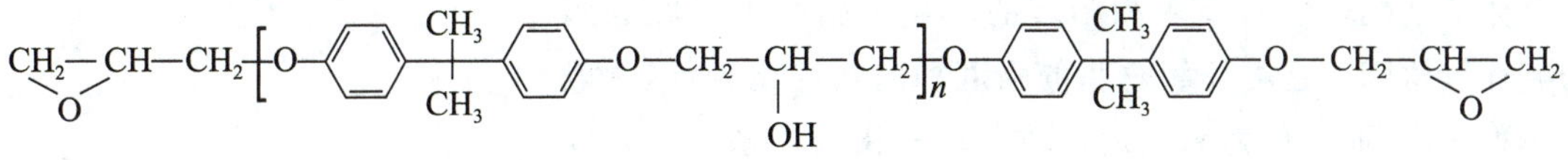

(a) 双酚A型环氧树脂

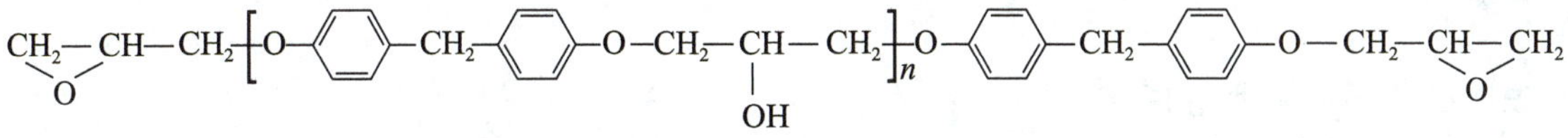

(b) 双酚F型环氧树脂

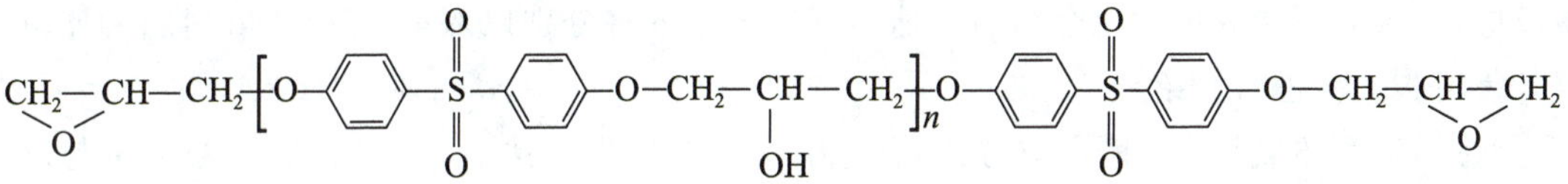

(c) 双酚S型环氧树脂

图 2.1　缩水甘油醚型环氧树脂结构式

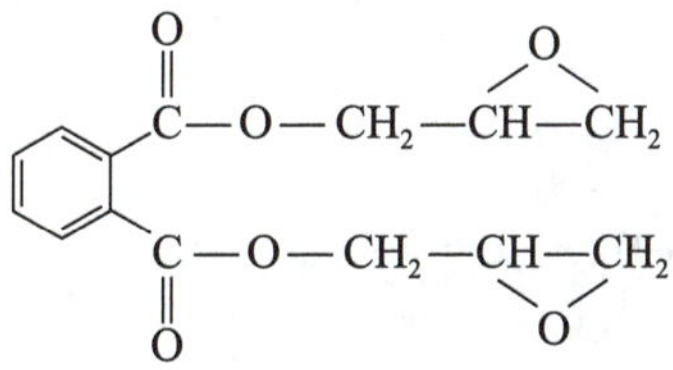

图 2.2　邻苯二甲酸二缩水甘油酯结构式

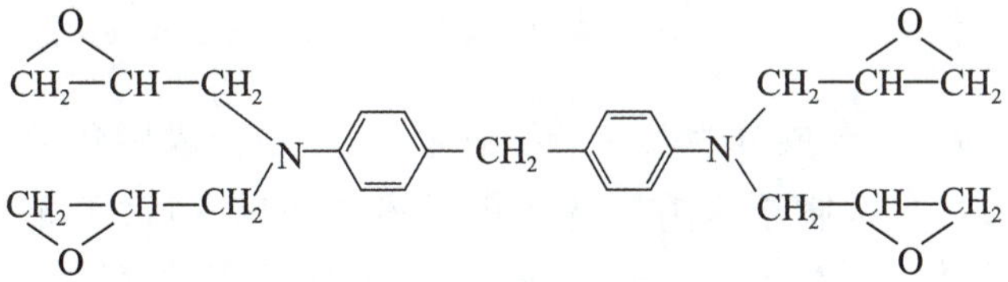

(a) 4,4′-二氨基二苯甲烷四缩水甘油胺(TGDDM)

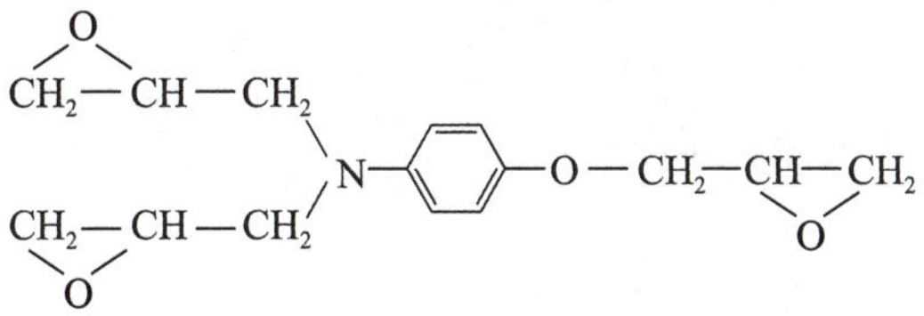

(b) 三缩水甘油基对氨基苯酚(TGPAP)

图 2.3　缩水甘油胺型环氧树脂结构式

3. 脂肪族环氧树脂

分子结构不含有苯环和脂环的环氧树脂都可以归为脂肪族环氧树脂。这类环氧树脂的强度和耐热性比较低,一般不单独使用,而是作为添加剂以改善环氧树脂体系的工艺性能、提高韧性,如丁二醇二缩水甘油醚、甘油三缩水甘油醚等。

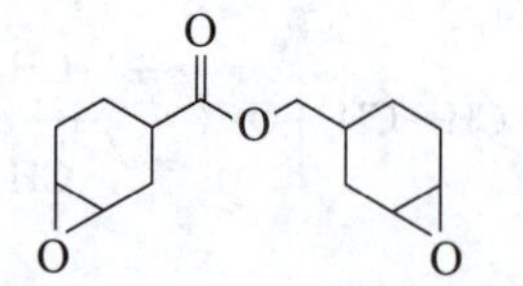

图 2.4 3,4-环氧环己烯甲基-3,4-环氧环己烯酸酯

2.1.2 环氧树脂的合成

环氧树脂的合成方法主要有两类:环氧氯丙烷等含环氧基的化合物与相应的醇、酚、酸、胺反应;链状或环状双烯类化合物的双键环氧化。以下将分别以双酚 A 型环氧树脂和脂环族环氧树脂为例进行介绍。

双酚 A 型环氧树脂:其合成方法可分为一步法和两步法。一步法是将双酚 A 与环氧氯丙烷在 NaOH 作用下进行缩聚反应,即开环和闭环反应是在同一反应条件下进行的(见图 2.5)。两步法是双酚 A 与环氧氯丙烷在催化剂作用下,先通过开环加成反应生成二酚基丙烷氯醇醚中间体,然后在 NaOH 存在下进行闭环反应,生成环氧树脂,两步法具有反应时间短、操作稳定、温度波动小、易于控制,产品质量高、产率高等优点。

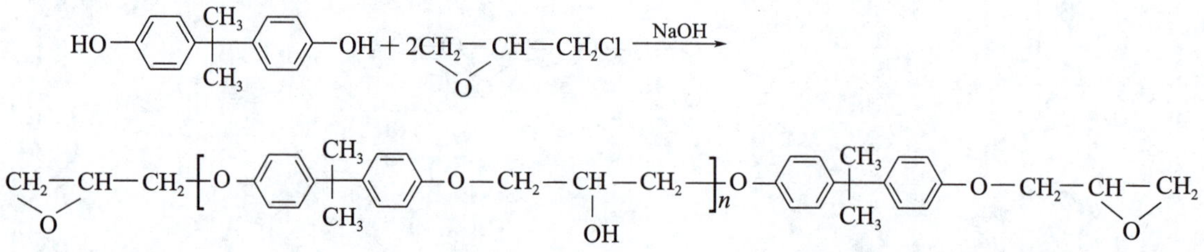

图 2.5 双酚 A 环氧树脂一步法合成示意图

脂环族环氧树脂:其合成分为两个合成阶段。首先合成脂环族烯烃,然后进行脂环族烯烃的环氧化。合成脂环族烯烃常采用双烯烃加成反应,通常采用丁二烯、丁烯醛、丙烯醛等;环氧化一般采用过氧乙酸作氧化剂使脂环族烯烃双键环氧化,如图 2.6 所示。

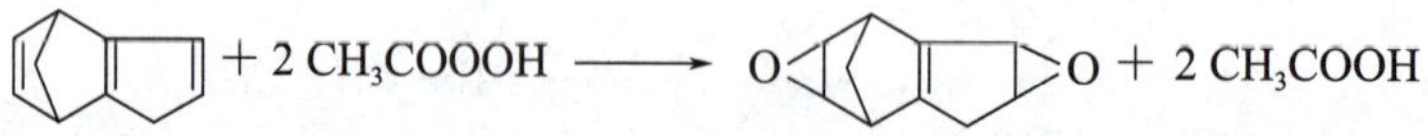

图 2.6 二氧化环戊二烯的合成示意图

设计合成新型环氧树脂的基本路线是先合成相应结构的酚、醇、酸、胺等含有活泼氢原子的单体,再与环氧氯丙烷反应;或者先合成相应结构的烯烃单体,再将双键环氧化。

2.1.3 环氧树脂固化剂分类

环氧树脂的工艺性能和固化物性能在很大程度上取决于所使用的固化剂。环氧树脂固化剂种类繁多，分类方法也很多，按照环氧树脂的固化机理，可以简单分为加成型固化剂和催化型固化剂（见图2.7）。加成型固化剂通过与环氧环加成实现环氧树脂的固化，原则上含有两个或两个以上能和环氧基发生加成反应官能团的化合物都可以作为环氧树脂固化剂；催化型固化剂通过催化环氧树脂开环聚合而固化，因此也可称为固化催化剂。通常使用加成型固化剂时也会发生环氧基的开环聚合。另外，加成型固化剂使用时通常还使用催化剂（或称促进剂）来提高固化反应速度。

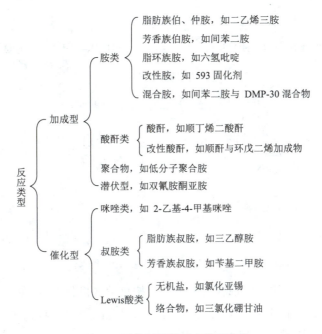

图 2.7　固化剂根据反应类型分类

按照固化剂的化学结构特点也可以简单分为含氮类固化剂、酸酐类固化剂、含硫类固化剂和其他类固化剂。

1. 含氮类固化剂

含氮类固化剂主要包括多元胺、改性多元胺、咪唑类固化剂等。典型的多元胺、改性多元胺、咪唑类固化剂的分子结构如图2.8～图2.10所示。含氮固化剂中，最重要的是多元胺固化剂，其占全部固化剂用量的71%。高性能环氧树脂基体中应用最广泛的固化剂为二氨基二苯砜(DDS)。DDS常与多官能缩水甘油胺环氧树脂配合使用，制得的固化物耐热性好，力学性能优良。二氨基二苯砜有两种同分异构体3,3'-二氨基二苯砜(3,3'-DDS)和4,4'-二氨基二苯砜(4,4'-DDS)，如图2.11所示。从实用角度来看，两种同分异构体的性能大体相同，但3,3'-DDS固化物的弯曲性能和韧性更优异。咪唑类固化剂主要用作环氧树脂和其他固化剂的固化反应促进剂。含氮类固化剂也可以单独用作固化剂[2]。

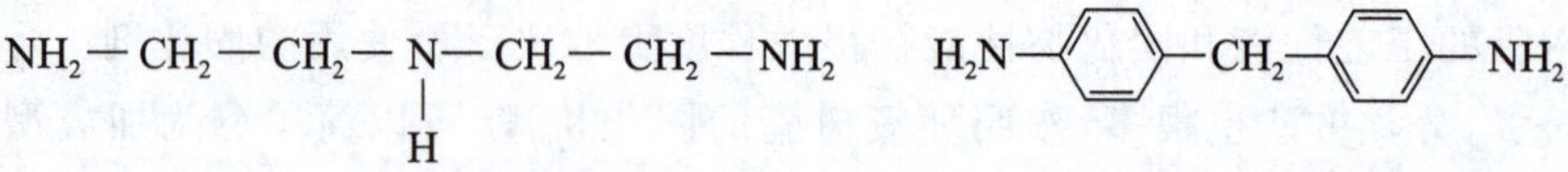

(a) 二乙烯三胺(脂肪胺)

(b) 二氨基二苯甲烷(芳香胺)

图 2.8 典型的多元胺固化剂

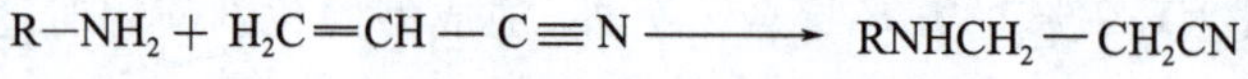

$$R-NH_2 + H_2C=CH-C\equiv N \longrightarrow RNHCH_2-CH_2CN$$

(a) 迈克尔加成多元胺

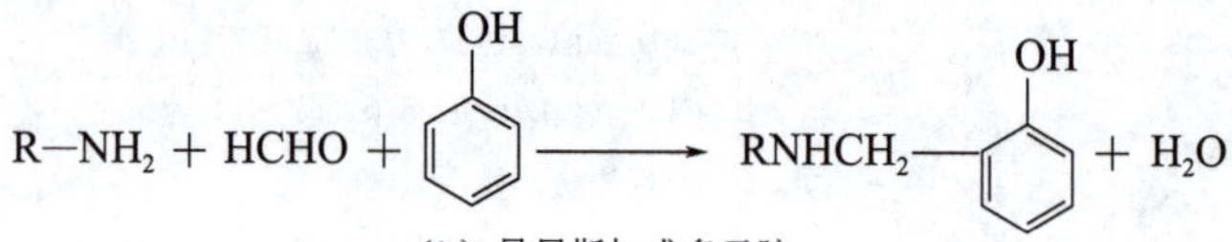

(b) 曼尼斯加成多元胺

图 2.9 典型的改性多元胺固化剂

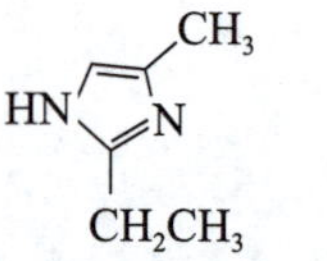

(a) 2-乙基-4-甲基咪唑 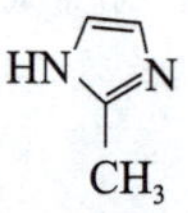　　(b) 2-甲基咪唑

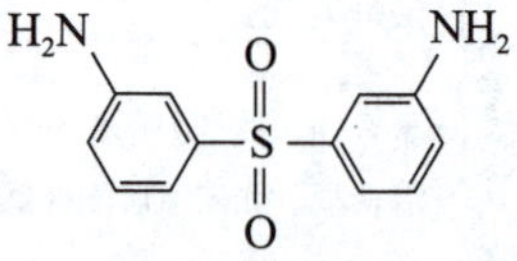

(a) 3,3'-DDS　　(b) 4,4'-DDS

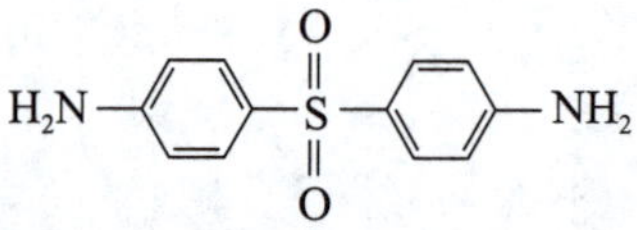

图 2.10 典型的咪唑类固化剂　　图 2.11 3,3'-二氨基二苯砜与 4,4'-二氨基二苯砜的结构式

2. 酸酐类固化剂

酸酐类固化剂在分子结构中都含有酸酐基。按化学结构分类,可分为直链脂肪族、芳香族和脂环族酸酐。按官能团分类,可分为单官能团、双官能团和多官能团酸酐。不同种类的酸酐固化剂固化环氧树脂的反应速率有很大差别。酸酐固化剂的存储期较长。采用酸酐为固化剂时,通常采用胺作催化剂。图 2.12~图 2.14 为典型的脂肪族、芳香族和脂环族酸酐的结构式。用酸酐作为固化剂,固化物的性能优良,特别是介电性能比胺类固化物优异,因此,酸酐固化剂主要用于电气电子绝缘领域。

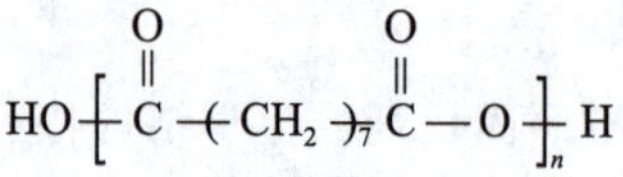

聚壬二酸酐

图 2.12 典型的脂肪族酸酐结构式

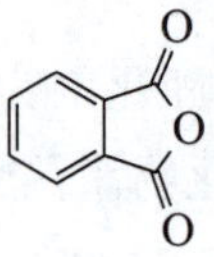

(a) 邻苯二甲酸酐 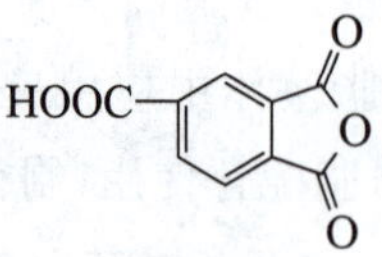　　(b) 偏苯三酸酐

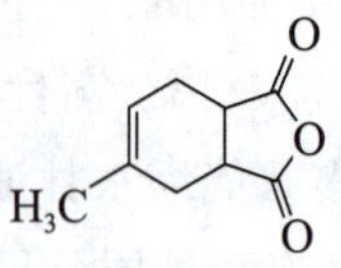

(a) 甲基四氢苯二甲酸酐 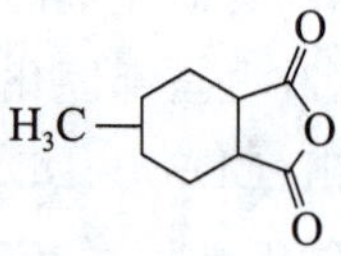　　(b) 甲基六氢苯二甲酸酐

图 2.13 典型的芳香族酸酐结构式　　图 2.14 典型的脂环族酸酐结构式

3. 含硫类固化剂

含硫类固化剂主要包括聚硫醇和多硫化合物。聚硫醇固化剂在低温固化剂中使用较多。典型的聚硫醇结构式如图 2.15 所示。

4. 其他固化剂

为满足环氧树脂的特殊用途，人们开发了线性酚醛树脂、聚酯树脂和液体聚氨酯固化剂。典型的线性酚醛树脂固化剂结构式如图 2.16 所示。酚醛树脂中大量的酚羟基在加热条件下可以固化环氧树脂，形成高度交联的三维网络结构。制得的树脂固化物兼具环氧树脂良好的黏附性和酚醛树脂的耐热性能。

$$R\!\left[O\!\left(C_3H_6O\right)_n CH_2CH_2(OH)CH_2—SH\right]_3$$

聚硫醇DMP-3-800LC

图 2.15　典型的聚硫醇结构式

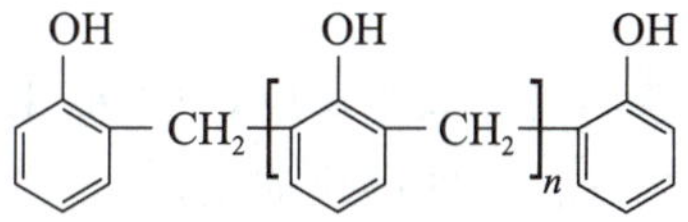

图 2.16　典型的线性酚醛树脂固化剂结构式

2.1.4　环氧树脂的固化反应

未固化的环氧树脂为黏性液体或脆性固体，为热塑性线性低聚物，只有在与固化剂固化形成三维交联网络结构后，环氧树脂才具有优良的机械性能，从而实现最终的应用。环氧树脂本身性能稳定，双酚 A 环氧树脂即使加热到 200 ℃也不发生变化。环氧树脂对固化剂的依赖性很大，需要根据不同用途来选择固化剂。

按固化温度和固化方式划分，环氧树脂固化体系可分为室温固化体系、加热固化体系以及光固化体系。室温固化环氧树脂体系采用室温固化剂在室温下发生反应，常用的室温固化剂有脂肪族多胺、脂环族多胺、低分子量聚酰胺以及改性芳香胺等。室温固化环氧树脂一般 T_g 较低，柔韧性好，冲击性能优良，电性能和耐热冲击性能优异[3]。加热固化环氧树脂体系一般采用芳香族多胺、酸酐、酚醛树脂、氨基树脂、双氰胺等为固化剂。高温固化体系一般分为低温预固化和高温后固化两个阶段。高温固化的环氧树脂具有高 T_g、高拉伸强度、耐热性能和耐化学性能优异的特点。除了可以热固化外，环氧树脂也可以在光引发剂的作用下，采用红外、紫外或者电子束辐射来固化。光固化可提高固化效率，将固化时间从几小时降低到几分钟。此外，与其他固化方式相比，光固化的一致性和可控性更好[4,5]。

环氧树脂中含有反应活性很高的环氧基团（ $H_2\overset{O}{\widehat{C—CH}}—$ ），可与许多亲电试剂和亲核试剂反应。环氧基团还可以在离子型催化剂作用下发生开环反应，形成交联网络。此外，环氧树脂中的羟基基团（ —OH ）也可以参与环氧树脂的固化反应。因此，环氧树脂的主要固化反应可分为环氧基与含活泼氢化合物的反应、环氧基的开环聚合反应以及羟基的聚合反应。

1. 环氧基与含活泼氢化合物的反应

(1) 与伯胺、仲胺反应,如图 2.17 所示。

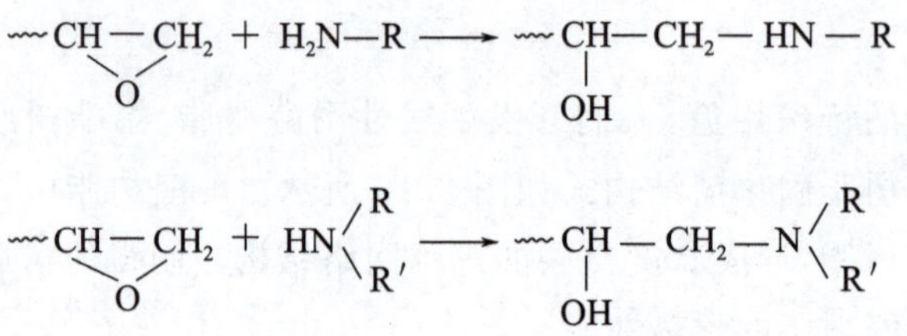

图 2.17　与伯胺、仲胺反应

叔胺不与环氧基反应,但可催化环氧基开环,使环氧树脂自身聚合,故叔胺类化合物可以作为环氧树脂的固化催化剂。

(2) 与酚类反应,如图 2.18 所示。

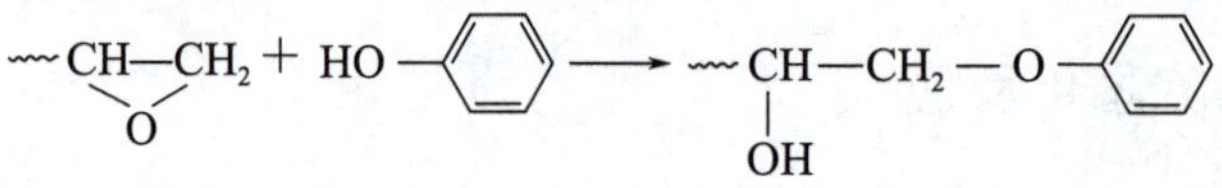

图 2.18　与酚类反应

(3) 与无机酸反应,如图 2.19 所示。

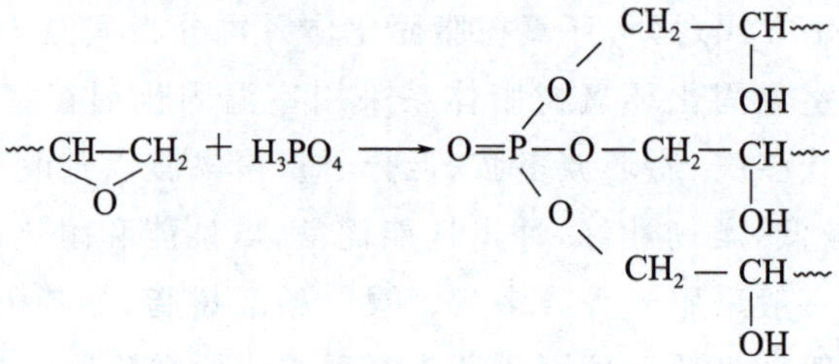

图 2.19　与无机酸反应

(4) 与巯基反应,如图 2.20 所示。

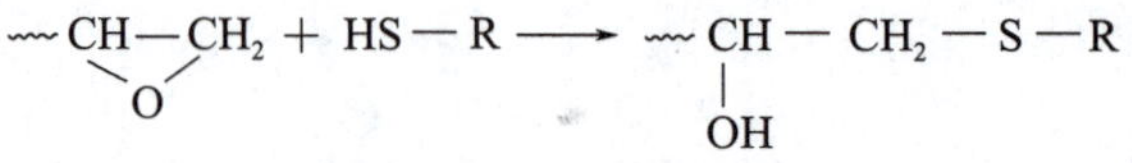

图 2.20　与巯基反应

(5) 与醇羟基反应,如图 2.21 所示。

环氧基与醇羟基的反应需要在催化和高温下发生。常温下,环氧基与醇羟基的反应极其微弱。

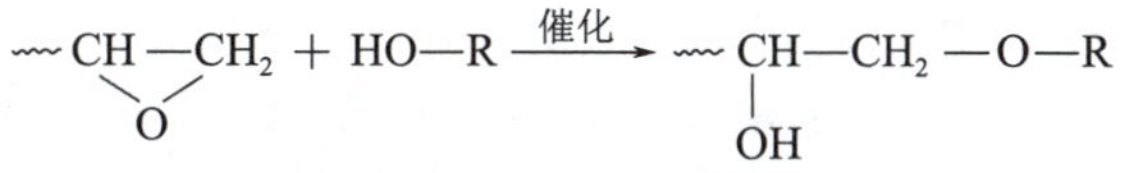

$$\sim\!\!\underset{O}{CH\!-\!CH_2} + HO\!-\!R \xrightarrow{催化} \sim\!\!\underset{OH}{CH}\!-\!CH_2\!-\!O\!-\!R$$

图 2.21　与醇羟基反应

2. 环氧基的开环聚合反应

环氧树脂可进行阴离子开环聚合和阳离子开环聚合反应，生成大分子量的聚合物。环氧类单体是阳离子光聚合应用最多的一种单体。其中，脂环族环氧的阳离子光聚合活性高，脂肪族环氧的阳离子光聚合活性较低。环氧基团阳离子开环聚合的原理如图 2.22 所示。环氧树脂还可与阴离子聚合固化剂进行聚合反应，聚合机理如图 2.23 所示。

$$R_1\!-\!\underset{OH}{CH}CH_2^+ + CH_2\!\underset{O}{-}\!CHR \longrightarrow R_1\!\!\left(OCH_2\overset{R}{\underset{}{CH}}\right)_{\!n}\!\underset{OH}{CH}CH_2^+$$

图 2.22　环氧基团阳离子开环聚合

$$R_1O^- + CH_2\!\underset{O}{-}\!CHR \longrightarrow R_1\!\!\left(OCH_2\overset{R}{\underset{}{CH}}\right)_{\!n}\!O^-$$

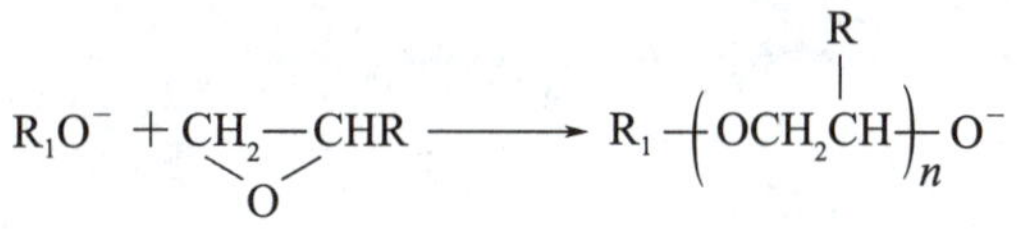

图 2.23　环氧基团阴离子开环聚合

3. 羟基的聚合反应

除环氧基外，羟基也是环氧树脂的主要反应基团。特别是酸酐作为固化剂时，以及高分子量、超高分子量环氧树脂的环氧基含量很低时，这些树脂的固化反应主要靠羟基来实现。羟基的主要聚合反应如下：

（1）与酸酐反应，如图 2.24 所示。

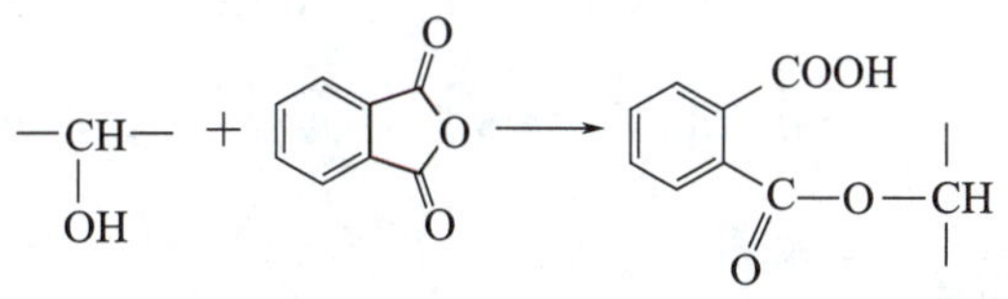

图 2.24　与酸酐反应

（2）与羧酸反应，如图 2.25 所示。

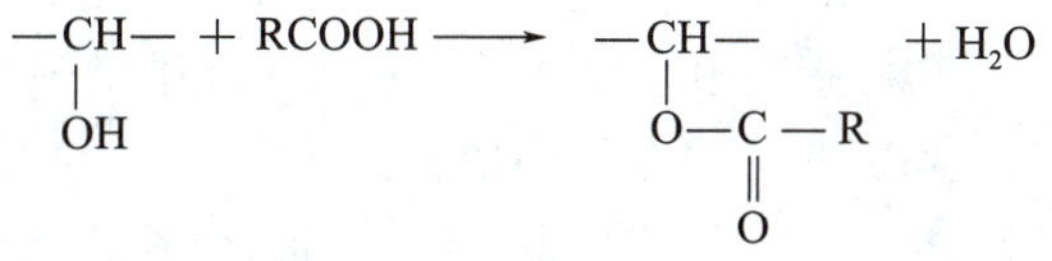

图 2.25　与羟酸反应

(3) 与羟甲基或烷氧基反应,如图 2.26 所示。

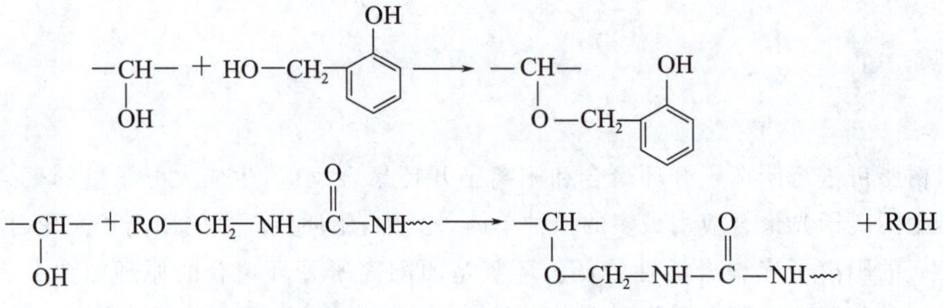

图 2.26　与羟甲基或烷氧基反应

(4) 与异氰酸酯反应,如图 2.27 所示。

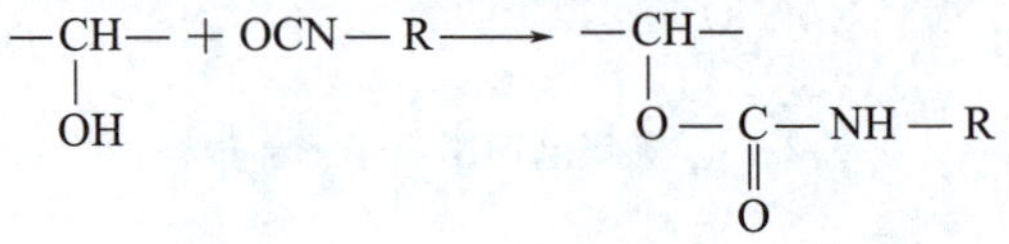

图 2.27　与异氰酸酯反应

(5) 与硅醇或其烷氧基缩合,如图 2.28 所示。

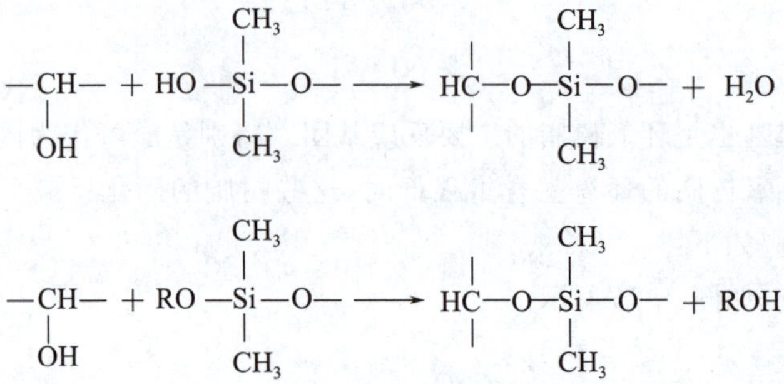

图 2.28　与硅醇或其烷氧基缩合

2.1.5　环氧树脂的应用

涂料是环氧树脂最大的用途,全球约 40% 环氧树脂作为涂料使用。环氧涂料由于具有易加工、高安全性、优异的耐溶剂和耐化学性、低固化收缩率、优异的机械性能和耐腐蚀性以及对许多基材的良好黏附性而被广泛用作重防腐涂料。环氧树脂是最重要的纤维增强复合材料树脂基体,约 20% 的环氧树脂应用于复合材料领域。纤维增强环氧树脂复合材料具有力学性能优良、层间剪切强度高、尺寸稳定性高等优点。约 30% 的环氧树脂应用于电子/电气产品领域,如电子设备、电机、发电机、变压器、开关设备、套管和绝缘体。环氧树脂是很好的电绝缘体,可以保护电器元件不受短路、灰尘和湿气的影响。金属填充聚合物广泛用于电磁干扰屏蔽。环氧塑封料广泛用于半导体器件的封装材料,保护集成电路器件不受湿气、移动离子污染物以及诸如温度、辐射、湿度、机械和物理损伤等不利环境条件的影响。含有颗粒填料的环氧树脂复合材料,如熔融二氧化硅、玻璃粉和非晶二氧化硅,已被用作电子封装应用中的基材。约10%的环氧树脂用作胶黏剂,环氧胶黏剂具有黏结强度高、工艺性能优良等特点,环氧胶黏剂广泛应用于飞机、汽车、自行车、船只、高尔夫球杆、滑雪板和其他需要高强度黏结的应用。此外,环氧树脂在其他领域[如增材制造(3D打印材料)、牙科医学材料、航空材料、凝胶材料等领域]也有着广泛应用。

随着社会发展与科学进步,各应用领域对环氧树脂的性能提出了越来越高的要求,因此发展高性能环氧树脂一直是热固性材料研究的重要方向。与此同时,环氧树脂由于不溶不熔的三维网状结构而不能再加工,从而造成资源浪费和环境污染,因此,实现环氧树脂的自修复、延长环氧树脂的使用寿命以及实现环氧树脂的回收利用逐渐成为环氧树脂的研究热点。对环氧树脂进行增韧及自修复改性、制备高性能环氧树脂是当今研究的热点,也是解决以上难题的关键。

2.2 高性能环氧树脂分子结构设计及合成思路

在环氧树脂的不同应用领域,高性能的含义不尽相同。作为高性能纤维复合材料基体树脂,高性能一般意味着高强度、高模量、高 T_g、高韧性。国外的著名复合材料公司都在致力于高性能环氧树脂的开发,并推出了许多基于高性能的基体树脂或者纤维预浸料产品。制备高性能环氧树脂的方法主要有两种:一是使用新型的环氧树脂和固化剂;二是采用其他高性能树脂进行共混或共聚改性。

2.2.1 合成新型的环氧树脂和固化剂

普通的双酚A型环氧树脂固化后脆性大,因此可以通过用柔性骨架替代环氧树脂中的刚性骨架或在环氧树脂主链或侧链中引入柔性链段来实现。用柔性骨架替代环氧树脂中的刚性骨架,例如各种脂肪族类的缩水甘油醚环氧树脂的制备,如聚丙二醇二缩水甘油醚、丁二醇二缩水甘油醚、三羟甲基丙烷三缩水甘油醚环氧化聚丁二烯等,可以大幅度提高环氧树脂的冲击强度。但是,通过这种方法得到的环氧树脂的强度和模量都比较低,一般是作为活性稀释剂与脆性环氧树脂共固化,参与到最终的交联网络之中,提高分子链的活动能力,其结构如图2.29所示。

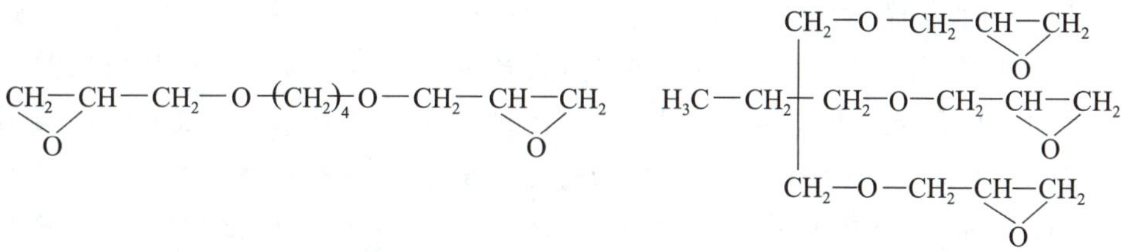

(a) 丁二醇二缩水甘油醚

(b) 三羟甲基丙烷三缩水甘油醚

图2.29 丁二醇二缩水甘油醚和三羟甲基丙烷三缩水甘油醚的结构式

在环氧树脂侧链中引入适当的柔性链段可以在提高环氧树脂韧性的同时保持其强度和模量基本不变,现阶段已见报道的有引入聚硅氧烷链段和乙氧基链段等,其结构式如图2.30和图2.31所示。

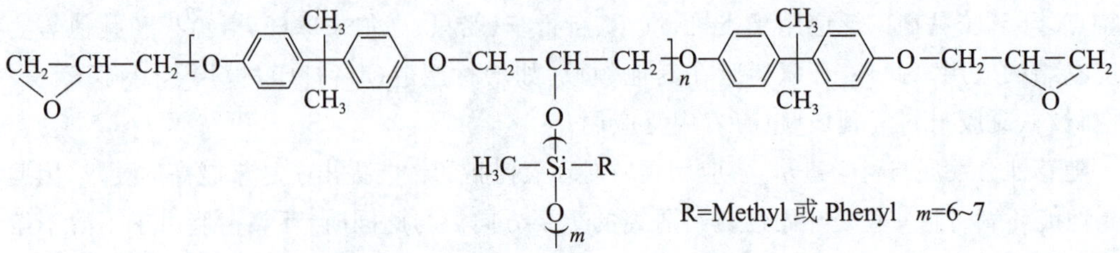

R=Methyl 或 Phenyl $m=6\sim7$

图 2.30　有机硅改性的环氧树脂结构式

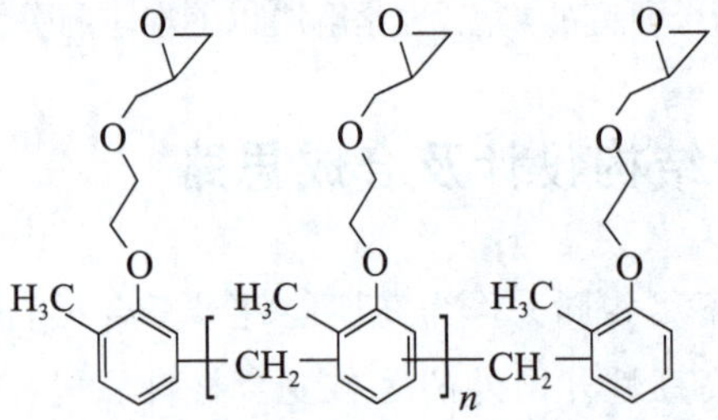

在环氧树脂主链中引入适当的柔性链段可以在保持其强度和模量基本不变的同时大幅度提高环氧树脂的韧性,主要是在环氧树脂主链引入乙氧基,其冲击韧性可以提高 5 倍以上,同时模量基本保持不变,其结构如图 2.32 所示。

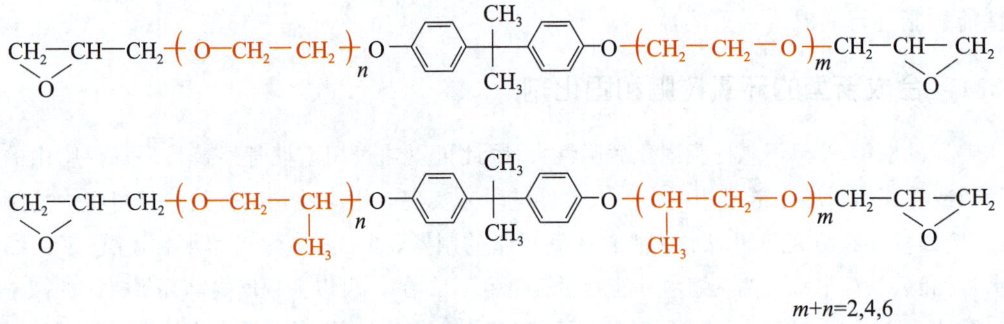

图 2.31　引入乙氧基的酚醛环氧树脂结构式

$m+n=2,4,6$

图 2.32　双酚 A 聚醚环氧树脂的结构式

新型固化剂的合成:柔性固化剂分为胺类、酸酐类,通过在固化剂中引入长链、醚键等官能团结构可以合成柔性固化剂。Huntsman 公司生产了 Jaffamine 系列聚醚胺类柔性固化剂,包括 D-230、D-400、D-2000、T-403,其结构式如图 2.33 所示。这类聚醚胺类柔性固化剂颜色浅,黏度低,可在室温下固化,但固化速度慢,其固化物在低温下具有较好的柔韧性,耐冷热冲击性,并且固化物表面光泽好,保色性好,因此被广泛用于环氧树脂低温增韧。

柔性酸酐主要有长脂肪链酸酐,如聚癸二酸酐、壬二酸酐、顺丁二烯酸酐、十二烯基琥珀酸酐及其改性物,这类固化剂既可单独使用也可与其他酸酐混合使用。采用柔性酸酐固化的树脂具有良好的耐冷热冲击性,但树脂的热变形温度较低,且固化反应速度也较一般酸酐固化剂慢。将柔性固化剂与其他常用酸酐类固化剂按一定比例混合后固化环氧树脂,固化物的冲击强度得到较大提高,同时拉伸强度和弯曲强度也得到提高。

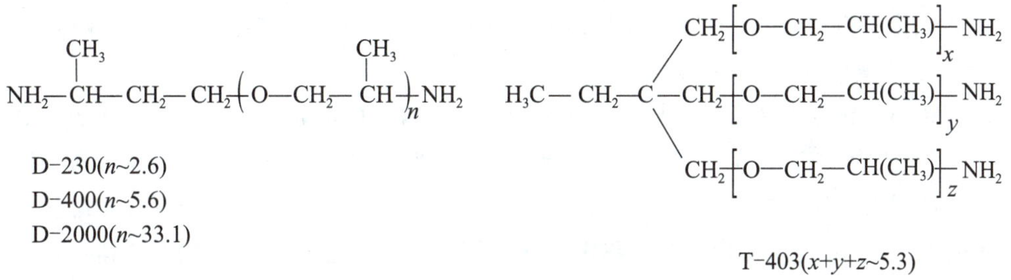

$$NH_2-CH-CH_2-CH_2{\small [}O-CH_2-CH{\small]}_n NH_2$$
$$\qquad\ \ |CH_3 \qquad\qquad\qquad\qquad |CH_3$$

D-230(n~2.6)
D-400(n~5.6)
D-2000(n~33.1)

T-403($x+y+z$~5.3)

图 2.33　Jaffamine 系列聚醚胺固化剂结构式

2.2.2　共混或共聚改性

共混改性绝大部分是为了提高环氧树脂的韧性。在众多的增韧剂中,橡胶弹性体是最早应用于环氧树脂的改性剂。橡胶增韧环氧树脂始于 20 世纪 70 年代,主要可以分为三类:活性低聚物橡胶增韧环氧树脂、核壳橡胶粒子增韧环氧树脂和嵌段共聚物纳米自组装增韧环氧树脂。橡胶弹性体经过固化诱导相分离,以粒子的形式分散在环氧交联网络中,受外力冲击通过吸收能量和中止裂纹扩展来实现增韧环氧的目的。采用橡胶弹性体增韧环氧树脂,通常会导致其玻璃化转变温度和弹性模量降低,不适宜用于对形变和耐温要求较高的场合。使用热塑性树脂增韧环氧树脂,可以保持环氧树脂的力学强度、模量以及耐温性,但存在黏度大,相容性差的缺点。研究人员还开发使用了超支化聚合物、热致液晶树脂、无机刚性纳米粒子、互穿网络聚合物(IPN)等来增韧环氧树脂。

此外,也可以通过共混改性来提高环氧树脂其他方面的性能,如阻燃性能、模量、介电性能等。

共聚改性主要是通过对环氧或固化剂先进行共聚,主要是氰酸酯改性环氧和双马来酰亚胺改性环氧。氰酸酯树脂与环氧树脂有良好的相容性,用它改性环氧树脂,将大大提高固化物的耐湿热性和冲击韧性。在氰酸酯固化环氧树脂的过程中,主要发生以下反应:在氰酸酯改性的环氧树脂的固化结构中,含有氰酸酯自聚产生的六元三嗪环和氰酸酯与环氧反应生成的五元噁唑啉环,使固化物有较好的耐热性,在反应中不形成羟基,因此吸湿率低。树脂固化产物中有大量的醚键,当环氧树脂为二官能环氧时,则醚化反应可以生成分子链较长的聚醚结构,因此具有良好的韧性。双马来酰亚胺树脂(BMI)是以马来酰亚胺为活性端基的一类双官能团化合物;采用二元胺与环氧树脂和 BMI 共聚,环氧树脂与 BMI 通过二元胺的加成反应而发生共聚反应;用过量的环氧树脂与 BMI 和二元胺预聚,得到端基为环氧基的改性树脂,此树脂可以用胺固化得到较佳的性能。

2.3　环氧树脂增韧

环氧树脂由于交联密度高,和其他热固性树脂一样本征韧性较差,大大限制了其更广泛的应用,因此增韧是环氧树脂树脂永恒的研究课题。自20世纪60年代以来,人们开发了各种增韧方法来提高环氧树脂的韧性,从而使得环氧树脂能够在越来越多的领域得到应用,而新的增韧方法、增韧剂也在持续的发展中。

环氧树脂增韧的方法分为外部粒子增韧和本体结构改性增韧。外部增韧包括橡胶类粒子增韧、热塑性树脂增韧、超支化增韧、无机刚性粒子增韧和互穿网络增韧等;本体增韧包括固化剂结构改性增韧和环氧树脂结构改性增韧。另外,科研人员发现使用一种增韧方式总是存在弊端,如橡胶粒子增韧降低模量和耐热性,无机刚性粒子和热塑性树脂增韧造成体系黏度较大等,因此,最近研究较多的增韧方法是多级增韧方法,选择两种或两种以上的增韧方法进行协同增韧,目的是在进行增韧的同时,尽量不降低其模量和耐热性,甚至提高其模量和耐热性。

2.3.1　外部增韧

1. 橡胶类粒子增韧

橡胶类粒子增韧包括活性反应基团的液体橡胶、预成型粒子(核壳粒子)和嵌段共聚物增韧。

McGarry等[6]首次提出通过羧基封端的丁腈橡胶(CTBN)对环氧树脂进行增韧,环氧树脂的韧性提高了9倍左右。在此以后的几十年时间里,液体橡胶增韧得到了快速发展。带有活性反应基团的液体橡胶和环氧树脂在固化之前是相容的,在固化过程中经过反应诱导相分离形成两相结构(海-岛结构),最终橡胶是以微米粒子分散在环氧树脂基体中的。液体橡胶主要包括丁腈橡胶、聚丁二烯、聚硫橡胶等,其中最成熟的就是液体丁腈橡胶体系,通过调节丙烯腈含量可调节其与环氧树脂的相容性。为了提高液体橡胶与环氧树脂界面黏结力,需要在端基引入反应活性基团和环氧树脂反应,来提高黏结性能。带有活性基团包括羧基、羟基、环氧基、氨基、乙烯基等的液体橡胶都已经能够进行商业化生产。液体橡胶增韧最大的缺点是在增韧的同时,大大降低了材料的模量和耐热性,而且粒子的尺寸无法得到控制。

由于液体橡胶在发生反应诱导相分离时无法控制粒子的形状、尺寸及尺寸分布,因此,预成型粒子作为新型环氧树脂增韧方法于20世纪80年代得到快速发展。预成型粒子也称核壳粒子(CSPs),因为核层是橡胶相起到增韧作用,被硬质壳层包裹,能够在核层橡胶相的T_g以上保持稳定,从而在反应诱导相分离过程中保持橡胶相的大小和形状基本不变,提高了对第二相的控制。Marouf等[7]制备了以丁苯橡胶为软核、以聚甲基丙烯酸甲酯(PMMA)为硬壳的CSPs。以此作为环氧树脂增韧剂,当其质量分数达到5%时,韧性提高2.3倍,并且可以在低含量下实现高韧性。但是,这些核壳粒子需要洗涤、干燥,步骤繁杂。另外一种新型的核壳粒子直接在环氧单体中形成,悬浮在环氧母料中,不需要干燥就可以直接使用,而且也不会发生团聚,已经商业化生产。Zhou等[8]通过将CTBN橡胶和环氧树脂单体发生反应形成预成型粒子,然后再加入固化剂固化,当核壳粒子的质量分数达到5%时,其韧性提高了3倍。这些核壳粒子的尺寸不同,结构略有不同,如 He[9]发现采用500 nm 丁苯橡胶粒子,加入质量分数为12.5%时,韧性提高了4倍;而 Le 等[10]发现当商业化丁苯橡胶粒子为55 nm、质量分数达到5%时,韧性可以提高3倍,并且研究了在不同固化体系中的增韧效果。另外,多层核壳粒子也已出现,但是核壳粒子增韧技术成本较高,且发展不成熟。

另一种橡胶粒子是嵌段共聚物,这种共聚物具有两亲性特点,嵌段共聚物一部分可以和环氧相容,另一部分发生相分离,但是它们之间又通过共价键连接,所以这种聚合物可以很容易在环氧树脂中形成各种纳米结构。自20世纪末以来,Hillmyer 等[11]首先报道了在环氧树脂中添加嵌段共聚物形成纳米胶束来实现增韧。之后,又有很多研究者探究了嵌段共聚物在环氧树脂中的行为。Ruiz-Pérez 等[12]对嵌段共聚物在环氧树脂中增韧进行总结,大约分为以下三种方式:

①非反应性的嵌段共聚物通过自组装方式得到各种形态,主要是通过在固化反应前经过自组装发生相分离形成纳米结构,再经过固化将纳米结构固定。

②固化反应之前,非反应性嵌段共聚物和环氧树脂完全相容,在固化过程中发生反应诱导相分离,形成纳米结构。

③含有活性反应基团的嵌段共聚物和周围基体树脂先发生反应,没有反应基团的链段发生相分离,也是发生在固化反应之前。

二嵌段或多嵌段的聚环氧乙烷(PEO)和聚环氧丙烷(PPO)由于已经可以商业化而得到广泛应用。两者都属于亲水性结构,因此会改变其中某个链段结构,如引入聚苯乙烯(PS)和聚乙烯(PE)或者乙烯丙烯共聚物(PEP)制备成 PEO-PS、PEO-PE 和 PEO-PEP 嵌段共聚物。Dean 和 Liu 等[13,14]研究了嵌段共聚物种类、比例、分子量以及交联密度对自组装结构的影响,其中嵌段共聚物的形貌是影响材料力学性能的主要因素。Wu 等[15]通过引入聚氧化丁烯(PBO)和聚氧化己烯(PHO)分别形成 PEO-PBO 和 PEO-PHO 嵌段共聚物,韧性分别提高了4倍和6倍,玻璃化温度得到了显著的提高,但是杨氏模量下降了20%。

上述三种橡胶类粒子增韧机理相似,都是通过粒子与基体之间模量不同,造成应力集中,同时会形成许多空洞,空洞一方面可以阻断裂纹继续扩张形成宏观裂缝,另一方面产生更多的应力集中,继续产生空洞,在空洞之间形成剪切带,实现剪切屈服,同时剪切带在裂纹尖端形成一个塑性区,使裂纹尖端免受所施加的裂纹驱动力的影响而继续扩展。正是由于粒子的空化和空化形成剪切带的屈服,使得韧性得到大幅度的提高。

2. 热塑性树脂增韧

由于橡胶类粒子增韧的缺点,因此会选择一些具有刚性结构而又具有延展性的热塑性树脂进行增韧。热塑性树脂的引入,在增韧的同时不仅不会降低模量和耐热性,甚至还有一定程度的提高,因此,自20世纪80年代初以来,热塑性树脂增韧环氧树脂改性取得了长足的进展。其中研究较多的热塑性树脂包括聚砜(PSF)、聚醚砜(PES)、聚苯醚(PPE)、聚醚醚酮(PEEK)、聚醚酰亚胺(PEI)等。热塑性树脂与环氧树脂在反应初期是相容的,在固化的过程中经反应诱导相分离的机理形成两相结构。也可以通过预成型热塑性粒子,如半结晶的聚酰胺(PA)粒子对环氧树脂进行增韧[16]。对 PA 来说,其分子结构中的酰胺氢可与环氧环上的氧形成氢键或共价作用,增加二者的界面作用。PA 粒子增韧环氧树脂的效果与粒子的种类、直径和加入量等因素密切相关[17,18]。热塑性树脂增韧机理类似于橡胶粒子增韧,主要是剪切屈服理论和丁卯机理。但是,热塑性树脂的增韧改性效果远低于橡胶类粒子的增韧性能,并且加入热塑性树脂黏度急剧增加,不易加工。

3. 无机刚性粒子增韧

无机刚性粒子是另一种增韧方式,可以在大多数情况下同时提高环氧树脂的断裂韧性和刚度,而不影响其耐热性,但增韧效率偏低。橡胶粒子增韧改性环氧树脂机理包括颗粒空化和随后的基体塑性变形。然而对于微米级刚性粒子改性环氧树脂,主要的增韧机理为裂纹-丁卯、裂纹偏转和粒子脱黏引起的基体剪切屈服和塑性空洞的增加。纳米级刚性粒子由于其高比强度、比模量等一系列优点在增韧环氧树脂方面得到了快速发展。最近的研究表明[19]刚性纳米填料可以像软橡胶粒子一样对环氧树脂增韧。也就是说,填料脱黏及由其引起的空洞增长形成的基体剪切带可能在增韧过程中起到关键作用。

Hsieh 等[20,21]报道,与塑性空洞增长效应相比,基体剪切带对断裂韧性的贡献更大。他们的试验数据与预测结果取得了很好的一致性。Domun 等[22]对增韧所用的纳米填料进行了综述,包括碳纳米管、石墨烯、纳米黏土和纳米二氧化硅等无机刚性粒子,如图 2.34 所示。其中,纳米填料增韧面临的最大难题是纳米填料的均匀分散问题。如果分散不均匀,纳米填料很容易聚集,从而形成应力集中点,造成力学性能下降。Domun 等还讨论了纳米粒子的大小、含量、表面改性对环氧树脂增韧改性的影响。无论是刚性微米填料还是纳米填料,在大多数情况下其在环氧树脂中的增韧效率都比橡胶粒子低得多,因此,刚性填料增韧环氧复合材料仍然不满足某些工程应用的关键要求,在这些工程应用中,需要高韧性和高刚性材料。此外,将无机纳米刚性粒子引入环氧树脂中,会使环氧树脂黏度急剧增加,严重影响树脂的加工性。

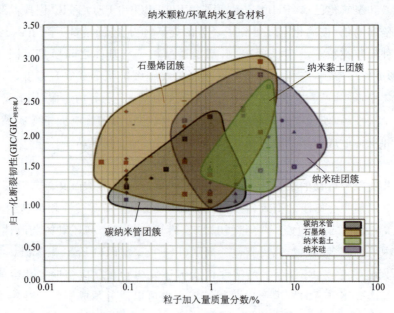

图 2.34 不同环氧纳米复合材料的断裂韧性与粒子含量关系图

4. 超支化聚合物增韧和互穿网络增韧

现阶段研究较多的外部增韧方法还包括超支化聚合物增韧和互穿网络增韧。超支化聚合物(HBPs)由于具有球形结构、大量的活性端基和高度支化的结构,因而具有更高的反应活性、更低的黏度和更高的溶解性。超支化聚合物主要包括超支化聚酯、聚氨酯、聚醚等。必须在超支化聚合物中引入可以与环氧树脂反应的末端基团,才能提高界面强度,明显提高增韧效果。但只有羟基封端的超支化聚酯研究较多,它能有效地提高环氧树脂的韧性,但其他力学性能和耐热性均会稍有降低。互穿网络(IPN)结构增韧指的是同一体系中存在两种及以上的网络,相互贯穿不破坏原有网络的特性,从而制备出具有独特网络结构的聚合物混合物。使用 IPN 增韧不仅可以大幅度提高环氧树脂的冲击强度,并且会保持其他性能基本不变。环氧树脂互穿网络增韧主要包括环氧-丙烯酸酯、环氧-聚氨酯等体系。但是 IPN 结构增韧时无法精准控制互穿网络的最终结构。

5. 多种方式协同增韧

单一增韧手段无法协调韧性、强度、耐热性和加工性能的关系,因此多种方式协同增韧得到了快速发展。首先是针对刚性粒子和柔性粒子分别有增韧不足和模量及耐热性下降的缺点,提出一种利用柔性粒子和刚性粒子对环氧树脂协同增韧的新方法。通过调整软、硬颗粒的含量,可以调整环氧树脂的多种力学性能,从而显著扩大其工程应用范围,已经有相关报道。Sue 等[23]研究了核壳结构橡胶粒子(CSR)与层状 α-磷酸锆的结合比单相填料更能有效地增韧环氧树脂。Kinloch 等[24]发现在环氧树脂中添加二氧化硅纳米颗粒和橡胶颗粒对改性环氧树脂的断裂韧性有协同作用。Kinloch 等[24]研究表明,在纳米二氧化硅和微橡胶颗粒填充的多相环氧树脂中,可以大幅度提高韧性。只引入纳米二氧化硅,复合材料的韧性仅随二氧化硅含量的增加而略有提高。当复合材料中含有一定量的橡胶和不同含量的纳米二氧化硅颗粒时,随着二氧化硅含量的增加,韧性显著增加,对韧性产生协同效应。

环氧-橡胶复合材料的成分复杂,不同类型增韧剂的增韧机理不同,对其增韧机理有专门的解释。人们普遍认为,混合复合材料中的基体剪切带以及基体屈服是由于添加了橡胶颗粒造成的。另外,许多研究认为,在复合材料中加入微米大小的玻璃球属于裂纹-丁卯机理增韧。例如,Kinloch[25]、Maazouz[26]和 Zhang 等[27]单独观察了断裂面上的裂纹前缘弯曲和特征尾迹,这些特征尾迹被视为其混合体系中的裂纹-丁卯机理造成的。Liang 等[28]报道了纳米二氧化硅和微米级橡胶粒子协同增韧机理。橡胶粒子的增韧机理为橡胶颗粒空化,引起基体塑性变形。这种增强涉及塑性区橡胶颗粒之间剪切带密度的增加。扩展塑性区进一步保护裂纹尖端,从而提高断裂韧性。

Tang 等[29]报道了刚性粒子纳米二氧化硅和柔性橡胶粒子协同增韧机理,研究表明刚性粒子和软性粒子的结合对于同时改善韧性和模量等关键力学性能具有巨大的潜力,而单相粒子则无法独立实现,如图 2.35 所示。在三元体系中,二氧化硅纳米粒子的存在使橡胶粒子变小,形状不规则;二氧化硅刚性纳米粒子在橡胶粒子存在下的脱黏现象比在二元复合材料中的脱黏现象要小。这些特征反映了两种粒子之间复杂的相互作用,提出了刚性和柔性复合材料裂纹尖端的局部塑性变形是材料韧性的主要影响因素。

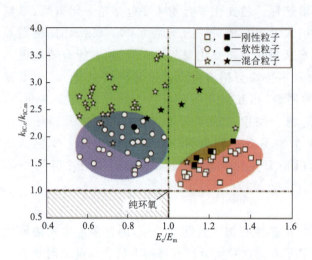

图 2.35　柔性粒子和刚性粒子及二者协同增韧环氧树脂的韧性-模量曲线

Vijayan 等[30]和 Marouf 等[31]对不同的纳米刚性粒子和柔性粒子的协同增韧体系分别进行了综述。Puglia 提出利用弹性体/热塑性塑料和纳米填料对环氧树脂体系进行改性的方法有助于调整多种机械性能,而不影响其他所需性能。Puglia 分别对纳米刚性粒子和微米级柔性粒子单独讨论,又对两者的协同增韧进行了详细的讨论,包括液体橡胶和不同纳米刚性粒子的协同增韧,核壳子橡胶粒子和纳米刚性粒子增韧,以及热塑性树脂和纳米刚性粒子的增韧等。

2.3.2　本体增韧

环氧树脂本体化学结构改性增韧是另一大类环氧树脂的增韧方式,主要包括固化剂结构改性和环氧单体结构改性,分别是在固化剂或环氧单体中引入柔性基团,制备新型固化剂和环氧树脂单体。本体结构增韧改性可以避免上述外部粒子增韧所带来的加工性能变差的结果,提高环氧树脂的韧性,而且可以赋予环氧树脂新的功能性。

1. 环氧树脂单体结构增韧

环氧树脂单体结构增韧主要是在环氧单体的主链或侧链引入柔性基团,从而提高其韧性。Lin 等[32]通过在双酚 A 环氧树脂侧链引入聚硅氧烷柔性链段,制备了一系列有机硅环氧,将该系列有机硅环氧树脂和双酚 A 环氧树脂按一定比例混合后用 DMP-30 固化,其中双酚 A 环氧树脂和有机硅环氧树脂以 50∶50 的比例进行混合固化,冲击强度相比于纯环氧树脂提高了近 6 倍,并且玻璃化温度略有提高。Iijima 等[33,34]通过在芳香族环氧树脂主链中引入柔性乙氧基单元,制备了一系列新型乙氧基化的芳香族环氧树脂。酚醛环氧树脂中引入乙氧基后断裂伸长率提高了 66%,并且强度略有提高,但是玻璃化温度下降明显。Yang 等[35]通过新的合成方法制备了不同乙氧基含量的双酚 A 环氧树脂,并通过调节其与双酚 A 环氧树脂的配比进行增韧改性,当 EO-6 环氧和双酚 A 环氧配比为 50∶50 时韧性最高,比纯的双酚 A 环氧树脂提高了 5 倍,并且树脂黏度下降明显,有利于其加工成型,同时强度和模量略有提高。

Zhang 等[36,37]在双酚 A 环氧树脂中引入不同含量的乙氧基,研究了乙氧基化双酚 A 环氧树脂的形状记忆功能,该体系以六氢苯酐(HHPA)为固化剂,EO-2 和 EO-6 配合使用,随着 EO-6 含量的提高,断裂伸长率显著增加,但玻璃化温度和模量下降明显,接近于室温;所有体系的形状固定率都高于 95%,形状回复率接近 100%,表明这种材料可以制备玻璃化温度可调的形状记忆材料。Huang 等[38]通过固碱法制备了乙氧基化的双酚芴环氧树脂,不仅冲击强度得到大幅度提高,而且拉伸强度和模量同时提高,主要是因为乙氧基化的双酚芴环氧树脂分子链柔性提高,并且交联密度降低,大幅度降低了应力集中。作者还研究了该体系的形状记忆功能,形状固定率 99%,形状回复率接近 100%,具有优异的形状记忆功能,同时此体系玻璃化温度为 170 ℃,是形状记忆环氧树脂中玻璃化温度较高的体系。上述引入乙氧基后的环氧树脂不仅具有优异的力学性能,而且具备优异的形状记忆功能。

2. 固化剂结构改性增韧

固化剂结构改性增韧包括在固化剂中引入聚硅氧烷柔性链或聚醚柔性链。Park 等[39]在芳香胺固化剂中引入柔性聚硅氧烷链,随着柔性链含量的提高,韧性提高,当质量分数达到 10% 时,韧性提高 2.5 倍,此时玻璃化温度、强度、模量略有下降;当质量分数为 5% 时,韧性提高 1.5 倍,同时强度提高,模量和玻璃化温度基本保持不变。这主要是因为随柔性链的引入,体系的内应力显著降低,不仅提高冲击性能,其弯曲强度和耐热性也在提高。Yang 等[40]通过将聚醚胺固化剂(D-230 和 D-400)和二乙基甲苯二胺(DETDA)配合使用,当聚醚胺(D-230)的质量分数为 21% 时,其冲击强度提高 1 倍,同时拉伸强度、模量均得到提高。Feng 等[41]研究了通过聚乙二醇(PEG-4000)改性甲基六氢苯酐,探索了在室温和低温(77 K)对环氧树脂进行增韧,结果表明,当 PEG-4000 的质量分数为 15% 时,低温拉伸强度为 127.8 MPa,提高了 30%;室温和低温条件下,韧性都得到了提高。

综上所述,单一刚性粒子能够提高模量,但是体系黏度急剧增加,并且增韧效率不佳;单一橡胶类粒子能大幅度提高韧性,但是模量和耐热性下降明显。两者协同增韧,有些会使得韧性大幅度提高,但是造成模量稍微降低;有些会提高模量,但是增韧不佳。在增韧的同时需要考虑的一个重要方面是加工性能的变化。上述增韧方式中大多是添加高分子量聚合物或刚性粒子,往往是固体或高黏度液体,即使用量相对较少,也会导致最终配方的黏度大幅度增加,从而使加工性能变差。在不影响加工和环氧树脂其他性能的情况下提高韧性仍然是开发优质环氧树脂的主要挑战。结构改性增韧方法不仅可以改善加工性能,还可以大幅度提高韧性;但是耐热性下降明显。开发能同时提高韧性、强度和耐热性的新的增韧方法是制备高性能环氧树脂的关键难题。

2.3.3 反应诱导相分离

材料的微观相结构与材料力学性能的大量研究结果表明,为获得最佳的材料性能,除了分子结构的因素亦即材料本身的性能外,对材料的凝聚态结构(相结构)进行控制是非常重要的,因此,为了获得最佳的增韧效果,正确控制橡胶(热塑性树脂)/环氧树脂体系的相分离过程是十分关键的。橡胶(热塑性树脂)/环氧树脂体系的相分离过程属于反应诱导相分离的范畴。反应诱导相分离的定义为:在固化反应开始之前或反应初期,改性剂和低分子量的热固性树脂单体或预聚物混合均匀后,体系处于均相状态。随着固化反应的进行,热固性树脂的分子量逐渐增加,与改性剂之间的相容性逐渐变差,体系在热力学上不再相容,相分离开始发生,相结构逐步演化并粗大化。一般认为反应诱导相分离过程经历以下阶段:诱导期、开始分相、凝胶化、相尺寸的固定、相分离的终止和树脂的玻璃化。反应诱导相分离最早由 Yamanaka 等[42]在 20 世纪 80 年代末提出。

影响聚合诱导相分离的因素可归纳为热力学因素和动力学因素两大类。热力学因素主要包括两组分的相对含量及其相容性,动力学因素主要包括固化过程中体系黏度的变化以及两相组分各自分子链的扩散速度。热固性树脂分子量的逐渐增加提供了相分离热力学上的初始动力。随着固化反应的进行,体系黏度和模量的逐渐增加对两相组分的运动产生阻碍,同时热固性树脂分子量的逐渐增加将导致玻璃化温度升高和分子链扩散的下降,这些因素都会产生不利于相分离的动力学阻碍作用。在整个体系达到凝胶化点或者玻璃化点后,相结构被冻结。热固性树脂/改性剂的最终相结构可归结为相分离的热力学推动力与体系中阻碍相分离的动力学位垒相互竞争的结果,因此,如何控制相分离的热力学和动力学因素,使其达到一个合理的平衡并获得所需的相结构,是反应诱导相分离中控制材料性能的关键。

对于橡胶改性环氧树脂体系来说,在固化前,液体橡胶与环氧树脂完全相容。当二者混合自由能为负值时,共混体系为热力学相容的。根据 Flory-Huggins 方程和 Hildebrand 方程[43],环氧树脂与橡胶的混合自由能可表示为

$$(\Delta G_m)/V = \varphi_e \varphi_r (\delta_e - \delta_r)^2 + RT(\varphi_e/V_e \cdot \ln \varphi_e + \varphi_r/V_r \cdot \ln \varphi_r) \qquad (2.1)$$

式中,φ_e、φ_r 为体积分数;δ_e、δ_r 为溶度参数;V_e、V_r 为环氧树脂和橡胶的摩尔体积。因为 φ_e、φ_r 小于 1,等式右侧第二项为负值。对于给定的环氧树脂/橡胶混合体系,在给定温度下 ΔG_m 主要取决于 δ_r,也就是橡胶的化学性质,以及 V_r,这依赖于橡胶的摩尔质量。

当 δ_e、δ_r 大小相当,并且橡胶的分子量较低时有利于均匀混合。通过控制这两个参数,可以使混合自由能在固化前保持为负值。随着固化反应的进行,V_e、V_r 将随着橡胶和环氧树脂摩尔质量的增加而增加,在固化反应进行到一定阶段时,ΔG_m 将变为正值。在这个阶段,橡胶将发生相分离,这个相分离的点称为云点。

相分离过程可以描述如下:在初始阶段体系为均一的,然后在云点发生相分离,最终在凝胶点形貌被固定下来,形成两相结构(海-岛结构)(见图 2.36),最终橡胶以微米粒子分散在环氧树脂基体中[44-46]。实际上,反应后期体系黏度上升较快,形貌在凝胶点之前就已经被固定下来[44]。

在橡胶改性环氧树脂体系中,大多数情况下均形成球形的橡胶颗粒分散在环氧树脂连续相中的相结构。人们常用成核增长机理来解释这种形貌结构[47,48]。在常用的低分子量液体橡胶改性环氧树脂体系中,相分离总是出现在环氧树脂固化过程中,凝胶化时阻止橡胶进

一步析出。Manzione 等[49]通过改变环氧树脂凝胶时间来控制橡胶粒子的尺寸。张建文等[50]研究了液体橡胶与环氧树脂的固化反应诱导相分离过程,结果表明,该固化反应经历了不稳相分离过程,固化动力学过程与相分离过程有强烈的依赖性,固化速度越快,橡胶相尺寸越大。当环氧固化反应转化率达 80% 时,橡胶相结构基本得以固定,最终得到双连续相结构。张春华等[51]研究了不同固化温度对橡胶/环氧体系相结构的影响,结果表明,随固化温度的升高,橡胶与环氧树脂的相容性增大。通过控制固化温度,橡胶/环氧树脂体系的相结构可从均相结构变化为橡胶分离的两相结构,且相尺寸可调。在加入固化剂之前使橡胶与环氧进行预聚反应,可增加橡胶分离相的体积含量和相尺寸。综上所述,热力学和动力学因素同时影响体系的相分离,体系的初始固化温度、橡胶的体积分数、橡胶的分子量均会影响体系的相分离行为和固化物的性能。为获得良好的增韧效果,关键在于体系顺利实现相分离,形成具有一定大小的粒径和一定量体积的橡胶微区[52,53]。

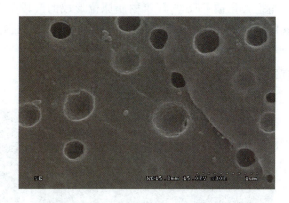

图 2.36 海-岛结构(反应诱导相分离)

热塑性树脂/环氧树脂反应诱导相分离研究始于 20 世纪 80 年代,是在橡胶增韧的基础上发展起来的。反应初始阶段,热塑性聚合物与环氧树脂形成均一溶液,随环氧树脂的固化反应,体系发生相分离。与橡胶增韧环氧不同,热塑性树脂/环氧树脂体系共混物可形成不同的相结构:海-岛结构(环氧树脂占主体)、双连续相结构和相反转结构(热塑性树脂占主体)(见图 2.37)等,其中双连续结构和相反转结构能够很大程度上实现韧性、力学和耐热性能的提高。

为了控制热塑性树脂/环氧树脂共混体系的相结构演化过程,获得最佳的材料性能,研究人员进行了大量的研究。研究结果表明,热塑性树脂/环氧树脂相结构影响因素主要包括热塑性树脂的种类、含量、分子量、固化温度、界面黏结性能等。Kim 等[54]通过研究,认为热塑性树脂/环氧树脂体系的相分离过程通常遵循旋节线相分离(spinodal decomposition,SD)机理。Inoue 等[55]还报道了环氧改性体系在一定条件下出现"相反转"的相结构,有利于体系性能的大幅提高。Kinloch 等[56]报道,双连续相或相反转的微结构对提高体系韧性的效果要高于热塑性树脂颗粒分散相体系。甘文君等[57]研究了聚醚酰亚胺改性环氧树脂体系相分离的黏弹性效应,讨论了不同促进剂用量、不同 PEI 分子量及用量等因素的影响。结果表明,选择不同促进剂用量、不同的 PEI 分子量及用量,最终体系的相结构差异较大,相结构可从 PEI 为分散相的结构,过渡到近似双连续相的结构,最后过渡到 PEI 为连续相的相反转结构。Park 等对 PEI/环氧树脂体系的相分离进行了研究,结果表明固化体系的相结构形态和相分离机理受固化温度和 PEI 加入量的共同影响。当 PEI 的加入质量分数从小于 10% 增加到 25% 时,固化物的形貌结构可从海-岛相结构过渡到双连续相,最终过渡到环氧微球分散于 PEI 连续相中的反转相结构。随固化温度的升高和 PEI 加入量的下降，PEI 颗粒的尺寸逐渐降低，而富环氧相球粒尺寸的变化趋势则与此相反[58]。相关研究表明，热塑性树脂是否带有活性官能团对最终体系的相结构也有较大影响。Yang 等[59]分别采用反应性 PES 和非反应性 PES 来改性三缩水甘油基对氨基苯酚，发现采用非反应性 PES 为改性剂时，最终得到 PES 球形分散相结构；当采用氨基封端的反应性 PES 为改性剂时，最终相结构为双连续相。这是由于采用反应性 PES 时，由固化反应引起的旋节线分解（SD）被抑制，相结构粗大化被 PES 与环氧树脂原位形成的嵌段共聚物影响，因此，相结构在 SD 早期阶段就被固定。Yamanaka 等[60]研究了升温速率对 PES/DGEBA/DDM 相结构的影响，发现升温速率从 2.5 ℃/min 提高到 20 ℃/min 时，相结构尺寸从 2 μm 增加到了 12 μm，提高升温速率有助于增大相尺寸。

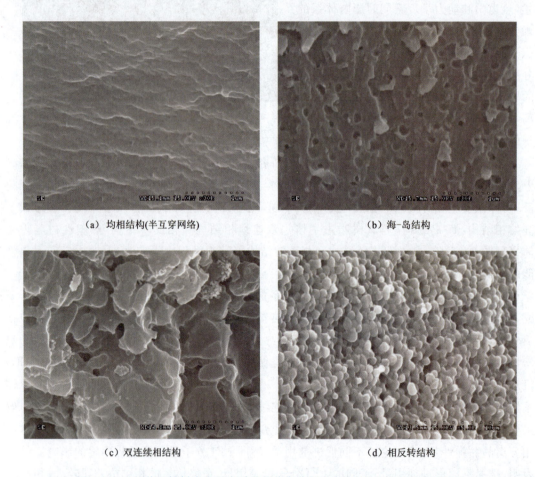

(a) 均相结构(半互穿网络)　　(b) 海-岛结构

(c) 双连续相结构　　(d) 相反转结构

图 2.37　EP/热塑性树脂经反应诱导相分离获得微米、亚微米尺度的分相结构

热塑性树脂/环氧树脂共混体系的相结构影响因素较多，通过系统深入研究各影响因素对体系最终相结构的影响，可以选择适宜的组分变量和加工条件，对共混体系的相结构进行调控，最终获得所需性能的材料。

2.4 环氧树脂的自修复研究

由于受热、机械和化学等因素的影响,环氧树脂在使用过程中内部会产生微裂纹,从而影响其使用寿命和力学性能。为了解决这种宏观难以检测到的材料损伤,通过模仿生物体自身修复损伤的原理,自修复材料应运而生。自修复材料可以感知外界环境因素的变化,并做出适当的响应,以恢复其自身性能。自修复材料的分类方法很多,按照是否使用修复剂可分为外援型和本征型两大类。外援型修复方法使用微胶囊和中空纤维,用以包载修复剂。本征型修复方法则是利用体系中存在的可逆化学反应进行自修复,这些化学反应包括 Diels-Alder 反应、动态共价化学、氢键、π-π 堆叠和离子聚合物等。

2.4.1 外援型自修复

1. 空心纤维自修复

空心纤维自修复方法的修复机理是将空心纤维埋植在基体材料中,空心纤维内装有修复剂流体,材料发生破坏时通过释放空心纤维内的修复剂流体黏结裂纹处实现损伤区域自修复。该方法最早由 Dry 等[61]应用于纤维增强混凝土材料中,近些年来许多研究学者将其应用于环氧树脂复合材料自修复领域。空心纤维的直径一般为 40～200 μm,空心纤维在基体中排列方式可垂直交叉或平行或呈一定角度。以平行排列的空心纤维为例,依据纤维内部修复剂类型又可分为图 2.38 所示的几种类型。

图 2.38(a)中空心纤维内装有单组分树脂修复剂,该组分可在空气等的作用下不需固化剂便可实现自修复;图 2.38(b)中修复剂及固化剂分别注入不同空心纤维内,自修复过程需要修复剂与固化剂接触才能实现;图 2.38(c)中修复剂注入空心纤维内,固化剂以微胶囊形式分散在基体材料中,同样需要两者接触后实现自修复功能。

2. 微胶囊自修复

微胶囊自修复聚合物材料是由 White 等[62]于 2001 年首次提出的,在之后的十几年中成为研究热点,并已成为最主要的自修复方法之一。其自修复机理如图 2.39 所

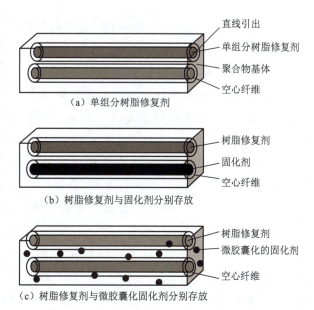

图 2.38 空心纤维自修复聚合物材料示意图

示,将内含修复剂的微胶囊埋入聚合物基体材料中,同时在基体中预埋催化剂(也可将催化剂微胶囊化后埋入基体材料中),当材料产生裂纹后,裂纹的扩展导致微胶囊破裂,释放出的修复剂在虹吸作用下向损伤区域扩散,遇到催化剂后发生聚合反应修复裂纹。近几年的研究主要是围绕修复剂的选择、催化剂的选择以及相应的微胶囊化技术而开展。

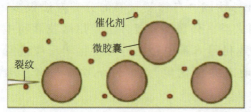
(a)裂纹产生

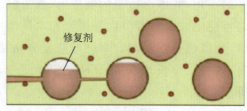
(b)裂纹扩展破坏微胶囊

(c)修复剂聚合后裂纹消失

图 2.39　微胶囊自修复机理示意图

3. 微脉管自修复

微胶囊自修复体系虽然是应用较为广泛,但其只能实现单次修复,与理想的自修复材料还存在一定差距。与微胶囊自修复体系相比,微脉管网络自修复体系通过模拟生物体组织自愈合原理,通过在材料内部埋入具有三维网状结构的微脉管,可实现修复剂的持续补充,因此可实现材料损伤的多次修复。2007 年,Toohey 等[63]首次将微脉管自修复体系应用到环氧树脂基体中,微脉管采用直写组装印刷技术制备(direct-write assembly printing technology),直径在 200 μm 左右,在微脉管内注入双环戊二烯(DCPD)单体,将三维网络的微脉管埋入含有 Grubbs 催化剂的环氧树脂涂层中,如图 2.40(a)所示,四点弯曲试验结果表明,该体系可实现材料同一损伤区域的 7 次自修复。2009 年 Toohey 等[64]采用双组分微脉管网络体系,将环氧树脂修复剂和胺类固化剂分别注入两组独立的微脉管中,如图 2.40(b)所示,再将该微脉管体系埋入环氧树脂基体材料中,试验结果表明,该体系可实现同一裂纹处的 16 次自修复,且修复效率高于 60%。随后 Hansen 等[65]又在此基础上制备了纵横交叉的微脉管网络体系,如图 2.40(c)所示,该体系可实现同一裂纹损伤区域的 30 次自修复,且 30 次自修复后修复效率仍可达到 50%。

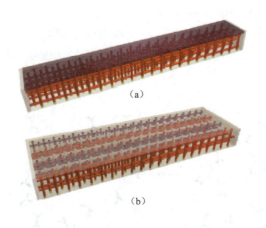
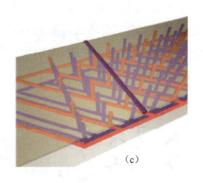

图 2.40　微脉管网络自修复聚合物材料微脉管排列方式示意图

2.4.2　本征型自修复

本征型自修复可以重复多次,其自修复机理主要是通过聚合物材料内部本身具有的可逆化学反应的分子结构或大分子的扩散等形式来实现,根据可逆化学反应的类型分为可逆非共价键自修复(物理型)和可逆共价键自修复(化学型)两大类。在修复过程中,需外部能量和刺激如机械力、光、热、pH 变化等实现的自修复称为非自主型自修复,不需外加条件就可实现的自修复称为自主型自修复。本征型自修复体系与外援型修复体系相比显著的优点是不需要考虑外加物质与基体的相容性,并且可以容易地实现多次自修复。可逆共价键主要指 Diels-Alder 反应、酯交换反应和二硫键反应等,而可逆非共价作用主要是超分子作用,如氢键、π-π 堆积、静电作用(离子-离子和离子-偶极)、金属-配体作用和主客体作用等。由于超分子体系对水分较为敏感,并且是一种弱相互作用,这必然会引起聚合物稳定性和机械性能的显著降低,从而极大地限制动态聚合物材料的应用,因此在环氧树脂中研究较少。为了兼顾超分子作用的动态能力和传统共价键的强度与稳定性,研究者提出了动态共价聚合物的概念。一般地,在室温下动态共价键类似于稳定的传统共价键,在受到外界刺激时,可以发生断裂或交换,因此,这类新型聚合物不仅拥有传统聚合物良好的机械性能,而且化学结构动态可逆,能够对外界环境做出响应。动态共价聚合物的一个重要应用是赋予材料修复损伤的能力,从而延长材料的耐用性和使用寿命,进一步减少对能源的浪费和环境的危害。新型动态共价键的探索一直是该领域的研究重点与热点。当前已经有大量动态共价键被报道,并应用于动态共价聚合物的构筑和修复性能的研究。用在环氧树脂中的动态可逆反应主要包括以下几种:

1. 酯交换反应

酯交换反应是一种常见的化学反应,是酯和醇在催化剂的存在下生成另一种醇和酯的反应。Leibler 等[66]通过在环氧树脂/酸酐和环氧树脂/羧酸体系中引入有机碱催化剂,首次提出了类玻璃高分子(vitrimer)的概念。在环氧树脂网络体系中,通过简单调节环氧和羧基的含量就可以实现整个体系中含有大量的羟基和酯基,同时引入有机碱催化剂便可以实现动态可逆反应,实现环氧树脂的自修复,如图 2.41 所示。尽管所有酯交换反应的环氧树脂都显示出良好的加工性能,但由于催化剂的老化及酯键的水解,材料的长期稳定性是该体系最大的问题。

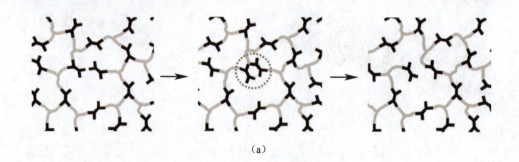

图 2.41 通过酯交换反应的环氧网络结构的拓扑结构重排示意图

2. 二硫键自修复反应

二硫键是比较弱的共价键,可在低温下实现自修复。二硫键可发生还原反应断裂形成巯基,发生氧化反应再重新形成双硫键。二硫键具有与相同或不同硫原子重组化学键的性能,并且可在体系中实现多次断裂和重组,如图 2.42 所示。在二硫键交换反应的环氧树脂中,硫醇自由基在空气中容易氧化,这些材料随着时间的延长,动态性能明显变差。

3. 硅氧烷平衡反应

硅氧烷的动态平衡反应早在 20 世纪 50 年代就被提出并且获得了专利。2012 年,Zheng 等[67]提出了这种"被遗忘的"聚硅氧烷的动态可逆反应,并且在聚二甲基硅氧烷(PDMS)网络中证明了这种交换反应能实现自愈合和应力松弛。定性应力松弛试验表明,PDMS 弹性体在酸或碱的催化下,可实现硅氧烷的重排。Schmolke 等[68]通过阴离子开环聚合反应制备了动态交联的聚二甲基硅氧烷聚合物。通过调控反应参数,制备出室温下可完全自修复的聚二甲基硅氧烷。Huang 等[69]制备了硅醇钾封端的含氨丙基侧基的聚硅氧烷低聚物,并以此作为环氧树脂的固化剂,来固化双酚 A 聚醚环氧树脂(DGEBAEO-2)(见图 2.43),从而将可逆的硅氧键引入硬质环氧树脂中,实现了环氧树脂的自修复,其自修复效率达到 81%。

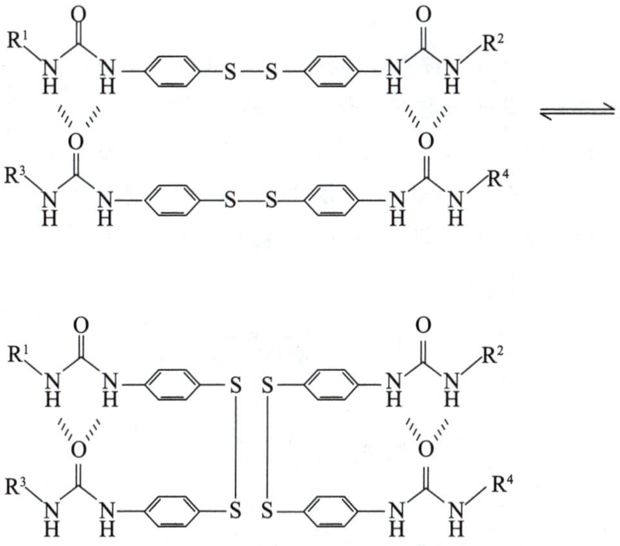

图 2.42　芳香族二硫键的交换反应

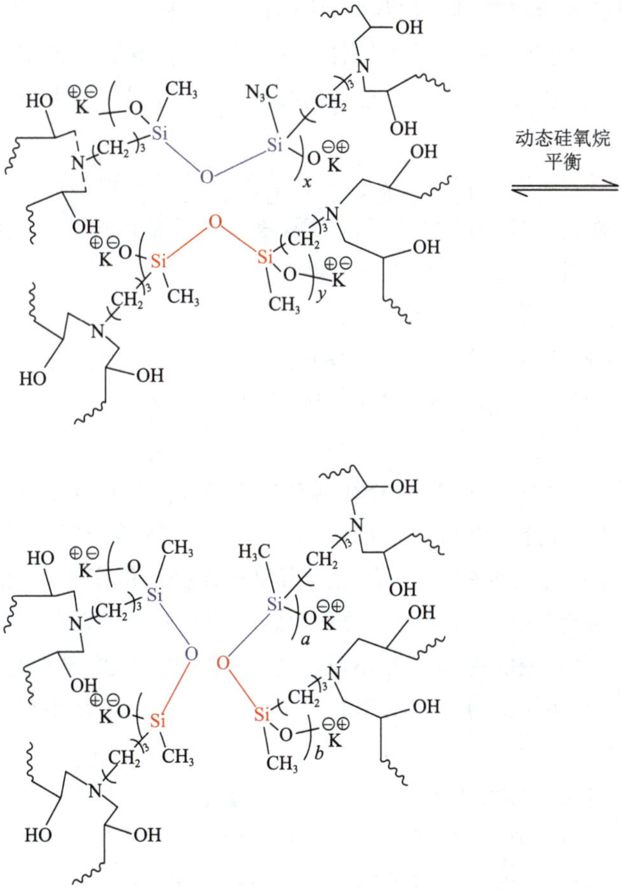

图 2.43　硅氧烷平衡反应

4. 可逆 DA 反应

可逆 diel-alder(DA)反应是一种温度可逆的动态共价化学反应,可逆反应作用机理如图 2.44 所示,含有一个活泼双键或三键的化合物与共轭二烯类化合物发生加成生成环状化合物为其正反应,反应极易进行,且反应速率快,而当温度升高时发生 DA 逆反应,生成带有活性反应基团的反应物,为材料的自修复提供条件。但是 DA 键在高温时会发生旧键的断裂,此时交联密度下降导致黏度急剧下降,造成环氧树脂耐溶剂性下降。

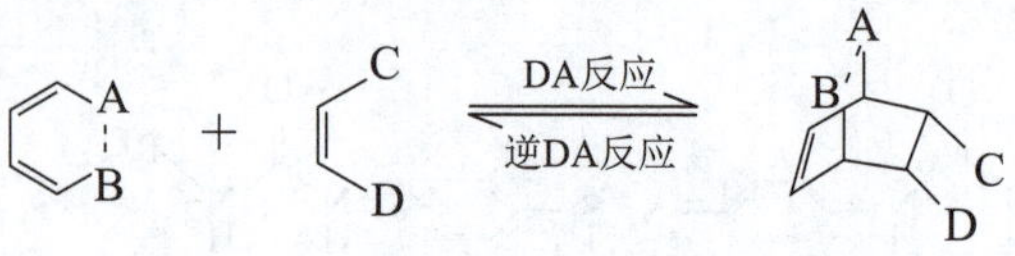

图 2.44 可逆 DA 反应作用机理

2.5 高强度高模量环氧树脂研究

碳纤维/环氧树脂复合材料具有比强度、比模量高,结构尺寸稳定性好等特性,已被广泛应用于航空航天以及航海领域的主承力构件[70,71]。随着航空航天技术的发展,下一代新型航天器的制造对碳纤维复合材料提出了更高的要求,主要体现在以下方面:

1. 更高的结构效率

与以往的航天器相比,新一代航天器需要搭载的有效载荷种类更多,需要航天器具有更高的结构效率,在实现其最佳功能的同时最大限度地降低结构质量,因此,要求使用强度更高、韧性更好的复合材料,为设计提供减重条件。

2. 更高的结构精度和稳定性要求

新型的航天器为提高结构效率,会将多种有效载荷同时装配在同一支撑结构上。如果支撑结构精度稳定度不高,会给有效载荷性能带来严重影响。

3. 更加苛刻的工作环境

航天器在空间轨道运行过程中,部分暴露在外太空中,其工作环境的温差很大,这种环境会引起复合材料力学性能及制件尺寸的改变。根据仿真计算,新一代航天器结构材料需要在 $-170 \sim +140$ ℃冷热交变的条件下工作,因而对其在轨精度保持能力要求更高。

与此同时,随着树脂基复合材料性能的不断提高和航海条件对其影响认识的不断发展,树脂基复合材料在航海领域的应用也在不断增加。据文献报道,树脂基复合材料最具潜力的航海应用在于制造能在极深海洋下工作的潜艇、潜水器、鱼雷、水下机器人等水下结构件。而制造这种承受深水压力的结构件是当前技术界面临的难题之一。

因此,提高环氧树脂基体的强度和模量、采用高强高模的纤维增强材料、提高增强材料与树脂基体的黏结性能,将制备出性能优异的高强高模环氧树脂复合材料,满足下一代航天器主承力构件和未来极深海洋压力容器结构件的应用需求。

开发兼具高强度和高模量的纤维已成为全球碳纤维技术的发展趋势。近年来,美国、日本先后宣布开发出新型超高强中模碳纤维。图2.45所示为日本东丽和美国赫氏公司的碳纤维技术发展情况。同时,国外公司通过开发系列高性能树脂基体,提高树脂的强度和模量,有效改善了复合材料的力学性能,特别是复合材料的压缩强度提升明显(见表2.1)。

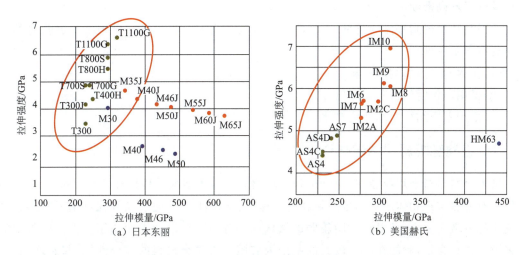

图2.45 日本东丽和美国赫氏的碳纤维技术发展情况

表2.1 国外高性能树脂基体及复合材料的性能

树脂体系	牌号	拉伸强度/MPa	拉伸模量/GPa	压缩强度/MPa	压缩模量/GPa
氰酸酯树脂	954-2A	69	3.0	—	—
环氧树脂	8552	121	4.7	—	—
氰酸酯树脂	IM7/954-2A	2 673	160	1 419	—
环氧树脂	IM7/8552	2 723	164	1 689	146
双马来酰亚胺树脂	IM7/F655	2 730	161	2 176	—

国内已实现了T300级、T700级碳纤维的国产化,研制的结构复合材料性能与国外同类产品相当,满足了航天装备的应用急需。同时,国内还同步开展了百吨级T800级碳纤维工程化及复合材料的应用研究。仿真计算结果表明,单向板碳纤维复合材料轴向压缩强度与树脂基体模量存在正相关性,如图2.46所示。国内在高性能树脂方面已取得较大进展,已建立了系列树脂体系牌号,但树脂的拉伸强度和模量偏低,因此,亟需研制与高模碳纤维相匹配的高强、高模环氧树脂基体,提高国产航天器结构件以及极

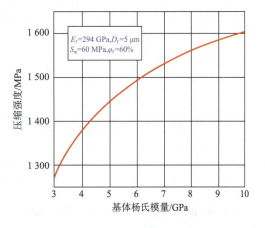

图2.46 树脂基体模量与单向板碳纤维复材轴向压缩强度的仿真计算结果

深海洋下工作的水下结构件用复合材料性能。

根据模量的定义式（$E=\delta/\varepsilon$，式中，δ为应力；ε为应变），模量是表示材料对外力引起形变的阻抗。一般来说，模量的大小取决于化学键的性质、化学键密度、分子间作用力、自由体积以及分子堆砌密度等。

为提高环氧树脂基体的模量，人们进行了大量的研究。现阶段文献报道提高模量的方法主要有以下三种：

(1) 在树脂中添加纳米材料；
(2) 采用高密度的树脂；
(3) 采用不同结构对称性的单体。

2.5.1 在树脂中添加纳米材料

纳米材料是指平均粒径在 100 nm 以下的材料。因为纳米材料具有相当大的界面面积，所以具有许多宏观物体所不具备的新颖的物理/化学特性[72]。通过精细控制纳米材料在高聚物中的分散与复合，可以在树脂较弱的微区内补强、填充、增加界面作用力。仅以很少的纳米粒子体积含量，就能在一个较大的范围内有限改善复合材料的综合性能，起到增强、增韧的作用，增加复合材料的模量和热变形性能。文献报道的可有效增加环氧树脂模量的纳米材料主要有纳米 SiO_2、纳米 Al_2O_3 和碳纳米管等。郑亚萍等[73]以纳米 SiO_2 为增强材料来制备环氧树脂纳米复合材料，研究了不同的纳米 SiO_2 含量对纳米复合材料冲击强度、拉伸模量和玻璃化温度的影响，结果见表 2.2。可以看出，纳米粒子 SiO_2 质量分数为 3% 时，纳米复合材料的拉伸模量为 3.57 GPa，冲击韧性为 15.94 kJ/m²，分别比纯树脂基体提高了 12.6% 和 56.3%。

表 2.2 纳米 SiO_2 对环氧树脂性能的影响

SiO_2/CYD-128 质量比/(g·g^{-1})	冲击韧性/(kJ·m^{-2})	拉伸强度/MPa	拉伸模量/GPa
0/100	10.2	35.33	3.17
1/100	12.14(10.96)	38.33(40.93)	3.43(3.21)
2/100	13.01(11.34)	40.78(41.23))	3.55(3.36)
3/100	15.94(13.13)	75.68(50.67)	3.57(3.52)
4/100	12.68(15.83)	32.23(72.35)	3.24(3.58)
5/100	10.8(9.4)	38.63(37.63)	3.12(3.19)

注：括号内数据为未进行表面处理的纳米环氧树脂复合材料的性能。

中科院化学所在高强高模环氧树脂中加入不同质量分数氨基官能化的纳米 SiO_2，发现随纳米 SiO_2 加入量的增加，纳米复合材料的弯曲强度、弯曲模量和玻璃化温度均有明显的上升，结果如图 2.47 和表 2.3 所示。当氨基官能化纳米 SiO_2 的质量分数为 5% 时，纳米复合材料的弯曲强度和弯曲模量分别为 139.17 MPa 和 5.21 GPa，分别比纯环氧树脂基体提高了 12.9% 和 3.4%。

表 2.3　氨基官能化纳米 SiO_2 对环氧树脂性能的影响

SiO_2 的质量分数/%	弯曲强度/MPa	弯曲模量/GPa	$T_g(\tan \delta)$/℃
0	123.28	5.04	260.0
0.5	122.79	4.93	265.9
1	161.40	5.07	265.2
3	136.15	5.09	262.7
5	139.17	5.21	260.5

Zheng 等[74]采用 KH-550 硅烷偶联剂对纳米 Al_2O_3 进行处理，制备了纳米 Al_2O_3 环氧树脂复合材料。当纳米 Al_2O_3 的质量分数量为 20% 时，复合材料的力学性能达到最大值，冲击强度、弯曲模量和弯曲强度分别比纯树脂增加了 84%、29% 和 18%。Philip 等[75]以烷基铝作为黏土改性剂，将环氧树脂插入到黏土片层中间，制备环氧树脂插入到黏土片层中间，制备环氧树脂/黏土纳米复合材料。当黏土的质量分数为 4% 时，发现拉伸模量提高了 4.5 倍，T_g 明显升高，同时 T_g 温度范围加宽。

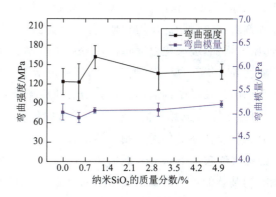

图 2.47　不同氨基官能化纳米 SiO_2 对环氧树脂弯曲性能的影响

李浩[76]构建了 SWCNTs/DDM/E-51 和 SWCNTs/DDS/E-51 单壁碳纳米管改性的环氧树脂交联结构模型，模拟和试验结果均发现，单壁碳纳米管提高了树脂基体的 T_g 和每个温度点的弹性模量，并降低了体积热膨胀系数。这主要是因为单壁碳纳米管增强了基体的刚性，限制了分子链段的运动能力，减小了自由体积分数，提高了基体的内聚能密度和链段堆砌密度。虽然向环氧树脂基体中加入纳米材料可以提高树脂的强度和模量，但纳米材料在基体中的均匀分散以及加入纳米材料后引起的基体黏度升高，增加复合材料加工工艺的难度，这是该方法面临的挑战。

2.5.2　采用反增塑法

一般来说，当聚合物中加入少量低分子可溶物时，会使材料的强度和模量降低，这种现象称为增塑。与之相反，加入少量增塑剂到聚氯乙烯中，聚氯乙烯的拉伸性能增加，断裂伸长和冲击性能下降。在双酚 A 聚碳酸酯和类似的聚合物中也有类似的行为，Jackson 和 Caldwell 在多篇文章中对之进行了报道，并称之为"反增塑"现象[77]。反增塑法可使聚合物的模量大幅提高,在当时引起了强烈反响。除了机械性能的改变,加入反增塑剂还会带来其他性能的改变,如次级-T_g 松弛被抑制、气体渗透性降低、气体选择性择性增加等[78-80]。

反增塑剂已被用于多种聚合物体系中,如聚酯[77]、醋酸纤维素酯(同聚酯)、聚苯醚[81]、聚砜[82]和环氧树脂中,每种采用反增塑剂改性的聚合物都有类似的模量和屈服强度提高。反增塑剂化合物与聚合物通过特殊的键发生作用,因为这些相互作用发生在分子级别,所以可对聚合物产生分子级的增强。反增塑的机理一般被认为是由于加入的小分子填充了自由体积空洞降低了聚合物的分子自由体积导致的[83,84]。之后,随着相关研究的开展,主要致力于环氧树脂的反增塑研究。利用反增塑法可将模量和强度提高,压缩模量可达到 4.6 GPa,比通常环氧树脂 4.21 GPa 的压缩模量有一定程度的提高[85]。

由于环氧树脂为三维网络聚合物,对其反增塑现象的研究工作较为复杂。较为系统的研究工作为 Stevenson 等[86]关于环氧聚合物反增塑现象的研究。Daly 等[87]也考察了不同添加剂对环氧树脂的反增塑作用。其研究结果表明,反增塑剂使环氧树脂的模量和强度增加,密度增加,玻璃化温度降低,β 松弛被抑制。加入反增塑剂使树脂的固化速率提高,但固化程度并未提高,反增塑剂并未与环氧树脂发生化学作用。Daly 等认为,聚合物模量增加的主要原因是反增塑剂的加入使分子活动性降低。

Hata 等[88]选用不同结构低分子量的化合物为反增塑剂(见图 2.48),考察了其对双酚 A 环氧树脂体系的作用机制。结果表明,CB 对环氧树脂具有良好的反增塑作用。DGEBA-P 的反增塑效果不如 CB,但仍然可以提高树脂的模量和屈服强度。反增塑作用的机理在于聚合物基体的自由体积被反增塑剂填充,抑制了基体聚合物链的短程运动,这一点可以从损耗角正切 β-转变峰的降低得到佐证。

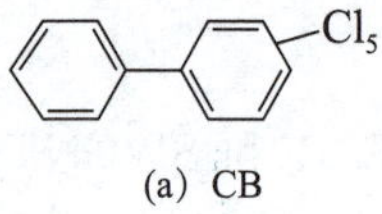

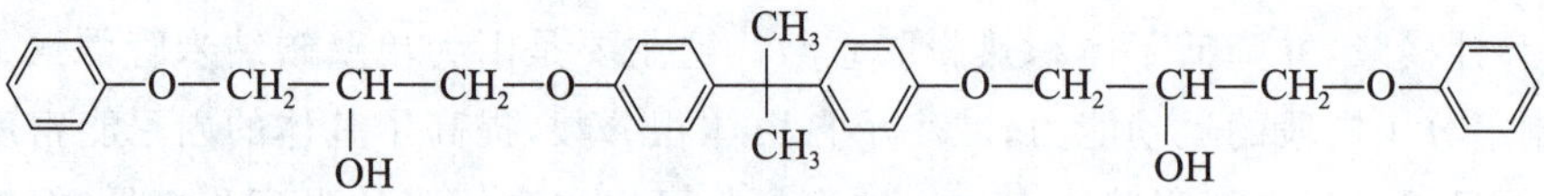

图 2.48 反增塑剂的结构式

Don 等[89]研究了聚己内酯/聚碳酸酯(PCL/PC)对环氧树脂的反增塑效应。发现随 PCL/PC 的加入,环氧树脂的模量增加,断裂韧性和断裂伸长率下降,玻璃化温度稍有下降。说明高分子量聚合物也可用作反增塑剂。Don 等认为该体系中的反增塑机理在于通过环氧树脂中的羟基与 PCL/PC 中的羰基基团形成氢键。为了实现反增塑效应,必须提供强的分子间作用来限制分子的运动,而这将降低基体树脂的分子自由体积,从而提高材料的模量。该研究还表明,因为氢键的作用限制了分子运动,所以 β 松弛降低。

相关研究表明,反增塑效果还依赖于反增塑剂的尺寸、形状、刚性以及其在混合物中的含量[79,80]。

2.5.3 采用高密度的树脂

根据断裂力学理论,模量与分子堆砌密度有着密切的关系,提高分子堆砌密度将提高树脂的模量与强度。采用短分子链的固化剂和高密度的树脂可有效提高分子的堆砌密度,进而提高树脂的模量。郑亚萍等[90]选用高密度树脂 TDE-85($\rho_{25}=1.36$ g/cm^3)分别与间苯二胺(MPD)、4,4'-二氨基二苯甲烷(DDM)和 4,4'-二氨基二苯砜(DDS)(见图 2.49)进行固化,制备的树脂浇注体性能见表 2.4。可以看出,TDE-85/MPD 的拉伸强度和拉伸模量最高,其拉伸模量高达 5.3 GPa。对同一种环氧树脂,在相同的摩尔比条件下,固化剂的结构是决定体系交联密度的主要因素。MPD 作固化剂的体系性能明显优于 DDM,DDS 为固化剂的体系,主要是前者分子链短,交联点间距近,交联密度高所致。相比之下,后者链较长,交联密度低。从浇注体的密度也可以看出这一趋势,即交联密度越高,浇注体模量和密度越高;交联密度低,浇注体模量和密度越低,因此,交联密度将对固化物的性能起决定性的作用。

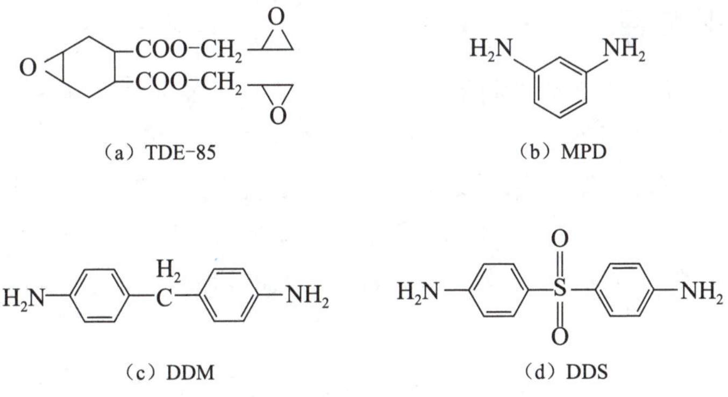

图 2.49 TDE-85 与固化剂 MPD、DDS、DDM 的化学结构

表 2.4 TDE-85 浇注体的力学性能和密度

树脂体系	拉伸强度/MPa	拉伸模量/GPa	伸长率/%	弯曲强度/MPa	密度/(kg·m^{-3})
TDE-85/MPD	85.7	5.3	2.5	215.0	1.368 9
TDE-85/DDS	75.0	4.3	2.3	133.3	1.310 7
TDE-85/DDM	72.2	4.1	1.6	113.3	1.309 0

虽然采用 MPD 制备的树脂浇注体拉伸强度和拉伸模量最高,但 MPD 与环氧树脂的反应活性太高,无法制备预浸料。为解决该问题,中科院化学所的黄伟课题组将间苯二胺进行了环氧化,制备了间苯二甲胺四缩水甘油胺环氧树脂(TGMPD,见图 2.50)。采用该环氧树脂与 3,3'-DDS,4,4'-DDS 和 DDM 进行了固化,并与 TGDDM 和 MPD 的固化物进行了对

比，结果见表 2.5。可以看出，TGMPD/3,3'-DDS 固化物的弯曲模量为 5.03 GPa，在四种树脂固化物中最高，远远超过了采用 MPD 固化剂固化的商品化环氧树脂 TGDDM，说明把 MPD 环氧化制备 TGMPD，保留了 MPD 的刚性骨架结构，采用 3,3'-DDS 固化后，可制备高模量的环氧树脂，同时解决了该固化剂活性偏高的问题。对比四种树脂固化物，TGMPD/3,3'-DDS 固化物的密度最高，进一步印证了高密度与高模量的相关性。

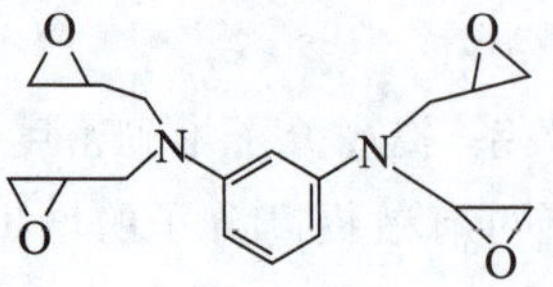

图 2.50　环氧树脂 TGMPD 的结构式

表 2.5　TGMPD 树脂固化物力学性能、玻璃化温度与密度

树脂体系	弯曲强度/MPa	弯曲模量/GPa	$T_g(\tan\delta)$/℃	密度/(g·cm^{-3})
TGMPD/3,3'-DDS	135.49	5.03	224.5	1.322 6
TGMPD/4,4'-DDS	126.02	4.23	248.7	1.322 4
TGMPD/DDM	165.4	4.27	261.7	1.248 4
TGDDM/MPD	143.3	3.96	259.4	1.247 4

2.5.4　采用不同结构对称性的单体

采用不同结构对称性的单体来制备环氧树脂，提高分子堆砌密度，也是提高环氧树脂模量的有效方法。胡志强等[91]研究表明，三缩水甘油基间位氨基苯酚(AFG-90-MH)/4,4'-DDS 树脂体系的拉伸模量、弯曲强度和弯曲模量均明显优于航空航天领域广泛采用的三缩水甘油基对位氨基苯酚(AFG-90)/4,4'-DDS 树脂体系(见图 2.51)，树脂固化物的力学性能见表 2.6，说明 AFG-90-MH/DDS 具有高强、高模、高韧的特性。

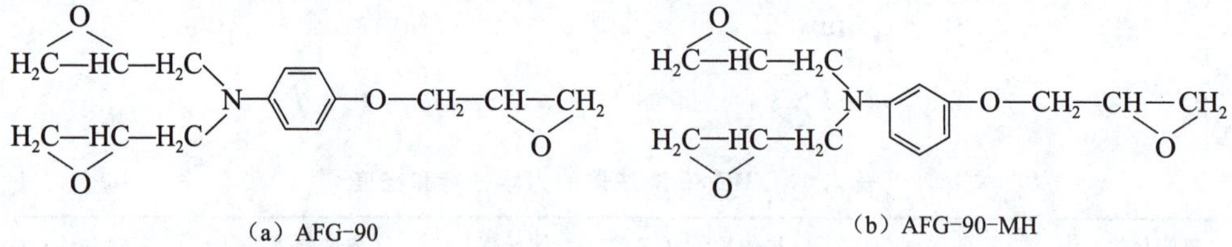

(a) AFG-90　　(b) AFG-90-MH

图 2.51　三缩水甘油基对位氨基苯酚(AFG-90)与三缩水甘油基间位氨基苯酚(AFG-90-MH)的结构式

表 2.6　AFG-90-MH/DDS 和 AFG-90/DDS 树脂固化物的力学性能

类别	拉伸强度/MPa	拉伸模量/GPa	断裂延伸率/%	弯曲强度/MPa	弯曲模量/GPa	冲击强度/(kJ·m^{-2})
AFG-90-MH/DDS	67	4.1	1.9	194	4	19
AFG-90/DDS	67	3.3	2.5	129	3.5	9

北京航空材料研究院的钟翔屿等[92]将 AFG-90-MH 与双酚 A 型环氧树脂复配,以 DDS 为固化剂,并加入一定量的 PEK-C 增韧剂,制备的环氧树脂基体力学性能见表 2.7。从表中数据可以看出,随着多官能团环氧树脂比例提高,环氧树脂基体的模量明显提高。

表 2.7 环氧树脂基体力学性能

测试项目	拉伸强度/MPa	拉伸模量/GPa	断裂延伸率/%	压缩强度/MPa	压缩模量/GPa	弯曲强度/MPa	弯曲模量/GPa
EP0①	76	2.98	4.27	136	3.09	127	3.02
EP50②	82	3.55	3.17	155	3.63	124	3.52
EP100③	85	4.51	2.53	157	4.65	132	4.57

注:①100% E-54;②50% E-54+50% AFG-90-MH;③100% AFG-90-MH。

2.6 超低温环氧树脂研究

近年来,随着航天、大型低温工程(EAST 和 ITER)和应用超导等高科技领域的迅猛发展,高性能树脂材料在超低温下(<-150 ℃)的应用受到极大关注,环氧树脂由于具有优异的黏结强度、力学性能、电绝缘性能、耐化学腐蚀性和工艺操作性,作为在深冷环境中连接材料的一种必不可少的手段,已经被广泛应用于航天、核能以及超导技术等低温工程领域中,例如各种民用制氧、制冷设备中材料的胶接,超导线圈材料的胶接和绝缘,低温靶盒的黏结、密封和绝热,宇航器上热防护层和绝热层的胶接,固体火箭发动机燃烧室的绝热层及航天运载器液氢液氧贮箱、LNG 容器的树脂基体等方面[93,94]。

虽然环氧树脂固化物具有优异的综合性能,但是环氧树脂固化物交联密度高,即使在常温下也存在脆性较大、延伸率和断裂韧性偏低的缺点,当温度从室温降低至超低温(-150 ℃以下)时,基体内因热收缩而产生很大的内应力,而超低温下分子链段运动基本被冻结,很难进行应力松弛,这将导致固化物中易产生微裂纹,使环氧树脂呈现更大的脆性。研究表明,树脂固化物易产生微裂纹、发生脆裂以及较差的抵御微裂纹扩展能力是影响环氧树脂在低温下应用的主要因素[95],因此,对环氧树脂进行增韧改性,提高树脂的超低温力学性能成为环氧树脂在超低温环境下应用需要解决的关键问题。

2.6.1 环氧树脂的超低温增韧研究

环氧树脂的增韧改性已经有了大量成功的研究报道,但大多是基于树脂的室温改性,对于超低温增韧的研究相对较少。由于大部分有机材料的分子及分子链运动在超低温下处于冻结状态,在室温下能够起到良好增韧效果的方法在极低温下则不一定能起到相同的增韧作用[96],如图 2.52 所示,因此,材料的低温力学行为与室温的力学行为存在较大差别,不能简单地根据室温性能推测其低温性能。

聚合物的断裂韧性不仅与材料裂纹尖端的应力松弛能力有关,而且与分子链强度有着直接关系,因此,Sawa 等认为提高环氧树脂的超低温断裂韧性应通过分子设计同时提高分子链的强度及裂纹尖端的应力松弛能力,他们将四官能度环氧树脂和二官能度环氧树脂进行配合,得到了在液氮及液氦温区具有高断裂韧性的树脂固化物[97]。

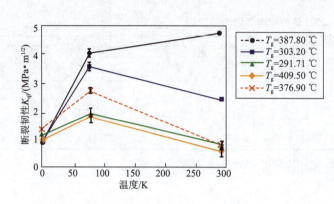

图 2.52　具有不同 T_g 的环氧树脂断裂韧性与温度关系

Ueki 等对不同分子结构的双酚 A 型、双酚 F 型、联苯型和酚醛型环氧树脂与酸酐、芳香胺、双酚 A 和双氰胺固化剂,以及聚碳酸酯、酚氧树脂和丁腈橡胶增韧剂进行综合研究,结果显示双酚 A 固化得到的二维网络结构材料在液氮温区表现出最好的力学性能,酚氧树脂是环氧树脂在超低温环境应用时较理想的增韧改性剂[98]。Nishijima 等认为聚合物的分子间自由体积随温度降低会不断降低,应从提高聚合物的分子内自由体积和分子链松弛能力途径提高材料的超低温力学性能,他们用正电子湮没法探索了环氧树脂的分子状态随温度变化的规律,并结合断裂韧性对超低温用环氧树脂的结构与性能关系进行了研究,结果表明使用聚丙二醇二缩水甘油醚作为增塑剂虽然可以提高树脂的自由体积及室温断裂韧性,但是材料的超低温断裂韧性降低;而通过改变交联点间分子链分子量的方法可以提高主链分子链松弛能力,从而提高树脂的超低温的断裂韧性,进一步通过原位引入纳米二氧化硅的方式能够更明显地提高分子链松弛能力和超低温断裂韧性[99]。

中科院理化所付绍云课题组借助齐全的超低温测试平台在环氧树脂的超低温增韧方面开展了大量的基础研究工作,他们针对通用的双酚 A(DGEBA)或双酚 F 型(DGEBF)环氧树脂,采用酸酐(TMPA)或芳香胺(DETDA)作为固化剂,研究了活性稀释剂丁基缩水甘油醚(BGE)、超支化聚酯(H30)、聚乙二醇(PEG)、纳米橡胶(NR)、热塑性树脂聚醚砜(PES)、多壁碳纳米管(MWCNT)等多种增韧改性剂对环氧树脂室温和超低温增韧的效果并进行比较,数据见表 2.8[100-103]。

可以看出,通过引入柔性环氧稀释剂 BGE 或柔性聚醚胺固化剂 D230 化学改性的环氧树脂,常温下对延伸率与冲击强度改善效果明显,但低温下效果大大降低,而且会导致树脂的热稳定性大幅下降;橡胶粒子与热塑性聚合物(H30、PEG、PES)只有在添加量较高时,才具有明显的提升低温力学性能的效果,但橡胶粒子、H30 与 PEG 会引起树脂耐热性下降;而对于无机纳米填料(MWCNT),很少的添加量就可显著改善环氧树脂的低温力学性能,而且效果也要优于橡胶粒子与热塑性聚合物。从上述研究结果看到,无机纳米填料改性法是当前比较有效的改善环氧树脂低温力学性能的手段。由于其尺寸小、比表面积高、与环氧树脂界面结合强等特点,在添加量较少的情况下就可获得显著的低温增韧效果,并且对树脂耐热性和其他力学性能影响较小。但是,无机纳米填料在环氧树脂中难以均匀分散的问题,还未得到实际应用。

表 2.8　增韧剂对环氧树脂室温及超低温力学性能的影响

树脂体系	拉伸强度/MPa		杨氏模量/GPa		延伸率/%		断裂韧性/(MPa·m$^{1/2}$)		冲击强度/(kJ·m^{-2})	
	室温	77 K	室温	77 K	室温	77 K	室温	77 K	室温	77 K
DGEBA+HMPA	82.6	98.2	3.8	5.2	2.9	1.9	—	—	25.9	25.4
H30(10%)	83.4	115.6	2.2	3.8	4.8	3.1	—	—	31.2	32.0
PEG(15%)	76.2	127.8	3.1	4.3	4.8	3.0	—	—	32.6	29.0
DGEBF+DETDA	73.4	92.7	2.7	4.6	3.0	2.0	0.6	1.5	37.8	24.0
BGE(40%)	51.2	85.2	2.3	4.5	4.2	2.4	—	—	20.9	14.8
NR(15%)	70.9	130.0	2.1	4.1	7.4	3.2	1.4	2.2	—	—
PES(20%)	83.7	86.6	2.3	4.3	6.7	2.9	—	—	30.5	22.0
MWCNT(0.5%)	74.4	119.4	3.1	5.3	5.0	3.2	—	—	49.5	35.6
15%PES+0.5%MWCNT	84.3	134.2	2.9	4.8	4.0	2.8	0.9	2.0	—	—
DGEBA+DETDA	73.2	103.6	2.9	5.0	4.4	2.3	—	—	19.2	18.9
D230(78%)	77.9	114.8	2.0	5.2	10.1	2.3	—	—	51.3	23.3

中科院化学所从兼顾环氧树脂的耐热性、室温及超低温力学性能综合考虑,合成了主链具有聚醚柔性链段的高本征韧性环氧树脂[35],与多官能度环氧树脂和芳香胺固化剂配合共同构筑刚性与柔性结构并存的交联环氧网络,并利用高强韧的热塑性聚醚砜对交联网络进行二次增韧,通过同时提高分子链松弛能力和分子链强度的技术手段制备了兼具耐高温、室温和超低温高强高韧特性的环氧树脂,该树脂在低至 20 K 的液氢温区仍具有较高的延伸率(超过 2%)和断裂韧性,树脂固化物以及由其制备的碳纤维复合材料具有优异的抵御微裂纹产生和裂纹扩展能力,如图 2.53 所示。

2.6.2　环氧树脂在超低温领域的应用

环氧树脂在超低温领域实际应用的案例主要包括超低温胶黏剂及低温推进剂贮箱复合材料树脂基体。

在超低温胶黏剂方面,国外一些胶黏剂生产厂家如美国富乐、亨斯迈等推出了一系列用于超低温的环氧胶黏剂,牌号包括 Foster82-77、XB5032、XD4460-2/XD4461-2、TIC6060 等。Foster82-77 和 TIC6060 为三组分胶黏剂,使用温度范围为 −196~120 ℃;亨斯迈的

XB5032是一种用于LNG的结构胶黏剂,经-160 ℃到室温下三次循环后,其黏结性能可以保持几乎不变。国内超低温胶黏剂的研究和生产也有许多,主要是通过在环氧结构中引入柔性聚醚或聚氨酯单元进行增韧改性,已有十多个成型品种[104](我国超低温环氧胶黏剂产品情况见表2.9),在我国航天、核能和超导领域低温组件的黏结、密封、灌封等领域中发挥了重要作用。但随着航天技术不断进步,对胶黏剂的耐温性要求又提出了新的挑战,制备兼具高耐温和宽温域(-253~150 ℃)黏结要求的超低温胶黏剂将是未来的研究重点。

(a) 高低温循环前

(b) 多次循环后

图2.53 高低温循环前及多次循环后的碳纤维复合材料截面微观形貌比较

表2.9 我国超低温环氧胶黏剂产品情况

胶黏剂牌号	生产厂家	主体成分
D001	上海橡胶制品研究所	聚氨酯改性环氧树脂
DW-2	上海市合成树脂研究所	环氧改性聚氨酯
DW-3	上海市合成树脂研究所	四氢呋喃聚醚环氧树脂
DW-4	上海市合成树脂研究所	环氧改性聚氨酯树脂
HC-02	杭州市化工研究所	四氢呋喃环氧丙烷共聚醚树脂
912	天津市合成材料工业研究所	聚氨酯改性环氧树脂
H-006	上海制药厂	均苯三酸三缩水甘油酯加丁腈橡胶
DW-46	北京材料工艺研究所	环氧改性聚氨酯
NHJ-44	北京材料工艺研究所	尼龙-环氧胶

在超低温复合材料方面,环氧树脂主要是作为树脂基体与碳纤维进行复合制备航天飞行器的液氢及液氧复合材料低温燃料贮箱。根据公开可查的相关文献资料,国外从20世纪50年代进行复合材料低温推进剂贮箱研制开始,到2016年Space X公司制备出直径12 m的全复合材料贮箱,所使用的树脂基体绝大部分为环氧树脂,见表2.10[105]。

表 2.10　国外复合材料低温燃料贮箱用树脂体系

单位	树脂种类	树脂型号
NASA Lewis	环氧	Epon 828
美国林肯复合材料公司	环氧	Epon 828/LRF-092
美国结构复合材料工业公司	环氧	REZ-100
美国空间压力系统公司	环氧	Epon 826
McDonnell-Douglas	环氧	8552
Lockheed Martin	环氧	977-2
ARDE	环氧	HARF53
ARDE	环氧	HARF305
NASAGLenm	环氧	Epon 826
Boeing/NASA	环氧	5320-1
JAXA	环氧	133

在设计低温燃料贮箱时,除了前述的低温力学性能要求外,树脂及复合材料与液体燃料的相容性问题也是不容忽视的问题。国内外在环氧树脂及其复合材料的液氧相容性及液氢相容性研究方面开展了大量的相容性机理及应用评价工作。在液氧相容性方面,当前研究结果显示提高环氧树脂基体的热稳定性与阻燃性能有利于改善其液氧相容性[106];在液氢相容性方面,已有的研究表明对环氧树脂进行增韧,减少树脂基体及复合材料微裂纹的产生可有效降低氢渗漏,提高复合材料的液氢相容性[107]。

2.7　非热压罐成型环氧树脂研究

先进复合材料的成型工艺是复合材料工业发展的基础和条件。航空航天用高性能树脂基复合材料成型主要采用热压罐工艺,但热压罐成型工艺存在能耗高、设备制造和运行成本高、对成型模具要求高等问题。OOA 是一种低成本复合材料制造技术,该工艺是基于热压罐成型工艺发展而来的,其与热压罐成型工艺的主要区别是成型时不需要施加外压,仅在真空压力下固化,因而在设备、成型和模具成本方面都优于热压罐成型工艺。该工艺有着广泛的手工铺贴和自动铺贴的工艺基础,因而被视为最有可能大规模实现的复合材料低成本制造技术[108,109]。

OOA 技术的主要目标是获得与热压罐成型工艺相同质量的复合材料,重点应用对象是大型或超大型的复合材料制件。由于成型压力低,OOA 复合材料中孔隙率较高。一般热压罐成型航空航天主承力结构件的孔隙率低于 1%,次承力结构件的孔隙率应低于 2%,而若采用 OOA 对传统的热压罐固化预浸料进行固化,复合材料的孔隙率高达 5%～10%[110],因此,降低复合材料孔隙率是 OOA 技术研究的首要任务。

2.7.1 国内外研究及应用情况

国外 OOA 成型树脂基体和预浸料的研究始于 20 世纪 90 年代,经多年的技术发展,国外预浸料制造商已开发出多种适用于 OOA 工艺的预浸料体系,用于制造飞机的非承力、次承力和主承力结构。商品化 OOA 环氧树脂体系及其关键性能指标见表 2.11[111,112],其制造工艺性能和力学性能都可以达到航空航天领域结构复合材料的技术要求。

表 2.11 商品化 OOA 环氧树脂体系及其关键性能指标

公司	树脂体系	典型固化工艺	T_g/℃(干/湿)	外置时间/d	应用
ACG	MTM44-1	130 ℃/2 h,180 ℃/2 h	180/160	21	A350 副翼,整流罩
	MTM45-1	130 ℃/2 h,180 ℃/2 h	190/155	21	ACCA 机身,机翼
	MTM46	120 ℃/1 h,180 ℃/1 h	—/133	60	Columbia 400
	MTM47	121 ℃/2 h,177 ℃/2 h	—/157	30	—
Cytec	CYCOM 5320	121 ℃/2 h,177 ℃/2 h	202/154	21	翼梁,机身
Hexcel	HexPly M56	110 ℃/1 h,180 ℃/2 h	203/174	35	A320 整流罩
Toray	2511IT	88 ℃/1.5 h,132 ℃/2 h	210/161	21	—

OOA 预浸料在国内还未得到广泛应用。中航复材率先在国内开展了 OOA 预浸料的研究。陈祥宝等首先开发了适于真空压力成型的低温固化环氧树脂体系 LT-03 体系,之后通过设计新型固化剂和树脂制备技术的优化,延长了预浸料的室温存储期,制备了综合性能更好的 LTVB-01/T700SC 非热压罐预浸料体系。为降低孔隙率、缩短固化时间,继续研制成功了 VB-90 树脂体系[112],制备的 OOA 复合材料具有孔隙率低、力学性能高的优点。典型的真空成型 T700/VB90 复合材料孔隙率不到 1%,室温层剪强度为 76.5 MPa,并且在高温湿态(90 ℃)条件下弯曲和层间剪切性能保持率均大于 55%。应用方面,采用 LT-03 制备的长 10.5 m 的无人机机翼通过了静力考核。利用 VB-90/T700 真空压力成型制备的直升机后行李舱门复合材料构件通过了静力考核,承载和抗变形能力与热压罐成型构件相当[113]。

航天材料及工艺研究所报道了 OOA 成型 T800/607 热熔预浸料及其复合材料性能,真空条件下制备的 1~6 mm 层压板成型质量好,孔隙率远小于 1%,性能与热压罐固化的复合材料相当[114]。该预浸料已在支座盖板、锥壳蒙皮等典型结构件上获得验证,制件孔隙率低于 1%,成型质量良好。

2.7.2 OOA 环氧树脂研究

树脂基体对制备 OOA 预浸料的工艺性能和使用性能起决定性的作用。该树脂应具有较强的黏合力,为树脂和纤维界面提供足够的黏结强度,且具有一定的工艺黏性,满足铺贴工艺的要求。此外,OOA 树脂体系还需具有足够的室温存储时间(一般 3~4 周)、低挥发物含量和低吸湿率。树脂的固化动力学和流变行为是控制缺陷形成的最重要指标。树脂的室温黏度必须足够大,避免"冷流"的现象发生,基体的黏度范围在$10^4 \sim 10^5$ Pa·s比较合适,这样可以避免过早地封闭排气通道。而在升温固化时,要求树脂基体黏度足够低,以充分浸润纤维,最低黏度介于$1 \sim 10$ Pa·s比较合适。如果最低黏度太高,则在有限的一个大气压下,树脂流动性不足,不能充分浸润纤维,复合材料的孔隙率会增加[112]。此外,树脂可以在合适的黏度区域保持一段时间,以保证足够的时间使气体和挥发物排出。

大部分OOA预浸料采用的树脂基体为增韧环氧树脂。中航复材的张宝艳等[115]将消泡剂BYK®-A560加入聚醚砜改性的环氧树脂体系中,研究了消泡剂BYK®-A560对真空压力成型VB-90/T700复合材料质量和性能的影响。结果表明,消泡剂BYK®-A560的加入可显著降低复合材料层压板的孔隙率,改善复合材料的质量,提高复合材料的力学性能。Kratz等[116]研究了两种不同OOA预浸料树脂的固化速率、黏度和玻璃化温度,利用DSC、RDA和动态机械性能(DMA)对其进行了分析,利用试验数据进行半经验模型拟合,可有效预测任意时间、任意温度的固化反应程度。Kim等[117]研究了Cycom5320-1体系的固化动力学。Hwang等[118]基于固化动力学和树脂黏度,提出采用过程模拟模型来预测树脂体系固化过程中的性能。结果表明,等温和非等温条件下的模型预测结果与试验结果完全符合。采用优化的固化工艺,可制备低孔隙率的(体积分数为0.15%)的复合材料。以上研究结果表明,OOA预浸料用树脂体系的固化动力学行为相似,都是前期随交联密度增加,固化速率增加,后期反应变为扩散控制为主,固化速率减小。树脂体系都是在中温范围内(80~120 ℃)开始凝胶,但完全固化还需要较高的后固化温度。

2.8　高压RTM环氧树脂研究

树脂传递模塑工艺(RTM)因效率高、成本低、制件质量和精度高、可成型大型高强度复杂结构件等优点而成为复合材料加工领域的重点研究方向之一[119,120]。随着复合材料对力学强度、整体结构性、功能性的要求越来越高,传统RTM工艺面临着以下挑战:灌注时间长、生产速度慢、孔隙率高等,因此,亟需对RTM工艺进行改进,以便提高生产速度,生产出与手糊/热压罐工艺孔隙率相当的复合材料。高压RTM保持了RTM工艺的制品形状和表面质量,采用高压树脂灌注的方法,使灌注时间大大缩短,提高了生产效率。该工艺综合了模压和真空灌注的优点,已成为高性能复合材料制件的典型工艺,在航空[121]和汽车[122]等领域具有重要的应用。

与传统RTM工艺类似,高压RTM是将纤维预制件放入模腔。合上模具后,在高压下(1~10 MPa)将树脂注射到模具中。从预制件放置、合模、注射到充满模腔只需要几分钟时间[123,124]。如采用快速固化树脂,甚至可以将复合材料件的制造时间缩短到1 min以内[125]。该技术为RTM工艺的大规模量产化使用提供了途径,使高性能复合材料在汽车领域的大量应用成为可能。

高压RTM是由法国炭锻压(Carbon Forge)公司开发的。据该公司报道,高压RTM技术可用于制造高强度的整体复合材料构件,其中可以嵌入金属件,且生产周期及精度可满足航空及军工工业的要求。导弹制造商 MBDA 公司采用高压 RTM 工艺进行了关于导弹导流片的一系列试验,发现制造成本比传统的铺层热压罐工艺节省了 40%,力学强度可达到普通 RTM 工艺的 90%,且能够进行自动化生产。Bodaghi 等[126]分别采用高压 RTM、热压罐和真空袋法制备了环氧树脂/碳纤维复合材料,对比了不同工艺制备复合材料的孔隙率情况。结果表明,采用高压 RTM 工艺可制备高纤维体积含量的复合材料,且孔隙率与采用热压罐法制备的复合材料相当(<0.05%)。高压 RTM 已被军工企业看作提高导弹航程、机动性以及减小导弹及发射系统质量与成本的可行途径[127]。

2.9 高性能环氧树脂面临的挑战及展望

环氧树脂由于具有高交联密度的网络结构,本身脆性较大,因此主要通过增韧手段来制备高性能环氧树脂。但是,当前的增韧方法存在很多问题,橡胶类增韧方法会严重影响其模量和耐热性;高分子量热塑性树脂的增韧方法会使得黏度急剧增加,从而影响其加工性能;无机刚性粒子增韧虽然可以提高模量和耐热性,但是韧性提高有限,并且难于分散,使得黏度明显增加;本体结构增韧方式虽然可以大幅度提高韧性,并且改善加工性能,但是会降低环氧树脂的耐热性,因此开发能够实现韧性、强度和耐热性同时提高的新型增韧方法是未来制备高性能环氧树脂的发展方向。

环氧树脂本身具有三维网状结构,很难实现环氧树脂的成型再加工,一旦损坏,将对环境造成很大污染和浪费。如果能实现环氧树脂的自修复,将能解决资源浪费和环境污染的难题。但是,当前制备自修复环氧树脂的方式较少,并且都存在问题,如何开发出用于环氧树脂的新型动态共价键是该领域的研究重点与发展方向。

随着航空航天技术以及深海开发技术的发展,对复合材料的力学性能,特别是压缩强度和压缩模量提出了更高的要求,亟需研制与高模碳纤维相匹配的高强、高模环氧树脂基体,提高下一代航天器结构和极深海洋下工作的水下结构件用复合材料性能。采用添加纳米材料和反增塑的方法提高树脂的强度和模量的效果不明显,还会影响加工性能。采用高密度的树脂和不同结构对称性的单体提高树脂基体的强度和模量效果较好,但可选择的树脂单体种类有限。因此,如何开发出同时提高环氧树脂强度和模量的方法是未来制备高性能环氧树脂的发展方向。

随着航天、大型低温工程和应用超导等高科技领域的迅猛发展,高性能树脂材料在超低温下的应用受到极大关注。由于环氧树脂固化物交联密度高,树脂固化物易产生微裂纹,其较差的抵御微裂纹扩展能力影响了环氧树脂在低温下的应用。通过无机纳米填料改性法可有效改善环氧树脂的低温力学性能,但面临无机纳米填料在环氧树脂中难以均匀分散的问题。通过制备主链具有聚醚柔性链段的高本征韧性环氧树脂,可有效降低固化物及复合材料微裂纹的产生和裂纹扩展。在设计低温燃料贮箱时,除了低温力学性能要求外,树脂及复合材料与液体燃料的相容性问题也是不容忽视的问题。因此,如何同时满足复合材料超低温力学性能和液氢、液氧相容性将是未来环氧树脂基体材料的重点研究方向。

随着复合材料技术的发展,新的复合材料成型工艺不断出现。非热压罐成型(OOA)复合材料在降低成本、超大型制件方面具有明显优势。高压 RTM(HP-RTM)复合材料可大大提高复合材料的生产效率、降低成本。随着与对应工艺相匹配的树脂基体的不断开发,复合材料将在更多领域得到大量应用。

参考文献

[1] 王德忠. 环氧树脂生产与应用[M]. 北京:化学工业出版社,2001.

[2] HSU Y G,LIN K H,LIN T Y,et al. Properties of epoxy-amine networks containing nanostructured ether-crosslinked domains[J]. Materials Chemistry and Physics,2012,132(2-3):688-702.

[3] TUCKER S J,FU B,KAR S,et al. Ambient cure POSS-epoxy matrices for marine composites[J]. Composites Part A:Applied Science and Manufacturing,2010,41(10):1441-1446.

[4] MORSELLI D,BONDIOLI F,SANGERMANO M,et al. Photo-cured epoxy networks reinforced with TiO_2 in-situ generated by means of non-hydrolytic sol-gel process[J]. Polymer,2012,53(2):283-290.

[5] FOIX D,RAMIS X,SERRA A,et al. UV generation of a multifunctional hyperbranched thermal crosslinker to cure epoxy resins[J]. Polymer,2011,52(15):3269-3276.

[6] MCGARRY F J,WILLNER A M. Toughening of an epoxy resin by an elastomer second phase[C]. R 68-8,MIT,March,1968.

[7] MAROUF B T,PEARSON R A,BAGHERI R. Anomalous fracture behavior in an epoxy-based hybrid composite[J]. Materials Science and Engineering A-Structural Materials Properties Microstructure and Processing,2009,515:49-58.

[8] ZHOU H,XU S. A new method to prepare rubber toughened epoxy with high modulus and high impact strength[J]. Materials Letters,2014,121:238-240.

[9] HE J,RAGHAVAN D,HOFFMAN D,et al. The influence of elastomer concentration on toughness in dispersions containing preformed acrylic elastomeric particles in an epoxy matrix[J]. Polymer,1999,40:1923-1933.

[10] LE Q H,KUAN H C,DAI J B,et al. Structure-property relations of 55 nm particle-toughened epoxy[J]. Polymer,2010,51:4867-4879.

[11] HILLMYER M A,LIPIC P M,HAJDUK D A,et al. Self-assembly and polymerization of epoxy resin amphiphilic block copolymer nanocomposites[J]. Journal of The American Chemical Society,1997,119:2749-2750.

[12] RUIZ-PÉREZ L,ROYSTON G J,FAIRCLOUGH J P A,et al. Toughening by nanostructure[J]. Polymer,2008,49:4475-4488.

[13] DEAN J M,LIPIC P M,GRUBBS R B,et al. Micellar structure and mechanical properties of block copolymer-modified epoxies[J]. Journal of Polymer Science Part B-Polymer Physics,2001,39(23):2996-3010.

[14] LIU J,SUE H J,THOMPSON Z J,et al. Strain rate effect on toughening of nano-sized PEP-PEO block copolymer modified epoxy[J]. ActaMaterialia,2009,57:2691-2701.

[15] WU J X,THIO Y S,BATES F S. Structure and properties of PBO-PEO diblock copolymer modified

epoxy[J]. Journal of Polymer Science Part B-Polymer Physics, 2005, 43:1950-1965.

[16] WANG Y Y, CHEN S A. Polymer compatibility: nylon-epoxy resin blends[J]. Polymer Engineering and Science, 1980, 20:823-829.

[17] ZHONG Z K, GUO Q P. Miscibility and cure kinetics of nylon/epoxy resin reactive blends[J]. Polymer, 1998, 39(1):3451-3458.

[18] GIRODET C, ESPUCHE E, SAUTEREAU H, et al. Influence of the addition of thermoplastic preformed particles on the properties of an epoxy/anhydride network[J]. Journal of Materials Science, 1996, 31(11):2997-3002.

[19] TANG L C, ZHANG H, SPRENGER S, et al. Fracture mechanisms of epoxy-based ternary composites filled with rigid-soft particles[J]. Composites Science and Technology, 2012, 72:558-565.

[20] HSIEH T H, KINLOCH A J, MASANIA K, et al. The toughness of epoxy polymers and fibre composites modified with rubber microparticles and silica nanoparticles[J]. Journal of Materials Science, 2010, 45:1193-1210.

[21] HSIEH T H, KINLOCH A J, MASANIA K, et al. The mechanisms and mechanics of the toughening of epoxy polymers modified with silica nanoparticles[J]. Polymer, 2010, 51:6284-6294.

[22] DOMUN N, HADAVINIA H, ZHANG T, et al. Improving the fracture toughness and the strength of epoxy using nanomaterials-a review of the current status[J]. Nanoscale, 2015, 7:10294-10329.

[23] SUE H J, GAM K T, BESTAOUI N, et al. Fracture behavior of alpha-zirconium phosphate-based epoxy nanocomposites[J]. ActaMaterialia, 2004, 52:2239-2250.

[24] KINLOCH A J, MOHAMMED R D, TAYLOR A C, et al. The effect of silica nano particles and rubber particles on the toughness of multiphase thermosetting epoxy polymers[J]. Journal of Materials Science, 2005, 40:5083-5086.

[25] KINLOCH A J, MAXWELL D L, YOUNG R J. The fracture of hybrid-particulate composites[J]. Journal of Materials Science, 1985, 20:4169-4184.

[26] MAAZOUZ A, SAUTEREAU H, GERARD J F. Hybrid-particulate composites based on an epoxy matrix, a reactive rubber, and glass-beads-morphology, viscoelastic, and mechanical-properties[J]. Journal of Applied Polymer Science, 1993, 50:615-626.

[27] ZHANG H, BERGLUND L A. Deformation and fracture of glass bead/CTBN-rubber/epoxy composites [J]. Polymer Engineering and Science, 1993, 33:100-107.

[28] LIANG Y L, PEARSON R A. The toughening mechanism in hybrid epoxy-silica-rubber nanocomposites (HESRNs)[J]. Polymer, 2010, 51:4880-4890.

[29] TANG L C, ZHANG H, SPRENGER S, et al. Fracture mechanisms of epoxy-based ternary composites filled with rigid-soft particles[J]. Composites Science and Technology, 2012, 72:558-565.

[30] VIJAYAN P P, PUGLIA D, Al-MAADEED M, et al. Elastomer/thermoplastic modified epoxy nanocomposites: the hybrid effect of "micro" and "nano" scale[J]. Materials Science & Engineering R-reports, 2017, 116:1-29.

[31] MAROUF B T, MAI Y W, BAGHERI R, et al. Toughening of epoxy nanocomposites: nano and hybrid effects[J]. Polymer Reviews, 2016, 56:70-112.

[32] LIN S T, HUANG S K. Synthesis and impact properties of siloxane-DGEBA epoxy copolymers[J]. Journal of Polymer Science Part A-polymer Chemistry, 1996, 34:1907-1922.

[33] IIJIMA T, HIRAOKA H, TOMOI M, et al. Synthesis and properties of new tetrafunctional epoxyresins containingoxyethlene units[J]. Journal of Applied Polymer Science, 1990, 41: 2301-2310.

[34] IIJIMA T, KABAYA H, TOMOI M. Synthesis and properties of a new o-cresolnovolak epoxy-resin containing oxyethlene units[J]. Angewandte Makromolekulare Chemie, 1990, 181: 199-205.

[35] YANAG X, HUANG W, YU Y Z. Epoxy toughening using low viscosity liquiddiglycidyl ether of ethoxylated bisphenol-A[J]. Journal of Applied Polymer Science, 2012, 123: 1913-1921.

[36] FAN M, YU H, LI X, et al. Thermomechanical and shape-memory properties of epoxy-based shape-memory polymer using diglycidyl ether of ethoxylated bisphenol-A[J]. Smart Materials and Structures, 2013, 22: 055034.

[37] FAN M, LIU J, LI X, et al. Thermal, mechanical and shape memory properties of an intrinsically toughened epoxy/anhydride system[J]. Journal of Polymer Research, 2014, 21: 376.

[38] WU X, YANG X, ZHANG Y, et al. A new shape memory epoxy resin with excellent comprehensive properties[J]. Journal of Materials Science, 2016, 51: 3231-3240.

[39] PARK S J, JIN F L, PARK J H, et al. Synthesis of a novel siloxane-containing diamine for increasing flexibility of epoxy resins[J]. Materials Science and Engineering a-Structural Materials Properties Microstructure and Processing, 2005, 399: 377-381.

[40] YANG G, FU S Y, YANG J P. Preparation and mechanical properties of modified epoxy resins with flexible diamines[J]. Polymer, 2007, 48: 302-310.

[41] FENG Q P, YANG J P, LIU Y, et al. Simultaneously enhanced cryogenic tensile strength, ductility and impact resistance of epoxy resins by polyethylene glycol[J]. Journal of Materials Science & Technology, 2014, 30: 90-96.

[42] YAMANAKA K, TAKAGI Y, IMOUE T. Reaction-induced phase separation in rubber-modified epoxy resins[J]. Polymer, 1989, 30: 1839-1884.

[43] FLORY P J. Principles of polymer chemistry[M]. Ithaca, NY: Cornell University Press, 1975.

[44] VISCONTI S, MARCHESSAULT R H. Small angle light scattering by elastomer-reinforced epoxy resins[J]. Macromolecules, 1974, 7: 913-917.

[45] BARTLET P, PASCAULT J P, SAUTEREAU H. Relationships between structure and mechanical-properties of rubber-modified epoxy networks cure with dicyanodiamide hardener[J]. Journal of Applied Polymer Science, 1985, 30: 2955-2966.

[46] GILLHAM J K, GLANDT C A, MCPHERSON C A. Characterization of thermosetting epoxy systems using a torsional pendulum[J]. Abstracts of Papers of the American Chemical Society, 1977, 173(20): 38.

[47] MANZIONE L T, GILLHAM J K, MCPHERSON C A. Rubber-modified epoxies. 2. morphology and mechanical-properties[J]. Journal of Applied Polymer Science, 1981, 26(3): 907-919.

[48] HWANG J F, MANSON J A, HERTZBERG R W, et al. Structure-property relationships in rubber-toughened epoxies[J]. Polymer Engineering and Science, 1989, 29(20): 1466-1476.

[49] MANZIONE L T, GILLHAM J K, MCPHERSON C A. Rubber-modified epoxies. 1. transitions and morphology[J]. Journal of Applied Polymer Science, 1981, 26(3): 889-905.

[50] 张建文, 张红东, 严栋, 等. 橡胶改性环氧树脂的固化诱导相分离[J]. 中国科学(B辑), 1996, 26(6): 496-502.

[51] 张春华,李顺堂.固化温度对橡胶增韧环氧树脂体系结构影响的研究[J].纤维复合材料,1998,4(4):4-6.

[52] 封朴.反应性液体橡胶增韧环氧树脂体系的相分离理论[J].热固性树脂,1992,000(000):47-51.

[53] RATNA D,BANTHIA A K. Rubber toughened epoxy[J]. Macromolecular Research,2004,12(1):11-21.

[54] KIM B S,CHIBA T,INOUE T. Morphology development via reaction-induced phase separation in epoxy/poly(ether sulfone) blends: morphology control using poly(ether sulfone) with functional endgroups[J]. Polymer,1995,36(1):43-47.

[55] INOUE T. Reaction-induced phase-decomposition in polymer blends[J]. Progress in Polymer Science,1995,20(1):119-153.

[56] KINLOCH A J,YUEN M L,JENKINS S D. Thermoplastic-toughened epoxy polymers[J]. Journal of Material Science,1994,29(14):3781-3790.

[57] 甘文君.热塑性改性环氧体系相分离的黏弹性行为[D].上海:复旦大学,2003.

[58] PARK J W,KIM S C. IPNs around the world//KIM S C,SPERLING L H. Science and Engineering [M]. Chichester:John Wiley & Sons,1997:27.

[59] YANG G,ZHENG B,YANG J P,et al. Preparation and cryogenic mechanical properties of epoxy resins modified by poly(ethersulfone)[J]. Journal of Polymer Science Part A-Polymer Chemistry,2008,46(2):612-624.

[60] YAMANAKA K,INOUE T. Structure development in epoxy resin modified with poly(ethersulphone)[J]. Polymer,1989,30(4):662-667.

[61] DRY C M,SOTTOS N R. Passive smart self-repair in polymer matrix composite materials[C]//Conference on recent advances in adaptive and sensory materials and their applications. Virginia,USA,1992:438-444.

[62] WHITE S R,SOTTOS N R,GEUBELLE P H,et al. Autonomic healing of polymer composites[J]. Nature,2001,409(6822):794-797.

[63] TOOHEY K S,SOTTOS N R,LEWIS J A,et al. Self-healing materials with microvascular networks [J]. Nature Materials,2007,6(8):581-585.

[64] TOOHEY K S, HANSEN C J, LEWIS J A, et al. Delivery of two-part self-healing chemistry via microvascular networks[J]. Advanced Functional Materials,2009,19(9):1399-1405.

[65] HANSEN C J, WU W, TOOHEY K S, et al. Self-healing materials with interpenetrating microvascular networks[J]. Advanced materials,2009,21(41):4143-4147.

[66] MONTARNAL D,CAPELOT M,TOURILHAC F,et al. Silica-like malleable materials from permanent organic networks[J]. Science,2011,334:965-968.

[67] ZHENG P W,MCCARTHY T J. A surprise from 1954:siloxane equilibration is a simple,robust,and obvious polymer self-healing mechanism[J]. Journal of The American Chemical Society,2012,134:2024-2027.

[68] SCHMOLKE W,PERNER N,SEIFFERT S. Dynamically cross-linked polydimethylsiloxane networks with ambient-temperature self-healing[J]. Macromolecules,2015,48:8781-8788.

[69] WU X,YANG X,YU R,et al. A facile access to stiff epoxy vitrimer with excellent mechanical properties via siloxane equilibration[J]. Journal of Materials Chemistry A,2018,6:10184-10188.

[70] 郑国栋,张清杰,邓火英,等.不同官能化碳纳米管对 MWCNTs-碳纤维/环氧树脂复合材料力学性能的影响[J].复合材料学报,2015,32(3):640-648.

[71] 边立平,肖加余,曾竟成,等.极性基团对环氧树脂基体力学性能及吸水特性的影响[J].国防科技大学学报,2011,33(4):55-59.

[72] YAND S,FENG R. Nanometer science[J]. Hunan Science and Technology Press,1997:35-36.

[73] 郑亚萍.纳米 SiO_2 对环氧树脂浇铸体性能的影响[J].西北工业大学学报,2002,20(3):492-496.

[74] ZHENG Y P,ZHANG J X,LI Q,et al. The influence of high content nano-Al_2O_3 on the properties of epoxy resin composites[J]. Polymer-Plastics Technology and Engineering,2009,48:384-388.

[75] PHILIP B M. Novel techniques in synthesis and processing of advanced materials[C]. Publication of the Minerals,Metals and Materials Society,1994:187.

[76] 李浩.碳纳米管/环氧树脂复合材料高低温弹性模量的分子模拟与实验研究[D].北京:北京化工大学,2016.

[77] JACKSON W J,CALDWELL J R. Antiplasticization. 3. characteristics and properties of antiplasticizable polymers[J]. Journal of Applied Polymer Science,1967,11(2):227.

[78] MAEDA Y,PAUL D R. Effect ofantiplasticization on gas sorption and transport. III. free volume interpretation[J]. Journal of Polymer Science,Part B:Polymer Physics,1987,25:1005-1016.

[79] GARCIA A,IRIARTE M,URIARTE C,et al. Study of the relationship between transport properties and free volume based in polyamide blends[J]. Journal of Membrane Science,2006,284:173-179.

[80] VIDOTTI S E,CHINLLATO A C,PESSAN L A. Effects ofantiplasticization on thermal,volumetric,and transport properties of polyethersulfone[J]. Journal of Applied Polymer Science,2007,103:2627-2633.

[81] NANASAWA A,TAKAYAMA S,TAKEDA K. Mobility control and modulus change by the interaction between low molecular weight component and aromatic polymer chain[J]. Journal of Applied Polymer Science,1997,66:2269-2277.

[82] MAEDA Y,PAUL D R. Effect ofantiplasticization on gas sorption and transport. 1. polysulfone[J]. Journal of Polymer Scicence Part B-Polymer Physics,1987,25(5):957-980.

[83] ANDERSON S L,GRULKE E A,DELASSUS P T,et al. A model forantiplasticization in polystyrene[J]. Macromolecules,1995,28:2944-2954.

[84] GARCIA A,IRIARTA M,URIARTE C,et al. Antiplasticization of a polyamide:a positron annihilation lifetime spectroscopy study[J]. Polymer,2004,45(9):2949-2957.

[85] NGAI K L,RENDELL P W. Antiplasticization effects on a secondary relaxation in plasticized glassy polycarbonates[J]. Macromolecules,1991,24:61-67.

[86] STEVENSON W T K,GARTON A,WILES D M. Antiplasticization of poly(bisphenol A,2-hydroxypropylether)("phenoxy")[J]. Journal of Polymer Science,part B,Polymer Physics,1986,24(3):717-722.

[87] DALY J,BRIEETEN A,GARTON A. An additive for increasing the strength and modulus of amine-cured epoxy resins[J]. Journal of Polymer Science,1984,29:1403-1414.

[88] HATA N,YAMAUCHI R,KUMANOTANI J. Viscoelestic properties of epoxy resin,II:antiplasticization in highly crosslinked epoxy system[J]. Journal of Applied Polymer Science,1973,17:2173-2181.

[89] DON T M, BELL J P, NARKIS M. Antiplasticization behavior of polycaprolactone/polycarbonate-modified epoxies[J]. Polymer Engineering and Science, 1996, 36(21): 2601-2613.

[90] 郑亚萍. 高模量树脂基体及高抗压复合材料的研究[D]. 西安: 西北工业大学, 2001.

[91] 胡志强, 张杰, 黄慧琳. 间氨基苯酚三官能团环氧树脂固化动力学及性能研究[J]. 复旦学报: 自然科学版, 2016, 55(6): 750-756.

[92] 钟翔屿, 包建文, 张代军, 等. 国产芳纶纤维增强环氧复合材料的压缩性能[J]. 固体火箭技术, 2017, 40(2): 244-249.

[93] 夏顺德. 重复使用运载器贮箱的研制现状[J]. 导弹与航天运载技术, 2001(2): 12-18.

[94] REED P R, FABIAN P E, BAUER-MCDANZEL T S, et al. Shear/compressive fatigue of insulation systems at low temperature[J]. Cryogenics, 1995, 35(11): 685-688.

[95] ANASHKIN O P, KEILIN V E, PATRIKEEV V M. Cryogenic vacuum tight adhesive[J]. Cryogenics, 1999, 39(9): 795-798.

[96] NISHIJIMA S, HONDA Y, OKADA T. Application of the positron annihilation method for evaluation of organic materials for cryogenic use[J]. Cryogenics, 1995, 35: 779-781.

[97] SAWA F, NISHIJIMA S, OKADA T. Molecular design of an epoxy for cryogenic temperatures[J]. Cryogenic, 1995, 35: 767-769.

[98] UEKI T, NISHIJIMA S, IZUMI Y. Designing of epoxy resin systems for cryogenic use[J]. Cryogenics, 2005, 45: 141-148.

[99] NISHIJIMA S, HONDA Y, TAGAWA S, et al. Study of epoxy resin for cryogenic use by positron annihilation method[J]. Journal of Radioanalytical and Nuclear Chemistry, 1996, 211(1): 93-101.

[100] CHEN Z K, YANG G, YANG J P, et al. Simultaneously increasing cryogenic strength, ductility and impact resistance of epoxy resins modified by n-butyl glycidyl ether[J]. Polymer, 2009, 50: 1316-1323.

[101] YANG G, ZHENG B, YANG J P, et al. Preparation and cryogenic mechanical properties of epoxy resins modified by poly(ethersulfone)[J]. Journal of Polymer Science, Part A: Polymer Chemistry, 2008, 46: 612-624.

[102] CHEN Z K, YANG J P, NI Q Q, et al. Reinforcement of epoxy resins with multi-walled carbon nanotubes for enhancing cryogenic mechanical properties[J]. Polymer, 2009, 50: 4753-4759.

[103] YANG J P, CHEN Z K, YANG G, et al. Simultaneous improvements in the cryogenic tensile strength ductility and impact strength of epoxy resins by a hyperbranched polymer[J]. Polymer, 2008, 49: 3168-3175.

[104] 李协平, 王洪奎. 超低温胶黏剂及其在航天运载器上的应用[J]. 黏结, 1989, 10(2): 1-6.

[105] 李世超. 耐低温环境复合材料树脂基体的设计、制备及性能表征[D]. 大连: 大连理工大学, 2018.

[106] 王戈, 曾竟成, 李效东, 等. 与液氧相容性聚合物改性途径研究[J]. 航空材料学报, 2006, 26: 50-54.

[107] ROBINSON M. Composite cryogenic propellant tank development[C]. Structures. Structural Dynamics and Materials Conference, 2013.

[108] CENTEA T, GRUNENFELDER L K, NUTT S R. A review of out-of-autoclave prepregs-material properties, process phenomena, and manufacturing considerations[J]. Composites: Part A, 2015, 70: 132-154.

[109] 廉伟. 非热压罐工艺在飞机复合材料低成本制造中前景广阔[J]. 国际航空, 2011, 10: 64-66.

[110] 杨茂伟,刘健,刘振濮,等.非热压罐成型低孔隙率复合材料技术研究进展[J].宇航材料工艺,2016,6:21-25.

[111] 罗云烽,彭公秋,曹正华,等.航空用热压罐外固化预浸料复合材料的应用[J].航空制造技术,2012,18:26-31.

[112] 凌辉,周宇,尚呈元,等.非热压罐预浸料成型技术研究进展[J].宇航材料工艺,2019,5:6-11.

[113] 陈祥宝,张宝艳,李斌太.低温固化高性能复合材料技术[J].材料工程,2011,1:1-6.

[114] 周宇,樊孟金,尚呈元,等.OoA 成型 T800/607 复合材料制备及性能[J].宇航材料工艺,2017,47(3):57-60.

[115] 张宝艳,陈祥宝,周正刚.消泡剂对真空压力成型复合材料质量与性能的影响[J].材料工程,2007,12:3-7.

[116] KRATZ J,HSIAO K,FERNLUND G,et al. Thermal models for MTM45-1 and Cycom 5320 out-of-autoclave prepreg resins[J]. Journal of Composite Materials,2013,47(3):341-352.

[117] KIM D,CENTEA T,NUTT S R. Out-time effects in cure kinetics and viscosity for an out-of autoclave(OOA) prepreg:Modelling and monitoring[J]. Composites Science & Technology,2014,100(21):63-69.

[118] HWANG S S,PARK S Y,KWON G C,et al. Cure kinetics and viscosity for the optimization of cure cycles in a vacuum-bag-only prepreg process[J]. The International Journal of Advanced Manufacturing Technology,2018,99:2743-2753.

[119] 孙赛,刘木金,王海,等.RTM 成型工艺及其派生工艺[J].宇航材料工艺,2010,6(6):21-23.

[120] 陈石卿.前景看好的高压 RTM 成形技术[J].航空科学技术,2010,6(5):11-12.

[121] FLYNNJ O. Design for manufacturability of a composite helicopter structure made by resin transfer moulding[D]. Montreal:McGill University,2007.

[122] CHAUDHARIR,KARCHER M,ELSNER P,et al. Characterization of high pressure RTM processes for manufacturing of high performance composites,15th European conference on composite materials[C]. Venice,Italy,June 2012,vol. 47,no. 2:33-36.

[123] BODAGHI M,SIMACEK P,CORREIA N,et al. Experimental parametric study of flow-induced fiber washout during high-injection-pressure resin transfer molding[J]. Polymer composites,2020,41:1053-1065.

[124] AIME H,COMAS-CARDONA S,BINETRUY C,et al. Limit of adhesion coefficient measurement of a unidirectional carbon fabric[J]. Advanced Manufacturing:Polymer & Composites Science,2015,1(3):152-159.

[125] FAIS C. Lightweight automotive design with HP-RTM[J]. Reinforc Plastics,2011,55(5):29-31.

[126] BODAGHI M,CRISTÓVÃO C,GOMES R,et al, Experimental characterization of voids in high fibre volume fraction composites processed by high injection pressure RTM[J]. Composites:Part A,2016,82:88-99.

[127] 魏波,周金堂,姚正军,等.RTM 及其派生工艺的发展现状与应用前景[J].广州化学,2018,43(4):68-75.

第 3 章 氰酸酯树脂

氰酸酯树脂是为满足宇航和电子工业需要,继环氧树脂、聚酰亚胺树脂后逐步发展起来的一类高性能热固性树脂。它是氰酸酯单体、预聚体及其固化聚合物的统称。

氰酸酯树脂通常定义为含有两个或两个以上氰酸酯(—O—C≡N)官能团的酚衍生物。根据其主链化学结构一般分为芳香族主链氰酸酯、脂肪族主链氰酸酯和氟代烃主链氰酸酯三种树脂类型。其中,芳香族主链氰酸酯(双官能团氰酸酯单体化学结构通式见图 3.1)由于综合性能优异,特别是耐热性能方面的优越性,成为商品化最多也最具实用性的一类氰酸酯树脂。该类树脂可在热或催化剂作用下发生环化三聚反应,生成含有三嗪环的高交联密度网络结构的大分子(见图 3.3)。从而表现出优异的介电性能(介电常数 2.6~3.2,损耗角正切 0.002~0.008)、耐高温性能、低吸湿率、低收缩率,以及优良的力学性能和加工工艺性能等[1]。已商品化的双官能或多官能氰酸酯树脂主要应用于电子(高速数字及高频用印制线路板)、宇航(航空航天用高性能结构复合材料、高性能透波功能复合材料)及胶黏剂工业。单官能氰酸酯树脂由于无法形成交联网络,单体易挥发、毒性等因素较少单独应用,偶见大分子量单官能氰酸酯树脂如腰果酚型氰酸酯(结构见图 3.2)可作为热固性树脂改性剂使用。

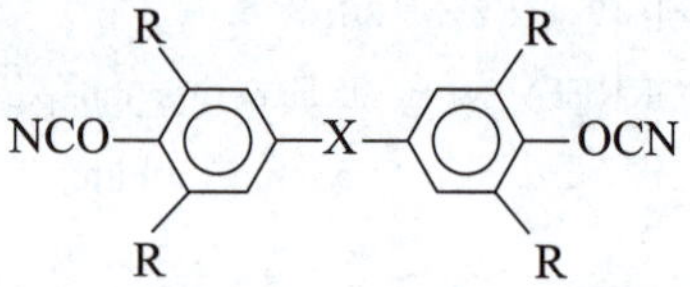

X:CH_2, $(CH_3)_2C$, $(CF_3)_2C$, O, S, SO_2,等;

R:H, CH_3—, $H_2C=CH-CH_2$—, $(CH_3)_2C=$,等

图 3.1 双官能团氰酸酯单体化学结构通式

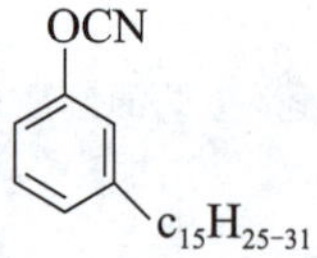

图 3.2 腰果酚型氰酸酯结构

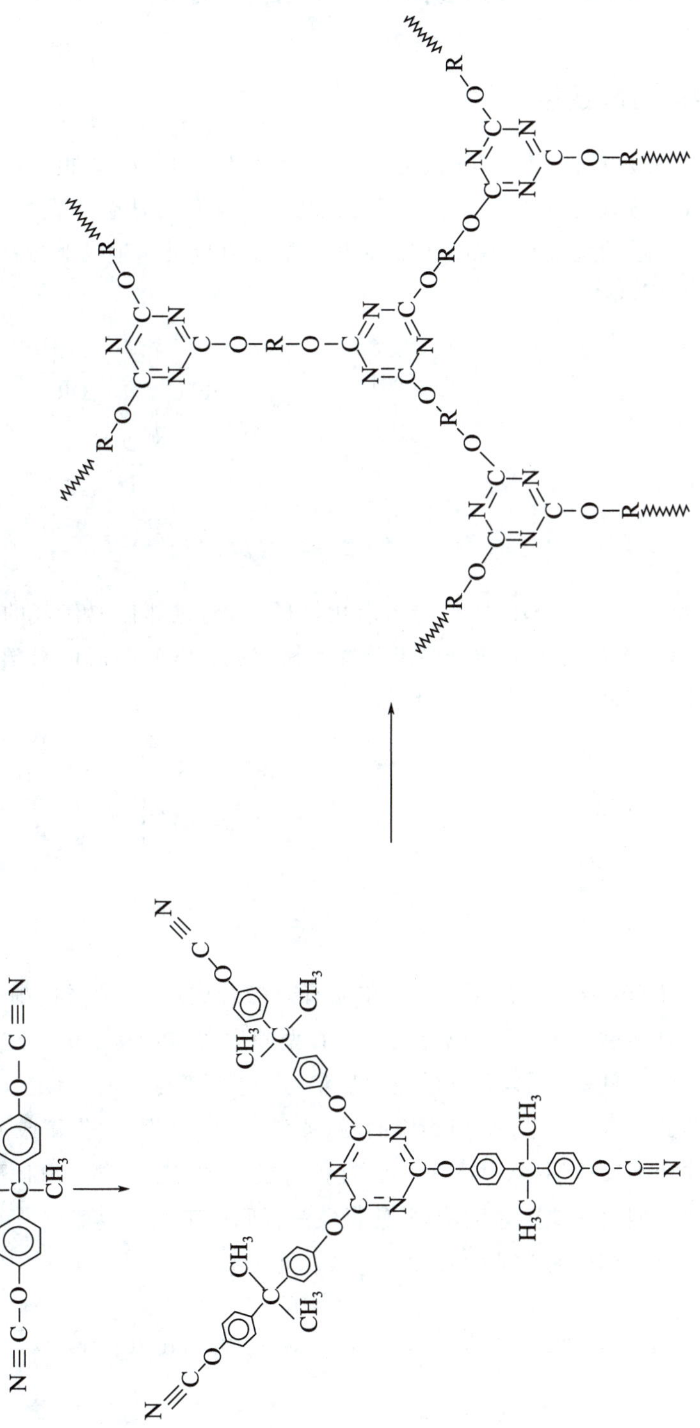

图 3.3　双酚 A 型氰酸酯固化均聚反应及三嗪环网络结构

3.1 氰酸酯树脂单体合成方法

3.1.1 氰酸酯单体合成途径

氰酸酯树脂的研制最早可追溯至19世纪中下叶。1857年，Cloez等报道通过酚盐化合物(如烷氧盐或苯氧盐)与氯化氰或次氯酸的酯与氰化物反应的方法合成氰酸酯，但未能得到预想产物。原因是过量的烷氧基与新生成的有机氰酸酯直接反应生成亚胺基碳酸酯与三嗪化合物的混合物(见图3.4)[2]。

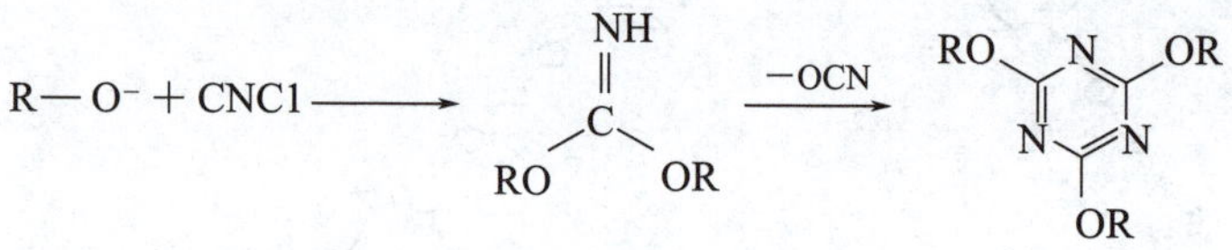

图3.4　酚盐与氯化氰合成反应式

1960年，Stroh和Gerber用邻位取代酚与卤化氰反应，通过邻位取代基的位阻效应避免了苯氧基的副反应，首次制得并成功分离出芳香族氰酸酯。并且当时的科学家们曾一度认为只有这种酚才能得到氰酸酯(见图3.5)[3]。

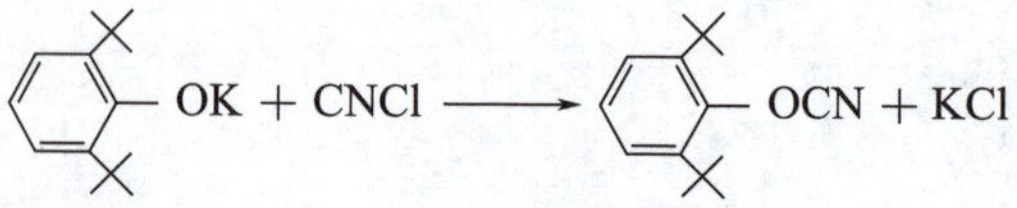

图3.5　邻位取代酚与氯化氰合成反应式

1963年，Grigat和Putter等发现了一种简单而有效的合成途径，通过向酚-卤化氰混合液的反应体系内加入碱性催化剂，成功地合成了芳香型和卤代烷烃氰酸酯。这种合成方法不仅有效避免了过量的烷氧基问题，而且反应速度快，产物产率高，质量稳定。已商品化的氰酸酯树脂基本按照此种合成方法，采用相应的酚(或醇)与卤化氰(氯化氰或溴化氰)在碱性催化剂(三乙胺)作用下反应制得(见图3.6)。这种合成方法打破了邻位取代酚的限制，重要的是成功制备了芳香型双官能团氰酸酯，并使氰酸酯树脂的工业化生产成为可能。表3.1列出的是已被成功合成的部分典型结构氰酸酯树脂及其产率[4,5]。

$$\mathrm{HO-R-OH + CNX \xrightarrow{(C_2H_5)_3N} NCO-R-OCN + (C_2H_5)_3N\cdot HX}$$

X：Cl、Br

图3.6　酚—卤化氰合成反应式

表 3.1　氰酸酯树脂及其产率

氰酸酯树脂类型	单体结构	物理状态及产率
单官能团氰酸酯	(邻烯丙基苯基氰酸酯)	液体 75%
	(双酚A型马来酰亚胺氰酸酯)	油 91%
单环多官能团氰酸酯	(间苯二氰酸酯)	晶体(熔点:80 ℃) 96%
	(1,3,5-三氰酸酯基苯)	晶体(熔点:102 ℃) 71%
双酚型二氰酸酯	(4,4'-联苯二氰酸酯)	晶体(熔点:131 ℃) 85%
	(双酚A型二氰酸酯)	晶体(熔点:85 ℃) 95%
	(双酚S型二氰酸酯)	晶体(熔点:169~170 ℃) 90%
	(烯丙基取代双酚A型二氰酸酯)	晶体(熔点:48~49 ℃) 67.9%
低聚物型氰酸酯	(烯丙基取代双酚S型二氰酸酯)	晶体(熔点:63 ℃) 93%
	(酚醛型氰酸酯低聚物)	半固态

续表

氰酸酯树脂类型	单体结构	物理状态及产率
稠环型二氰酸酯	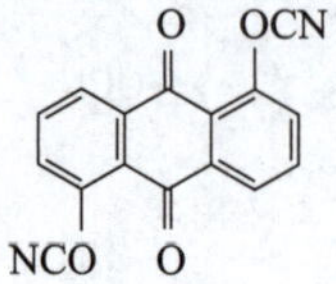 (蒽醌-1,5-二氰酸酯结构)	140 ℃分解 87%
	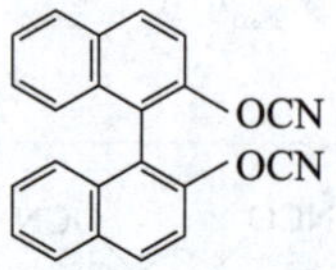 (联萘-2,2'-二氰酸酯结构)	晶体(熔点:149 ℃) 41%
氟代脂肪族氰酸酯	$NCO-CH_2-(CF_2)_3-CH_2-OCN$	液体
碳硼烷型氰酸酯	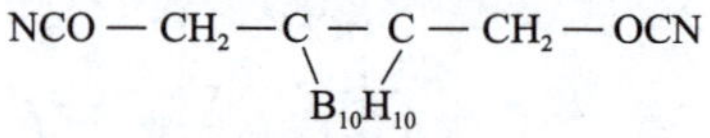 $NCO-CH_2-C-C-CH_2-OCN$ ($B_{10}H_{10}$)	晶体(熔点:127.5~128 ℃) 95%

1964 年,Jensen 和 Holm 与 Martin 几乎同时提出一类新的氰酸酯制备方法——噻三唑热分解法[6,7]。

Jensen 和 Holm 是利用乙醇和二硫化碳为原料,经四步反应制得乙基氰酸酯的,如图 3.7 所示。

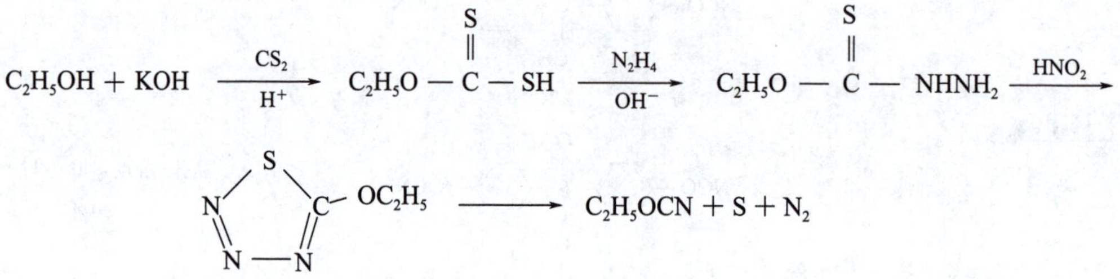

$$C_2H_5OH + KOH \xrightarrow[H^+]{CS_2} C_2H_5O-\underset{\underset{}{\parallel}}{C}(S)-SH \xrightarrow[OH^-]{N_2H_4} C_2H_5O-\underset{\underset{}{\parallel}}{C}(S)-NHNH_2 \xrightarrow{HNO_2}$$

$$\text{(噻三唑-OC}_2H_5\text{)} \longrightarrow C_2H_5OCN + S + N_2$$

图 3.7　乙醇和二硫化碳合成反应式

Martin 合成苯基氰酸酯的反应分为三步,如图 3.8 所示。

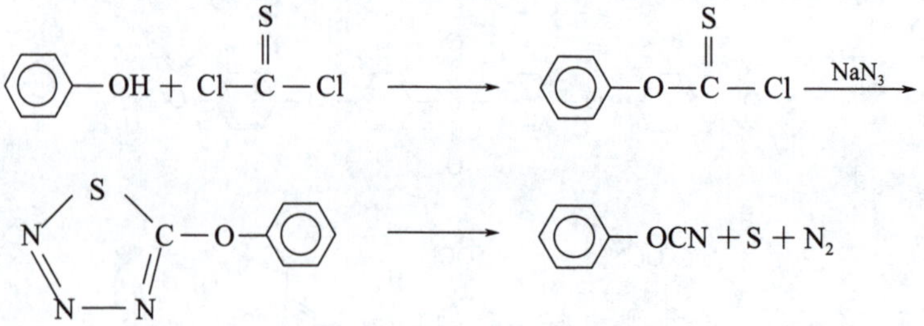

$$\text{Ph-OH} + Cl-\underset{\underset{}{\parallel}}{C}(S)-Cl \longrightarrow \text{Ph-O}-\underset{\underset{}{\parallel}}{C}(S)-Cl \xrightarrow{NaN_3}$$

$$\text{(噻三唑-O-Ph)} \longrightarrow \text{Ph-OCN} + S + N_2$$

图 3.8　三步法合成反应式

噻三唑热解法不仅可以制备芳香族氰酸酯,而且可以得到产率和纯度较高的脂肪族氰酸酯,并避免用到剧毒氰化物,可以说极具环保意义,也是化学合成工业发展的一个方向。但这类制备方法工艺路线复杂,难以实现工业化生产,并且难以得到双官能和多官能团的氰酸酯树脂。

此外,Jensen 和 Holm 等还曾通过以下方法制备氰酸酯:

(1)邻烷基硫代氨基甲酸酯($NH_2-\overset{\overset{S}{\|}}{C}-O-R$)与重金属氧化物反应后脱 H_2S;

(2)邻烷基—N—羟基硫代氨基甲酸酯进行酰基化和分解;

(3)醇与硫代氰酸酯进行酯交换。

上述三种方法都存在工艺复杂、产率低、产物难分离的缺点,难以成功合成具有应用价值的氰酸酯树脂。

3.1.2　卤化氰合成方法的特点

如图 3.6 所示,通过卤化氰(主要是氯化氰或溴化氰)与酚(或醇)可成功合成相应主链结构的氰酸酯单体。但由于氯化氰和溴化氰不同的物理、化学性质,这两种原料在实际应用中确实存在不同的适用性。

溴化氰常温下是固体(熔点 52 ℃,沸点 58～61 ℃),稳定性较好,反应活性适中、刺激性较弱,一般由溴素和氰化钠在溶液中反应制得,且易于干燥、提纯和定量,适于实验室内少量制取备用(溴化氰与氯化氰均是高挥发性剧毒物,不易长期存储)[8,9]。使用溴化氰存在以下几点限制性:

(1)原材料成本高,主要由于溴素(或液溴)比氯气的价格高十几倍至几十倍;

(2)溴化氰较氯化氰毒性大;

(3)溴化氰制备过程中必须使用过量氰化物,废液后处理难;

(4)溴化氰副反应概率大,且副产物(二乙基氰胺)难以分离,对树脂固化物性能产生不良影响(见图 3.9);

$$(C_2H_5)_3N + BrCN \longrightarrow (C_2H_5)_2N-CN + C_2H_5Br$$

图 3.9　溴化氰法合成副反应

(5)溴化氰合成氰酸酯单体过程适合间歇式生产,难以实现连续化生产。

氯化氰(熔点 -6 ℃,沸点约 12.7 ℃)常温下是气体,刺激性强,化学性质活泼,液化难度大,精确计量困难。在实验室内合成使用存在较多工艺技术问题和人员防护问题。但氯化氰一般由氯气和氰化钠溶液通过气相法合成,氯化氰生成后呈气体状态,便于物料流动和杂质分离,适合连续生产,生产成本也较低,德国、美国、日本和我国均有氯化氰气体工业化生产的成熟技术和工艺,因此,现今世界上工业化生产氰酸酯树脂一般采用氯化氰法。

3.1.3　氰酸酯单体物理性能

1. 纯度

纯度对氰酸酯树脂性能的影响至关重要。合成过程中的杂质不仅影响树脂外观,更重要的还会影响树脂存储期、固化动力学和固化终产物的性能。如合成过程中未反应完全的酚、三乙胺及副产物二乙基氰胺、氨基碳酸酯等可催化氰酸酯三聚反应,产生不可控放热;易挥发性的氨基碳酸酯、二乙基氰胺还可能逸出给固化物带来空隙和缺陷。分析树脂纯度的方法有差示扫描量热(DSC)曲线法、红外光谱(IR)法、高效液相色谱(HPLC)法、折射率法和聚合活性法等。

(1)DSC 曲线法

DSC 是一种方便、快捷检验树脂纯度(摩尔分数)的方法。它是根据 DSC 分析中的凝固点下降法原理,通过 Van't-Hoff 方程[式(3.1)]进行计算和数据处理的。

$$T_0 - T_m = \frac{RT_0^2 x_2}{\Delta H_f^0} \tag{3.1}$$

式中　T_m——平衡时杂质样品的熔点,K;

　　　T_0——平衡时纯样品的熔点,K;

　　　R——气体常数;

　　　ΔH_f^0——纯样品的熔融热焓;

　　　x_2——杂质物质的量,mol。

(2)IR 法

IR 法对检验树脂中是否含有酚类、二乙基氰胺和氨基碳酸酯非常有效。提纯前双酚 A 型氰酸酯树脂红外光谱图如图 3.10 所示。表 3.2 为这几种常见杂质的红外吸收峰范围。通过对典型吸收峰吸收强度对比可半定量分析以上杂质含量。

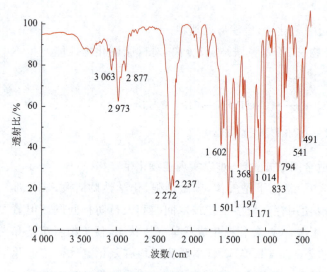

表 3.2　常见杂质的红外吸收峰

杂质基团结构		红外吸收波数/cm^{-1}
酚	O—H	3 400～3 600
二乙基氰胺	C≡N	2 210
氨基碳酸酯	C=O	1 700
	N—H	3 190～3 600

图 3.10　提纯前双酚 A 型氰酸酯树脂红外光谱图

(3)HPLC 法

通过选取适当的流动相,HPLC 法可有效检验氰酸酯树脂中的酚类、二乙基氰胺、氨基碳酸酯以及氰酸酯三聚体、五聚体等多聚体。图 3.11 为采用乙腈和水的混合溶剂为流动相，检测出的双酚 A 型氰酸酯树脂 HPLC 谱图。通过将氰酸酯单体及多聚体峰面积积分比较可得氰酸酯树脂纯度。

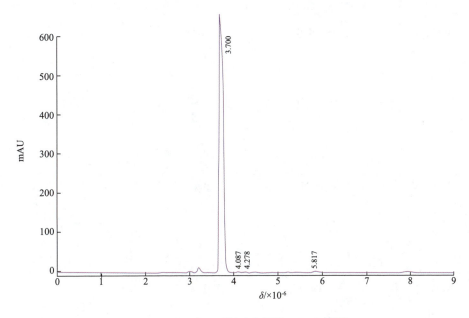

图 3.11　双酚 A 型氰酸酯树脂 HPLC 谱图

2. 熔点及熔融黏度

绝大多数双官能团氰酸酯单体为结晶固体，且其熔点均低于制备它们的相应酚类化合物的熔点（见表 3.3）。双酚 A 型氰酸酯及其类似结构的氰酸酯树脂熔点为 29～88 ℃，熔融后冷却至室温，可形成一段较长时间内稳定的过冷液状态（η＝90～120 mPa·s），这对某些常温下具有低黏度需求的工艺操作极有意义。

表 3.3　氰酸酯树脂结构及热性能

单体结构	物理状态(RT)	熔点/℃	η/(mPa·s)
NCO—⌬—OCN	晶体	116～118	—
NCO—⌬—OCN	晶体	80	—
NCO—⌬—⌬—OCN	晶体	131	—

续表

单体结构	物理状态(RT)	熔点/℃	η/(mPa·s)
NCO—⬡—S—⬡—OCN	晶体	94	—
NCO—⬡—O—⬡—OCN	晶体	87	—
NCO—⬡—C(CH$_3$)$_2$—⬡—OCN	晶体	85	<50/80
NCO—⬡(CH$_3$)—C(CH$_3$)$_2$—⬡(CH$_3$)—OCN	晶体	77~78	—
NCO—⬡—C(CF$_3$)$_2$—⬡—OCN	晶体	88	<50/90
NCO—⬡—SO$_2$—⬡—OCN	晶体	169~170	—
NCO—⬡(CH$_3$)$_2$—CH$_2$—⬡(CH$_3$)$_2$—OCN	晶体	106	<20/110
NCO—⬡—CH(CH$_3$)—⬡—OCN	液体/晶体	29	90~120/25

续表

单体结构	物理状态(RT)	熔点/℃	η/(mPa·s)
NCO—C₆H₄—CH(C₆H₅)—C₆H₄—OCN	晶体	72.5~73	—
NCO—C₆H₄—C(CH₃)(C₆H₅)—C₆H₄—OCN	晶体	87~88	—
NCO—C₆H₄—C(C₆H₅)₂—C₆H₄—OCN	晶体	190.5~191.5	—
NCO—C₆H₄—N=N—C₆H₄—OCN	晶体	163	—
NCO—C₆H₄—C(CH₃)₂—C₆H₄—C(CH₃)₂—C₆H₄—OCN	晶体	68	8 000/25
螺二芴双氰酸酯	晶体	163	—
蒽双氰酸酯	晶体	170	—
双环戊二烯型双氰酸酯	半固体	—	700/85

3. 红外光谱

氰酸酯树脂可根据其主要官能团—OCN 的特征吸收峰 2 200~2 300 cm^{-1} 处强吸收双峰和 1 160~1 240 cm^{-1} 处醚键 C—O—C 强吸收峰来鉴别判定。图 3.12 为双酚 A 型氰酸酯树脂晶体的红外光谱图，—OCN 官能团的吸收峰值在 2 272 cm^{-1} 和 2 235 cm^{-1} 处。图 3.13 和图 3.14 分别为双酚 AF 型、双酚 M 型氰酸酯单体的红外光谱图。

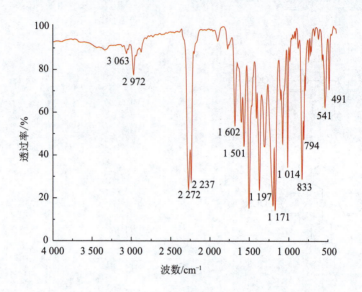

图 3.12　双酚 A 型氰酸酯单体红外光谱图

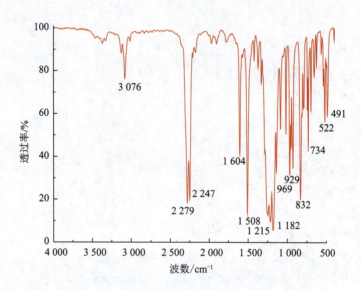

图 3.13　双酚 AF 型氰酸酯单体红外光谱图

4. 核磁共振

表 3.4 列出的是几种氰酸酯—OCN 官能团中 C 原子的化学位移。

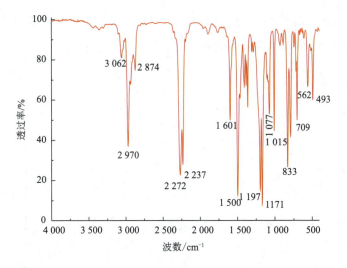

图 3.14　双酚 M 型氰酸酯单体红外光谱图

表 3.4　氰酸酯树脂 ^{13}C-NMR 化学位移

单体结构	δ(^{13}C)	单体结构	δ(^{13}C)
NCO-C6H4-C(CH3)2-C6H4-OCN	108.6 109.43 113 115.33	C6H5-OCN	109.2
C6H5-C(CH3)2-C6H4-OCN	109.53	H3C-C6H4-OCN	109.5
NCO-C6H3(CH2=CHCH2)-C(CH3)2-C6H3(CH2=CHCH2)-OCN	109.77	H3CO-C6H4-OCN	109.9
NCO-C6H(CH3)2-CH2-C6H(CH3)2-OCN	110.96	Cl-C6H4-OCN	109.2
(CH2=CHCH2)C6H4-OCN	109.6	O2N-C6H4-OCN	107.9

图 3.15 为双酚 A 型氰酸酯树脂单体的 ^{13}C-NMR 谱图,其中 δ 值为 115.33×10^{-6},峰是—OCN 官能团中 C 原子的化学位移。

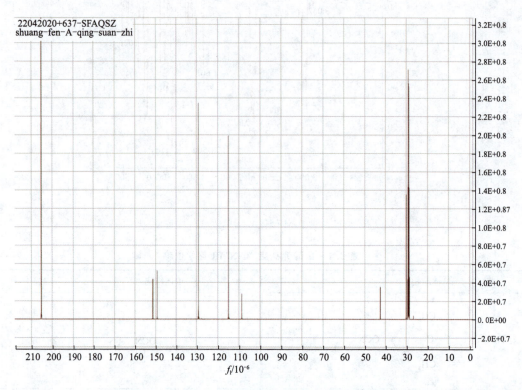

图 3.15　双酚 A 型氰酸酯树脂单体的核磁共振谱图

3.1.4　氰酸酯单体化学性能

1. 化学稳定性

高纯度的氰酸酯树脂稳定性高,存储期长,不添加催化剂需在 200~300 ℃ 的高温条件下才可固化,并放出大量的反应热。图 3.16 为双酚 A 型氰酸酯在不同升温速率($\beta=5$ ℃/min、10 ℃/min、15 ℃/min、20 ℃/min)下的 DSC 曲线,数据处理后,得到固化反应活化能 $E_\mathrm{a}=107.2$ kJ/mol,频率因子 $\ln A=25.7$ s^{-1}。

2. 水解反应

芳香族氰酸酯单体室温下(无其他催化剂存在)对水相当稳定,如双酚 A 型氰酸酯与水接触六个月以上,只有不到 5% 的树脂发生水解。而氟代烃氰酸酯对水则敏感得多(16 h 后即有 5% 树脂水解)。水对氰酸酯树脂的固化及其固化物性能影响极大,水解

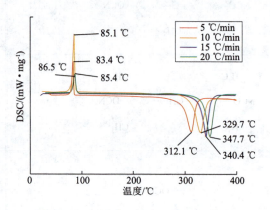

图 3.16　不同升温速率下的 DSC 曲线

产物对树脂的存储和固化是极为不利的,强酸和强碱均能使氰酸酯快速水解,如图 3.17 所示。

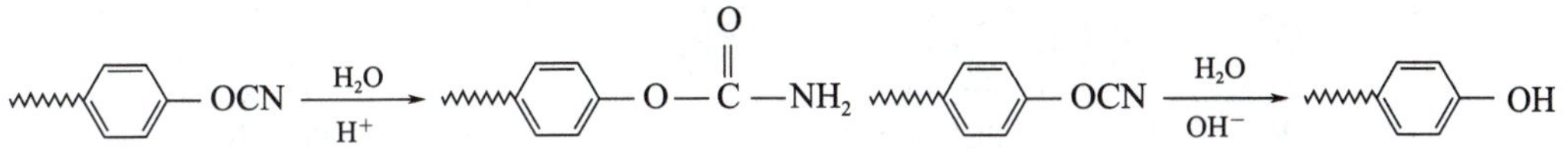

图 3.17 氰酸酯树脂水解反应式

3. 毒性

双官能氰酸酯树脂及多官能氰酸酯树脂低毒,并且绝大多数氰酸酯为芳基或多环化合物,挥发性极小,其水解反应也不会产生挥发性氢氰酸。只有高温加热时才有可能存在水解产物氨基碳酸酯受热分解逸出的情况,需加面罩保护呼吸器官。氰酸酯树脂在使用过程中,人体采用一般化学品的普通防尘口罩和手套的防护措施是安全的。

表 3.5 是几种氰酸酯树脂的动物毒性试验,说明其低毒性[10]。但单环氰酸酯(如间苯二氰酸酯、对苯二氰酸酯)、低分子量的脂肪链氰酸酯和氟代脂肪链氰酸酯则具有明显的刺激性。

表 3.5 氰酸酯树脂的动物毒性试验

试验项目	氰酸酯树脂类型		
	双酚 A 型	双酚 E 型	双酚 M 型
口服 LD_{50} 鼠/$(g \cdot kg^{-1})$	>2.5	0.5~1.0	>5.0
皮肤 LD_{50} 兔/$(g \cdot kg^{-1})$	>2.5	>5.0	>2.0
皮肤刺激性	无	无	无
眼睛刺激性	—	无	无

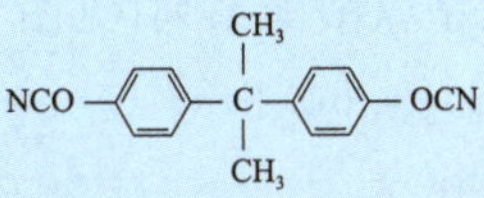

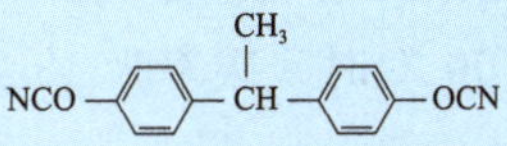

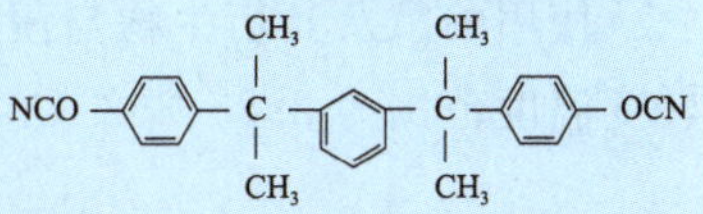

3.1.5 新型氰酸酯树脂分子结构与性能

近年来,国内外研究者以耐高温、低介电、阻燃等性能为目标,设计并合成了系列新型氰酸酯单体。

1. 主链为双马来酰亚胺氰酸酯树脂

双马来酰亚胺型氰酸酯树脂分子结构如图 3.18 所示。此类树脂有效提高了固化物高温下残碳率,但其热稳定性较差[11,12]。

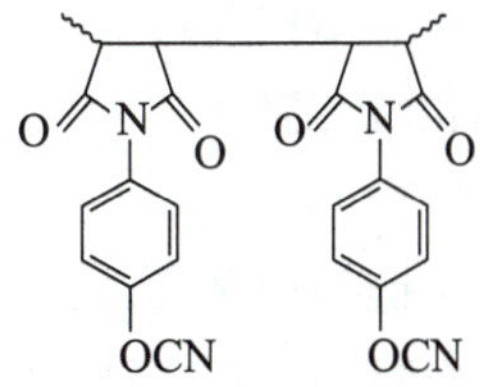

2. 主链为聚苯乙烯氰酸酯树脂

聚苯乙烯型氰酸酯树脂分子结构如图 3.19 所示。此类树脂具有一定的阻燃性,其阻燃性随着苯乙烯氰酸酯支链化程度的增加而降低[13]。

图 3.18 双马来酰亚胺型氰酸酯单体

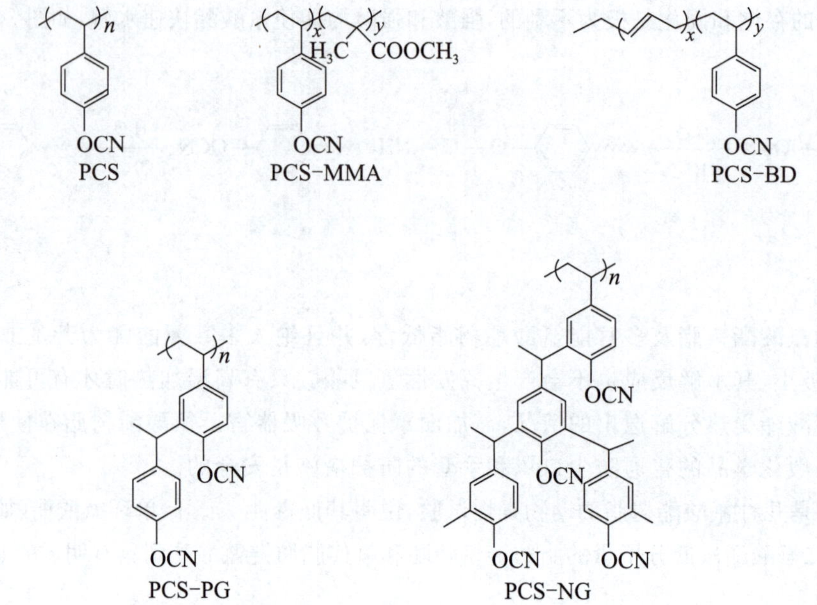

图 3.19 聚苯乙烯型氰酸酯结构

3. 主链为酚酞型氰酸酯树脂

使用酚酞及其衍生物与溴化氰反应可以合成酚酞型氰酸酯系列(见图 3.20)。其玻璃化转变温度范围为 298~362 ℃,700 ℃时残碳率为 43.8%~64.1%[14]。

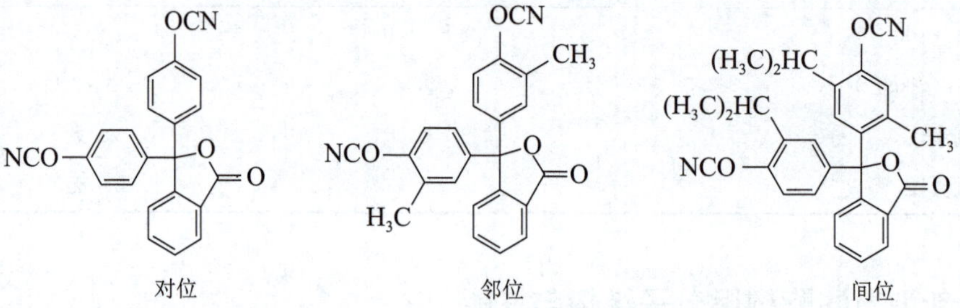

图 3.20 酚酞型氰酸酯的结构式

4. 主链结构含脂肪链氰酸酯树脂

主链结构含丙基的氰酸酯单体结构式如图 3.21 所示。该类氰酸酯树脂也具有较高的玻璃化转变温度(>200 ℃)和极限氧指数(LOI)值(>35),具有阻燃性[15]。

5. 主链结构含醚、酮结构氰酸酯树脂

主链结构含醚、酮结构的氰酸酯单体结构式如图 3.22 所示。这些氰酸酯含有大量的苯环,耐热性好,具有较高的玻璃化转变温度,另外结构中含有醚键可改善树脂韧性[16]。

主链结构含烷基醚键的氰酸酯单体结构式如图 3.23 所示,该氰酸酯单体的熔点随着 n 值的增大而降低,热稳定性随着 n 值的增大而降低,氰酸酯树脂的热膨胀系数低[17]。

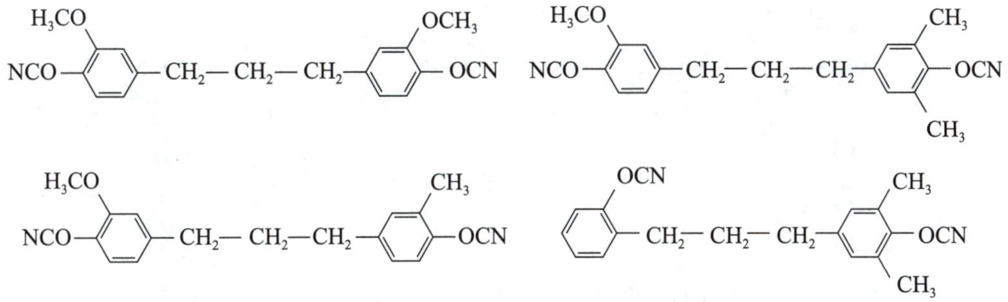

图 3.21 主链结构含丙基的氰酸酯单体结构式

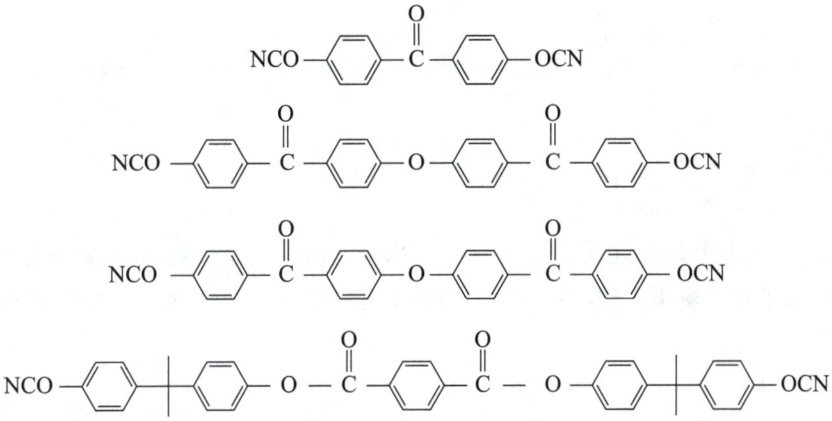

图 3.22 主链结构中含醚、酮结构的氰酸酯单体结构式

主链结构含醚键的氰酸酯单体结构式如图 3.24 所示。其在常温下具有很低的黏度，具有优异的成型工艺性，并且低聚体分子量可以通过原料比例来调控[18]。

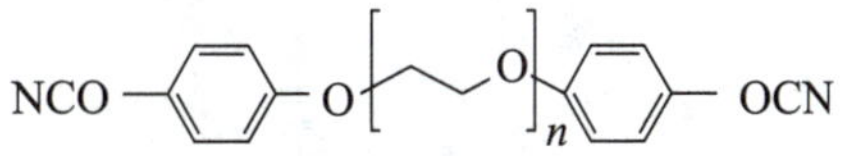

n=1，2，3

图 3.23 主链结构中含烷基醚键的芳烷基醚氰酸酯单体结构式

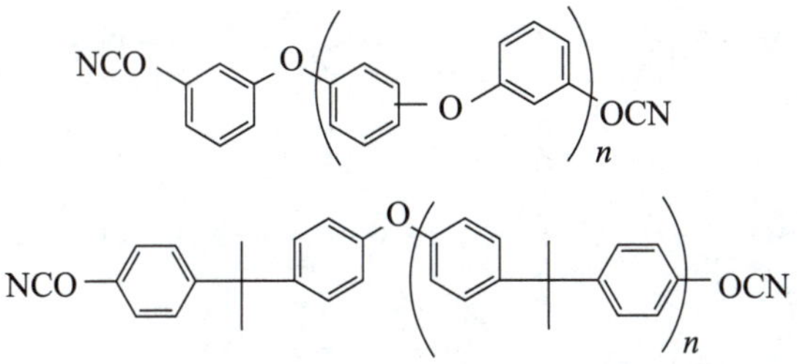

n=1，3

图 3.24 主链结构中含醚键的氰酸酯单体结构式

6. 主链结构含液晶结构氰酸酯树脂

如图 3.25 所示，液晶结构氰酸酯可形成各向异性的交联网状结构，特殊的结构可能会赋予该类氰酸酯树脂特别的性能，其性能还需要进一步研究[19]。

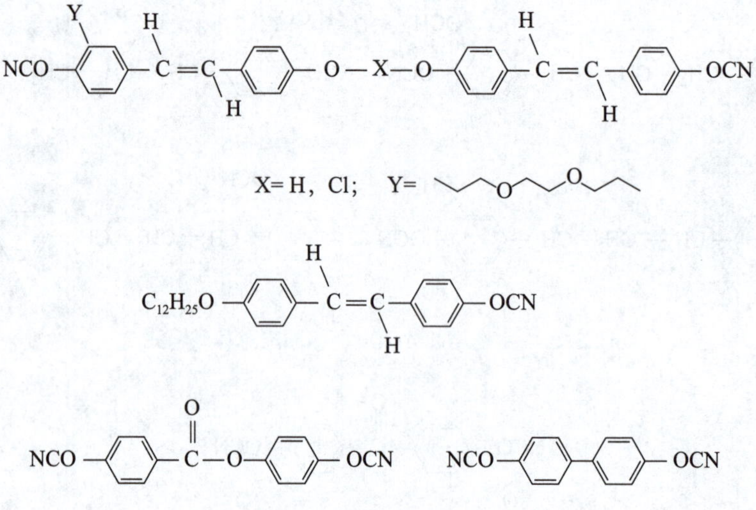

图 3.25 液晶结构氰酸酯

7. 主链结构含遥爪结构氰酸酯树脂

遥爪氰酸酯低聚物结构式如图 3.26 所示。这种结构生成聚合物时,氰酸酯官能团作为交联活性点,生成的聚合物中主链结构的基本性能不受影响,具有较好的热稳定和阻燃性[20]。

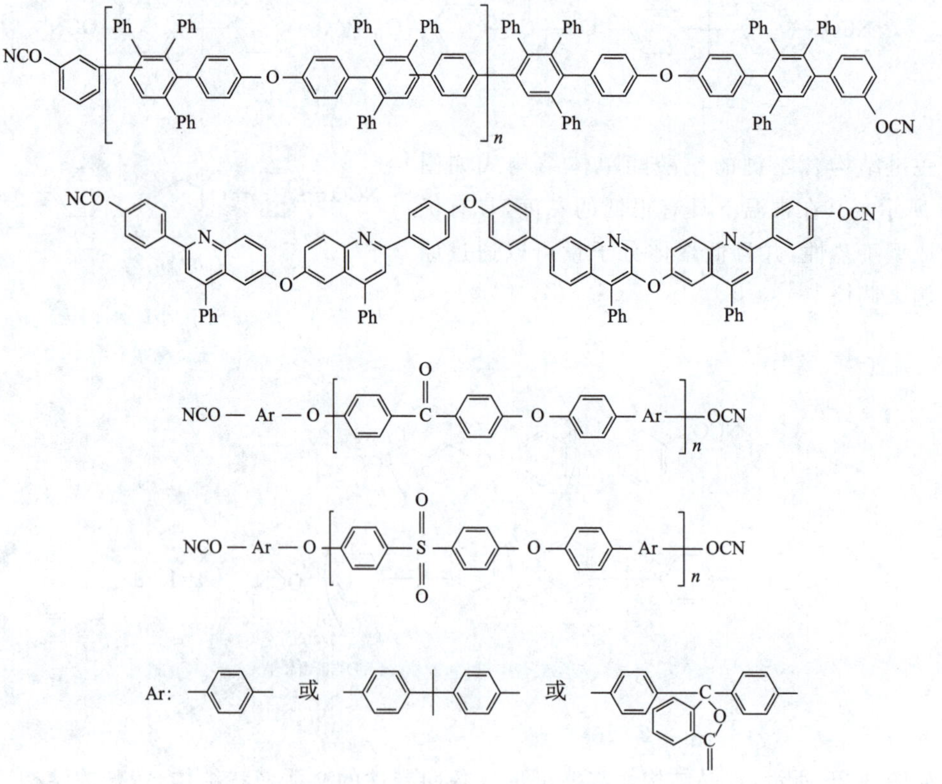

图 3.26 遥爪氰酸酯聚合物的结构

8. 主链结构含硅氰酸酯树脂

含硅型氰酸酯单体结构式如图 3.27 所示。图 3.27(a)所示树脂的耐热性和耐水性与双酚 A 型氰酸酯树脂接近,而图 3.27(b)所示树脂介电性能受频率的影响非常大,玻璃化转变温度低于 15 ℃[21]。

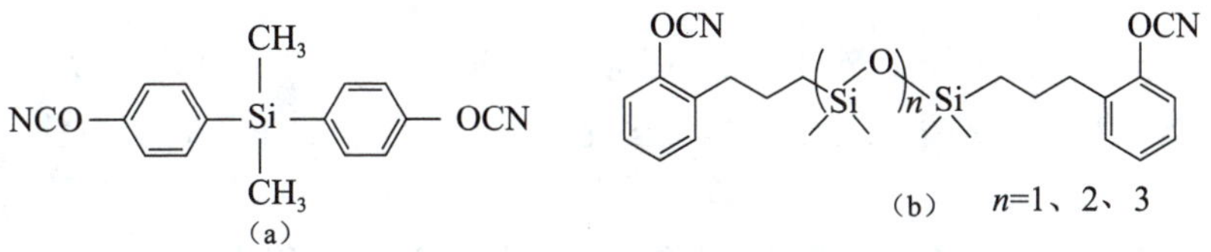

图 3.27 含硅型氰酸酯单体结构式

9. 含磷氰酸酯树脂

将磷原子引入氰酸酯树脂结构中,将有效提高氰酸酯树脂的阻燃性能,且随着磷的质量分数的提升,含磷氰酸酯树脂的阻燃性能可达 UL94 V-0 级。几种典型含磷氰酸酯单体(结构式见图 3.28)具有良好的阻燃性能,在空气中燃烧时有较高的残碳率[22]。

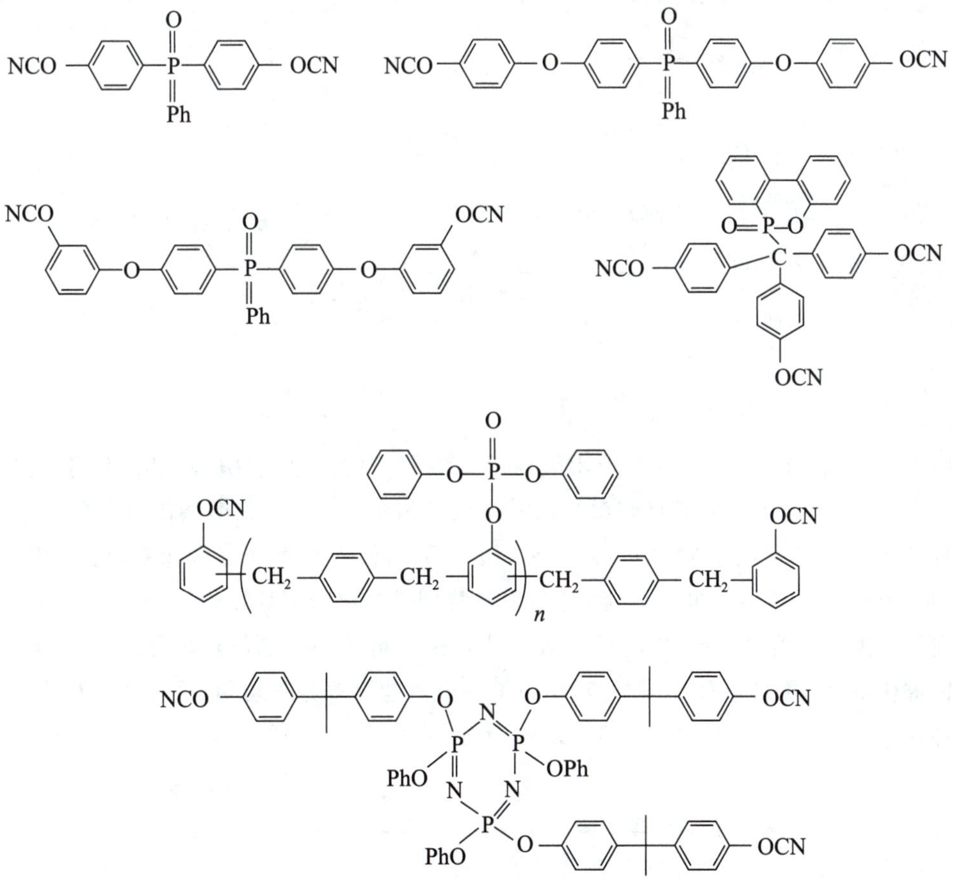

图 3.28 含磷氰酸酯单体的结构

3.2 氰酸酯树脂固化特性

3.2.1 固化机理

氰酸酯树脂在加热或催化剂存在下,可通过—OCN 官能团的环化三聚完成其固化过程,最终形成含三嗪环的网络大分子结构。固化需要双(或多)官能团树脂单体,是典型的逐步聚合过程[23]。

研究表明,极高纯度的氰酸酯树脂即使在加热条件下也不会发生聚合反应。但由于合成氰酸酯的过程中,未反应完全的酚、胺及副产物氨基碳酸酯等对树脂固化存在催化作用(见图 3.29),因此氰酸酯可在 200 ℃以上缓慢固化。固化过程可通过 IR 监测,以双酚 A 型氰酸酯为例,随着固化反应进行其 2 272 cm^{-1} 和 2 235 cm^{-1} 处的强吸收峰逐渐消失,同时在出现 1 560 cm^{-1} 和 1 370 cm^{-1} 处出现三嗪吸收峰。

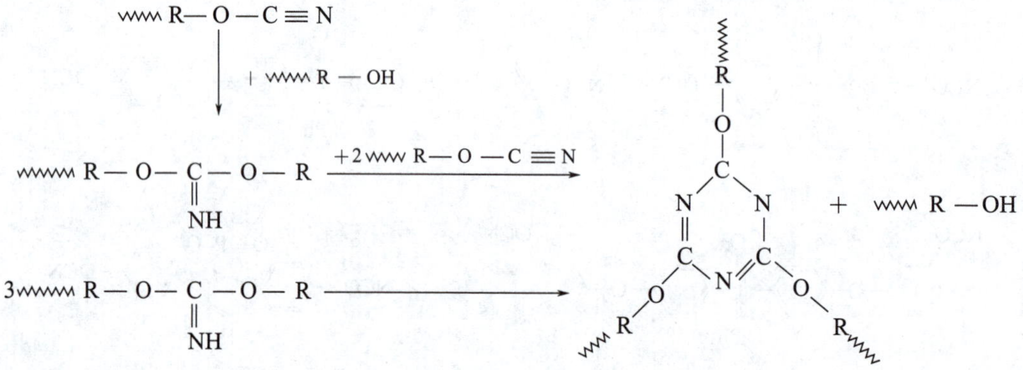

图 3.29 酚类催化氰酸酯固化反应机理

由于氰酸酯结构中—OCN 官能团氧原子和氮原子的强电负性使相邻的碳原子表现出较强的亲电性(见图 3.30),因此氰酸酯易被亲核试剂作用。要使氰酸酯快速完全固化,需加入两种催化剂。一是金属盐类的主催化剂,如路易斯酸、有机金属络合物等,因为氰酸酯官能团中含有孤电子对和给电子 π 键,易与金属特别是过渡金属原子形成络合物。但这类金属盐在氰酸酯中的溶解性差,影响催化效率或带来不可控的局部放热,因此,还应加入另外一种助催化剂:活泼 H 载体——酚类,一方面使金属盐溶解分布均匀,另外还可提供活泼 H 促进环化聚合反应。其催化机理如图 3.31 所示。

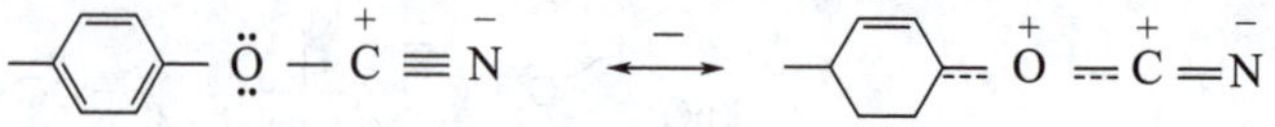

图 3.30 氰酸酯电荷分布示意

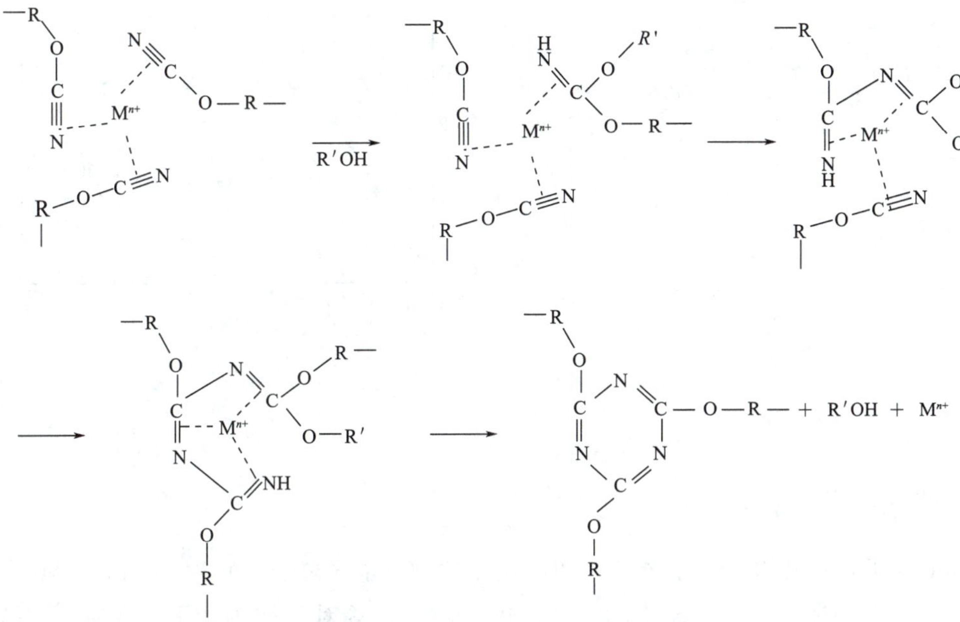

图 3.31　金属盐类主催化剂和酚类助催化剂催化氰酸酯固化反应机理

3.2.2　固化反应动力学

尽管氰酸酯在有、无催化剂的条件下有不同的固化机理和固化反应,但这些反应又同时存在某些共同特征。

(1)在足够高的温度或足够量的催化剂存在下,氰酸酯官能团可近似完全转化;
(2)氰酸酯完全固化后,反应热 ΔH(双酚 F 型氰酸酯除外)基本在 96~107 kJ/mol;
(3)无催化剂加入时,杂质酚类对氰酸酯的催化效果灵敏;
(4)固化过程中都会产生活性链或活性基团,实现自催化反应。

综合两种反应条件下的动力学特征,Simon 和 Gilham 优化了 Bauer 动力学方程,得到

$$\frac{\mathrm{d}\sigma}{\mathrm{d}t} = k_1(1-\alpha)^2 + k_2\alpha(1-\alpha)^2 \tag{3.2}$$

式中,α 为—OCN 浓度;k_1 和 k_2 分别为二级反应和二级自催化反应的表面速率常数。

在温度和催化剂浓度足够高时,忽略起始引发一项的影响,式(3.2)可简化为一个简单的 n 级反应表达式[式(3.3)],并由图 3.32 可看出反应级数 $n=1$。

$$\frac{\mathrm{d}\sigma}{\mathrm{d}t} = k(1-\alpha)^n \tag{3.3}$$

应当指出,式(3.2)和式(3.3)只适合于固化反应初期阶段。当氰酸酯官能团达到较高的转化率后,反应速率也急剧下降,这是由于反应体系流动性变差,反应已不符合上述动力学模型,主要由传质过程控制。而固化温度越高,符合 Simon-Gilham 动力学模型的阶段则越长(见图 3.33)。

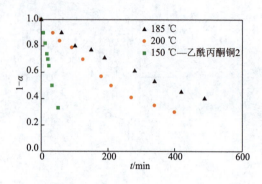

图 3.32 氰酸酯官能团浓度 α-t 关系图
（BADCy，IR 监测）

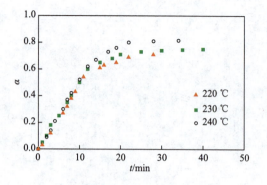

图 3.33 不同固化温度下的 α-t 关系

3.2.3 催化剂及其催化活性

Shimp 等研究发现,次外层含有 9 个以上电子的过渡金属离子（如 Cu^{2+}、Mn^{2+}、Mn^{3+}、Sn^{2+}、Zn^{2+}、Fe^{3+}、Co^{2+}、Co^{3+}、Ni^{2+}、Ti^{4+}）及铝盐（Al^{3+}）等对氰酸酯的固化催化效果显著[23]。但不同类型和浓度的金属盐对树脂固化具有不同的催化活性,其催化活性与该类金属配位数有关。一般说来,配位数越低,金属络合物在氰酸酯成环过程中扩散得越快,其催化能力和活性就高。

由表 3.6 中的凝胶时间数据可见金属盐的催化能力排序为

$$Zn \approx Mn > Fe^{3+} > Cu^{2+} > Ni^{2+} > Co \approx Al^{3+}$$

试验发现,金属羧酸盐远远高于一般络合物的催化活性,因此金属络合物常被称作一类潜伏性催化剂。而催化剂的潜伏率[23]直接关系应用树脂配方体系的活性期和适用工艺。

表 3.6 金属盐对 BADCy 树脂的催化固化效果

金属离子	阴离子	用量 /10^{-6}	t_{gel} (100 ℃) /min	t_{gel} (177 ℃) /min	固化度 /%	热变形温度 (HDT)/℃ 干态	热变形温度 (HDT)/℃ 湿态	弯曲强度/MPa	弯曲模量/GPa	弯曲应变/%	吸湿率/%	热稳定性 (235 ℃,弯曲强度降至 50%)/h
Cu^{2+}		360	60	2.0	96.6	244	175	176	3.01	7.7	1.70	400
Co^{2+}		160	190	4.0	95.7	243	193	181	3.15	6.7	1.41	400
Co^{3+}		116	240	4.0	95.8	248		129	3.15	5.5	1.40	
Al^{3+}	acac（乙酰丙酮）	249	210	4.0	96.8	238	157	129	2.94	4.6	1.77	200
Fe^{3+}		64	35	1.5	96.5	239	143	145	3.01	5.3	1.76	250
Mn^{2+}		434	20	0.83	93.8	242	163	159	3.01	6.0	1.67	300
Mn^{3+}		312	20	1.17	95.0	241	174	161	2.94	6.3	1.54	—
Ni^{2+}		570	80	3.5	95.8	241	121	182	3.15	6.0	1.52	
Zn^{2+}		174	20	0.83	95.8	243	182	160	3.08	6.0	1.45	375

由表 3.7 可以看出，潜伏率与金属类型及其浓度有关，并且其大小为 $Co^{3+} > Co^{2+} \approx Zn^{2+} > Cu^{2+}$。

表 3.7 金属盐对双酚 E 型氰酸酯树脂的催化活性

金属离子	阴离子	质量分数/($\times 10^{-4}$%)	活性期(25 ℃)/h	凝胶时间/min		潜伏率
				150 ℃	177 ℃	
Zn^{2+}	naph(环烷酸)	60	70	25	0.6	2.8
		120	30	3	0.3	10
		150	20	0.5	0.2	40
	acac(乙酰丙酮)	160	32	2	0.3	16
Cu^{2+}	acac	100	68	45	15	1.5
		300	30	15	4	2
		500	21	7	1.5	3
	naph	200	15	7	2	2
Co^{2+}	acac	170	300	14	0.3	21
Co^{3+}	acac	120	950	24	2	40

注：①潜伏率＝活性期(25 ℃)/凝胶时间(150 ℃)；
②配方中每 100 g 树脂含 2 g 壬基酚。

Sn、Sb、Ti、Pb 等过渡金属离子对氰酸酯固化也有一定的催化能力，但它们又会同时促进树脂的酯转化和水解反应，因此实际应用中应尽量避免这类金属离子的存在。

不同类型和浓度的金属盐不仅影响固化反应速率，还对树脂固化物性能，特别是固化物的玻璃化转变温度产生较大影响。在一定范围内，由于催化剂的使用提高了氰酸酯官能团转化率(可由 IR、DSC 等监测分析)，使树脂的物理和力学性能得到提高。但浓度超过一定程度后，将降低固化产物的玻璃化转变温度。如 T_g 为 268 ℃(无催化剂加入)的双酚 E 型氰酸酯树脂，在使用 Co^{2+}（$70 \times 10^{-6} \sim 300 \times 10^{-6}$）和壬基酚(3.7 phr)催化固化后，其 T_g 约为 240 ℃，并且当 Co^{2+} 在 200×10^{-6} 以上使用时会快速下降[24]。而不同类型和浓度的催化剂对于双酚 A 型氰酸酯树脂固化物 T_g 影响则出现了不同的情况(见图 3.34)。双酚 A 型氰酸酯树脂 T_g 随锌盐浓度增高迅速下降，而锰、钴类催化剂对其 T_g 变化则影响甚小。也可以说金属盐对树脂的催化固化效果具有一定的选择和匹配性。

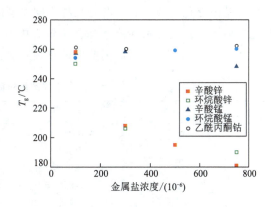

图 3.34 催化剂对 BADCy 树脂 T_g 的影响

有机锡类催化剂[25]也可高效催化氰酸酯单体固化反应(见图 3.35)。二月桂酸二丁基锡(DBTDL)可以显著降低氰酸酯/聚苯醚树脂体系的表观活化能[25]；随着二月桂酸二丁基锡用量的增加，体系的弯曲强度先上升后下降，在用量为 2% 时达到最大值；介电常数和损耗角正切值随着二月桂酸二丁基锡用量的增加先下降后上升。如表 3.8 所示，在用量为 1% 时达到最低值；吸水率随着二月桂酸二丁基锡用量的增加先下降后上升，在用量为 2% 时达到最低值;二月桂酸二丁基锡用量大于1%时的氰酸酯树脂复合材料,经288 ℃耐焊锡性试验后出现鼓泡现象。复合型有机锡化合物催化氰酸酯固化具有优良的性能[26],其中经过220 ℃/2 h后固化树脂的弯曲强度为124 MPa,冲击强度为12.16 kJ/m²,玻璃化转变温度为258 ℃。

$$(H_9C_4)Sn(OCN-R^+)_2 + NCO-R-OCN \xrightarrow{慢} (H_9C_4)_2Sn-三嗪 \xrightarrow{2NCO-R-OCN} ① + 三嗪$$
①

图 3.35 有机锡化合物催化氰酸酯固化反应机理

表 3.8 二月桂酸二丁基锡用量对固化树脂性能影响

DBTDL 质量分数	相对介电常数 1 MHz	损耗角正切函数值 1 MHz	DBTDL 质量分数	相对介电常数 1 MHz	损耗角正切函数值 1 MHz
0%	2.95	0.004 2	2%	3.09	0.004 5
1%	2.88	0.003 9	5%	3.24	0.006 5

3.2.4 助催化剂

1. 助催化剂类型

不仅金属盐催化剂对氰酸酯树脂的固化和性能有很大影响,含有活泼 H 的助催化剂——酚类化合物(如单酚、双酚、烷基取代酚或其他如醇、咪唑、芳胺等)对树脂的固化反应也有重要影响。酚不仅作为金属盐的溶剂,使催化剂与树脂均匀相溶,避免局部过热反应;还提供活泼 H 催化氰酸酯的环化聚合反应,尤其在树脂凝胶化后,氰酸酯官能团的固化主要由壬基酚催化完成。表 3.9 是几种不同类型的酚(单酚、双酚、烷基取代酚等)对氰酸酯的固化反应影响及固化物性能。综合比较表中性能数据可见,用邻苯二酚的树脂配方耐湿热性能较好,但力学性能过低,因此助催化剂一般选择使用低毒、低挥发性的壬基酚。

表 3.9 不同酚类对固化树脂性能影响

固化工艺	性能	壬基酚	邻甲酚	邻苯二酚
177 ℃/3 h	凝胶时间(104 ℃)/min	40	35	40
	热变形温度(干态)/℃	162	169	188
	热变形温度(湿态)/℃	133	134	156
	吸湿率/%	1.5	1.6	1.7
	拉伸强度/MPa	83.4	79.9	57.9
	断裂延伸率/%	2.6	2.4	1.7
177 ℃/3 h+232 ℃/1 h	热变形温度/℃(干态)	209	205	211
	热变形温度/℃(湿态)	156	151	168
	吸湿率/%	1.5	1.7	1.6
	拉伸强度/MPa	135.7	131.6	94.4
	断裂延伸率/%	4.5	4.0	3.0

注:0.025%的环烷酸铜催化剂,3.2 phr 的酚。

2. 壬基酚对固化的影响

由于氰酸酯的固化反应在凝胶化阶段后主要通过壬基酚的传质控制,因此壬基酚的使用和用量将直接影响氰酸酯的固化效果[27]。在使用壬基酚和环烷酸铜催化固化双酚 A 型氰酸酯时,当壬基酚用量低于 2%(即 0.013 的 OH/OCN 摩尔比),树脂体系经 177 ℃/3 h 处理后固化度只有 75%,HDT 在 130 ℃以下。浇注体经 250 ℃/1 h 后固化后,固化度达到 97%,HDT 为 260 ℃;将壬基酚用量提至 6%(0.038 的 OH/OCN 摩尔比)后,树脂经 177 ℃/3 h 固化后固化度高达 91%,HDT=186 ℃。250 ℃后处理后,固化度为 98%,而 HDT 仅为 220 ℃。这是因为适量的壬基酚既充分地使氰酸酯官能团聚合形成三嗪环,又不致大量与三嗪环键接而降低树脂交联密度,因而可得到较高的热变形温度。而高浓度的壬基酚虽然使—OCN 官能团充分转化,但酚大量参与成环反应降低了交联密度和固化网络分子量(见图 3.36),因而树脂固化物的 HDT 反而较低。同时固化树脂的玻璃化转变温度也有随壬基酚(或其他酚如 4-异丙苯基酚)浓度增加而降低的趋势,图 3.37 为双酚 A 二氰酸酯树脂在不同最高固化温度下的 T_g 变化,不难看出 285 ℃后固化温度的树脂(2%的壬基酚) T_g 相对 250 ℃后固化并没有增加,但未加壬基酚的树脂 T_g 从 270 ℃提高到 295 ℃,因此可以认为,壬基酚含量小于 2%的树脂体系,为得到较好的固化性能,需进行高温后处理工艺。

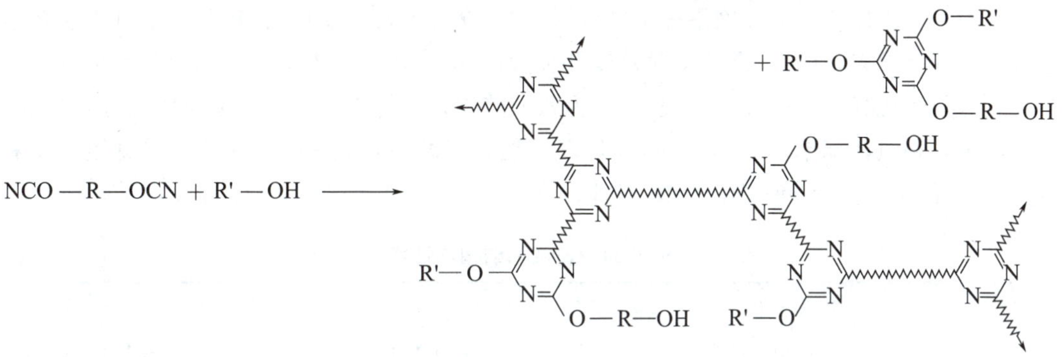

$$NCO-R-OCN + R'-OH \longrightarrow$$

图 3.36 酚类助催化剂催化氰酸酯树脂反应式

研究结果还表明,壬基酚加入树脂体系中起到显著的增塑效应,虽然降低了树脂固化物的 T_g 和 HDT 温度,但对树脂其他性能影响较小。如催化剂不同的浓度或用量对树脂的凝胶化时间没有显著影响。表 3.10 是不同壬基酚浓度和固化工艺对双酚 A 二氰酸酯树脂力学性能、耐热及耐化学性能的影响。

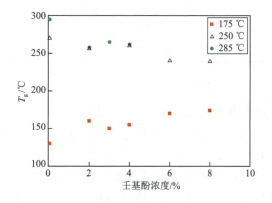

图 3.37 壬基酚浓度与 BADCy 树脂 T_g 的关系

表 3.10　不同壬基酚浓度和固化工艺下的 BADCy 性能

性能		壬基酚质量分数 1.7%		壬基酚质量分数 6.0%	
		固化温度 177 ℃	固化温度 250 ℃	固化温度 177 ℃	固化温度 250 ℃
—OCN 转化率/%		72	97	91	>98
热变形温度/℃	干态	108	260	186	220
	湿态	失败	172	161	174
吸湿率(92 ℃,RH95%,84 h)/%		失败	1.9	1.1	1.4
拉伸强度/MPa		脆	82.7	70.3	78.5
拉伸模量/GPa		脆	3.24	3.24	2.96
拉伸应变/%		脆	3.6	2.5	2.8
二氯甲烷吸收率/%		失败	5.8	15.5	7.6

3.3　氰酸酯树脂及其复合材料性能和应用

3.3.1　氰酸酯结构与性能

氰酸酯树脂固化后形成网络分子结构,结构中含有大量三嗪环、芳环及其他刚性脂环通过醚氧键连接起来,具有较高的交联密度,因此氰酸酯固化物表现出较高的力学性能、耐热、耐湿热性能和优异的介电性能。表 3.11 为氰酸酯固化物特殊的化学结构与性能对应关系。

由于各种氰酸酯单体结构不同,其物理性能和工艺特性也有较大差异[28](见表 3.1 和表 3.3)。表 3.12 是不同结构氰酸酯树脂的化学结构、物理状态和部分性能。

表 3.11　氰酸酯结构与性能

化学结构	表现性能
氰酸酯官能团(—OCN)	低毒性,良好的加工工艺性,良好的化学反应性
三嗪环结构	耐高温
醚键(—O—)	韧性
低极性基团	低介电,低吸湿率
高纯度	低介电,耐腐蚀

1. 耐热及耐湿热性能

氰酸酯树脂广泛应用于宇航结构材料和印制线路板制造行业,其重要原因之一就是氰酸酯有较高的耐热和耐湿热性能。从结构上分析,氰酸酯固化物分子中大量的均三嗪环具有近似苯环的热稳定性,且分子中多为芳环等疏水性基团,交联密度高,结构致密。表 3.13 为几种氰酸酯树脂的典型热性能。其玻璃化转变温度在 250～290 ℃,其中非对称结构的双酚 E 型氰酸酯树脂和—OCN 侧位四甲基取代的四甲基双酚 F 型氰酸酯树脂的 T_g 较低,而双环戊二烯酚型氰酸酯树脂虽然分子中含有大量刚性脂环,但由于交联点间分子距离过长,其 T_g 也较低。

表 3.12 商品化氰酸酯固化物性能

树脂结构	物理状态	均聚物性能			
		T_g/℃	吸水率/%	介电常数,1 MHz	G_{IC}/(J·m^{-2})
NCO-C₆H₄-C(CH₃)₂-C₆H₄-OCN	晶体	289	2.5	2.91	140
NCO-(2,6-(CH₃)₂)C₆H₂-CH₂-(2,6-(CH₃)₂)C₆H₂-OCN	晶体	252	1.4	2.75	175
NCO-C₆H₄-C(CH₃)(CF₃)-C₆H₄-OCN	晶体	270	1.8	2.66	140
NCO-C₆H₄-CH(CH₃)-C₆H₄-OCN	液体	258	2.4	2.98	190
NCO-C₆H₄-S-C₆H₄-OCN	晶体	273	1.5	3.11	158
NCO-C₆H₄-C(CH₃)₂-C₆H₄-C(CH₃)₂-C₆H₄-OCN	半固体	192	0.7	2.64	210
OCN-苯-[CH₂-苯(OCN)]$_n$-CH₂-苯-OCN	半固体	270～>350	3.8	3.08	60
NCO-C₆H₄-(二环戊二烯基)-C₆H₄-OCN	半固体	244	1.4	2.80	125

表 3.13 树脂热性能比较

性能		双酚 A 型氰酸酯树脂	四甲基双酚 F 型氰酸酯树脂	双酚 AF 型氰酸酯树脂	二羟基二苯硫型氰酸酯树脂	双酚 E 型氰酸酯树脂	双环戊二烯酚型氰酸酯树脂	BMI-DAB 双马树脂	TGMDA-DDS 环氧树脂
HDT/℃	干态	254	242	238	243	249	—	266	232
	湿态	197	234	160	195	183	—	217	167
T_g/℃	DMA	289	252	270	273	258	244	288	246
CTE(40~200 ℃)/($\times 10^{-6}$/K)		64	71	54	68	64	68	63	67
TGA(空气)/℃		411	403	431	400	408	405	371	306
燃烧性能 UL94	第一次点燃/s	33	20	0	1	1	>50	>50	>50
	第二次点燃/s	23	14	0	3	>50	—	—	—

与 T_g 变化不同的是树脂的 HDT 相差较小,而且四甲基双酚 F 型氰酸酯树脂的湿态 HDT 最大,并与干态热变形温度相差最小,仅下降 8 ℃。表明四甲基双酚 F 型氰酸酯树脂耐湿热性能最好。而六氟取代的双酚 AF 型氰酸酯树脂的耐湿热性能最差,其湿态 HDT 仅为 160 ℃,与干态下的 HDT 相差近 80 ℃。不同化学结构的氰酸酯热稳定性(见表 3.14)也有一定的差异,但其热失重起始分解温度远高于四官能度环氧树脂和二烯丙基双酚 A 改性的双马来酰亚胺树脂[29]。

表 3.14 氰酸酯树脂结构与热性能

单体结构	热分解温度/℃	单体结构	热分解温度/℃
NCO—⌬—OCN	390	NCO—⌬—S—⌬—OCN	400
NCO—⌬—OCN (间位)	390	NCO—⌬—O—⌬—OCN	380
NCO—⌬—⌬—OCN	390	NCO—⌬—C(CH$_3$)$_2$—⌬—OCN	411

续表

单体结构	热分解温度/℃	单体结构	热分解温度/℃
NCO—C₆H₃(CH₃)—C(CH₃)₂—C₆H₃(CH₃)—OCN	280	NCO—C₆H₄—C(C₆H₅)₂—C₆H₄—OCN	400
NCO—C₆H₄—C(CF₃)₂—C₆H₄—OCN	431	NCO—C₆H₄—N=N—C₆H₄—OCN	—
NCO—C₆H₄—SO₂—C₆H₄—OCN	360		
NCO—C₆H₂(CH₃)₂—CH₂—C₆H₂(CH₃)₂—OCN	403	NCO—C₆H₄—C(CH₃)₂—C₆H₄—C(CH₃)₂—C₆H₄—OCN	—
NCO—C₆H₄—CH(CH₃)—C₆H₄—OCN	408	NCO—C₆H₄—(芴螺)—C₆H₄—OCN	400
NCO—C₆H₄—CH(C₆H₅)—C₆H₄—OCN	410	NCO—C₆H₄—(蒽螺)—C₆H₄—OCN	400
NCO—C₆H₄—C(CH₃)(C₆H₅)—C₆H₄—OCN	395	NCO—C₆H₄—(降冰片烷基)—C₆H₄—OCN	405

表 3.13 中的树脂燃烧时间数据表明氰酸酯比一般环氧、双马树脂的阻燃效果好。特别是六氟取代的双酚 AF 型和以硫醚键连接为骨架结构的二羟基二苯硫型氰酸酯基本不燃。不同树脂基体的层压板阻燃性能如图 3.38 所示，其直观地反映了各类树脂的阻燃性能。

图 3.39、表 3.15 是氰酸酯树脂不同条件下的吸湿性能，邻位甲基化的四甲基双酚 F 型氰酸酯树脂吸湿率最低，这与其能在湿态下保持稳定的 HDT 性能是相符的[29]。

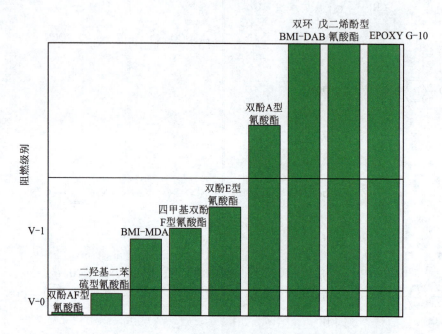

图 3.38　不同树脂基体的层压板阻燃性能

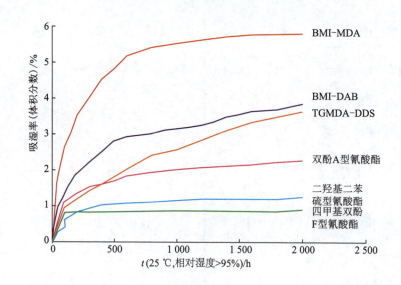

图 3.39　不同树脂常温体积吸湿率

表 3.15　不同树脂饱和吸湿率(水煮 500 h)

固化树脂	吸湿率/%	固化树脂	吸湿率/%
双酚 M 型氰酸酯	0.6	双酚 E 型氰酸酯	2.4
双环戊二烯酚型氰酸酯	1.4	双酚 A 型氰酸酯	2.5
四甲基双酚 F 型氰酸酯	1.4	BMI-MDA 双马树脂	4.2
双酚 AF 型氰酸酯	1.8	BMI-DAB 双马树脂	4.4
二羟基二苯硫型氰酸酯	2.4	TGMDA-DDS 环氧树脂	5.8

2. 介电性能

(1)树脂结构与介电性能关系

氰酸酯固化形成的三嗪网络结构中,电负性的氧原子和氮原子均匀对称地分列在带正电的中心碳原子周围(以双酚 A 型氰酸酯为例,氧原子和氮原子含量分别约为 11% 和 10%)。这种高度极性对称的共轭体系,平衡了电子间作用力,使分子具有极小的偶极矩,因而在电磁场作用下少有极化作用,表现出很低的介电常数和能量损耗。此外,氰酸酯中少有极性基团和质子给体,固化后也不会产生较强的氢键,因此其损耗角正切和吸湿率极低。表 3.16 列出了几种不同结构的氰酸酯树脂的介电性能。其中双酚 M 型氰酸酯和双酚 AF 型氰酸酯有最低的介电常数,这是因为双酚 M 型氰酸酯分子中苯环之间有较大的烃基链(间—二异丙基苯),降低了极化密度和取代基苯环的电负性。其他氰酸酯树脂的介电常数也有随烃基分子增大而降低的趋势,几种烃基介电常数由大到小的顺序如下:

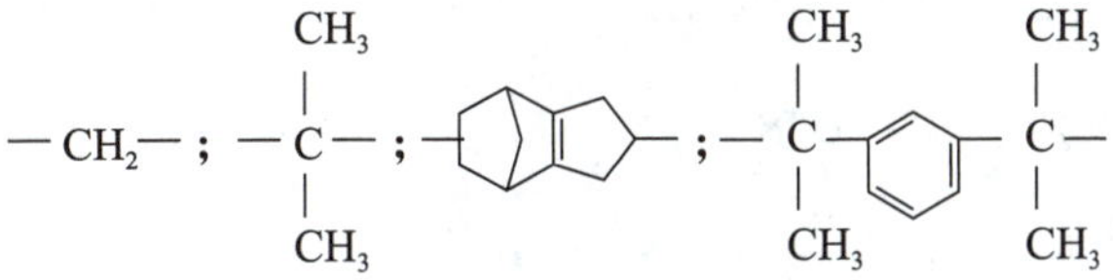

$-CH_2-$ ； $-\underset{CH_3}{\overset{CH_3}{C}}-$ ； 双环戊二烯基 ； $-\underset{CH_3}{\overset{CH_3}{C}}--\underset{CH_3}{\overset{CH_3}{C}}-$

表 3.16　氰酸酯树脂介电性能

氰酸酯单体结构 制备酚名称	相对介电常数		损耗角正切函数值($\times 10^{-3}$)	
	1 MHz	1 GHz	1 MHz	1 GHz
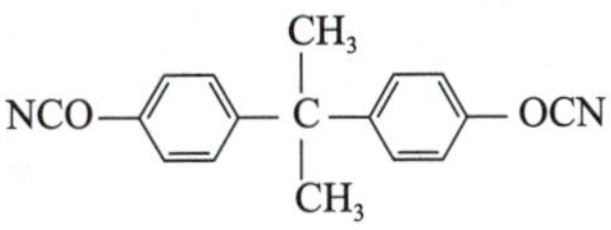 双酚A	2.91	2.79	5	6
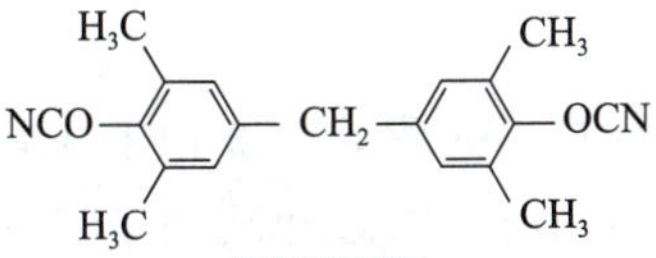 四甲基双酚F	2.75	2.67	3	5

续表

氰酸酯单体结构 制备酚名称	相对介电常数		损耗角正切函数值(×10⁻³)	
	1 MHz	1 GHz	1 MHz	1 GHz
双酚AF	2.66	2.54	5	5
双酚E	2.98	2.85	5	6
双酚M	2.64	2.53	1	2
线性酚醛树脂	3.08	2.97	6	7
联环戊二烯二酚	2.80	—	3	5

相应结构的氰酸酯树脂介电常数由大到小依次为：

双酚 F 型氰酸酯＞双酚 A 型氰酸酯＞双环戊二烯酚型氰酸酯＞双酚 M 型氰酸酯。

四甲基双酚 F 型氰酸酯由于—OCN 邻位全部被甲基取代，屏蔽和减弱了 C—O、C—N 和 C═N 的偶极化作用，也表现出极低的介电常数(2.54/1 GHz)和损耗角正切函数值。

(2)介电性能影响因素

①频率与温度的影响。环氧树脂、双马来酰亚胺树脂等当外界电磁场作用发生变化时,介电常数也随之改变。而氰酸酯固化后形成的均三嗪结构对电磁波频率变化很不敏感,可在不同波段保持低而稳定的介电常数和损耗角正切值,这就是氰酸酯树脂特有的宽频带性能。图3.40是树脂介电性能与测试频率的关系。表3.17为国内F·JN-5-05双酚A型氰酸酯树脂在8~40 GHz频率范围的介电性能测试数据(220 ℃后处理),测试系统为美国WILTRON 37269A Network Analyzer。

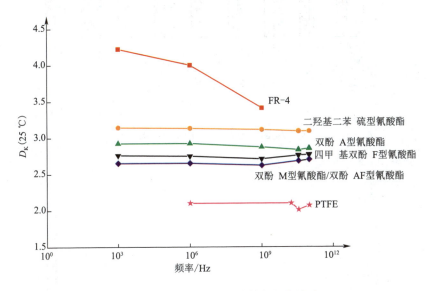

图3.40 基体树脂介电常数与频率关系

表3.17 不同频率下F·JN-5-05树脂介电性能

频率/GHz	相对介电常数	损耗角正切函数值/10^{-3}	频率/GHz	相对介电常数	损耗角正切函数值/10^{-3}
8.2	2.88	6.99	26.5	2.87	6.86
10	2.87	7.01	35	2.87	6.91
11	2.88	6.68	37	2.87	6.77
12.4	2.87	6.78	40	2.87	6.75

氰酸酯树脂介电性能对温度的变化也不敏感,如双环戊二烯酚型氰酸酯均聚物在220 ℃介电常数基本不变,损耗角正切仍可保持在0.005以下。

②吸湿率影响。除PTFE和其他含氟塑料、橡胶等不易受吸湿条件影响外,吸湿率(0.5%~5.0%)严重影响热固性树脂的介电性能,图3.41和图3.42分别为各种热固性树脂在室温和1 MHz下的介电性能随吸湿状态的变化情况。其中氰酸酯树脂的介电常数吸湿后增加了10%~15%,而典型双马树脂BMI-MDA增加了33%,环氧TGMDA-DDS的介

电常数也提高了 18%。

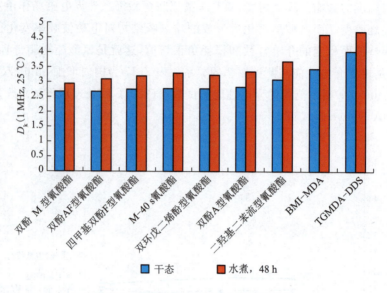

图 3.41　干湿态下树脂介电常数的变化

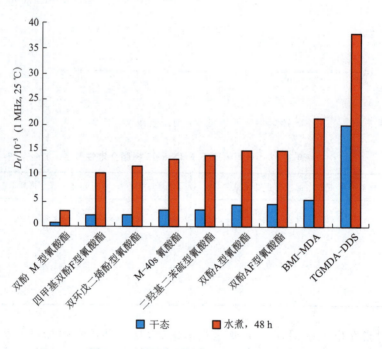

图 3.42　干湿态下树脂损耗角正切变化

③催化剂影响。为降低固化工艺温度和固化周期,氰酸酯树脂应用时一般加入 $50×10^{-6}$～$600×10^{-6}$ 的有机金属盐/酚类溶液催化剂。在足够的固化温度下,8% 的壬基酚可完全反应进入氰酸酯固化物分子结构中。表 3.18 是使用 0.15% 环烷酸锌和 1%～7% 壬基酚(或对二壬基酚)的双酚 M 型氰酸酯固化树脂介电性能,固化工艺为 121 ℃/1 h+177 ℃/

3 h+204 ℃/3 h。试验数据表明,某些适量金属盐催化剂和助催化剂对树脂介电性能影响甚微。

表 3.18 不同浓度助催化剂对固化树脂介电性能影响

项目		数据					
树脂体系配方	双酚 M 型氰酸酯	100	100	100	100	100	100
	壬基酚	3	5	7	—	—	—
	二壬基酚	—	—	—	1	3	5
	环烷酸锌	0.15	0.15	0.15	0.15	0.15	0.15
凝胶时间(104 ℃)/min		80	60	40	90	75	65
1 MHz	介电常数	2.76	2.74	2.75	2.75	2.73	2.72
	损耗角正切值/10^{-3}	1.5	1.3	1.1	1.5	1.2	1.1
X-波段 (8~12.5 GHz)	介电常数	2.65	2.66	2.64	2.64	2.64	2.64
	损耗角正切值/10^{-3}	2.9	2.9	3.0	2.9	2.4	2.4

3. 力学性能

氰酸酯树脂力学性能良好,与典型环氧和双马树脂比较,氰酸酯有很高的耐冲击性能和弯曲性能,这主要是由于连接苯环和三嗪环之间大量醚氧键的存在,使树脂表现出优良的韧性。表 3.19 是氰酸酯树脂等力学性能比较。可见氰酸酯树脂与增韧双马 BMI-DAB 树脂力学性能相当,尤其双酚 E 型氰酸酯,其分子结构中 C—C 和 C—O 旋转自由度较大,弯曲、抗冲击性能及断裂韧性都高于其他树脂[1]。

表 3.19 树脂力学性能

性能		双酚 A 型氰酸脂树脂	四甲基双酚 F 型氰酸酯树脂	二羟基二苯硫型氰酸酯树脂	双酚 AF 型氰酸酯树脂	双酚 E 型氰酸酯树脂	双环戊二烯酚型氰酸酯树脂	双酚 M 型氰酸酯树脂	TGMDA-DDS 环氧树脂	BMI-MDA 双马树脂	BMI-DAB 双马树脂
弯曲性能	强度/MPa	174	161	134	123	162	125.4	121	96.6	75.1	176
	模量/GPa	3.1	2.9	2.96	3.31	2.89	3.38	2.8	3.79	3.45	3.65
	应变/%	7.7	6.6	5.4	4.6	8.0	4.1	5.1	2.5	2.2	5.1
冲击强度	$Izod$/(J·m^{-1})	37.3	42.6	42.6	37.3	48	—	—	21.9	16	26.6
	G_{IC}/(J·m^{-2})	139	174	156	139	191	60.8	—	69.4	69.4	86.8
拉伸性能	强度/MPa	88	73	78.5	74.4	86.8	68.2	—	—	—	—
	模量/GPa	3.17	2.96	2.76	3.1	2.89	2.78	—	—	—	—
	断裂延伸率/%	3.2	2.5	3.6	2.8	3.8	—	—	—	—	—

图 3.43 是氰酸酯树脂在热湿状态下的弯曲性能保持情况,其中四甲基双酚 F 型氰酸酯树脂弯曲模量变化最小。

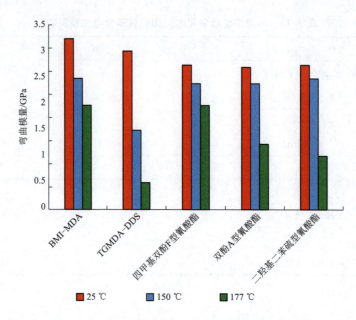

图 3.43　不同温度下树脂弯曲模量的变化(湿态)

4. 其他性能

氰酸酯树脂还具有优良的黏结和耐化学腐蚀性能。近年来加工工业对不同材料(不同材料间发生电化学腐蚀的机会最小)间的连接技术发展迅速,使用高性能胶黏剂在材料胶接,特别是壁厚较薄的金属与其他材料间胶接比传统的铆钉和焊接工艺更有优势。氰酸酯树脂对金属、玻璃纤维、碳纤维等有近似环氧树脂的黏结性,且氰酸酯树脂固化收缩率低、断裂延伸率高、易与黏结物表面羟基或金属氧化物形成共价键或配位键,更有利于提高其黏结性能。

表 3.20 是氰酸酯固化物在各种化学试剂内(50 ℃,浸泡 30 天)浸泡后质量和外观的变化情况(括号内数据表示同时伴有表面蚀刻现象)。氰酸酯的耐化学腐蚀性稍优于 BMI 树脂,双酚 A 型氰酸酯树脂只在 20% 的碱液作用下表面发生轻微皂化现象,加入 50% 的环氧树脂改性可有效改善其耐碱性。

表 3.20　几种树脂的耐化学腐蚀性比较

树脂类型	化学试剂				
	10% H_2SO_4	10% CH_3COOH	20% NaOH	含氯漂白剂	丁酮
双酚 A 型氰酸酯	1.1	1.3	(2.0)	1.0	4.3
1∶1 的双酚 A 型氰酸酯+环氧	0.9	1.0	0.5	0.6	7.7
环氧+苯二胺	1.9	1.8	1.1	0.2	7.2
乙烯基酯	1.0	1.1	0.7	0.7	破裂
双马树脂	0.9	1.0	(4.6)	(9.0)	0.7

3.3.2 氰酸酯树脂改性与性能

1. 环氧树脂改性氰酸酯树脂

热固性树脂之间通过共聚或共混能使各自的优点相结合,得到综合性能优良的材料。环氧树脂作为一类综合性能优良并已获广泛应用的热固性树脂基体,其中含有大量的环氧基反应性基团,可与氰酸酯基团发生反应,常用于氰酸酯树脂的改性。

氰酸酯树脂与环氧树脂进行共聚改性,其固化物分子中不含羟基、胺基等极性基团,吸湿率低,耐湿热性能好;三嗪环结构和与环氧生成的噁唑啉五元杂环结构具有较高的耐热性;大量的 C—O—C 醚键又使树脂固化结构具有很好的韧性;并且氰酸酯与环氧树脂有很好的相溶性,在稍高于氰酸酯熔点的温度下混合预聚,易于得到高稳定性混合体系,降至室温或低温既不会析出,也不会产生分相,混合物黏度介于环氧和氰酸酯熔融黏度之间(黏度大小与树脂配比有关),有很好的工艺适用性。

(1) 固化反应

为研究上的便利,采用单官能团的 CPCy 氰酸酯和 PGE 环氧树脂进行共固化反应机理的研究。

CPCy: PGE:

通过高效液相色谱(HPLC)分析发现,影响共固化反应的重要因素只有温度参数,催化剂、空气环境、化学计量等不会改变反应历程,只会引起反应产物含量的变化。反应过程中不同时间的混合物组成含量,如图 3.44 所示。反应开始即先形成大量的三聚体,随后三聚体含量下降,并达到一个较低的平衡值。同时有噁唑啉明显生成。反应中未发现有两个氰酸酯官能团组成的二聚体(四元环)过程。整个反应还可通过 IR 监测,以相对稳定的 C—H 吸收峰为参照。根据各种生成物特征吸收峰(见表 3.21)的增长率分析比较,认为氰酸酯与环氧树脂主要存在反应如图 3.45 所示。

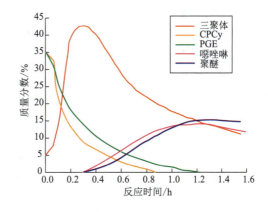

图 3.44 CPCy/PGE 反应体系各化合物质量分数分布(通过 HPLC 监控)

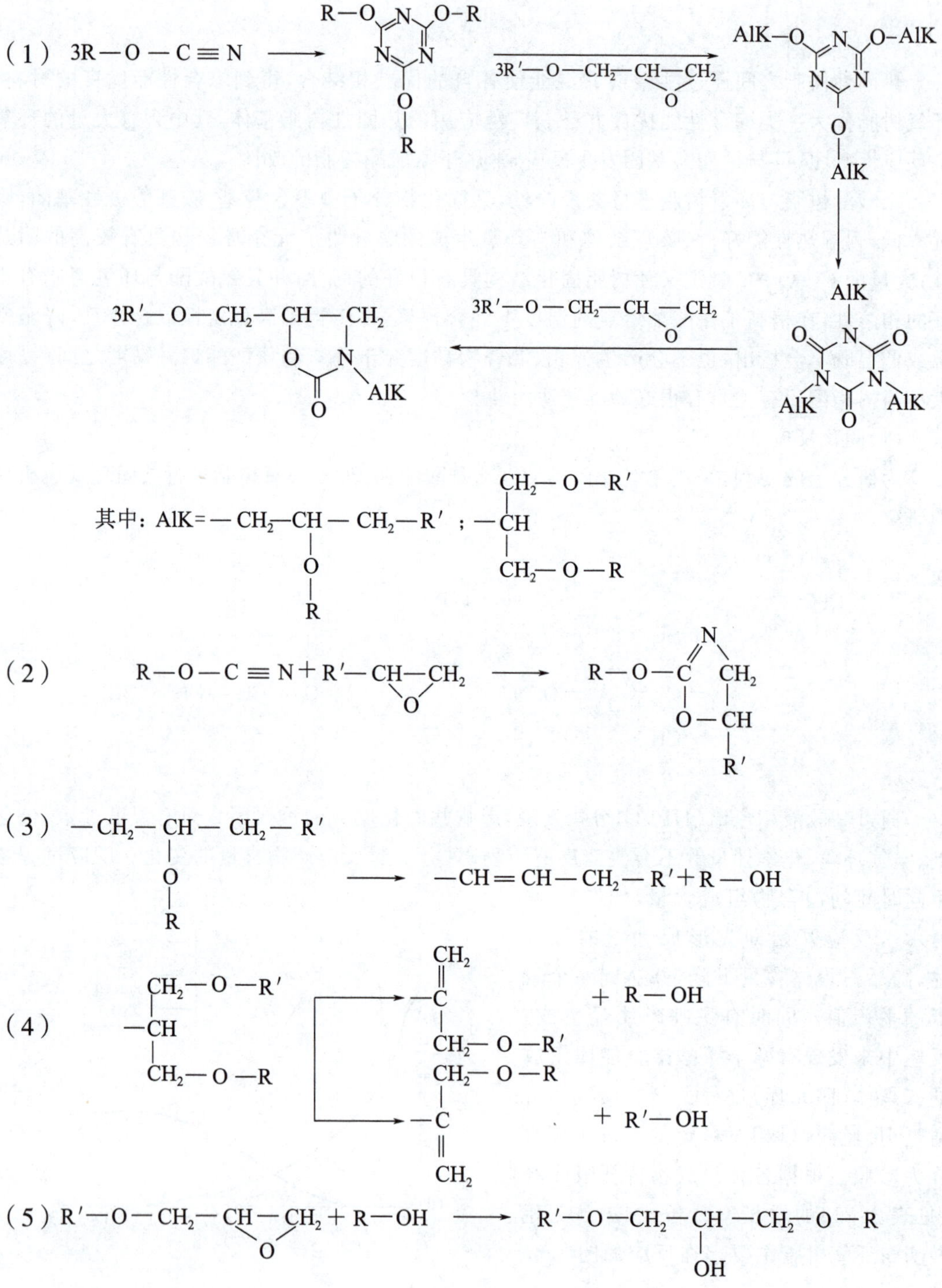

(1) $3R-O-C\equiv N \longrightarrow$ [三嗪环: $R-O$, $O-R$, $O-R$] $\xrightarrow{3R'-O-CH_2-CH-CH_2(环氧)}$ [三嗪环: $AlK-O$, $O-AlK$, $O-AlK$] $\longrightarrow$ [异氰脲酸环 N-AlK, N-AlK, N-AlK, 三个C=O]

$\longleftarrow \xrightarrow{3R'-O-CH_2-CH-CH_2(环氧)}$ $3R'-O-CH_2-CH-CH_2$ （含 $O-C(=O)-N-AlK$ 噁唑烷酮环）

其中：$AlK = -CH_2-CH(-O-R)-CH_2-R'$ ；$-CH(CH_2-O-R')(CH_2-O-R)$

(2) $R-O-C\equiv N + R'-CH-CH_2 \text{(环氧)} \longrightarrow R-O-C(=N-CH_2)-O-CH-R'$ (亚胺碳酸酯)

(3) $-CH_2-CH(-O-R)-CH_2-R' \longrightarrow -CH=CH-CH_2-R' + R-OH$

(4) $-CH(CH_2-O-R')(CH_2-O-R) \longrightarrow \begin{cases} CH_2=C(CH_2-O-R') + R-OH \\ CH_2=C(CH_2-O-R) + R'-OH \end{cases}$

(5) $R'-O-CH_2-CH-CH_2\text{(环氧)} + R-OH \longrightarrow R'-O-CH_2-CH(OH)-CH_2-O-R$

图 3.45　氰酸酯与环氧树脂反应机理

表 3.21　共聚反应产物 IR 吸收与 ^{13}C—NMR 化学位移

基团	IR/cm^{-1}	^{13}C—NMR/10^{-6}
甲基	2 875	30.8
氰酸酯中的 C≡N	2 270,2 235	108.9
噁唑啉中的 C=O	1 753	154
异氰酸酯中的 C=O	1 696	149
三嗪	1 566	173.5
异三嗪	1 457	—
氰酸酯中的—O—	1 369	—
聚醚中的—O—	1 132	—
环氧	916	44.1~50.1

(2) 催化剂对共固化反应的影响

在无催化剂和固化剂存在时,氰酸酯或环氧树脂都难以单独进行固化反应。但二者混合时,少量的氰酸酯就能固化环氧树脂,而更少量的环氧也能促进氰酸酯固化,如双酚 A 型氰酸酯在丙酮溶液中可保持 6 个月以上,加入一定量的环氧树脂后,即使在低温下放置 60 h 后即有固化反应迹象(如黏度明显增加等),因此说共聚反应中氰酸酯与环氧树脂相互催化。氰酸酯可在无催化剂的条件下完全固化环氧树脂,也可加入催化剂进行固化反应。图 3.46 为 180 ℃下乙酰丙酮铜催化共聚反应对环氧固化度的影响。催化剂的使用主要使环氧树脂在较短的时间内达到较高的固化度。未加催化剂的树脂体系固化 0.5 h 后,环氧固化度只有 70%,3.5 h 后达到 97%,而加入 500ppm(1ppm=1.0×10^{-6})乙酰丙酮铜 Cu(acac)$_2$ 的树脂 0.5 h 即达到 97.5% 的固化度。

在氰酸酯与环氧树脂共聚反应中,一般避免使用环氧树脂的胺类固化剂,因为胺基—NH$_2$ 的活泼 H 活性强,与氰酸酯优先反应,并剧烈放热。图 3.47 利用潜伏性固化剂 2-乙基-4-甲基咪唑(EMI)和 Cu(acac)$_2$ 等加入 BADGE(DER-332)/BADCy(B-10)共聚体系中的 DSC 曲线,分析发现 EMI 未能有效地催化共聚反应(最大固化放热峰仅向低温区移动 20 ℃);Cu(acac)$_2$ 使固化出现两个放热峰,固化放热峰峰顶前移约 100 ℃。

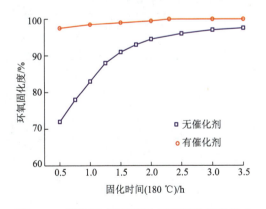

图 3.46　催化剂对共聚反应环氧固化度的影响

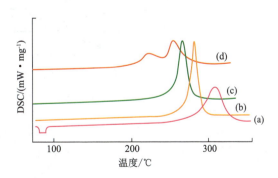

图 3.47　催化剂对 BADCy/BADGE 固化反应的影响
(a)BADCy;(b)BADGE/BADCy;(c)BADGE/BADCy/1%EMI;
(d)BADGE/BADCy/200×10^{-6} Cu(acac)$_2$

(3) 环氧树脂改性氰酸酯树脂及其性能

在环氧树脂与氰酸酯树脂共聚体系中,三嗪环进一步反应生成噁唑啉结构,且含有柔性的醚键,从而在一定程度上提高了氰酸酯的韧性;但同时,共聚体系的耐热性和模量也相应地有所下降[30-32]。

采用环氧树脂对氰酸酯树脂进行共聚改性,共聚体系的弯曲强度和冲击强度都有明显改善,研究表明环氧树脂固化氰酸酯树脂能使其拉伸强度和断裂伸长率显著提高,对氰酸酯具有显著的增韧效果。环氧树脂与氰酸酯共聚体系的综合性能取决于两者用量的比例、环氧树脂的分子量以及固化条件等因素[33-37]。

采用 E-20 型 EP 对双酚 A 型氰酸酯树脂(BADCy)进行改性,改性体系的冲击强度可以达到 15.2 kJ/m^2,弯曲强度可以达到 128 MPa[38]。采用 E-51 环氧树脂改性双环戊二烯酚型氰酸酯树脂(DCPDCE),当 E-51 的质量分数为 5% 时固化树脂的冲击强度从 9.34 kJ/m^2 提高到 12.1 kJ/m^2,弯曲强度从 92.26 MPa 提高到 127.69 MPa[39]。

环氧改性氰酸酯树脂相比环氧树脂具有更良好的介电性能和耐热性能,吸湿性能更加优异,传统 FR-4 与环氧改性氰酸酯树脂基覆铜板环氧树脂基覆铜板性能比较见表 3.22。

表 3.22　FR-4 与环氧改性氰酸酯树脂基覆铜板性能比较

项目	介电常数 (1 MHz)	损耗角正切值 (1 MHz)	吸水率/%	T_g/℃
FR-4 改性氰酸酯树脂基覆铜板	4.7	0.018	0.09	150
环氧改性氰酸酯树脂基覆铜板	3.8	0.006	0.03	153

环氧改性氰酸酯树脂的介电性能和力学性能见表 3.23。树脂体系采用乙酰丙酮镧系催化剂催化固化。

表 3.23　双酚 A 型缩水甘油醚/双酚 A 二氰酸酯(DGEBA/BADCy)固化物性能

	性能	DGEBA/BADCy 摩尔比		
		0.7/1	1/1	2/1
介电性能(1 MHz)	介电常数	3.1	3.3	3.8
	损耗角正切(×10^{-3})	2.1	3.8	5.7
	体积电阻率/(Ω·m)	1.38×10^{14}	8.6×10^{13}	4.2×10^{13}
力学性能	弯曲强度/MPa	98	101	110
	弯曲模量/GPa	4.0	3.9	3.8
	伸长率/%	2.08	2.26	2.89
	HDT/℃	205	196	155
	T_g/℃	196.7	192.7	166.7

2. 双马来酰亚胺改性氰酸酯树脂

双马来酰亚胺改性氰酸酯树脂,又称双马来酰亚胺三嗪树脂(bismaleimides-triazine resin),简称 BT 树脂,是氰酸酯与不饱和烯烃间的重要反应之一,也是一种重要的改性氰酸酯树脂。

BT 树脂一般由双酚 A 型氰酸酯(T 组分)和二苯甲烷双马来酰亚胺(B 组分)两种组分构成。未固化树脂有固态(熔点 100 ℃,中高分子量)、半固态(低分子量)、液态(黏度 2~10 Pa·s)、甲乙酮溶液(中、低分子量)和粉末(高分子量)等类。

图 3.48 所示 BT 树脂的嘧啶型分子结构尚未得到试验证实,但通过对含有烯丙基的单官能团氰酸酯与 N-苯基马来酰亚胺共固化反应的研究,认为两者极有可能按 Ene/Diels-Alder 反应机理(见图 3.49)进行共聚反应。反应得到 T_g＞350 ℃(DMTA 法)的高交联密度聚合物。这对加入其他类型齐聚物(BMI 或氰酸酯等)提高固化物断裂韧性的同时,仍能保持较高 T_g 的要求极为有利。也有人认为氰酸酯与双马来酰亚胺之间并没有发生真正地共聚反应,而是形成半互穿网络结构(SIPN),这样能比较好地解释共固化产物的 T_g 与两种均聚物(氰酸酯或 BMI 均聚物)T_g 之间的较大差别。

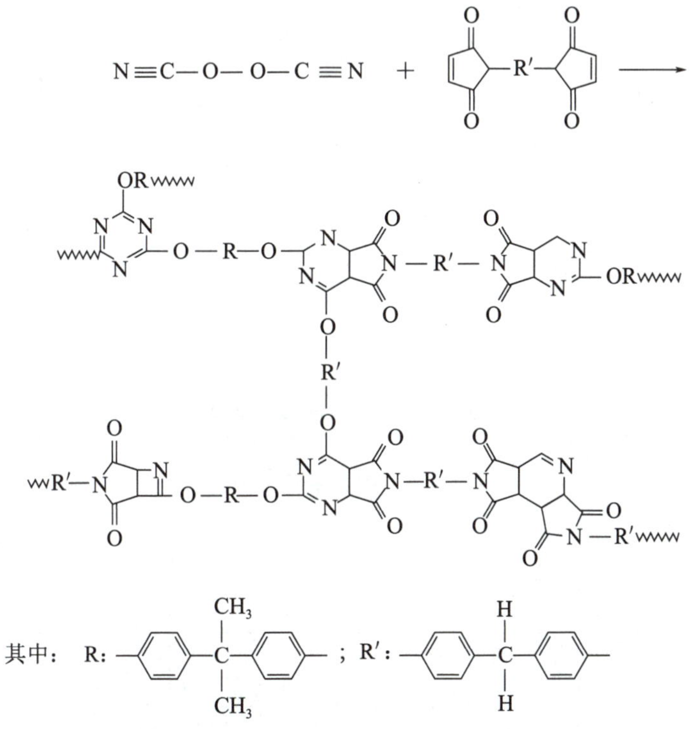

图 3.48 BT 树脂的嘧啶型分子结构式

BT 树脂加热自行固化,无须使用催化剂和固化剂,固化树脂在耐热、介电性能、高温黏结性、尺寸稳定性等方面具有优良的综合性能,特别是耐高温潮湿性能优异,并且有良好的成型加工性、反应性及低毒性。BT 树脂即使不加任何阻燃剂也可达到 UL94 V-1 阻燃级别。表 3.24 是国际上 BT 树脂的部分技术性能指标。

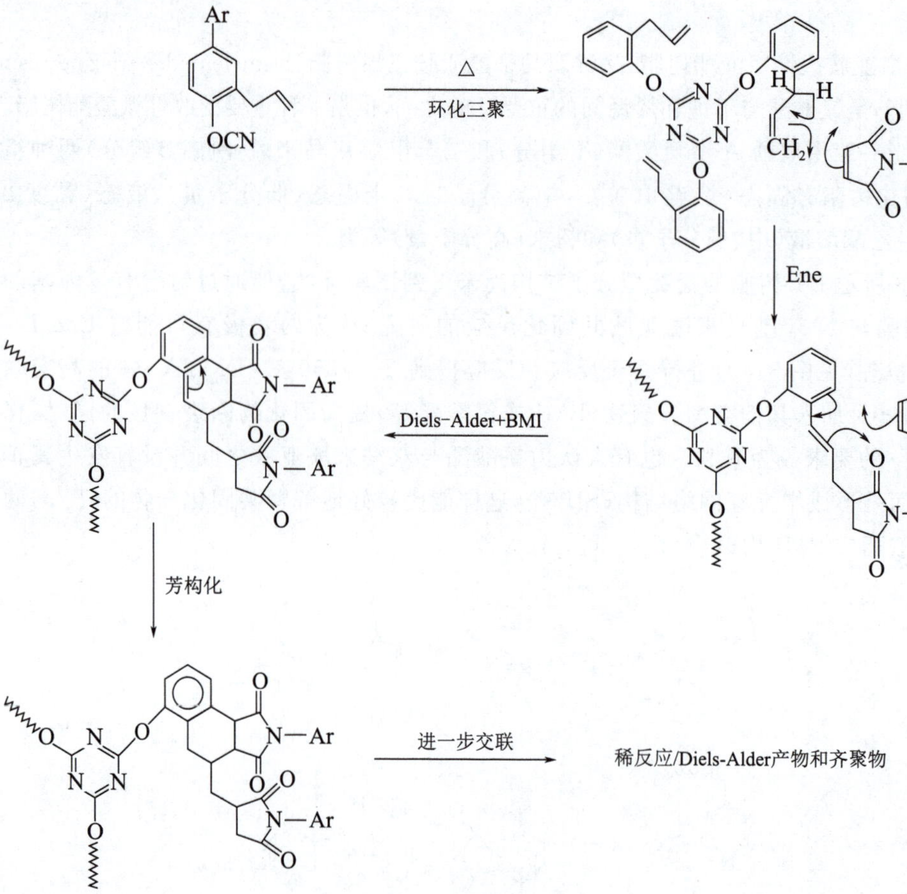

图 3.49　氰酸酯与 N-苯基马来酰亚胺共固化反应机理

表 3.24　BT 树脂技术性能指标

性　　能		技术规范
T_g/℃		250
热膨胀系数(20~250 ℃)/(10^{-6}℃)		64
热失重率(411 ℃时)/%		2
机械性能	弯曲强度/MPa	88
	弯曲模量/GPa	3.17
	弯曲应变/%	3.2
介电性能	1 MHz 介电常数	3.5~3.8
	1 MHz 损耗角正切值	0.005
	1 GHz 介电常数	3.5~3.8
	1 GHz 损耗角正切值	0.006

BT树脂最成功之处是已应用于高频使用的高性能印制线路板及多层复合材料、空间往返及核电设施结构材料等高科技领域。在绝缘制品和耐高温导电涂料等方面也有广泛应用。以 BT 为基体树脂的制品性能见表 3.25 和表 3.26。

表 3.25　BT 树脂层压板性能(日本三菱瓦斯公司产品标准)

指标名称		性能数据	指标名称	性能数据
玻璃化转变温度/℃		240～330	剥离强度(150 ℃)/(N·m^{-1})	15～17
长期使用温度/℃		170～210	介电常数(1 kHz)	4.1～4.3
耐湿热性能(400 ℃)/s		20	损耗角正切值(1 kHz)/(10^{-3})	2～8
铜箔黏结力	20 ℃	14～19	绝缘电阻/Ω	5×10^{14}
	200 ℃	11～13	体积电阻率/(Ω·cm)	5×10^{15}
吸水率/%		0.3～0.6	表面电阻率/Ω	5×10^{14}
线胀系数/(10^{-5}℃)		1～1.5	加压蒸煮器蒸煮后	无异常
巴氏硬度		71	印制电路板加工性能	优良
弯曲强度/MPa		600	大规模集成电路搭载性	优良

表 3.26　BT 树脂注射成型品性能

指标名称		结构件用	电器用	指标名称	结构件用	电器用
相对密度		1.75	1.77	绝缘电阻/Ω	1×10^{15}	2×10^{14}
收缩率/%		0.48	0.55	介电强度/(kV·mm^{-1})	—	9.2
吸水率/%		0.18	0.16	耐电弧性/s	—	180
弯曲强度/MPa	25 ℃	170	130	耐漏电性/V	—	185
	200 ℃	61	52	热变形温度/℃	290	290
悬臂梁冲击强度/(J·m^{-1})		65	50			

此外,在氰酸酯改性 BMI 的基础上,可以根据工艺或性能上的特殊需要加入环氧、聚酯等改性剂。有报道采用 APGE(2-烯丙基酚型缩水甘油醚)固化氰酸酯-双马-环氧树脂制作紫外光波导,用于印制线路成像技术,除优良的力学性能、加工工艺性能和耐热、耐化学腐蚀性外,还具有高透波低损耗、折射率可调等特性。

BT 树脂体系的韧性和玻璃化转变温度随 BMI 含量的增加而提高,如图 3.50 所示。如表 3.27 所示,BT 树脂体系机械性能及工

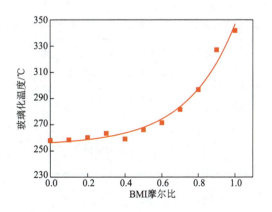

图 3.50　BMI 含量对 BT 树脂玻璃化转变温度的影响

艺性能略有提高。增加共混物中的双马来酰亚胺树脂含量,可降低共混物在高温时的老化速率,但对其起始分解温度没有影响。将同时含马来酰亚胺和氰酸酯功能团的交联剂加入其中,可大幅度提高其耐温性[40]。

表 3.27　CE/BMI 固化物机械性能及工艺性能[41]

树脂	ILSS/MPa	F_f/GPa	E_f/GPa	F_{LG}/GPa	G_{IC}/(J·m^{-2})
氰酸酯树脂	79.7	0.98	68.2	1.11	230.5
氰酸酯∶双马(50∶50)	94.5	1.97	81.9	1.10	393.5

表 3.28 是一种以 BADCy-BMI-EP 三元共聚树脂为基体的复合材料性能。该树脂基体常温下黏度 400 mPa·s,活性期>35 h,适于常温下 RTM 工艺成型。

表 3.28　BADCy-BMI-EP 三元树脂基复合材料性能

性　　能			数据
物理性能	树脂的质量分数/%		45.0
	密度/(g·cm^{-3})		1.68
介电性能	介电常数(10 GHz)		3.8
	损耗角正切值(10 GHz)		0.009 6
耐湿性能	吸水率/%		0.081
力学性能	拉伸性能	l 强度/MPa	373
		l 模量/GPa	20.0
		b 强度/MPa	240
		b 模量/GPa	14.1
	压缩性能	l 强度/MPa	280
		l 模量/GPa	25.0
		b 强度/MPa	300
		b 模量/GPa	13.5
	弯曲性能	l 强度/MPa	512
		l 模量/GPa	21.3
	层间剪切强度/MPa	l	36
		b	31

3. 氰酸酯树脂增韧改性

氰酸酯树脂虽然有较好的力学性能和抗冲击性能,但仍不能满足高性能航空航天结构材料的韧性要求。氰酸酯增韧改性主要有以下途径:

(1) 加入单官能团氰酸酯,降低固化交联密度。

(2) 加入橡胶弹性体、热塑性树脂(Tp)等增韧或形成半互穿网络(SIPN)体系。

研究表明,T_g 在 170~300 ℃ 范围的无定形热塑性树脂如 PEI、PS、PES 和不对称的 PI 等可以溶解于氰酸酯树脂单体,固化过程中可能会发生相分离,但分离相本身也是连续相,使固化树脂呈半互穿网络状态,从而改善氰酸酯固化树脂韧性。Tp 增韧氰酸酯树脂的弯曲性能数据见表 3.29(固化工艺:177 ℃/1 h+210 ℃/2 h)。

表 3.29 BADCy/Tp 合金力学性能

Tp 的质量分数/%		G_{IC}/MPa	弯曲模量/GPa		
			应变/%	25 ℃,干态	82 ℃,湿态
0		138.9	5.5	3.31	2.89
10	PEI	173.6	7.6	3.24	2.76
	PS	243.1	7.9	3.24	2.76
	PAr	208.4	9.1	3.10	2.76
	CPE	295.2	7.6	2.82	2.00
15	PEI	243.1	8.1	3.17	2.76
	PS	382	9.0	3.03	2.48
	PAr	243.1	9.7	2.96	2.62
	CPE	382	8.1	2.76	1.93
20	PEI	677.1	10.6	3.03	2.76
	PS	468.8	8.8	2.96	2.20
	PAr	382	9.3	2.89	2.76
	CPE	850	10.2	2.76	1.79

图 3.51 更加直观地反映了不同浓度的热塑性树脂改性氰酸酯的断裂韧性情况。尤其当 Tp 的质量分数超过 15% 时,固化树脂的韧性呈指数级增长。

Tp 增韧氰酸酯树脂的拉伸性能见表 3.30,其中聚酯增韧的双酚 A 型氰酸酯(50/50)断裂伸长率可达 17.6%,这可能是由于树脂在固化过程中,互穿网络的形成改善了氰酸酯固化交联点的距离。

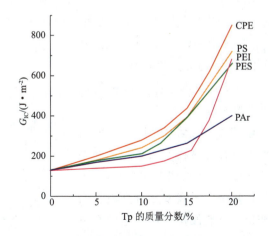

图 3.51 不同质量分数的 Tp 对双酚 A 型氰酸酯树脂断裂韧性的影响

表 3.30　50/50 的热塑性树脂/BADCy 半互穿网络结构拉伸性能

热塑性树脂	拉伸强度/MPa	拉伸模量/GPa	断裂伸长率/%
共聚多酯/聚碳酸酯(CPE)	84	2.14	17.6
聚碳酸酯(PC)	85	2.06	17.3
聚砜(PS)	73	2.05	12.7
聚对苯二甲酸乙二醇酯(PET)	76	2.44	12.5
聚醚砜(PES)	72	2.34	9.6

XU 71787.02L(DOW USA)是一种新颖的核-壳橡胶(Core-Shell Rubber)微粒增韧氰酸酯树脂体系,少量 CSR 即可起到显著的增韧效果。高温后固化也不会对氰酸酯的耐热性、耐水性及弯曲强度产生太大影响(见表3.31)。

表 3.31　核-壳橡胶增韧的 XU 71787.02L 树脂性能[1]

橡胶含量/%	玻璃化转变温度/℃	吸湿率/%	弯曲强度/MPa	弯曲模量/GPa	弯曲应变/%	K_{IC}/(MPa·m$^{1/2}$)	G_{IC}/(kJ·m^{-2})
0	250	0.7	121	3.3	4	0.522	0.77
2.5	253	0.76	117	3.1	5	0.837	0.2
5	254	0.95	112	2.7	6.2	1.107	0.32
10	254	0.93	101	2.4	7.5	1.118	0.63

3.3.3　氰酸酯树脂基复合材料性能与应用

1. 氰酸酯基复合材料性能

氰酸酯树脂与玻璃纤维、石英玻璃纤维、芳纶纤维、聚酰亚胺纤维、碳纤维等有良好的复合性。由于氰酸酯树脂基体优异的综合性能,其复合材料也保持和具有了优异的介电性能(包括宽频带特性)、耐冲击性能和良好的耐热/耐湿热性能等。

(1)石英纤维增强氰酸酯树脂基复合材料性能

氰酸酯树脂(BASF 5575)/石英纤维复合材料在不同频带的介电性能如图 3.52 和图 3.53 所示。不难发现氰酸酯树脂基复合材料在频率变化时仍然保持低而稳定的介电性能,而环氧和双马树脂基复合材料介电性能均发生了明显的变化。

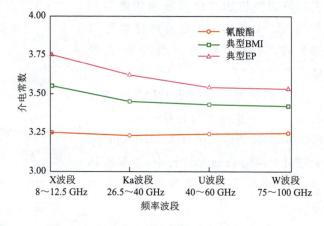

图 3.52　氰酸酯/石英纤维复合材料介电常数

氰酸酯、典型 BMI 和 EP 的吸湿率比较如图 3.54 所示，相应树脂基体的复合材料在湿态下（38 ℃，相对湿度为 100％，48 h）的介电性能如图 3.55 所示。经过湿态处理的氰酸酯树脂基复合材料介电性能微有变化，而 BMI 复合材料的损耗角正切值增加了 50％～60％。

BASF 公司的石英纤维织物增强 5572-2 氰酸酯树脂基复合材料性能见表 3.32。

国内典型的石英纤维织物增强改性氰酸酯树脂基复合材料性能见表 3.33。

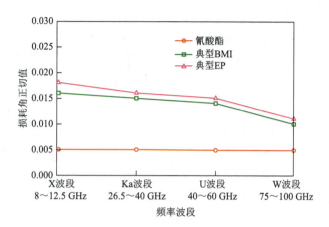

图 3.53 氰酸酯/石英纤维复合材料损耗角正切值

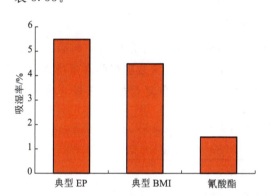

图 3.54 几种典型树脂的吸湿率比较

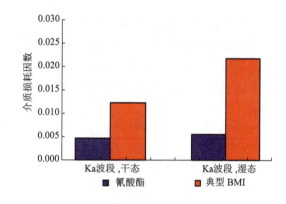

图 3.55 干湿态下复合材料介电性能

表 3.32 581 石英纤维/5572-2 氰酸酯树脂复合材料力学性能

性能	581 石英纤维/5572-2 氰酸酯
经向拉伸强度/MPa	596
经向拉伸模量/GPa	26.2
经向压缩强度/MPa	424
经向压缩模量/GPa	23.4
经向弯曲强度/MPa	603
经向弯曲模量/GPa	26.9

表 3.33 复合材料性能对比

性能	F·BG-4-02 改性氰酸酯树脂基复合材料
经向拉伸强度/MPa	614
经向拉伸模量/GPa	27.0
经向压缩强度/MPa	538
经向压缩模量/GPa	26.5
经向弯曲强度/MPa	592
经向弯曲模量/GPa	19.5

YLA 公司的 QS16 石英纤维粗纱增强 YLARS-3C 氰酸酯树脂单向预浸料性能见表 3.34。

国内典型的 F·JN-4-01/QRB400 石英纤维粗纱增强氰酸酯树脂单向预浸料性能见表 3.35。

表 3.34　单向复合材料性能对比

项目	QS16 石英纤维粗纱/YLARS-3C
0°拉伸强度/MPa	1 471
0°拉伸模量/GPa	45.3
0°弯曲强度/MPa	—
0°弯曲模量/GPa	—
0°压缩强度/MPa	838
0°压缩模量/GPa	45
0°层剪强度/MPa	86.5

表 3.35　单向复合材料性能对比

项目	F·JN-4-01/QRB400
0°拉伸强度/MPa	1 588
0°拉伸模量/GPa	48.5
0°弯曲强度/MPa	1 240
0°弯曲模量/GPa	40.0
0°压缩强度/MPa	863
0°压缩模量/GPa	41.0
0°层剪强度/MPa	78

(2) 玻璃纤维增强氰酸酯树脂基复合材料

氰酸酯树脂最初且现今较广泛的应用就是印制线路板的制作，复合材料中树脂的含量将对层压板的介电性能产生影响（见图 3.56）。可见复合材料介电常数随树脂含量增加呈线性下降趋势。与环氧树脂和 BMI 树脂相比，氰酸酯与 E-玻璃布复合的层压板介电常数最低。

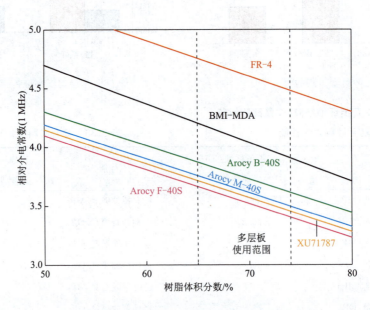

图 3.56　复合材料介电性能与树脂含量关系

表 3.36 是相同体积分数的树脂与 E-玻璃纤维复合材料的性能比较（除介电常数外，其余性能均为 55% 体积分数层压板测试）。其中 Arocy F 和 M 不加阻燃剂也可达到 UL-94

的 V 级标准,而 Arocy B 和 XU-71787 的燃烧时间超出了 UL94 规定的自熄时间。

表 3.36　相同树脂体积含量的 E 玻璃层压板性能

树脂类型	介电常数(1 MHz)		损耗角正切 /10⁻³	阻燃级别 UL94	剥离强度 1 b/inch		加压蒸煮器/ min
	75(体积分数)	55(体积分数)			25 ℃	200 ℃	
Arocy F-40S	3.5	3.9	2	V-0	11	9	120
Arocy M-40S	3.6	4.0	2	V-1	12	10	>120
XU-71787	3.6	4.0	3	—	8	6	>120
Arocy B-40S	3.7	4.1	3	—	12	10	120
BMI-MDA	4.1	4.5	9	V-1	9	6	>120
FR-4	4.5	4.9	20	V-0	2	4	45

BASF 公司的 5575-2 氰酸酯与 7781 玻璃纤维复合材料性能见表 3.37。

表 3.37　5575-2/7781 玻璃纤维复合材料力学性能比较

性　　能	5575-2	典型 EP	典型 BMI
拉伸强度(KSI)/MPa			
23 ℃	358(52)	400(58)	441(64)
93 ℃	—	310(45)	—
175 ℃	324(47)	—	420(61)
压缩强度(KSI)/MPa			
23 ℃	490(71)	434(63)	579(84)
93 ℃	—	331(48)	—
175 ℃	372(54)	—	—
175 ℃(湿态)①	330(48)	—	—
232 ℃	379(55)	—	393(57)
剪切强度(KSI)/MPa			
23 ℃	56(8.1)	55(8.0)	72(10.5)
175 ℃	48(6.9)	—	65(9.5)
175 ℃(湿态)①	33(4.8)	—	48(7.0)

注:①71 ℃,相对湿度 95%、30 天。

(3)碳纤维增强氰酸酯树脂基复合材料

HEXCEL 公司碳纤维增强氰酸酯树脂基复合材料力学性能见表 3.38。

表 3.38　HEXCEL 公司氰酸酯树脂基复合材料力学性能

复合材料		561-66/IM7	HX1553/IM7	HX1562/IM7
拉伸强度/MPa		2 618	2 753	2 606
弯曲强度/MPa	室温	1 529	1 622	1 571
	135 ℃	—	1 076	1 035
	149 ℃	1 118	866	923
	204 ℃	961	—	—
	室温(湿态)①	1 369②	1 544	1 521
	135 ℃(湿态)	—	631	779
	177 ℃(湿态)	847②	—	—
剪切强度/MPa	室温	98.7	106.4	106.4
	135 ℃	—	63.4	66.8
	149 ℃	72.8	61.4	67.9
	204 ℃	55	—	—
	室温(湿态)①	88.9②	99.5	94.3
	135 ℃(湿态)	—	54.6	54.9
	177 ℃(湿态)	45.6②	—	—
压缩强度/MPa	室温	1 806	1 660	1 800
	135 ℃	—	1 268	1 241
	149 ℃	—	121	1 003
	室温(湿态)①	—	1 674	1 639
	135 ℃(湿态)	—	935	866

注：①湿态条件:71 ℃、95％ RH 两周；
②湿态条件:水煮 96 h。

(4)聚酰亚胺纤维增强氰酸酯树脂基复合材料

国内典型的 PI 纤维增强改性氰酸酯树脂基单向复合材料性能见表 3.39。

表 3.39　PI 纤维增强 F·JN-4-01 氰酸脂树脂单向复合材料性能

项目	F·JN-4-01/PI	项目	F·JN-4-01/PI
0°拉伸强度/MPa	1 142	0°弯曲模量/GPa	41.0
0°拉伸模量/GPa	55	0°层剪强度/MPa	61.0
0°弯曲强度/MPa	623	冲击后压缩强度/MPa	90

2. 氰酸酯树脂基复合材料的应用

氰酸酯树脂优良的耐热和力学性能,其复合材料主要应用于航空航天结构材料、高性能透波材料、高温绝缘材料等高科技领域。加之其优异的介电性能和宽频带特性,氰酸酯基复合材料也适用于飞机及其他空间飞行器雷达天线罩的制造。在现代电子通信领域,氰酸酯树脂是较理想的高性能印制线路板基体材料。

氰酸酯及其复合材料性能的应用大致可划分为以下领域和范围：

(1)胶黏剂；

(2)一次/二次航空结构；

(3)轴承材料；

(4)隐身材料；

(5)低温材料；

(6)电子印制线路板；

(7)密封材料；

(8)卫星及空间结构材料；

(9)蜂窝夹层结构；

(10)绝缘材料；

(11)导弹、火箭；

(12)浇注体材料；

(13)油漆涂料；

(14)雷达罩、天线。

参考文献

[1] 陈祥宝.高性能树脂基体[M].北京:化学工业出版社,1998.

[2] PANKRATOV V A,VINOGRADOVA S V,KORSHAK V V. The synthesis of polycyanates by the polycyclotrimerisation of aromatic and organelement cyanate esters[J]. Russian Chemical Review,1977,46(3):278-295.

[3] STROH R,GERBER H. Cyanic acid esters of sterieally hindered phenols[J]. Angewandte Chemie,1960,72:1000-1010.

[4] GRIGAT E,PUTTER R. Cyanic acid esters[P]. German,1195764,1963.

[5] GRIGAT E,PUTTER R. Cyanic acid esters[P]. German,1201839,1963.

[6] JENSEN K A,HOLM A. Formation of monomeric alkyl cyanates by the decomPosition of 5-Alkoxy-1,2,3,4-thiatriazoles[J]. Acta Chemica Scandinavica,1964,18:826-828.

[7] MARTIN D. Cyansaureester,I. darstellung von cyansaure-arylestern durch thermolyse von thiatriazolen[J]. Chemischte Berichte,1964,97(9):2689-2695.

[8] 闫福胜,王志强,张明习,等.双酚A型氰酸酯树脂的合成[J].工程塑料应用,1999,27(8):8-9.

[9] 李文峰,王志强.改进的卤化氰-酚法合成双酚A型氰酸酯[J].高分子材料科学与工程,2007,23(4):74-77.

[10] 郭宝春,贾德民,邱清华.氰酸酯树脂及其胶黏剂[J].中国胶黏剂,2000,9(1):31-34.

[11] MATHEW D,NAIR C P R,NINAN K N. Pendant cyanate funetional vinyl polymers and imido-phenolie-triazines thereof:synthesis and thermal properties[J]. EuroPean Polymer Journal,2000,36:1195-1208.

[12] BINDU R L,NAIR C P R,NINAN K N. Phenolic resins bearing maleimide groups:synthesis and

characterization[J]. Journal of Polymer Science Part A:Polymer Chemistry,2000,38:641-652.

[13] GILMAN J W,HARIS R H J,BROWN J E T. Flammability studies of new cyanate ester resins[C]. 42nd International SAMPES SymPosium,1997:1052-1061.

[14] ZHANG B F,WANG Z G,ZHANG X. Synthesis and properties of a series of cyanate resins based on phenolphthalein and its derivatives[J]. Polymer,2009,50:817-824.

[15] ANURADHA G,SAROJADEVI M. Synthesis and characterization of novel betti type cyanate esters [J]. Polym Bulletin,2008,61:197-206.

[16] MAREOS-FEMANDEZ A, POSADAS P, RODRIGUEZ A, et al. Synthesis and characterization of new dicyanate monomers[J]. Organometallic Chemistry,1999,37:3155-3168.

[17] HAMERTON L, HOWLIN B J, KLEWPATINOND P, et al. Studies on a dicyanate containing four phenylene rings and polycyanurate blends[J]. Polymer,2002,43:5737-5748.

[18] LASKOSKI M,DOMINGUEZ D D, KELLER T M. Synthesis and properties of a liquid oligomeric cyanate ester resin[J]. Polymer,2006,47:3727-373.

[19] MORMANN W Z,ZIMMERMANN J G. Liquid crystalline thermosets through cyclotrimerization of diaromatie dicyanates[J]. Macromolecules,1996,29(4):1105-1109.

[20] STEVEN K P,FU Z D. Telechlic ary cyanate ester oligosiloxnaes:impact modifiers for cyanate ester resins[M]. Ameriean Chemical Society:ACS Symposium Series,2000.

[21] GUENTHNER A J,YANDEK G R,WRIGHT M E,et al. A new silicon-containing bis(cyanate)ester resin with improved thermal oxidation and moisture resistance [J]. Macromolecules, 2006, 39: 6046-6053.

[22] ABED J C, MEREIER R, MCGRATH J E. Synthesis and characterization of new phosphorus and other heteroatom containing aryk cyanate ester monomers and networks[J]. Journal of polymer Science Part A:Polymer Chemistry,1997,35(6):977-987.

[23] SHIMP D A,CHIN B. Chemistry and technology of cyanate ester resins[M]. Glasgow:Blackie Academic and Profession,1994.

[24] OWNSU O A, MARTIN G C,GOTRO J T. Analysis of the curing behavior of cyanate ester resin systems[J]. Polymer Engineering Seience,1991,31(22):1604-1609.

[25] 李文峰,辛文利,梁国正,等.有机锡化合物催化氰酸酯树脂固化反应的研究:(Ⅱ)催化剂的生成反应及催化固化反应机理[J].高分子材料科学与工程,2004,20(3):72-75.

[26] 李文峰,刘建勋,辛文利,等.有机锡化合物催化氰酸酯树脂的性能[J].航空学报,2004,25(5):513-515.

[27] 洪义强,钟翔屿,包建文,等.酚类改性氰酸酯树脂体系介电性研究[J].热固性树脂,2006,21(4):14-17.

[28] 阎福胜,梁国正,秦华宇,等.双酚A型氰酸酯树脂的性能[J].高分子材料科学与工程,2000,16(4):170-172.

[29] LIN S C,PEARCE M. High performance thermosets[M]. New York:Hanser pulisher,1994.

[30] NAIR C P R,MATHEW D,NINAN K N. Cyanate ester rsins,recent developments[J]. Advances in Polymer Science,2001,155:1-99.

[31] 秦华宇,吕玲,梁国正,等.环氧树脂改性氰酸酯树脂复合材料的研究[J].纤维复合材料,1999,4:23-24.

[32] 梁国正,秦华宇,吕玲,等.双酚 A 型氰酸酯树脂的改性研究[J].化工新型材料,1999,27(6):29-32.
[33] LU S H,ZHOU Z W,FANG L,et al. PreParation and properties of cyanate ester modified by epoxy resin and phenolic resin[J]. Journal of Applied Polymer Science,2007,103(5):3150-3156.
[34] HEFNER J R,ROBERT E. Co-oligomerization product of a mixed cyanate and a polymaleimide and epoxy resin thereof[P]. US,4731420,1988-03-15.
[35] 吴雄芳,杨光.环氧树脂改性氰酸酯树脂的研究进展[J].热固性树脂,2007,22(5):38-43.
[36] LIANG G Z,REN P G,ZHANG Z P,et al. Effect of the epoxy molecular weight on the properties of a cyanate ester/epoxy resin system[J]. Journal of Applied PolymerScience,2006,101(3):1744-1750.
[37] MATHEW D,NAIR C P R,NINAN K N. Bisphenol a dieyanate-novolac epoxy blend:cure characteristics, physical and mechanical properties,and application in composites[J]. Journal of Applied Polymer Science,1999,74(7):1675-1685.
[38] 王旭东.环氧树脂改性氰酸酯体系研究[J].工程塑料应用,2006,34(7):13-16.
[39] 任鹏刚,梁国正,杨洁颖,等.环氧改性氰酸酯复合材料工艺性研究[J].宇航材料工艺,2003(5).
[40] NAIR C P R,FRANCES T. Blends of bisphenol a-based cyanate ester and bismaleimide:cure and thermal characteristics[J]. Journal of Applied Polymer Science,1999,74(14):3365-3375.
[41] HAMERTON L,HERMAN H,MUDHAR A K,et al. Multivariate analysis of spectra of cyanate ester/bismaleimide blends and correlations with properties[J]. Polymer,2002,43(11):3381-3386.

第4章 高性能双马来酰亚胺树脂

双马来酰亚胺(BMI)是由聚酰亚胺树脂派生出的另一类树脂体系,它是以马来酰亚胺为活性端基的双官能团化合物,其结构通式如图4.1所示。

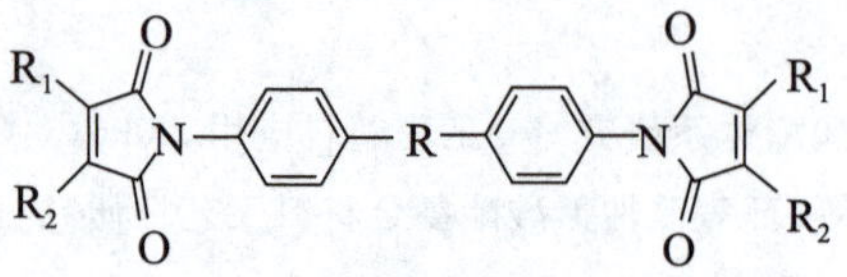

图4.1 双马来酰亚胺的结构通式

20世纪60年代末期,法国的RHONE-POULENC公司首先研制开发了M-33 BMI树脂及其复合材料。从此,由BMI单体制备的树脂开始引起了越来越多人的重视。BMI树脂具有与典型的热固性树脂相似的流动性和可模塑性,可用与环氧树脂类同的一般方法进行加工成型。同时,BMI树脂具有良好的耐高温、耐辐射、耐湿热、吸湿性低和热膨胀系数小等优良特性,克服了环氧树脂耐热性相对较低和聚酰亚胺树脂成型温度高压力大的缺点,因此,几十年来,BMI树脂得到了迅猛的发展,特别是在航空航天飞行器的制造领域中得到了广泛的应用。

当前用于先进复合材料制造的三类主要的高性能热固性树脂基体中,环氧树脂具有优良的加工工艺性能,但耐湿热性差,已经逐渐不能满足日益发展的先进复合材料的要求。聚酰亚胺树脂具有突出的耐热、耐湿热性能,但其高昂的成本和苛刻的成型工艺条件限制了其广泛应用。而BMI树脂既具有接近聚酰亚胺树脂的耐高温、耐辐射、耐湿热等多种优良特性,改性后又具有类似环氧树脂优良的加工工艺性能,在许多方面满足了先进复合材料发展的要求,因此人们提出在发展新耐热复合材料基体树脂中首推BMI。国外对它的需求以每年15%的速度增长。今后,提高BMI树脂的耐热等级,改善树脂加工工艺性,增加树脂韧性,降低成本将是BMI树脂的发展方向。

4.1 双马来酰亚胺单体的合成工艺

1948年,美国人Searle率先获得了BMI的合成专利,此后各种不同结构的BMI单体相继被报道,其合成方法都是基于Searle方法而改进的。典型BMI的合成方法:两分子的马来酸酐与一分子的二元胺反应,首先生成双马来酰胺酸,然后双马来酰胺酸脱水环化生成BMI,其合成路线如图4.2所示。

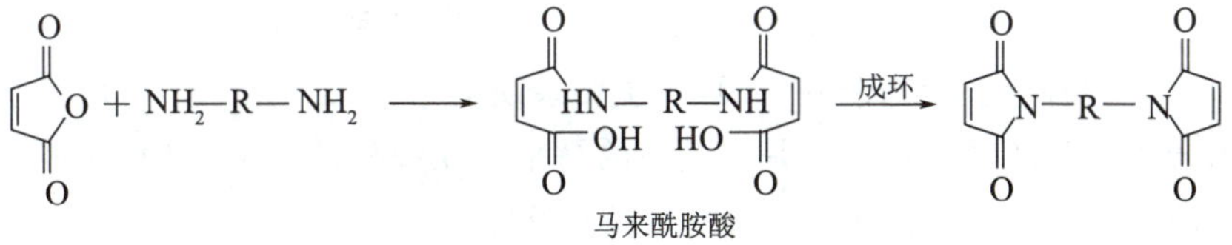

图 4.2　BMI 合成路线

选择不同的二元胺可以合成不同结构的 BMI 单体。这些二元胺可以是脂肪族的、芳香族的或者端胺基的低聚物,对于不同结构的二元胺,其反应条件、脱水剂、提纯方法和产率各不相同。根据环化过程中脱水剂的不同,BMI 的合成方法大致可以分为乙酸酐法和对甲苯磺酸法两种。

(1) 乙酸酐法:将 1 mol 二元胺和适量乙酸钠加入 DMF 溶剂中,缓慢加入 2 mol 的马来酸酐,生成马来酰胺酸为放热反应,滴加马来酸酐过程中控制反应体系的温度不超过 60 ℃。随后加入 2 mol 乙酸酐,在 50~60 ℃下反应 1 h,将上述反应混合物滴入 10 倍蒸馏水中析出并过滤,蒸馏水洗三次干燥后得 BMI 粗品。

(2) 对甲苯磺酸法:将 1 mol 二元胺和适量对甲苯磺酸加入 DMF/甲苯混合溶剂中,缓慢加入 2 mol 的马来酸酐,控制反应体系温度不超过 60 ℃。随后升温至 100~120 ℃,进行脱水成环反应,直至无水分分出。将上述反应混合物滴入 10 倍蒸馏水中析出并过滤,蒸馏水洗三次干燥后得 BMI 粗品。

N,N'-(4,4-亚甲基二苯基)双马来酰亚胺(BDM)是二苯甲烷型双马单体,其合成原料是马来酸酐和二氨基二苯甲烷,分子结构式如图 4.3 所示。BDM 是最早实现工业化,也是用量较大的一种 BMI 单体。BDM 已经在我国实现工业化生产,多家生产单位可以提供优质 BDM 单体,例如洪湖市双马新材料科技有限公司、沁阳市天益化工有限公司等。

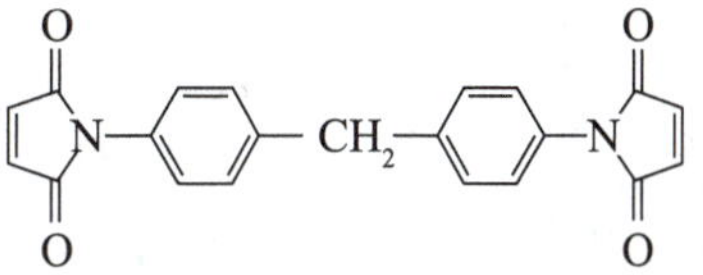

图 4.3　BDM 的分子结构式

国内外已开发的 BDM 制备工艺主要有乙酸酐法和对甲苯磺酸法。但是两种工艺都存在消耗大量溶剂、反应成本高的问题,因此,改进 BDM 的合成工艺,提高产品纯度,降低生产成本,减少废水废气污染等仍具有重要的现实意义。

国内很多学者对这两种方法进行改进和优化。刘丽等[1]采用丙酮为溶剂一步法合成了 BDM,反应过程中向体系加入少量醇类,得到的 BDM 纯度明显增加,副产物减少。袁军等[2]采用均相体系,甲苯共沸蒸馏法一步合成了 BDM,在回流条件下马来酰胺酸会逐步脱水关环成马来酰亚胺环,水分随甲苯共沸蒸馏脱出,反应始终正向进行,收率可达 86%,降低了 BDM 的生产成本。

中科院化学所对 BDM 的合成工艺进行了改进,采用场解析质谱法对不同合成方法的 BDM 纯度进行分析,如图 4.4 所示。场解析质谱法的特点是不打断分子链段,只产生分子离子峰和准分子离子峰,谱图简单,对分析单体杂质类型最为有效。BDM 的分子量为 358,

采用对甲苯磺酸法产生了 M-52、M+18、M+92、M+278 四种分子量的杂质;乙酸酐法产生了 M-38、M+60 两种分子量的杂质。BDM 主要杂质的结构式如图 4.5 所示。从分子结构式可以看出杂质来源,例如,M+18 是未关环的马来酰亚胺酸,M+60 是马来酰亚胺的双键与乙酸加成的产物,M-38 是胺基与乙酸发生脱水反应。

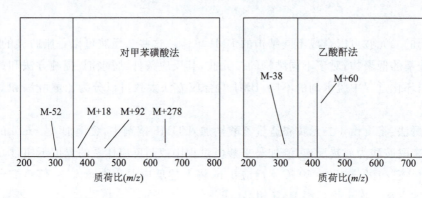

图 4.4　BDM 的场解析质谱图

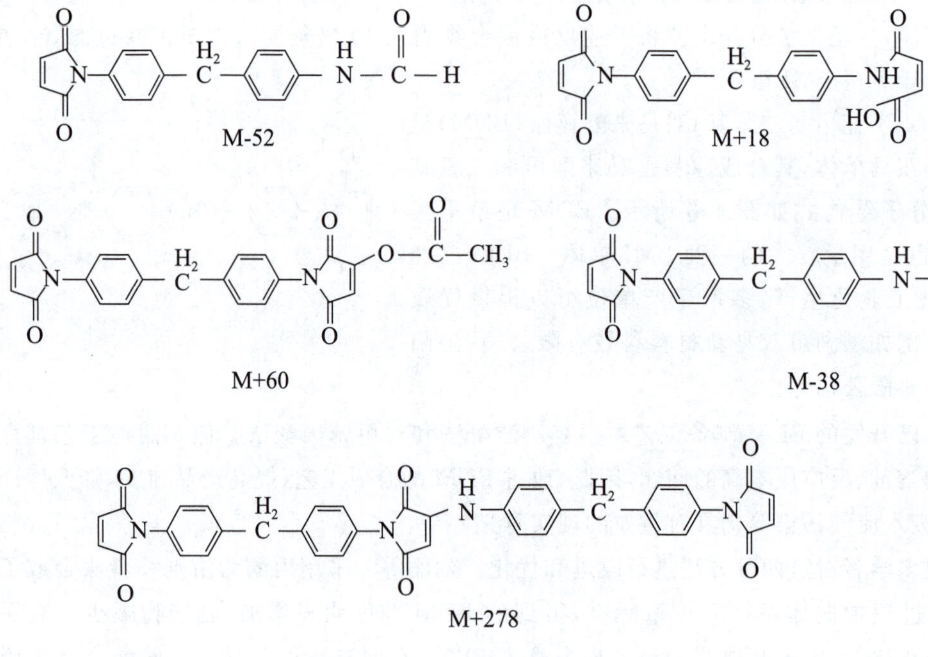

图 4.5　BDM 主要杂质的结构式

根据杂质的来源,化学所选用对甲苯磺酸法,通过对 BDM 合成工艺过程中的溶剂、原料配比、溶液浓度、后处理工艺、水洗工艺中碱液浓度几方面进行优化(见图 4.6),最终将 BDM 纯度从 89% 提高至 98%,并且初步完成逐级扩试制备,实现了高纯 BDM(纯度＞98%)的工业化生产。

BDM 优化工艺的高效液相谱图(HPLC)如图 4.7 所示,相应性能见表 4.1。

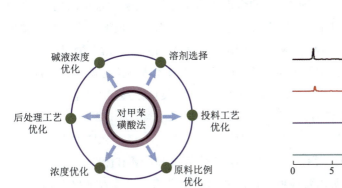

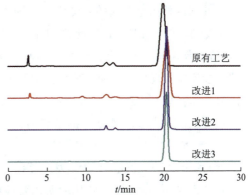

图 4.6　BDM 工艺优化方案　　　　　图 4.7　BDM 优化工艺的高效液相谱图(HPLC)

表 4.1　BDM 优化工艺改进性能——HPLC(乙腈∶水＝70∶30)

批次	纯度	约 2 min 杂质	约 12 min 杂质	约 14 min 杂质
原有工艺	89.61%	3.48%	3.32%	3.21%
改进 1	93.09%	1.47%	3.36%	0.93%
改进 2	96.62%	NA	2.28%	1.10%
改进 3	98.11%	NA	0.64%	0.17%

4.2　新型 BMI 单体

由于 BMI 既具有耐高温、耐辐射、耐潮湿和耐腐蚀等优点,又具有单体溶解性差、加工工艺差、固化物脆性高、韧性差等缺陷,单一的 BMI 单体并无使用价值,因此,对 BMI 树脂进行改性,使其成为既耐高温又易加工的高性能树脂基体,成为当今材料科学研究方向之一[3-17]。对于双马来酰亚胺树脂而言,双马来酰亚胺单体和可交联反应的改性剂是其必不可少的基本组分,因此对于双马来酰亚胺树脂分子结构设计合成往往包括了双马单体的设计合成以及改性剂的设计合成[18-23]。

BMI 树脂主要的改性方法都是通过将 BMI 与其他化合物经过共聚实现的。共聚改性 BMI 树脂虽然在很大程度改善了 BMI 树脂的性能,但也存在一些不可避免的问题。例如,由于 BMI 树脂溶解性差,限制了共聚树脂中 BMI 的加入量,同时 BMI 树脂也很容易在存放过程中结晶析出,影响树脂的质量。所以,共聚改性 BMI 的方法并不能从根本上克服 BMI 树脂的不足。由于 BMI 树脂的这些缺点都是与其独特结构紧密相关的,因此,要从根本上克服 BMI 树脂的缺点,必须改变其分子结构,设计合成新型双马来酰亚胺单体。

4.2.1 含烯(炔)丙基 BMI 单体的合成制备及性能研究

当前国内外用量最大的双马单体为 BDM,它的熔点约为 154 ℃,熔融后很快固化,几乎没有加工窗口。针对 BDM 这一问题,中科院化学所设计合成了一类新型的低熔点马来酰亚胺单体,其特点是在同一个分子中同时带有马来酰亚胺基团和其他可反应的官能团,通过两种官能团的加成反应实现树脂的交联固化。这类单体包括 4-烯丙氧基苯基马来酰亚胺(4-APM)和 4-炔丙氧基苯基马来酰亚胺(4-PPM)。和传统的 BMI 树脂相比,这类单体具有以下特点:

(1)熔点低。4-APM 单体的熔点为 102 ℃,而 4-PPM 单体的熔点为 122 ℃。
(2)溶解性好。这两种单体均易溶于乙醇、丙酮等常用有机溶剂,形成稳定的真溶液。
(3)固化物耐热性优异。烯丙基(炔丙基)化合物共聚改性 BMI 树脂具有优良的性能[24-30]。

在这两种单体中,中科院化学所创新性地把烯丙基(炔丙基)引入马来酰亚胺单体中,单体固化后保持了烯丙基(炔丙基)化合物共聚改性 BMI 树脂优良的热性能。

1. 单体的合成制备

图 4.8 中分别列出了 4-APM 和 4-PPM 的合成路线,两种单体均采用三步法合成。首先 4-硝基酚与氯丙烯或溴丙炔进行 Williamson 醚化反应,反应的产物用锡和盐酸还原得到相应的氨基化合物,最后氨基化合物与马来酸酐反应得到 4-APM 和 4-PPM 单体。

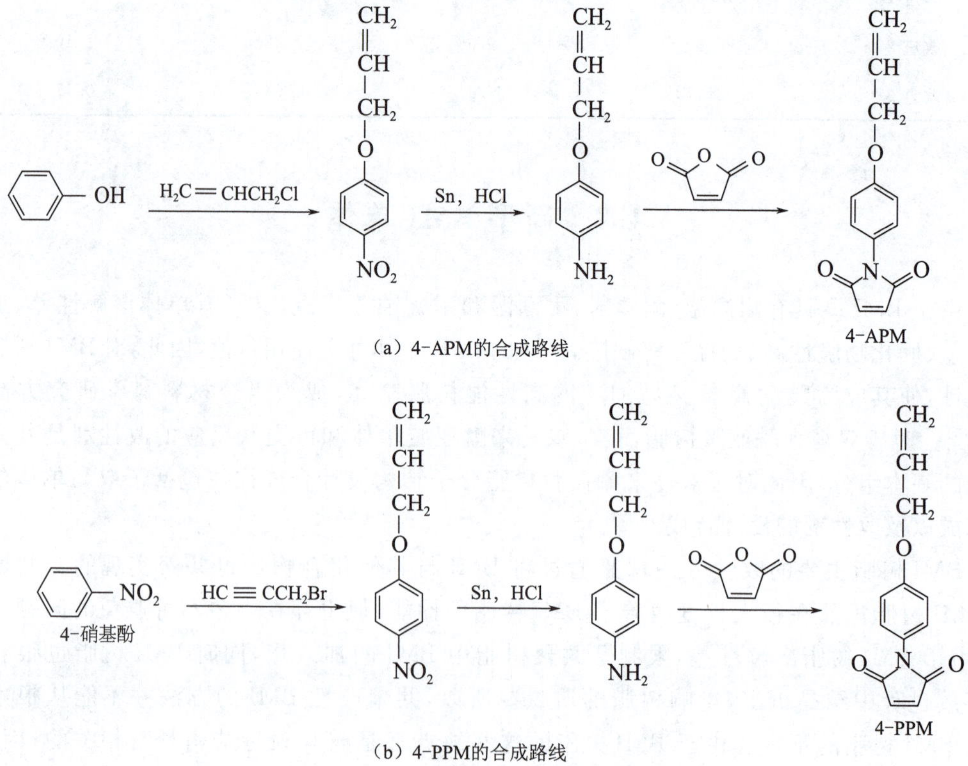

(a) 4-APM 的合成路线

(b) 4-PPM 的合成路线

图 4.8 4-APM 和 4-PPM 的合成路线

4-APM 和 4-PPM 在室温下均为橙黄色针状晶体,熔点较低,分别为 102 ℃和 122 ℃。而传统 BMI 单体中,除了少数耐热性不佳的含脂肪链的单体熔点较低外,其他单体的熔点均在 150 ℃以上。例如,4,4′-二苯甲烷型双马来酰亚胺(BDM),其熔点为 154 ℃,高的熔点使其表现出很窄的加工窗口,这对树脂基复合材料的成型加工是不利的。而 4-APM 和 4-PPM 具有较低的熔点,使其具有比传统 BMI 树脂更为优良的加工工艺性。另外,4-APM 和 4-PPM 在常用有机溶剂溶解性比传统 BMI 树脂有了明显的改善,可以溶于丙酮中形成 50%的稳定真溶液。

2. 4-APM 和 4-PPM 固化行为研究

由于 4-APM 和 4-PPM 单体分子结构中同时含有烯(炔)丙基和马来酰亚胺基两种官能团,所以和烯丙基化合物共聚改性 BMI 树脂一样,可在加热条件下通过加成反应实现树脂的固化。4-APM 和 4-PPM 的 DSC 曲线如图 4.9 所示。

从图中可以看出,4-APM 的 DSC 曲线在 102~105 ℃出现一个尖锐的吸热峰,可以归结为 4-APM 的熔融变化;在 200~300 ℃出现一个较宽的放热峰,这是 4-APM 的固化反应所致。同样,4-APM 的 DSC 曲线在 122 ℃出现一个尖锐的熔融吸热峰,在 200~300 ℃出现一个较宽的加成固化放热峰。

通常把树脂从熔融温度到起始固化温度之间的温度区间定义为树脂的加工窗口,对于传统的 BMI 树脂,由于其熔融温度较高(>150 ℃),加工窗口较窄,不利于树脂材料的加工成型。而 4-APM 和 4-PPM 单体具有较低的熔融温度,从而具有很宽的加工窗口,有利于获得更好的加工工艺性。

3. 4-APM 和 4-PPM 固化物热性能研究

两种单体在普通烘箱中按照 170 ℃/4 h、200 ℃/4 h 和 250 ℃/6 h 的程序固化后,得到结构致密的棕红色树脂浇铸体。用 TGA 表征固化树脂在 N_2 气氛下的热稳定性。4-APM 和 4-PPM 固化物的 TGA 曲线如图 4.10 所示。

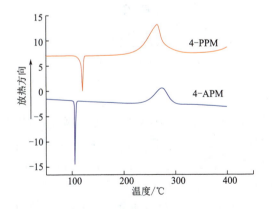

图 4.9　4-APM 和 4-PPM 的 DSC 曲线

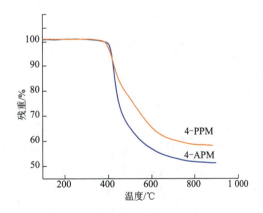

图 4.10　4-APM 和 4-PPM 固化物的 TGA 曲线
(升温速度 10 ℃/min,N_2气氛)

从图中可以看出，两种单体固化物均具有非常优良的热稳定性，4-APM 和 4-PPM 的 5％失重温度分别为 414 ℃和 412 ℃。这些数据和烯(炔)丙基化合物共聚改性 BMI 树脂的热稳定性是基本一致的。另外，4-APM 固化物的 900 ℃质量保留率为 51％，而 4-PPM 固化物的 900 ℃质量保留率高达 57％，而烯(炔)丙基化合物共聚改性 BMI 树脂在 900 ℃的质量保留率仅有 30％～40％，高温质量保留率的提高说明这类新型单体有望在烧蚀材料领域得到应用。

进一步，采用 DMA 的方法表征单体固化浇铸体的 T_g。4-APM 和 4-PPM 单体固化浇铸体的 DMA 曲线如图 4.11 和图 4.12 所示。将 DMA 谱图中 tan δ 的峰值温度定义为 T_g，4-APM 单体固化浇铸体的 T_g 为 326 ℃，而 4-PPM 单体固化浇铸体的 T_g 高达 387 ℃，高的 T_g 表明材料有可能具有更高的使用温度。部分商品化的共混改性 BMI 树脂的 T_g 见表 4.2，可以看出这些树脂固化后的 T_g 普遍低于 300 ℃[31-33]。

表 4.2　部分商品化的共混改性 BMI 树脂的 T_g（DMA 法）

树脂名称	XU 292	QY-8911-2	Narmco 5270	Narco 5250-4
T_g/℃	273	286	287	295

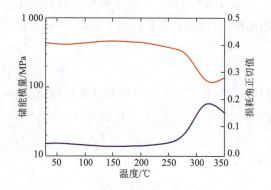

图 4.11　4-APM 固化浇铸体的 DMA 曲线
（升温速度 3 ℃/min，N_2 气氛）

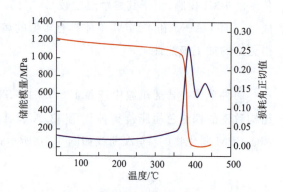

图 4.12　4-PPM 固化浇铸体的 DMA 曲线
（升温速度 3 ℃/min，N_2 气氛）

4.4-APM 和 4-PPM 石英布复合材料力学性能研究

作为耐热复合材料用基体树脂，研究单体复合材料性能是非常重要的，为此制备 4-APM 和 4-PPM 的石英布增强复合材料。利用所合成的 4-APM 和 4-PPM 单体，采用熔融浸胶的方法进一步制备石英布增强的预浸料，通过 200 ℃/2 h+2 MPa、240 ℃/2 h+4 MPa 的模压工艺制备了相应的石英布增强复合材料。

4-APM 和 4-PPM 石英布复合材料在不同温度下的力学性能见表 4.3。根据两种单体耐热性的差异，4-APM 复合材料测试了室温、250 ℃和 300 ℃的力学性能，而 4-PPM 复合材料测试了室温、300 ℃和 350 ℃的力学性能。

表 4.3　4-APM 和 4-PPM 石英布复合材料的力学性能

树脂名称	测试温度	弯曲强度/MPa	弯曲模量/GPa	层剪强度/MPa
4-APM	室温	404	20.2	36.8
	250 ℃	299	18.6	26.6
	300 ℃	271	17.9	22.7
4-PPM	室温	490	21.7	41.1
	300 ℃	433	21.5	35.6
	350 ℃	317	19.6	25.0

从表中可以看出,室温(25 ℃)时 4-APM 复合材料表现出较高的强度和模量;升温到 250 ℃之后,弯曲强度和弯曲模量的保持率分别为 74% 和 92%,而层间剪切强度的保留率为 72%,说明此时材料仍具有很高的力学强度;进一步升高到 300 ℃,弯曲强度和弯曲模量的保留率仍高达 67% 和 88%,层间剪切强度保留率为 62%。4-PPM 复合材料,25 ℃时复合材料的弯曲强度和弯曲模量分别为 490 MPa 和 21.7 GPa;在 300 ℃高温下,复合材料的弯曲强度并没有显著的损失,弯曲强度保留率为 88.4%,弯曲模量保留率高达 99.1%;在 350 ℃的高温下,复合材料弯曲强度仍有 64.7% 的保留率,弯曲模量的保留率仍高达 90.3%,这充分显示出 4-PPM 复合材料优异的耐热性能。另外,4-PPM 复合材料的层间剪切强度在 25 ℃时为 41.1 MPa;300 ℃时也没有显著的损失,保留率高达 86.6%;350 ℃时的保留率依然有 60.8%。

以上数据说明,4-APM 和 4-PPM 石英布复合材料不仅具有优良的室温力学性能,而且具有突出的高温力学性能,其耐热等级要高于相应的共聚改性双马来酰亚胺树脂复合材料。

4.2.2　链延长型 BMI 单体的设计合成及性能研究

研究开发新型 BMI 单体的目的在于改变 BMI 本身的分子结构以期克服现有 BMI 所存在的熔点高、溶解性差、固化物脆性大等缺点。20 世纪 90 年代,人们开始了链延长型 BMI 的研究。从分子设计的原理出发,通过延长 R 的长度并增加链的柔顺性、自旋性、降低固化物交联密度等手段达到改善韧性的目的。链延长型 BMI 也存在一些缺点,如合成工艺复杂、成本高、单体软化点高、复合材料不易制备等,所以它们一般不单独使用,而是常与其他 BMI 单体共聚,形成低熔点共聚物,再与其他增韧剂共聚或共混,以获得比单独使用 BMI 固化树脂更好的韧性,这也是普遍被看好的一种改性方法。基于这种思虑,中科院化学所团队设计合成了含有醚键的链延长型双马单体-2,2′-双[4-(4-马来酰亚胺基苯氧基)苯基]丙烷(BMP),其合成路线如图 4.13 所示。

制备方法:1 000 mL 三口瓶中,加入马来酸酐的 DMF 溶液,冰水冷却体系至较低温度(5 ℃左右)后,逐滴加入二胺的 DMF 溶液,25 ℃下反应 3 h 以上。滴加过程中反应体系颜色由无色变金黄色。向上述体系中加入对甲苯磺酸,待体系完全溶解成为透明后加入甲苯,连接分水器,开始缓慢加热至沸腾。观察回流及分水状况,待无水分出(6~8 h)后,停止反应。

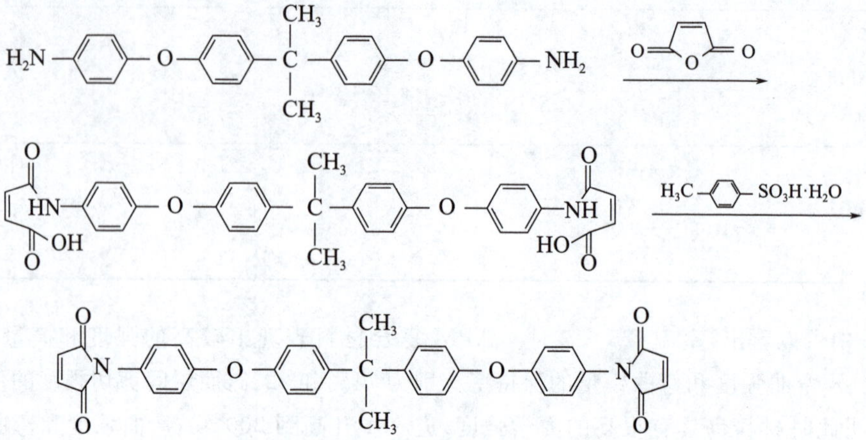

图 4.13　BMP 的合成路线

反应结束后,旋转蒸发去除反应液中的甲苯,将剩余反应液缓慢沉淀入蒸馏水中,过滤并收集沉淀,用 Na_2CO_3 水溶液洗涤沉淀,随后水洗至中性。所得固体粉末 65 ℃ 真空干燥至恒重后即为 BMP 产品。

BMP:^{1}H-NMR(400 MHz,DMSO-d6,×10^{-6}):7.26~7.33(m,J=8.8 Hz,8H,Ar H),7.24~7.25(d,J=8.4 Hz,4H,Ar H),7.17(s,4H,—HC=CH—),6.97~7.00(d,J=8.4 Hz,4H,Ar H),1.65(s,6H,—CH_3)。

元素分析:BMP($C_{35}H_{26}N_2O_6$),理论数据为 C,73.67%;H,4.59%;N,4.91%;O,16.82%。试验数据为 C,74.01%;H,4.67%;N,5.01%。

核磁共振氢谱中,所有质子信号均可归属于相应结构。积分面积、峰型与质子间耦合常数可与相应化学环境相吻合。元素分析显示,所得产物具有预定分子式。

BMP 的 HPLC 曲线如图 4.14 所示,DSC 曲线如图 4.15 所示。

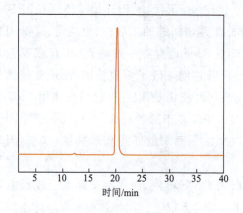

图 4.14　BMP 的 HPLC 曲线

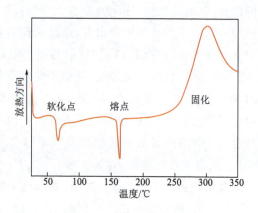

图 4.15　BMP 的 DSC 曲线

DSC 表征显示，BMP 单体在 60～73 ℃范围内发生软化，随后在 163 ℃处发生熔化（熔限 8 ℃），最后于约 250 ℃发生自固化。该单体的工艺特性使其在多种复合材料制备工艺中具有应用价值。对预浸布等工艺而言，BMP 的低软化点（60 ℃）使树脂在室温下具有一定黏性但并不发生流动，有利于制件铺叠操作的进行；熔化至固化的工艺窗口约为 90 ℃，这一窗口宽度可适用于热压罐、模压工艺。对于液体复合材料成型工艺而言，其熔点位于 160 ℃附近，且固化温度适中，无须使用特殊高温模具。

4.2.3 含氟 BMI 单体的设计合成及性能研究

BMI 除了具有突出的耐热性、耐湿热性、力学性能及耐化学品等特性外，还具有优良的介电性能（介电常数为 3.0～3.2，介电损耗为 0.01～0.02）。随着当前电子电气产品向高频化、高功率化和小型化方向发展，对元器件、IC 芯片及 PCB 基材等领域使用的材料性能也提出了更低介电常数、更低介电损耗、更高玻璃化转变温度的要求。已有双马来酰亚胺树脂的介电性能已不能满足应用需求。

氟原子具有强烈的吸电子性，电子云非常稳定，所以，引入氟原子可以有效降低材料的极化度，从而降低材料的介电常数和介电损耗[34-39]。中科院化学所合成了链延长型含氟 BMI 单体（6FBMP），期望利用氟原子特殊的物理化学性质赋予 BMI 优异的介电性能。本节以商品化的双马单体 BDM 和 BMP 单体作为对比，以二烯丙基双酚 A（DABPA）作为改性剂，详细研究了 6FBMP 的引入对双马树脂固化行为以及热性能、力学性能和介电性能的影响。

1. 含氟双马单体（6FBMP）的合成及表征

含氟双马单体（6FBMP）的合成路线如图 4.16 所示。

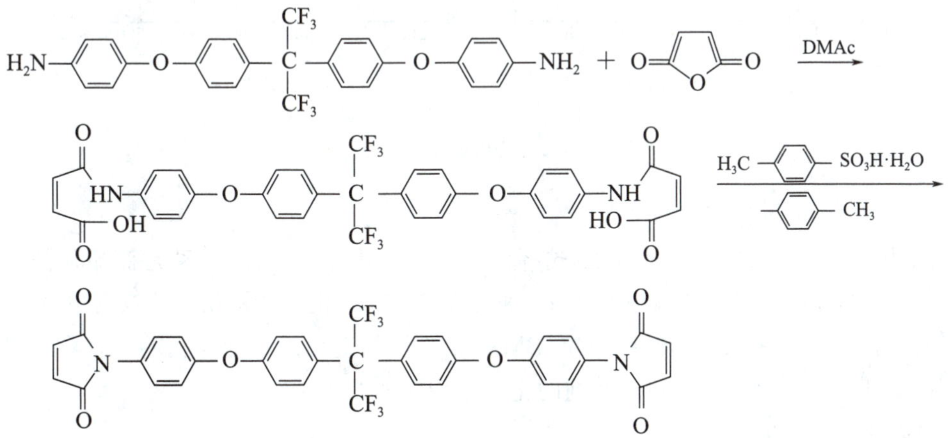

图 4.16 含氟双马单体 6FBMP 的合成路线

合成工艺：在三口瓶中，加入适量的马来酸酐 DMF 溶液，冰水冷却体系至较低温度（5 ℃左右）后，逐滴加入二胺溶液，25 ℃下反应 3 h 以上。滴加过程中反应体系颜色由无色变金黄色。向上述体系中加入适量对甲苯磺酸,待体系完全溶解成为透明后加入甲苯,连接分水器,开始缓慢加热至沸腾。观察回流及分水状况,待无水分出(6~8 h)后,停止反应。

反应结束后,将反应液转移至可加热分液漏斗中,加入等体积 NaOH 水溶液萃取上述溶液。静置一定时间后,上下分层(上层为单体的甲苯溶液相,橙红色;下层为对甲苯磺酸、杂质等的水相,浅棕色浑浊状),去除下层水相,并将上层有机相趁热过滤一次。随后使用等体积水洗涤有机相数次,直至中性。将上层有机相旋转蒸发除去溶剂甲苯,所得固体粉末 65 ℃真空干燥至恒重后即为 6FBMP 产品。

6FBMP:^{1}H-NMR(400 MHz,DMSO,δ,×10^{-6}),δ:7.38~7.40(d,J=8.8 Hz,8H,Ar H),7.24~7.25(t,J=8.8 Hz,4H,Ar H),7.21(s,4H,—HC=CH—),7.14~7.19(q,J=8.8 Hz,4H,Ar H)。(注:s 表示单重峰;d 表示双重峰;t 表示三重峰)

元素分析:6FBMP($C_{35}H_{26}N_2O_6F_6$),理论数据为 C:61.95;H:2.97;N:4.13;F:30.97。试验数据为 C:62.11;H:3.34;N:4.12。6FBMP 的纯度表征如图 4.17 所示。

核磁分析中各类氢的位置与理论值一致,场解析质谱的结果与理论值非常接近。上述结果表明 6FBMP 成功合成。图 4.17 表明所合成的 6FBMP 纯度很高,接近 99%。

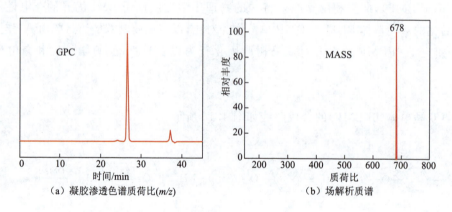

图 4.17　6FBMP 的纯度表征

2. 含氟双马单体(6FBMP)的性能研究

为了更好地说明 6FBMP 的性能,选择两种双马单体作为参比:一种是商品化的双马单体 4,4′-马来酰亚胺基二苯甲烷(BDM);一种是与 6FBMP 化学结构相似的双马单体 2,2′-双[4-(4-马来酰亚胺基苯氧基)苯基]丙烷(BMP)。改性剂选用的是商品化的 O,O′-二烯丙基双酚 A(DABPA)。双马单体与改性剂的化学结构式如图 4.18 所示。

(1)固化行为研究

二烯丙基双酚 A 改性的双马树脂能够在加热条件下发生加成聚合反应,实现树脂的交联固化。已有大量的文献对其固化反应机理进行了研究,一般认为在双马树脂的固化过程中,首先发生的是 Ene 双烯加成反应,然后是发生在更高温度的 Diels-Alder 反应(见图 4.19)[40,41]。利用 DSC 和凝胶时间对双马树脂的固化行为和双马单体的反应性进行研究。

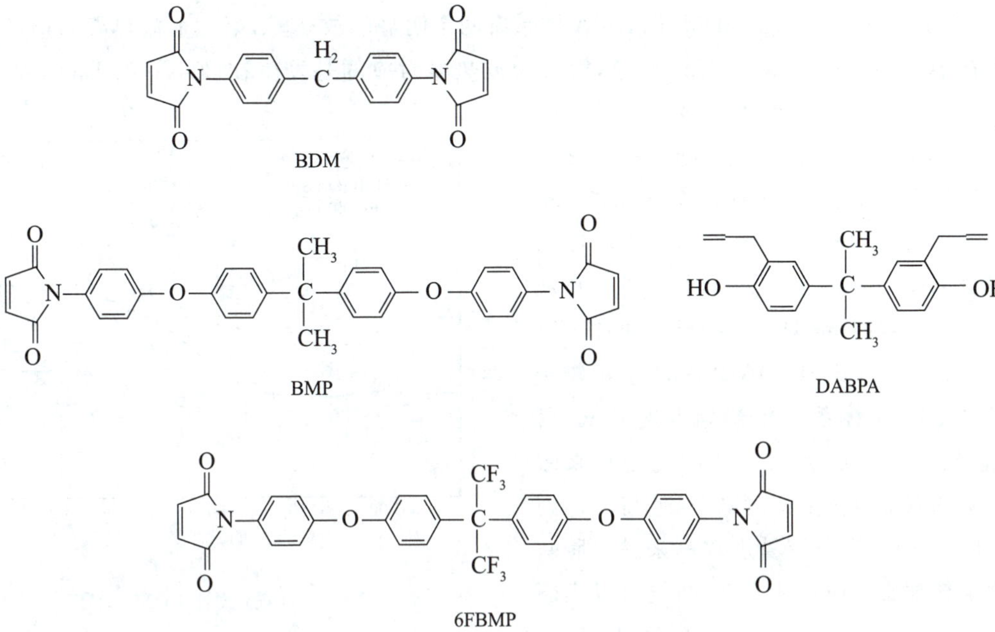

图 4.18　双马单体与改性剂的化学结构式

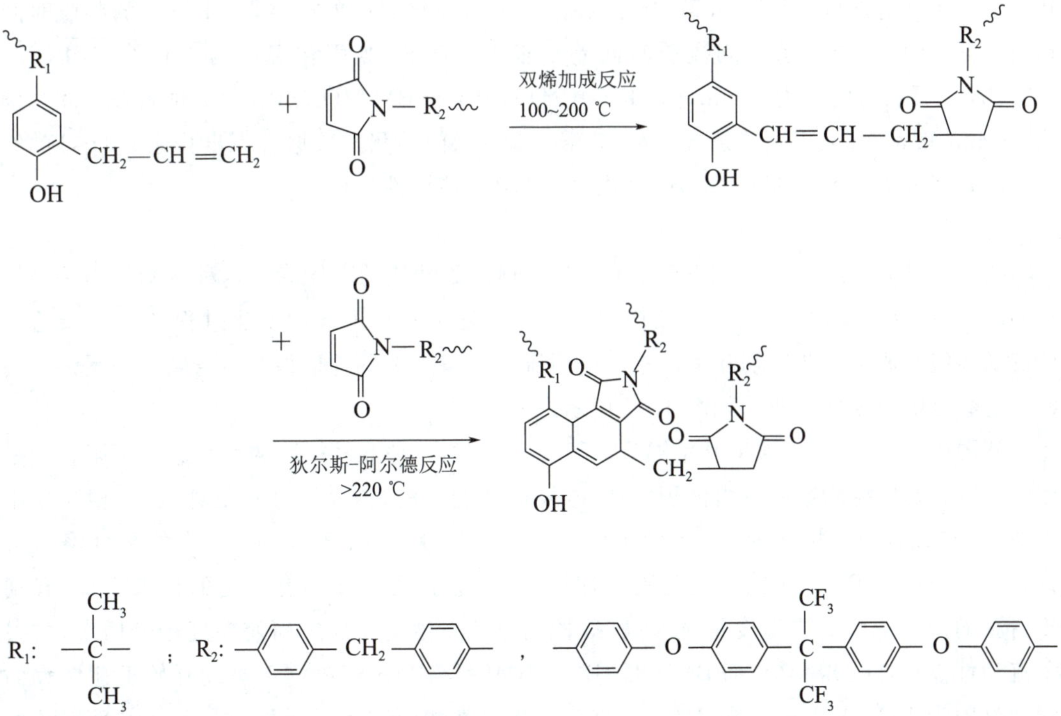

图 4.19　双马树脂的反应机理

首先,采用非等温 DSC 对树脂的固化行为进行研究,图 4.20 是双马树脂的 DSC 曲线。从 DSC 曲线中可以看出,BDM/DABPA 体系有两个明显的放热峰,第一个放热峰对应的是发生在 100~200 ℃之间的 Ene 反应,第二个放热峰对应的是发生在 200 ℃的 Diels-Alder 反应[40,41]。BMP/DABPA 和 6FBMP/DABPA 体系要么只有一个放热峰,要么第一个放热峰强很弱,说明这两个体系的 Ene 反应向高温方向移动或者是其发生温度与 Diels-Alder 反应重合。总体来说,BMP 和 6FBMP 这两种扩链型双马的反应活性要比 BDM 弱。而 6FBMP/DABPA 体系相较于 BMP/DABPA 体系固化初始温度要低,可能是因为—CF_3 的吸电子效应使得马来酰亚胺基的双键电子云密度减小,使得二烯丙基双酚 A 的双键更容易进攻马来酰亚胺基发生亲核加成反应。从 DSC 曲线可以推断出三种双马单体的反应活性顺序:BDM>6FBMP>BMP。

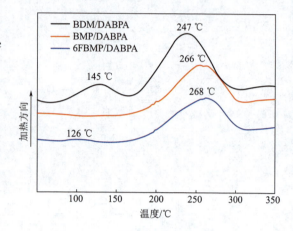

图 4.20　DABPA 改性 BDM、BMP、6FBMP 的双马树脂的 DSC 曲线

DSC 测试可以指导树脂固化程序的设计,而凝胶时间的测试可以指导后续加工工艺中初始模压温度的选取。从图 4.21 中可以看出,随着固化温度的升高,三个体系的凝胶时间迅速降低,并且三个体系之间凝胶时间差别很大。例如,当固化温度为 160 ℃时,BDM/DABPA 的凝胶时间约为 2 min,而 6FBMP/DABPA 和 BMP/DABPA 体系的凝胶时间分别为 15 min 和 35 min,提高了近 8 倍和 18 倍。凝胶时间的测试数据进一步验证了 DSC 的结果,即 BDM 的反应活性最高,6FBMP 次之,BMP 反应活性最低。

(2)流变行为研究

树脂因其分子结构的特性表现出非牛顿流体的黏性流动。树脂的这种流动行为是分子运动的表现,反映了树脂的组成、结构及其加工过程中的物理化学变化过程[42]。树脂熔体的流动性能与成型工艺密切相关。本节中用流变仪表征双马树脂黏度与温度的关系。双马树脂的黏度随温度变化曲线如图 4.22 所示。

从图中可以看出,当温度从室温升高至 100 ℃时,三种双马树脂的黏度急剧下降。这是因为温度升高使树脂熔体自由体积增加,链段运动能力提高,分子链间距离增大,相互作用力减弱,宏观表现为树脂变稀,黏度下降。当温度在 100~160 ℃时,树脂的黏度降至最低,为 0.2~0.4 Pa·s,并在一定范围内保持不变,这表明树脂具有一定的加工窗口,有利于树脂的加工成型。当温度继续升高时,树脂由于发生交联反应而使黏度迅速增大,失去了流动性。BDM/DABPA、6FBMP/DABPA、BMP/DABPA 三种体系黏度开始迅速增大的温度分别为 160 ℃、200 ℃和 210 ℃,这一结果也从侧面印证了三种双马单体的反应活性顺序。

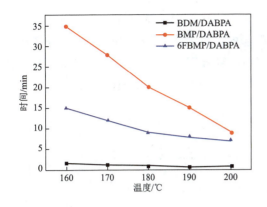

图 4.21　双马树脂的凝胶时间　　　　图 4.22　双马树脂的黏度随温度变化曲线

(3) 固化物耐热性能表征

三种双马树脂经过热固化后，很容易得到致密透明的树脂浇铸体。热分解温度和玻璃化转变温度通常用来表征树脂的耐热性能。三种双马树脂在 N_2 气氛下的 TGA 曲线如图 4.23 所示，典型数据见表 4.4。

表 4.4　双马树脂固化物在 N_2 气氛下的热失重数据

树脂体系	$T_{5\%}$/℃	$T_{10\%}$/℃	残重(800 ℃)/%
BDM/DABPA	422	432	29.5
BMP/DABPA	398	423	24.8
6FBMP/DABPA	400	428	33.2

由图 4.23 和表 4.4 可知，三种双马树脂固化物 5% 失重温度（$T_{5\%}$）都接近或超过 400 ℃，显示了优异的热稳定性。BDM/DABPA、6FBMP/DABPA、BMP/DABPA 固化物的 $T_{5\%}$ 分别为 422 ℃、398 ℃ 和 400 ℃，而相应的 800 ℃ 残重分别为 29.5%、24.8% 和 33.2%。对比数据可以看出，BDM/DABPA 体系固化物的热稳定性要稍高于其他两个体系。这可能是由于 BMP 和 6FBMP 分子结构中存在不耐热的醚键造成的。同时，BMP 和 6FBMP 的反应活性低于 BDM，导致其与烯丙基化合物共混固化物的交联密度低于 BDM/DABPA 体系。这两个原因共同作用使得其固化物的 $T_{5\%}$ 略低。

动态力学热分析（DMA）是另一种方便、准确、直观的评价材料耐热性能的方法。三种双马树脂的 DMA 曲线如图 4.24 所示。从图中可以看出，BDM/DABPA、6FBMP/DABPA、BMP/DABPA 固化物的 T_g 分别为 307 ℃、276 ℃ 和 267 ℃，变化规律与 $T_{5\%}$ 相同。树脂的玻璃化温度与固化物的分子结构密切相关。通常来说，交联网络中的刚性骨架越多耐温性越高，而交联网络中线性结构和柔性链越多越不利于耐温性的提高。6FBMP 和 BMP 这种扩链型分子结构以及分子主链中含有的醚键会增加分子链的运动能力，不利于链段的紧密堆积，进而降低树脂固化物的交联密度，所以 6FBMP/DABPA、BMP/DABPA 体系的 T_g 略低于 BDM/DABPA 体系。6FBMP 与 BMP 具有相似的分子结构（见图 4.18），F 原子比 H 原子的半径大，—CF_3 比 —CH_3 空间位阻大，更不利于链段的紧密堆积。根据上述理论推测，应该是 6FBMP/DABPA 体系的 T_g 低于 BMP/DABPA。但是,试验结果恰恰相反,这可能是由于 BMP 的反应活性很低导致的交联密度不高引起的。再者由于 6FBMP 与 BMP 分子链较长,—CF_3、—CH_3 距离反应活性点马来酰亚胺基较远,稀释了—CF_3 与—CH_3 之间的差异。这两个原因综合作用的结果使得 6FBMP/DABPA 体系的 T_g 高于 BMP/DABPA 体系。

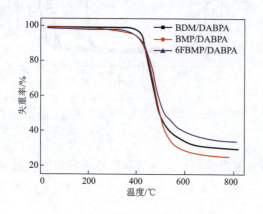

图 4.23 双马树脂固化物的 TGA 曲线

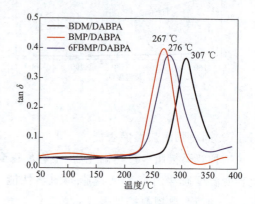

图 4.24 双马树脂的 DMA 曲线

(4) 力学性能表征

三种双马树脂的力学性能见表 4.5。从表中可以看出,6FBMP 和 BMP 这两种双马单体都有明显的增韧效果,6FBMP/DABPA 和 BMP/DABPA 体系浇铸体的冲击强度分别为 35 kJ·m^{-2} 和 34 kJ·m^{-2},比 BDM/DABPA 体系提高了约 75%。这主要是由于两种双马树脂固化物交联网络中存在大量的运动能力较强的柔性链段醚键。测试结果也表明—CF_3 的引入并不影响扩链型双马的增韧效果。弯曲测试的结果都大于 115 MPa,显示了三种双马树脂浇铸体都具有良好的力学性能。

表 4.5 双马树脂的力学性能

树脂体系	冲击性能/(kJ·m^{-2})	弯曲性能/MPa	弯曲模量/GPa
BDM/DABPA	21	167	3.71
BMP/DABPA	34	150	3.65
6FBMP/DABPA	35	116	2.64

(5) 介电性能表征

介电常数和介电损耗这两个参数通常用来表征材料的介电性能。在 7~18 GHz 宽频范围内,采用谐振腔法对三种双马树脂的高频介电性能进行测试,探讨—CF_3 的引入对介电性能的影响。从图 4.25(a) 中可以看出,6FBMP/DABPA 体系固化物的相对介电常数和介电损耗最低。这是由于材料的介电常数同体系分子的摩尔极化度和自由体积有关。分子摩尔极化度越低,自由体积越大,得到的聚合物的介电常数越低[43,44]。F 元素是元素周期表中电负性最强的元素,其外层电子云特别稳定,C—F 键的摩尔极化率较低,仅次于 C—C 键,因此含 F 基团的引入可以降低材料的介电性能;—CF_3 占有的自由体积较大,进一步降低了双马树脂的介电常数。

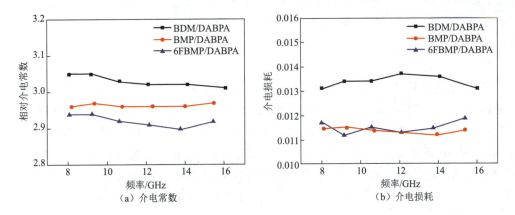

图 4.25 双马树脂的介电性能

介电损耗也是衡量材料介电性能的一个重要参数,介电损耗是材料本身的特征。产生介电损耗主要有两个原因:

①电导损耗:电介质中含有能导电的载流子,在外电场的作用下,产生电导电流,消耗掉一部分电能,转化为热能;

②极化过程所引起的损耗:取向极化过程是一个松弛过程,在取向极化过程中,一部分电能损耗于克服介质的内摩擦力上,转化为热量,发生松弛损耗。

从以上理论可以得出,材料所含杂质越少,摩尔极化率越低,材料的介电损耗越低。通常介电常数的降低也伴随介电损耗的降低,所以 6FBMP/DABPA 体系固化物的介电损耗也是最低的。

4.2.4　含硅 BMI 单体的设计合成及性能研究

1. 含硅双马单体(Si-BMI)的设计合成

硅氧键是一种具有较长键长和较高键能的共价键,具有较大旋转灵活性。在 BMI 单体中引入硅氧链段,能有效地降低 BMI 单体中连接单元的刚性,增加其韧性。将硅氧烷链引入双马来酰亚胺分子中,可以使树脂在不降低或略微降低耐热性的情况下兼具良好的韧性,加之有机硅所具有的独特特点,使得这类材料具有较低的吸湿性、介电性能低等性能。典型含硅双马单体的合成路线如图 4.26 所示。

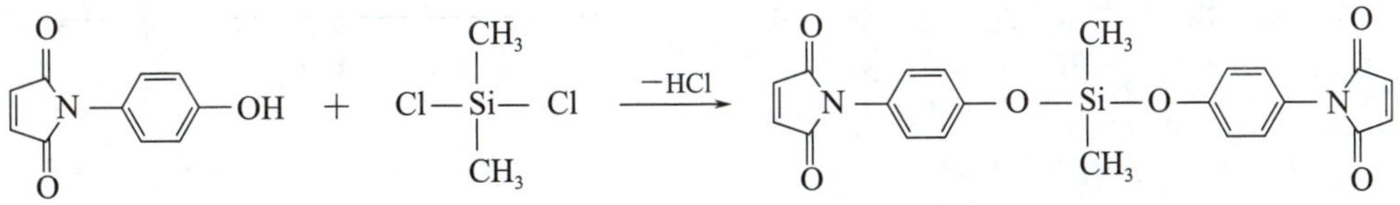

图 4.26 含硅双马单体的合成路线

含硅双马单体的制备：1 000 mL 三口瓶中加入羟基马来酰亚胺，然后加入 THF 三乙胺。冰浴滴加二甲二氯硅烷溶液，0.5 h 滴完。40 ℃反应 12 h。过滤，旋蒸除去 THF。将粗产物 60 ℃溶解在乙酸乙酯中，用质量分数为 1% 的 $NaHCO_3$ 洗，去离子水洗至中性。旋蒸除去乙酸乙酯，得到黄白色固体，用 80 mL 丁酮重结晶，产率 70%。

2. 含硅双马单体的固化行为研究

硅原子的电负性较强，会降低马来酰亚胺键的电子云密度，使其易于被富电子基团进攻，进而提高双马单体的反应活性，采用 DSC 评价 Si-BMI 的固化行为，如图 4.27 所示。从图中可以看出，含硅双马单体的熔点为 143 ℃，相比于二苯甲烷型双马单体 BDM(154 ℃)有所降低；Si-BMI 的起始固化温度约 220 ℃，比 BDM 的固化起始温度提高了近 50 ℃。试验结果与理论猜测不相符，主要是因为 Si-BMI 分子主链较 BDM 长，硅原子距离马来酰亚胺键较远，稀释了硅原子对双键电子云密度的影响。

3. 含硅双马树脂的热性能研究

采用二烯丙基双酚 A 作为改性剂，评价含硅双马树脂（SiBMI-DA）的性能。采用 TGA 评价树脂的热分解温度如图 4.28 所示；采用 DMA 评价树脂的玻璃化转变温度，如图 4.29 所示。相比 BDM-DA 树脂的玻璃化温度约 307 ℃，硅氧烷柔性链段的引入降低了双马树脂的玻璃化温度，但是对其热分解温度影响较弱，主要是因为 Si—O 键是一种键能较强的共价键。

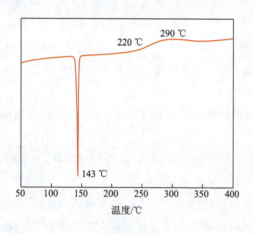

图 4.27 含硅双马的 DSC 曲线

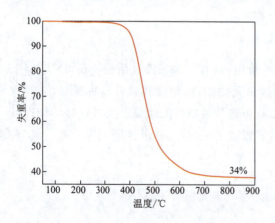

图 4.28 含硅双马树脂（SiBMI-DA）的 TGA 曲线

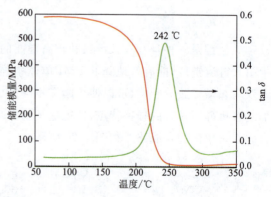

图 4.29 含硅双马树脂（SiBMI-DA）的 DMA 曲线

4.3 新型改性剂

在众多改性方法中,烯丙基化合物改性 BMI 以其耐热性、耐湿性、电性能优异而引起人们的普遍关注[2,3]。国内开发的基于二烯丙基双酚 A 共混改性的 QY8911 系列树脂在航空耐热结构复合材料中得到了广泛的应用。当前主要用的二烯丙基双酚 A(DABPA)共聚改性双马树脂,典型代表是公司于 1984 年研制开发 XU292 树脂体系。根据两种组分的比例,该树脂分为体系Ⅰ(BDM∶DABPA=1.0∶1.0)、体系Ⅱ(BDM∶DABPA=1.0∶0.87)和体系Ⅲ(BDM∶DABPA=1.0∶1.12)。若配比和条件适当,预聚体可溶于丙酮形成真溶液,且在常温下放置一周以上无分层现象,预聚体的软化点也比较低,一般为 20~30 ℃,该体系制得的预浸料具有良好的黏附性。树脂在 180~250 ℃固化后 T_g 为 273~287 ℃,最高使用温度为 256 ℃,湿热性能优异。XU292 树脂体系浇铸体的性能见表 4.6。

表 4.6 XU292 树脂体系浇铸体的性能

性能	体系Ⅰ	体系Ⅱ	体系Ⅲ
拉伸强度(室温)/MPa	81.6	93.3	76.8
拉伸模量(室温)/GPa	4.3	3.9	4.1
断裂延伸率(室温)/%	2.3	3.0	2.3
拉伸强度(204 ℃)/MPa	39.8	71.3	—
拉伸模量(204 ℃)/GPa	2	2.7	—
断裂延伸率(204 ℃)/%	2.3	4.6	—
弯曲强度/MPa	166	184	154
弯曲模量/GPa	4.0	3.98	3.95
压缩强度/MPa	205	209	
压缩模量/GPa	2.38	2.47	
T_g/℃	295	310	
吸水率	1.4	1.47	—

但是,由于二烯丙基双酚 A 的结构所限,其耐热性能难以满足日益苛刻的航空航天应用需求,国内外研究机构探索设计了一系列具有更高耐热性能的改性剂体系。其中,中科院化学所设计合成了一系列耐高温类型改性剂。

4.3.1 烯丙基醚化酚醛树脂的设计合成及性能研究

为了进一步提高双马来酰亚胺树脂耐高温性能,中科院化学所开发了一种新型的高烯丙基醚化线型酚醛树脂(AN),将其作为 BMI 树脂的共聚改性剂,制备了一种新型双马树脂(BMAN),此树脂具有优良的加工工艺性能,适合于 RTM 成型工艺,并且固化树脂具有优良耐热性能,其复合材料短时使用温度达到 350 ℃。

1. BMAN 树脂的合成制备

将苯酚、甲醛按照一定摩尔比加入带有机械搅拌、温度计和回流冷凝管的三口烧瓶中。在搅拌条件下,于 35 ℃加入规定量的草酸,加热将反应体系升温至 95 ℃并在此温度恒温反应,间隔一定的时间取样测定折光指数,通过折光指数的大小控制反应时间,以此得到不同分子量的 Novolac 树脂。酚醛树脂的平均分子量可以从 ^{1}HNMR 半定量计算得到,所用 Novolac 树脂的平均分子量为 465。

将粉碎的 Novolac 树脂和正丁醇加入带有机械搅拌、温度计和回流冷凝管的三口烧瓶中,用水浴加热搅拌使树脂完全溶解,然后加入氢氧化钾进行反应。加入完毕后,降温至 45 ℃以下,缓慢滴加氯丙烯。滴加完毕后,升温至 80 ℃并在此温度反应 5 h。反应完毕,趁热过滤除盐,用热水洗涤有机相三次后,减压蒸馏除去正丁醇、水及未反应的氯丙烯,即得到棕红色的 AN 树脂。AN 树脂的烯丙基化程度可用 ^{1}HNMR 进行计算。此处介绍所用的 AN 树脂烯丙基化程度为 118%~120%。

烯丙基化线型酚醛树脂再与对应摩尔比的双马来酰亚胺树脂共混即得到 BMAN 树脂。其反应方程式如图 4.30 所示。

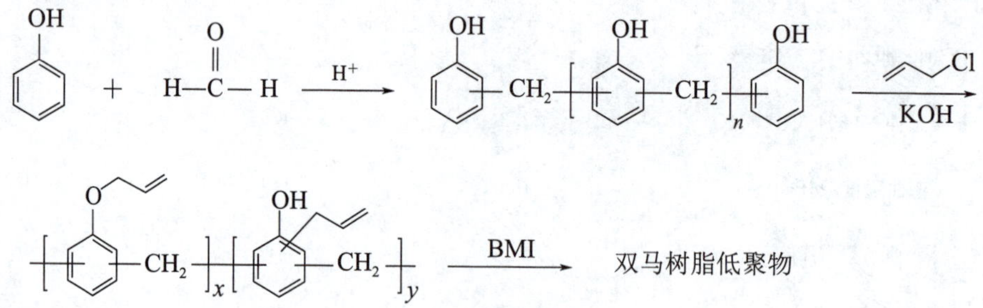

图 4.30 BMAN 树脂的合成

将 BMAN 树脂在钢模具中熔融,按照 150 ℃ 2 h、170 ℃ 2 h、200 ℃ 4 h 和 250 ℃ 6 h 热处理,得到 BMAN 树脂的浇铸体。

2. BMAN 树脂浇铸体的耐高温性能研究

BMAN 树脂浇铸体的 DMA 曲线和 TGA 曲线如图 4.31 所示。

从 DMA 曲线可见,该树脂浇铸体的模量曲线拐点温度 T_{onset} 为 375 ℃,树脂浇铸体的玻璃化温度为 416 ℃。在 350 ℃之前,树脂的模量变化很小。从 TGA 曲线可以看到,该树脂浇铸体 5%失重温度为 404 ℃,10%失重温度为 426 ℃,温度—质量曲线拐点温度 T_{onset} 为

423 ℃，表示树脂有很高的耐热等级。

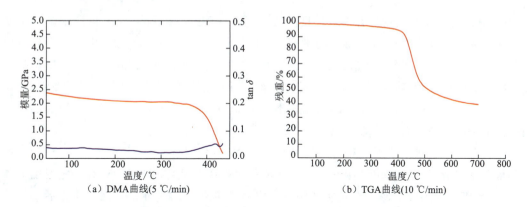

图 4.31　BMAN 树脂浇铸体的 DMA 曲线和 TGA 曲线

3. BMAN 树脂的工艺性能研究

批量生产的产品树脂含量在 98.6% 以上，凝胶化时间在 170 ℃下为 31′28″，在各个温度下的黏度—时间曲线如图 4.32 所示。可见该树脂具有极好的加工性能，在 80 ℃下仍然拥有足够的流动性。这对树脂的加工非常有利。该树脂可以用 RTM 法成型，或用高温熔融干法浸胶。树脂的 66% 丙酮溶液在室温下能够保持 10 天以上不析出双马来酰亚胺，可适用于溶剂法浸胶。

4. 复合材料力学性能研究

通过 RTM 工艺成型的石英纤维/BMAN 复合材料的部分力学性能见表 4.7。可见在 300 ℃高温下该复合材料仍然拥有较高的强度，而且模量保持率非常好。模压法制备的复合材料在 350 ℃时仍然具有高达 89.3% 的弹性模量保持率。

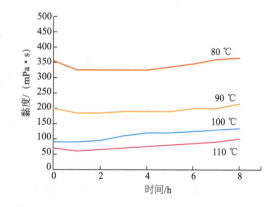

图 4.32　树脂在加工温度下的黏度—时间曲线

表 4.7　模压法和 RTM 法制备的石英纤维/BMAN 复合材料性能

测试项目	温度/℃	弯曲强度/MPa	弯曲强度保持率/%	弹性模量/GPa	弹性模量保持率/%
模压工艺	室温	366	—	18.7	—
	300	224	61.2	17.8	95.2
	350	175	47.8	16.7	89.3
RTM 工艺	室温	378	—	21.1	—
	300	194	51.3	17.8	84.4

4.3.2 烯丙基醚化酚醛树脂重排反应、表征及性能研究

BMAN 树脂体系虽然具有很多优良的特性,但也存在一些不足。AN 树脂中烯丙基官能团通过醚键与苯环连接,分子链的极性较小,降低了 AN 树脂与 BDM 的相容性,导致共聚树脂在存放过程中 BDM 容易结晶析出;也使共聚树脂与增强纤维的黏附力变弱,所制备的复合材料力学性能欠佳,表现为复合材料的层间剪切强度偏低。这些缺点限制了 BMAN 树脂的进一步应用。因此,在不影响树脂耐热性的前提下,提高此树脂体系与纤维界面的结合情况便成为一个亟待解决的课题。

中科院化学所进一步通过对烯丙基醚酚醛(AN)树脂进行 Claisen 重排反应,得到重排后的烯丙基酚醛(Rearranged Allyl Novolac,RAN)树脂,然后将其与 BDM 在一定温度下预聚合,得到新的 R-BMAN 树脂,树脂的制备合成路线如图 4.33 所示。同时对重排后得到的 R-BMAN 树脂的固化过程、耐热性以及石英布复合材料力学性能进行了评价。

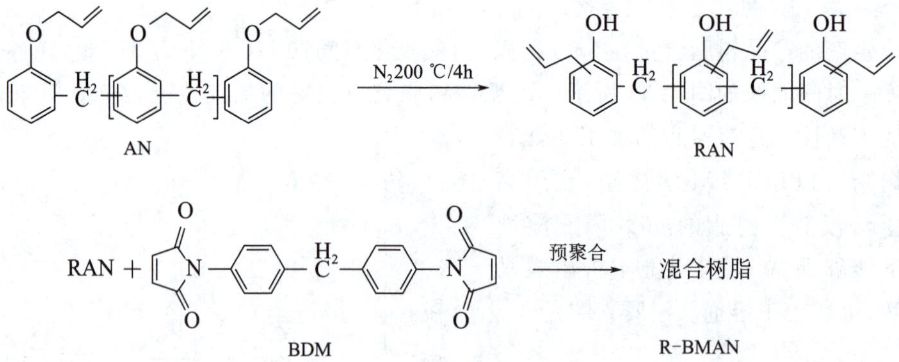

图 4.33 R-BMAN 树脂的合成路线

1. R-BMAN 树脂的合成及表征

R-BMAN 树脂的合成路线如图 4.33 所示。先将 AN 树脂在高温下进行 Claisen 重排反应得到重排后的 RAN 树脂。重排反应必须在 N_2 保护下完成,以避免空气中氧气引发烯丙基交联聚合反应。对得到的 RAN 树脂,分别用 ^{1}HNMR 和 DSC 对树脂的结构进行表征。

重排前的 AN 树脂和重排后的 RAN 树脂的 ^{1}HNMR 谱图如图 4.34 所示。从图中可以看出,在化学位移 $5.20 \times 10^{-6} \sim 5.42 \times 10^{-6}$(c)处为—O—$CH_2$—CH=$CH_2$ 结构中的=CH_2 氢,而化学位移 $4.80 \times 10^{-6} \sim 5.00 \times 10^{-6}$(e)处为 Ph—$CH_2$—CH=$CH_2$ 结构中的=CH_2 氢。对于 AN 树脂,谱图中 $5.20 \times 10^{-6} \sim 5.42 \times 10^{-6}$ 的化学位移非常明显,而 $4.80 \times 10^{-6} \sim 5.00 \times 10^{-6}$ 处的化学位移非常弱小,说明烯丙基主要以—O—CH_2—CH=CH_2 的形式存在。此外,AN 树脂 ^{1}HNMR 谱图中在化学位移 $8.00 \times 10^{-6} \sim 1.00 \times 10^{-6}$ 处并没有酚羟基的化学位移,说明树脂中的羟基被完全醚化。相反,对于 RAN 树脂,化学位移 $4.80 \times 10^{-6} \sim 5.00 \times 10^{-6}$ 处的峰非常明显,而化学位移 $5.20 \times 10^{-6} \sim 5.42 \times 10^{-6}$ 处的峰基本消失,证明 RAN 树脂中烯丙基主要是以 Ph—CH_2—CH=CH_2 的形式存在。此外,化学

位移 9.00×10^{-6} 处的化学位移是重排后生成的酚羟基氢的特征吸收。综合以上两点,说明重排反应已经完成。

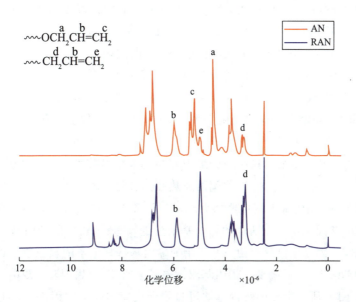

图 4.34　AN 和 RAN 树脂的 ^{1}HNMR 谱图

DSC 表征可以间接证明树脂的重排过程,重排前后树脂的 DSC 曲线如图 4.35 所示。对于 AN 树脂,其 DSC 曲线有两个放热峰:第一个放热峰在 200~280 ℃ 之间,峰值温度为 254 ℃,这里主要发生的是 AN 树脂烯丙基 Claisen 重排反应;第二个放热峰在 290~380 ℃ 之间,峰值温度为 348 ℃,这归于烯丙基双键的交联聚合反应。而重排后 RAN 树脂 200~280 ℃ 之间的重排反应峰基本消失,只有 290~380 ℃ 之间烯丙基交联聚合的放热峰,这说明 AN 树脂的 Claisen 重排反应已经进行完全。

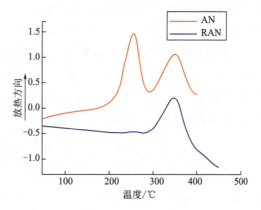

图 4.35　AN 和 RAN 树脂的 DSC 曲线

重排后的 RAN 树脂与一定量的 BDM 在高温下预聚后,得到棕色透明的 R-BMAN 共聚树脂。通过观察试验可以发现,在相同预聚温度下加入相同量的 BDM 时,BDM 在 RAN 树脂中完全溶解的时间明显短于在 AN 树脂中完全溶解的时间。这说明 BDM 与 RAN 树脂具有更好的相容性。在以往的研究中,发现 BMAN 共聚树脂中 BDM 含量较低时,也就是马来酰亚胺基团与烯丙基的比例为 30∶100 时,树脂的综合性能最优异。为了便于对比研究,在本节中介绍的 R-BMAN 树脂中的 BDM 含量与 BMAN 树脂中 BDM 的含量保持一致,即 R-BMAN 树脂中马来酰亚胺基团与烯丙基的比例为 30∶100。下面将对所得共聚树脂 R-BMAN 的固化行为和固化物的性能进行了进一步研究,并与 BMAN 树脂的性能进行比较。

2. R-BMAN 树脂的固化行为的研究

对 R-BMAN 树脂的固化行为采用 DSC 方法进行表征,BMAN 和 R-BMAN 树脂的 DSC 曲线如图 4.36 所示。从图中可以看出,两种树脂的固化温度基本在同一范围,并没有明显的差异。但是,两种树脂的固化放热峰形却明显不同,对于 BMAN 树脂,在 170~270 ℃之间有两个重叠的放热峰,峰值温度为 236 ℃的主峰为 BMAN 的烯丙基基团与马来酰亚胺基团的共固化反应峰,主要包括两者的 Ene 反应及后续的 Diels-Alder 等反应。而后面的肩峰可以归为剩余的未参加固化反应的烯丙基的 Claisen 重排反应。在 270 ℃之后的放热峰是烯丙基的自身聚合反应峰。由于大部分烯丙基已参与了与马来酰亚胺的共固化反应,因此聚合峰较 AN 树脂变小。对于 R-BMAN 树脂,由于烯丙基的 Claisen 重排反应已经完成,因此,在 170~270 ℃之间只有一个烯丙基与马来酰亚胺固化反应共固化反应峰,其峰值温度为 246 ℃。而在 270~380 ℃之间的放热峰仍然归结剩余烯丙基的自聚合反应。值得注意的是,R-BMAN 树脂的烯丙基自聚峰明显大于 BMAN 树脂,说明 R-BMAN 树脂固化过程中与马来酰亚胺的共固化反应中消耗的烯丙基量减少,剩余了较多的烯丙基基团在更高温度下发生自聚合反应。因为重排反应使 AN 树脂的烯丙基从富电子的氧原子上重排到了相对电子云密度较低的苯环上,从而降低了烯丙基双键电子云密度,使烯丙基与缺电子的马来酰亚胺共固化反应活性下降,所以更多的烯丙基通过自聚合反应实现交联固化。以上结果说明重排反应对 R-BMAN 树脂固化反应产生了影响,改变了不同固化反应之间的比例。

3. R-BMAN 树脂固化浇铸体性能的研究

R-BMAN 树脂固化后,得到棕色的树脂浇铸体。对于耐热复合材料基体树脂来说,固化物的热稳定性是一项非常重要的指标。本书中用 TGA 方法分别研究了 R-BMAN 树脂固化物在空气和 N_2 两种气氛下的热稳定性。BMAN 和 R-BMAN 树脂固化物在 N_2 气氛下 TGA 曲线如图 4.37 所示。从图中可以看出,两种树脂的 TGA 曲线基本重合,固化后的 R-BMAN 具有和 BMAN 相似的耐热性,两者 5% 失重温度分别为 428 ℃和 424 ℃,900 ℃的残重分别为 34.2% 和 33.7%。以上结果说明重排后制备的 R-BMAN 树脂依然保持了与 BMAN 树脂相同的优良热稳定性。

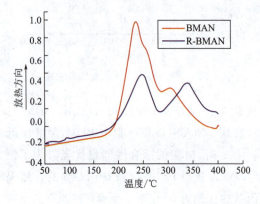

图 4.36 BMAN 和 R-BMAN 树脂的 DSC 曲线

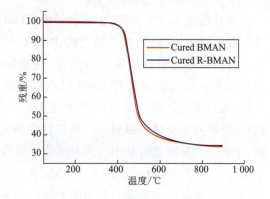

图 4.37 BMAN 和 R-BMAN 树脂固化物在 N_2 气氛下的 TGA 曲线

进一步研究树脂固化物在氧化性气氛下的热稳定性。BMAN 和 R-BMAN 树脂固化物在空气气氛下的 TGA 曲线如图 4.38 所示。从图中可以看出,两种树脂在空气下的热稳定性有明显的差异。固化后的 R-BMAN 表现出更为优良的热稳定性,其 5% 失重温度高达 426 ℃,而固化后的 BMAN 树脂的 5% 失重温度仅为 360 ℃。两种树脂在更高温度下的分解曲线基本重合,在 700 ℃ 之前都已经完全分解,说明这两种树脂的不同结构影响了树脂氧化分解的起始阶段,但对更高温度下的分解没有明显的影响。众所周知,多取代的酚类能够捕捉加热产生的自由基,从而抑制树脂热氧老化的作用,因此被广泛用于聚合物的热氧稳定剂。在 R-BMAN 共聚树脂中,由于重排反应产生的酚羟基结构恰好起到了热氧稳定剂的作用,从而使 R-BMAN 树脂固化物表现出更为优异的热氧稳定性。

采用 DMA 方法对固化树脂浇铸体的动态力学性能进行研究。固化的 BMAN 和 R-BMAN 的 DMA 曲线如图 4.39 所示。图中包括储能模量(E')随温度变化的曲线和损耗角正切($\tan \delta$)随温度变化的曲线。从图中可以看出两种树脂浇铸体的 E' 在 300~400 ℃ 之间开始明显下降。其中,R-BMAN 树脂浇铸体在 350 ℃ 的 E' 保留率为 82%,而 BMAN 树脂浇铸体在 350 ℃ 的 E' 保留率仅为 60%。此外,两种树脂的 $\tan \delta$ 曲线在 400 ℃ 之前没有出现玻璃化转变引起的尖峰,说明在树脂分解之前均没有出现明显的玻璃化转变,因此,DMA 的研究表明,和 BMAN 树脂浇铸体相比,R-BMAN 树脂浇铸体的高温力学性能不仅没有下降,相反有了一定的提高。

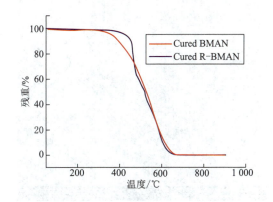

图 4.38　BMAN 和 R-BMAN 树脂固化物在空气气氛下的 TGA 曲线

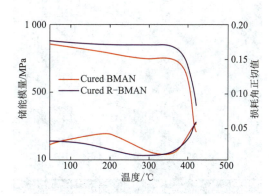

图 4.39　BMAN 和 R-BMAN 树脂固化物的 DMA 曲线

4. R-BMAN 树脂的石英布复合材料的性能

作为一种耐高温复合材料用基体树脂,研究树脂的纤维复合材料性能是非常必要的。分别制备 BMAN 和 R-BMAN 树脂的石英布复合材料,然后对这两种石英布复合材料的力学性能进行对比研究。BMAN 和 R-BMAN 石英布增强复合材料力学性能见表 4.8。对比这些数据可以看出,R-BMAN 树脂复合材料在室温下的弯曲强度和弯曲模量均比 BMAN 树脂有了一定的提高。更值得注意的是,复合材料的室温和 300 ℃ 层间剪切强度也由 BMAN 的 34.2 MPa 和 19.2 MPa 提高到了 R-BMAN 的 40.3 MPa 和 22.0 MPa。以上结果表明,重排后得到的 R-BMAN 树脂复合材料力学性能较 BMAN 树脂有了大幅度的提高。这主要是因为重排反应在树脂中产生了大量的酚羟基基团,由于酚羟基本身较强的极性,增强了树脂与纤维的界面结合性能,从而实现了复合材料力学性能的提高。

表 4.8　BMAN 和 R-BMAN 石英布增强复合材料力学性能

树脂名称	测试温度	弯曲强度/MPa	弯曲模量/GPa	层剪强度/MPa
BMAN	室温	378	19.7	34.2
	300 ℃	229	17.7	19.2
R-BMAN	室温	475	24.1	40.3
	300 ℃	283	21.7	22.0

此外,用 SEM 对复合材料破坏断面的形态进行了研究,BMAN 石英布复合材料和 R-BMAN 石英布复合材料断面的 SEM 照片如图 4.40 所示。

（a）BMAN 复合材料的 SEM 照片

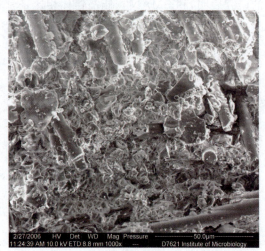

（b）R-BMAN 复合材料的 SEM 照片

图 4.40　BMAN 的 R-BMAN 石英布复合材料的断面的 SEM 照片

从图中可以看出,两种树脂复合材料的断面形态截然不同。BMAN 复合材料断面的纤维已经裸露在外,且大部分树脂已经从纤维上剥离。这说明 BMAN 树脂对纤维的黏附力相对较弱,在外力的作用下较容易与纤维分离。而 R-BMAN 复合材料断面树脂与纤维结合较为紧密,没有明显的剥离现象,说明 R-BMAN 树脂对纤维的黏附力较 BMAN 树脂有了显著的改善。

4.3.3 四烯丙基双酚 A(TABPA)的设计合成及性能研究

为进一步提升树脂的耐热性,郑州大学近年来设计合成了一种新型树脂改性剂 2,6,2′,6′-四烯丙基双酚 A(TABPA)。相比 DABPA 树脂改性剂,TABPA 结构上具有相同的官能团并且烯丙基官能化程度更高,其改性 BMI 树脂具有更高的耐高温性能,在环境更为苛刻的条件下具有更好的应用前景。

1. 四烯丙基双酚 A 单体的合成

TABPA 的合成路线如图 4.41 所示。首先将 DABPA 加入配有机械搅拌和温度计的三口烧瓶中,常温下加入溶剂正丁醇进行搅拌溶解,溶解完全后缓慢加入 KOH,加热升温至 80 ℃,保温搅拌 1 h。降温至 40 ℃左右,缓慢滴加氯丙烯,过程中控制体系温度 42~44 ℃。氯丙烯滴加完毕后,体系温度 45 ℃条件下 30 min,升温至 50 ℃保温反应 1 h,60 ℃保温反应 1 h,80 ℃保温反应 4 h,结束反应。80 ℃条件下蒸馏水水洗至体系呈中性,减压蒸馏除去溶剂正丁醇和残留体系中的水,得到中间产物 OTABPA。在 N_2 保护下,200 ℃条件下经过克莱森重排反应得到最终产物 TABPA。

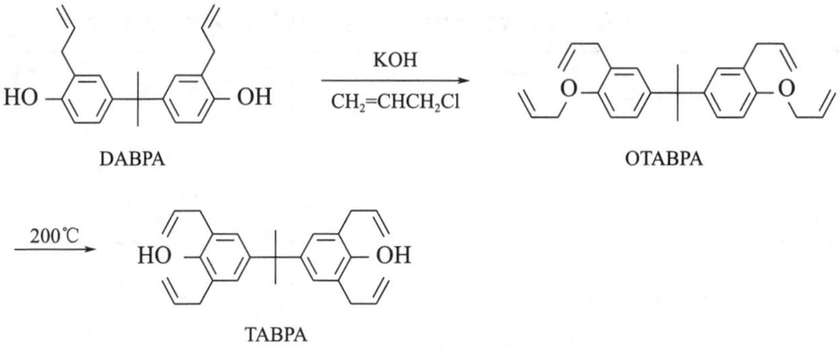

图 4.41 TABPA 的合成路线

2. 四烯丙基双酚 A 的结构表征分析

制备的四烯丙基双酚 A 室温下为棕色黏稠液体。不同温度下的 DABPA 和 TABPA 旋转黏度见表 4.9。随着温度的升高,黏度变化趋势如图 4.42 所示。分析表明:TABPA 的黏度比 DABPA 的黏度更低,尤其常温下尤为明显。一般情况下,树脂单体分子量越小、柔性基团越多、极性越小,黏度越小。常温下 DABPA 黏度较大,TABPA 黏度相对较低,这是由于一方面烯丙基基团为柔性链,TABPA 中含有更多的烯丙基醚键;另一方面 TABPA 的对称性比 DABPA

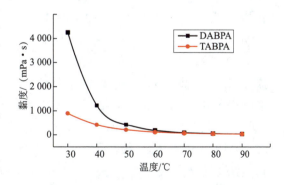

图 4.42 不同温度下 DABPA 和 TABPA 的旋转黏度

更好,而两者分子量相差不大,所以 DABPA 表现出比 TABPA 更高的黏度。随着温度的升高,使得分子间运动加快,分子之间距离增大,从而使得分子链间缠绕降低,黏度下降,最终趋于平衡。TABPA 的低黏度有望改善复合材料的加工工艺性能。

表 4.9　不同温度下 DABPA 和 TABPA 的旋转黏度

黏度/(mPa·s)	温度/℃						
	30	40	50	60	70	80	90
DABPA	4 250	1 220	421	180	83	48	29
TABPA	890	415	205	110	62	39	27

3. 共聚树脂浇铸体力学性能及其韧性的研究

不同改性剂共聚 BDM 树脂浇铸体的力学性能和韧性见表 4.10。从弯曲强度、模量数据来看,二烯丙基双酚 A 改性 BDM 树脂浇铸体最高。新型树脂体系的力学强度虽稍有下降,但从其冲击韧性数据分析,并未出现显著差异,而将两种改性剂混合改性 BDM 树脂取得了较高的韧性,其值达到了 37.76 J/m²。

表 4.10　不同改性剂共聚 BDM 树脂浇铸体的力学性能和韧性

树脂名称	弯曲强度/MPa	弯曲模量/GPa	冲击韧性/(J·m^{-2})
BDM-DA	165.4	3.9	30.49
BDM-TA	136.8	3.4	27.26
BDM-DA-TA	155.2	3.5	37.76

4. 不同改性剂和比例对共聚树脂热性能的影响

三种树脂固化后,均得到棕色的树脂浇注体。对于耐热复合材料基体树脂,固化物的热稳定性是重要的指标。试验用 TGA 的方法研究了不同体系树脂固化物在 N_2 气氛下的热稳定性。共聚后的 BDM-DA、BDM-TA 和 BDM-DA-TA 树脂在 N_2 气氛下的 TGA 曲线如图 4.43 所示。从图中可以看出,三种树脂 5% 失重温度差别较大。BDM-DA 树脂的 5% 失重温度为 434 ℃;BDM-TA 树脂的 5% 失重温度为 473 ℃,相比 BDM-DA 树脂体系,提高了 39 ℃;BDM-TA-DA 树脂的 5% 失重温度为 453 ℃,相比 BDM-DA 树脂体系,有了一定的提高。以上结果表明 TABPA 树脂是一种改性 BDM 树脂热稳定性能的优良改性剂,其重要原因是 TABPA 具有更高的官能化程度,与 BDM 共聚后,树脂具有更致密的交联程度。

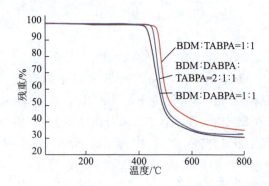

图 4.43　共聚 BDM 树脂 TGA 曲线

采用 DMA 方法对固化树脂浇铸体的动态力学性能进行了研究,共聚后的 BDM-DA、BDM-TA 和 BDM-DA-TA 树脂的 DMA 曲线如图 4.44 所示。图中包括储能模量(E)和损耗角正切($\tan \alpha$)随温度变化的曲线。从图中可以看出树脂浇铸体的储能模量随温度上升而降低,E 随温度变化情况是材料高温下力学性能的一个重要指标。BDM-DA 树脂储能模量在 250~350 ℃之间开始明显下降,BDM-DA-TA 树脂在 300 ℃之后开始出现明显下降,而 BDM-TA 树脂出现明显下降的温度超过了 350 ℃,这表明 TABPA 改性 BDM 树脂具有更高的耐温等级。BDM-DA、BDM-DA-TA 和 BDM-TA 树脂固化物的玻璃化转变温度 T_g 分别为 309 ℃、366 ℃和 384 ℃,TABPA 改性的两种树脂固化物的玻璃化转变温度明显高于单纯 DABPA 树脂改性 BDM 树脂,尤其 BDM-TA 树脂可以媲美耐热性更好的聚酰亚胺树脂。可以看出 BDM-DA-TA 树脂和 BDM-TA 树脂 $\tan \alpha$ 都出现了双峰,原因可能是树脂交联不均匀造成的,随着高官能化程度树脂改性剂反应程度的升高,树脂交联程度更加致密,反应官能团趋于难以接触减缓甚至反应不完全。

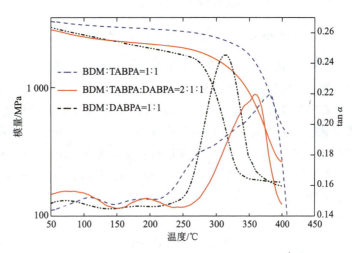

图 4.44 共聚 BDM 树脂 DMA 曲线

5. 共聚树脂/玻璃纤维布增强复合材料的性能研究

对比表 4.11 中数据可以看出,二烯丙基类改性剂共聚 BDM 树脂比四烯丙基类改性剂共聚树脂制备的复合材料在力学性能上稍高,造成这样的结果主要有两个因素:一是受树脂基体力学性能的影响;二是树脂与纤维的界面性能有直接的关系。分析可知,二烯丙基类化合物相比四烯丙基类化合物,单体中有更高的羟基密度,研究认为酚羟基本身具有较强的极性,可以增强树脂与纤维的界面结合性能,从而表现出了复合材料具有较高的力学性能,但两类复合材料的力学性能并没有显著差异,这与树脂表现出的弯曲性能一致。

表 4.11 改性 BMI 树脂的玻纤增强复合材料的力学性能

层压板名称	弯曲强度/MPa	弯曲模量/GPa	层间剪切强度/MPa
BDM-DA	487	25.3	41.1
BDM-TA	421	22.6	37.6
BDM-DA-TA	453	25.8	38.7

试验表明,2,6,2′,6′-四烯丙基双酚 A(TABPA)相同温度下具有更低的黏度,有助于改善树脂的加工工艺性能。相比 DABPA 改性 BDM 树脂体系,新型树脂改性剂改性 BDM 树脂的耐热性有了明显提升,其玻璃化转变温度为 389 ℃,5% 热失重温度高达 473 ℃。一般认为树脂交联密度过大对树脂力学性能和韧性具有消极影响,但新型树脂基本保持了 DABPA 改性 BDM 树脂的韧性,树脂浇注体及其玻璃纤维增强改性 BMI 树脂基复合材料的力学性能也没有表现出明显差异,因此,具有较低黏度的新型树脂改性剂 TABPA 改性 BDM 树脂表现出了优良的力学性能和韧性,同时具有突出的耐热性能,在航空航天等领域中特殊耐热结构件应用中具有较大的应用潜力。

4.3.4 炔丙基醚化酚醛树脂设计合成及性能研究

近年来,国际上已经有文献报道炔丙基酚醛树脂。国际上现阶段研究工作主要集中在炔丙基酚醛树脂用于烧蚀材料研究,主要研究者有印度的 Nair 教授等。但这方面尚处于实验室研究阶段,未见有实际应用的报道。和传统的热固性树脂相比,炔丙基酚醛树脂固化后具有耐热性好、吸湿性低和高温残碳率高等优点。基于炔丙基酚醛和双马来酰亚胺树脂的特点,中科院化学所首次将炔丙基酚醛与双马来酰亚胺预聚合制备一种新的树脂体系,通过炔丙基与马来酰亚胺的加成反应实现树脂的固化交联。研究结果表明,此树脂体系不仅加工工艺性好,而且具有优良的短时耐温性能。

1. 炔丙基酚醛树脂的设计合成

炔丙基/双马改性酚醛树脂的合成路线与已有的烯丙基/双马改性酚醛树脂相似。首先制备具有一定分子量大小的线型酚醛树脂,然后在 KOH 作用下线型酚醛树脂与溴丙炔进行炔丙基化反应,过滤洗涤除去产生的溴化钾后脱溶剂得到炔丙基酚醛树脂,最后与双马来酰亚胺单体进行预聚合反应得到炔丙基/双马改性酚醛树脂。炔丙基/双马改性酚醛树脂合成路线如图 4.45 所示。

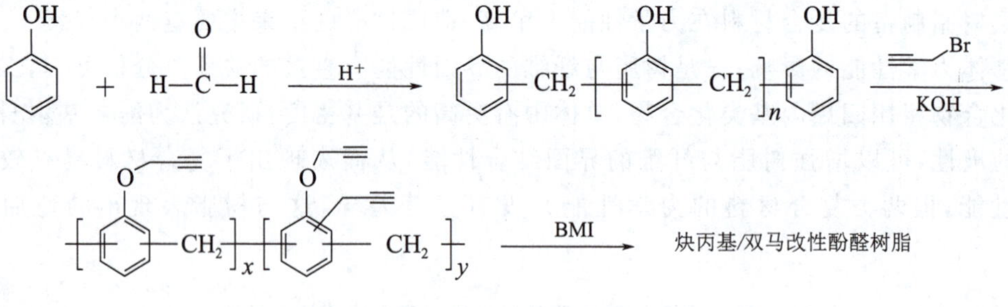

图 4.45 炔丙基/双马改性酚醛树脂合成路线

对酚醛树脂进行炔丙基醚化不仅可以有效降低树脂体系的熔融黏度,还可以实现酚醛树脂的官能化,为进一步的双马改性提供了前提条件。利用树脂中的炔丙基与双马树脂中的马来酰亚胺基的加成反应,可以实现树脂体系的加成型固化,从而避免传统缩聚型酚醛树脂固化过程中小分子挥发分的释放问题,树脂固化后结构致密,力学性能优良。另外,通过调整炔丙基酚醛树脂与双马的预聚合工艺,可以获得不同黏度、适用于不同成型工艺的树脂。以上是树脂体系设计的依据。

2. 线型酚醛树脂分子量对树脂体系性能的影响

在研究烯丙基/双马改性酚醛树脂体系时,已经发现树脂中线型酚醛树脂的分子量、烯丙基化程度是决定树脂最终工艺性和热性能的关键因素。在本工作中同样发现类似的规律,即线型酚醛树脂的分子量、炔丙基化程度是决定树脂最终性能的关键因素。

线型酚醛树脂分子量的变化首先会对树脂的制备过程产生影响,随着线型酚醛树脂分子量的增加,所制备的炔丙基酚醛树脂的黏度会升高,而且在溶剂中的溶解度会下降,这将给后续树脂的提纯过程带来一些困难。随着线型酚醛树脂分子量的增加,所制备的炔丙基/双马改性酚醛树脂的黏度升高,这对树脂的成型加工是不利的。

线型酚醛树脂分子量对树脂黏度的影响如图 4.46 所示。

线型酚醛树脂对树脂热分解温度的影响见表 4.12。

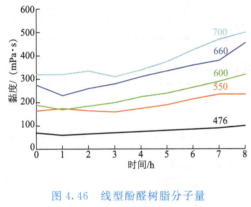

图 4.46 线型酚醛树脂分子量对树脂黏度的影响(120 ℃)

表 4.12 线型酚醛树脂对树脂热分解温度的影响

编号	线型酚醛树脂分子量	5%失重温度/℃	900 ℃质量保留率/%
1	476	398	53.3
2	550	406	53.5
3	600	408	53.7
4	660	411	58.2
5	700	422	60.6

线型酚醛树脂分子量对复合材料力学性能的影响见表 4.13。

表 4.13 线型酚醛树脂分子量对复合材料力学性能的影响

编号	线型酚醛树脂分子量	弯曲强度/MPa		弯曲模量/GPa	
		室温	350 ℃	室温	350 ℃
1	476	397	158	17.9	15.0
2	550	365	199	18.2	16.5
3	600	366	179	17.5	15.5
4	660	358	173	20.1	16.2
5	700	387	156	22.1	15.9

树脂固化后,当线型酚醛树脂分子量小于 400 时,树脂的热稳定性较低;当线型酚醛树脂分子量高于 400 后,树脂的热稳定性没有明显的差异。

3. 炔丙基化程度对树脂体系性能的影响

炔丙基化程度对树脂工艺性能（黏度、凝胶时间）、耐热性能（热分解温度、玻璃化转变温度）和复合材料力学性能的影响见图 4.47 和表 4.14～表 4.17。

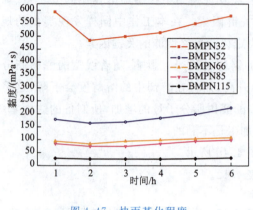

图 4.47　炔丙基化程度对树脂黏度的影响(120 ℃)

表 4.14　炔丙基化程度对树脂热分解温度的影响

编　号	炔丙基化程度/%	5%失重温度/℃	900 ℃质量保留率/%
BMPN32	32	369	37.3
BMPN52	52	406	53.5
BMPN66	66	408	53.7
BMPN85	85	411	58.2
BMPN115	115	422	60.6

表 4.15　炔丙基化程度对树脂凝胶时间的影响

炔丙基化程度/%	32	52	66	85	115
170 ℃凝胶时间/min	85	68	55	37	28

表 4.16　炔丙基化程度对玻璃化转变温度的影响

炔丙基化程度/%	32	52	66	85	115
玻璃化转变温度/℃	220	263	283	335	390

表 4.17　炔丙基化程度对复合材料力学性能的影响

编　号	炔丙基化程度/%	弯曲强度/MPa		弯曲模量/GPa		层间剪切强度/MPa	
		室温	300 ℃	室温	300 ℃	室温	300 ℃
BMPN32	32	640	65.6	25.8	10.9	68.1	3.7
BMPN52	52	635	75.6	24.7	11.7	63.2	4.7
BMPN66	66	546	125	24.5	15.7	56.7	7.8
BMPN85	85	463	171	22.8	17.3	45.2	13.7
BMPN115	115	377	201	22.0	17.4	38.6	20.6

当炔丙基酚醛树脂的炔丙基化程度较低时，树脂的本体黏度较大，这主要是残余的羟基之间的氢键作用导致的。另外，在相同双马来酰亚胺用量下，炔丙基化程度低的树脂的热稳

定性、力学性能均随之下降,这主要是因为低炔丙基化程度的树脂中的交联反应点少,固化树脂的交联密度低,从而影响了固化树脂的性能,因此,尽可能提高树脂的炔丙基化程度,既有利于降低树脂的黏度,又有利于提高树脂的热稳定性和力学性能。根据以上结果,将树脂炔丙基化程度提高到110%~120%,即不仅线型酚醛树脂的羟基完全醚化,并且还有部分炔丙基连接在树脂苯环结构上,保证树脂工艺性和热性能。

化学所与航天特种材料工艺与研究所合作,定型了炔丙基化程度约115%的炔丙基酚醛/双马树脂体系。其性能如图4.48、图4.49和表4.18、表4.19所示。该树脂的特点是成型工艺性好,110 ℃黏度8 h稳定;耐热性能优异,树脂在400 ℃前无明显玻璃化转变,其短时使用温度可达350 ℃。石英复合材料具有较好的常温力学性能和优异的高温力学性能,同时石英复合材料的介电性能优异。

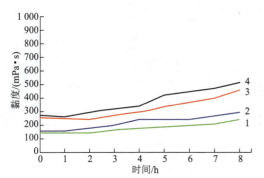

图 4.48 炔丙基酚醛/双马的黏-时曲线(110 ℃)

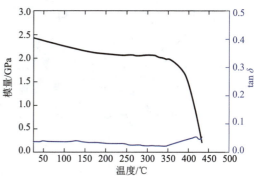

图 4.49 炔丙基酚醛/双马的 DMA 曲线

表 4.18 石英复材的力学性能

温度/℃	RTM工艺		层压工艺	
	弯曲强度/MPa	弯曲模量/GPa	弯曲强度/MPa	弯曲模量/GPa
室温	378	21.1	365	18.0
300	194	17.8	232	17.5
350	170	17.1	199	16.5

表 4.19 石英复材的介电性能

测试频率	相对介电常数	tan δ	测试频率	介电常数	tan δ
1.60	3.46	0.011	9.72	3.38	0.012
3.22	3.43	0.014	12.96	3.38	0.010
4.83	3.42	0.011	14.62	3.36	0.010
6.44	3.42	0.014	16.26	3.36	0.012
8.08	3.40	0.013			

4.3.5 含氟烯丙基双酚 A(6FDABPA)的合成及性能研究

1. 含氟烯丙基双酚 A(6FDABPA)的合成及表征

电负性强的原子吸电子的能力很强,使其电子云非常稳定,能有效地降低变形极化和取向极化,从而降低材料的介电常数。F 原子是元素周期表中电负性最强的原子,引入 F 原子可以有效降低材料的介电常数。中科院化学所合成了含 F 烯丙基化合物 6FDABPA,以二烯丙基双酚 A(DABPA)为参比,详细考察了 6FDABPA 的引入对双马树脂固化行为、加工性能、热性能、力学性能及介电性能的影响。

6FDABPA 的合成路线如图 4.50 所示。

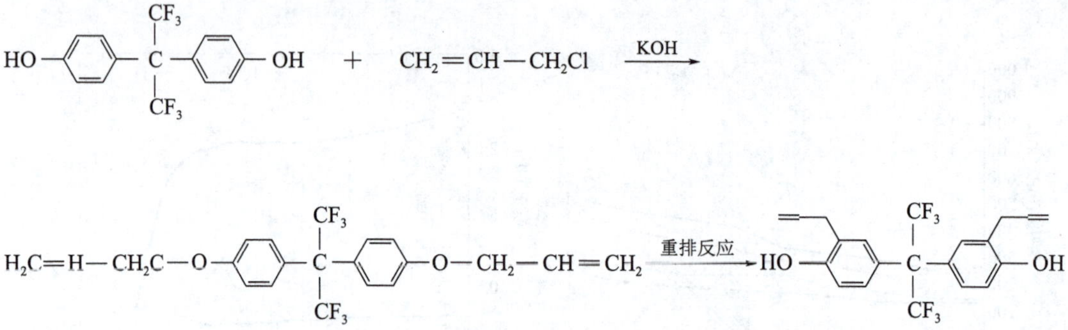

图 4.50 6FDABPA 的合成路线

合成方法:在三口瓶中,加入双酚 AF 的乙醇溶液,搅拌溶解后缓慢加入 KOH,反应放热,温度控制在 45 ℃以下,待 KOH 完全溶解后,加入氯丙烯,滴加时间约 1 h,缓慢升温至回流温度,反应 4 h。趁热过滤,旋蒸除去溶剂。加入适量的乙酸乙酯溶解,热水洗涤至中性。70 ℃旋蒸除乙酸乙酯,得到浅黄色烯丙基醚化双酚 AF,命名为 6FDABPE。

在装有搅拌器、温度计和回流冷凝管的三口瓶中加入烯丙基醚化双酚 AF(6FDABPE),并通 N_2 保护。加热至 200 ℃,保温 6 h,树脂颜色逐渐变深。反应完毕后,降温至 150 ℃,把树脂冷却倒出,即得到重排后的含 F 二烯丙基双酚 A,命名为 6FDABPA。

元素分析:6FDABPA($C_{35}H_{26}N_2O_6$),百分数理论数据为:C——60.58;H——4.36;F——27.38;

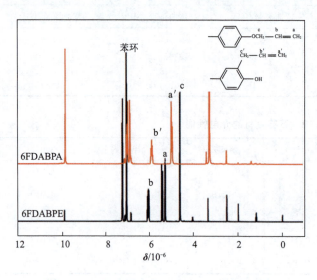

图 4.51 6FDABPE 和 6FDABPA 的核磁谱图

O——7.69。试验数据为 C——60.27；H——4.38；N——5.01。

6FDABPE 和 6FDABPA 的核磁谱图如图 4.51 所示。6×10^{-6} 附近为典型的烯丙基的特征峰，通过计算羟基与烯丙基的峰面积，H_{-OH}/H_b，可以得出重排反应进行的程度。6FDABPE 中有近 5% 的 6FDABPA；6FDABPA 的重排程度近 100%，没有 6FDABPE 剩余。

2. 含氟烯丙基双酚 A（6FDABPA）的性能研究

烯丙基化合物是应用广泛且较成熟的一类双马树脂改性剂[4,5,7]。DABPA 是用量最大的一种双马改性剂，为了更好地反映 6FDABPA 的引入对双马树脂性能的影响，选其作为参比。双马单体选用的是图 4.18 中提到的三种。

（1）固化行为研究

DSC 是研究树脂固化行为非常有效的一种方法。DABPA 或者 6FDABPA 改性的双马树脂的 DSC 曲线如图 4.52 所示。从图中可以看出，6FDABPA 的引入使得双马树脂的固化温度向高温方向移动。以 BMP/DABPA 和 BMP/6FDABPA 为例，后者的固化峰值温度为 280 ℃，比前者提高了 15 ℃。结果表明 6FDABPA 的反应活性要低于 DABPA，提高了双马树脂的初始固化温度。

为了进一步表征 6FDABPA 的反应活性，以 BMP 体系为例，采用非等温 DSC 的方法对双马树脂的固化反应动力学进行研究。用 Kissinger 方法计算固化动力学参数。

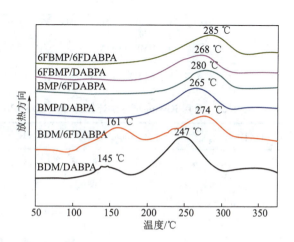

图 4.52　DABPA 或 6FDABPA 改性的双马树脂的 DSC 曲线

Kissinger 方法[45]：

$$\frac{-E}{R} = \frac{\mathrm{d}\ln(\phi/T_p^2)}{\mathrm{d}(1/T_p)}$$

式中：ϕ——升温速率，K/min；

T_p——峰值温度，K；

E——表观活化能（反应活化能），kJ·mol^{-1}；

R——气体常数，$R=8.314$ J/(mol·K)。

不同升温速率下 BMP/DABPA 与 BMP/6FDABPA 的 DSC 曲线如图 4.53 所示。双马树脂的固化是一个放热过程，并且随着升温速率的增大，其固化放热峰值温度向高温方向移动，且峰形变得更加尖锐。这主要是因为升温速率越高，单位时间内放出的热量越多，由此产生的温度差就越大，所以固化反应的放热峰向高温移动。

利用 Kissinger 方法计算的 BMP/DABPA 和 BMP/6FDABPA 反应动力学数据见表 4.20；利用 Kissinger 方法计算得到双马树脂的 $\ln(\phi/T_p^2)$ 与 $1000/T_p$ 的关系曲线

如图 4.54 所示。

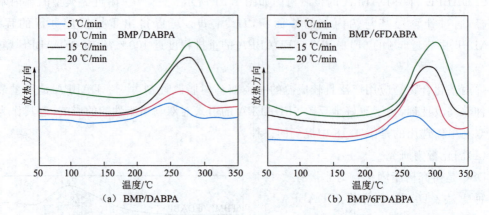

图 4.53　不同升温速率下 BMP/DABPA 和 BMP/6FDABPA 的 DSC 曲线

表 4.20　利用 Kissinger 方法计算的 BMP/DABPA 和 BMP/6FDABPA 的反应动力学数据

树脂体系	Ramp/(℃·min^{-1})	T_p/K	ln(ϕ/T_p^2)	(1 000/T_p)/K^{-1}
BMP/DABPA	5	518	−10.89	1.93
	10	535	−10.26	1.88
	15	546	−9.90	1.83
	20	556	−9.65	1.80
BMP/6FDABPA	5	537	−10.96	1.86
	10	553	−10.33	1.81
	15	564	−9.96	1.77
	20	571	−9.70	1.75

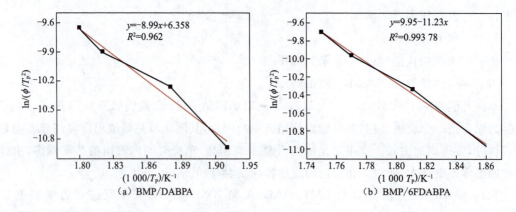

图 4.54　利用 Kissinger 方法计算得到双马树脂的 −ln(ϕ/T_p^2) 与 1 000/T_p 的关系曲线

由图 4.54 可知,以 $-\ln(\phi/T_p^2)$ 对 $1\,000/T_p$ 作图,两者有良好的线性关系,拟合可得到一条直线,斜率为 ΔE,由此计算可得出表观活化能。表观活化能数据见表 4.21。

表 4.21　利用 Kissinger 方法计算双马树脂的固化反应表观活化能

树脂体系	反应活化能/(kJ·mol^{-1})
BMP/DABPA	75
BMP/6FDABPA	94

由表 4.21 可知,利用 Kissinger 方法计算得到的 BMP/DABPA 与 BMP/6FDABPA 树脂的表观活化能分别为 75 kJ/mol 和 94 kJ/mol。结果表明,6FDABPA 的反应活性较 DABPA 有所下降。

DABPA 或者 6FDABPA 改性的双马树脂的流变曲线如图 4.55 所示。从图中可以看出,6FDABPA 的引入没有改变树脂的最低黏度,当温度在 100～220 ℃时,树脂最低黏度为 200～400 mPa·s。但是相比于 DABPA,6FDABPA 的引入使得树脂黏度急剧上升的温度向高温方向移动。以 BDM 体系为例,BDM/DABPA 与 BDM/6FDABPA 体系黏度急剧上升的温度分别为 170 ℃和 195 ℃。在其他两个体系同样可以观察到类似现象。这一结果也说明 6FDABPA 的反应活性低于 DABPA。

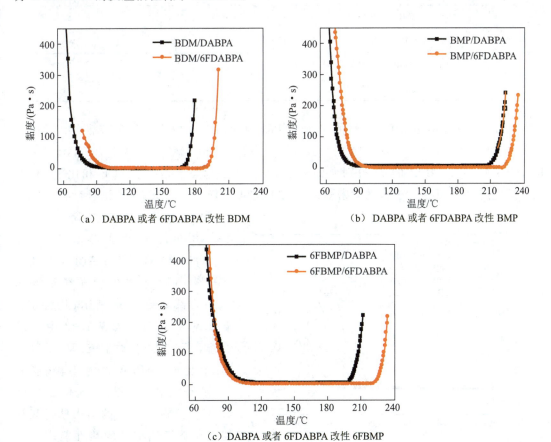

(a) DABPA 或者 6FDABPA 改性 BDM

(b) DABPA 或者 6FDABPA 改性 BMP

(c) DABPA 或者 6FDABPA 改性 6FBMP

图 4.55　双马树脂的黏度与温度曲线

(2) 耐热性能表征

DABPA 或者 6FDABPA 改性的双马树脂固化物在 N_2 气氛下的 TGA 曲线如图 4.56 所示,其热分解温度见表 4.22。从表 4.22 中可以看出,6FDABPA 的引入提高了双马树脂的 $T_{5\%}$。以 BMP 体系为例,BMP/DABPA 与 BMP/6FDABPA 的 $T_{5\%}$ 分别为 398 ℃ 和 422 ℃。这可能是由于 C—F 的键能高于 C—H 键。

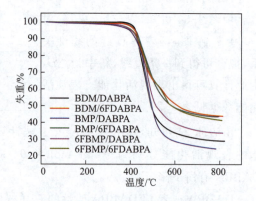

图 4.56 双马树脂的 TGA 曲线

表 4.22 双马树脂固化物在 N_2 气氛下的热失重数据

体系	树脂固化物	$T_{5\%}$/℃	$T_{10\%}$/℃	残碳率,800 ℃/%
BDM 体系	BDM/DABPA	422	432	29
	BDM/6FDABPA	423	436	43
BMP 体系	BMP/DABPA	398	423	25
	BMP/6FDABPA	422	439	43
6FBMP 体系	6FBMP/DABPA	400	429	34
	6FBMP/6FDABPA	409	431	41

DABPA 或者 6FDABPA 改性的双马树脂固化物的 DMA 曲线如图 4.57 所示。由图可知,在三个对比体系中,6FDABPA 的引入使 T_g 下降。以 6FBMP 体系为例,6FBMP/DABPA,6FBMP/6FDABPA 的 T_g 分别为 276 ℃ 和 263 ℃。这可能是由于—CF_3 相比于—CH_3 的空间位阻更大,不利于链段的紧密堆积,使交联密度下降;6FDABPA 的反应活性比 DABPA 低,同样使交联密度下降。

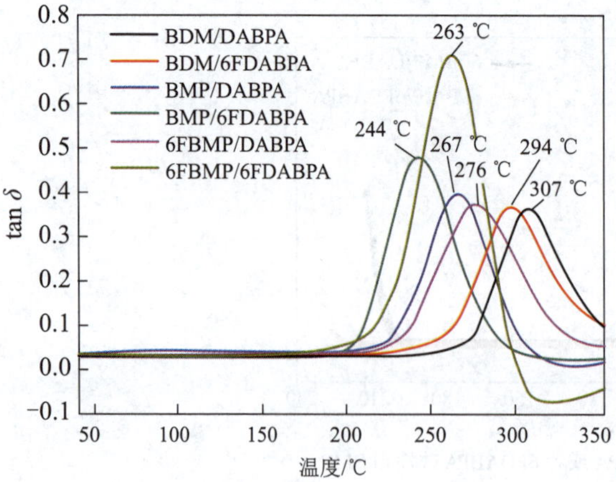

(3) 热氧稳定性表征

DABPA 或者 6FDABPA 改性的双马树脂固化物在空气气氛下的 TGA 曲线如图 4.58 所示,其热分解温度见表 4.23。从表 4.23 中可以看出,6FDABPA 改性双马树脂的 $T_{5\%}$ 相比于 DABPA 改性双马树脂的 $T_{5\%}$ 有较大幅度的提高,提高了 10~22 ℃。卤族元素 F 的引入使得双马树脂在空气气氛下的热性能表现更突出。

图 4.57 双马树脂的 DMA 曲线

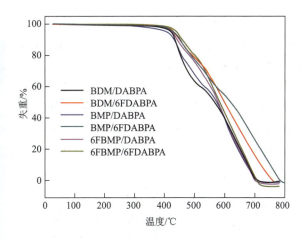

图 4.58 双马树脂在空气气氛下的 TGA 曲线

表 4.23 双马树脂固化物在空气气氛下的热失重数据

树脂固化物	$T_{5\%}$/℃	$T_{10\%}$/℃
BDM/DABPA	418	432
BDM/6FDABPA	428	448
BMP/DABPA	406	430
BMP/6FDABPA	428	448
6FBMP/DABPA	426	443
6FBMP/6FDABPA	437	456

双马树脂在不同温度下马弗炉中处理 0.5 h 后的热失重曲线如图 4.59 所示,在空气气氛下不同温度碳化后的形貌如图 4.60 所示。从图 4.59 中可以看出,在 350 ℃ 以下处理树脂时,双马树脂的热失重缓慢提高。在 350 ℃ 处理 0.5 h 后,BDM/DABPA 体系的热失重为 3.54%,6FBMP/6FDAPBA 体系的热失重仅为 0.54%。从图 4.60 中也可以看出,高温处理后,含 F 双马体系的形貌保持更完整。这主要归功于 C—F 键较大的键能以及卤族元素 F 的引入可以增加树脂的阻燃性和在高温有氧环境下减缓碳化的速度[35]。

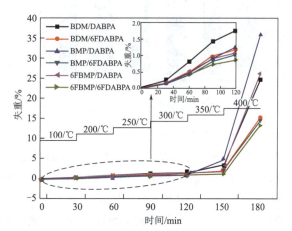

图 4.59 双马树脂在不同温度下马弗炉中处理 0.5 h 后的热失重曲线

(a) BDM/DABPA　(b) BDM/6FDABPA　(c) BMP/DABPA　(d) BMP/6FDABPA　(e) 6FBMP/DABPA　(f) 6FBDM/FDABPA

图 4.60 双马树脂固化物在空气气氛下不同温度碳化后的形貌(400℃/0.5 h)

(4)力学性能表征

DABPA 或者 6FDABPA 改性的双马树脂浇铸体的冲击和弯曲性能如图 4.61 和图 4.62 所示。BMP 体系和 6FBMP 体系的冲击强度明显高于 BDM 体系,这主要是因为 BMP

和6FBMP这种扩链型分子以及分子结构中含有大量的醚键。6FDABPA改性的双马树脂的冲击强度略低于DABPA改性的双马树脂,这可能是由于—CF_3的引入使得6FDABPA的反应性下降,同时不利于链段的紧密堆积以及交联密度的提高,使得冲击强度下降。

弯曲强度是另一种表征材料力学性能的有效手段。从图4.62中可以看出,BDM体系的弯曲强度在三个体系中表现最佳,与冲击强度的规律一致;而6FDABPA改性的双马树脂的弯曲强度略高于DABPA改性的双马树脂。据文献报道,材料弯曲强度的提高通常是韧性和刚度共同提高的综合表现[46],所以,基于6FDABPA的引入弯曲模量的改善有利于弯曲强度的提高。

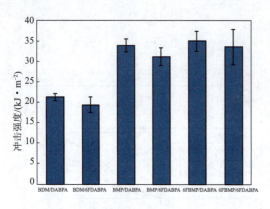

图4.61 双马树脂的冲击性能

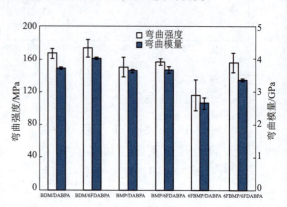

图4.62 双马树脂的弯曲性能

（5）介电性能表征

双马树脂在高频的介电常数和介电损耗如图4.63和图4.64所示。在7~18 GHz范围内,双马树脂的介电常数和介电损耗没有明显的变化。从图4.63可以看出,当6FDABPA替代DABPA作为改性剂时,双马树脂的介电常数下降。当频率超过10^9 Hz时,偶极取向是最主要的极化方式[47]。C—F键的低极化率和较强的疏水性导致基于6FDABPA改性的双马树脂表现出更低的介电常数。在这部分工作中,我们同时发现,随着F含量的提高,介电常数降低。6FBMP/6FDABPA体系F的含量最高,其介电常数也最低,约为2.88。—CF_3的引入同样有助于介电损耗的降低,从图4.64可以看出,6FBMP/6FDABPA体系的介电损耗最低,约为0.008 9。

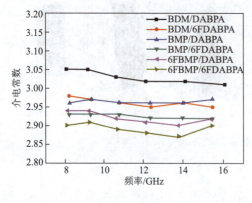

图4.63 双马树脂的介电常数

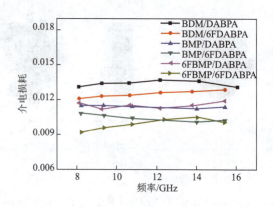

图4.64 双马树脂的介电损耗

4.4 几种国内外商品化双马来酰亚胺树脂介绍

BMI 的耐温性能以及价格介于环氧树脂与聚酰亚胺之间。相比于环氧树脂，BMI 具有相似的成型工艺，更高的耐温等级；相比于聚酰亚胺，BMI 是通过加成反应而不是缩合反应固化，因此极大地减轻了可挥发物的问题，成型过程不需要高温高压，这也使得 BMI 几十年来一直在军用战机上得到应用。国外第五代战机，如洛克希德-马丁公司的 F-22 猛禽战机、F-35"闪电Ⅱ"联合攻击机都使用了 BMI 树脂[48]。典型的双马树脂基复合材料主承力结构件是机翼主承力正弦波纹梁（见图 4.65）和美国 F-35 战斗机垂尾主承力盒段（见图 4.66）。

图 4.65　双马树脂基复合材料正弦波纹梁

图 4.66　F-35 整体 RTM 成型复合材料垂尾主承力盒段

4.4.1　国外商品化双马树脂系列

瑞士 Ciba-Geigy 公司开发了系列烯丙基化合物改性的双马来酰亚胺树脂，典型牌号为 XU292。根据 O,O′-二烯丙就双酚 A 和二苯甲烷双马来酰亚胺两种组分的比例，该树脂分为体系Ⅰ（BDM∶DABPA＝1.0∶1.0）、体系Ⅱ（BDM∶DABPA＝1.0∶0.87）和体系Ⅲ（BDM∶DABPA＝1.0∶1.12）。XU292 树脂体系Ⅰ和体系Ⅱ的固化物的性能见表 4.24，XU292/AS-4 复合材料的性能见表 4.25。

美国 Narmco 公司开发了系列双马树脂产品，牌号有 5245C、Rigidite 5250-2、Rigidite 5250-4 等，产品迭代是向着更高耐温等级、更优异的湿热性能发展。5245C 是由二异氰酸酯和环氧改性的 BMI 树脂，由于引入较多量的环氧，因此具有优异的加工性能；固化温度低（180 ℃），后固化温度仅为 205 ℃；固化物韧性好；但其耐热性不高，玻璃化转变温度仅为 226～229 ℃，只能在 130 ℃以下长期使用。5250-2 被美国验证机 YF-22（即 F-22 原型机）所选用。5250-4 是一种耐高温、抗冲击、耐湿热均优异的基体树脂，其固化后处理温度 227 ℃，玻璃化转变温度 295 ℃，G_{IC} 值 196.3 J/m^2，采用 5250-4 这种双马树脂作为基体的碳纤维复合材料几乎应用于所有 F-22 战斗机的外部蒙皮、框、梁和骨架。与其搭配的纤维是 AS-4 碳纤维和 IM-7 碳纤维，即构成 5250-4/AS-4 体系和 5250-4/IM-7 体系。其中 5250-4/IM-7 双马树脂复合材料也在 X-37B 空天飞行器机身蒙皮和梁、X-33 空天飞行器机翼面板蒙皮和箱间段等高温部件中成功应用。美国 Cytec 公司并购 Narmco 公司以后，又开发出 5260 和 5270 双马树脂。5260 是为超音速运输机上的复合材料结构而开发的树脂基体，其具有与 5250-4 相似的使用温度，玻璃化温度 274 ℃，又比 5250-4 高出许多的抗损伤性能，复合材料 CAI 值为 345 MPa，最高连续使用温度 177 ℃。5270 是一种耐高温性能优异的双马树脂，树脂固化物玻璃化温度 287 ℃，复合材料连续使用温度可达 250 ℃，其工艺规范、抗损伤性能可与环氧树脂相比，可应用于发动机冷端部位。美国 Narmco 和 Cytec 的双马树脂固化物性能见表 4.26。5250-4 复合材料的主要性能见表 4.27。

表 4.24 XU292 树脂体系Ⅰ和体系Ⅱ的固化物的性能[49]

项目性能		体系Ⅰ	体系Ⅱ
拉伸强度/MPa	25 ℃	104	99.5
	25 ℃（湿态）	66	88.5
	149 ℃	73.7	78.6
	149 ℃（湿态）	29.6	47.5
	204 ℃	51.7	73
拉伸模量/GPa	25 ℃	4.3	4.1
	25 ℃（湿态）	3.77	3.78
	149 ℃	3.2	3.3
	149 ℃（湿态）	1.86	2.15
	204 ℃	2.5	3.48
断裂延伸率/%	25 ℃	2.9	2.9
	25 ℃（湿态）	2.1	3.4
	149 ℃	4.2	3.1
	149 ℃（湿态）	1.95	3.2
	204 ℃	5.3	4.7
吸水率/%		1.4	1.47
T_g/℃		218	234

注：固化温度 180 ℃/1 h＋200 ℃/10 h。

表 4.25　XU292/AS-4 复合材料的性能[49]

项目性能		体系Ⅰ	体系Ⅱ
层间剪切强度/MPa	25 ℃	113	123
	177 ℃	75.8	82
	232 ℃	59	78
	177 ℃(湿态)①	52	53
	25 ℃(老化)②	—	105
	177 ℃(老化)③	—	56
弯曲强度/GPa	25 ℃	—	1 860
	177 ℃	—	1 509
	177 ℃(湿态)①	—	1 120
断裂延伸率/%	25 ℃	—	144
	177 ℃	—	144
	177 ℃(湿态)①	—	142

注：① 71 ℃、95%湿度下放置 2 周；
　　② 232 ℃ 老化 100 h；
　　③ 固化条件：177 ℃/h+200 ℃/2 h+250 ℃/2 h。

表 4.26　美国 Narmco 和 Cytec 的双马树脂固化物性能[49]

项目	5245C	5250-4	5260	5270
后固化温度/℃	205	227	—	—
玻璃化温度/℃	226~229	295	274	287
拉伸强度/MPa	83	69	—	—
拉伸模量/GPa	3.3	3.9	—	—
伸长率/%	2.9	2.7	—	2.9
弯曲强度/MPa	145	152	—	117
弯曲模量/GPa	3.4	4.6	—	4.1
$G_{IC}/(J·m^{-2})$	—	196	635	—

表 4.27 5250-4 复合材料的主要性能[49]

项 目	测试状态①	纤维					
		G40-600	T300-3K	AS-4	IM-7	S-2	G30-500
弯曲强度/MPa	室温	2 281	1 998	2 110	1 550	978	—
	177 ℃	1 526	—	1 250	930	—	—
	177 ℃(湿态)	968	1 299	840	—	—	—
	205 ℃	1 316	—	—	—	—	—
	205 ℃(湿态)	404	—	392	—	—	—
层间剪切强度/MPa	室温	112	145	124	138	—	—
	177 ℃	99	87.5	79	—	—	—
	177 ℃(湿态)	51	—	53	—	—	—
	205 ℃(湿态)	39	—	—	—	—	—
开孔压缩强度/MPa	室温	—	—	385	324	—	—
	82 ℃	—	—	342	302	—	—
	82 ℃(湿态)	—	—	328	285	—	—
	120 ℃(湿态)	—	—	281	261	—	—
	177 ℃(湿态)	—	—	228	245	—	—
±45°剪切模量/GPa	室温	—	—	—	5.9	—	5.17
	82 ℃(湿态)	—	—	—	—	—	4.88
	120 ℃(湿态)	—	—	—	—	—	3.17
±45°剪切强度/MPa	室温	—	—	—	130	—	—
拉伸强度/MPa	室温	—	—	—	2 618	—	—
拉伸模量/GPa	室温	—	—	—	162	—	—
90°拉伸强度/MPa	室温	—	—	—	66	—	—
90°拉伸模量/GPa	室温	—	—	—	9.7	—	—
压缩强度/MPa	室温	—	—	—	1 820	—	—
压缩模量/GPa	室温	—	—	—	158	—	—
90°压缩强度/MPa	室温	—	—	—	248	—	—
90°压缩模量/GPa	室温	—	—	—	9.7	—	—

注：①71 ℃浸泡 2 周为湿态。

4.4.2 国内商品化双马树脂系列

1. 中航复合材料有限责任公司

中航复合材料有限责任公司成立于 2010 年，由北京航空制造工程研究所及北京航空材料研究院复合材料部门共同组建。组建前，北京航空制造工程研究所开发了 QY8911、

QY9511 和 QY9611 等系列双马来酰亚胺树脂,北京航空材料研究院开发了 5428、5429、6421、HT280 等系列双马来酰亚胺树脂,为我国航空工业用耐高温复合材料做出了卓有成效的贡献。

QY8911 是我国第一个通过国家鉴定并获得国家科技进步奖的双马来酰亚胺树脂基体。它在多种型号飞机上获得应用,超过 20 个结构通过飞行考核[49]。QY8911 的主要组成物是二苯甲烷型双马单体和二烯丙基双酚 A,同时引入第二改性剂,以降低双马树脂的后处理温度,控制在 200 ℃ 以内。QY8911-Ⅱ 针对 230 ℃ 下长期承载、250 ℃ 下瞬时工作为目标而开发,相比于 QY8911,树脂体系中引入了端活性基团的低分子质量聚芳醚砜作为增韧剂,树脂的 G_{IC} 值 >200 J/m^2,其复合材料 230 ℃ 下层间剪切强度 >45 MPa,复合材料 CAI 典型值为 162 MPa。QY8911-Ⅱ 可在 230 ℃ 长期使用,兼具良好的成型工艺性和韧性,适合作为飞机后机身结构,飞机、舰艇等发动机冷端部位,飞行器舱段与操纵翼面等复合材料结构的基体树脂[50]。QY8911-Ⅲ 的特点是采用长链型双马单体改性,并充分考虑到长链双马的活性特点,以及长链双马与其他组分之间的反应协调,不仅具有良好的韧性,而且可以满足热熔工艺,主要用于"九五"预研结构[50]。QY8911-Ⅳ 针对 RTM 成型工艺开发,设计成双组分体系,两组分经熔融混合即可配成单组分,软化点为 30～50 ℃,在 80～130 ℃ 之间,其黏度在 0.15～0.85 Pa·s 范围内[50]。QY8911 树脂浇注体和复材的力学性能见表 4.28 和表 4.29。

表 4.28　QY8911 树脂浇注体力学性能[49]

性能	拉伸性能/MPa	拉伸模量	断裂伸长率/%	断裂应变能释放率/(J·m^{-2})
典型值	65.6	3.0	2.6	231.6

表 4.29　QY8911/T300 常规力学性能[49]

性能	平均值	B 基准值	试样数/个
拉伸强度/MPa	1 548	1 239	91
拉伸模量/GPa	135	125	41
泊松比	0.33	—	
横向拉伸强度/MPa	55.5	38.7	84
横向拉伸模量/GPa	8.8	7.2	90
压缩强度/MPa	1 426	1 281	50
压缩模量/GPa	126	116	50
横向压缩强度/MPa	218	189.4	50
横向压缩模量/GPa	10.7	9.87	50
纵横剪切强度/MPa	89.9	81.2	68
纵横剪切弹性模量/GPa	4.47	4.46	60
层间剪切强度/MPa	110.5	100.6	40

QY9511是以热塑性聚醚酰亚胺作为改性剂的双马树脂体系,既具有优越的韧性,又具有杰出的耐热性能,其后处理温度200 ℃,可于−55～177 ℃湿态环境下工作,可应用于飞机主承力结构。QY9511碳纤维复合材料的力学性能见表4.30。

表4.30　QY9511碳纤维复合材料力学性能[49]

性　　能	温度/℃	QY9511/T800H	QY9511/T300	QY9511/T700S
拉伸强度/MPa	20	2 741	1 639	2 300
拉伸模量/GPa	20	163	136	133.4
泊松比	20	0.33	0.32	0.30
压缩强度/MPa	20	1 513	1 530	1 411
压缩模量/GPa	20	163	136	133.4
弯曲强度/MPa	20	1 830	1 868	1 682
弯曲模量/GPa	20	178.8	128	118
层间剪切强度/MPa	20	105	121	94
90°拉伸强度/MPa	20	70	75	59
90°拉伸模量/GPa	20	9.1	10	10.8
90°拉伸应变($\mu\varepsilon$)/MPa	20	8 216	6 800	6 206
90°弯曲强度/MPa	20	100	106	99
90°弯曲模量/GPa	20	9.8	10	9.2
纵横剪切强度/MPa	20	91	98	69.1
纵横剪切模量/GPa	20	4.8	4.7	4.9
冲击后压缩强度/MPa	20	286	277	203

国内的双马树脂及其复合材料在航空领域得到了大量应用,用于制造飞机机翼壁板、垂尾、平尾壁板、鸭翼、副翼和方向舵等。其中以中航工业复合材料技术中心(复材中心)的双马树脂体系较为完整,基本可满足150～200 ℃的长期使用温度要求,在航空复合材料应用技术领域均得到了较为充分的考核、验证及应用。其中5429、6421以及QY8911-IV等热压成型及液态成型双马树脂基复合材料已分别应用于第三代及新一代战斗机机身结构。

航空工业复合材料中心双马树脂体系性能见表4.31。

表4.31　航空工业复合材料技术中心双马树脂体系性能

牌　号	成型工艺	T_g/℃	牌　号	成型工艺	T_g/℃
HT-280	热压成型	315	QY8911	热压成型	250～270
6421	液态成型	250	QY8911-IV	液态成型	250～270
5428	热压成型	270	QY9511	热压成型	265
5429	热压成型	240	QY9611	热压成型	265

2. 江苏恒神纤维材料有限公司

江苏恒神纤维材料有限公司坐落于国家火炬计划丹阳新材料产业基地内,占地面积600亩,于2007年8月正式成立。公司注册资金6.45亿元,总投资36亿元,碳纤维产业化项目一期总投资18亿元,并已投料试生产。恒神是专业从事碳纤维、碳纤维织物、碳纤维预浸料及碳纤维复合材料制品的研发、设计、制造、销售、服务,具有碳纤维及其制品完整产业链的高新技术企业。

恒神也发展了系列双马货架产品,典型牌号为BH102、BH103、BH201、BH301。其中BH102、BH103、BH201的特点分别为高韧性、耐高温、低成本,主要应用于飞机承力结构件、后机身、发动机进气道等部位。BH301是一款民用双马树脂,可用于制造使用温度较高的复合材料模具,其初固化温度为180 ℃,后固化温度为230 ℃,最高使用温度为200 ℃。BH301树脂典型性能见表4.32。BH301树脂复合材料力学性能见表4.33。

表4.32 BH301树脂典型性能

性能	测试温度/℃	测试方法	典型值
密度/(g·cm^{-3})	23±3	ASTMD792	1.25
T_g/℃	23±3	ASTMD7028	220
冲击强度/MPa	23±3	GB/T 2567	35
拉伸强度/MPa	23±3	GB/T 2567	92
拉伸模量/GPa	23±3	GB/T 2567	4.5
弯曲强度/MPa	23±3	GB/T 2567	192
弯曲模量/GPa	23±3	GB/T 2567	4.5

表4.33 BH301树脂复合材料力学性能

性能	测试方法	测试温度/℃	HF40-6K/190 gsm[①] 单向织物	HF40-6K/200 gsm 斜纹织物
0°拉伸强度/MPa	ASTM D3039	23±3	2 463	1 060
0°拉伸模量/GPa	ASTM D3039	23±3	158	76
90°拉伸强度/MPa	ASTM D3039	23±3	67	1 079
90°拉伸模量/GPa	ASTM D3039	23±3	9.4	77
0°压缩强度/MPa	ASTM D6641	23±3	1 193	698
0°压缩模量/GPa	ASTM D6641	23±3	134	70
90°压缩强度/MPa	ASTM D6641	23±3	262	736
90°压缩模量/GPa	ASTM D6641	23±3	10.2	70
弯曲强度/MPa	ASTM D790	23±3	1 572	1 074
弯曲模量/GPa	ASTM D790	23±3	118	61
层间剪切强度/MPa	ASTMD2344	23±3	117	96

注:①纤维面密度。

3. 中国科学院化学研究所/航天材料及工艺研究所

针对航天短时用耐温≥300 ℃复合材料的应用需求,中国科学院化学研究所与航天材料及工艺研究所合作,开发了适用于 RTM 工艺、预浸料/热压罐工艺等系列化双马树脂体系,为我国航天耐高温复合材料的发展做出了突出贡献。

(1) RTM 工艺双马树脂 R801

高性能复合材料的低成本制造技术已成为复合材料研究领域中令人瞩目的新发展动向,它打破了长久以来高性能复合材料高制造成本的惯例,为高性能复合材料开辟了广阔的应用领域。RTM 工艺正是在这一思想指导下出现的复合材料制造工艺。RTM 成型工艺具有制品表面质量优、尺寸精度高、孔隙率低、可成型复杂构件等优点,由于可省去预浸料的制造和存储,以及使用高能耗热压罐的成本,是最具潜力的在复合材料构件生产中可以取代预浸料/热压罐工艺的低成本成型技术。

因为 RTM 是低压成型工艺,树脂对纤维只有一步浸润过程,所以,对树脂的熔体流动性要求较高,特别是树脂要有较低的黏度及足够长的凝胶时间以满足树脂流动充模和对纤维的浸润。传统双马来酰亚胺树脂软化点高,熔体黏度大,不能满足 RTM 工艺。化学所设计合成了多种含烯/炔丙基官能团的双马改性剂,最后发现间位炔基的高位阻效应可以显著降低芳香胺的熔点,进而降低整体双马树脂体系的黏度,使双马树脂体系具有 80~90 ℃窗口下 RTM 工艺适应性,最终发明了牌号为 JM-1 的双马树脂体系。航天材料及工艺研究所在 JM-1 的基础上进一步优化完善,开发了 R801 双马树脂体系。R801 树脂的黏—时曲线如图 4.67 所示,从图中可以看出 R801 树脂在 80 ℃和 90 ℃均有近 10 h 的加工窗口,黏度始终<400 mPa·s,显示出优异的工艺性能。R801 树脂和烯丙基双酚 A 改性双马树脂的 DSC 曲线如图 4.68 所示,相比于烯丙基化合物改性双马树脂,R801 树脂的起始固化温度和固化峰值温度显著降低,有望降低树脂的后固化温度。根据 DSC 曲线,R801 的后处理温度设为 210 ℃。R801 树脂固化物的 DMA 曲线如图 4.69 所示,从图中可以看出其 tan δ 峰值温度约 380 ℃,耐热性能优异。

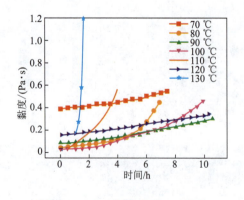

图 4.67 R801 树脂的黏—时曲线

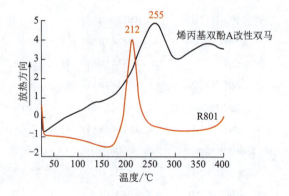

图 4.68 R801 树脂和烯丙基双酚 A 改性双马树脂的 DSC 曲线

R801 树脂突破了双马树脂低温固化≤210 ℃、高温使用>300 ℃的关键技术,解决了传统双马树脂高温性能、工艺性能和力学性能不能协调统一的难题,该树脂基复合材料实现了在重点武器型号的应用。

(2)热熔预浸料/热压罐工艺双马树脂 803

热熔浸胶工艺是先将熔融的树脂基体制成均匀平整的胶膜,再将胶膜与纤维或织物在一定温度和压力下进行复合浸渍,制得合格预浸料。其优点是树脂含量控制精确度高、挥发分含量低、无环境污染的问题。该方法对树脂的常温和高温黏度要求较高,树脂在加工温度下必须黏度适中,成膜性好,成膜均匀,此外,胶膜在室温下柔韧性好,收卷时不能发生胶膜掉渣、撕裂。

化学所设计了热塑性粒子先溶解于胺类化合物再与双马单体反应的共聚工艺路线,共聚反应平稳且易于控制,既实现了热塑性增韧剂的充分溶解,又保持了胺类稀释剂的润湿性,有利于热熔预浸料获得良好的成膜性和室温铺覆性,由此发明了满足热熔工艺的双马树脂,牌号为 JM-2。航天材料及工艺研究所对 JM-2 进行优化完善,开发了双马树脂体系 803。803 树脂与碳纤维复合制备的预浸料如图 4.70 所示,该预浸料室温铺覆性良好,可以铺覆非平面结构。

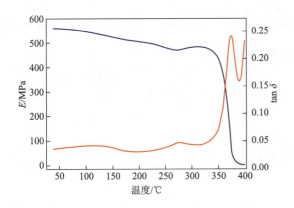

图 4.69 R801 树脂固化物的 DMA 曲线

图 4.70 MT300/803 预浸料

MT300 纤维增强 803 树脂的复合材料力学性能见表 4.34。从表中可以看出,复合材料具有优异的高温和常温性能,特别是层间剪切强度,常温层间剪切强度为 113 MPa,230 ℃保留率为 65%,绝对值为 74 MPa。

表 4.34 MT300/803 复合材料力学性能

项 目	MT300/803 复合材料	项 目	MT300/803 复合材料
拉伸强度/MPa	1 669	弯曲模量/GPa	108
拉伸模量/GPa	134	230 ℃,弯曲强度/MPa	1 423
压缩强度/MPa	1 549	230 ℃,弯曲模量/GPa	108
压缩模量/GPa	129	层间剪切强度/MPa	113
弯曲强度/MPa	1 806	230 ℃,层间剪切强度/MPa	74

(3) 高韧双马树脂 JC-3

JC-3 针对航天飞行器主承力结构和次承力结构而开发。开发思路是采用多级增韧方式逐步提高双马树脂基复合材料的韧性。一级增韧:从分子结构设计出发,设计合成了新型韧性长链和含有侧甲基结构的新型高纯双马单体,并研究改性剂与马来酰亚胺官能团配比、固化物结构与性能之间对应关系;二级增韧:引入可溶性热塑性聚合物,热塑性粒子与树脂基体形成海-岛相结构,海是双马树脂基体,岛是热塑性粒子,利用热塑性粒子对裂纹的吸收、偏转提高树脂基体的韧性;三级增韧:引入非溶型热塑性聚合物粒子,此种热塑性粒子在复合材料成型过程中主要分布于复合材料层间,聚合物粒子在受到冲击时,发生桥接、微裂、塑性变形,最终提高复合材料的韧性。MT300/JC-3 复合材料的 CAI 值 > 240 MPa。JC-3 双马浇铸体的性能见表 4.35。MT300 和 MT800 复合材料性能见表 4.36 和表 4.37。

表 4.35 JC-3 双马浇铸体的性能

项 目	JC-3 浇铸体	项 目	JC-3 浇铸体
软化点/℃	58	拉伸强度/MPa	70
玻璃化温度/℃	252	断裂伸长率/%	3.6
弯曲强度/MPa	130	冲击性能/(J·m^{-2})	23

表 4.36 MT300 复合材料性能

项 目	数 据	测试标准
层间剪切强度/MPa	90	GB/T 1450.1
弯曲强度/MPa	1 780	GB/T 1449—2005
弯曲模量/GPa	125	GB/T 1449—2005
拉伸强度/MPa	1 810	—
拉伸模量/GPa	138	—
压缩强度/MPa	1 440	—
压缩模量/GPa	148	—
单层厚度/mm	0.13±0.01	—
挥发分	<2%	JC/T 776—2004
孔隙率	<1%	GB/T 3365—2008

表 4.37 MT800 复合材料性能

项 目	数 据	测试标准
层间剪切强度/MPa	110	GB/T 1450.1
弯曲强度/MPa	1 860	GB/T 1449—2005
拉伸强度/MPa	2 240	—
压缩强度/MPa	1 550	—
单层厚度/mm	0.13±0.01	—
挥发分	<2%	JC/T 776—2004
孔隙率	<1%	GB/T 3365—2008

（4）透波双马树脂 F-CE

航天透波材料是保护航天器在恶劣环境条件下通信、遥测、制导、引爆等系统能正常工作的一种多功能材料，在航天器中具有重要的地位，是航天器"眼睛"的重要组成部分，广泛应用于天线罩、电磁窗等部位。在实际工况中，透波材料要承受飞行器空气动力载荷和环境热气流、雨流的冲刷及其载荷的振动冲击性能，所以，对透波材料的要求很高，除了具有优异的介电性能（相对介电常数<3.5，介电损耗<0.015）之外，还要具备良好的工艺性、机械性能和耐高温性能。

新型武器型号均朝着高马赫数方向发展，天线罩必须承受由于气动加热引起的剧烈冲击和高温环境。如亚音速导弹天线罩表面温度低于 100 ℃，速度增加至 $M=2$ 时温度达 200～250 ℃，$M=3$ 时，该温度可达 300 ℃以上，当马赫数达到 4 时，机身大部分温度均已超过 430 ℃[51]。在这种背景下，化学所开发了一款满足热熔预浸料/模压工艺、介电性能-机械性能-耐温性能兼容的高性能双马树脂 F-CE。F-CE 的开发思路是在双马树脂体系中引入含氟基团，降低树脂的介电常数和介电损耗，同时引入热塑性大分子调节树脂常温和高温黏度，使其满足热熔预浸料工艺。树脂本体性能见表 4.38。石英纤维复合材料性能见表 4.39 和表 4.40。

表 4.38 F-CE 树脂本征性能

$T_{5\%}$/℃	$T_g(\tan\delta)$/℃	相对介电常数	介电损耗	冲击/(kJ·m^{-2})	弯曲强度/MPa	230 ℃弯曲强度/MPa
415	278	2.8	0.006 6	≥20	150	40～53

表 4.39 石英纤维复合材料力学性能

测试项目	25 ℃		230 ℃		保持率/%
	指标值	测试值	指标值	测试值	
经向弯曲强度/MPa	≥400	972	≥200	504	51.9
经向弯曲模量/GPa	≥20	27.0	≥13	20.5	75.9
纬向弯曲强度/MPa	≥400	671	≥200	320	47.7
纬向弯曲模量/GPa	≥20	22.4	≥13	14.0	62.5
经向层间剪切强度/MPa	≥45	84.2	≥20	36.2	43.0
纬向层间剪切强度/MPa	≥45	66.9	≥20	24.6	36.8

表 4.40 石英纤维复合材料介电性能

扫描频率/GHz	相对介电常数	介电损耗	扫描频率/GHz	相对介电常数	介电损耗
7.2	3.37	3.70×10^{-3}	13.7	3.38	3.48×10^{-3}
8.5	3.38	3.72×10^{-3}	15.5	3.37	3.03×10^{-3}
10.2	3.38	3.68×10^{-3}	17.3	3.37	2.95×10^{-3}
11.9	3.38	3.58×10^{-3}			

参考文献

[1] 刘丽,刘润山,赵三平. 添加剂对二苯甲烷双马来酰亚胺合成和性能影响的研究[J]. 功能高分子学报,2001,14(3):283-287.

[2] 袁军,曾鹰,艾军,等. N,N'-4,4'-二苯甲烷双马来酰亚胺的均相合成[J]. 华东理工大学学报:自然科学版,2006,32(2):217-220.

[3] GU A J,LIANG G Z,LI Z M. A new bismaleimide system for resin transfer molding[J]. Polym Compos,1997,18(1):151-155.

[4] LI Z M,XU M,LU A,et al. A diallyl bisphenol a ether and diallyl phenyl ether modified bismaleimide resin system for resin transfer molding[J]. J Appl Polym Sci,1999,74(7):1649-1653.

[5] LI Z,YANG M,HUANG R,et al. Bismaleimide resin modified with diallyl bisphenol a and diallylp-phenyl diamine for resin transfer molding[J]. J Appl Polym Sci,2001,80(12):2245-2250.

[6] GU A,LIANG G. Preparation and properties of a novel high-performance resin system with low injection temperature for resin transfer moulding[J]. Polym Int,2004,53(9):1388-1393.

[7] DEVI K A,NAIR C P R,NINAN K N. Studies on bismaleimide co-cured novolac epoxy-diallyl bisphenol-A system[J]. Compos Interfaces,2008,15(7-9):807-827.

[8] EVSYUKOV S E,POHLMANN T,STENZENBERGER H D. M-xylylene bismaleimide:a versatile building block for high-performance thermosets[J]. Polym Adv Technol,2015,26(6):574-580.

[9] FAN J,HU X,YUE C Y. Thermal degradation study of interpenetrating polymer network based on modified bismaleimide resin and cyanate ester[J]. Polym Int,2003,52(1):15-22.

[10] LIN C H,HSIAO C N,LI C H,et al. Low dielectric thermoset. IV. Synthesis and properties of a dipentene-containing cyanate ester and its copolymerization with bisphenol a dicyanate ester[J]. J Polym Sci,Part A:Polym Chem,2004,42(16):3986-3995.

[11] LIN R H,LEE A C,LU W H,et al. Catalyst effect on cure reactions in the blend of aromatic dicyanate ester and bismaleimide[J]. J Appl Polym Sci,2004,94(1):345-354.

[12] LIN R H,LU W H,LIN C W. Cure reactions in the blend of cyanate ester with maleimide[J]. Polymer,2004,45(13):4423-4435.

[13] HWANG H J,LI C H,WANG C S. Dielectric behavior and properties of a cyanate ester containing dicyclopentadiene. I[J]. J Appl Polym Sci,2005,96(6):2079-2089.

[14] GU A. High performance bismaleimide/cyanate ester hybrid polymer networks with excellent dielectric properties[J]. Compos Sci Technol,2006,66(11-12):1749-1755.

[15] KOH H C Y,DAI J,TAN E. Curing behavior and thermal mechanical properties of cyanate ester blends[J]. J Appl Polym Sci,2006,102(5):4284-4290.

[16] KOH H C Y,DAI J,TAN E,et al. Catalytic effect of 2,2'-diallyl bisphenol A on thermal curing of cyanate esters[J]. J Appl Polym Sci,2006,101(3):1775-1786.

[17] LIU X,YU Y,LI S. Study on cure reaction of the blends of bismaleimide and dicyanate ester[J]. Polymer,2006,47(11):3767-3773.

[18] KUMAR S A,DENCHEV Z. Development and characterization of phosphorus-containing siliconized

epoxy resin coatings[J]. Prog Org Coat,2009,66(1):1-7.

[19] 柯刚,浣石,刘晓国. 双(3-乙基-4-马来酰亚胺基苯)甲烷改性聚苯醚树脂的研究[J]. 工程塑料应用,2007,35(12):18-21.

[20] HWANG H J,LI C H,WANG C S. Synthesis and properties of bismaleimide resin containing dicyclopentadiene or dipentene. VI[J]. Polym Int,2006,55(11):1341-1349.

[21] BHADURY P S,DUBEY V,SINGH S,et al. 2,2-bis(3-allyl-4-hydroxyphenyl)hexafluoropropane and fluorosiloxane as coating materials for nerve agent sensors[J]. J Fluorine Chem,2005,126(8):1252-1256.

[22] ZHANG L,NA L,XIA L,et al. Preparation and properties of bismaleimide resins based on novel bismaleimide monomer containing fluorene cardo structure[J]. High Perform Polym,2016,28(2):215-224.

[23] SAVA M,GAINA C,GAINA V,et al. Synthesis and characterization of some bismaleimides containing ether groups in the backbone[J]. Macromol Chem Phys,2001,202(12):2601-2605.

[24] MORGAN R J,JUREK R J,YEN A,et al. Toughening procedures, processing and performance of bismaleimide-carbon fibre composites[J]. Polymer,1993,34(4):835-842.

[25] IIJIMA T,NISHINA T,FUKUDA W,et al. Effect of matrix compositions on modification of bismaleimide resin by N-phenylmaleimide-styrene copolymers[J]. J Appl Polym Sci,1996,60(1):37-45.

[26] MORGAN R J,SHIN E,ROSENBERG B,et al. Characterization of the cure reactions of bismaleimide composite matrices[J]. Polymer,1997,38(3):639-646.

[27] SHIBAHARA S,YAMAMOTO T,MOTOYOSHIYA J,et al. Curing reactions of bismaleimidodiphenylmethane with mono-or di-functional allylphenols. high resolution solid-state 13C NMR study[J]. Polym J,1998,30(5):410-413.

[28] FAN J, HU X, YUE C Y. Dielectric properties of self-catalytic interpenetrating polymer network based on modified bismaleimide and cyanate ester resins[J]. J Polym Sci,Part B:Polym Phys,2003,41(11):1123-1134.

[29] BOEY F,XIONG Y,RATH S K. Glass-transition temperature in the curing process of bismaleimide modified with diallylbisphenol A[J]. J Appl Polym Sci,2004,91(5):3244-3247.

[30] ZHAO L,LI L,TIAN J,et al. Synthesis and characterization of bismaleimide-polyetherimide-titania hybrid[J]. Compos Part A:Appl Sci Manufac,2004,35(10):1217-1224.

[31] ZHOU C,GU A,LIANG G,et al. Tough silica-hybridized epoxy resin/anhydride system with good corona resistance and thermal stability for permanent magnet synchronous wind-driven generators through vacuum pressure impregnation[J]. Ind Eng Chem Res,2015,54(28):7102-7112.

[32] DONG X,ZHANG Z,YUAN L,et al. Significantly improving mechanical, thermal and dielectric properties of cyanate ester resin through building a new crosslinked network with unique polysiloxane@polyimide core-shell microsphere[J]. Rsc Adv,2016,6(47):40962-40969.

[33] HAN X,YUAN L,GU A,et al. Development and mechanism of ultralow dielectric loss and toughened bismaleimide resins with high heat and moisture resistance based on unique amino-functionalized metal-organic frameworks[J]. Composites Part B:Engineering,2018,132:28-34.

[34] NAGAI A,TAKAHASHI A,SUZUKI M,et al. Thermal behavior and cured products of fluorine-containing bismaleimides[J]. J Appl Polym Sci,1992,44(1):159-164.

[35] WANG Z Y,HO J C,SHU W J. Studies of fluorine-containing bismaleimide resins part I:Synthesis and characteristics of model compounds[J]. J Appl Polym Sci,2012,123(5):2977-2984.

[36] ZHANG Y,LV J,LIU Y. Preparation and characterization of a novel fluoride-containing bismaleimide with good processability[J]. Polym Degrad Stab,2012,97(4):626-631.

[37] SHU W J,HO J C. Studies of fluorine-containing bismaleimide resins. Part I:Synthesis and characteristics of model compounds[J]. Polym Sci Ser B,2014,56(4):530-537.

[38] SHU W J,TSAI R S. Studies on fluorine-containing bismaleimide resins part ii:preparation and characteristics of reactive blends of fluorine-containing bismaleimide and epoxy[J]. J Polym Mater,2014,30(1):49-62.

[39] GUO Y,HAN Y,LIU F,et al. Fluorinated bismaleimide resin with good processability,high toughness,and outstanding dielectric properties[J]. J Appl Polym Sci,2015,132(46):42791

[40] GOURI C,NAIR C P R,RAMASWAMY R. Reactive Alder-ene blend of diallyl bisphenol a novolac and bisphenol a bismaleimide:synthesis, cure and adhesion studies[J]. Polym Int,2001,50(4):403-413.

[41] HU X,MENG J. Effect of organoclay on the curing reactions in bismaleimide/diallyl bisphenol a resin [J]. J Polym Sci,Part A:Polym Chem,2005,43(5):994-1006.

[42] 潘祖仁.高分子化学[M].北京:化学工业出版社,2006.

[43] BACOSCA I,BRUMA M,KOEPNICK T,et al. Structure-property correlation of bromine substitution in polyimides[J]. J Polym Res,2012,20(1):1-14.

[44] TAO L,YANG H,LIU J,et al. Synthesis and characterization of highly optical transparent and low dielectric constant fluorinated polyimides[J]. Polymer,2009,50(25):6009-6018.

[45] VYAZOVKIN S,BURNHAM A K,CRIADO J M,et al. ICTAC Kinetics Committee recommendations for performing kinetic computations on thermal analysis data[J]. Thermochim Acta,2011,520(1-2):1-19.

[46] SUN B,LIANG G,GU A,et al. High performance miscible polyetherimide/bismaleimide resins with simultaneously improved integrated properties based on a novel hyperbranched polysiloxane having a high degree of branching[J]. Ind Eng Chem Res,2013,52(14):5054-5065.

[47] MAIER G. Low dielectric constant polymers for microelectronics[J]. Prog Polym Sci,2001,26(1):3-65.

[48] 刘金刚,沈登雄,杨士勇.国外耐高温聚合物基复合材料基体树脂研究与应用进展[J].宇航材料工艺,2013,43(4):8-13.

[49] 赵渠森.先进复合材料手册[M].北京:机械工业出版社,2003.

[50] 赵渠森,王京城.高韧性双马树脂QY9511及其复合材料[C].第12届全国复合材料学术会议,2002:350-357.

[51] 石毓锬,梁国正,兰立文.树脂基复合材料在导弹雷达天线罩中的应用[J].材料工程,2000,5:36-42.

第 5 章 酚醛树脂

酚醛树脂是酚类化合物与醛类化合物在酸性或碱性条件下经缩聚反应而制得的一类聚合物的统称。其中苯酚与甲醛缩聚而得的酚醛树脂最为重要,也是应用最为广泛、产量最大的一种酚醛树脂,在本章中所论述的酚醛树脂主要为苯酚-甲醛型酚醛树脂。

酚醛树脂是最早合成的聚合物,早在 1872 年德国化学家拜耳(Baeyer)就发现了酚与醛在酸性条件下形成树脂状产物。1907 年比利时裔美国科学家贝克兰(Baekeland)首次申请了关于酚醛树脂的专利,并实现了酚醛树脂的实用化和工业化生产。20 世纪六七十年代多种热固性与热塑性树脂的出现,使得酚醛树脂综合性能不断提高,此后随着合成方法的成熟与进一步多元化,各种新型酚醛树脂及其改性产品相继开发,综合性能也得以不断提高,应用领域也逐渐从电气领域拓展到建筑、汽车、航空、航天等领域。

酚醛树脂作为三大热固性树脂之一,其主要特性如下:
(1)原料价格低廉,生产工艺简单,制造成本低;
(2)耐热、耐烧蚀、阻燃、低烟低毒、电绝缘性能好;
(3)化学稳定性好,耐酸性强;
(4)制品尺寸稳定。

酚醛树脂主要应用于清漆、胶黏剂、涂料、模塑料、泡沫塑料、油墨等领域,虽然用量不及不饱和聚酯树脂和环氧树脂,但在国防军工、建筑、交通、化学工业等领域发挥着重要作用。当前全世界酚醛树脂的消耗量已超过 500 万 t/a,我国酚醛树脂的年消耗量也达到了百万 t 以上[1,2]。

5.1 酚醛树脂的合成与固化

5.1.1 酚醛树脂的合成

酚醛树脂根据其化学结构的特点,可分为热塑性酚醛树脂与热固性酚醛树脂。其对应的结构示意如下:

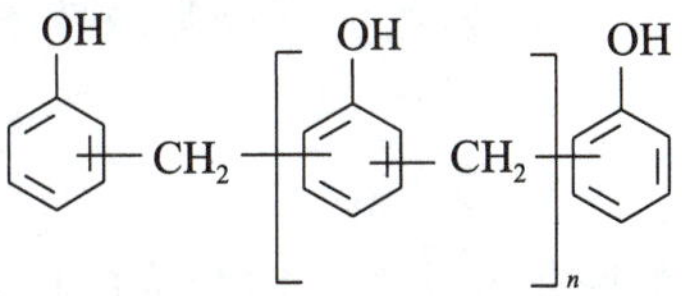

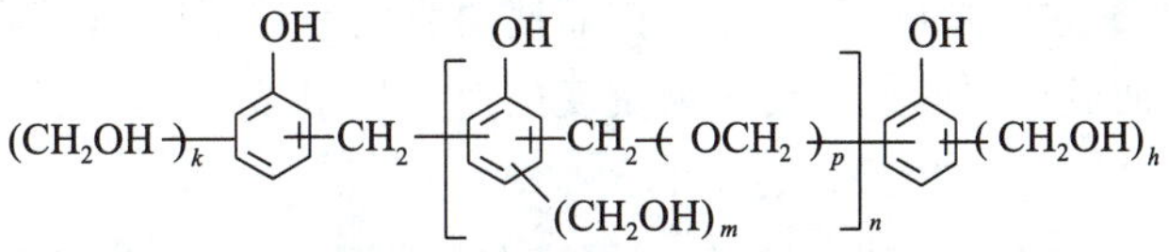

$$k, h = 0 \sim 2; \quad m = 0, 1;$$
$$p = 0, 1; \quad n = 0, 1, 2, \cdots$$

1. 热固性酚醛树脂的合成

热固性酚醛树脂是苯酚与甲醛(过量,甲醛与苯酚的摩尔比大于1)在碱性条件下进行缩聚反应生成的可溶可熔酚醛树脂,也称 Resol 树脂。热固性酚醛树脂自身含有可交联固化的羟甲基官能团,因此可加热交联固化形成不溶不熔产物。热固酚醛树脂的合成反应过程可分为两步,即苯酚与甲醛的加成反应和羟甲基化合物的缩聚反应。

在碱性催化条件下,苯酚与甲醛首先发生加成反应,生成多种羟甲基苯酚(见图5.1),这些羟甲基苯酚在室温下具有一定的稳定期。

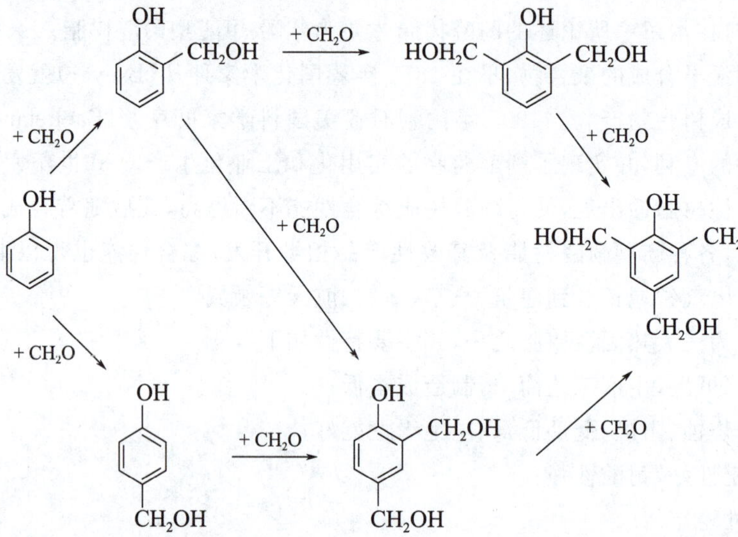

图 5.1　苯酚与甲醛的加成反应

在通常加成条件(pH>9,温度<60 ℃)下,缩聚反应很少发生,此时加成反应速率远远大于缩聚反应,且甲醛与羟甲基苯酚的反应活性要比苯酚高。可在苯酚的邻对位进行加成反应,对位较邻位活性稍大,但由于有两个邻位的存在,因此,邻羟甲基酚的生产速率大于对羟甲基酚,且反应首先生成邻羟甲基酚。邻羟甲基酚与甲醛的反应活性高于苯酚,所以邻羟甲基酚优先参加反应,形成多羟基酚,导致部分苯酚未能参与反应。

当反应温度高于60 ℃时,缩聚反应通常发生在单羟甲基苯酚、双羟甲基苯酚、三羟甲基苯酚、苯酚和甲醛之间,在加成反应发生的同时也发生缩聚反应,使树脂的分子量不断增大,直至凝胶固化。在缩聚反应过程中,对羟甲基酚的反应活性高于邻羟甲基苯酚,即缩聚反应主要通过对位的羟甲基进行,而使树脂的邻位羟甲基保留下来。在碱性,尤其是强碱性条件下,加成反应的速率要比缩聚反应速率快得多。

2. 热塑性酚醛树脂的合成

热塑性酚醛树脂是苯酚甲醛在酸性条件下,甲醛和苯酚的摩尔比小于1时合成的树脂,又称 Novolac 树脂,是线性或少量支化的缩聚产物,酚环间主要以亚甲基连接。分子结构中不含有可交联的羟甲基官能团。需外加固化剂,如六次甲基四胺、多聚甲醛、热固性酚醛等,才能交联固化形成不溶不熔产物。

在酸性条件下,苯酚和甲醛加成形成羟甲基苯酚,然后与苯酚进行缩聚反应,基本反应过程如图 5.2 所示。

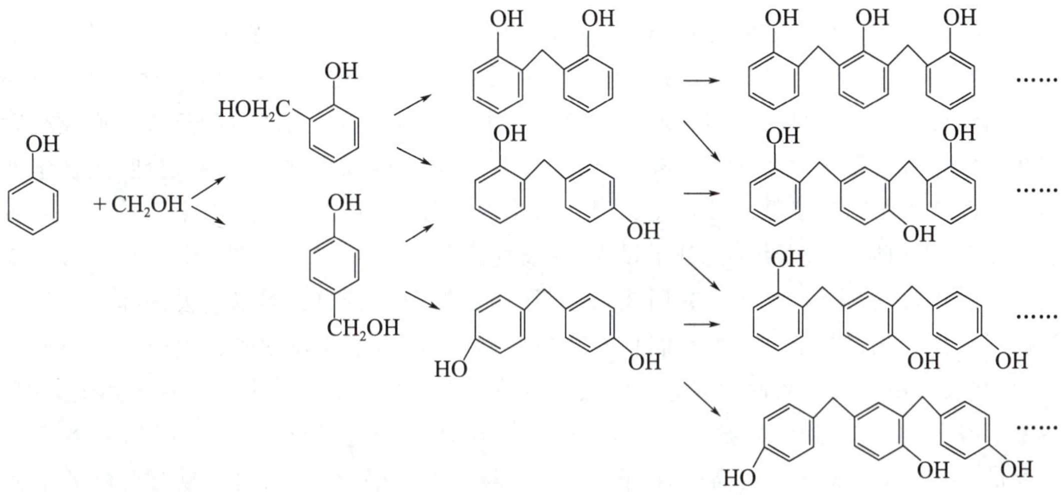

图 5.2 热塑性酚醛的基本反应过程

在酸性条件下,缩聚反应的速率要远远高于加成反应的速率,苯酚和甲醛的反应主要生成二酚基甲烷(二聚体)。进一步,二酚基甲烷与甲醛的反应速率大致与苯酚和甲醛的反应速率相当,因此,缩聚产物的分子链可进一步增长,并通过酚环的邻位(或对位)连接起来。酸催化下的树脂相对分子质量可接近 5 000,其产物结构与催化剂种类和用量、醛酚比、溶剂等密切相关。

催化剂的酸性大小及用量对热塑酚醛的反应影响较大。酸量越多,酸性越强,反应速率就越快,树脂的分子量也就越高。早期,热塑性酚醛树脂的合成多用盐酸催化,其催化效率高,用量少。但也存在反应放热剧烈不易控制、对设备腐蚀性大、残留氯离子等弊端。热塑酚醛的合成生产多采用草酸为催化剂,该催化剂催化反应温和平稳,易于控制,且催化剂易于除去(在树脂高温减压蒸馏过程中就会离去)。

实际合成生产过程中,苯酚与甲醛的摩尔比控制在 1∶0.8～1∶0.9 之间,一般来说,随着甲醛用量的增加,树脂的分子量增大、游离酚下降、软化点提高、凝胶速率加快、产率提高。

5.1.2 酚醛树脂的固化

酚醛树脂在合成反应的设备中,通过加成和缩聚反应所得到的树脂,通常都是分子量不高的低聚物。热固性酚醛树脂含有可反应官能团(羟甲基),在合适的固化条件(温度、催化剂等)下可促使缩聚反应继续进行,交联成体型高聚物。热塑性酚醛树脂由于其分子结构中不含羟甲基,需要外加固化剂(六次甲基四胺、甲醛、热固性酚醛树脂等),才能使缩聚继续进行,固化成体型高聚物。

酚醛树脂转变为体型高聚物的速度(即从 A 阶转变为 C 阶时的速度)对于树脂及其复合材料成型工艺非常重要。酚醛树脂固化的总速度由两个阶段反应速率决定,即 A 阶树脂转变为 B 阶状态的速度(凝胶化速度)以及转变为最终坚硬而不溶不熔状态(C 阶段)的速度(固化速度)。

酚醛树脂在凝胶点之前时,具有可溶可熔的特性,可以浸渍增强纤维或其织物,并能按设计要求制成适当几何形状的产品;一旦达到凝胶点后,复合材料制品基本定型,进一步的固化可使复合材料制品的物理性能和化学性能得到完善。酚醛树脂只有在形成交联网状结构之后才具有优良的使用性能,包括力学性能、电绝缘性能、化学稳定性、热稳定性等。酚醛树脂的固化就是使其转变成网状结构的过程,影响酚醛树脂固化的因素主要有以下几点:①树脂的分子结构(分子量大小、反应官能度等);②催化剂、固化剂、pH;③固化过程的热效应;④温度、压力。因此,人们往往会根据产品的成型工艺去选择合适的酚醛树脂及其固化工艺条件。如在制备酚醛拉挤型材时,为了实现树脂在模腔内的快速固化,往往会采用高反应活性的高邻位酚醛树脂并加入间苯二酚进一步提高树脂固化速率;对于酚醛复合材料的 RTM 成型工艺而言,为了保证树脂与纤维的充分浸润,并减少固化物的孔隙率,一般会采用高固含、低黏度、慢凝胶的酚醛树脂;在酚醛复合材料的手糊成型过程中,为了保证铺层工艺的便捷实施,往往会加入酸性固化剂,实现酚醛树脂室温条件下的快速凝胶;在酚醛模塑料的注射成型过程中,为了实现树脂在模腔内极短时间(秒级)内的充分固化,往往会加入氧化镁、氢氧化钙等固化促进剂;在酚醛泡沫的制备过程中,正是利用酸性条件下酚醛树脂的快速固化定型和强放热特点对泡孔结构进行控制。

5.2 酚醛树脂的分析与表征

5.2.1 酚醛树脂的理化性能检测

酚醛树脂的常规检测指标包括外观、游离酚、游离醛、水分含量、固体含量、黏度、凝胶时间、水溶性、流动性、残碳率等。这些检测指标与树脂的应用工艺及性能密切相关,如作为耐火材料的黏结剂,树脂的生产及应用厂家多关注黏度、水分含量、残碳率等指标;作为胶合板、岩棉的黏结剂,多关注游离单体含量、水溶性、凝胶时间等指标。这些常规理化性能指标的测定有相应的国标、行标或企标,在本节中不再详述。

5.2.2 酚醛树脂的结构分析检测

酚醛树脂是分子量大小不等及众多异构体的混合物,酚醛树脂常规物理指标不能反映树脂的内在本质,往往同一检测指标的树脂使用性能差别很大,而造成树脂性能差异的根源就是树脂中各组分结构及含量的差异。以下重点对酚醛树脂各种结构分析技术及表征结论做简要讨论。

1. 凝胶渗透色谱(GPC)

凝胶渗透色谱是一种测定高分子分子量及其分布的有效方法。对于酚醛树脂而言,由于其分子量不大,同时含有流体力学体积不同的同分异构体,因此,在 GPC 的分析中,既要考虑分离柱的分级效果,还要对溶剂浓度、流速等进行精确控制。

通过 GPC 对三种典型的酚醛树脂(热塑酚醛树脂、热固酚醛树脂、甲酚-甲醛树脂)进行了分析。三种酚醛树脂的 GPC 谱图如图 5.3 所示。从图中可以看出,由于三种酚醛树脂结构迥然不同,其 GPC 峰形存在较大差异。三种树脂的 M_n(数均分子量)、M_w(重均分子量)及 M_w/M_n 见表 5.1。

表 5.1 热固酚醛、热塑酚醛和甲酚树脂的 M_n、M_w 及 M_w/M_n

树脂类别	M_n	M_w	M_w/M_n
热固酚醛	446	888	1.99
热塑酚醛	650	1 034	1.59
甲酚树脂	1 113	4 217	3.79

可以采用 GPC 对热固酚醛反应过程进行研究。在反应过程中对树脂的分子量及分布进行表征(见图 5.4),可以看到在反应前期,主要以加成反应生成羟甲基苯酚为主,在反应后期,羟甲基苯酚间发生缩聚,高分子含量组分逐渐增大。

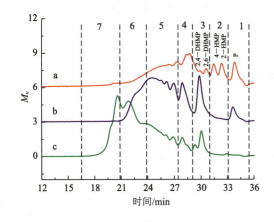 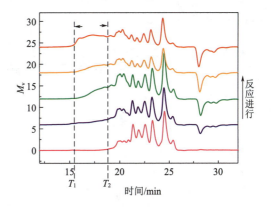

图 5.3 酚醛树脂的 GPC 谱图 　　　　　图 5.4 反应过程中热固酚醛 GPC 曲线

(a—热固酚醛树脂;b—热塑酚醛树脂;c—甲酚树脂)

2. 红外光谱

有机分子的各种官能团均显示特征红外光谱吸收带,加之红外仪器具有小型化和操作方便的特点,红外光谱在酚醛树脂的结构分析中已经得到了广泛应用。许多研究工作者对酚醛树脂的红外光谱进行了研究。热固酚醛树脂的红外谱图及对应的红外特征吸收峰如图 5.5 所示。

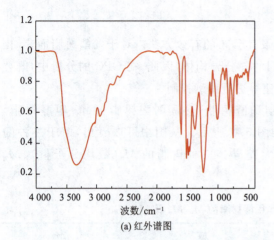

吸收峰/cm^{-1}	归　属
3 350	O—H伸缩振动
3 060、3 020	芳环C—H伸缩振动
2 930	C—H伸缩振动
1 700	C=O伸缩振动
1 610、1 500、1 450	芳环C=C伸缩振动
1 470	CH$_2$剪式振动
1 370	O—H弯曲振动
1 240	C—O伸缩振动，
1 160、1 100	芳环C—H面内弯曲振动
1 010	羟甲基C—O伸缩振动
880、820、760、690	芳环C—H面外弯曲振动

(a) 红外谱图　　　　　　　　　　　　　　　(b) 红外特征吸收峰

图 5.5　热固酚醛树脂的红外谱图及对应的红外特征吸收峰

通过红外可以对酚醛的一些特征结构进行分析。如高邻位的酚醛树脂在 750 cm^{-1} 处有一个强的吸收带，醚化酚醛树脂在 1 087 cm^{-1} 处有特征吸收峰。

3. 核磁共振

核磁共振是一种分析酚醛树脂结构的有效方法。它可以定性定量地对酚醛树脂中的各种分子结构进行分析。

不同醛酚比的苯酚-甲醛热固树脂的核磁谱图如图 5.6 所示。不同醛酚比所得树脂的核磁氢谱峰形大致相同，但积分面积不同，且积分面积的不同反映了树脂投料配方中醛酚比的差异（见表 5.2）。

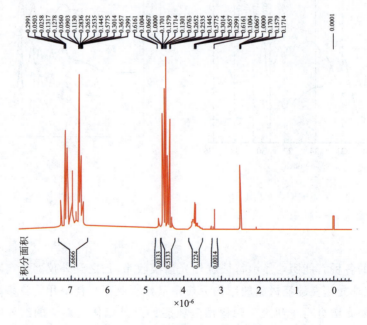

图 5.6　热固酚醛树脂的核磁氢谱图

表 5.2　不同醛酚比的热固树脂的核磁氢谱积分面积数据(归一化处理)

苯环氢	羟甲基氢	亚甲基氢	实际投料比	核磁计算投料比
1	0.619 5	0.123 6	1.30	1.30
1	0.711 8	0.176 2	1.50	1.45
1	0.849 3	0.145 0	1.70	1.60

通过核磁碳谱可以对酚醛的邻对位比进行定量定性分析。图 5.7 和图 5.8 分别是草酸和醋酸锌催化所制得的热塑性酚醛树脂的核磁碳谱。

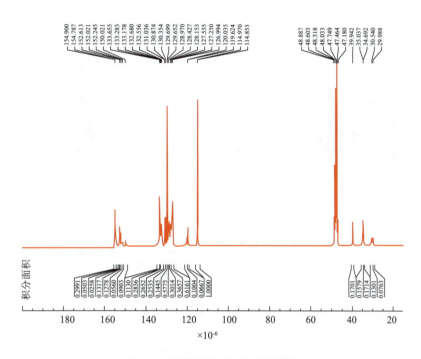

图 5.7　线性酚醛(草酸)核磁碳谱

在核磁碳谱中，酚醛树脂结构中 2,2′-、2,4′-和 4,4′-键接的亚甲基碳的 ^{13}CNMR 的化学位移是各自独立的，分别为 30.9×10^{-6}、35.6×10^{-6} 和 40.6×10^{-6}，可以按下式计算树脂中的邻对位结构(f_o/f_p)之比：

$$f_o/f_p = (f_{2,2'} + 1/2 f_{2,4'})/(f_{4,4'} + 1/2 f_{2,4'})$$

式中，$f_{2,2'}$、$f_{2,4'}$ 和 $f_{4,4'}$ 是 ^{13}CNMR 谱中 $30.5\times10^{-6} \sim 31.9\times10^{-6}$、$34.9\times10^{-6} \sim 36.5\times10^{-6}$ 和 $40.1\times10^{-6} \sim 41.4\times10^{-6}$ 处的相对峰面积。根据上述公式，可以计算出上述草酸和醋酸锌催化所得线性酚醛树脂的邻对位比：草酸催化线性酚醛：0.9；醋酸锌催化线性酚醛树脂：2.0。

Rego 等采用 ^{13}C 谱系统研究了热固酚醛和热塑酚醛的分子结构[3]。在他们的研究工作中，首先采用不同醛酚比与催化剂合成不同结构的酚醛树脂，在对分子结构中的羟甲基、亚甲基、亚甲基醚键进行了综合考虑后，通过树脂的 ^{13}C 谱可以定量地计算出树脂的醛酚比、聚合度、数均分子量、苯环上邻对位含量等重要的结构信息。热固树脂的碳谱及其对应结构如图 5.9 所示。

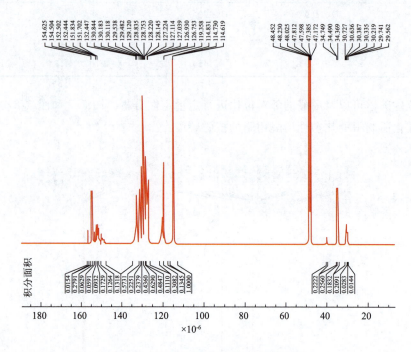

图 5.8 线性酚醛(醋酸锌)的核磁碳谱

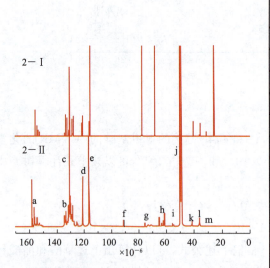

化学位移 ($\times 10^{-6}$)	归属	标记
148～160	苯氧碳	a
132.2～137	对位取代苯环碳	b
123～132.2	间/邻位取代苯环碳	c
118～122	未取代对位苯环碳	d
111～118	未取代邻位苯环碳	e
91	$CH_3—O—CH_2—OH$	f
65～75	二甲醚碳	g
58～63	$CH_3—OH$	h
53～58	$CH_3—O—CH_2—OH$	i
49.2/49.3	甲醇溶剂	j
39～42	对/对位亚甲基	k
34～36	邻/对位亚甲基	l
29～31	邻/邻位亚甲基	m

图 5.9 热固酚醛树脂的碳谱及其对应化学结构

4. 质谱

质谱可用来表征低聚物和聚合物的分子量分布。对于酚醛树脂而言,由于其分子量不大,因此,可以采用软电离的方法来获得质谱谱图,此时可以不破坏酚醛的分子结构,获得直观精确的分子量大小及分布信息。

场解析质谱(FD-MS)分析样品时不产生碎片峰,只给出样品固有组分的分子峰,能直观地显示样品的组分及其比例。三种典型的酚醛树脂(热固酚醛树脂、热塑酚醛树脂、甲酚-甲醛树脂)的场解析(FD-MS)谱图如图 5.10 所示。

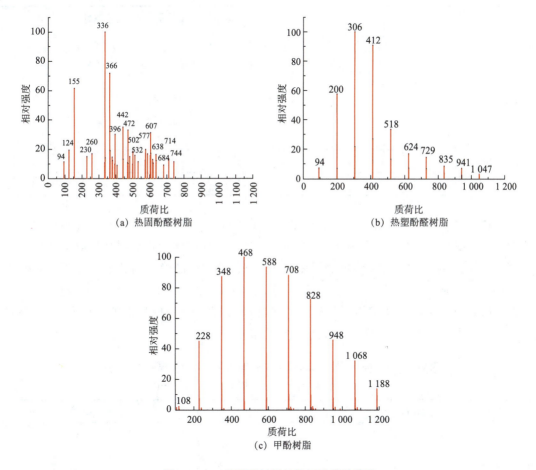

图 5.10 三种酚醛树脂的场解析质谱谱图

不同酚醛树脂理论上包含的大小不同缩合度的组分(或不同酚环数组分)及其分子量见表 5.3。这些分子量均可以与图 5.10 相应的 FD-MS 谱图中一一对应,由此表明通过 FD-MS 谱图直接得到树脂各组分的分子量大小,从而直观判断出树脂结构特点及原材料信息。

5. 高效液相色谱(HPLC)

当前所有用高效液相色谱研究酚醛树脂化学组成的报道都是采用反相高效液相色谱(reversed-phase HPLC)。在反相色谱柱中所用的键合固定相带有极性很小的烃基,如十八烷基等,而洗脱液大都采用强极性溶剂(水、甲醇、乙腈),更多为混合溶剂或采用梯度淋洗法。运用 HPLC 能够对酚醛树脂的组成和树脂形成的反应过程有一定的认识,但是 HPLC 对酚醛树脂的认识水平受标准化合物的限制,需要事先有标准化合物进行标定后才能对分离的树脂的组分加以指认。HPLC 仅限于对缩合度较小的成分加以指认,一般为双酚环化合物的水平,对于缩合度为 3 及以上的组分还未见有关文献。合成给定酚醛结构化合物对于 HPLC 表征酚醛树脂十分重要。

表 5.3 不同酚醛树脂不同酚环数组分的分子量

酚醛树脂	酚环数									
	1	2	3	4	5	6	7	8	9	10
热固酚醛树脂	94	230	336	442	548	684				
	124	260	366	472	578	714				
	154		396	502	608	742	—	—	—	—
				532	638	⋯				
				⋯	⋯					
热塑酚醛树脂	94	200	306	412	518	624	730	836	942	1 048
甲酚树脂	108	228	348	468	588	708	828	948	1 068	1 188

中科院化学所赵彤等合成了一些给定结构的酚醛化合物,其中包括线型结构酚醛化合物 10 个(双酚环化合物三个异构体,三酚环化合物七个异构体)、热固型结构酚醛化合物 11 个(单酚环化合物 5 个,双酚环单羟甲基化合物 6 个)。在已确定的色谱工作条件(甲醇/水=70/30,流速为 0.5 mL/min)下对于这些化合物进行的保留时间(R.T.)的标定。这些化合物的结构和保留时间(R.T.)见表 5.4 和表 5.5。表 5.4 中的第三列是为便于在树脂的 HPLC 谱图中指认这些化合物而对它们进行的编号。

表 5.4 Novolac 酚醛结构模型化合物在 HPLC 上的保留时间(R.T.)

(流动相:甲醇/水=70/30,流速:0.5 mL/min)

化合物结构	R.T./min	编号
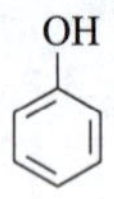 苯酚	6.57	I
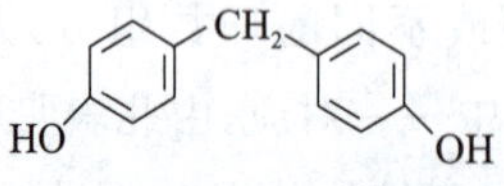 4,4'-二羟基二苯甲烷	7.50	II
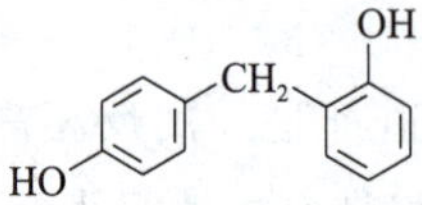 2,4'-二羟基二苯甲烷	8.07	III

续表

化合物结构	R.T./min	编号
2,2'-二羟基二苯甲烷	11.27	IV
4,2',4''-三羟基三芳基(对-邻-对)	9.43	V
4,2',2''-三羟基三芳基	9.69	VI
2,2',4''-三羟基三芳基	10.33	VII
4,2',4''-三羟基三芳基	10.68	VIII
二取代酚类	12.64	IX
二取代酚类	13.10	X
2,2',2''-三羟基三芳基	27.12	XI

表 5.5 热固酚醛结构模型化合物在 HPLC 上的保留时间(R.T.)

(流动相:甲醇/水=70/30,流速:0.5 mL/min)

化合物结构	R.T./min	化合物结构	R.T./min
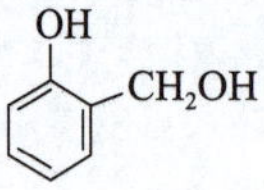 2-羟甲基苯酚	5.70	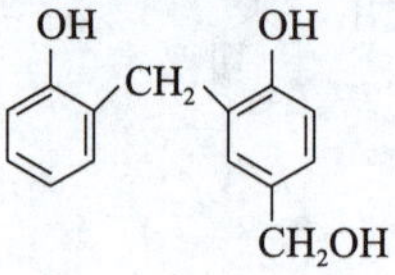 2,4'-二羟基-2'-羟甲基二苯甲烷类	6.10
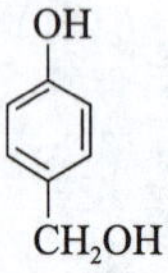 4-羟甲基苯酚	5.05	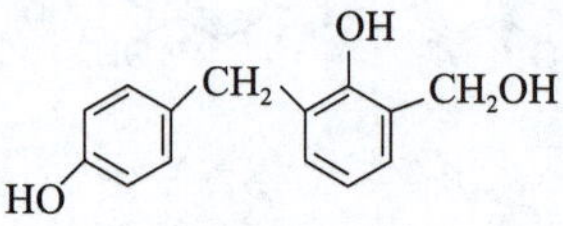 2,6-二(羟甲基)-4'-羟基二苯甲烷类	6.97
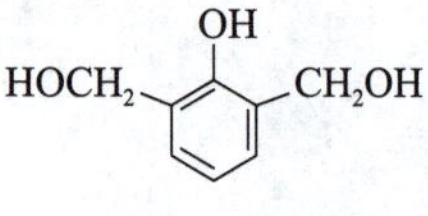 2,6-二(羟甲基)苯酚	5.28	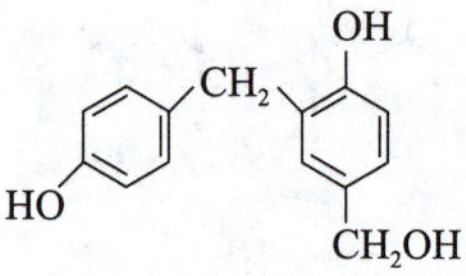 2-羟基-5-羟甲基-4'-羟基二苯甲烷类	7.43
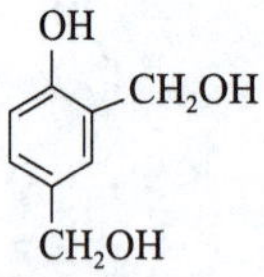 2,4-二(羟甲基)苯酚	4.80	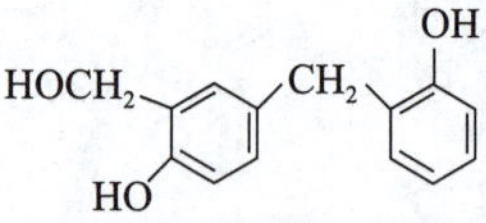 3-羟甲基-4-羟基-2'-羟基二苯甲烷类	6.30
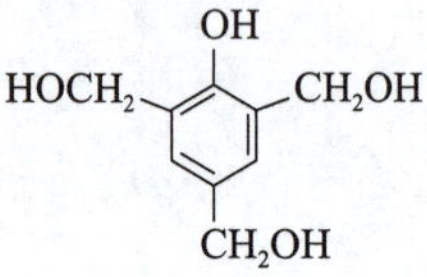 2,4,6-三(羟甲基)苯酚	4.76	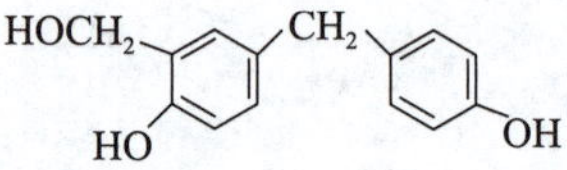 3-羟甲基-4,4'-二羟基二苯甲烷类	6.41
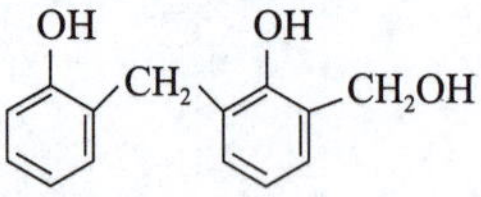 2-羟基-2'-羟甲基-3'-羟基二苯甲烷类	9.80		

在已确定的色谱工作条件下对典型线型酚醛树脂进行 HPLC 分析,结果如图 5.11 所示,图中罗马数字标识的吸收峰对应分子结构可见表 5.4。

Alerbe 等[4]采用 HPLC 对不同催化剂下所制备的热固酚醛的分子结构演变规律进行了分析。HPLC 的分析结果表明(见图 5.12),当采用三乙胺为催化剂时,甲醛的加成反应多发生在苯环的邻位上;采用氢氧化钠为催化剂时,甲醛的加成反应多发生在苯酚的对位上。

除了以上的表征方法,气相、电子能谱等多种表征方法也在酚醛树脂的结构表征中得到应用。

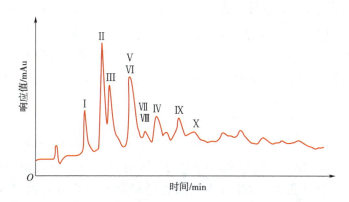

图 5.11 典型线型酚醛树脂预聚体的 HPLC 谱图
(流动相:甲醇/水＝70/30,流速:0.5 mL/min)

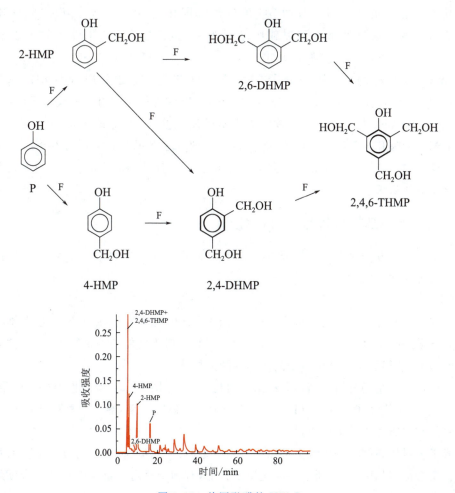

图 5.12 热固酚醛的 HPLC

6. 多种分析方法联用

将多种分析手段综合运用可以较全面地表征酚醛树脂。King 等[5]在进行热固性酚醛树脂的结构研究中用 GPC 测定树脂的分子量,用 ^{1}HNMR 表征树脂的化学结构特征,并用 DSC 研究树脂的固化行为。结果表明,酚醛比与催化剂类型对树脂的分子量和树脂的固化反应活性有很大的影响。Birley 和 Blinkhorn[6]用 GPC 和 IR 来研究线型酚醛树脂,给出了分子量不同的酚类化合物的保留时间对分子量的工作曲线,同时也发现在 IR 谱图中,不同缩合度的酚醛化合物其酚羟基的吸收峰在 3 300~3 370 cm^{-1} 范围内的形状是有区别的。

Solomon 和 Rudin[7]在研究热固性酚醛树脂的生成和固化反应时,对可溶的热固性树脂采用高分辨 ^{13}CNMR、IR 和 GPC 等研究手段,而对其固化反应则采用 IR 和固体 ^{13}CNMR 技术。其研究结果表明,随着固化温度的提高和固化时间的延长,树脂的固化度增加;树脂的分子量随甲醛/苯酚摩尔比的增加、缩合反应的温度提高和反应时间的延长而增大。在确定的条件下,树脂分子量越大,固化度越高。树脂的组成和分子量受缩合催化剂的影响很大。固化时的 pH 不仅影响固化度,而且影响所形成固化连接点的键接方式。酸性或碱性条件下以亚甲基桥为主要,而在 pH 为中性条件下以醚键连接方式居多。

Solomon 研究小组[8-12]从小分子模型化合物出发,综合采用 ^{1}HNMR、^{13}CNMR、^{15}NNMR、中压液相色谱(MPLC)等方法对 Novolac(以酸为催化剂得到的线型酚醛树脂)的化学,特别是 Novolac 与六次甲基四胺(HMTA)的反应进行了较系统研究,确定了在反应初期生成了苯并噁嗪和羟基苄胺中间产物,并进一步研究了苯并噁嗪和对羟基苄胺转化为亚甲基桥联结构的反应。Solomon 的研究工作提高了人们对以 HMTA 为固化剂的线型酚醛树脂固化反应的认识水平。

5.2.3 酚醛树脂结构分析方法的应用

上述结构表征方法对于分析酚醛树脂的组分、研究酚醛树脂的固化过程、固化物的结构具有重要的理论和实用价值。

1. 苯酚-甲醛热塑酚醛树脂的结构与合成工艺关系研究

中科院化学所赵彤等以场解析质谱(FD-MS)的分析检测为基础,对同一生产工艺下多批次的热塑酚醛树脂进行了结构对比分析,找出了影响树脂性能的关键结构因素,并通过反应工艺的调整,获得了预期结构特征的热塑性酚醛树脂。

首先通过对树脂场解析质谱谱图的系统对比分析(见图 5.13),耐热性能好的树脂以四、五酚环为主,而耐热性能差的树脂以二、三酚环为主。研究表明,热塑酚醛树脂的质荷比及其分布是影响树脂性能的关键因素。

合成工艺对树脂结构的影响也可以通过场解析质谱来表征。不同反应温度下所得树脂的场解析质谱谱图如图 5.14 所示。反应温度较低,有利于提高预聚体中较高缩合度组分的含量。

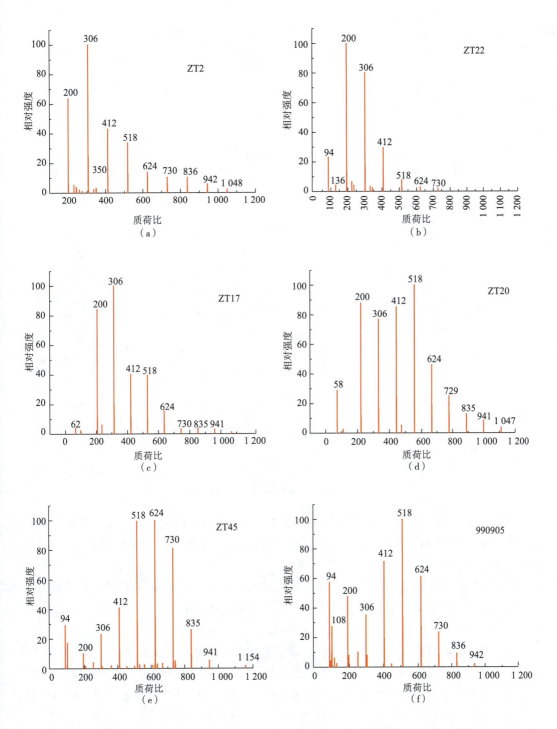

图 5.13 性能不同的线性酚醛的场解析质谱谱图
[性能差:(a)、(b)、(c);性能好:(d)、(e)、(f)]

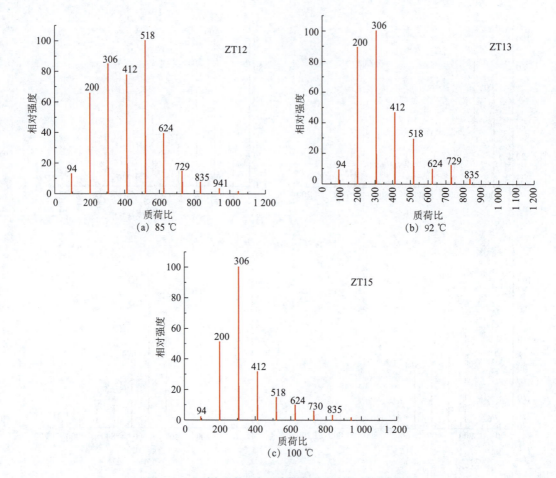

图 5.14 不同反应温度下所得树脂的场解析质谱谱图

同时,其研究工作发现甲醛中的醇含量和酸度对热塑酚醛树脂的分子结构有明显影响,通过场解析质谱(见图 5.15)可以清楚地看到,不同厂家的甲醛所得树脂的质荷比分布明显存在差异。

上述工作为解决热塑性酚醛树脂在航天烧蚀复合材料中的稳定应用做出了重要贡献,场解析质谱作为树脂结构分析的关键手段发挥了不可或缺的作用。

2. 苯酚-多聚甲醛树脂合成过程中的结构表征[13]

采用多聚甲醛替代传统的 37% 甲醛水溶液合成酚醛树脂可大幅度减少废水的排放。但多聚甲醛与苯酚的反应体系物料浓度高,反应速率快,放热剧烈难以控制。为此,王娟等对该反应过程中树脂的分子结构和组成进行了细致的表征,力图从结构表征入手,掌握该反应的特点,为多聚甲醛在酚醛树脂工业生产中的应用提供理论上的指导。

在苯酚-多聚甲醛酚醛树脂合成反应过程中采取每 30 min 取样,并迅速冷却减缓树脂进一步反应,对样品同时采用凝胶渗透色谱(GPC)、场解析质谱(FD-MS)以及高效液相色谱(HPLC)对样品分子结构变化进行跟踪测试(见图 5.16)。

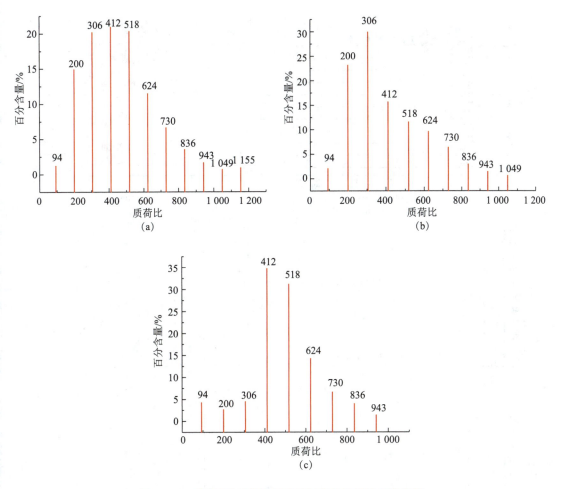

图 5.15　不同甲醛所得热塑酚醛树脂的场解析质谱谱图

研究结果（见图 5.17）表明，随着反应进行，反应体系中游离酚从开始的 70% 下降到 7% 左右，反应前期减少迅速，后期趋于平稳；2-HMP（邻羟甲基苯酚）在开始时就达到最高，随着反应进行一直是减少趋势，4-HMP（对羟甲基苯酚）初期有个明显增加的过程，在反应进行约 120 min 时达到最大，然后迅速减少；二羟甲基苯酚（2,4-DHMP 和 2,6-DHMP）随着反应进行均出现先增加后减少的趋势，它们最大含量都出现在反应 210～240 min 时；2,4,6-THMP（三羟甲基苯酚）含量随反应进行同样先增加后减少，2,4,6-THMP 最大含量出现在反应 180 min 左右；二酚核及三酚核产物缩聚产物逐步增加，前期主要是加成反应，增加速度缓慢，后期升温后缩聚反应加快，二酚核及三酚核产物含量迅速增加。

上述表征研究工作表明，反应中期，体系中生成了大量的羟甲基取代酚，缩聚反应剧烈，应严格控制体系温度，防止爆聚；反应后期，体系中低聚物含量增长迅速，应严格控制反应终点。

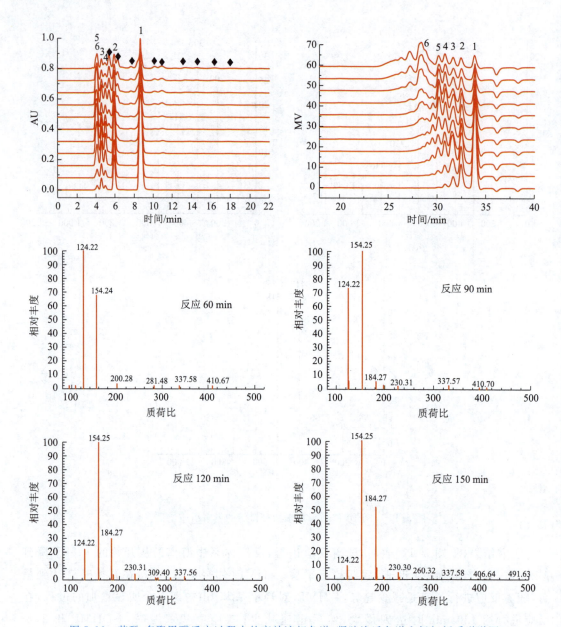

图 5.16 苯酚-多聚甲醛反应过程中的高效液相色谱、凝胶渗透色谱和场解析质谱谱图

3. 氨酚醛树脂的结构表征与合成研究

氨酚醛树脂是一类采用氨水催化而制备得到的热固性酚醛树脂。热固性酚醛树脂结构比热塑性酚醛树脂更为复杂,反应工艺与配方对树脂结构、性能的影响更大。王晓叶等[14]采用红外、GPC等方法系统研究了氨酚醛树脂中醛酚比对树脂结构的影响规律。

对不同醛酚比下氨酚醛树脂的结构进行了分析(定量分析结果见表5.6),随着醛酚比的增加,即甲醛用量的增加,树脂中亚甲基、亚甲基醚键数量均呈现上升趋势;羟甲基含量在醛酚比为1.38时达到最大,进一步增加醛酚比,又略有下降,表明醛酚比为1.38时树脂羟甲基化程度最高,这有利于树脂固化过程中高交联度结构的形成。

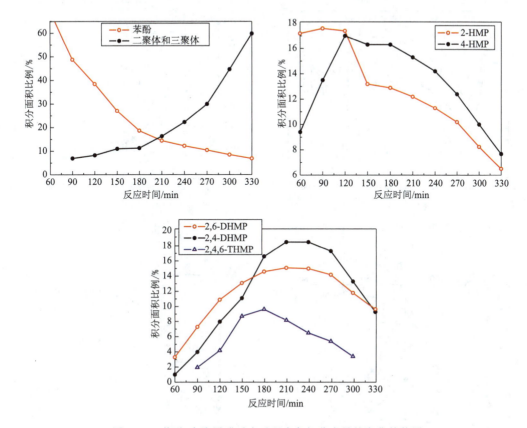

图 5.17　苯酚-多聚甲醛反应过程中各组分含量的变化趋势图

表 5.6　未固化的氨酚醛树脂红外数据

醛酚比(F/P)	1.18	1.28	1.38	1.48	1.58
$I_{亚甲基}$	1.613 3	1.828 7	1.984 9	1.896 5	2.140 3
I_{C-O-C}	0.077 4	0.127 3	0.138 2	0.150 1	0.177 4
$I_{羟甲基}$	0.715 1	0.754 4	0.841 0	0.820 7	0.801 0

将上述不同醛酚比的氨酚醛树脂在相同的固化工艺下进行固化,并对固化过程中树脂的结构进行红外分析,红外谱图如图 5.18 所示。

如图 5.19 所示,随着醛酚比增大,酚醛树脂中 1 000 cm^{-1} 处羟甲基含量依次增加,并且随固化程度的增大,树脂中羟甲基红外指数趋于减小,直至消失,如图 5.20 所示;1 060 cm^{-1} 处醚键的 C—O—C 红外指数在 120 ℃ 处于最大值,并且在此温度,醚键的红外指数随醛酚比增加依次增大,在高于 120 ℃ 的固化温度时,醚键红外指数开始减小;亚甲基红外指数在 120 ℃ 左右达到最大值(见图 5.21),醛酚比为 1.38 的树脂中亚甲基的相对含量较高,在高于 120 ℃ 的固化温度时,亚甲基数量下降。

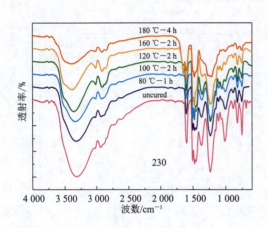

图 5.18　氨酚醛树脂不同固化阶段的红外谱图

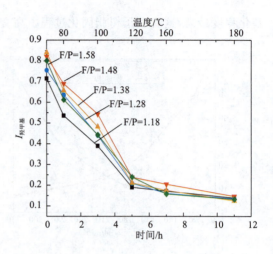

图 5.19　固化过程羟甲基的变化趋势

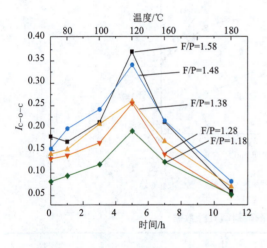

图 5.20　固化过程醚键的变化趋势

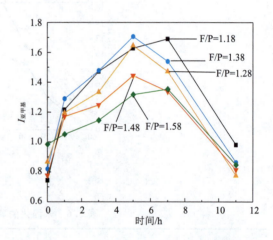

图 5.21　固化过程亚甲基的变化趋势

5.3　酚醛树脂的改性研究

由于酚醛树脂的芳环之间仅有亚甲基相连,因而显脆性;其分子结构上的酚羟基和亚甲基容易氧化,因而耐高温性受到影响。为提高酚醛树脂的性能,对酚醛树脂进行改性,提高其韧性及耐高温性是酚醛树脂的发展方向。

5.3.1　酚醛树脂的增韧改性研究

酚醛树脂的增韧主要分为内增韧和外增韧。内增韧主要是在分子结构上引入柔性的链段,降低分子中刚性苯环的密度;外增韧主要是引入韧性好的橡胶粒子。

用热塑性树脂来改性酚醛树脂是一种简单易行的增韧途径。用来增韧的热塑性树脂主要有聚醚、聚酰胺、聚乙烯醇和聚乙烯醇缩醛等。聚酰胺韧性较好,力学性能较高,可以和酚醛树脂发生共固化反应或形成部分互穿网络结构,来提高树脂的力学性能。高月静等[15]用聚酰胺改性酚醛树脂,得到的杂化树脂呈现海-岛状分相结构,且共聚改性时分散相的粒径分布相对于共混改性的较窄,共聚改性材料力学性能远高于共混改性的塑料。这是由于柔性链段引入到酚醛树脂分子结构中,形成接枝相嵌共聚物,有效提高了材料的韧性。聚乙烯醇/聚乙烯缩丁醛改性剂的加入,能提高树脂的黏结力,起到了良好的增韧效果。

橡胶改性酚醛树脂多选用丁腈、丁苯和天然橡胶等对酚醛树脂进行增韧。橡胶增韧酚醛树脂多属于物理共混改性,但在固化过程中存在着不同程度的接枝或嵌段共聚反应。李新明等[16]研究发现,未加丁腈橡胶时,纯酚醛树脂的冲击强度为 5.43 kJ/m^2,加入 2% 的丁腈橡胶时,酚醛树脂的冲击强度达到 11.49 kJ/m^2,提高了约 111.6%,提高的幅度是其他改性方法所不能比拟的。除了丁腈橡胶外,含有活性基团的橡胶如环氧基液体丁二烯橡胶、羧基丙烯酸橡胶和环氧羧基丁腈的加成物也可以增韧酚醛树脂,且增韧效果明显,耐热性得到提高。特别是在液体橡胶增韧体系中,由于液体橡胶容易形成海-岛结构,这种形态结构既保证了材料的冲击强度提高,硬度下降,又对材料的耐热性影响不大,是一种理想的增韧体系。

聚砜作为一种耐高温、高强度的热塑性塑料,具有良好的电绝缘性能,耐热性能好,力学强度高,有良好的尺寸稳定性和阻燃性等。齐暑华等[17]研制的聚砜改性酚醛树脂玻纤增强模塑料具有优良的力学性能,这是因为聚砜结构中有异丙撑基和醚键,异丙撑基为脂肪基,有一定的空间体积,可减少分子间的作用力,醚键两端的苯基可绕其内旋转,较异丙撑基更能增加分子链的柔顺性,两个基团的引入均有利于提高改性酚醛树脂的韧性。聚砜结构中的砜基与相邻的两个苯环组成高度共轭的二苯砜结构,形成了一个十分稳固一体化的坚强体系,使得改性树脂能吸收大量热能和辐射能而不至于主链断裂,热稳定性提高。

酚醛树脂上的酚羟基和羟甲基可以与环氧树脂中的环氧基和羟基反应,形成交联体结构,降低固化产物的交联密度,使分子的柔性增加。加入环氧树脂后,酚醛树脂的脆性得到了改善,力学性能有了明显的提高。

酚醛树脂固化剂除六亚甲基四胺外,工业上应用最广的是三羟甲基苯酚、多羟甲基三聚氰胺、多羟甲基双氰胺、环氧树脂以及二噁唑啉等。为了获得高性能的酚醛树脂,对新型固化剂改性酚醛树脂进行了研究和开发,并取得一定成果。日本、美国对其研究较为活跃。用唑啉类化合物固化酚醛树脂,所得的固化物在保持难燃性、低烟雾性和耐高温性的同时,又提高了韧性。

5.3.2 酚醛树脂的生物质资源改性研究

生物质中含有大量的酚或醛结构单元,利用生物质资源为原料合成或改性酚醛树脂能够从本质上解决酚醛树脂的环保和可再生问题,已经成为酚醛树脂行业的研究热点之一。

桐油是油桐种子经机械压榨提炼而成的可再生工业用植物油,其中桐油酸三甘油酯(即十八碳共轭三烯-9,11,13-酸甘油酯)占桐油质量的80%~85%,酸性条件下,桐油的三个共轭双键可与苯酚发生烷基化反应,在酚醛树脂中引入柔性烷基长链,从而克服树脂脆性大及韧性差等缺陷。日本住友化学以间异丙基苯酚与桐油反应生成中间体为初始原料,在酸性条件下与甲醛缩聚生成桐油改性酚醛树脂,试验发现该树脂具有优良的弹性及耐热性。李屹等[18]发现将硼引入桐油改性酚醛树脂后的双改性树脂的耐热性及柔韧性均得到显著的提高。

在酸性条件下,腰果壳油发生脱羧后即可变成一种具有独特长链烷烃的酚(腰果酚)。由于其间位上含有长烷基链,因此腰果壳油改性酚醛树脂能够有效提高酚醛树脂柔韧性。腰果壳油改性酚醛树脂作为制动片黏结剂,具有良好的摩擦特性(摩擦系数稳定,磨损小)和韧性,如SI公司型号为SP-6700的腰果壳油改性产品等。

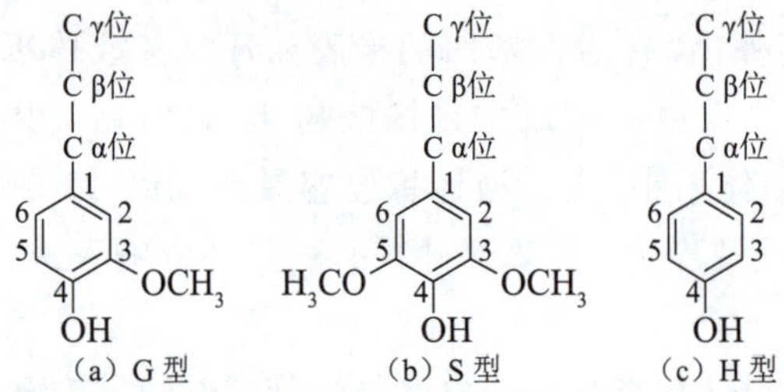

木质素是由苯丙烷类结构单体通过碳—碳键(C—C)和醚键(C—O—C)等连接起来的三维网状高分子聚合物。木质素存在三种基本结构单元,分别为愈创木基丙烷结构(G)、紫丁香基丙烷结构(S)、对羟基丙烷结构(H),如图5.22所示。

图5.22 木质素基本结构单元

在与苯酚和甲醛合成酚醛树脂的反应中,木质素既可提供醛基又可提供羟基,因此,在制备木质素改性酚醛树脂的过程中就有可能减少甚至完全代替甲醛和苯酚,从根本上解决甲醛残留和释放等问题。碱木质素可直接用于代替苯酚合成热固性酚醛树脂,但是由于树脂黏度增大会影响树脂的硬化速度,所以木质素的用量受到一定的限制。Tejado等[19]利用几种木质素(松木硫酸盐木质素、亚麻碱木质素、木质素磺酸盐)分别合成了木质素改性酚醛树脂(线性酚醛树脂),对固化(六次甲基四胺为固化剂)后的树脂进行机械性能测试,发现用木质素取代45%的苯酚合成的酚醛树脂,其弯曲强度可达到纯酚醛树脂的82%,而两者压缩性能相近。Lee等[20]首先将木质素(包括碱木质素、脱碱木质素、木质素磺酸盐等)进行酚化改性,催化剂使用的是硫酸和盐酸。酚化木质素改性酚醛树脂的合成温度可以低于纯酚醛树脂的合成温度,反应时间也可以更短。另外,酚化木质素改性酚醛树脂的反应活性要高于纯酚醛树脂。酚化木质素改性酚醛树脂作为木材胶黏剂,满足CNS 1349标准的要求。Saz-Orozco等[21]利用木质素纳米颗粒制备改性酚醛泡沫,与纯酚醛泡沫相比,其压缩强度和压缩模量分别提高74%和28%。

单宁是由植物体内产生的一种复杂天然多酚物质。由于具有与酚类化合物类似的结构,故具有部分或全部取代常用酚类物质制备酚醛树脂的基本条件和巨大潜力。孙丰文等[22]以落叶松树皮提取物替代部分苯酚,在碱性条件下与甲醛水溶液发生缩聚反应,制备出毒性小、成本低及耐水性好的改性木材胶黏剂。Lee等[23]以阿拉伯橡胶树和杉木提取物代替部分间苯二酚(取代量分别为51.6%和46.5%),采用两步法制取间苯二酚/单宁/甲醛三元共聚树脂。与普通树脂相比,该三元共聚改性酚醛树脂具有冷固化、黏度高和凝胶时间短等优点。Sekaran等[24]将制革工业回收的单宁引入普通酚醛树脂中得到单宁改性酚醛树脂,经过红外光谱、热重分析以及溶解性和抗腐蚀性能等测试发现,该酚醛树脂具有较好的抗腐蚀性能及力学性能,但热稳定性有一定程度的降低。

淀粉完全水解后生成 D-葡萄糖,具有醛的特性,且存在大量的羟基,因此,在酸性条件下,淀粉可与苯酚进行缩聚反应,生成的改性树脂与传统酚醛相比,具有成本低、生物降解性好的特点。Mudde[25]在酸性条件下将玉米淀粉水解为 5-羟基-2-呋喃甲醛,随后与苯酚发生缩合反应生成改性酚醛树脂,随后采用相同的合成方法制备了淀粉改性酚醛树脂并对其耐热性进行研究。结果表明,由于分子结构中存在大量糖侧链,改性后的树脂表现出较好的耐热性,在 300 ℃时开始分解,600 ℃时残碳率可达 64% 以上。对于淀粉的改性研究而言,既要充分利用淀粉的大分子特性,避免过度降解,又要能够在其分子结构中引入足够的化学键,使之能与酚醛树脂有效键合。

采用生物质资源制备环保型酚醛树脂具有广阔的发展前景。但由于生物质资源种类和成分的多样性,分离提取、液化、活化及合成机理复杂,现阶段研究多处在试验阶段。如何更加充分地利用生物质资源中的有效成分,提高其利用率,仍然是一个艰巨的挑战。

5.4 酚醛树脂复合材料的制备与应用

酚醛树脂的应用极为广泛,在本节中仅介绍酚醛树脂在复合材料领域中的相关内容。

酚醛树脂复合材料由酚醛树脂基体和连续纤维增强体所构成,具有较高的比强度与刚度、阻燃、耐热、耐烧蚀等特点。在航空(内饰和制动器)、航天(航天飞机)、公共交通(内饰)、国防(防弹)、船舶、矿井管道、海上作业平台(管道和隔栅)和基础设施(建筑)等领域中广泛应用。

5.4.1 酚醛树脂基体

与其他诸如聚酯、乙烯基酯和环氧等树脂比较,酚醛具有优越的耐热、阻燃、低烟低毒等性能,并且价格低廉。然而,与其他树脂体系相比,酚醛树脂复合材料的成型比较困难,这是阻碍其广泛应用的最主要原因。改进酚醛树脂成型性能的关键点在于控制挥发物、收缩率和交联密度等。这些也是影响最终制品机械性能的潜在因素。传统的酚醛树脂通过缩聚机制进行交联反应。反应的副产物主要是水和微量残余单体。这些产物是成型过程中挥发物的主要来源,必须加以控制防止发生与挥发有关的缺陷。使用酸催化剂或延迟固化型催化剂可以让交联固化在反应较低的温度下进行,此时,复合材料生产固化过程中溶剂不会挥发,从而消除起泡或分层。这一技术在预浸渍、缠绕、灌注成型和手糊成型中很有效,详见 5.5.3 节。

对酚醛树脂基体的增韧及耐热改性也是酚醛树脂复合材料的一个研究热点。这部分的研究现状将在 5.4.4 节中结合酚醛复合材料的应用特点进行阐述。

5.4.2 增强体

增强体是复合材料的关键组分,它起着提高强度、改善性能的作用。酚醛复合材料的增强体主要是玻璃纤维、高硅氧纤维、石英纤维、碳纤维、芳纶纤维以及天然纤维等。

树脂基复合材料研究的关键在于树脂和增强纤维以及两者的表界面化学。为了增加树脂与纤维的结合力,从而提高酚醛纤维复合材料的强度,一般需要对纤维进行表面处理,其中氨基硅烷表面处理剂效果最佳。然而,对于防弹应用的酚醛复合材料而言,并不需要树脂与纤维强的界面作用,树脂-纤维黏结界面被破坏时纤维束从树脂基体中分离吸收大量能量可以提高防弹性能。在这种情况下,使用具有半相容性的表面处理剂效果更好,既可以保证复合材料在通常情况下具有足够的强度,又能在受到子弹冲击时发生层离有效消耗能量。

由于篇幅所限,关于增强纤维及其界面处理技术的系统介绍请参见其他专著。

5.4.3 酚醛树脂复合材料的成型工艺[26]

酚醛复合材料的生产方法选择取决于树脂原材料特性和最终制品性能要求。增强纤维和树脂体系的相容性是生产方法设计中首先必须考虑的因素,很多情况下,复合材料性能的优劣取决于树脂体系与工艺的匹配性。

1. 纤维预浸成型工艺

纤维预浸成型工艺的特点是增强纤维与树脂基体预先浸渍组合在一起得到预浸料,再在模具上对预浸料进行铺设固化成型制件。预浸料是制造复合材料的中间材料,其性能直接影响复合材料的质量。对于酚醛预浸料而言,根据所用增强体的不同,可分为酚醛/玻纤预浸料和酚醛/碳纤预浸料;根据预浸料成型工艺的不同,可分为溶液浸渍法(湿法、溶液法)和热熔浸渍法(干法、热熔法)两种。

酚醛树脂最为成熟的预浸料制备工艺是热固性酚醛树脂的溶液浸渍工艺。其基本的生产流程如图5.23所示。

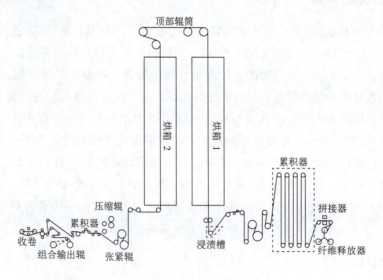

图5.23 预浸渍生产流程

纤维或织物经过酚醛树脂浸渍槽,然后用适当的计量装置(如传动辊、轧辊等)控制加到纤维和织物上的树脂量。树脂量也可以通过调整树脂溶液的比重(密度)来控制。浸润好树脂的连续纤维通过水平或垂直的烘箱烘干。烘干过程中,树脂发生部分交联(或称达到 B-阶)并使物料的挥发物含量(挥发物由残留溶剂和反应副产物组成)和流动性达到规定要求。

溶液法预浸料制备中,树脂通过溶剂溶解成黏度很低的液体去浸渍增强材料,树脂经过高温的时间短,制备工艺对树脂要求不高。对于酚醛湿法预浸料的制备而言,其关键在于预浸料树脂含量、挥发分及预聚程度的精确控制。这一方面取决于树脂本身的特性,要求酚醛树脂具有低游离单体、低聚合速率等特点;另一方面对预浸料成型设备也有较高的要求,其挤胶辊的精度、烘箱温度的均一性都会对预浸料的质量产生巨大的影响。

热熔法分直接热熔法(也称一步法)和膜胶压延法(也称两步法)两种。前者是展平的熔融树脂直接浸胶增强材料;后者是制膜和浸渍过程分别进行,胶膜机上已制成的胶膜在浸胶机上浸胶增强材料。由于热熔法工艺中不含溶剂,环境污染小,生产效率较高,挥发分含量低,树脂含量可精确控制,因此有利于制成低孔隙含量的复合材料。该热熔法制备预浸料的工艺难点:①树脂成膜要求特殊,树脂基体材料的选择范围较小;②树脂活性高和存储期之间的矛盾;③树脂对增强材料浸渍时,需要常温下预浸料的黏度较低;④预浸料制成后,表面应具有符合铺覆工艺的黏度,适用于热熔法预浸料的树脂基体的要求一般是熔融温度较低,且熔融后具有较低的黏度。

热熔法预浸料制备过程中树脂基体要经过烤胶、制膜、浸渍三个过程,树脂的热过程时间长,而酚醛树脂固化只需要加热。同时树脂要易于成膜,制成膜后在一定温度下要有较低的黏度以便浸渍透增强材料,制成的预浸料要易于铺贴、不发脆等。为此,酚醛树脂要满足热熔法预浸料生产,须满足的要求见表 5.7。

表 5.7　热熔法制备预浸料对树脂基体的基本要求

温　　度	对树脂基体的基本要求
室温	半固态,有韧性,不发脆,不黏纸,PE 膜容易剥离,不特别黏手
成膜温度	良好的成膜性,适宜的黏度(7~70 Pa·s),3 h 以上凝胶时间
浸渍温度	熔融温度下能维持一段时间的低黏度,并能良好地浸润增强材料

国外酚醛预浸料的主要生产厂家有 Hexcel(赫氏)、Cytec(氰特)、Gurit(固瑞特)等公司,国内酚醛预浸料主要生产厂家有威海光威、航天材料及工艺研究所等企事业单位。

2. 长丝缠绕

长丝缠绕是最早实现自动化的一种复合材料生产方法。这一工艺出现于 20 世纪 50 年代,用于制造火箭发动机外壳和压力舱。将连续长丝通过树脂浸渍后通过一个导向头引向一个转动的型芯,导向头在型芯长度范围内运动。缠绕过程中,转动的型芯通过筒架牵引并张紧纤维(见图 5.24)。张紧纤维可以使制品更密实,纤维含量更高并降低气孔率,从而改善最终产品的质量。通过软件设计,可以控制生产不同的圆形或椭圆形制件。还可以调整型芯转速和导向头的移动速度来改变长丝缠绕时的角度，以便满足不同应用对制件力学性能的要求。虽然这种方法生产效率高、成本低，制品结构强度高，但是只能局限于生产类似凸圆形制品。

纤维铺放工艺是在长丝缠绕基础上开发出来的一种重要的复合材料成型工艺，主要用于制造大尺寸、结构复杂的飞机部件。除了前面叙述的湿法缠绕，还有一种预浸渍缠绕。将增强材料（通常是玻璃纤维）预先用树脂浸渍制成粗束或带状预浸料，然后进行预浸料的缠绕成型。预浸料缠绕工艺能够精确控制复合材料的树脂含量。

湿法长丝缠绕多选用液体热固型酚醛树脂。通常的热固型酚醛树脂需要高温固

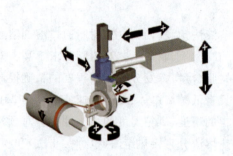

图 5.24　长丝缠绕工艺示意图

化，而在高温下又容易发生鼓包、起泡、分离等问题，因此采用低温固化技术（低于 100 ℃）防止固化过程中气体的挥发（蒸发）对于酚醛湿法缠绕工艺而言十分重要。低温固化的主要技术措施是采用酸或碱催化体系，控制树脂体系的 pH，使其处于强酸或强碱状态，碱性催化剂活性较低，更适合于高活性的酚醛树脂。Durite 等公司新型酚醛树脂（见表 5.8）能在保证合理的适用期的基础上达到快速固化的性能，该酚醛树脂可以在低于水的沸点的条件下固化，尽可能减少气体挥发。同时，固化时间也达到可接受的水平，保证生产效率。

表 5.8　长丝缠绕用酚醛树脂典型性能

性　能	Durite SL-575B	Cellobond J2027L
黏度/(mPa·s)	950~1 600	220~320
固体含量/%	71~75	—
水分/%	6.5~7.7	10~13
是否改性	是	否
B 组分	固化剂	固化剂
混合后适用期/h	4	4

经过不断研发改进，酚醛树脂长丝缠绕复合材料的冲击和弯曲性能已经接近环氧树脂的水平。这些新型酚醛树脂挥发分低，收缩率小，制品的力学性能得到大幅提高，且仍保留了酚醛树脂固有的阻燃低烟低毒等性能。

3. 拉挤成型

拉挤成型工艺是由纤维粗纱通过树脂浸渍，然后通过加热模具固化生成复合材料，其生产设备示意图如图 5.25 所示。

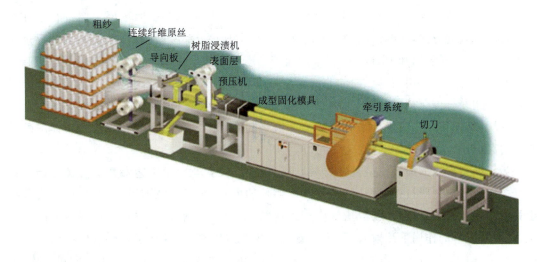

图 5.25 拉挤成型工艺设备图

拉挤成型工艺具有连续性,自动化程度比较高,由于拉挤工艺中使用了连续纤维,因此比使用短切纤维或不连续纤维的复合材料有更高的强度(尤其是弯曲强度)。不饱和聚酯树脂复合材料的拉挤成型工艺已相当成熟。对于酚醛树脂的拉挤成型而言,需要解决以下几个关键技术问题:①酚醛树脂在模腔内的快速固化;②拉挤复合材料中增强体(填料)的含量超过80%以上,需对酚醛的流变及与纤维和模具的界面特性进行控制,减少与模腔的摩擦阻力;③避免对模具的腐蚀;④减少固化过程中的挥发分。

针对拉挤工艺对酚醛树脂的需求,国外 Georgia-Pacific、Hexion 等公司开发了相应的树脂品种(见表5.9)。这些树脂具存储期长、反应可控、固化收缩小等特点,能够改善复合基体的韧性。Angus 化学(陶氏化学的子公司)研发了 Novolac 型拉挤酚醛树脂,采用其独特的改性剂 Accelacure™ PT1000H,该树脂体系具有高效成型、无甲醛排放、存储稳定等特点,其推荐的加工成型温度超过 200 ℃。

表 5.9 国外拉挤用酚醛树脂

性　能	Hexion Durite® SC-644C	Hexion Cellobond® J20/1256L	Hexion Cellobond® J2027L	Georgia Pacific ResiSet® GP-652D79	Accelacure™ PT 2000R
25 ℃黏度/(mPa·s)	2 700~3 300	500~700	220~320	1 600~2 400	1 000~2 000
固体含量/%	69.5~75.5	—	—	64~68	≈80
水分/%	≤5	9~13	10~13	无资料	无资料
乙醇含量/%	10	无	无	无资料	≈15
B组分	2026B 热固性酚醛	无	潜伏性酸	GP-012G23 固化剂	Accelacure™ PT 1000H
存储期/h	≈24	不适用	3	>8	≈24

为了满足拉挤工艺对树脂的低黏度快固化要求,采用间苯二酚对酚醛树脂进行改性是一种行之有效的方法,间苯二酚的加入既加快了固化速度,又不至于增加酚醛树脂的黏度和脱水量。BP化学公司和Plenco公司采用间苯二酚改性技术成功开发了拉挤用酚醛树脂产品。北玻院开发了采用间苯二酚的非酸固化拉挤专用酚醛体系(牌号为F-613),该树脂合成过程中采用复合催化剂,固化活性高,固化温度低,生产效率高,可在无酸条件下热固化成型,对模具无损伤。张明艳等采用醋酸锌为催化剂合成了一种新型的含羧基的液体酚醛树脂,其挥发分低、反应活性高、固化时间短,可用于拉挤工艺。

为了获得理想的酚醛拉挤复合材料,对拉挤成型设备及成型工艺参数进行优化调整也十分关键。酚醛树脂拉挤成型时,必须有足够长的模具、较高的成型温度,并且最好直接往模具内注入树脂,而不是往胶液槽体内注入树脂,把经过配制混合的树脂,在成型模的前端位置上,在压力的作用下注射入模,不但省去了树脂浸胶槽,而且增强材料入模前保持为干燥状态。这种工艺方法也称"注射拉挤工艺"(IP),该方法的优点在于树脂组分配料准确,可利用计量泵连续计量,以避免手工混合带来的误差,同时使树脂浸渍槽由开放式变成了全封闭形式,大大改善了拉挤工艺的操作工作环境。

4. SMC/BMC模压成型工艺

酚醛SMC/BMC模压成型的工艺装备与工艺过程与不饱和聚酯的基本相同,是将一定量的SMC/BMC模压料放入金属对模中,在一定温度和压力下成型制品,具有操作简便、自由变更片材厚度、易成型多肋和凸起部位及预埋金属嵌件的制品等特点。

这种成型方法技术关键在于酚醛SMC/BMC模塑料的制备(包括增稠、存储以及固化反应速度的确定等)。其制备流程如图5.26所示,将树脂、填料、增稠剂和其他组分结合形成非常黏稠的糨糊。SMC机器通过三辊揉捏作用使玻璃纤维达到所需长度,然后将树脂糊涂抹于承载膜(一般采用聚乙烯)上,沉降所需数量的玻璃纤维,再施加一层树脂糊黏贴成片材。通过调节添加剂如氧化镁或氢氧化镁使其达到所需黏度。按照需求的不同,玻璃纤维可以是连续纤维或短切纤维,纤维可以是单向或随机(或混合形式)。

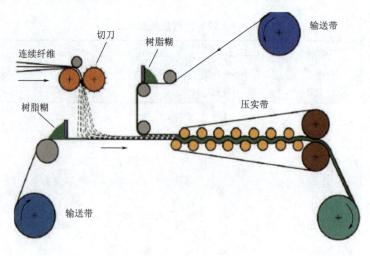

图5.26 SMC制备流程示意图

制备酚醛 SMC/BMC 模压复合材料时,对酚醛树脂有以下要求:①为使树脂充分浸渍玻璃纤维和填料,要求酚醛树脂黏度相对低;②浸渍阶段树脂增稠足够慢;③浸渍以后树脂增稠足够快,熟化时间相对短;④P 酚醛 SMC 达到成型黏度后,增稠立即停止;⑤存储阶段树脂几乎不增稠,黏度几乎不增长,物、化性能稳定⑥模塑成型时,在温度、压力作用下,其黏度有利于树脂糊携带玻璃纤维迅速充满模腔;⑦树脂具有高反应活性,以便在低温低压成型时快速固化;⑧固体含量相应高,游离酚和挥发物尽量小,以便提高制品表面质量;⑨适用期长,便于存储与运输。为此,需要对酚醛树脂的反应性、分子量、黏度和固含量等性能进行综合调控,从而获得最佳性能。典型的酚醛树脂特性见表 5.10。

表 5.10 SMC 和 BMC 用树脂 Cellobond® J2041L 性能

性能	数值	性能	数值
黏度/cps	4 500~5 500	水溶比(25 ℃)	1:2.5~1:3.5
相对密度/(g·cm^{-3})	1.257~1.267	130 ℃固化时间/min	4.5~6.0
固含量/%	71.5~75.5		

梅启林等[27]采用平行平板式剪切流变仪对酚醛 SMC 的流变性研究发现,酚醛 SMC 具有黏弹性和震凝性,且为非牛顿性流体。填料及玻璃纤维含量的增加使酚醛 SMC 对温度的依赖性增强,成型工艺性降低。在相同温度下,酚醛 SMC 的流动性随着压力的增加(即剪切应力的提高)得到提高,但这种趋势随着温度的升高而减弱。纤维的长径比能影响酚醛 SMC 流体的属性,为提高制品的质量,应避免使用过高的长径比。通过调整增稠体系中 B2O3 和 ZnO 的比例,可获得工艺条件一致而存储期不同的酚醛-SMC 产品。

5. 树脂传递模塑(RTM)

RTM 成型工艺是将玻璃纤维或其他增强材料铺放到闭模的模腔内,用压力(或真空辅助)将树脂胶液注入模腔,浸透增强材料,然后固化,脱模成型制品。RTM 工艺通常使用的增强材料形式有短切纤维毡、连续纤维毡、三维织物或特制的复合毡等,增强材料的种类有玻璃纤维、芳纶纤维、碳纤维等。

RTM 生产工艺通常要求树脂注射温度下黏度为 250~1 000 mPa·s,以使纤维能很快地浸透,并避免铺层或织物结构被破坏。树脂固化过程应没有或尽量减少小分子产生,以减少制品缺陷,提高各种性能。传统的酚醛树脂由于通过缩合化,固化过程中有小分子放出,容易造成制品缺陷,为了获得性能优异的复合材料,需对树脂体系及成型工艺进行优化改进。

路遥等[28]对用于 RTM 工艺的钡酚醛树脂体系的化学流变特性进行研究,并根据阿累尼乌斯方程建立树脂体系的流变模型。模型可揭示树脂体系在不同工艺条件下的黏度变化规律,定量预报 RTM 工艺树脂的低黏度平台工艺窗口,为合理制定 RTM 工艺参数、保证产品质量和实现工艺参数的全局优化提供必要的科学依据。钡酚醛树脂的黏度—温度—时间三维曲线如图 5.27 所示。

王柏臣等[29]对比研究乙醇、丙酮和四氢呋喃(THF)溶剂对 RTM 成型石英/酚醛复合材料溶液浸润过程和性能的影响,采用高效液相色谱(HPLC)和 X 射线电子能谱(XPS)研究酚醛树脂组成及其在石英纤维表面的动态吸附行为。结果表明,溶剂与酚醛树脂分子之间在石英纤维表面形成竞争性吸附,石英纤维表面硅烷偶联剂和不同酚醛树脂溶液组分间发生界面化学反应,从而影响树脂在 RTM 模具内部不同位置的分布和复合材料的力学性能。

中科院化学所通过对酚醛树脂反应过程的严格控制,获得分子量小且分布窄的 RTM 工艺用酚醛树脂,该树脂在保持高耐热、高残碳的同时,具有长时低黏度的特性(70 ℃ 6 h 后黏度<200 mPa·s)。

美国 Georgia-Pacific 树脂公司采用酸催化体系,合成了可用于 RTM 工艺的酚醛树脂体系;Borden North American Resins 公司采用潜伏性酸固化剂体系,合成了可用于 RTM 的酚醛树脂体系,该树脂体系具有存储期长、树脂黏度低、固化温度低(60~87 ℃)的特点。日本昭和高分子开发了 FRL2000/FRH-100 酚醛树脂体系,具有黏度低、催化速度可调节等特点。

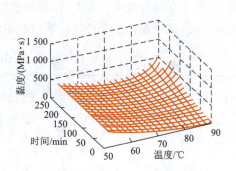

图 5.27 钡酚醛树脂的黏度—温度—时间三维曲线

6. 手糊成型

手糊成型工艺又称接触成型,是树脂基复合材料生产中最早使用和应用普遍的一种成型方法。手糊成型工艺是以手工操作为主,机械设备使用较少,可按照构件所需的尺寸、强度和形状结构的进行灵活设计,从而成为当前最常用的复合材料制造方法。其适于多品种、小批量制品的生产,在制造非常大和非常复杂结构件时手糊成型工艺也具有不可比拟的优势。

手糊成型工艺的过程是:先在清理好或经过表面处理好的模具成型面上涂脱模剂,待脱模剂充分干燥好后,将加有固化剂(引发剂)、促进剂、颜料糊等助剂搅拌均匀的胶衣或树脂混合料涂刷在模具成型面上,当混合料达到一个合适的固化程度时,一边铺设增强材料一边涂刷树脂,然后用滚子或其他工具除去残留的空气。根据设计要求确定层的数目和类型。通常使用短切玻璃纤维,但无纺布粗纱可以提高纤维的加入量,可以达到 40%~65%,从而可以得到更高的强度。使用的树脂是酸催化树脂系统,可以在室温或低温固化。手糊工艺流程示意图如图 5.28 所示。

对于手糊成型工艺而言,最关键的影响是人为因素。这种技术是劳动力最密集过程,制件的质量取决于操作人员的技术水平,需要操作人员对产品结构、材料性能、模具的表面处理、胶衣质量、含胶量控制、增强材料的裁剪和铺放、产品厚度的均匀性及影响产品质量的各种因素都要有比较全面的了解。另一个问题是有机树脂体系产生的挥发性物质的排放管理。

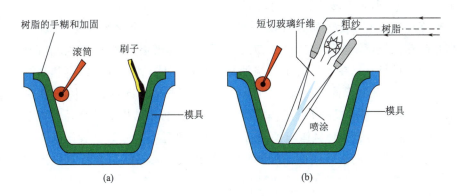

图 5.28 手糊工艺流程示意图

针对手糊成型工艺需求,酚醛树脂可采用酸或潜伏性酸催化剂,可在常温或低温下固化。这些不同的催化剂结合优化设计的酚醛树脂,可以平衡树脂和催化剂混合物的存放时间与复合材料的脱模时间。

5.4.4 酚醛树脂及其复合材料的典型应用

酚醛树脂的特点主要在于其耐高温、高残碳、黏结、抗化学腐蚀。在这些特性中,高温下结构的整体性和尺寸稳定性、热解碳层的致密性最具代表性,因此其作为烧蚀防热和阻燃材料的应用也最具特色。

1. 烧蚀防热材料

烧蚀防热材料是一种固体防热材料,主要用于导弹头部、航天器再入舱外表面和火箭发动机内表面。这种材料在热流作用下能发生分解、熔化、蒸发、升华、侵蚀等物理和化学变化,借助材料表面的质量损失消耗大量热量,以达到保护飞行器内部作用(烧蚀防热原理图见图 5.29)。从动力学及热力学过程来看,烧蚀就是由热化学和机械过程引起固体表面的质量迁移和热量转移现象。从分子角度看,优秀的耐烧蚀树脂基体应具备以下特点:分子结构中含碳量高,其他元素如氧含量低且不能存在于侧链或以醚键形式存在于主链上;聚合物中含有较多的 C—C 双键、三键或芳环,有利于提高残碳率;交联密度高,能形成比较完

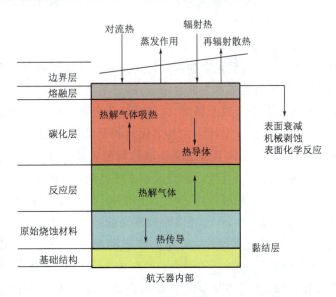

图 5.29 烧蚀防热树脂基复合材料的烧蚀过程

整的体形结构,在高温时不易裂解出过多的小分子链段[30,31]。

酚醛树脂在 300 ℃以上开始分解,在高温 800~2 500 ℃下逐渐碳化形成碳化层,碳化层强度高且耐热性强,适应于高温、高压、高速气流冲刷等极端恶劣的环境。在耐烧蚀领域,酚醛树脂是使用最早且仍在大量使用的烧蚀复合材料基体,其具有低成本和高可靠性的优势,在热防护领域具有不可替代的地位。美国"水星号"飞船的防热结构中,钝头部分采用高密度玻璃增强材料/酚醛作为烧蚀材料,"阿波罗"返回舱防热结构的整个外表面都采用烧蚀防热材料,主要成分是酚醛-环氧树脂添加石英纤维及酚醛小球[32,33]。我国航天应用部门采用钡酚醛、氨酚醛、高纯酚醛等树脂品种制得的酚醛/玻纤(碳纤)复合材料广泛应用于火箭和导弹大面积防热材料及发动机喷管等领域。

(1) 烧蚀防热用酚醛树脂的耐热改性研究

传统的酚醛树脂分子结构中有较多的醚键(—O—)和亚甲基键(—CH$_2$—),在高温条件下醚键和亚甲基键均易受热断裂而使酚醛树脂固化物裂解成小分子化合物逸出,从而导致固化物失重,所以,酚醛树脂残碳率较低,在高温烧蚀过程中降解严重,易在材料中产生较多的孔洞和开裂,致使材料极快损耗。提高树脂的耐热性和成炭率,对改善酚醛树脂基复合材料的性能起着关键的作用。为了更好地发挥酚醛树脂在耐烧蚀材料领域的作用,国内外学者对酚醛树脂的改性研究一直很活跃,所涉及的改性研究工作包括金属或杂元素改性、新型加成缩聚型酚醛树脂、纳米粉体及无机填料改性等。

硼酚醛树脂具有优异烧蚀性能,通常由苯酚及其衍生物、醛类以及含硼化合物进行共聚反应来获取。硼酚醛树脂在分子结构中引入硼元素,生成了 B—O 键。B—O 键的键能高达 773.3 kJ/mol,远大于普通酚醛树脂中 O—C—O 键能。同时,由于硼的三向交联结构,固化过程中容易形成六元环,极大地提高了其耐热性、抗烧蚀性能和力学性能。同时在烧蚀过程中,硼酚醛树脂产生的热解气体少,降低了烧蚀产生的内压,有利于提高材料耐烧蚀分层能力。

硼酚醛树脂的制备方式主要有三种,第一种方法是在合成酚醛树脂最后阶段与含硼化合物混合,或者含硼化合物作为初始原料直接参加到合成酚醛的过程中,获取硼改性酚醛树脂,该种酚醛树脂基本为混合物,易部分不均发生相分离,难以获得性能稳定的硼酚醛树脂;第二种方法是先合成水杨醇,再与含硼化合物反应得到硼酚醛树脂,该类硼酚醛为热固性树脂,通常具有稳定的性质,尤其是优异的耐热性能;第三种方法是使含硼化合物与酚类反应获取硼酸酯类,再和甲醛反应获取硼酚醛树脂。Abdalla 等[34]使用三苯基硼酸和多聚甲醛制备了加工温度下可流动的硼改性酚醛树脂。Liu 等[35]用超支化硼酸和热固性酚醛树脂共混制备了硼改性酚醛树脂,和传统酚醛树脂比,残碳率的质量分数增加了 10%左右。除了对热性能的提升之外,作者还观察到硼对酚醛树脂树脂石墨化的促进作用,硼掺入导致微晶高度的增加和层间距减小,此外在掺入硼原子之后,石墨碳在掺入硼原子之后,石墨碳从 54.50%降低到 42.85%,因为通过形成 B—C 键,一些碳原子被硼取代。B—C 键的存在表明部分硼原子已经引入碳化产物结构中。这些结果表明超支化硼在促进石墨晶体和改善热稳定性方面都表现出明显的效果。超支化硼结构示意图如图 5.30 所示。

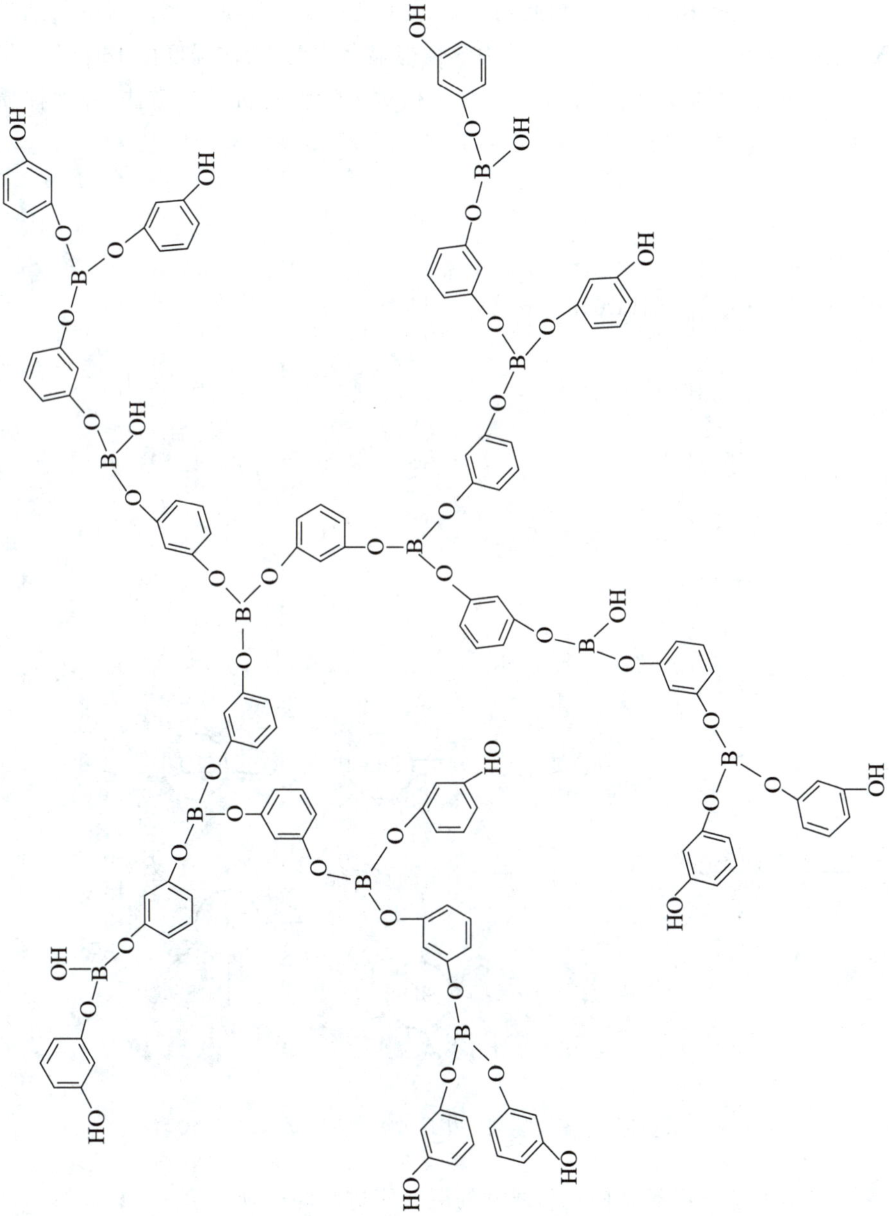

图 5.30 超支化硼结构示意图

有机硅树脂具有抗氧化性好、韧性好等优异的综合性能,因此,将有机硅引入酚醛树脂,可以综合赋予杂化树脂两者的优异性能,解决传统酚醛存在的抗氧化性差、力学强度偏低、固化碳化收缩高等问题。为解决有机硅与酚醛相容性差的难题,研究工作者从分子结构设计、相态控制等角度入手,开展了大量工作。

Haraguchi 等[36,37]采用热固性酚醛树脂与正硅酸甲酯(TEOS)原位聚合制备了纳米分散的有机硅改性酚醛树脂,如图 5.31 所示,其力学性能显著提高,弯曲强度由 180 MPa 提高到 300 MPa,断裂伸长率由 2.82% 提高到 5.40%。相对于传统的机械分散法,界面性质得到了很大的改善。

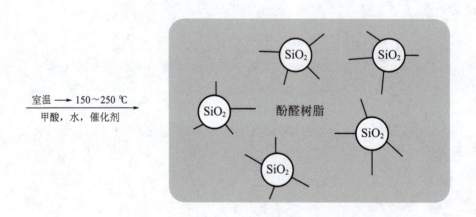

图 5.31　TEOS 原位聚合制备有机硅改性热固性酚醛树脂

张文涛等[38]采用甲基三甲氧基硅烷与线性酚醛树脂进行酯交换反应(见图 5.32),制备分子级硅氧烷改性酚醛树脂(SN)。通过核磁、质谱等方法证实了酯交换反应的发生,并对树脂的耐热性能和微观形貌进行了分析。从热重分析来看,SN 树脂显著提高了酚醛的耐热性能(见表 5.11),从微观形貌来看,该树脂属于分子级杂化改性,未发生相分离结构,硅元素均匀地分布在树脂基体中。

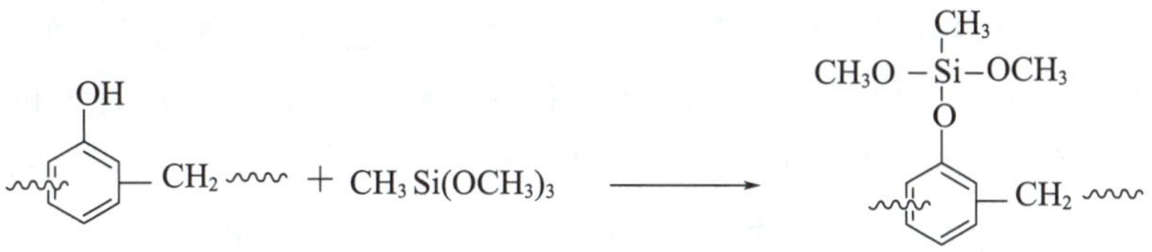

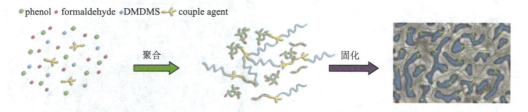

图 5.32 SN 树脂合成反应路线图

表 5.11 线性酚醛和 SN 固化物在氮气和空气气氛下的 TG 和 DTG 曲线的特征参数

树脂固化物	最大分解速率温度/℃		最大分解速率/(%·min^{-1})		1 000 ℃残碳率/%	
	氮气气氛	空气气氛	氮气气氛	空气气氛	氮气气氛	空气气氛
Novolac	546.9	568.8	-1.77	-5.43	58.55	14.52
SN	626.9	623.1	-1.01	-4.70	67.52	0.00

李珊等[39]设计了一种新型的偶联剂,通过偶联剂将酚醛和有机硅树脂以化学键紧密结合在一起,形成了纳米双连续相的有机硅改性酚醛(见图 5.33)。在高温环境下,改性树脂表面形成一层富硅的抗氧化层,使得改性树脂的高温抗氧化能力得到了极大的改善(马弗炉灼烧试验结果及表面 SEM 图见图 5.34)。

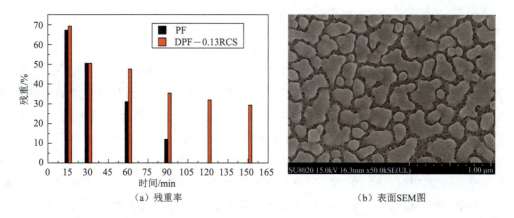

图 5.33 纳米双连续相有机硅树脂合成及固化示意图

(a) 残重率

(b) 表面SEM图

图 5.34 有机硅改性酚醛马弗炉灼烧(1 000 ℃)残重率及其表面 SEM 图

作为高分子材料,酚醛在高温下的热解不可避免,裂解过程中释放出的CO、水、酚类以及其他挥发分不仅降低了树脂的残重,同时在逸出时也破坏了树脂基体的结构,影响了酚醛复合材料在高温下的使用。通过在树脂中添加无机填料,在高温时无机填料和酚醛热解碳发生陶瓷化反应,是提高酚醛热解骨架结构的高温稳定性,尤其是抗氧化性的有效途径。Cairo等[40]对B_4C改性PF进行了研究。结果表明:B_4C的引入将PF的热分解温度提高了80~120 ℃,并且将热解过程中的CO、H_2O等挥发物转化成无定形碳和B_2O_3;B_2O_3以液态渗入碳化物孔隙之间,填补了树脂炭化过程中产生的缝隙,并形成致密的抗氧化膜覆盖在碳化物表面,从而显著提高了材料的抗氧化性能。傅华东等[41]以2.5D石英织物为增强体,硼改性酚醛为基体树脂,并加入$ZrSi_2$、SiO_2、SiC等无机陶瓷填料制备了耐烧蚀改性酚醛复合材料,研究表明陶瓷填料的添加对纤维增强硼酚醛树脂可瓷化复合材料的热性能有显著善,材料失重第一阶段温度明显提高,在700~1 100 ℃出现增重平台,1 400 ℃残碳率提高80%左右,该复合材料具有良好的耐烧蚀性能(见图5.35)。通过对烧蚀后样品形貌与元素分析可得,表面复相陶瓷的分布良好是材料耐烧蚀的重要原因,纤维结构是使复相陶瓷稳定分布在烧蚀面主要因素。在烧蚀过程中,2.5D纤维增强硼酚醛树脂可瓷化复合材料可有效解决2D纤维结构样品出现的层间分层与剥蚀问题。

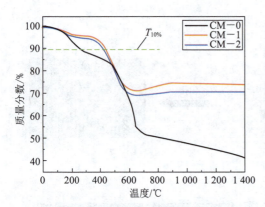

图5.35 无机填料改性硼酚醛树脂热重及其复合材料氧乙炔烧蚀后照片

纳米粒子尺寸小、表面积大、与高聚物结合能力强,并可对聚合物基体的物化性质产生特殊作用,将纳米粒子加入酚醛树脂中,可克服常规刚性粒子不能同时增强增韧的缺点,可提高材料的韧性、强度、耐热等性能。杨学军等[42]采用特殊分散技术将纳米炭黑分散在酚醛树脂中。研究结果表明:纳米炭黑呈纳米级分散状态,并且体系能长期保持稳定;纳米炭黑的引入有效提高了树脂基体的耐烧蚀性能,改性体系经烧蚀后,其碳化层具有较高的炭化程度和较好的炭结构(比纯PF致密),并且其线烧蚀率和质量烧蚀率均低于纯PF。我国台湾学者Jiang等[43]报道用不同的有机物改性蒙脱土和酚醛树脂制备纳米复合材料,发现所制备的纳米复合材料的热性能均比纯酚醛树脂高。例如,用含苄基和苯基的二甲基苄基苯基氯化铵改性的蒙脱土酚醛树脂纳米复合材料的热分解温度 Td(553 ℃)比纯酚醛树脂的 Td(464 ℃)高得多。

针对酚醛树脂缩聚固化会产生低分子挥发物的缺点,近年来已研制出一些新型结构的高残碳酚醛树脂,通过引入其他热稳定性官能团固化交联,消除原酚醛树脂固化交联产生低分子挥发物的缺陷,这些非传统的酚醛树脂固化原理是通过官能团如氰基、马来酰亚胺、乙炔、苯基乙炔、炔丙基醚、苯并噁嗪等聚合实现的。

苯并噁嗪化合物是一种性能优异的开环聚合酚醛新材料,由酚类、胺类和甲醛合成的含有 N、O 原子的六元杂环化合物,通过开环聚合反应生成含氮且类似酚醛树脂的网状结构,具有较高的热稳定性,而且聚合时无挥发成分逸出,工艺性能良好[44]。Kim 等[45]选用带活性基团的原料合成的具有乙炔基、氰基等活性基团的苯并噁嗪中间体,其玻璃化转变温度达到 220 ℃,在氮气中的成炭率高达 80%。

罗振华等[46]设计合成了具有加成固化特性的乙炔基苯基偶氮酚醛树脂,首先制备了乙炔基苯基偶氮水杨醇单体(EPAS),再通过该单体的催化预聚反应制备了偶氮化比率为 100% 的乙炔基苯基偶氮酚醛树脂(EPAN100)。其合成路线图如图 5.36 所示。该树脂利用炔基交联固化,固化无小分子释放,适应于 RTM 成型工艺。且该树脂具有良好的耐热性能,900 ℃ 残重达到 80%。

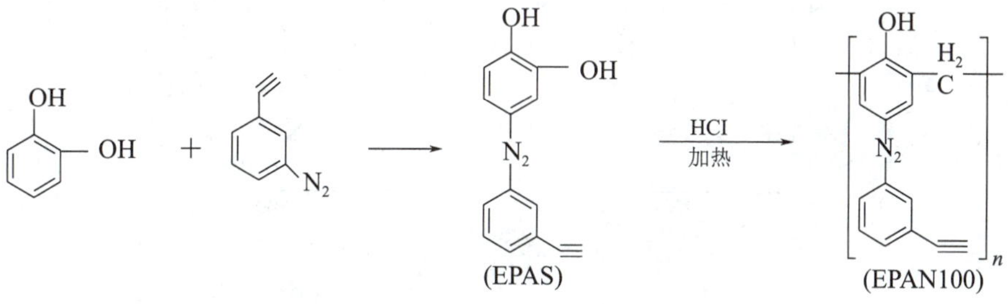

图 5.36　乙炔基苯基偶氮酚醛树脂(EPAN100)合成路线

张勃兴等[47]还利用线型酚醛树脂与 4-硝基邻苯二甲腈之间的亲核取代反应,对其结构中的酚羟基进行选择性修饰,制备了邻苯二甲腈醚化酚醛树脂(PN),其合成路线如图 5.37 所示。

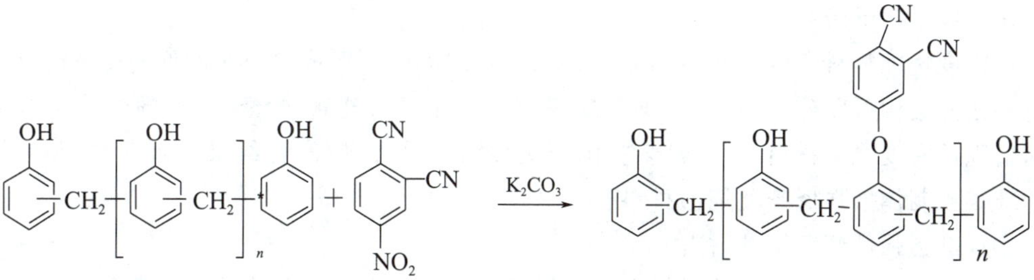

图 5.37　邻苯二甲腈基酚醛树脂(PN)的合成路线

如图 5.38 所示，PN 树脂的热稳定性比纯酚醛有了显著的提升。这是由于腈基交联形成的网络结构比亚甲基交联形成的网络结构更稳定。除此之外，PN50 树脂中的酚羟基含量要低于酚醛树脂，而酚羟基受热易产生氧自由基，破坏交联网络结构。另外，4-硝基邻苯二甲基官能团的引入增加了树脂中芳环的含量，而芳环含量的提高有利于树脂的高残碳率的增加。

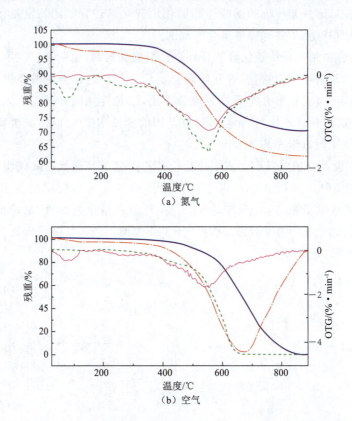

图 5.38　PN 树脂和酚醛树脂固化样的 TGA 与 DTA 曲线

(2) 烧蚀防热用酚醛复合材料的轻量化研究

通过烧蚀复合材料的轻量化可大幅降低飞行器热防护材料的质量，提高飞行器有效载荷，是酚醛烧蚀防热复合材料的发展重点。针对这样的需求，国内外研究机构和防热学术界提出了低密度烧蚀热防护材料的概念，并在降低烧蚀材料的体积密度、提高耐烧蚀和隔热性能方面开展了广泛研究。

低密度烧蚀材料密度通常在 0.2~0.9 g/cm³ 之间。已经成熟应用的低密度酚醛烧蚀复合材料按照结构可以分为两类：一类是酚醛树脂填充于高硅氧/酚醛或碳/酚醛蜂窝构成的蜂窝增强低密度烧蚀材料；一类是多孔酚醛树浸渍三维纤维(陶瓷纤维或碳纤维)预制体构成的纤维预制体增强低密度烧蚀材料[48,49]。

① 蜂窝增强低密度烧蚀材料。

蜂窝增强低密度酚醛烧蚀材料由高硅氧/酚醛或碳/酚醛蜂窝增强相和填充于蜂窝格子内的低密度、低导热系数的酚醛树脂基体相组成[50]。为了降低密度、提高隔热性能并改善材料表面抗气流剪切和辐射能力,在填充相内添加玻璃空心微球、酚醛空心微球、短切石英纤维、短切碳纤维、二氧化钛等功能填料。蜂窝结构除了作为支撑结构提高材料强度和抗剪切能力之外,在烧蚀过程能够阻止表面烧蚀层脱落而稳定烧蚀层,局部烧蚀层脱落将造成烧蚀表面粗糙和紊流,加快烧蚀材料的消耗最终降低系统防热能力[51-54]。该类材料中最为经典的是密度约为 0.5 g/cm³ 的 AVCOAT 低密度烧蚀材料,该材料是在玻璃纤维/酚醛蜂窝中填充酚醛-环氧树脂,并且添加玻璃空心微球、酚醛空心微球、短切石英纤维等功能填料[55-57]。AVCOAT 保证了阿波罗飞船的多次载人登月任务的顺利完成,该系列烧蚀材料被认为是最可靠、高效和成熟的低密度烧蚀材料。AVCOAT 驻点烧蚀考核试样宏观照片如图 5.39 所示。

(a) 考核前　　　　　　　　　　　　(b) 考核后

图 5.39　AVCOAT 驻点烧蚀考核试样宏观照片[52]

20 世纪 90 年代,随着美国再次启动星际探测,AVCOAT 被选择作为新一代飞船——"猎户座"载人探测飞船防热大底的烧蚀材料。2014 年使用新一代 AVCOAT 的"猎户座"载人探测飞船完成了首次 EFT-1(Exploration Flight Test 1)探索飞行测试。"猎户座"载人探测飞船 EFT-1 的防热大底的照片如图 5.40 所示。

(a) 飞行前　　　　　　　　　　　　(b) 飞行后

图 5.40　"猎户座"载人探测飞船 EFT-1 的防热大底的照片[53]

我国航天材料及工艺研究所针对载人飞船再入时面临的焓值高、热流密度低、驻点压力低和载入时间长的热环境防热需求,成功研制了系列蜂窝增强低密度防热材料,该材料由基体和填料两大组分构成,基体为酚醛玻璃钢蜂窝,用来提高烧蚀材料的自身强度和抗剪能力;填料包括增强纤维、酚醛空心微球和比例孔微球,主要是降低材料密度并提高隔热性能,同时保证烧蚀材料表面的抗气流剪切能力。在该材料的生产过程中,由于采用了真空大面积灌注工艺,大幅提升了材料的成型质量和效率,其工效是美国"阿波罗"飞船所采用的单孔灌注工艺的 5 倍[50]。

与 AVCOAT 低密度烧蚀复合材料的结构不同,我国航天 703 所自主研制的 SPQ 防热材料是由陶瓷纤维(如石英纤维和玻璃纤维)以及三元长纤维组成的高温耐烧蚀材料。通过在纤维预浸料中添加轻质中空微球填料,实现了材料的轻质化。SPQ 在降低烧蚀复合材料密度的同时,还保持了良好的烧蚀隔热性能。为保证烧蚀防热复合材料的整体结构性、强度以及在高热流密度、强气流冲刷下的抗烧蚀剥蚀性能,航天 703 所还采用了螺旋立体铺覆成型工艺方案,这种螺旋铺层方式大大降低了缝隙沿布层扩展的概率,提高了产品的可靠性[50]。

②纤维预制体增强低密度酚醛烧蚀材料。

该类材料的代表是 PICA(phenolic impregnated carbon ablator),其制备过程及宏观形貌如图 5.41 所示[54]。此种材料是将多孔碳预制体 Fiber Form 部分浸渍酚醛树脂得到的烧蚀材料,为了控制树脂的质量分数,同时满足孔隙率和低热导率的目标要求,采用特殊的浸渍和固化技术,调节其密度为 0.224~0.48 g/cm³ 范围内[58]。

图 5.41　PICA 的制备方法及其宏观照片

碳预制体由 Fiber Materials 公司提供,通过将酚醛树脂溶液浸渍短切碳纤维,搅拌均匀后通过真空抽滤成型再高温碳化制得,具有刚性、低密度(0.152~0.176 g/cm³)的特点,且碳纤维的空间分布形态可以调控,从而获得最优的沿 z 轴方向的隔热性能及耐烧蚀性能[55]。PICA 可承受的最高热流极限为 1 500 W/cm²,其散热机理主要是利有机树脂裂解形成的炭化层的热辐射以及材料多孔结带来的热阻塞效应,实现了微烧蚀、防隔热一体化的目标。此外,进一步提高酚醛树脂的浸渍量,可以得到致密化的 PICA,适度提高密度。与标准 PICA 相比,致密化 PICA 在高热流条件下表现出更低的衰退率和更高效的热防护能力。这些致密化的 PICA 有望应用于未来具有更极端严酷再入环境的任务。

我国航天 703 所、306 所、哈尔滨工业大学、华东理工大学、中科院化学所均开展了基于微纳多孔结构的酚醛树脂及其低密度复合材料的研究,并取得了可喜进展,相关研究工作已经在航天型号中得到应用。哈工大程海明等以酚醛树脂(PR)气凝胶为浸渍相,三维碳纤维预制体为增强相,开展了超轻质碳/酚醛烧蚀复合材料的设计、微观结构调控、成型制备、性能测试与考核(见图 5.42)。成功开发了密度在 0.3 左右的低密度酚醛烧蚀防热材料,该材料具有良好的抗氧化烧蚀和隔热性能[59]。

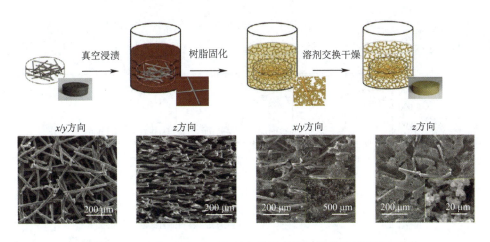

图 5.42 酚醛气凝胶/三维碳织物复合材料制备流程及材料微观照片

中科院化学所利用固化诱导相分离,以 PMMA 等高分子热塑性聚合物为致孔剂,研制了具有纳米多孔结构的酚醛树脂,由于其独特的纳米孔结构,在降低材料密度的同时,该树脂热解碳化物强度较纯酚醛比有了大幅提升(见图 5.43)。进一步将 PMMA 改性的多孔酚醛制备的烧蚀复合材料,由于 PMMA 的离去形成微纳多孔结构,从而使得烧蚀复合材料的背面温升明显降低(见图 5.44)。

2. 阻燃材料

酚醛树脂的分子结构中含有大量的苯环结构,在热裂解断链过程中,这些苯环能交联生成大量的炭,因而具有良好的凝聚相阻燃特性,其阻燃机理参见图 5.45。成炭能使可燃裂解产物避免转换成气体燃料,从而抑制聚合物的燃烧。成炭过程往往伴随有水的生成,气体燃料可被高比热容的不可燃水蒸气稀释,降低燃烧概率。碳化作用可形成一层热传导的壁垒,从而可以保护下层的聚合物。形成碳层的作用经常是吸热反应,有利于降低环境温度。

与其他热固性树脂相比,酚醛复合材料在阻止火焰传播以及降低烟密度等特性上也具有独特的优势(见图 5.46)。

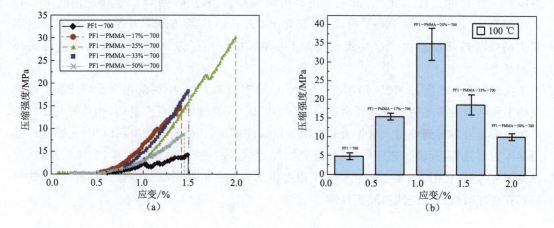

图 5.43 酚醛及 PMMA 致孔酚醛热解产物的压缩性能

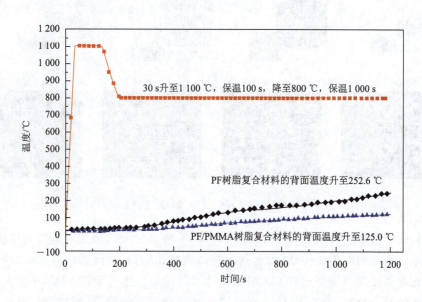

图 5.44 PMMA/酚醛烧蚀复合材料石英灯辐照考核结果

正是由于酚醛树脂独特的低烟、低毒、低热释放速率(FST)性能,采用酚醛树脂制备的泡沫、纤维及其复合材料等阻燃产品已经广泛应用在建筑、航空、轨道交通及船舶等领域。

(1)酚醛泡沫

酚醛泡沫具有优异的轻质、保温、阻燃、低烟低毒的特性(见表 5.12),越来越受到人们的关注。它是由酚醛树脂为主体,外加表面活性剂、固化剂、发泡剂等其他助剂,经发泡固化后形成的多孔材料。由于基体材料是酚醛树脂,所以,它在阻燃方面具有特殊的优良性能,在高温明火下不燃烧、表面会形成一层碳化层,阻止火焰进入泡沫的内部(见图 5.47)。它一般使用温度在 150 ℃ 以下,最高可耐 200 ℃ 高温,经国家防火建筑材料质量监督检验中心认定为难燃材料,该材料无烟无毒,氧指数高达 40% 以上。由于其质轻、阻燃、低烟低毒、耐化学腐蚀性、尺寸稳定,已经成为建筑、交通运输、通风管道等行业重要的保温阻燃材料。

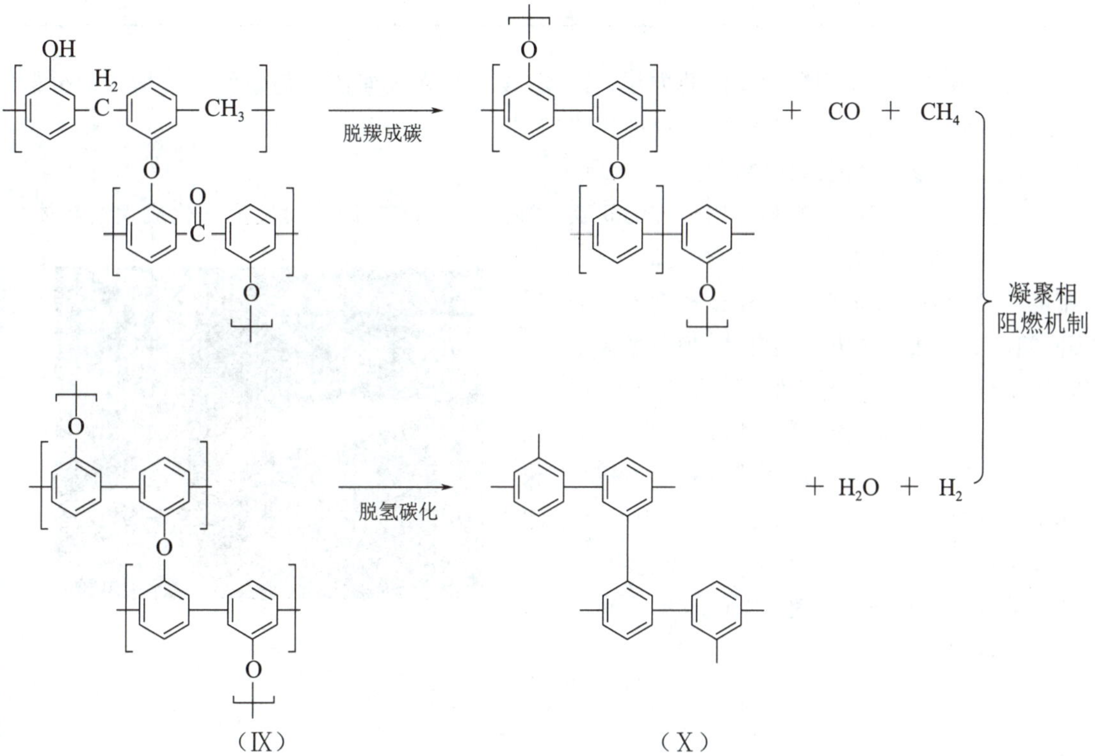

图 5.45 酚醛树脂阻燃机理示意图

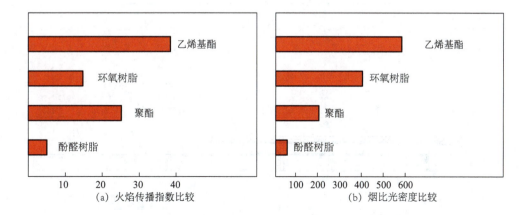

(a) 火焰传播指数比较

(b) 烟比光密度比较

图 5.46 四种热固性树脂复合材料的火焰传播指数和烟比光密度的对比图

表 5.12　不同保温材料的指标

名称	导热系数/ (W·m⁻¹·K⁻¹)	容密度/ (kg·m⁻³)	节能保温	极限工 作温度	临界氧指数	最大烟 密度/%
酚醛泡沫	0.02～0.036	40～80	极佳	210 ℃变色	50	5
聚氨酯	0.022～0.036	25～35	极佳	140 ℃软化	25	74
聚苯乙烯	0.033～0.045	25～50	一般	70 ℃收缩	18～21	203.3
岩棉板	0.042～0.064	40～60	差	600 ℃收缩	—	0

酚醛泡沫一般采用物理发泡的方法，首先将发泡剂在表面活性剂的作用下均匀地分散到酚醛树脂中，然后加入固化剂，迅速搅拌均匀，快速转移到模具中，置于60～80 ℃烘箱中固化，最终形成酚醛泡沫材料，如图 5.48 所示。

酚醛泡沫早期的生产多采用传统的间歇式湿法方式生产，即热模发泡固化成大泡沫体，再切割成板材(见图 5.47)，由于大泡沫体存在密度梯度问题，因此切割的板材密度不一致；另外，间歇式湿法传统方式能耗大，模具数量多，占用厂房面积大，生产效率低下，质量受人为因素影响较大，产品质量难以保证，影响到产品的推广应用。随着工业化生产技术的进步，酚醛泡沫多采用连续湿法方式生产(图 5.49 为酚醛泡沫连续生产线示意图)，在连续生产线连续同步完成发泡、固化、切割等过程，生产效率高，产品质量稳定，板材密度均一。

图 5.47　酚醛泡沫火焰灼烧照片

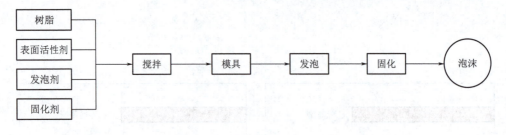

图 5.48　间歇式酚醛泡沫生产流程

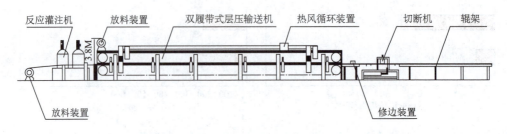

图 5.49　酚醛泡沫连续生产线示意图

尽管酚醛泡沫已经得到了广泛的应用，但其本身脆性大、开孔率高、易粉化、腐蚀性强，也一定程度上限制其应用领域。如何通过酚醛树脂、配方及发泡工艺等优化改进研究，进一步改善酚醛泡沫的性能，如降低酸性、提高强度、增加闭孔率等，一直是酚醛泡沫研究的重点方向。

研究工作者系统研究了酚醛树脂的醛酚比、黏度、游离酚含量、水分含量等均对泡沫的性能的影响[56-59]。

图 5.50 为在相同工艺条件下，不同醛酚比的酚醛树脂所制得泡沫的 SEM 图，F/P＝2.0 配比的树脂与酸固化反应活性低，固化前期放热慢，起泡平稳，同时凝胶时间短，有利于树脂快速固化，形成小孔径泡沫[60-63]。

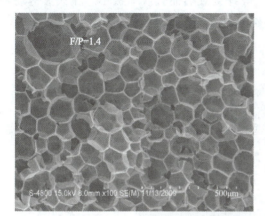
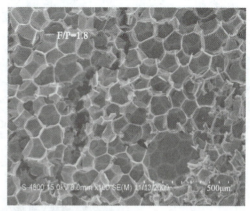
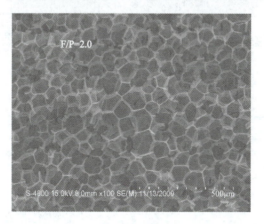

图 5.50 不同 F/P 配比下的泡沫的 SEM 图

酚醛泡沫的制备需要采用酸为固化剂，采用硫酸作为固化剂时，更有利于形成孔径小的酚醛泡沫，但是孔壁上存在大量针孔；采用甲苯磺酸和磷酸苯酯作为固化剂时，几乎没有针孔，但是由于固化速度慢，酚醛泡沫孔径偏大。往往采用复配酸技术来控制酚醛泡沫的孔径，图 5.51 为不同酸复配下酚醛泡沫的平均孔径曲线图。在保证孔径大约 70 μm 的前提下，硫酸-磷酸苯酯复配体系更有效地改善了泡沫孔壁缺陷，得到小孔径酚醛泡沫[64]。

(2) 酚醛纤维

酚醛纤维是酚醛树脂经熔融纺丝后进行固化反应得到的一种金黄色的、三维交联无定形结构的有机耐热纤维，交联度约为85%[60,61]。根据纤维燃烧性能的不同，可分为不燃纤维（如石棉、玻璃纤维）、难燃纤维（聚四氟乙烯、酚醛纤维）、阻燃纤维（偏氯纶、氯纶）和可燃纤维（如涤纶、锦纶、腈纶、丙纶）。在中、小型火源点燃下产生小火焰燃烧，当撤走火焰时，火焰能较快地自行熄灭，这一类纤维称为阻燃纤维。表5.13列出了常用纤维的极限氧指数(LOI)，酚醛纤维的LOI值虽然比聚四氟乙烯纤维、聚丙烯腈预氧化纤维和聚苯并咪唑纤维小，但作为实用有机纤维却具有最高的LOI值，酚醛纤维极限使用温度可达1200℃，被认定为阻燃材料。另外，从燃烧试验的结果看，酚醛纤维难燃而且收缩极小。在火灾等场合下，由于衣服的熔融和收缩原因而发生火伤较多，但使用酚醛纤维这种危险性可以减少。

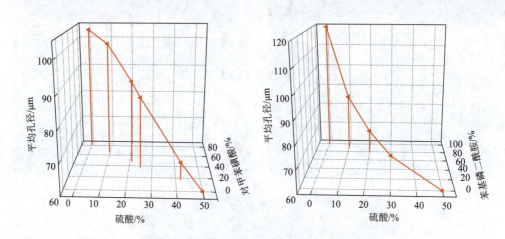

图 5.51　不同酸复配下酚醛泡沫的平均孔径

表 5.13　难燃纤维和一般纤维的 LOI

纤维种类	LOI	纤维种类	LOI
聚四氟乙烯纤维	95	涤纶	20~22
聚丙烯腈预氧化纤维	50~60	锦纶	20~22
聚苯并咪唑纤维	41	腈纶	20
聚苯硫醚纤维	34	醋酯纤维	18~19
聚酰亚胺纤维	32	黏胶纤维	17~19
芳酰胺纤维	28~31	棉花	17~19
羊毛	24~26	酚醛系纤维（凯诺尔）	30~34

酚醛纤维具有优异的阻燃性能及低毒、无烟、不变形等优点，是极好的阻燃材料。酚醛纤维的毛毡和织物可单独或与其他纤维和材料共混，安全地用于服装和一些配件中，在有火灾或火焰的危险场合提供保护，或在高温条件下起隔热作用[65-69]。酚醛纤维已经应用于防

护用品(见图 5.52),如:消防队员的防护服,消防器材保护套,炉套和焊接工的夹克,铸造工人用的防护服,救援、护林、宇航员和士兵用服装,船舱安全、紧急情况和逃逸服等。

酚醛纤维通常采用熔融纺丝的方法制备,即将热塑性酚醛树脂加热熔融,熔体从喷丝孔挤出进入空气,在空气中冷却的同时,以一定速度卷取,这样树脂熔体在一定的拉力下成丝并凝固而成纤维,然后再在酸和醛的混合液中固化形成不溶不熔纤维。其工艺流程如图 5.53 所示[62]。美国金刚砂公司和日本 Kynol 公司皆采用此法。

图 5.52 采用酚醛纤维制备的防火头盔、手套及衣服

图 5.53 酚醛纤维熔纺法工艺流程

也可以采用湿法纺丝的工艺来制备酚醛纤维,即以热固性酚醛树脂为起始原料,将树脂溶液从喷丝孔中挤出进入凝固浴中,然后进行脱溶剂或伴有化学反应的脱溶剂而凝固成不溶不熔的纤维[63]其工艺流程如图 5.54 所示。这样制得的纤维多数情况下要进一步拉伸,以提高纤维的力学性能。日本的 Exlan 公司和新日本制铁公司均采取此种方法。与熔融纺丝法相比,湿法纺丝具有以下优点:树脂纺丝成形后,无须借助甲醛-盐酸进行交联,工艺环保安全。

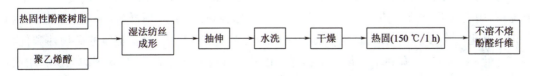

图 5.54 酚醛纤维湿法纺丝工艺流程

此外,还有干法纺丝、离心纺丝、喷射纺丝以及静电纺丝等技术路线[64-68]。尽管酚醛纤维在美国、日本已工业化生产,但各种纺丝方法均存在不同的问题有待解决,今后研究工作的重点是如何更好地使酚醛树脂纤维化,并且纤维强度也有待于进一步提高。

(3)内饰阻燃酚醛复合材料

内饰阻燃复合材料是现代飞机的关键材料之一。酚醛复合材料除了具有其他材料不可比拟的高效阻燃、低发烟和低毒雾性能外,其热机械性能也优于聚酯、环氧等复合材料。近年来,酚醛树脂复合材料已跻身于高性能复合材料行列,作为一种具有最佳性能价格比的阻燃材料,已经广泛用于先进客机的地板、壁板、天花板、隔墙、行李舱、货舱内衬等部位,对提高飞机的安全性能和减轻飞机质量以实现低运行成本化起着至关重要的作用。波音和空客等飞机制造公司均采用阻燃酚醛复合材料制造其先进客机的内饰构件,占整个飞机内饰阻燃材料的 80%~90%[69]。

舱内阻燃酚醛复合材料的应用均是从酚醛玻/碳纤预浸布为原料出发,制备层压板或者夹芯板材(见图 5.55)。对于阻燃酚醛玻/碳纤预浸布而言,国外技术发展已经十分成熟,氰特公司的 CYCOM 系列、固瑞特的 PF、PH 系列阻燃预浸布在飞机内饰阻燃复合材料中应用十分广泛,可适应于模压、真空袋、热压罐等多种复合材料成型工艺。

 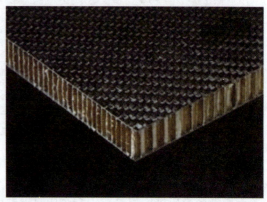

图 5.55 酚醛/玻纤层压板及酚醛/碳纤/Nomex 蜂窝夹芯板

传统酚醛树脂由于脆性大、自黏性差、工艺性差,已不能满足夹层结构的使用要求。改变酚醛树脂的结构,特别是与其他高聚物共混,在韧性、耐热性、阻燃性方面实现高性能化,已成为酚醛树脂研究和应用的关注焦点。

为了在无胶膜或胶黏剂黏结下共固化成型制造蜂窝夹层结构内饰部件,航天材料工艺研究所/中科院化学所王伟等[70,71]研制了具有自黏附特性的酚醛预浸料,采用 PVB 增韧和气相二氧化硅为触变剂,系统研究了改性树脂的流变和固化特性,树脂基体的高韧性和优异流变特性(见图 5.56)有利于在预浸料和蜂窝接触面形成大小合适、形状规则的"胶瘤"结构,保证了夹层结构的板-芯界面黏结强度。

中航复材洪旭辉等[72]通过夹层结构滚筒剥离强度、垂直燃烧、烟密度、热释放速率等性能测试,系统研究增韧剂聚乙烯醇缩丁醛对酚醛/玻纤复合材料的黏结性和阻燃性能的影响。研究发现高分子量增韧剂对材料滚筒剥离强度的改善效果最明显,5%的添加量即能达到11%的低分子增韧剂的增韧效果(见图5.57)。但增韧剂的加入会影响复合材料的阻燃性能。

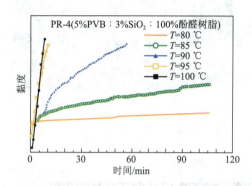
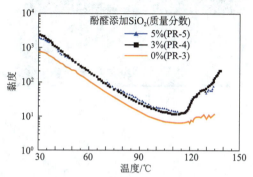

图5.56 增韧及增稠改性酚醛树脂的黏时/黏温曲线

对于航空及轨道交通而言,复合材料的减重降噪十分重要。经典的酚醛复合材料是采用蜂窝的夹芯结构来实现减重。近年来,随着复合材料技术的发展,一些新型的低密度阻燃复酚醛合材料陆续开发出来,在航空、轨道交通、船舶等领域得以应用。

瑞典的 Andersson Composite Technologies 和 Artboard AB 公司将纤维增强与酚醛发泡技术相结合,相继开发了 Compolet@、Recore@、Expancore@、Artboard@ 系列化产品。该产品是由多层发泡酚醛预浸毡热压成适当厚度而形成的,预浸毡的主要成分是酚醛树脂和玻璃纤维。该产品具有质

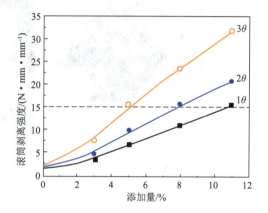

图5.57 增韧剂的种类及用量对复合材料剥离强度的影响

量小、成型后尺寸稳定、硬度高、防火、防水和耐化学腐蚀等特点,产品如图5.58(a)所示;该产品可加工成风道、地板等产品,在地铁、高铁、船舶等内饰材料中得以应用,如图5.58(b)所示。

中铁长龙、北航以及化学所联合开发了高阻燃三维立体夹芯承力复合材料。该研究工作将酚醛树脂的 RTM 低温固化成型、酚醛泡沫的高强度化以及大纱束无捻玻璃纤维的整体三维夹芯结构缝编技术有机结合在一起(复合材料见图5.59),所得到的复合材料具有阻燃、隔音、隔热、耐久、高强度等特点,部分性能参见图5.60。

（a）Expore@板材

（b）应用

图 5.58　Artboard@板材及其在阿尔斯通高铁风道中的应用

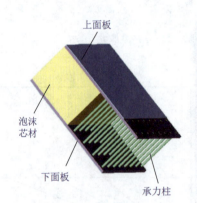

图 5.59　高阻燃三维立体夹芯承力复合材料

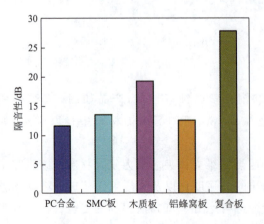
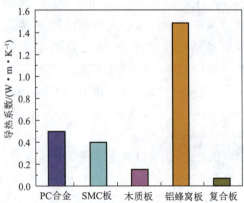

图 5.60　酚醛复合材料与传统板材隔音及隔热性能对比表

5.5 总结与展望

经过百余年的发展,酚醛树脂以其独特的低成本、高强度、耐热、难燃、低毒等性能优势,在航空航天、汽车、电子、机械、冶金等领域得到普遍应用,特别是在航天耐烧蚀复合材料和航空及轨道交通轻量化阻燃复合材料构件中作为最典型应用的基体发挥着重要作用。通过酚醛树脂合成反应过程控制、官能团反应、复合配方等技术手段,能够实现酚醛树脂成型工艺的优化和性能提升,使古老品种的酚醛树脂发挥出熠熠闪光的新生命活力。

为推动酚醛树脂特殊领域的应用和产业技术的进步,以下技术仍需要持续发展与突破。

(1)生物质资源的高效利用、低游离单体的合成技术、产品的可回收循环利用等技术研究,实现酚醛树脂的绿色化生产与应用;

(2)采用连续反应器替代传统的间歇式反应釜生产方式,对反应过程的传质传热实现精确调控,实现酚醛树脂的精细、安全和高效规模化生产;

(3)采用有机/无机杂化技术,通过两相尺度与界面等微观结构调控,实现酚醛树脂的长时高温抗氧化特性,从而满足新型烧蚀防热材料的需求;

(4)充分发挥酚醛树脂高残碳率的特点,进一步挖掘酚醛树脂作为碳前驱体在碳材料领域中的应用;

(5)开发高效阻燃体系,进一步降低酚醛燃烧的热释放速率,从而实现酚醛产品在航空、船舶、轨道交通等高防火要求领域的大规模应用;

(6)在保持酚醛固有高强度、耐烧蚀、阻燃特性的基础上,通过发泡、微纳致孔等技术,实现酚醛复合材料的轻量化,对于航空航天、交通运输等领域的应用具有极为重要的意义。

随着社会发展的需求牵引以及科技进步的推动,酚醛树脂的绿色化、精细化和高性能化合成与应用研究方兴未艾,通过多学科、多领域的交叉研究,酚醛树脂行业必将在基础理论、批产规模和应用领域上取得更大的突破与发展。

参考文献

[1] 黄发荣.酚醛树脂及其应用[M].北京:化学工业出版社,2011.

[2] 唐路林,李乃宁,吴培熙.高性能酚醛树脂及其应用技术[M].北京:化学工业出版社,2009.

[3] REGO R,ADRIAENSENS P J,CARLEER R A,et al. Fully quantitative carbon-13 NMR characterization of resol phenol-formaldehyde prepolymer resins[J]. Polymer,2004,45(1):33-38.

[4] ASTARLOA-ALERBE G,ECHEVERRIA J M,EGIBURU J L,et al. Kinetics of phenolic resol resin formation by HPLC[J]. Polymer,1998,39(14):3147-3153.

[5] KING P W. Structural analysis of phenolic resole resins[J]. Journal of Applied Polymer Science,1974:1117-1122

[6] BIRLEY A W,BLINKHORN A. The technology of phenol-formaldehyde moulding powders 1-characterisation of novolak resins and derived moulding powders[J]. British Polymer Journal,1986,18:

151-156.

[7] SOLOMON S,RUDIN A. Effects of resin and curing parameters on the degree of cure of resole phenolic resins and woodflour composites[J]. Journal of Applied Polymer science,1990,40(11-12):2135-2149.

[8] DARGAVILLE T R,GUERZONI F N,LOONEY M G,et al. Determination of molecular weight distributions of novolac resins by gel permeation chromatography[J]. Journal of Polymerence Part A Polymer Chemistry,2015,35(8):1399-1407.

[9] ZHANG X Q,LOONEY M G,SOLOMON D H. The chemistry of novolac resins. 3. C-13 and N-15 NMR studies of curing with hexamethylenetetramine[J]. Polymer,1997,38(23):5835-5848.

[10] ZHANG X,POTTER A C,SOLOMON D H. The chemistry of novolac resins V. reactions of benzoxazine intermediates[J]. Polymer,1998,39(2):399-404.

[11] ZHANG X,SOLOMON D H. The chemistry of novolac resins-VI. reactions between benzoxazine intermediates and model phenols[J]. Polymer,1998,39(2):405-412.

[12] ZHANG X,POTTER A C,SOLOMON D H. The chemistry of novolac resins:Part 7. reactions of para-hydroxybenzylamine intermediates[J]. Polymer,1998,39(10):1957-1966.

[13] 王娟,高建伟,金闻,等.苯酚-多聚甲醛热固性酚醛树脂合成反应过程研究[J].高分子学报,2013,10:1304-1311.

[14] 王晓叶,李仲平,刘亮.醛/酚比对树脂固化物结构及热性能的影响[C].全国复合材料学术会议,2008.

[15] 高月静,侯向辉,李郁忠.三元尼龙改性酚醛树脂的研究[J].机械科学与技术,1996,15(3):411-414.

[16] 李新明,李晓林,苏志强.丁腈橡胶共聚改性酚醛树脂[J].热固性树脂,2002,17(3):11-14.

[17] 齐暑华,郑水蓉,尚磊.高韧性、高绝缘热固性塑料的研制[C].西安:西北工业大学,2002:12.

[18] 李屹,周元康,姚进.硼酸-桐油双改性酚醛树脂基制动带的摩擦性能研究[J].润滑与密封,2010,35(4):43-46.

[19] TEJADO A,KORTABERRIA G. Lignins for phenol replacement in novolac-type phenolic formulations. II. Flexural and compressive mechanical properties[J]. Journal of Applied Polymer Science,2010,107(1):159-165.

[20] LEE W J,CHANG. Properties of phenol-formaldehyde resins prepared from phenol-liquefied lignin[J]. Journal of Applied Polymer Science,2011:4782-4788.

[21] SAZ-OROZCO B D,OLIET M,ALONSO M V,et al. Formulation optimization of unreinforced and lignin nanoparticle-reinforced phenolic foams using an analysis of variance approach[J]. Composites Science & Technology,2012,72(6):667-674.

[22] 孙丰文,张齐生,孙达旺.落叶松单宁酚醛树脂胶黏剂的研究与应用[J].林业科技开发,2006,20(6):50-52.

[23] LEE W J,LAN W C. Properties of resorcinol-tannin-formaldehyde copolymer resins prepared from the bark extracts of Taiwan acacia and China fir[J]. Bioresource Technology,2006,97(2):257-264.

[24] SEKARAN G,THAMIZHARASI S,RAMASAMI T. Physicochemical and thermal properties of phenol-formaldehyde-modified polyphenol impregnate[J]. Journal of Applied Polymer Science,2001,81(7):1567-1571.

[25] MUDDE J P. Corn starch:a low cost route to novolac resins[J]. Modern Plastics,1980,57(2):69-74.

[26] PILATO L. Phenolic Resins:A Century of Progress[M]. New York:Springe,2010.

[27] 梅启林,晏石林,沈大荣.酚醛 SMC 的流变性研究[J].武汉工业大学学报,1998(2):14-16.

[28] 路遥,段跃新,梁志勇,等.钡酚醛树脂体系化学流变特性研究[J].复合材料学报,2002,19(5):33-36.

[29] 王柏臣,黄玉东,陈平,等.溶剂对石英/酚醛复合材料 RTM 成型浸润过程及性能影响[J].固体火箭技术,2007,30(002):166-169.

[30] 高守臻,魏化震,李大勇,等.烧蚀材料综述[J].化工新型材料,2009,37(2):19-21.

[31] 郑顺兴.烧蚀材料与耐烧蚀酚醛树脂[J].南京航空航天大学学报,1996,28(2):253-258.

[32] LAUB B,VENKATAPATHY E. Thermal protection system technology and facility needs for demanding future planetary missions[J]. Proceedings of the International Workshop Planetary Probe Atmospheric Entry & Descent Trajectory Analysis & ence,2004,544(544):239-247.

[33] 朱永茂,殷荣忠,刘勇,等.2007—2008 年国外酚醛树脂及塑料工业进展[J].热固性树脂,2009,24(2):47-55.

[34] ABDALLA M O,LUDWICK A,MITCHELL T. Boron-modified phenolic resins for high performance applications[J]. Polymer,2003,44(24):7353-7359.

[35] LIU Y,JING X. Pyrolysis and structure of hyperbranched polyborate modified phenolic resins[J]. Carbon,2007,45(10):1965-1971.

[36] HARAGUCHI K,ONO Y. The preparation and characterization of hybrid materials composed of phenolic resin and silica [J]. J Mater Sci,1998,33:3337-3344.

[37] HARAGUCHI K,USAMIY,YAMAMURA K. Morphological investigation of hybrid materials composed of phenolic resin and silica prepared by in situ polymerization[J]. Polymer,1998,39(25):6243-6250.

[38] 张文涛,李昊,罗振华,等.硅氧烷改性线性酚醛的合成与性能研究[J].高分子通报,2014,10:77-85.

[39] SHAN L,HAO L,ZHENG L,et al. Polysiloxane modified phenolic resin with co-continuous structure[J]. Polymer,2017,20:217-222.

[40] CAIRO C A A ,FLORIAN M. Kinetic study by TGA of the effect of oxidation inhibitors for carbon-carbon composite[J]. Materials Science & Engineering A,2003,358(1-2):298-303.

[41] 傅华东,秦岩,王辉,等.2.5D 纤维增强硼酚醛树脂可陶瓷化复合材料的制备[J].复合材料学报,2020,37(4):767-774.

[42] 杨学军,丘哲明,胡良全,等.纳米炭黑对酚醛树脂烧蚀防热性能的影响[J].固体火箭技术,2004,27(2):141-144.

[43] JIANG W,CHEN S,CHEN Y. Nanocomposites from phenolic resin and various organo-modified montmorillonites:preparation and thermal stability [J]. J Appl Polym Sci, 2006, 102 (6):5336-5343.

[44] 纪凤龙,顾宜,谢美丽,等.苯并噁嗪树脂烧蚀性能的初步研究[J].宇航材料工艺,2002,32(1):25-29.

[45] KIM H J,BRUNOVSK A Z,ISHIDA H. Synthesis and thermal characterization of polybenzoxazines based on acetylene-functional monomers[J]. Polymer,1999,40(23):6565-6573.

[46] ZHENHUA L,MING Y,MINGCUN W,et al. Addition-curable phenolic resin with arylacetylene

groups: preparation, processing capability, thermal properties, and evaluation as matrix of composites[J]. High Performance Polymers, 2011, 23(8):575-584.

[47] BOXING Z, ZHENHUA L, HENG Z. Addition-curable phthalonitrile-functionalized novolac resin[J]. High Performance Polymers, 2012, 24(5):398-404.

[48] XIAOHONG W, XIAOLONG L, TAO L, et al. A review of researches of light-weight ablators[J]. Spacecraft Environment Engineering, 2011, 28(4):313-317.

[49] 朱召贤,朱小飞,黄洪勇,等. 低密度树脂基防热材料研究进展[J]. 中国材料进展,2019,38(11):1086-1092.

[50] 王春明,梁馨,孙宝岗,等. 低密度烧蚀材料在神舟飞船上的应用[J]. 宇航材料工艺,2011(2):5-8.

[51] 程海明,洪长青,张幸红低密度烧蚀材料研究进展[J]. 哈尔滨工业大学学报,2018,50(5):1-5.

[52] KEYS A S, HALL J L, OH D, et al. Overview of a proposed flight validation of aerocapture system technology for planetary missions[C]. 42nd AIAA ASME SAE ASEE Joint Propulsion Conference and Exhibit. Amercian Institute of Aeronautics and Astronautics, 2006:9-12.

[53] BARTLETT E P, ANDERSON L W, CURRY D M. An evaluation of ablation mechanisms for the apollo heat shield material[J]. Journal of Spacecraft & Rockets, 1969, 8(5):463-469.

[54] MILOS F S, CHEN Y K. Ablation and thermal response property model validation for phenolic impregnated carbon ablator[J]. Journal of Spacecraft and Rockets, 2010, 47(5):786-805.

[55] PANERAI F, MARTIN A, MANSOUR N N, et al. Flow-tube oxidation experiments on the carbon preform of a phenolic-impregnated carbon ablator[J]. Journal of Thermophysics & Heat Transfer, 2014, 27(2):181-190.

[56] COPPOCK V, ZEGGELAAR R, TAKAHASHI H, et al. A phenolic foam[P]. PCT WO2007/029221, 2007.

[57] 孙中心,王雷,李东风. 可发性酚醛树脂合成研究[J]. 工程所料应用,2007,35(11):23-26.

[58] 赵鹏,赵京波,王娟,等. 酚醛泡沫微观结构控制方法的初步研究[J]. 材料工程,2010,S1:81-86.

[59] 赵鹏,赵京波,王娟,等. 酸固化剂对酚醛泡沫微观结构的影响[J]. 塑料工业,2011,39(5):86-90.

[60] ECONOMY J, LIN R Y. Carbonisation and hot stretching of a phenolic fibre[J]. Journal of Materials Science, 1971, 6(9):1151-1156.

[61] ANDREOPOULOSA G, ECONOMY J. Thermally activated phenolic fibers[J]. Chemistry of Materials, 1991, 3(4):594-597.

[62] BATHER H D, HAZELET G L. Process for manufacturing novolac fiber[P]. US 4076692, 1976.

[63] KAWABATA M, SUZUKI A. Wet type friction material[P]. US 6316083, 2001.

[64] LINDEMAN C M, ANDREW R D. Asbestos free gasket forming compositions[P]. US 4330442, 1982.

[65] ECONOMY J, CLARK R A. Fibers from novolacs[P]. US 3650102, 1968.

[66] TOSHIYA T, AKIYUKI K, HIDEKI W, et al. Ultrafine phenolic resin fiber-based joint sheets with high softness and heat resistance[P]. JP 2004352739, 2004.

[67] TOSHIYA T, ARIHIRO A, TETSUYA H, et al. Phenol resin-based fiber and method for producing the same[P]. JP 2005256182, 2005.

[68] TETSUYA H, OSHIYA T, YUJI M. Fibrillated phenolic resin-based fiber and method for producing the same[P]. JP 2004353096, 2004.

[69] 杨雪梅.酚醛阻燃复合材料在民用飞机上的应用[J].工程与试验,2015,55(3):30-34.
[70] 左小彪,王伟.低烟低毒型阻燃酚醛复合材料的制备与性能表征[J].高科技纤维与应用,2014,39(3):25-31.
[71] 王伟,左小彪.自黏附型酚醛树脂流变特性及其预浸料与Nomex蜂窝芯共固化黏结性能[J].复合材料学报,2016,33(3):510-515.
[72] 李亚锋,洪旭辉.增韧改性对玻纤织物增强酚醛复合材料性能影响研究[J].玻璃钢复合材料,2015(11):71-74.

第6章 高性能苯并噁嗪树脂

6.1 概述

6.1.1 苯并噁嗪单体的结构

苯并噁嗪单体是一类含有氧原子和氮原子的苯并六元杂环化合物,当杂环中的氧原子在1位、氮原子在3位时称为1,3-苯并噁嗪,如图6.1所示,此类苯并噁嗪化合物在受热情况下会发生开环交联反应,从而形成聚苯并噁嗪。我们通常所说的苯并噁嗪树脂就是指这一类苯并噁嗪化合物。

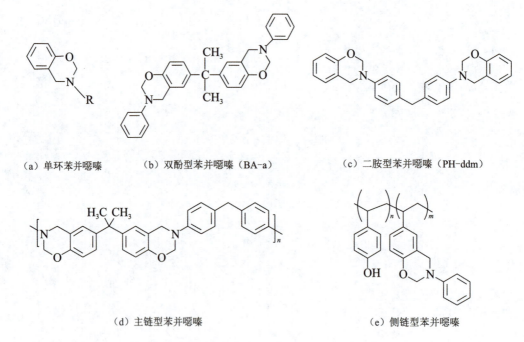

(a) 单环苯并噁嗪　　(b) 双酚型苯并噁嗪(BA-a)　　(c) 二胺型苯并噁嗪(PH-ddm)

(d) 主链型苯并噁嗪　　(e) 侧链型苯并噁嗪

图 6.1　苯并噁嗪的典型结构

根据使用原料的不同,可以得到不同结构的苯并噁嗪单体。当结构中只有一个噁嗪环时称为单环苯并噁嗪;当结构中有两个噁嗪环时称为双环苯并噁嗪,又根据酚或胺的类型称为双酚型苯并噁嗪如 BA-a 或二胺型苯并噁嗪如 PH-ddm,如图6.1所示;当结构中含有多个噁嗪环时称为多环苯并噁嗪,这一类苯并噁嗪由于合成较为困难,大多见于文献报道,相关产品较少。此外,还存在分子主链中含有多个噁嗪环的低分子量聚合物,称为主链型苯并噁嗪;当苯并噁嗪结构作为侧链悬挂于聚合物主链上时,称为侧链型苯并噁嗪。这类苯并噁嗪在固化前就是具有一定分子量的聚合物,固化后苯并噁嗪开环发生进一步的交联。

苯并噁嗪单体结构中的噁嗪环以扭曲的椅式构象存在,其中,氮原子位于苯环平面的上方,与苯环直接相连的氧原子和亚甲基中的碳原子同苯环在一个平面内,而氮与氧原子之间的亚甲基碳原子位于苯环平面的下方,如图 6.2 所示。由于环张力的存在使得此六元环在一定外界条件下能够发生开环反应。

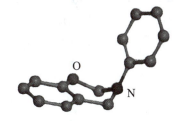

图 6.2 苯酚-苯胺型苯并噁嗪单体(PH-a)的分子空间结构

6.1.2 苯并噁嗪单体的合成和表征

苯并噁嗪单体由酚类化合物、伯胺类化合物和甲醛水溶液或多聚甲醛经 Mannich 缩合反应而成。从理论上来说,任何邻位为空位的酚或伯胺都可以用于合成苯并噁嗪单体。合成苯并噁嗪单体的路线主要有伯胺路线、三嗪路线和水杨醛路线,如图 6.3 所示[1-4]。在这三条路线中,伯胺路线的操作简单、适用范围广,大部分苯并噁嗪单体都可以用此方法合成,但其涉及的化学反应较复杂,易产生副产物;三嗪法是先将胺与甲醛反应得到三嗪化合物,再利用三嗪化合物与酚、甲醛反应得到苯并噁嗪单体,此方法通常需要分离出三嗪且只适用于单胺体系;水杨醛法也称三步法,是基于水杨醛通过形成 Schiff 碱、还原、成环三步反应得到苯并噁嗪单体,此方法定向度高,制得的苯并噁嗪单体纯度较高,但存在总产率低、酚源单一等问题。

苯并噁嗪的合成方法分为溶剂法、无溶剂法和悬浮法[5-7]。对于溶剂法,一般使用甲苯、二甲苯、二氧六环等非极性溶剂,该法反应较温和、易于控制、体系黏度低,但存在后续溶剂处理的问题;针对某些液体或加热能够熔融的原料,也可以不使用溶剂,直接加热搅拌,使其在熔融状态下逐渐反应,该法操作步骤简单、反应时间较短,避免了溶剂后处理,但存在反应温度高、副反应多的问题,并且不适用于产物熔点高或黏度大的体系;悬浮法以水为分散介质,反应较平稳,避免了使用溶剂产生的一系列问题,尤其适用于生产高分子量及高黏度的苯并噁嗪体系,由于树脂产物中含有大量的水,需要特殊的设备来进行分离和干燥,增加了合成工艺的复杂度。

苯并噁嗪具有灵活的分子结构可设计性,基于不同的酚源或胺源可以获得多种结构的苯并噁嗪单体,需要针对原料及产物的特性选择合适的合成路线及合成方法。通常,合成得到的苯并噁嗪粗产物为黄色或深黄色,提纯后的产物颜色会变浅,甚至为白色。冉起超等通过重结晶提纯的方法得到了无色透明的高纯度苯并噁嗪单晶样品[8]。

苯并噁嗪单体的分子结构通常可用红外和核磁进行表征。红外谱图中,噁嗪环的特征吸收峰通常出现在 910~960 cm^{-1} 范围内,噁嗪环中的 C—O—C 醚键的特征峰出现在 1 000~1 100 cm^{-1} 和 1 200~1 300 cm^{-1}。当合成的产物中含有未闭环的副产物时,还会在 3 400 cm^{-1} 附近出现一个较宽的酚羟基特征峰。图 6.4 是苯并噁嗪单体 BA-a 的红外谱图,可以看到其噁嗪环特征峰出现在 948 cm^{-1} 处,其 C—O—C 的特征峰出现在 1 035 cm^{-1} 和 1 292 cm^{-1} 处,此单体纯度较高,在 3 400 cm^{-1} 附近没有杂质峰出现。

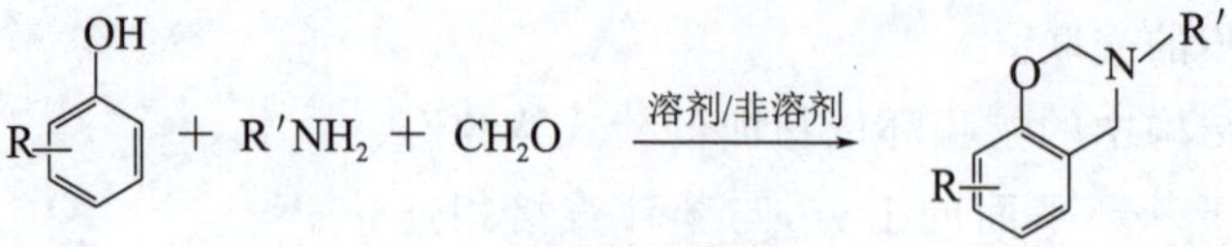

(a) 伯胺路线

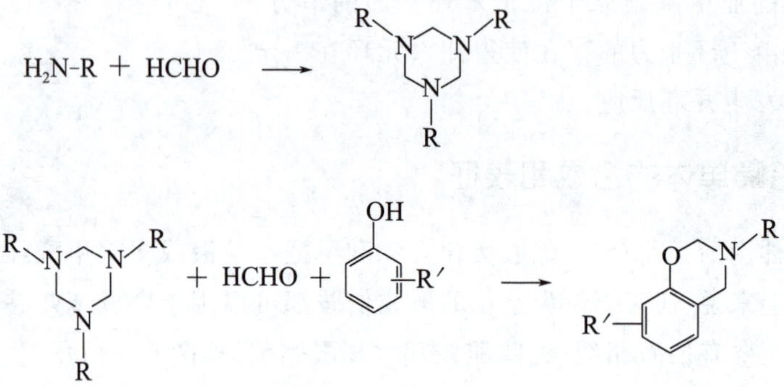

(b) 三嗪路线

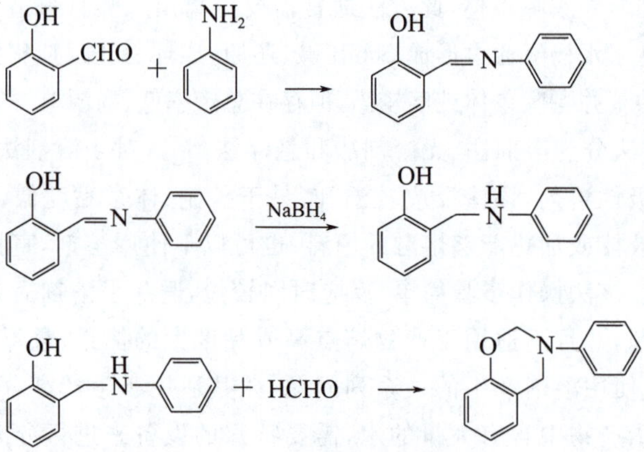

(c) 水杨醛路线

图 6.3　合成苯并噁嗪单体的三种方法

在苯并噁嗪单体的核磁氢谱中,噁嗪环上的两个亚甲基上的氢会出现两个十分特征的化学位移,O—CH$_2$—N 中的 H 的化学位移出现在低场,N—CH$_2$—Ar 中的 H 的化学位移出现在高场,两个峰的峰面积理论上应为 1∶1。一般情况下,芳香胺为胺源的苯并噁嗪单体的这两个特征氢的化学位移要高于脂肪胺为胺源的苯并噁嗪单体。图 6.5 是 BA-a 的核磁氢谱,噁嗪环上两个特征氢的位移分别出现在 5.34×10^{-6} 和 4.59×10^{-6}。同样,在核磁碳谱中,噁嗪环上的两个亚甲基上的碳原子也会出现两个特征的化学位移,其相对位置与核磁氢谱中特征氢的情况类似。

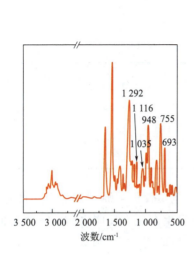

图 6.4　苯并噁嗪单体 BA-a 的红外谱图　　　图 6.5　BA-a 的核磁氢谱

苯并噁嗪单体的组成可用 HPLC 进行分析,高纯度的苯并噁嗪在 HPLC 谱图中只会出现一个峰,若有多个峰出现,则表明产物中有未闭环的低聚体[9]。测试树脂在一定温度下的凝胶化时间可以快速地判断产物的相对纯度。这是因为,产物的纯度越低,含有的未闭环的低聚体组分就越多,而未闭环的低聚体中含有酚羟基结构,酚羟基可以催化苯并噁嗪的固化反应,使其凝胶化时间缩短。对于不同批次的同一种苯并噁嗪单体,在相同的测试温度下,凝胶化时间越长,表明其纯度越高。

6.1.3　苯并噁嗪树脂的聚合反应及交联结构

苯并噁嗪结构中的氧原子和氮原子带有较大的电负性,使得噁嗪六元环存在一定的张力,在加热或催化剂作用下,噁嗪环会发生开环聚合反应,形成交联的聚苯并噁嗪。图 6.6 是三种高纯度的典型结构苯并噁嗪单体的 DSC 曲线,它们的 DSC 放热峰值温度达到 250 ℃以上,且放热峰呈现出对称的尖峰。它们的聚合放热热焓均在 350 J/g 以上,换算成摩尔热焓以后,双环苯并噁嗪 BA-a 和 PH-ddm 的热焓大约是单环苯并噁嗪 PH-a 的 2 倍,这也表明苯并噁嗪的聚合反应主要是通

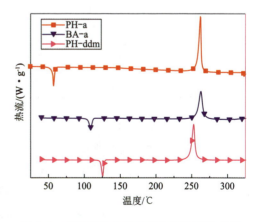

图 6.6　典型结构苯并噁嗪单体的 DSC 曲线
（升温速度 10 ℃/min）

过噁嗪环发生作用的。当苯并噁嗪单体纯度不高时,由于体系中存在可催化反应的酚羟基结构,其放热峰值温度会有所降低,且放热峰变宽,热焓相应减少,因此,也可通过 DSC 曲线中的出峰情况判断苯并噁嗪单体的相对纯度。例如,当 BA-a 的纯度不高时,其放热峰值温度会由 263 ℃下降到 245 ℃,热焓由 355 J/g 下降到 296 J/g。

典型结构苯并噁嗪单体的 DSC 结果见表 6.1。

表 6.1 典型结构苯并噁嗪单体的 DSC 结果

苯并噁嗪单体	T_{peak}/℃	$\Delta H/(J\cdot g^{-1})$	$\Delta H/(kJ\cdot mol^{-1})$
PH-a	262.2	419.8	88.6
BA-a	262.7	355.4	164.2
PH-ddm	252.6	381.8	165.7

苯并噁嗪的开环聚合反应取决于噁嗪环结构。由于电负性的氧原子和氮原子的存在,苯并噁嗪的聚合反应为阳离子开环聚合反应,开环反应发生在聚合反应之前。噁嗪环的开环主要发生于 O—CH$_2$ 的异裂,如图 6.7 所示,生成苯氧基负离子 O$^-$ 和碳正离子 CH$_2^+$,而碳正离子上的正电荷会迁移到氮原子上产生亚胺离子。实际上,噁嗪环开环后形成的碳正离子结构和亚胺离子结构是以共振的形式作为聚合反应的中间体同时存在的。随后,中间体中的碳正离子进一步发生亲电反应,进而产生交联结构[10,11]。在苯并噁嗪发生聚合反应的整个过程中,开环反应和交联反应是共存的,反应条件、单体结构均会对中间体的稳定性产生影响,这也是部分苯并噁嗪在高温聚合时会产生少量挥发物的原因[12]。

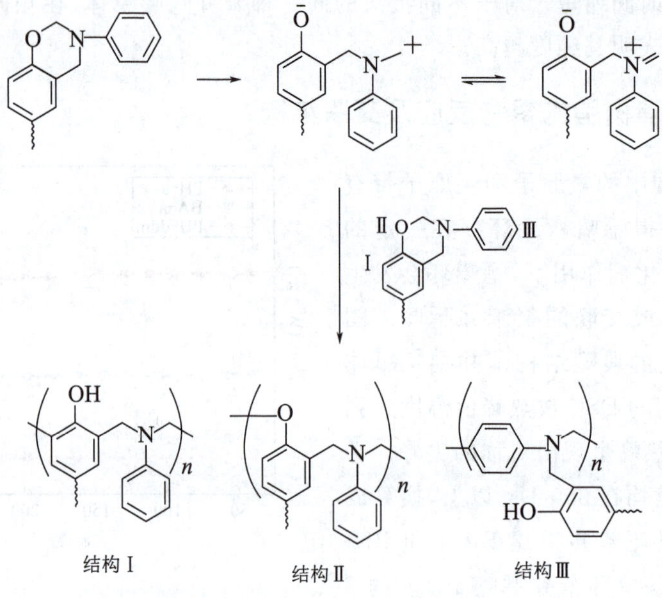

图 6.7 苯并噁嗪固化反应中的中间体及聚苯并噁嗪的典型结构

苯并噁嗪单体中酚源或胺源上取代基的性质也会对其聚合反应产生较大的影响。当酚核的对位存在 Cl、CHO、NO$_2$ 等吸电子取代基时,噁嗪环氧上的电子云密度会降低,使 C—O 键更易断裂[13,14]。取代基的吸电子能力越强,单体的聚合反应温度越低。而当芳胺的对位有吸电子取代基时,则会导致聚合反应温度有所升高[15]。

苯并噁嗪聚合后的交联结构是由中间体中碳正离子发生进一步交联反应的位点决定的。一般情况下,碳正离子会与酚羟基的邻位发生亲电取代反应生成酚邻位 Mannich 桥结构(图 6.7 中的结构Ⅰ),之所以形成此结构,是因为酚邻位 Mannich 桥结构中的氮原子与酚羟基上的氢原子会形成分子内氢键,从而能以六元环的结构保持稳定[16]。当碳正离子直接进攻中间体中的苯氧负离子 O$^-$ 时,就形成了苯氧 Mannich 桥结构(图 6.7 中的结构Ⅱ),此结构中没有酚羟基结构,但在 180 ℃ 以上会重排成结构Ⅰ。此外,当使用芳胺为胺源时,碳正离子还会进攻其对位从而形成芳胺对位 Mannich 桥结构(图 6.7 中的结构Ⅲ);当使用对位未取代的酚源时,酚的对位也可能存在交联点。

苯并噁嗪树脂通常需要 200 ℃ 以上才能完成聚合反应,较高的聚合温度在很大程度上限制了苯并噁嗪树脂的应用。通过加入催化剂的方式可以降低苯并噁嗪的聚合温度,缩短聚合时间。苯并噁嗪树脂聚合的催化剂可分为酸性催化剂和碱性催化剂。酸性催化剂又包括有机酸、Lewis 酸;碱性催化剂包括咪唑、胺类化合物等。

在有机酸中,起到核心催化作用的是 H$^+$。三氟乙酸、对甲苯磺酸等有机强酸的催化作用十分明显,可以在较低的温度下催化苯并噁嗪的开环反应[17];乙酸、己二酸、癸二酸等有机弱酸也能够对苯并噁嗪的聚合反应起到促进作用,使其聚合反应温度有较大程度的下降,在此情况下形成的聚苯并噁嗪的交联点倾向于苯氧基邻位和胺的对位[11];酚类化合物作为一种弱酸也可以催化苯并噁嗪的聚合反应,与此同时,酚的邻、对位还能够参与苯并噁嗪的交联反应[16]。Lewis 酸包括 AlCl$_3$、CuCl$_2$、FeCl$_3$、MnCl$_2$、ZnCl$_2$、MgCl$_2$、PCl$_5$ 等,其中起核心催化作用的是金属阳离子,Lewis 酸对苯并噁嗪聚合反应的催化作用与酸中阳离子与噁嗪环中氧原子的配位能力有关,配位能力越强,催化作用越明显[18]。

少量的咪唑(3%)即可明显降低苯并噁嗪的聚合反应温度。咪唑催化苯并噁嗪的聚合主要在于分子中的仲胺氢和叔胺氮,两者协同作用共同引发噁嗪环的开环与交联。咪唑盐离子液体也能够催化苯并噁嗪的聚合反应[19]。此外,伯胺类化合物中的活泼氢也能够催化噁嗪环的开环,当其添加量较多时,能够直接与苯并噁嗪形成共聚物。

6.1.4 苯并噁嗪树脂的性能与应用

苯并噁嗪树脂具有良好的工艺特性。苯并噁嗪树脂的聚合属于开环聚合,在固化时无小分子释放,可在密闭模具中成型,制品的孔隙率低;由于在聚合过程中产生大量的氢键结构,使得聚合体积收缩很小,在保证制品精度的同时还降低了内应力;部分类型的苯并噁嗪树脂具有较低的熔融黏度,可用于预浸料的干法制备工艺或液体成型工艺;苯并噁嗪树脂及其预浸料在室温下较稳定,无须冷藏就可存储 6 个月甚至 1 年以上。此外,苯并噁嗪单体可以与环氧树脂、酚醛树脂、双马来酰亚胺树脂等以任意比例共混并能发生共聚反应,基于此,可以很方便地使用苯并噁嗪树脂对以上树脂进行共混改性,例如,苯并噁嗪可以作为环氧树脂的固化剂使用。

苯并噁嗪树脂具有优良的综合使用性能。由于聚苯并噁嗪的交联结构中存在大量的芳环及各类氢键,使其具有较高的模量和力学强度,模量甚至可达到 5 GPa 以上[20,21];具有较高的玻璃化转变温度和热稳定性,特别是具有类似酚醛树脂优良的高温成炭性;易成炭及结构中的氮元素又使其具有良好的阻燃性,部分无卤、无磷苯并噁嗪树脂可以实现本征阻燃;此外,还具有低介电、低吸水、低表面能、耐辐射等特性。需要特别指出的是,改变合成苯并噁嗪单体的酚源或胺源结构即可针对性地获得所需的苯并噁嗪分子结构,灵活的分子设计性赋予了苯并噁嗪树脂性能的多样化,并提供了实现其高性能化的有效途径。苯并噁嗪树脂与其他树脂的性能比较见表 6.2。

表 6.2 苯并噁嗪树脂与其他树脂的性能比较[22]

性能	环氧树脂	酚醛树脂	增韧 BMI	氰酸酯树脂	PT 树脂	苯并噁嗪树脂
密度/(g·cm^{-3})	1.2~1.25	1.24~1.32	1.2~1.3	1.1~1.35	1.25	1.19
最高使用温度/℃	180	200	200	150~200	300~350	130~280
拉伸强度/MPa	90~120	24~45	50~90	70~130	42	100~125
拉伸模量/GPa	3.1~3.8	03/05	3.5~4.5	3.1~3.4	4.1	3.8~4.5
伸长率/%	3~4.3	0.3	3	02/04	2	2.3~2.9
介电常数(1 MHz)	3.8~4.5	04/10	3.4~3.7	2.7~3.0	3.1	3~3.5
固化温度/℃	RT-180	150~190	220~300	180~250	177~316	160~220
固化收缩率/%	>3	0.002	0.007	~3	~3	~0
初始分解温度/℃	260~340	300~360	360~400	400~420	410~450	380~400
T_g/℃	150~220	170	230~380	250~270	300~400	170~340
G_{IC}/(J·m^{-2})	54~100	—	160~250	—	—	168
K_{IC}/(MPa·m$^{1/2}$)	0.6	—	0.85	—	—	0/94

正是基于苯并噁嗪树脂所拥有的工艺特性及综合使用性能,苯并噁嗪树脂已经用于制备机械零件、绝缘材料、覆铜板、摩擦材料、阻燃材料、热防护材料、复合材料工装模具、防腐涂料等,在航空、航天、电子电器、交通等领域具有巨大的应用前景[23-26]。

6.1.5 苯并噁嗪树脂的发展历史

作为一种杂环化合物,苯并噁嗪最早于 1994 年由 Holly 和 Cope 合成得到[27]。此后,Burke 等基于酚类化合物、甲醛和伯胺类化合物合成出一系列苯并噁嗪化合物,此合成方法一直沿用至今[28-31]。然而,由于当时人们没有意识到苯并噁嗪这种化合物可以进一步发生开环交联反应而形成树脂得以应用,因此在此后很长一段时间内苯并噁嗪化合物并没有得到关注。直到 20 世纪 90 年代初,美国 Case Western Reserve University 的 Ishdia 教授对苯并噁嗪及其聚合物进行了深入、系统的研究[1,32],从而开辟了苯并噁嗪作为树脂发展的新时代。Ishida 教授一生致力于苯并噁嗪树脂的发展,发表了大量的学术文章,培养了众多的科研人员在世界各地继续开展苯并噁嗪树脂的研究,极大地推动了苯并噁嗪树脂在全世界的发展。直至今日,Ishida 教授仍活跃在苯并噁嗪树脂的研究领域。

同样在早期从事苯并噁嗪树脂研究且对苯并噁嗪树脂的发展做出重要贡献的专家还有日本的 Takeichi 教授、Endo 教授,土耳其的 Yagci 教授,以及我国的顾宜教授、余鼎声教授和张丰志教授等。其中,四川大学的顾宜、冉起超课题组于 1993 年率先在中国开展了苯并噁嗪树脂的研究和应用开发,取得了众多的研究成果[25,33]。例如,于 1994 年首次将苯并噁嗪树脂用于复合材料制品;独创地以水为介质采用悬浮法工艺制备出粒状苯并噁嗪中间体;开发的苯并噁嗪树脂基复合材料作为真空泵旋片材料和耐高温电绝缘材料获得工业化应用;另辟蹊径,利用计算机分子模拟技术,结合模型化合物结构分析,探讨了苯并噁嗪的开环聚合机理。此外,对苯并噁嗪的合成反应机理、固化反应机理、降解机理、共聚反应机理及相分离行为进行了系统研究。

近 20 年,苯并噁嗪树脂的研究与应用得到迅速发展。在全世界范围内,涉及苯并噁嗪树脂研究的国家包括中国、美国、日本、土耳其、泰国、印度、西班牙、英国、罗马尼亚、阿根廷、法国、德国等几十个国家。国内有四川大学、哈尔滨工程大学、河北大学、江苏大学、山东大学、华中科技大学、南京大学、电子科技大学、浙江大学宁波理工学院、华东理工大学、大连理工大学、中国地质大学(武汉)、中科院化学所、中科院宁波材料所等多个单位的课题组在从事苯并噁嗪树脂的研究工作。此外,中国航发北京航空材料研究院、西安航天复合材料研究所、航天材料及工艺研究所、黑龙江省科学院石油化学研究院等航空、航天单位也在开展苯并噁嗪树脂的应用研究。在产业化方面,一些国际知名化学及材料公司如 Huntsman Advanced Materials、Henkel Corporation、Gurit、Shikoku Chemical Corporation、Airtech、Kaneka Corporation 等已经实现了不同性能的苯并噁嗪树脂及预浸料的商品化[26]。在国内已有一些新兴企业开始了苯并噁嗪树脂的生产。

近年来,随着苯并噁嗪树脂的发展,越来越多的研究者将苯并噁嗪树脂纳入自己的研究领域。为了促进广大苯并噁嗪树脂研究者的交流,不同规模的苯并噁嗪树脂学术研讨会应运而生。由 Ishida 教授组织的"聚苯并噁嗪国际学术研讨会"于 2010 年、2013 年和 2018 年在美国相继召开,国内由四川大学主办的"全国苯并噁嗪树脂学术及应用研讨会"分别于 2011 年、2016 年和 2019 年召开。与此同时,苯并噁嗪树脂的专著也在世界各地相继出版,例如,印度的 K. S. Santhosh Kumar 和 C. P. Reghunadhan Nair 等编著的 *Polybenzoxazines Chemistry and Properties*(2010 年),美国 Ishida 等相继编著的 *Handbook of Benzoxazine resins*(2011 年)和 *Advanced and Emerging Polybenzoxazine Science and Technology*(2017 年),泰国的 Sarawut Rimdust、Chanchira Jubsilp 和 Sunan Tiptipakorn 等编著的 *Alloys and Composites of Polybenzoxazines-Properties and Applications*(2013 年),国内

由四川大学顾宜、冉起超编著的《聚苯并噁嗪——原理·性能·应用》(2019年)[25,34-37]。随着苯并噁嗪树脂研究的深入和应用的推广，人们对其耐高温、阻燃、低介电、低表面能、高残碳等特性的认识也在不断深入，苯并噁嗪树脂的发展势头方兴未艾，正在进入一个日新月异的新时期。

6.2 高耐热型苯并噁嗪树脂

作为一类高性能热固性树脂，良好的耐热性是苯并噁嗪树脂的主要特性之一。基于苯并噁嗪树脂良好的耐热性，已经将苯并噁嗪树脂用于制备 F 级、H 级的层压板，其主要性能见表 6.3。以二胺型苯并噁嗪 PH-ddm 为树脂基体制备的玻璃布层压板的性能见表 6.4，其在 180 ℃下仍保留了较好的力学性能。

表 6.3 苯并噁嗪用作 F 级、H 级绝缘材料的玻璃布层压板的性能[38,39]

性　　能		F 级层压板	H 级层压板
密度/(g·m^{-3})		1.80	1.93
吸水率/%		0.4	0.03
吸附力/N		8 338	7 318
冲击强度/(kJ·m^{-2})		353	244
马丁温度/℃		>244	—
T_g/℃		—	287
体积电阻率	25 ℃/(Ω·m)	3.54×10^{12}	3.46×10^{12}
	155 ℃/(Ω·m)	1.15×10^{11}	5.71×10^{10}
	水中，24 h	3.4×10^{10}	2.60×10^{11}
弯曲模量	25 ℃/MPa	—	523
	180 ℃/MPa	—	441
电气强度/(MV·m^{-1})		25.1	24.5
介电常数		4.7	5.0
介电损耗因数		0.007 6	0.017
极限氧指数/%		44.2	48
阻燃性			V-0

表 6.4 PH-ddm/玻璃布层压板的常温及高温机械性能[40]

弯曲强度/MPa		弯曲模量/GPa		拉伸强度/MPa		拉伸模量/GPa	
22 ℃	180 ℃	22 ℃	180 ℃	22 ℃	180 ℃	22 ℃	180 ℃
711	519.2	37.1	17.4	458.7	405.5	27.4	25.2

通用的双酚型苯并噁嗪固化物 poly(BA-a) 和二胺型苯并噁嗪固化物 poly(PH-ddm) 的耐热温度分别为 170 ℃ 和 190 ℃ 左右,相较于普通环氧树脂要高很多,但低于双马来酰亚胺树脂、氰基树脂、聚酰亚胺树脂等。此外,两者在 800 ℃ 氮气下的残碳率分别为 27% 和 43%,高于其他普通热固性树脂,而热防护领域中常用的酚醛类树脂的残碳率一般为 50%~60%,与之相比,这两种双环苯并噁嗪还有一定的差距。为了进一步发挥苯并噁嗪耐热性的优势,以满足更高的应用需求,已通过引入含反应性官能团、引入杂环刚性结构、无机杂化等方法进一步提高苯并噁嗪树脂的耐热性。

6.2.1 引入含反应性官能团

基于苯并噁嗪灵活的分子设计性,可将一些耐热型的反应性官能团引入苯并噁嗪结构,在苯并噁嗪的热固化过程中,这些引入的官能团能够同时参与交联反应,从而增加体系的交联密度和分子链的刚性,以提高聚苯并噁嗪的耐热性和残碳率。

1. 炔基

炔基 C≡C 是一种典型的耐热型反应性官能团,将炔基引入分子结构中提高聚合物的耐热性是一种常用的方法。在加热或催化剂作用下,炔基可发生聚合生成聚烯烃或三聚环等刚性结构。基于间氨基苯乙炔可获得一系列具有高玻璃化转变温度和高残碳的聚苯并噁嗪体系[6]。表 6.5 列出了几种含炔基的聚苯并噁嗪的玻璃化转变温度和残碳率。其中,对 PH-apa 在固化前通过预聚处理,改善结构中炔基的反应,可以将其固化物的 T_g、5% 失重温度和残碳率分别提高到 348 ℃、426 ℃ 和 64%[41]。含共轭二乙炔基双环苯并噁嗪 CoPH-apa 是由 PH-apa 偶联反应得到的,共轭乙炔基的反应使交联结构的芳构化程度进一步提高,使其耐热性和热稳定都提高[42]。此外,也可以通过炔丙基醚苯胺将炔基引入苯并噁嗪结构中,由其与苯酚或双酚 A 反应制备的单环或双环苯并噁嗪,它们的固化物的 T_g 和残碳率分别达到 250 ℃、66% 或 320 ℃、61%[43]。

表 6.5 含炔基的苯并噁嗪的玻璃化转变温度和热稳定性[6,41,42]

苯并噁嗪结构	T_g/℃	$T_{5\%}$/℃	残碳率(800 ℃,氮气)/%
(PH—apa)	326	400	54
(B—apa)	350	458	74

续表

苯并噁嗪结构	T_g/℃	$T_{5\%}$/℃	残碳率(800 ℃,氮气)/%
CoPH-apa	412	423	76

使用炔基苯并噁嗪树脂,以 MT300 碳布为增强材料,通过 RTM 工艺制备出复合材料,其性能见表 6.6。在 350 ℃的高温条件下进行测试,其拉伸强度、拉伸模量几乎无变化,弯曲模量、剪切强度仍能保持 70% 以上。

表 6.6 炔基苯并噁嗪/MT300 复合材料性能[44]

温度/℃	σ_t/GPa	E_t/MPa	σ_c/MPa	σ_f/GPa	E_f/MPa	σ_s/MPa
RT	56.7	478.2	397.6	54.6	545.8	29.7
350	56.6	477.6	242.2	66.8	396.2	22.6
保留率/%	99.8	99.8	60.9	122.3	72.6	76.1

2. 氰基

氰基 C≡N 是另一种可发生交联反应的三键官能团,在加热情况下能够生成耐热性能优异的三嗪环结构。图 6.8 是几种含有氰基的苯并噁嗪。对于含氰基的单环苯并噁嗪 PH-bn,其固化物的 T_g、5% 失重温度(氮气)及残碳率(800 ℃,氮气)分别达到 200 ℃、320 ℃ 和 59%,高于其他单环苯并噁嗪,说明氰基的引入确实提高了苯并噁嗪树脂的热性能[45]。此外,对于四种含氰基的单环苯并噁嗪,其热稳定性与其酚源或胺源的结构密切相关。当以对甲酚为酚源时,由于酚对位的甲基的热稳定较差,其 5% 失重温度和残碳率下降至 297 ℃ 和 43%。当在酚源和胺源上均引入氰基后,其耐热性明显提高,5% 失重温度和残碳率增至 327 ℃ 和 60%。而当另一种反应性官能团醛基引入后,由于两种交联反应的综合作用,其 5% 失重温度和残碳率更是达到了 380 ℃ 和 67%[46]。

除了单个氰基以外,引入含有两个氰基的邻苯二甲腈结构,见图 6.8 中的 PH-pn 和 BA-pn,通过邻苯二甲腈的交联反应能够进一步增加苯并噁嗪树脂的耐热性。例如,PH-pn 固化物的 T_g、5% 失重温度(氮气)及残碳率(800 ℃,氮气)分别为 278 ℃、450 ℃ 和 76%,BA-pn 固化物的 T_g、5% 失重温度及残碳率分别为 300 ℃、423 ℃ 和 68%[47]。

将氰基引入苯并噁嗪可以显著提高其固化物的耐热性。然而,氰基、邻苯二甲腈的聚合反应均需要较高的固化温度,这在一定程度上限制了此种类型树脂的发展。

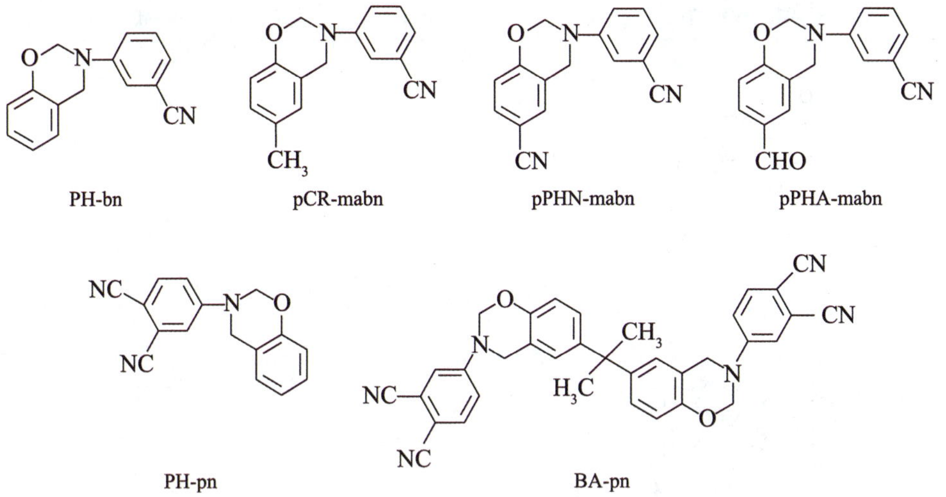

PH-bn   pCR-mabn   pPHN-mabn   pPHA-mabn

PH-pn   BA-pn

图 6.8 含氰基的苯并噁嗪

3. 醛基

与炔基和氰基的自聚反应不同,醛基是通过与其他结构发生交联反应来提高聚苯并噁嗪的耐热性的。冉起超基于对羟基苯甲醛首次制备了一种含醛基的苯并噁嗪单体,其残碳率(800 ℃,氮气)可以达到 66%,这主要归结于在固化过程中醛基的氧化脱羧反应以及与酚环的交联反应[48,49]。香草醛是一种含有醛基的生物质原料,基于它制备的苯并噁嗪同样具备优良的耐热性能。此外,将醛基与其他反应性官能团同时引入,借助醛基与第二官能团的协同反应可以进一步提高聚苯并噁嗪的耐热性,例如,将醛基、炔基分别引入酚源和胺源,由其制备的聚苯并噁嗪能够获得高达 459 ℃ 的 T_g 和 77% 的残碳率[50];将醛基、甲基吡啶分别引入酚源和胺源,通过醛基与甲基的 Knoevenagel 反应形成新的交联点,可使其残碳率达到 74.5%[51]。

4. 其他官能团

除了引入炔基、氰基和醛基之外,还可以在苯并噁嗪结构中引入马来酰亚胺、降冰片烯、烯丙基、异氰酸酯、羟甲基等官能团,以达到提高聚苯并噁嗪耐热性的目的,相关研究结果见表 6.7。此外,将两种或两种以上反应性官能团同时引入苯并噁嗪结构中,如双马来酰亚胺和氰基、双马来酰亚胺和炔基等,也是提高聚苯并噁嗪耐热性的一种途径。

6.2.2 引入含杂环刚性结构

刚性分子链是耐高温树脂所具有的典型分子结构。苯并噁嗪单体是一种苯并六元杂环的结构,但在其聚合反应之后,噁嗪环会打开,也就是说,聚苯并噁嗪的结构中是不存在杂环结构的。通过在主链中引入杂环刚性结构是提高聚苯并噁嗪耐热性的另一个有效途径。一些含有杂环结构的苯并噁嗪如图 6.9 所示。

表 6.7　含官能团的苯并噁嗪的玻璃化转变温度和热稳定性[52-55]

苯并噁嗪结构	T_g/℃	$T_{5\%}$/℃	残碳率(800 ℃,氮气)/%
	252	375	56
	>250	365	58
	300	288	45
	225	332	57
	233		61

聚苯并噁唑是一种耐高温的高性能芳杂环聚合物,其结构中的苯环与噁唑环共平面,具有较大的刚性。基于含苯并噁唑结构的酚源或胺源,可得到含有苯并噁唑杂环结构的二胺型苯并噁嗪或双酚型苯并噁嗪,两者表现出较高的耐热性。其中,PH-boa 固化物的 T_g 达到

269 ℃，热膨胀系数为 48×10^{-6}/℃，均优于 PH-ddm 固化物[56]。此外，当苯并噁嗪单体的苯氧基邻位为酰胺或酰亚胺结构时，在固化过程中噁嗪环开环所形成的酚羟基可以与邻位的酰胺或酰亚胺结构在高温下进一步发生成环反应，从而形成苯并噁唑结构。例如，oA-a 和 oI-a 在 400 ℃聚合后，5% 热失重温度分别达到 507 ℃和 513 ℃，800 ℃残碳率分别为 66% 和 69%[57]。

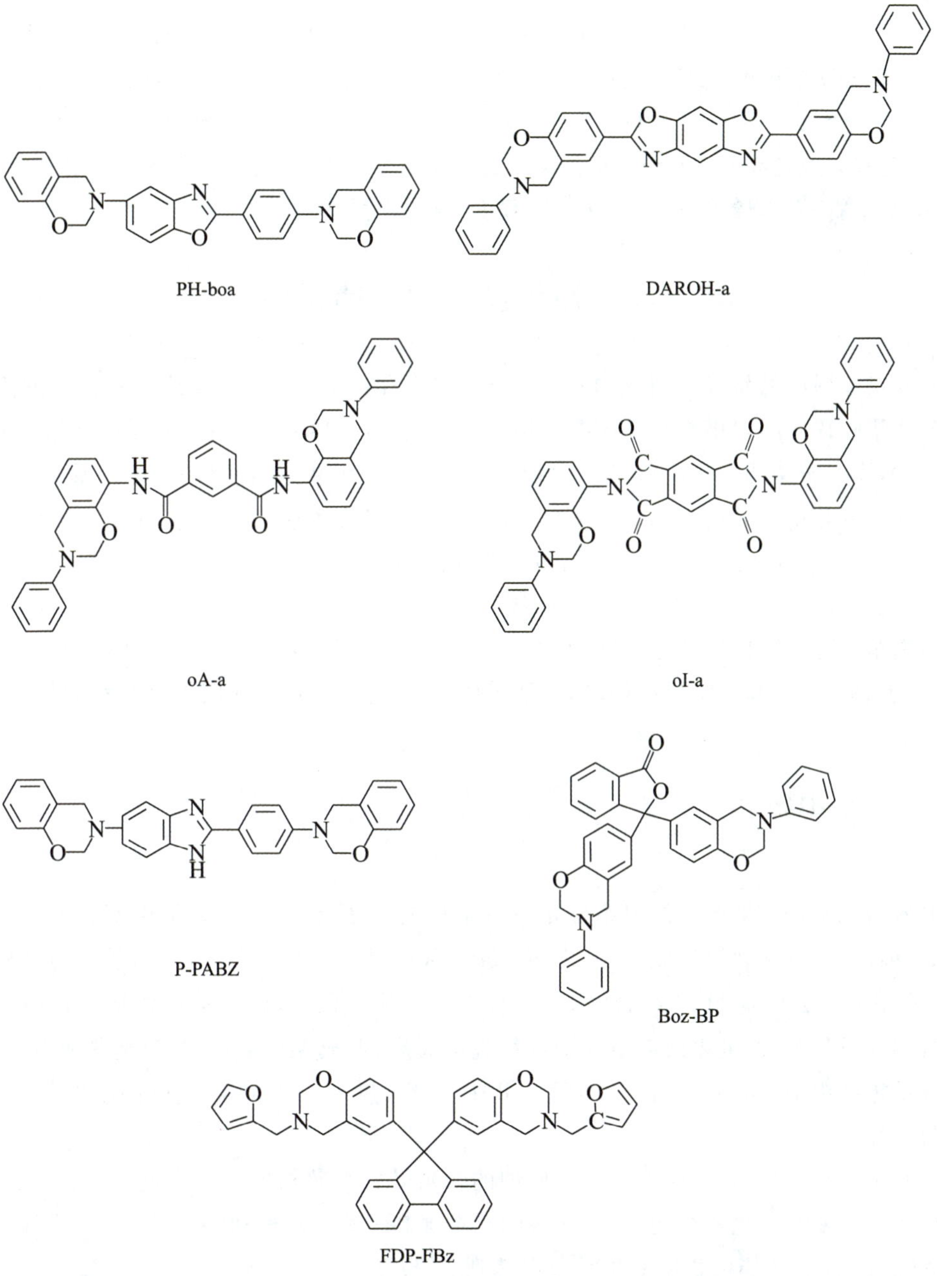

图 6.9 含有杂环结构的苯并噁嗪

苯并咪唑与苯并噁唑类似，也是一种杂环结构。图 6.9 中的 P-PABZ 就是一种含苯并咪唑的双环苯并噁嗪，其固化物的 T_g 和残碳率分别为 251 ℃ 和 50%[58]。此类结构除了可以提高苯并噁嗪的耐热性之外，咪唑环上的 N—H 还可以起到催化苯并噁嗪的聚合反应的作用，使得该体系的聚合物温度相对较低。

此外，引入酚酞、芴基等具有较大体积的刚性结构也能有效提高聚苯并噁嗪的耐热性。含有这两类结构的聚苯并噁嗪的 T_g 较容易达到 200 ℃ 以上，残碳率一般大于 50%。

除了在苯并噁嗪分子结构中引入反应性官能团和杂环刚性结构之外，还有一些其他方法提高聚苯并噁嗪的耐热性。例如，可以通过引入硅、硼等无机元素，利用 Si—O、B—O 键能大的特性达到提高耐热性的目的；利用苯并噁嗪开环后形成的酚羟基与其他耐热树脂进行共聚，能够有效提高耐热性；通过混入少量的无机物，如蒙脱土、云母、蛭石、二氧化硅、氮化硼、碳纳米管、石墨烯等，也可以在一定程度上提高耐热性。

6.3 阻燃型苯并噁嗪树脂

苯并噁嗪树脂的易成炭特性，以及分子结构中存在的氮元素，使其拥有良好的阻燃特征。苯并噁嗪树脂的阻燃性与其结构直接相关。例如，双酚型的 BA-a 的固化物几乎不体现出阻燃性，而二胺型的 PH-ddm 的固化物具有一定的阻燃性，垂直燃烧测试结果可达到 V-1 级别。这主要是由于 poly(BA-a) 在受热裂解后产生的苯胺类小分子在气相中可以继续燃烧，而 poly(PH-ddm) 热解后受二胺结构的牵制，生成的苯胺类小分子较少，导致其烟密度较低，阻燃性较好。

提高苯并噁嗪阻燃性的方法有两种：一种是通过分子结构设计，在其结构中引入卤素、磷、氮等阻燃元素或其他阻燃结构，即本征阻燃；另一种是通过混入阻燃剂进行阻燃，即共混阻燃。

6.3.1 本征阻燃

1. 含磷阻燃

引入磷元素提高聚合物的阻燃性是一种常用的方法，苯并噁嗪树脂也不例外。磷元素在燃烧过程中会氧化裂解生成 PO·、PO$_2$· 和 HPO· 等自由基捕捉剂，与高活性的氢根自由基 H· 和氢氧根自由基 HO· 结合，抑制燃烧链式反应。同时，磷元素在燃烧过程中会生成偏磷酸和聚磷酸等，促进表面燃烧的聚合物脱水成炭，形成保护炭层，提高阻燃性能[54]。由于苯并噁嗪结构中含有氮元素，磷的引入可在一定程度上发挥出磷-氮协同阻燃效应，利于提高阻燃性。

图 6.10 中列出了几种已被报道的典型的含磷苯并噁嗪树脂[59-64]。其中，a、b、c 三类苯并噁嗪都含有苯基氧化磷结构，此类结构的存在提高了聚合物的热稳定性，同时获得了较好的阻燃性，例如，b 树脂的极限氧指数可以达到 34 以上。

9,10-二氢-9-氧杂-10-磷杂菲-10-氧化物(DOPO)是一种常见的含磷环状化合物，其结构中 P—H 键具有较高的反应活性,可以通过 P—H 键的反应将其通过多种方式引入苯并噁嗪中。图 6.10 中的(d)、(e)和(f)都是含有 DOPO 的苯并噁嗪树脂。所不同的是,(d)结构中的 DOPO 作为多元酚的桥接基团,(e)结构中的 DOPO 是作为多元胺的桥接基团,而(f)结构中的 DOPO 是在苯并噁嗪成环反应时通过合成的方式引入的。磷元素的引入使得这些苯并噁嗪树脂都具有良好的阻燃性,例如,(e)树脂能够达到 UL94 V-0,(f)树脂的 LOI 达到了 40.5。

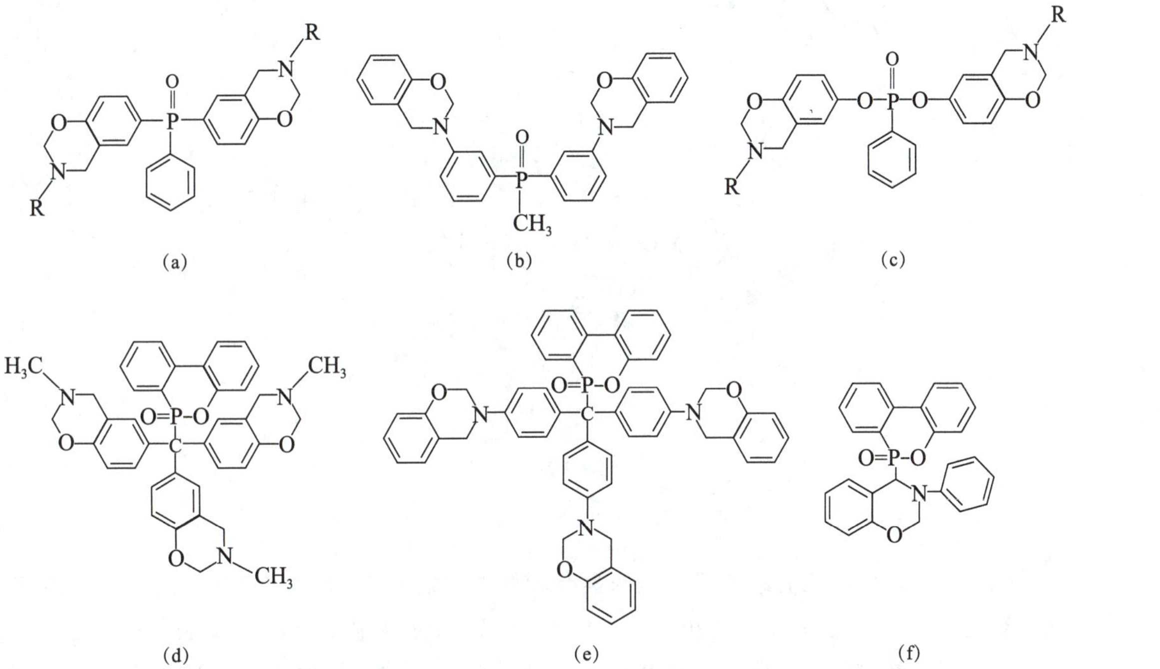

图 6.10　含磷苯并噁嗪树脂

2. 含氮阻燃

提高树脂体系的氮元素含量,也是常用的阻燃方法之一。通常情况下,含氮材料受热分解后,会放出氨气、氮气、氮氧化物、水蒸气等不燃性气体,这些不燃性气体的生成会带走大部分热量,有效地降低材料的表面温度,同时可以稀释空气中的氧气和树脂受热分解产生可燃性气体的浓度的作用,达到良好的阻燃效果。

通过氰基的环三聚反应可以得到一种含有三嗪环结构的苯并噁嗪单体,如图 6.11(a)所示,其固化后的残碳可达 64%,极限氧指数为 39.7%[65]。基于对硝基苯酚可得到含硝基的苯并噁嗪树脂,如图 6.11(b)所示,硝基的引入使聚苯并噁嗪的残碳率和热氧稳定性明显增加,从而改善了阻燃性[66]。在前面耐热性苯并噁嗪中提到的含氰基或邻苯二甲腈的苯并噁嗪单体,它们在固化时会发生三聚成环的交联反应,或形成酞嗪等结构,这些结构具有极高的热稳定性,使得它们具有较低的燃烧性[67]。此外,将同时含有磷、氮元素的磷腈基团引入苯并噁嗪结构中也是一种有效的阻燃方法,如图 6.11(c)所示[68]。

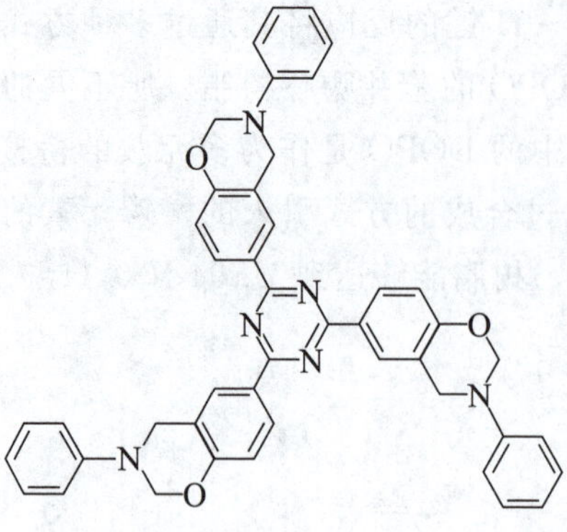

图 6.11 含氮苯并噁嗪树脂

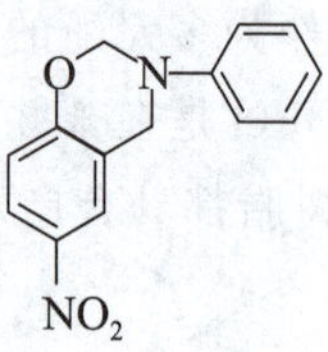

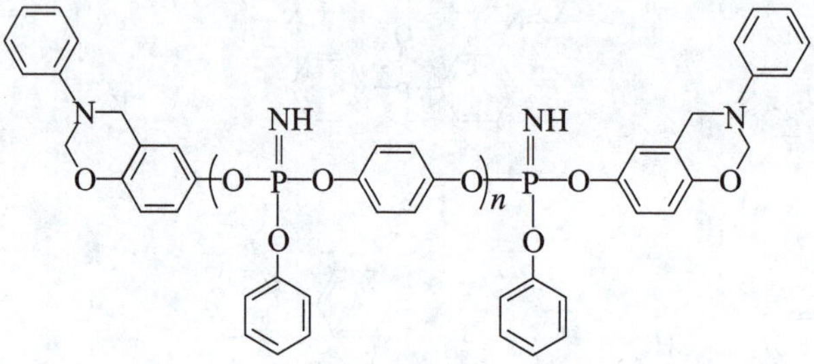

3. 其他结构阻燃

除了磷、氮之外，还有一些特殊结构具有较好的阻燃效果，如图 6.12 所示。例如，含硅氧烷结构的苯并噁嗪，其阻燃等级达到 UL94 V-0 级，氧指数高达 45%。其良好的阻燃特性来源于硅元素在燃烧过程中向材料表面迁移，形成保护性的二氧化硅层，抑制了传质传热过程且阻碍聚合物基质的热降解，同时结合硅-氮的协同作用提高了阻燃效率，氧指数可以达 45%[69]。当苯并噁嗪树脂结构中含有砜基、酚酞等结构时，树脂表现出较高的热稳定性，在燃烧时会释放一些不燃气体，由其制备的层压板的阻燃级别可以达到 UL94 V-0 级[70,71]。

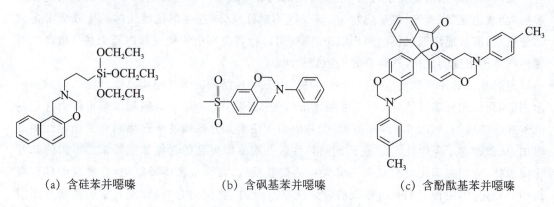

(a) 含硅苯并噁嗪　　(b) 含砜基苯并噁嗪　　(c) 含酚酞基苯并噁嗪

图 6.12 一些阻燃型苯并噁嗪树脂

6.3.2 共混阻燃

除了在分子结构中引入阻燃元素或阻燃结构,以共混的方法向苯并噁嗪树脂体系引入阻燃基元也是提高阻燃性能的有效方法。苯并噁嗪树脂的共混阻燃可以分为两种情况:一种是直接在苯并噁嗪树脂中加入阻燃剂,如氢氧化铝、氢氧化镁、有机磷系阻燃剂等;另一种是将其与阻燃树脂共混,得到综合性能优良的树脂基体。

PX200(苯基氧化磷)和DOPO是典型的含磷阻燃剂。将它们加入二胺型苯并噁嗪PH-ddm中,当它们的加入量分别达到8%和5%时,苯并噁嗪即可表现出较好的阻燃效果,改性后的树脂体系在燃烧过程中放热量显著降低,且碳层主要为封闭的空洞结构。究其原因,一方面,含磷阻燃剂促使富含羟基的聚苯并噁嗪脱水、芳构化,形成隔热、隔氧的多孔炭层,抑制燃烧;另一方面,含磷阻燃剂脱去磷氧结构后,形成含有苯环结构的碎片或自由基,能促进自由基相互结合以终止链式燃烧反应[72]。六氯环三磷腈、聚磷酸铵等化合物的加入都能起到提高苯并噁嗪树脂阻燃性的目的。

在苯并噁嗪PH-ddm中加入氢氧化铝后垂直燃烧时间迅速缩短,当加入量达到20%时可达到UL94 V-0级别。加入氢氧化铝之后,树脂体系的点燃时间延长,热释放速率的最大值、平均热释放速率和比消光面积均显著降低。氢氧化铝的阻燃机理主要为脱水吸热、增加残碳、水蒸气稀释及三氧化二铝的隔离作用,主要表现为凝聚相阻燃。氢氧化镁的加入同样能够提高聚苯并噁嗪的阻燃性[72]。

含磷环氧树脂具有优异的阻燃性能。将其与双酚型苯并噁嗪BA-a共混,当含磷环氧占比为60%时,共混树脂体系基本可以达到UL94 V-0级。若在体系中再加入二氨基二苯醚或二氨基二苯砜等第三组分,可以进一步提高树脂体系的阻燃性[73]。此外,可在苯并噁嗪/含磷环氧树脂的共混体系中加入含氮酚醛,利用磷-氮协同阻燃效应可以显著降低树脂体系的燃烧时间[74]。

苯并噁嗪树脂优异的阻燃特性不光表现在其难燃,还在于苯并噁嗪树脂在燃烧过程中所释放的烟密度极低,这一点要优于含磷环氧树脂。随着人们对苯并噁嗪树脂关注度的提高,对苯并噁嗪树脂阻燃性的研究也不断深入,一些新的阻燃体系不断涌现,未来苯并噁嗪树脂将在阻燃材料领域大有可为。

6.4 苯并噁嗪树脂的功能特性

苯并噁嗪树脂作为热固性树脂,最初人们主要关注其耐热性、力学性能、阻燃性、电绝缘性等通用性能。随着研究和认识的深入,苯并噁嗪树脂基于其结构的特殊性也表现出低介电、易成炭、低表面能等功能特性,这些特性极大地扩展了苯并噁嗪树脂应用领域。例如,低介电特性可以用于电子行业,易成炭特性可以用于制备碳材料,低表面能特性可以用于涂料领域。

6.4.1 低介电特性

在电路中,信号传输速率与介电常数的平方根成反比,信号损耗与介电损耗的平方根成正比,因此,为了提高信号传输速率,降低信号损耗,要求相关材料具有尽可能低的介电常数和介电损耗。尽管聚苯并噁嗪的交联结构中含有大量的极性酚羟基,但具有较低的介电常数和介电损耗,这可能是由于结构中的氢键的存在减轻了酚羟基的极化。室温下,双酚型苯并噁嗪 BA-a 的介电常数和介电损耗分别为 3.58 和 0.038(1 MHz)。面对电子信息领域对高频高速的要求,需要进一步降低苯并噁嗪树脂的介电常数和介电损耗。基于分子结构与介电性的关系,一方面可以通过分子设计,将氟原子、脂肪链、双环戊二烯、噁唑环、低聚倍半硅氧烷(POSS)等低极性或体积较大的结构引入苯并噁嗪中,对其进行结构改性;另一方面,可以通过加入 POSS、介孔二氧化硅等无机粒子,或与氰酸酯等低介电树脂混合,实现共混改性[75]。

1. 结构改性

氟原子具有较强的吸电子诱导效应,能够有效降低电子极化,将氟原子的引入苯并噁嗪树脂体系中,可以降低其极性,从而达到降低介电常数的目的。以六氟代双酚 A 和六氟甲基苯胺为原料可得到一种含氟的苯并噁嗪单体,见图 6.13 中的结构(a),将其与 BA-a 共聚,随其含量增加,共聚树脂的介电常数逐渐降低,当两者比例为 1∶1 时,共聚树脂的介电常数降到 2.36(105 Hz)[76]。对于主链上和侧基上都含有氟原子的结构(b),其介电常数也仅为 2.4[4]。

脂肪链具有较低的极性,因此含脂肪链的聚苯并噁嗪的介电常数也较低。图 6.13 中的结构(c)是一系列不同二胺结构的苯并噁嗪。其中,含芳香二胺结构的苯并噁嗪在 1 MHz 下的介电常数为 3.44,介电损耗为 0.011 2;当转变为脂肪二胺后,聚合物的介电常数和介电损耗均降低,且随着链段长度的增加而降低。链段长度为 2、4、6 的苯并噁嗪 1 MHz 下的介电常数分别为 3.37、3.22、3.08,对应的介电损耗为 0.010 0、0.007 6、0.007 4[77]。

将双酚 A 中的桥接基团换为双环戊二烯得到的结构为(d)的苯并噁嗪树脂,其在 1 MHz 下的介电常数和介电损耗分别为 2.95 和 0.009 5,相比 BA-a 明显降低。这是因为双环戊二烯的非平面结构使得聚合物分子间间距增加,增大了体系内部的自由体积[78]。此外,将苯并噁唑基团引入到苯并噁嗪结构中,见图 6.13 中的结构(e),也表现出优异的低介电特性,其在 10 MHz 下的介电常数仅为 2.1,且在 150 ℃下能保持良好的频率稳定性[79]。POSS 是一类具有较大空隙结构的化合物,通过对 POSS 表面进行活化,使其带上苯胺基,再将其合成苯并噁嗪,这样就得到一个中心为 POSS 环,四周为苯并噁嗪结构的化合物,见图 6.13 中的结构(f),其介电常数和介电损耗分别为 2.8 和 0.04,将其与氰酸酯共聚后得到的聚合物的介电常数和介电损耗可以分别降低至 2.01 和 0.007[80]。

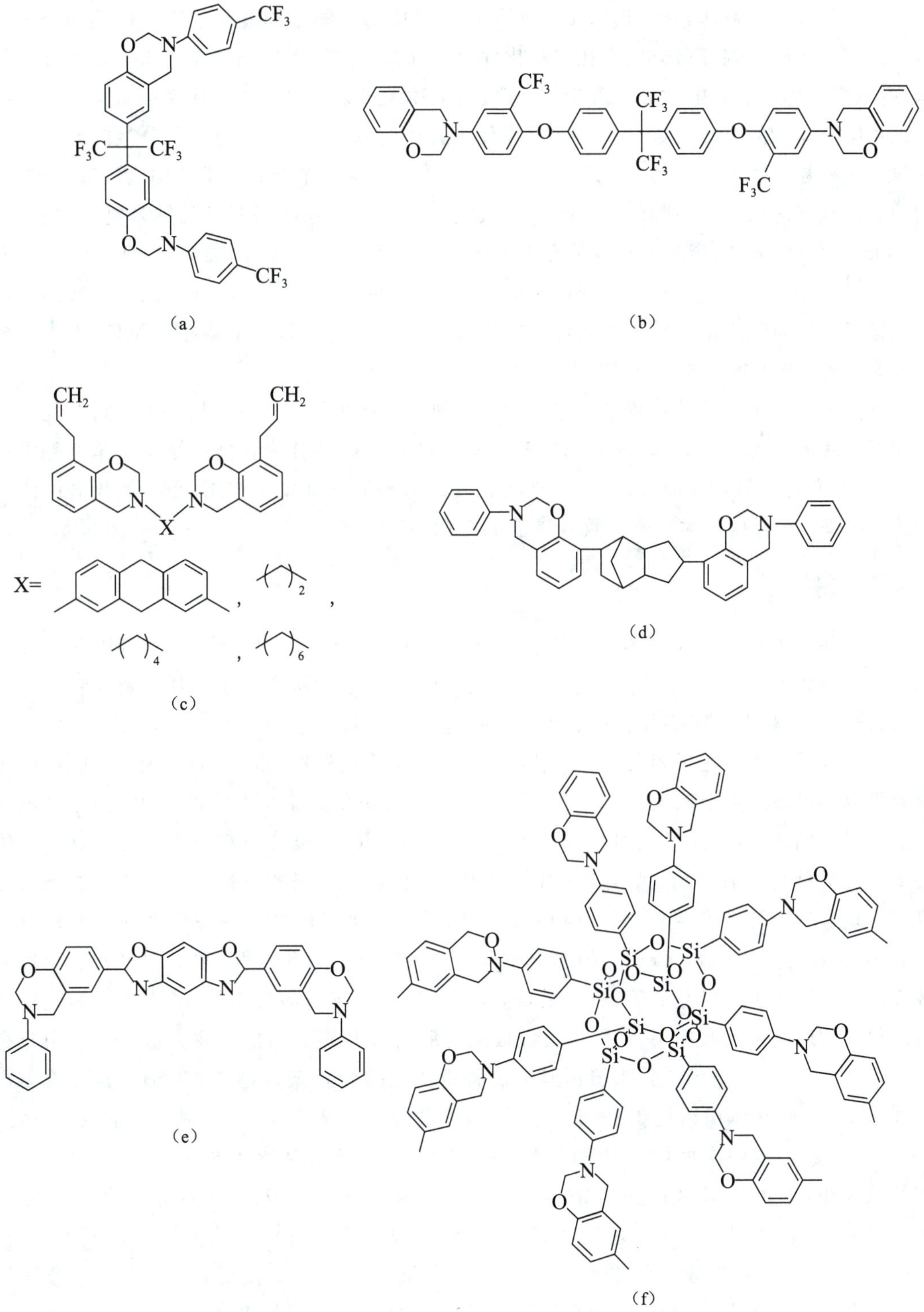

图 6.13 低介电苯并噁嗪树脂

2. 共混改性

空气的介电常数非常低,仅为1,因此树脂体系中的空隙结构能有效降低体系的介电常数。低聚倍半硅氧烷(POSS)、介孔二氧化硅等无机粒子能够为树脂体系带来大量的孔隙结构,有效降低体系的介电常数。理论上,直接将上述无机粒子混入树脂体系中就能够依靠孔隙结构降低树脂的介电常数。但在实际操作过程中,面临无机粒子的均匀分散问题,因此,通过对无机粒子表面进行修饰,使其带有能与苯并噁嗪相互作用的化学结构,就能够解决此问题。以端基为丙烯酸甲酯的 POSS 与含呋喃环的苯并噁嗪共混制备的纳米复合材料,随着 POSS 含量的增加,聚苯并噁嗪的介电常数从3.4降到2.3[81]。以端基为苯胺的 POSS 与丁香酚基苯并噁嗪共混能够得到介电常数仅为1.32的聚合物[82]。将含马来酰亚胺结构的八面体 POSS 与丙烯基苯并噁嗪混合,当 POSS 含量为10%时,共聚物在1 MHz 下的介电常数为2.42,介电损耗为0.002 9[83]。

增加无机粒子与苯并噁嗪相互作用的另一种方法是在苯并噁嗪结构中引入可与无机粒子相互作用的基团。例如,以 3-氨丙基三乙氧基硅烷为原料合成含硅烷结构的苯并噁嗪单体,将其与介孔二氧化硅混合时,硅烷结构就可以与二氧化硅发生作用,当二氧化硅的添加量为15%时,复合材料的介电常数可降至1.75(1 MHz)[84]。

6.4.2 易成炭性

聚苯并噁嗪具有较好的热稳定性和较高的残碳率,通过结构设计,已经可以获得具有70%以上残碳率(800 ℃,氮气)且不含无机元素的苯并噁嗪树脂体系。基于苯并噁嗪易成炭的特性,利用聚苯并噁嗪作为前驱体制备碳材料在近年来逐渐成为一个热点。

聚苯并噁嗪碳化之后容易形成多孔碳材料,利用其大的比表面积,基于聚苯并噁嗪的碳材料可以用以吸附重金属离子、二氧化碳、颜料等。将 BA-a 与乙酰丙酮铁的溶液用静电纺丝的方式得到纤维,再通过热固化可得到聚苯并噁嗪 Fe_3O_4 复合材料纤维。复合材料纤维在250 ℃后处理一段时间之后,再在氮气氛围下高温碳化制备得到碳纤维。乙酰丙酮铁在高温处理过程中转变为四氧化三铁(Fe_3O_4),赋予碳纤维以磁性。制备得到的碳材料具有130 nm 左右的直径,1 885 m^2/g 的比表面积,2.3 cm^3/g 的微孔体积。该多孔碳材料可以有效吸附溶解在水中的甲基蓝等颜料,最重要的是,利用该碳材料的磁性,吸附之后的碳材料可以很简便地用磁铁吸附并除去[85]。模板法是制备多孔碳材料的主要方法之一。用介孔二氧化硅做硬模板,基于苯并噁嗪树脂可制备氮掺杂的介孔碳材料(NMCS)。其比表面积达到789 m^2/g,孔体积达到0.49 cm^3/g,氮的质量分数高达3.50%,甲基蓝吸附效率达到352.1 mg/g,经过四次回收利用的循环之后吸附效率仍能保持在89.04%[86]。以 F127 作为软膜板,采用 KOH 活化的方法可以获得得到氮元素含量较高(质量分数为5.21%~5.32%)的多孔碳材料,其比表面积高达856.8~1 257.8 m^2/g,微孔体积达到0.15~0.65 cm^3/g,并表现出较好的二氧化碳选择性吸附的特性[87]。此外,利用蒙脱土增强的壳聚糖与主链型聚苯并噁嗪复合可制备出能够吸附二氧化碳的多孔碳材料,其比表面积达到710 m^2/g,总的孔体积达到0.296 cm^3/g,在一个大气压下室温二氧化碳吸附效率达到 5.72 mmol/g[88]。

利用聚苯并噁嗪碳化之后形成的多孔碳材料大的比表面积以及不错的电导率，基于聚苯并噁嗪的碳材料可以用作超级电容器的电极材料。通过苯并噁嗪的分子设计性以及其本身含有的大量氮元素，提升电容器的赝电容。基于尿素、甲醛和对氰基酚合成苯并噁嗪，用软模板法和氢氧化钾活化之后碳化制备具有多层次孔洞的碳材料，其比电容可以达到 614.6 F/g，在循环使用 5 000 次之后比电容保留率达到 94.3%[89]。用酚酞、尿素、多聚甲醛与氧化石墨烯原位得到改性的聚苯并噁嗪，进一步可碳化得到多孔碳材料，其在电流密度为 1.0 A/g 时的比电容最高达到 405.6 F/g，在循环使用 5 000 次之后比电容保留率达到 95.8%[90]。

6.4.3 低表面能

聚苯并噁嗪结构中存在的分子内及分子间氢键使得苯并噁嗪树脂具有较低的表面自由能，从而表现出良好的疏水性能。双酚 A/苯胺型苯并噁嗪 BA-a 和双酚 A/甲胺型苯并噁嗪 BA-m 的聚合物由于分子内强的氢键作用使得它们的表面能只有 19.2 mJ/m^2 和 16.4 mJ/m^2，甚至低于特氟龙（21 mJ/m^2）[91]。固化温度会对苯并噁嗪的表面能产生影响，当 BA-a 在 210 ℃ 固化后的表面能会进一步下降至 16.7 mJ/m^2[92]。

通过分子结构设计，可以进一步降低苯并噁嗪的表面能，并获得良好的综合性能。将氟原子、硅氧烷结构引入苯并噁嗪结构中，所制得的聚合物薄膜的表面能为 15.5 mJ/m^2，T_g 为 188 ℃，热稳定性能良好，在 200 ℃ 下表面能保持不变[93]。将含不饱和键的苯并噁嗪与双端氢聚硅氧烷反应可制得苯并噁嗪嵌段共聚物，其水接触角大于 155°，在空气中与油的接触角为 0°[94]。基于苯酚活化的 POSS 与炔基胺制得苯并噁嗪，其表面能只有 14.6 mJ/m^2，水接触角为 105°[95]。

将聚苯并噁嗪与二氧化硅纳米粒子、有机黏土复合的纳米复合涂层可以用作超疏水材料。将纳米二氧化硅加入含硅氧烷结构的聚苯并噁嗪中可制备具有"花瓣效应"的超疏水表面，其水接触角可达 161.5°，且表现出优异的透明度、抗紫外性能和热稳定性[96]。利用聚苯并噁嗪/TiO_2 复合物在聚酯无纺布上涂层，可得到具有自清洁性的超疏水、超亲油织物，其静态水接触角达到 154°，且具有优异的机械耐久性和耐酸碱性，油水分离效率大于 98%[97]。此外，将表面改性的纳米黏土填充到聚苯并噁嗪中所制备的纳米复合材料涂层的表面能可降至 12.7 mJ/m^2[98]。

6.5 苯并噁嗪树脂基复合材料

苯并噁嗪作为一种热固性树脂，具有优良的综合性能，可用于制备纤维增强复合材料。一方面，苯并噁嗪中间体黏度小，易溶于甲苯、丙酮、丁酮、DMF 等常用溶剂，同时，苯并噁嗪中间体在固化时无小分子释放、固化收缩小。这些工艺特性使得苯并噁嗪可方便地使用干法或湿法工艺制备预浸料，进而通过层压、模压等方法制备复合材料。此外，还可使用液体成型工艺直接制备复合材料。另一方面，苯并噁嗪固化以后体现出良好的机械性、阻燃性、耐热性、耐烧蚀性以及低介电、低吸水等特性，由其作为树脂基体制备的复合材料，可用于电子电器、航空航天、轨道交通等领域，具有广阔的发展前景。

6.5.1 阻燃型复合材料

聚苯并噁嗪结构中含有 N 元素，同时聚苯并噁嗪在高温下具有较高的残碳率，这使得部分聚苯并噁嗪表现出一定的阻燃性，但是一些常用的苯并噁嗪树脂的阻燃性仍不能满足使用要求。例如，由典型的双酚 A/苯胺型苯并噁嗪(BA-a)、苯酚/二胺型苯并噁嗪(PH-ddm)制备的复合材料的阻燃性是无法达到 V-0 级别的。

为了改善苯并噁嗪树脂基复合材料的阻燃性，可以在树脂基体配方中混入阻燃型助剂，以达到阻燃要求。将摩尔分数为 50% 的双噁唑啉加入 BA-a 中，配置成丁酮溶液，通过浸渍得到玻璃布预浸料，在 150 ℃/2 h、170 ℃/1 h、170 ℃/2 h、200 ℃/2 h 下压制成型得到层压板，测得其极限氧指数可以达到 50 以上，而以普通环氧树脂和溴化环氧树脂制备的层压板的极限氧指数仅为 14 和 38。[99] 改性 BA-a 层压板之所以具有良好的阻燃性，主要是因为双噁唑啉与 BA-a 共同作用形成了高交联密度的体系，增加了成炭，限制了可燃气体的生成，使燃烧中体系的导热性和放热量都降低了。此外，添加均苯四酸二酐不仅可以催化苯并噁嗪树脂的固化反应，同时也能够提高其阻燃性。表 6.8 为均苯四酸二酐(PMDA)改性碳纤维(CF)/苯并噁嗪(BA-a)复合材料的燃烧性能。随着均苯四酸二酐添加量的增加，复合材料的 LOI 值从 26.0 增加到 49.5，点燃时间降至 4.1 s，阻燃等级达到 V-0。[100] 这主要是因为均苯四酸二酐的加入极大地提高了苯并噁嗪的残碳率，残碳的形成可以抑制挥发性产物向火焰扩散，同时阻碍氧气的进入，减缓火焰传播。此外，以 BA-a 和氰酸酯的共混物为基体树脂制备的碳纤维增强复合材料也具有良好的阻燃性，其 LOI 随碳纤维含量的增加而增加，当碳纤维含量为 20% 时，复合材料的 LOI 可达到 37.5。[101]

表 6.8 CF(质量分数为 65%)/BA-a/PMDA 复合材料的燃烧性能[100]

BA-a/PMDA(摩尔比)	LOI	总点燃时间(t_1+t_2)/s	UL94 级别
BA-a	26.0	82.7	V-1
1:0.25	32.5	41.9	V-0
1:0.33	33.0	31.1	V-0
1:0.5	44.0	23.5	V-0
1:0.67	47.0	16.2	V-0
1:1	49.5	4.1	V-0

含磷化合物能够有效提高聚合物的阻燃性，已有研究表明，添加含磷化合物能够改善苯并噁嗪树脂基复合材料的阻燃性。胡晓兰等[102]将聚磷酸铵(APP)将加入二胺型

苯并噁嗪中,再以玻璃缎纹布为增强材料通过模压制得厚度为 3 mm、纤维体积分数约为 60% 的复合材料,研究表明质量分数为 10% 的 APP 可以使此复合材料的 LOI 增加到 57.7。微观形貌分析表明,含有 APP 的复合材料在燃烧后的玻纤表面附着较多且致密的炭层,起到阻止燃烧的作用。王成忠、魏程等[103,104]基于 APP 和硫酸铝制备了一种含磷成炭剂,将其添加到 BA-a/E51 共混树脂体系中,通过浸渍无碱平纹玻璃布并热压制备了厚度为 1 mm 的复合材料,将其置于 1 000 ℃ 火焰中进行燃烧测试。结果表明,对于未加成炭剂的复合材料,其在燃烧 3 min 后,在表面形成较薄的碳化层,并出现大面积脱落;燃烧 15 min 后,复合材料中已没有碳层存在,玻璃纤维几乎完全熔融,复合材料被完全破坏。而对于添加了成炭剂的复合材料,即便在燃烧 15 min 后,复合材料中玻纤表面仍附着一层致密的碳层,复合材料保留一定的刚性,避免了复合材料制品在短时间燃烧时发生溃散,表现出良好的防火性能。除了将 APP 作为添加剂改善苯并噁嗪树脂基复合材料的阻燃性能,还可以将其用于纤维表面改性。张涛等[105]采用层层组装法在苎麻织物表面构筑了氨基化多壁碳纳米管-APP 与聚乙烯亚胺(PEI)-APP 膨胀阻燃多层膜,然后将改性后的苎麻织物与苯并噁嗪树脂复合制备了苎麻织物/苯并噁嗪树脂层压板,对其进行了燃烧测试。结果表明,纤维表面改性后的层压板的阻燃性能明显提高,LOI 由改性前的 23 增加至 27,燃烧等级由可燃转变为 V-0 或 V-1。同时,垂直燃烧试验后,未改性的层压板几乎被火焰烧透;改性后的层压板的残碳断面上有部分炭化颗粒,火焰未烧到样品内层。

含磷化合物中,除了 APP 外,磷腈化合物也是一种常用的阻燃剂。此外,氢氧化铝(ATH)也常被用于复合材料的阻燃改性。柏帆[106]将六苯氧基环三磷腈(HPCTP)和 ATH 分别加入双酚 A 型苯并噁嗪树脂/双酚 A 型环氧树脂共混物溶液中,通过高速搅拌使其均匀,再浸渍无碱玻璃布,经热压得到层压板。表 6.9 显示了加入不同添加量的 HPCTP 和 ATH 的层压板的垂直燃烧等级。当 HPCTP 的添加量达到 10% 时,层压板的阻燃等级达到 V-0 级,而 ATH 的添加量则需 20% 时才可使层压板的阻燃等级达到 V-0 级,表明磷腈化合物对苯并噁嗪层压板的阻燃改性效率要优于 ATH。考虑到磷腈化合物和 ATH 均具有阻燃特性,邵亚婷等[107]以磷腈阻燃剂与 ATH 复配协效阻燃苯并噁嗪树脂,制备出了一种环境友好型无卤阻燃玻璃布层压板,其垂直燃烧测试结果见表 6.10。相比单独使用磷腈化合物和 ATH,少量的磷腈化合物和 ATH 互配即可使苯并噁嗪层压板获得良好的阻燃性。

表 6.9 苯并噁嗪树脂基玻璃布层压板的阻燃等级[106]

阻燃剂	阻燃剂含量/%				
	0	5	10	15	20
ATH	V-2	V-1	V-1	V-1	V-0
HPCTP	V-2	V-1	V-0	V-0	V-0

表 6.10　磷腈阻燃剂和氢氧化铝复配阻燃剂对苯并噁嗪树脂树脂基复合材料阻燃性的影响[107]

磷腈阻燃剂质量分数/%	氢氧化铝质量分数/%		
	5	10	15
3	V-1	V-1	V-1
5	V-1	V-0	V-0
7	V-0	V-0	V-0
9	V-0	V-0	V-0

飞机和列车的舱体、箱体及内饰对阻燃复合材料的需求较大,要求复合材料具有良好力学性能、耐热性能的同时,还应满足阻燃、低烟、低毒(FST)规则。阻燃性苯并噁嗪树脂基复合材料可以作为优选材料之一。亨斯曼、汉高、固瑞特等公司均相继开发出了阻燃型苯并噁嗪树脂及预浸料,测试表明由此类材料制备的制品能够满足飞机舱内材料对燃烧、烟雾和毒性方面的要求[26]。相较于酚醛树脂预浸料,苯并噁嗪树脂预浸料在具有相同阻燃级别的同时,还具有不含游离醛和游离酚、固化过程无挥发物释放、更高的力学性能等优势,在此领域表现出广阔的应用前景。

6.5.2　耐热型复合材料

环氧树脂是应用范围较广的基体树脂。基于环氧树脂制备的复合材料的耐热温度一般在 160 ℃以下,如果工况环境温度高于 160 ℃则不宜使用环氧树脂复合材料。苯并噁嗪树脂在固化后形成类似酚醛树脂的交联网络结构,体系中存在大量的苯环等刚性结构,赋予其良好的耐热性,由其制备的复合材料可以在 160 ℃以上长期使用。而通过对苯并噁嗪进行结构改性,甚至可以将复合材料的耐热温度提高到 300 ℃以上。

刘孝波研究团队制备了一系列含邻苯二甲腈结构的苯并噁嗪单体,采用溶液法制备出预浸料,并通过热压得到纤维增强复合材料。借助邻苯二甲腈基团在高温下反应生成的酞菁环,在提高聚合物分子链刚性的同时进一步提高树脂的交联密度,使得制备的复合材料具有优良的热稳定性,见表 6.11[108,109]。需要说明的是,由于腈基需要在较高的温度下才能充分反应,此类复合材料的最高成型温度均需达到 240 ℃。Xiong 等[110]以酚酞/间氨基苯乙炔苯并噁嗪树脂为基体,基于热压程序 170 ℃/2 h、200 ℃/3 h、228 ℃/3 h,制备出碳纤维布(T700)增强的复合材料,凭借酚酞的刚性结构以及炔基的交联反应,此复合材料的 T_g 可达 328 ℃。Ishida 等[111]的研究表明,由羟基二苯甲酮/苯胺型苯并噁嗪为基体制备的复合材料的 T_g 可达 350 ℃,耐温性优于双马来酰胺复合材料,甚至可与聚酰亚胺复合材料相媲美,并表现出比聚酰亚胺更好的加工性能。

苯并噁嗪树脂在用作制备复合材料时,常通过与其他化合物共混的方式进一步改善其耐热性。BA-a 是一款典型的商品化苯并噁嗪树脂,主要用于制备纤维增强复合材料。Kimura 等使用二噁唑啉与对 BA-a 进行共混,采用溶液法浸渍玻璃布,热压制备了玻璃纤维增强复合材料。在催化剂的作用下,苯并噁嗪和双噁唑啉发生进一步的交联反应,提高了体系的耐热性,复合材料的 T_g 可达到 208 ℃。[99]Jubsilp 等使用均苯四甲酸酐改性BA-a,热压制备了碳纤维增强复合材料。研究表明,复合材料中纤维含量的增加对复合材料的耐热性影响不大。随着均苯四甲酸酐含量的增加,复合材料体系的耐热性和热稳定性会增加,当均苯四甲酸酐的加入量达到 50% 时,复合材料的 T_g 增加到 237 ℃,残碳率增加了 10%,见表 6.12。这主要是因为均苯四甲酸酐与苯并噁嗪开环生成的酚羟基进一步反应提高了交联密度,此外,均苯四甲酸酐本身的刚性分子链也会增加复合材料的耐热性和热稳定性[100]。

表 6.11 腈基改性苯并噁嗪复合材料的热稳定性[108,109]

性能	BZ-BPH①		A-ph②
	氮气	空气	氮气
T_g/℃	—	—	308
T_{d5}/℃	527	471	401.41
$Y_c(800℃)$/%	82.9	61.4	72.75

注:① T_{d5}、Y_c 由 TGA(升温速率 20 ℃/min)测得;
② T_g 为 DMA(升温速率 5 ℃/min)损耗角正切对应的峰顶温度,T_{d5}、Y_c 由 TGA(升温速率 10 ℃/min)测得。

表 6.12 均苯四甲酸酐改性苯并噁嗪复合材料的热性能(碳纤维布质量分数为 65%)

BA-a:均苯四甲酸酐/mol	1:0	1:0.25	1:0.33	1:0.5	1:0.67	1:1
T_g/℃	183	203	—	—	235	237
T_{d5}/℃	369	393	394	402	408	393
T_{d10}/℃	404	458	472	482	498	482
$Y_c(800℃)$/%	75.7	80.7	—	—	—	82.2

二胺型苯并噁嗪相对于 BA-a 具有更好的耐热性。郑林等[112]将二胺型苯并噁嗪与 F-51 和线性酚醛树脂共混,制备了 E 玻璃布层压板,其力学性能见表 6.13。该层压板在常温下表现出较高的力学性能,弯曲强度和拉伸强度分别达到 720 MPa 和 499 MPa,将其在 180 ℃下进行测试,其弯曲强度和拉伸强度保留率仍能保持在 75% 以上,弯曲模量和拉伸模量保留率为 88% 以上,说明此复合材料的耐热温度已达到 180 ℃。

表 6.13 苯并噁嗪层压板的力学性能(经向,树脂含量 30%)

力学性能	22 ℃	180 ℃	保留率
弯曲强度/MPa	720.5	559.4	77.6%
弯曲模量/GPa	29.3	25.9	88.4%
拉伸强度/MPa	499.6	382.3	76.5%
拉伸模量/GPa	32.4	29.5	91.4%
冲击强度/(kJ·m^{-2})	249.0	—	—

对苯并噁嗪基体树脂进行无机杂化也是提高复合材料耐热性的一个有效方法。李光珠等[113]用炔基化苯并噁嗪与聚硅氮烷制备了一种苯并噁嗪杂化树脂,采用模压工艺制备了玻璃布复合材料,其在室温下的弯曲强度、模量和层间剪切强度分别为 433 MPa、22 GPa 和 24 MPa,在 350 ℃下的强度保留率分别为 40%、68%和 54%。

耐高温树脂基复合材料的一个主要应用领域是各种航天飞行器高热流部件的热防护部件,酚醛树脂因其具有良好的耐热性及成炭性被广泛应用于此领域。但是,传统酚醛树脂的固化反应是缩聚反应,在反应时会放出大量的小分子,无法应用于树脂传递模塑(RTM)工艺,这就限制了 RTM 工艺在热防护酚醛复合材料成型中的应用。而苯并噁嗪树脂为开环固化反应,在固化过程中无小分子放出,且拥有与酚醛树脂类似的耐热性和耐烧蚀性,因此一些需要使用 RTM 工艺成型的热防护制件可以使用耐热型苯并噁嗪复合材料。

四川大学顾宜、冉起超研究团队开发了一系列耐高温苯并噁嗪树脂,并在热防护领域得到实际应用。其中,MA 是一种低黏度、耐热型苯并噁嗪树脂,可用于 RTM 工艺,其 T_g 为 250 ℃,800 ℃氮气下的残碳率达到 55%以上,可用于制造航天热防护制件。尹昌平等[114]以该树脂为基体通过 RTM 工艺制备了石英纤维布增强复合材料,对其性能进行了评价,并将其与石英/钡酚醛复合材料的性能进行了比较,部分性能见表 6.14。苯并噁嗪复合材料的力学性能明显优于钡酚醛复合材料,甚至高于 RTM 工艺制备的碳/环氧复合材料。更加重要的是,苯并噁嗪复合材料的质量烧蚀率和线烧蚀率均低于钡酚醛复合材料,说明由该苯并噁嗪树脂制备的复合材料是一种良好的树脂基耐烧蚀复合材料,有望应用于火箭、战略战术导弹的弹头和发动机喷管等部位的热防护。在此基础上,他们采用共注射 RTM 工艺实现了作为承载层基体树脂的环氧树脂和作为防热层基体树脂的苯并噁嗪树脂的共注射共固化,一次整体制备出承载/隔热/防热一体化复合材料结构,可以用做耐烧蚀防热结构的飞行器的热防护,降低了传统主承力结构件和热防护件分步成型方式的难度和复杂型,提高了整体结构的可靠性。此外,四川大学研究团队还开发了一种耐温超过 350 ℃的苯并噁嗪树脂基体,孙宝岗等[115]使用此树脂以 MT300 碳布为增强材料,通过 RTM 工艺制备出复合材料,其性能见表 6.15。该复合材料的 T_g 达到 400 ℃,初始热分解温度为 444 ℃,最大热分解速率温度达到 599 ℃,在 800 ℃下残重高达 88.6%,较高的初始分解温度降低了复合材料因树脂的热分解而出现缺陷的可能,有助于在高温下保持较好的力学性能。同时,将该复合材料在 350 ℃的高温条件下进行测试,其拉伸强度、拉伸模量几乎无变化,弯曲模量、剪切强度仍能保持 70%以上。优良的综合性能使得该复合材料具有实现结构/防热一体化应用的可能。

表 6.14 两种复合材料的性能比较

复合材料	拉伸强度/MPa	拉伸模量/GPa	延伸率/%	压缩强度/MPa	弯曲强度/MPa	弯曲模量/GPa	层剪强度/MPa	线烧蚀率/(mm·s^{-1})	质量烧蚀率/(g·s^{-1})
石英/苯并噁嗪	712	22.7	3.1	477	695	23.9	61.5	0.032	0.051 0
石英/钡酚醛	572	22.5	2.4	215	681	24.3	29.9	0.092	0.070 7

表 6.15　MT300/苯并噁嗪复合材料性能[115]

温度/℃	σ_t/GPa	E_t/MPa	σ_c/MPa	σ_f/GPa	E_f/MPa	σ_s/MPa
RT	56.7±2.6	478.2±19.5	397.6±61.7	54.6±3.2	545.8±88.7	29.7±1.3
350	56.6±5.9	477.6±89.4	242.2±43.8	66.8±2.8	396.2±33.4	22.6±1.7
保持率/%	99.8	99.8	60.9	122.3	72.6	76.1

除了 RTM 工艺用基体树脂之外，四川大学研究团队还开发了可用于热熔法的苯并噁嗪树脂，史汉桥等[116]使用此树脂通过热熔法制备了 SW280 玻璃布/苯并噁嗪复合材料，其高温下的力学性能见表 6.16。此复合材料力学性能优异，界面黏结良好，玻璃化转变温度为 200 ℃，其 200 ℃高温下的压缩强度、弯曲强度、弯曲模量和层剪强度保持率分别为 90.6%、59.4%、83.2%和 62.7%。

表 6.16　SW280 玻璃布/苯并噁嗪复合材料的力学性能及保持率

| 性能 | RT | 150 ℃ | | 200 ℃ | | 250 ℃ | |
	数值	数值	保持率/%	数值	保持率/%	数值	保持率/%
压缩强度/MPa	533	462	86.7	483	90.6	340	63.8
弯曲强度/MPa	874	637	72.9	519	59.4	216	24.7
弯曲模量/GPa	25.6	22.9	89.5	21.3	83.2	12.3	48.0
层剪强度/MPa	66.4	48.4	73.5	41.6	62.7	13.5	20.3

6.5.3　电绝缘复合材料

热固性树脂基复合材料因其良好的电绝缘性被广泛地应用到电子、电气领域。常用的基体树脂有环氧树脂、酚醛树脂、聚酰亚胺树脂等。苯并噁嗪树脂因其良好的阻燃性、较高的耐热性及低吸水性等优点已在此领域得到应用。

2001 年，四川大学顾宜等[38]通过模压成型研制出一种新型的 F 级苯并噁嗪树脂基玻璃布层压板。该层压板的生产工艺稳定、制品性能优良、具有阻燃性，成本与市售 3 240 玻璃层压布板相接近。层压板的主要性能见表 6.17。可见，该苯并噁嗪玻璃布层压板电气绝缘性能优良，具有阻燃性，且黏结性好，具有较高的机械强度，特别是高温力学性能和电绝缘性能突出，介电损耗小，适合在 155～175 ℃下长期使用。该系列苯并噁嗪树脂基玻璃布层压板可用于结构材料和电绝缘材料，已应用于真空泵阀片、电机槽楔、变压器绝缘材料等。

表 6.17　玻璃布层压板的常规性能[38]

测试项目		测试值
密度/(g·cm^{-3})		1.80
吸水率/%		0.4
弯曲强度/MPa	常态	646.0
	155 ℃	543.0
黏合强度/N		8 338
冲击强度/(kJ·m^{-2})		353
马丁温度/℃		>244
体积电阻率/(Ω·m)	常态	3.54×10^{12}
	155 ℃	1.15×10^{11}
	浸水 24 h 后	3.40×10^{10}
表面电阻率/Ω	室温	6.34×10^{13}
	155 ℃	7.75×10^{12}
	浸水 24 h 后	6.50×10^{11}
介电损耗	常态	0.007 6
	155 ℃	0.061 0
介电常数	常态	4.7
	155 ℃	5.1
	浸水 24 h 后	5.1
电气强度/(MV·m^{-1})	常态	25.1
	浸水 24 h 后	21.8
氧指数		44.2

随着信息技术的发展,覆铜板行业作为绝缘领域的重要分支方兴未艾,不断有新型产品出现。含磷环氧树脂已在覆铜板行业中广泛应用,但普遍存在吸水率较高、耐湿热不足等问题,而苯并噁嗪树脂具有良好的耐吸水性,耐热性和阻燃性。苏世国等[117]基于自制的多环的苯并噁嗪中间体层压制备出一种新型苯并噁嗪玻璃布层压板,其 T_g 达到 230 ℃,具有良好的耐热性。同时,还具有优良的耐锡焊性能、力学性能、耐热性能、电绝缘性能、耐水性能,可在"无铅化"覆铜板中应用。层压板的主要性能见表 6.18。

表 6.18　多环苯并噁嗪层压板的性能[117]

测试项目		性能
耐焊锡性(288±2) ℃/s		>60
阻燃性能		V-1
第一次有焰燃烧时间		25/22/15/29/23
第二次有焰燃烧时间		0/0/1/0/0
总燃烧时间		25/22/16/29/23
弯曲强度/MPa	横向	552.3
	纵向	835.3
弯曲模量/GPa	横向	21.4
	纵向	36.1
吸水性/(mg·g^{-1})	蒸馏水浸泡 24 h	0.44
	蒸馏水浸泡 48 h	0.79
体积电阻率/(Ω·m)	常态	1.5×10^{13}
	蒸馏水浸泡 48 h	3.0×10^{11}
表面电阻率/Ω	常态	8.7×10^{14}
	蒸馏水浸泡 48 h	9.2×10^{12}

广东生益科技股份有限公司在推动苯并噁嗪树脂应用于覆铜板方面做了大量的工作,该公司基于改性苯并噁嗪树脂开发出了系列无卤、高 T_g 覆铜板,性能见表 6.19。需要注意的是,苯并噁嗪在应用过程中也存在一些问题,如结晶易析出、固化温度高、脆性大、在加工过程中黑化失效等。

表 6.19　无卤、高 T_g 覆铜板基材的综合性能[25]

测试项目	测试条件	性能
T_g/℃	DSC	185
	TMA	180
	DMA	200
体积电阻率/(MΩ·cm)	干燥后	4.76×10^{8}
	E-24/125	5.00×10^{6}
表面电阻/MΩ	干燥后	1.84×10^{7}
	E-24/125	5.00×10^{6}
耐电弧/S	D-48/50+D-0.5/23	181
击穿电压/kV	D-48/50+D-0.5/23	45
D_k(1 GHz)	C-24/23/50	3.44
D_f(1 GHz)	C-24/23/50	0.006 6

续表

测试项目		测试条件	性能
剥离强度 N/mm		288 ℃/10 s	1.1
		125 ℃	1.1
弯曲强度/MPa	径向	A	595
	纬向		547
吸水率/%		D-24/23	0.07
CTE(z-轴)	T_g 前/PPM/℃	TMA	45
	T_g 后/PPM/℃	TMA	250
	50～260 ℃/%	TMA	2.6
T_d/℃		10 ℃/min,N_2,5%热失重	390

作为覆铜板材料,除了要求阻燃、耐热、低吸水等性能之外,还有一个重要性能——介电性能。随着电子元器件朝着小型化、高性能化发展,随之带来的是高频、高速的信号传输,这就要求电子材料具有更低的介电常数和更低的介电损耗。覆铜板基材为纤维增强复合材料,其介电性能由基体树脂和增强纤维共同决定。树脂基体作为复合材料的重要组成部分,通过改变树脂基体的分子结构,可以有效地改善复合材料的介电性能。苯并噁嗪树脂的交联结构刚性大,且存在大量的分子间、分子内氢键,降低了其可极化率,其介电常数通常在3.5以下。较低的介电常数这一特性也极大地推动了苯并噁嗪树脂在覆铜板行业的发展,相关领域也成为研究热点。

肖丽群等[118]分别使用芳砜纶纤维和玻璃纤维制备了两种苯并噁嗪树脂基复合材料,对其介电性能进行了研究。结果发现,随着频率的增加,复材的介电常数呈下降的趋势,具有良好的频散效应。苯并噁嗪/芳砜纶纤维复材在 10^4 Hz 左右存在一个极化峰,苯并噁嗪/玻璃纤维复材分别在 10^3 Hz 和 0.1 Hz 出现分子极化峰和界面极化峰,并且频率越高,极化时间越短。

将苯并噁嗪树脂与其他树脂共混作为基体树脂,在保持复合材料体系具有低介电特性的同时,还可以获得更优的综合性能。刘志华等[119]制备了含炔丙基的苯并噁嗪,将其与含硅芳炔树脂共混作为基体树脂通过热压制得耐热性能优良的玻布层压板,介电测试表明介电损耗因子和介电常数随含硅芳炔加入量的增加而降低。颜红侠等[120]将苯并噁嗪树脂与双马来酰亚胺预聚体混合,制备了 PBO 纤维增强的复合材料,不仅具有较低的介电常数和介电损耗,还拥有较高的模量、强度和耐高温的特点。V. Selvaraj 等[121]基于腰果酚型聚苯并噁嗪与环氧树脂共混基体制备了鸡毛纤维增强的复合材料,测试表明,随纤维含量的增加,该材料的介电常数可下降至 1.78,低于常规半导体绝缘体、环氧树脂、聚酰亚胺和其他介电复合材料。此外,使用苯并噁嗪树脂改性其他复合材料也可得到良好的效果。Yiqun Wang 等[122]使用双烯丙基苯并噁嗪改性氰酸酯/石英纤维复合材料,探讨了双烯丙基苯并噁嗪在复材介电性能中的作用。加入此苯并噁嗪树脂后,复合材料在 10 MHz 时的介电常数由 3.49 下降至 2.21,介电损耗也有相应降低。产生此结果的原因主要是,苯并噁嗪树脂的加入促进了氰酸酯树脂的聚合,提高了结构中对称三嗪环的含量。此外,苯并噁嗪树脂的加入改善了树脂与纤维的界面相互作用,降低了界面极化。

6.5.4 其他类型复合材料

苯并噁嗪树脂基复合材料除了在阻燃、耐热、电绝缘等方向有研究及应用之外,还在低温力学性能、抗湿热老化、吸波、抗菌等方向有研究报道。

叶东等[123]以氧化丙烯共聚二醇对玻璃纤维布/苯并噁嗪树脂复合材料的低温力学性能进行了改性研究,当氧化丙烯共聚二醇的加入量为 20% 时,复合材料在 -70 ℃时的弯曲强度由 551.1 MPa 提高到 795.3 MPa,弯曲模量由 38.8 GPa 提高到 47.7 GPa,层间剪切强度由 66.2 MPa 提高到 87.4 MPa。

李艳亮等[124]针对苯并噁嗪树脂基复合材料的湿热老化性能进行了研究。他们采用 RTM 工艺制备了碳纤维增强苯并噁嗪树脂基复合材料,分别测试了复合材料在 70 ℃和 120 ℃的湿热老化性能,结果见表 6.20。苯并噁嗪树脂基复合材料的主要力学性能在 70 ℃的湿态环境中仍保持率在 70% 以上,在 120 ℃的湿态环境中保持率在 50% 以上,表现出优异的抗湿老化性能。

表 6.20 碳纤维增强苯并噁嗪树脂基复合材料的高温湿热力学性能[2]

性能	0°拉伸强度/MPa	0°拉伸模量/GPa	90°拉伸强度/MPa	90°拉伸模量/GPa	90°压缩强度/MPa	90°压缩模量/MPa	层间剪切强度/MPa
湿温干态	1 770	116.1	61.5	11.4	213	11.8	136
70 ℃湿态	1 477	114	43.0	10.2	209	10.4	99.3
保持率/%	83.4	98.3	69.9	89.5	98.1	88.1	73
120 ℃湿态	—	—	38.9	8.90	192	—	77.3
保持率/%	—	—	63.2	78.1	90.1	—	56.8

为了考察苯并噁嗪树脂基复合材料的微波吸收特性,刘孝波等[125]合成了含邻苯二甲腈的苯并噁嗪,先以腈基二元胺为交联剂先制备出预聚物树脂,随后将碳纳米管分散、加入,再浸渍玻璃布并经热压成型后制得复合材料,进而研究了碳纳米管含量对复合材料微波吸收的影响,发现了明显的逾渗转变现象,最大吸收为 -14.14 dB,反射衰减小于 -10 dB,吸收带宽为 4.1 GHz。此外,针对苯并噁嗪树脂基复合材料的抗菌性能研究也有报道。Selvaraj 等[121]制备了鸡毛纤维/腰果酚型聚苯并噁嗪/环氧树脂复合材料,发现此复合材料对革兰氏细菌有较好的抑制作用,并表现出良好的耐生物腐蚀性。

参考文献

[1] NING X, ISHIDA H. Phenolic materials via ring opening polymerization of benzoxazines: effect of molecular structure on mechanical and dynamic mechanical properties[J]. Journal of Polymer Science

Part B Polymer Physics,1994,32(5):921-927.

[2] BRUNOVSKA Z,LIU J P,ISHIDA H. 1,3,5-triphenylhexahydro-1,3,5-triazine-active intermediate and precursor in the novel synthesis of benzoxazine monomers and oligomers[J]. Macromolecular Chemistry and Physics,1999,200(7):1745-1752.

[3] LIN C H,CHANG S L,HSIEH C W,et al. Aromatic diamine-based benzoxazines and their high performance thermosets[J]. Polymer,2008,49(5):1220-1229.

[4] LIN C H,CHANG S L,LEE H H,et al. Fluorinated benzoxazines and the structure-property relationship of resulting polybenzoxazines[J]. Journal of Polymer Science Part A:Polymer Chemistry,2008,46(15):4970-4983.

[5] ISHIDA H. Process for preparation of benzoxazine compounds in solventless systems[P]. USA:US5543516,1996.

[6] KIM H J,BRUNOVSKA Z,ISHIDA H. Synthesis and thermal characterization of polybenzoxazines based on acetylene-functional monomers[J]. Polymer,1999,40(23):6565-6573.

[7] 顾宜,裴顶峰,谢美丽,等. 粒状多苯并噁嗪中间体及制备方法[P]. 中国:ZL95111413.1,1995.

[8] ZENG K,HUANG J Y,REN J W,et al. Curing reaction of benzoxazine under high pressure and the effect on thermal resistance of polybenzoxazine[J]. Macromolecular Chemistry and Physics,2018,220(1).

[9] 邓玉媛. 伯胺路线合成3,4-二氢-3-取代-1,3-苯并噁嗪的反应过程、机理及动力学研究[D]. 成都:四川大学,2014.

[10] 刘欣. 苯并噁嗪开环聚合机理及体积膨胀效应的研究[D]. 成都:四川大学,2000.

[11] 郑靖. 苯并噁嗪开环聚合反应机理的研究[D]. 成都:四川大学,1997.

[12] 刘明,李超,张娜,等. 双酚A/苯胺型苯并噁嗪热固化质量损失及机理[J]. 热固性树脂,2013,28(05):15-20.

[13] ANDREU R,REINA J A,RONDA J C. Studies on the thermal polymerization of substituted benzoxazine monomers:electronic effects[J]. Journal of Polymer Part A Polymer Chemistry,2010,46(10):3353-3366.

[14] WANG X,CHEN F,GU Y. Influence of electronic effects from bridging groups on synthetic reaction and thermally activated polymerization of bisphenol-based benzoxazines[J]. Journal of Polymer Science Part A Polymer Chemistry,2011,49(6):1443-1452.

[15] 张程夕. 伯胺路线苯并噁嗪的合成反应及腰果酚苯并噁嗪增韧改性研究[D]. 成都:四川大学,2014.

[16] ISHIDA H,RODRIGUEZ Y. Catalyzing the curing reaction of a new benzoxazine-based phenolic resin[J]. Journal of Applied Polymer Science,1995,58(10):1751-1760.

[17] DUNKERS J,ISHIDA H. Reaction of benzoxazine-based phenolic resins with strong and weak carboxylic acids and phenols as catalysts[J]. Journal of Polymer Science Part A Polymer Chemistry,1999,37(13):1913-1921.

[18] 张东霞,冉起超,盛兆碧,等. 金属盐对聚苯并噁嗪热稳定性的影响及机理[J]. 热固性树脂,2011,26(5):1-7.

[19] 陆德鹏,朱蓉琪,冉起超,等. 咪唑盐离子液催化苯并噁嗪固化反应的研究[J]. 热固性树脂,2014,29(5):10-13.

[20] KIM H D,ISHIDA H. A Study on hydrogen-bonded network structure of polybenzoxazines[J]. Journal of

Physical Chemistry A,2002,106(14):3271-3280.

[21] BAI Y,YANG P,SONG Y,et al. Effect of hydrogen bonds on the polymerization of benzoxazines: influence andcontrol[J]. RSC Advances,2016,6(51):45630-45635.

[22] NAIR C P R. Advances in addition-cure phenolic resins[J]. Progress in Polymer Science,2004,29(5): 401-498.

[23] 向海,顾宜.新型酚醛树脂:苯并噁嗪树脂的研究进展[J].高分子材料科学与工程,2004,20(3): 1-8.

[24] 黄发荣,万里强.酚醛树脂及其应用[M].北京:化学工业出版社,2011.

[25] 顾宜,冉起超.聚苯并噁嗪:原理·性能·应用[M].北京:科学出版社,2019.

[26] 张凤翻.苯并噁嗪树脂及其在宇航复合材料中的应用[J].高科技纤维与应用,2016,41(1):10-23.

[27] HOLLY F W, COPE A C. Condensation products of aldehydes and ketones with o-aminobenzyl alcohol ando-hydroxybenzylamine[J]. Journal of the American Chemical Society,1944,66(11): 1875-1879.

[28] BURKE W J. 3,4-dihydro-1,3,2h-benzoxazines. reaction of p-substituted phenols with n,n-dimethyl-olamines[J]. Journal of the American Chemical Society,1949,71(2):609-612.

[29] BURKE W J,SMITH R P,WEATHERBEEC. N,N-bis-(hydroxybenzyl)-amines: synthesis from phenols,formaldehyde andprimary amines1[J]. Journal of the American Chemical Society,1952,74 (3):602-605.

[30] BURKE W J,KOLBEZEN M J,STEPHENS C W. Condensation of naphthols with formaldehyde and primary amines1[J]. Journal of the American Chemical Society,1952,74(14):3601-3605.

[31] BURKE W J,NASUTAVICUS W A,WEATHERBEE C. Synthesis and study of mannich bases from 2-naphthol and primaryamines1[J]. Journal of Organic Chemistry,1964,29(2):407-410.

[32] NING X,ISHIDA H. Phenolic materials via ring-opening polymerization: Synthesis and characterization of bisphenol-A based benzoxazines and their polymers[J]. Journal of Polymer Science Part A Polymer Chemistry,1994,32(6):1121-1129.

[33] 裴顶峰,顾宜,江璐霞,等.高性能酚醛树脂的合成和改性[J].化工新型材料,1994,10:12-17.

[34] KUMAR K S S,NAIR C P R. Polybenzoxazines chemistry and properties[M]. Shewsbury:Smithers Rapra Technology,2010.

[35] ISHIDA H,AGAG T. Handbook of benzoxazine resins[M]. Amsterdam:Elsevier,2011.

[36] ISHIDA H,FROIMOWICZ P. Advanced and emerging polybenzoxazine science and technology[M]. Amsterdam:Elsevier,2017.

[37] RIMDUSIT S,JUBSILP C,TIPTIPAKORN S. Alloys and composites of polybenzoxazines[M]. Singapore:Springer,2013.

[38] 凌鸿,顾宜,谢美丽.F级苯并噁嗪树脂基玻璃布层压板的研制[J].绝缘材料,2001,34(1):20-23.

[39] 谢美丽,顾宜,胡泽容,等.苯并噁嗪树脂基玻璃布层压板的研究[J].绝缘材料通讯,2000,24(5): 21-25.

[40] 郑林,张驰,曹艳肖,等.苯并噁嗪共混树脂及层压制品性能的研究[C]//第十五届全国复合材料学术会议论文集:上册,2008:368-371.

[41] YI X,RAN Q,CHAO L,et al. Study on the catalytic prepolymerization of an acetylene-functional benzoxazine and the thermal degradation of its cured product[J]. RSC Advances,2015,5(100):82429-

82437.

[42] LI P,DAI J,XU Y,et al. A conjugated alkyne functional bicyclic polybenzoxazine with superior heat resistance[J]. Journal of Polymer Science Part A:Polymer Chemistry,2019,57(14).

[43] AGAG T,TAKEICHI T. Novel benzoxazine monomers containing p-phenyl propargyl ether:polymerization of monomers and properties of polybenzoxazines[J]. Macromolecules 2001,34(21):7257-7263.

[44] 孙宝岗,杨昆晓,雷琴,等.RTM用炔基改性苯并噁嗪树脂工艺及力学性能[J].宇航材料工艺,2019,49(01):35-39.

[45] 孟凡盛,冉起超,顾宜.含氰基单环苯并噁嗪的合成方法研究[J].热固性树脂,2017,32(02):26-31.

[46] 孟凡盛.含氰基苯并噁嗪的制备与耐热性能研究[D].成都:四川大学,2017.

[47] BRUNOVSKA Z,LYON R,ISHIDA H. Thermal properties of phthalonitrile functional polybenzoxazines[J]. Thermochimica Acta,2000,357(1):195-203.

[48] RAN Q,TIAN Q,GU Y. Synthesis of 3-phenyl-6-formyl-3,4-dihydro-2h-1,3-benzoxazine[J]. 中国化学快报:英文版,2006,17(10):1305-1308.

[49] RAN Q,GU Y. Concerted reactions of aldehyde groups during polymerization of an aldehyde-functional benzoxazine[J]. Journal of Polymer Science Part A Polymer Chemistry,2011,49(7):1671-1677.

[50] XU Y,RAN Q,LI C,et al. Study on the catalytic prepolymerization of an acetylene-functional benzoxazine and the thermal degradation of its cured product[J]. RSC Advances,2015,5(100):82429-82437.

[51] ZHANG H,LI M,DENG Y,et al. A novel polybenzoxazine containing styrylpyridine structure via the knoevenagel reaction[J]. Journal of Applied Polymer Science,2014,131(19):5829-5836.

[52] ISHIDA H,OHBA S. Synthesis and characterization of maleimide and norbornene functionalized benzoxazines[J]. Polymer,2005,46(15):5588-5595.

[53] AGAG T,TAKEICHI T. Synthesis and characterization of novel benzoxazine monomers containing allyl groups and their high performance thermosets[J]. Macromolecules,2003,36(16):6010-6017.

[54] OHASHI S,PANDEY V,ARZA C,et al. Simple and low energy consuming synthesis of cyanate ester functional naphthoxazines and their properties[J]. Polymer Chemistry,2016,7(12):2245-2252.

[55] 罗晓霞,徐艳玲,朱蓉琪,等.原位合成羟甲基苯酚-二苯甲烷二胺型苯并噁嗪[J].石油化工,2014,43(6):681-686.

[56] YANG P,GU Y. Synthesis of a novel benzoxazine containing benzoxazole structure[J]. 中国化学快报(英文版),2010,21(5):558-562.

[57] ISHIDA H,ZHANG K,LIU J. An ultrahigh performance cross-linked polybenzoxazole via thermal conversion from poly(benzoxazine amic acid) based on smart o-benzoxazine chemistry[J]. Macromolecules,2014,47(24):8674-8681.

[58] YANG P,GU Y. A novel benzimidazole moiety-containing benzoxazine:synthesis,polymerization,and thermal properties[J]. Journal of Polymer Science Part A Polymer Chemistry,2012,50(7):1261-1271.

[59] 王军亮,鲁哲宏,张媛媛,等.苯并(噁)嗪的阻燃改性研究进展[J].高分子材料科学与工程,2018,34(05):183-190.

[60] CHOI S W,OHBA S,BRUNOVSKA Z,et al. Synthesis,characterization and thermal degradation of

functional benzoxazine monomers and polymers containing phenylphosphine oxide[J]. Polymer Degradation and Stability,2006,91(5):1166-1178.

[61] SPONTóN M,RONDA J C,GALIà M,et al. Studies on thermal and flame retardant behaviour of mixtures of bis(m-aminophenyl)methylphosphine oxide based benzoxazine and glycidylether or benzoxazine of bisphenol A[J]. Polymer Degradation and Stability,2008,93(12):2158-2165.

[62] CHANG C W,LIN C H,LIN H T,et al. Development of an aromatic triamine-based flame-retardant benzoxazine and its high-performance copolybenzoxazines[J]. European Polymer Journal,2009,45(3):680-689.

[63] SPONTóN M,LLIGADAS G,RONDA JC,et al. Development of a DOPO-containing benzoxazine and its high-performance flame retardant copolybenzoxazines[J]. Polymer Degradation and Stability,2009,94(10):1693-1699.

[64] LING H,GU Y. Improving the flame retardancy of polybenzoxazines with a reactive phosphorus-containing compound[J]. Journal of Macromolecular Science Part B,2011,50(12):2393-2404.

[65] WANG D,WANG B,ZHANG Y,et al. Triazine-containing benzoxazine and its high-performance polymer[J]. Journal of Applied Polymer Science,2013,127(1):516-522.

[66] ZHU Y,JIANG Y,LIN R,et al. Research on thermal degradation process of p-nitrophenol-based polybenzoxazine[J]. Polymer Degradation and Stability,2017,141:1-10.

[67] BRUNOVSKA Z,ISHIDA H. Thermal study on the copolymers of phthalonitrile and phenylnitrile-functional benzoxazines[J]. Journal of Applied Polymer Science,2015,73(14):2937-2949.

[68] KRISHNADEVI K,SELVARAJ V. Development of halogen-free flame retardant phosphazene and rice husk ash incorporated benzoxazine blended epoxy composites for microelectronic applications[J]. New Journal of Chemistry,2015,39(8):6555-6567.

[69] LIU Y L,CHOU C I. The effect of silicon sources on the mechanism of phosphorus-silicon synergism of flame retardation of epoxy resins[J]. Polymer Degradation and Stability,2005,90(3):515-522.

[70] 赵嘉成,冉起超,朱蓉琪,等.含砜基多元酚型苯并噁嗪基层压板的制备及性能[J].热固性树脂,2013,28(05):31-35.

[71] YANG P,GU Y. Synthesis and curing behavior of a benzoxazine based on phenolphthalein and its high performance polymer[J]. Journal of Polymer Research,2011,18(6):1725-1733.

[72] 凌红.改性苯并噁嗪树脂的阻燃性及阻燃机理研究[D].成都:四川大学,2011.

[73] 蒋宝林.苯并噁嗪含磷环氧胺类固化剂共混体系固化反应和阻燃性能的研究[D].成都:四川大学,1996.

[74] 刘明.苯并噁嗪含磷环氧酚醛树脂共混体系[D].成都:四川大学,2012.

[75] 徐庆玉,殷蝶,曾鸣,等.低介电苯并噁嗪树脂的研究进展[J].高分子材料科学与工程,2017,33(01):165-172.

[76] SU Y C,CHANG F C. Synthesis and characterization of fluorinated polybenzoxazine material with low dielectric constant[J]. Polymer,2003,44(26):7989-7996.

[77] KUMAR R S,PADMANATHAN N,ALAGAR M. Design of hydrophobic polydimethylsiloxane and polybenzoxazine hybrids for interlayer low-k dielectrics[J]. New Journal of Chemistry,2015,39(5):3995-4008.

[78] SHIEH J Y,LIN C Y,HUANG CL,et al. Synthesis and characterization of novel dihydrobenzoxazine

resins[J]. Journal of Applied Polymer Science,2006,101(1):342-347.

[79] ZHANG K,ZHUANG Q,ZHOU Y,et al. Preparation and properties of novel low dielectric constant benzoxazole-based polybenzoxazine[J]. Journal of Polymer Science Part A Polymer Chemistry,2012,50(24):5115-5123.

[80] ZHANG S,YAN Y,LI X,et al. A novel ultra low-k nanocomposites of benzoxazinyl modified polyhedral oligomeric silsesquioxane and cyanate ester[J]. European Polymer Journal,2018,103:124-132.

[81] TSENG M C,LIU Y L. Preparation,morphology,and ultra-low dielectric constants of benzoxazine-based polymers/polyhedral oligomeric silsesquioxane(POSS) nanocomposites[J]. Polymer,2010,51(23):5567-5575.

[82] THIRUKUMARAN P,PARVEEN A S,SAROJADEVI M. Synthesis of eugenol-based polybenzoxazine-POSS nanocomposites for low dielectric applications[J]. Polymer Composites,2015,36(11):1973-1982.

[83] VENGATESAN M R,DEVARAJU S,KUMAR A A,et al. Studies on thermal and dielectric properties of octa(maleimido phenyl) silsesquioxane (OMPS)-polybenzoxazine (PBZ) hybrid nanocomposites[J]. High Performance Polymers,2011,23(6):441-456.

[84] VENGATESAN M R, DEVARAJU S, DINAKARAN K, et al. SBA-15 filled polybenzoxazine nanocomposites for low-k dielectric applications[J]. Journal of Materials Chemistry,2012,22(15):7559-7566.

[85] YANG S,TAO R,YAN L,et al. Fabrication of magnetic polybenzoxazine-based carbon nanofibers with Fe_3O_4 inclusions with a hierarchical porous structure for water treatment[J]. Carbon,2012.50(14):5176-5185.

[86] JIAO Y,XU L,SUN H,et al. Synthesis of benzxazine-based nitrogen-doped mesoporous carbon spheres for methyl orange dye adsorption[J]. Journal of Porous Materials,2017,24(6):1-10.

[87] WAN L,WANG J,FENG C,et al. Synthesis of polybenzoxazine based nitrogen-rich porous carbons for carbon dioxide capture[J]. Nanoscale,2015,7(15):6534-6544.

[88] ALHWAIGE A A,ISHIDA H,QUTUBDDIN S. Carbon aerogels with excellent CO_2 adsorption capacity synthesized from clay-reinforced biobased chitosan-polybenzoxazine nanocomposites[J]. ACS Sustainable Chemistry and Engineering,2016,4(3):1286-1295.

[89] WAN L, WANG J, XIE L, et al. Nitrogen-enriched hierarchically porous carbons prepared from polybenzoxazine for high-performance supercapacitors[J]. ACS Applied Materials and Interfaces,2014,6(17):15583-15596.

[90] WAN L, DU C, YANG S. Synthesis of graphene oxide/polybenzoxazine-based nitrogen-containing porous carbon nanocomposite for enhanced supercapacitor properties[J]. Electrochimica Acta,2017,251:12-24.

[91] WANG C F,SU Y C,KUO S W,et al. Low-surface-free-energy materials based on polybenzoxazines[J]. Angewandte Chemie International Edition,2010,45(14):2248-2251.

[92] 曲丽,辛忠,陆馨,等.双功能苯并噁嗪聚合物的制备及抗粘性能研究[J].微纳电子技术,2010,47(09):537-543.

[93] QU L,XIN Z. Preparation and surface properties of novel low surface free energy fluorinated silane-functional polybenzoxazine films[J]. Langmuir,2011,27(13):8365-8370.

[94] 周翠平,张晓露,张书香,等.含氟 PDMS-苯并噁嗪嵌段共聚物超疏水涂层的制备及表征[C]//中国化学会高分子学科委员会.中国化学会 2017 全国高分子学术论文报告会摘要集:主题 K:高性能高分子,2017:41.

[95] KUO S W,CHANG F C. POSS related polymer nanocomposites[J]. Progress in Polymer Science,2011,36(12):1649-1696.

[96] LIU J,LU X,XIN Z,et al. Preparation and surface properties of transparent UV-resistant "petal effect" superhydrophobic surface based on polybenzoxazine[J]. Applied Surface Science,2015,353:1137-42.

[97] ZHANG W,LU X,XIN Z,et al. A self-cleaning polybenzoxazine/TiO_2 surface with superhydrophobicity and superoleophilicity for oil/water separation[J]. Nanoscale,2015,7(46):19476-83.

[98] FU H K,HUANG C F,KUO S W,et al. Effect of an organically modified nanoclay on low-surface-energy materials of polybenzoxazine[J]. Macromolecular Rapid Communications,2010,29(14):1216-1220.

[99] KIMURA H,MATSUMOTO A,OHTSUKAK. Glass fiber-reinforced composite based on benzoxazine resin[J]. Journal of Applied Polymer Science,2009,114(2):1256-1263.

[100] JUBSILP C,PANYAWANITCHAKUN C,RIMDUSITS. Flammability and thermomechanical properties of dianhydride-modified polybenzoxazine composites reinforced with carbon fiber[J]. Polymer Composites,2013,34(12):2067-2075.

[101] ZEGAOUI A,DERRADJI M,MA R,et al. Silane-modified carbon fibers reinforced cyanate ester/benzoxazine resin composites:Morphological, mechanical and thermal degradation properties[J]. Vacuum,2018,150:12-23.

[102] 胡晓兰,兰茜,刘刚,等.苯并噁嗪树脂及其玻璃纤维增强复合材料的阻燃改性[J].复合材料学报,2015,32(06):1714-1720.

[103] 王成忠,魏程,谌广昌,等.苯并噁嗪/环氧树脂基耐高温防火复合材料的制备与性能研究[J].北京化工大学学报:自然科学版,2015(03):57-61.

[104] 魏程.环氧/苯并噁嗪树脂基耐高温防火复合材料的制备与性能研究[D].北京:北京化工大学,2015.

[105] 张涛,闫红强,方征平.膨胀阻燃多层膜改性苎麻织物/苯并噁嗪树脂层压板的制备及性能[J].复合材料学报,2016,33(08):1599-1607.

[106] 柏帆.环三磷腈阻燃苯并噁嗪树脂的合成及应用研究[D].成都:西南科技大学,2016.

[107] 邵亚婷,马庆柯,黄杰,等.环境友好型无卤阻燃苯并噁嗪树脂玻璃布层压板的研制[J].绝缘材料,2011,44(02):1-3.

[108] 左芳,雷雅杰,钟家春,等.含苯并噁嗪单元的双邻苯二甲腈树脂及其复合材料的研究[J].塑料工业,2011,39(06):103-107.

[109] CHEN L,REN D X,CHEN S J,et al. Copolymerization of phthalonitrile-based resin containing benzoxazine and cyanate ester:curing behaviors,fiber-reinforced composite laminates and improved properties[J]. Express Polymer Letters,2019,13(5):456-468.

[110] XIONG X,ZHANG Z,RENR,et al. Alkynyl-functionalized benzoxazine containing phthalide side group:Synthesis,characterization and curing mechanism[J]. Polymer Testing,2018,72:232-237.

[111] SHEN S B,ISHIDA H. Development and characterization of high-performance polybenzoxazine

composites[J]. Polymer Composites,2010,17(5):710-719.

[112] 郑林,张驰,王洲一,等.一种改性苯并噁嗪树脂及其玻璃布层压板[J].航空材料学报,2011,31(01):62-66.

[113] 李光珠,罗振华,韩伟健,等.苯并噁嗪杂化树脂及其复合材料的制备与性能[J].宇航材料工艺,2014,44(01):75-78.

[114] 尹昌平,肖加余,李建伟,等.石英纤维增强苯并噁嗪树脂复合材料研究[J].国防科技大学学报,2008,30(05):25-28+33.

[115] 孙宝岗,杨昆晓,雷琴,等.RTM用炔基改性苯并噁嗪树脂工艺及力学性能[J].宇航材料工艺,2019,49(01):35-39.

[116] 史汉桥,丁常方,孙宝岗,等.SW280玻璃布/苯并噁嗪热熔法预浸料的性能研究[J].玻璃钢/复合材料,2015,2:51-55.

[117] 苏世国,凌鸿,郭茂,等.新型苯并噁嗪树脂基覆铜板基板的研制[J].绝缘材料,2007,40(1):14-16+19.

[118] 肖丽群,余若冰,赵圩,等.苯并噁嗪树脂基芳砜纶纤维及玻璃纤维复合材料性能的研究[J].玻璃钢/复合材料,2010,6:21-24.

[119] 刘志华,袁荞龙,黄发荣.苯并噁嗪共混树脂及其玻璃纤维布增强复合材料的制备与性能[J].复合材料学报,2013,30(04):13-21.

[120] 颜红侠,刘超,唐玉生,等.一种PBO纤维/苯并噁嗪复合材料的制备方法[P].中国:ZL201210388258.4,2014.

[121] SELVARAJ V,JAYANTHI K P,ALAGARM. Livestock chicken feather fiber reinforced cardanol benzoxazine-epoxy composites for low dielectric and microbial corrosion resistant applications[J]. Polymer Composites,2019,40(10):4142-4153.

[122] WANG Y,KOU K,ZHUO L,et al. Preparation of boz/glass fibers/cyanate ester resins laminated composites[J]. Polymer Composites,2017,38(3):523-527.

[123] 叶东,霍冀川,胡程耀,等.氧化丙烯共聚二醇改性苯并噁嗪树脂及其玻纤布复合材料低温性能[J].玻璃,2016,43(09):7-15.

[124] 李艳亮,益小苏.苯并噁嗪树脂基复合材料湿热老化性能研究[J].装备环境工程,2010,7(06):220-223.

[125] 刘孝波,钟家春,贾坤,等.含苯并噁嗪-双邻苯二甲腈树脂及其复合材料的制备与性能[J].材料工程,2009,S2:164-168.

第7章 氰基树脂

7.1 氰基树脂的概念

一般把具有图 7.1 所示单氰基或者邻苯二甲腈基团的树脂称为氰基树脂,也把含有邻苯二甲腈基团的树脂称为邻苯二甲腈树脂。单氰基树脂中一类特殊成员是主链为聚芳醚、侧链带有单氰基的热塑性树脂-聚芳醚腈。热固性氰基树脂的主要特点是氰基交联后具有良好的热氧化稳定性及力学性能,可以与某些类型的热固性聚酰亚胺树脂相媲美。热塑性氰基树脂-聚芳醚腈的性能与聚醚醚酮(PEEK)相似。

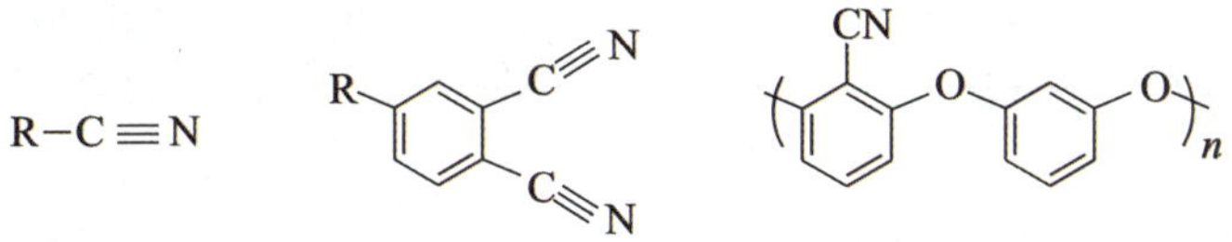

图 7.1 单氰基、邻苯二甲腈基树脂及聚芳醚腈结构简式

氰基以碳氮三键(—C≡N)的形式存在。从分子结构角度分析,碳原子轨道和氮原子轨道均以 sp 杂化状态存在,它们各以一个 sp 轨道交盖形成 σ 键,如与苯环相连,则碳原子的另一个 sp 轨道与苯环上的碳原子的 sp^2 轨道交盖形成 σ 键,氮原子的另一对 sp 轨道中有一对未共用电子对存在。氰基的碳原子和氮原子上剩余的两个 p 轨道相互平行交盖形成两个 π 键。由于氮的电负性比较大,π 键容易极化,使得氰基具有较高的活性。氰基自身在加热和催化剂作用下可以三聚成 1,3,5-三嗪环,最早 Smolin 在其著作《杂环化合物化学》中就提到关于氰基聚合成三嗪环的反应。Keller 等认为增加氰基含量或在交联基团邻、对位引入吸电子基团,可以促进芳氰基的交联,所以邻苯二甲腈基团具有比单氰基更高的交联活性[1]。

7.2 氰基作为交联基团的优势

为了得到耐温等级高的热固性树脂,交联基团是关键因素。在主链结构确定的情况下,交联基团应该具有如下特点:①交联后形成的结构应该具有足够的热稳定性,最好能形成芳杂环结构;②交联反应中不能有低分子副产物放出,以免在交联物中带来针眼或孔洞;③交联基团容易合成并容易引入分子结构中,并且在室温下有足够的稳定性,在适当的温度下才发生高效率的交联反应。

氰基作为交联基团完全满足上述要求,而图7.2中列出的常见交联基团都有自身的缺点。其中甲基、环氧基和马来酸酐等较易引入分子结构中,且在较低温度下就可以发生高效率的交联反应,但形成的产物结构稳定性差,难以得到耐热等级高的交联产物。降冰片烯酰亚胺、苯并环丁烯、2,2-对环芳烃和双苯撑交联后形成的结构具有足够的热稳定性,但这类环状基团本身合成就比较困难,也较难引入树脂结构中。炔基较易引入且较低温度即可发生交联反应,理论上可以三聚成苯,更多以多烯及加成反应为主,形成的结构耐热等级较好,但炔基交联放热量大,容易爆聚。异氰酸酯和氰酸酯等可三聚成芳环或杂环,且不放出小分子,但形成的结构耐热性能较差。表7.1中列出了这些交联基团的交联条件及交联产物结构与性质,尤以氰基交联后形成三嗪环结构最为稳定,由于共轭稳定效应,三嗪环共振能343 kJ/mol远高于苯环的151 kJ/mol,而且该结构还具有优异的耐水解性和耐化学腐蚀性。相比单氰基较高的固化温度,邻苯二甲腈基团固化温度较低,且这两种基团均容易引入树脂结构中。

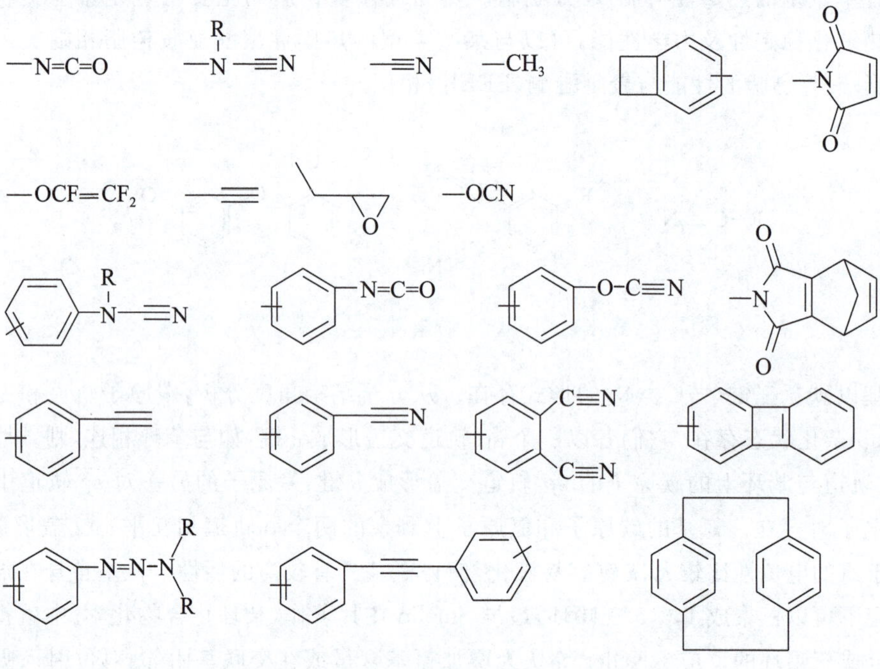

图 7.2 常用交联基团结构式

表 7.1 可三聚成环的交联基团及产物结构与性质

交联基团	结构	T_{cure}/℃	产物结构	固化条件和产物性质
乙炔基	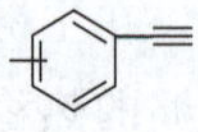	350	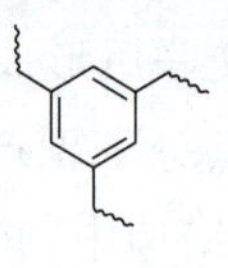	高固化温度、高成本、良好稳定性
苯乙炔基	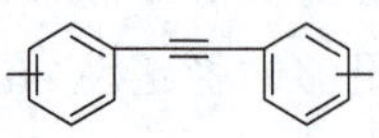			

续表

交联基团	结构	T_{cure}/℃	产物结构	固化条件和产物性质
氰酸酯基 苯基氰酸酯基	—OCN —OCN —⌬—O—C≡N	170	(三嗪环，三个—O—取代)	易于引入、固化条件温和、良好界面黏结，热稳定性、耐水解性较差
苯基异氰酸酯 异氰酸酯	—⌬—N=C=O —N=C=O	150～170	(三嗪三酮环)	固化条件温和、良好界面黏结，热稳定性、耐水解性较差
氰胺基	R | —N—C≡N	100～200	(三嗪环，三个—NR—取代)	固化条件温和、良好界面黏结，热稳定性、耐水解性较差
氰基	⌬—C≡N —C≡N	300～350	(三嗪环)	易于引入，固化条件苛刻，突出的热稳定性、耐水解性
邻苯二甲腈基	⌬(C≡N)(C≡N)	170～270	后续详述	易于引入，卓越的热稳定性，良好的耐水解性

7.3 高纯氰基树脂的合成方法

含氰基二芳醚是一类重要的有机化合物，在染料、药物合成领域具有广泛应用，同时是氰基树脂的主要存在形式[2]。通过更为简便、高效、清洁的方式进行该类化合物的合成具有重要的研究价值。通常情况下，该类化合物的合成主要采用硝基或卤素取代的腈基化合物与酚类化合物之间的芳香亲核取代反应实现。其中，无机碱（如碳酸钾、碳酸钠等）是主要的催化剂。在多数情况下，需采用共沸分水操作去除反应水，以促进取代反应的正向进行。苯是最为合适的共沸分水溶剂，但其高毒特性并不环保；而毒性更低的甲苯，通常会提高反应温度,进而导致副反应的发生。当采用硝基取代邻苯二甲腈作为原料时,无须进行共沸分水操作,但是同样存在多种副反应可能性。以 4-硝基邻苯二甲腈与对苯二酚的反应为例,经过常规合成操作,产物中可以检测出不完全取代副产物、氰基水解副产物、羟基取代邻苯二甲腈等杂质。经过柱色谱分离及核磁、质谱数据,水引起的副反应历程可推断如下三个阶段。第一阶段:在碱性条件下,溶剂残余水分与酚分别竞争参与 4-硝基邻苯二甲腈的取代反应,导致 4-羟基邻苯二甲腈及 4-(4-羟基苯氧基)邻苯二甲腈的生成。由于水的亲核取代活性略低于离子化的酚,大部分 4-硝基邻苯二甲腈被离子化的酚所消耗。第二阶段:4-羟基邻苯二甲腈与 4-(4-羟基苯氧基)邻苯二甲腈分别竞争参与剩余 4-硝基邻苯二甲腈的取代反应,导致理想取代产物[1,4-双(3,4-二氰基苯氧基)苯]及非理想取代产物(4,4′-氧二邻苯二甲腈)的生成。由于 4-羟基邻苯二甲腈的活性低于 4-(4-羟基苯氧基)邻苯二甲腈,多数 4-硝基邻苯二甲腈将被后者所消耗,导致大部分 4-羟基邻苯二甲腈留存于最终产物中。第三阶段:第一、二阶段均生成副产物水,强碱性条件将促进邻苯二甲腈中氰基的水解,而后处理中的酸化过程将水解了的氰基转化为羧基形式,导致 2-氰基-4-[4-(3,4-二氰基苯氧基)苯氧基]苯甲酸的生成。具体反应历程如图 7.3 所示。

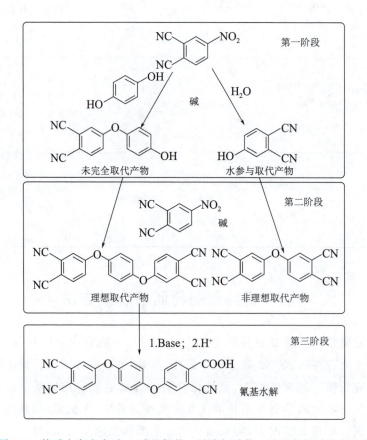

图 7.3　体系中存在水时,4-硝基邻苯二甲腈与对苯二酚反应的副反应历程

通过简便的浸渍及焙烧操作可获得高纯度活性炭负载氧化钙(CaO@AC)。所得CaO@AC在氰基催化的芳香亲核取代反应中表现出了较高效率。由于无须采用共沸分水操作,反应温度可显著降低,并且避免了甲苯等有毒试剂的使用,未经提纯产物具有较高纯度,从而获得了简便、清洁、绿色的含氰基二芳醚的合成路线。

表7.2列举了4-硝基邻苯二甲腈与不同酚类在优化反应条件下的亲核取代反应。令人满意的是,大多数亲核取代反应获得了满意的产率与纯度。反应路线可良好包容甲氧基、氨基、羧基、烯丙基、硝基等存在于酚上的官能团。值得注意的是,反应2、3为两当量4-硝基邻苯二甲腈与双酚的反应,这些高纯度双官能度腈类化合物可作为热固性单体[3]或二酐中间体[4,5]使用。酚上推电子性官能团(反应4~7)及吸电子性官能团(反应8~10)的存在,对取代反应的进行无明显影响。2,6-二氯苯酚与4-硝基邻苯二甲腈的反应在该反应条件下未发生,主要由于钙离子化的2,6-二氯苯酚在NMP中溶解性较差;但是,向体系中加入少量18-冠醚-6可成功促进反应的进行(反应11)。4-羧基苯酚与4-硝基邻苯二甲腈反应(反应12)的产率及纯度略低,可能由于反应过程中的微弱酯化反应及氰基水解。而2-羟基苯甲醛与4-硝基邻苯二甲腈的反应(反应13)以较低产率及相对较低纯度结束,副产物结构较复杂,这一现象可能来源于醛基在该反应条件下不稳定,文献中可见类似报道。

表7.2 CaO@AC催化的4-硝基邻苯二甲腈与不同酚的反应

反应	酚类	产物结构	产率/%	纯度/%
1	苯酚		92	100.00
2	对苯二酚		95	99.09
3	间苯二酚		93	99.08
4	4-甲氧基苯酚		91	99.99

续表

反应	酚类	产物结构	产率/%	纯度/%
5	4-氨基苯酚 (HO-C6H4-NH2)	4-(4-氨基苯氧基)邻苯二甲腈	93	99.15
6	2-甲氧基-4-烯丙基苯酚	4-(2-甲氧基-4-烯丙基苯氧基)邻苯二甲腈	86	99.36
7	4-叔丁基苯酚	4-(4-叔丁基苯氧基)邻苯二甲腈	92	99.35
8	3-三氟甲基苯酚	4-(3-三氟甲基苯氧基)邻苯二甲腈	94	99.97
9	3-氟苯酚	4-(3-氟苯氧基)邻苯二甲腈	93	99.20
10	4-硝基苯酚	4-(4-硝基苯氧基)邻苯二甲腈	94	99.45
11	2,6-二氯苯酚	4-(2,6-二氯苯氧基)邻苯二甲腈	53	98.59
12	4-羟基苯甲酸	4-(3,4-二氰基苯氧基)苯甲酸	82	97.41
13	2-羟基苯甲醛	4-(2-甲酰基苯氧基)邻苯二甲腈	33	96.09

除用于双氰基的邻苯二甲腈类化合物合成,CaO@AC 同样适用于酚类与不同卤素取代苯甲腈类化合物的亲核取代反应(见表 7.3)。通常情况下,苯甲腈类化合物的反应活性远低于邻苯二甲腈类,共沸分水操作(反应温度为 140~180 ℃)为完成反应的必需操作[6]。除此之外,第二个氟原子被取代时,可伴随明显的醚交换副反应(高达 10^{-2}~10^{-1} 量级),尤其是在第二个酚具有相似或更高反应活性时,对部分特殊氰基树脂的合成提出了较大挑战。采用 CaO@AC 作为催化剂时,反应所需温度可明显降低;并且可以高纯度、高产率获得不对称产物。在温和条件下(80 ℃),2,6-二氟苯甲腈可被苯酚(酸度系数 pK_a=9.94)进行第一个氟原子的取代(反应 1);该产物可用于与 2-叔丁基苯酚(pK_a=10.62)、间甲酚(pK_a=10.01)、3-氟苯酚(pK_a=9.29)、3-硝基苯酚(pK_a=8.28)的不对称产物的合成(反应 2~5)。在第二个氟原子的取代过程中,需要添加配体,并采用更高反应温度(120 ℃)。即使在具有更高反应活性的 2-叔丁基苯酚(pK_a=10.62)、间甲酚(pK_a=10.01)参与的取代反应中,仅仅发现了痕量的醚交换产物(10^{-3}~10^{-4} 量级)。除此之外,在相似试验条件下可完成 2,6-二氟苯甲腈的对称取代(反应 6)。这一反应可理解为聚芳醚腈(PAEN)合成的模型化反应[7]。2,6-双(叔丁基苯氧基)苯甲腈的高纯度合成表明,该反应路线可延伸至 PAEN 的合成领域。

表 7.3 卤素取代苯甲腈与酚之间的不对称取代

反应	腈类	酚类	产物	产率/%	纯度/%
1	2,6-二氟苯甲腈	苯酚		84	99.50
2	2-苯氧基-6-氟苯甲腈	2-叔丁基苯酚		95	99.31
3	2-苯氧基-6-氟苯甲腈	间甲酚		92	99.62
4	2-苯氧基-6-氟苯甲腈	3-氟苯酚		93	99.55

反应	腈类	酚类	产物	产率/%	纯度/%
5	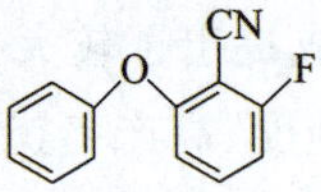 2-氟-6-苯氧基苯甲腈	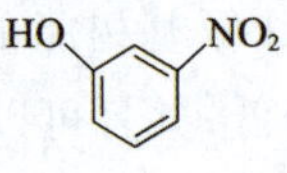 3-硝基苯酚	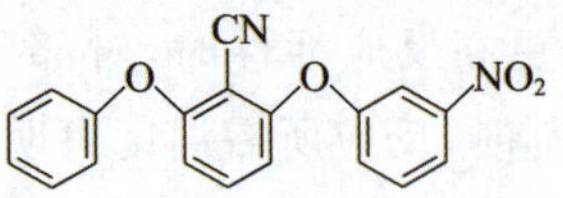 2,6-二(芳氧基)苯甲腈	94	99.56
6	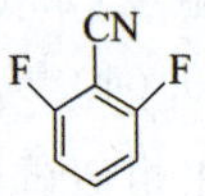 2,6-二氟苯甲腈	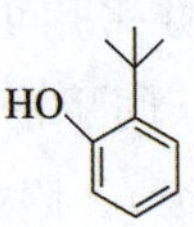 2-叔丁基苯酚	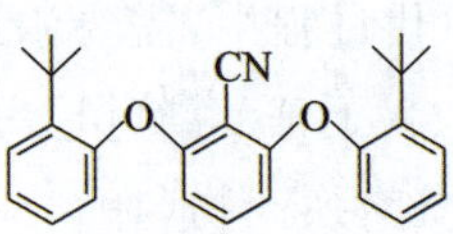 2,6-二(2-叔丁基苯氧基)苯甲腈	95	99.73
7	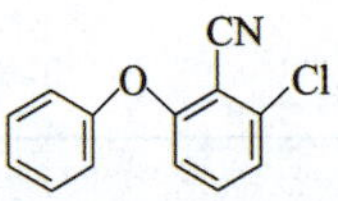 2-氯-6-苯氧基苯甲腈	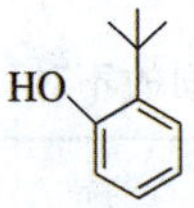 2-叔丁基苯酚	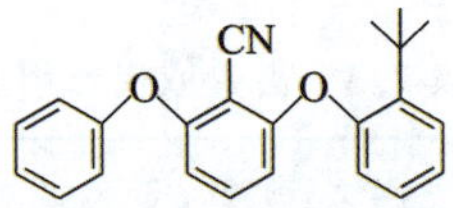 混合产物	—	66.32

通过对比表7.3中反应2~5及反应7,可对醚交换反应的抑制机理进行讨论。通常情况下,氰基活化的亲核取代反应服从SnAr路线,可能的反应过程如图7.4所示。具体而言,在碱性条件下,离子化的酚将进攻芳香环的缺电子位点,形成加成型中间体。在当前体系中,邻位(—X或—O—)为唯独的两个位点,相应反应平衡常数分别为 k_1、k_2。随后,取代反应将以消去而完成。在理想路线中,离子化的酚应进攻—X位点,相应消去反应的平衡常数为 k_3。不幸的是,如果第二个酚(Ph—R²—OH)的反应活性高于或接近第一个酚(Ph—R¹—OH)的活性,离子化的 Ph—R²—OH 可能进攻—O—位点,从而导致醚交换反应。其后果是,醚交换反应生成的 Ph—R¹—OH 将导致非理想取代产物的生成。当采用 CaO@AC 作为催化剂时,氟取代苯甲腈与不同酚的反应中,仅仅发生了痕量的醚交换现象(表7.3,反应2~5)。即使某些 Ph—R²—OH 具有比苯酚(pka=9.94)更高的反应活性(如2-叔丁基苯酚的 pka=10.62;间甲酚的 pka=10.01),醚交换反应也被抑制至 $10^{-3} \sim 10^{-4}$ 量级。与此不同的是,在Cl取代苯甲腈与酚的反应中,发生了灾难性的 10^{-1} 量级醚交换反应(表7.3,反应7)。这一现象主要与F原子与Cl原子的较大电负性差异有关,相应的 $k_{1,F}$ 将显著高于 $k_{1,Cl}$。更为重要的是,氟化钙在NMP中极难溶解,而氯化钙易溶于NMP。由此,$k_{3,F}$ 将高于 $k_{3,Cl}$。更高 $k_{1,F}$ 及 $k_{3,F}$ 的结合可将反应平衡向所需取代反应拉动,从而显著抑制醚交换反应的发生。

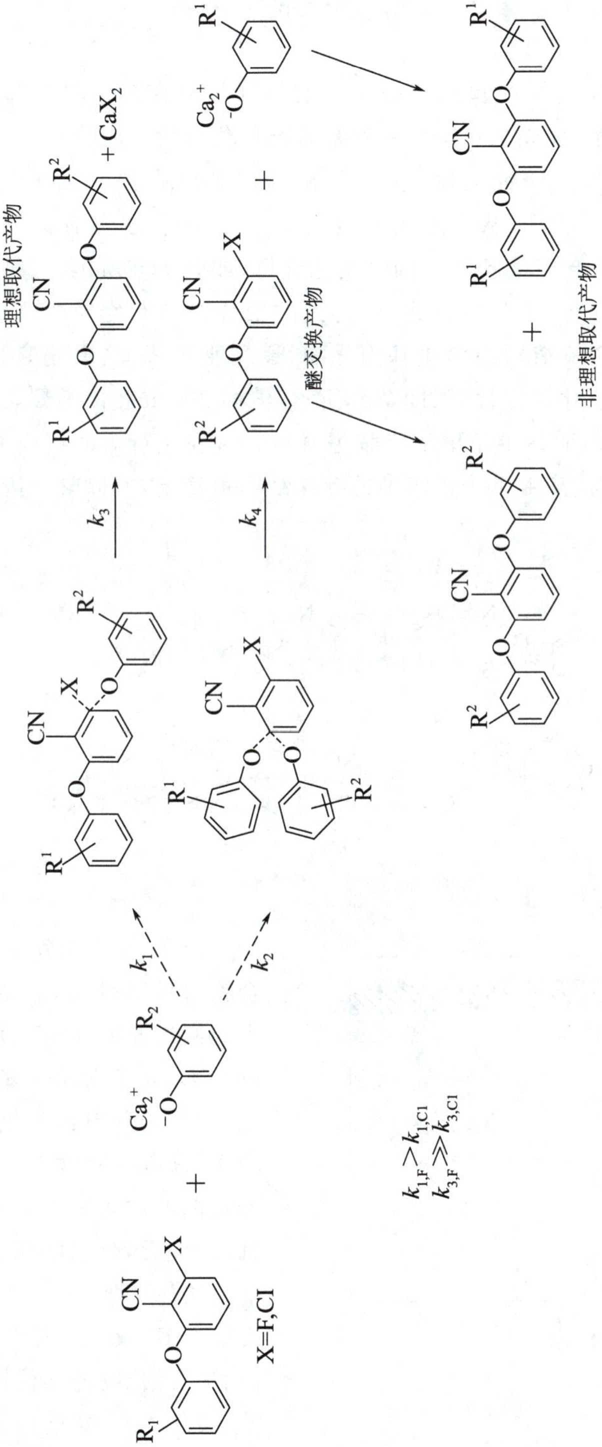

图 7.4　不对称取代苯甲腈中醚交换反应机理的推测

7.4 单氰基树脂的研究情况

20世纪80年代,中科院化学所黄志镗院士课题组开始研究含有单氰基的芳杂环单体作为热固性树脂的可能性,合成了一系列单氰基芳杂环化合物,并研究了固化行为和固化后聚合物的热氧化稳定性。研究表明,含有单氰基的单体在路易斯酸类化合物(如$ZnCl_2$等)的催化下,三聚成三嗪环,从而形成体型交联结构,固化物具有优异的热氧稳定性。其中比较典型的单体为含有噻唑结构的氰基化合物,如图7.5所示,三种两端各带有单氰基官能团的噻唑化合物在$CuCl_2$的催化下,得到的聚合物具有优异的热氧化稳定性。对比研究了该类聚合物与联苯结构的单氰基固化物、聚酰亚胺薄膜、聚酰亚胺粉末、碳纤维和石墨在371℃下的热氧化稳定性,如图7.6所示,恒温200h后该类聚合物的失重仅比石墨稍多,失重接近10%,明显少于聚酰亚胺等材料。对固化行为的研究表明,单氰基之间交联形成了三嗪环结构,又由于分子链中的噻唑结构很稳定,所以整个固化物具有优异的热氧化稳定性。

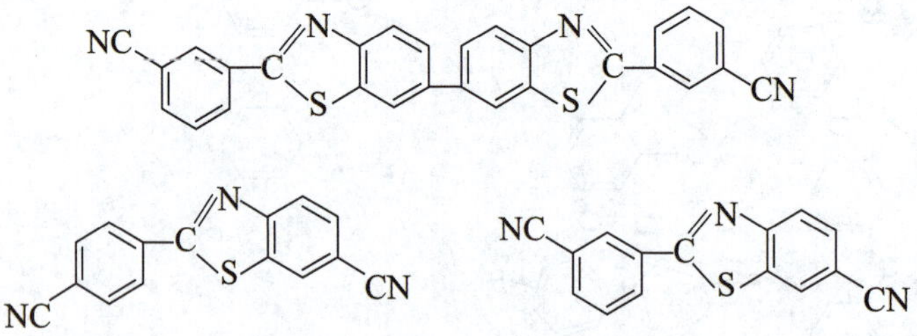

图7.5 噻唑类单氰基化合物

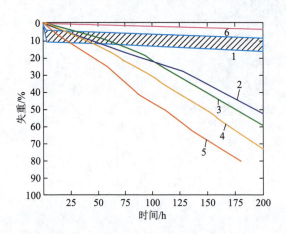

图7.6 各种材料在371℃恒温下的失重情况
1—噻唑类单氰固化物;2—联苯类单氰固化物;3—聚酰亚胺薄膜;
4—聚酰亚胺固化物;5—碳纤维;6—石墨细粉

但是,含有单氰基的芳杂环聚合物合成困难,其中要用到毒性较大的氰化亚铜(CuCN)或者氰化钾(KCN),大量制备存在很大风险。此外,芳杂环单氰基化合物都具有较高的熔点(通常大于250℃),给催化剂的加入带来一定的困难,并且单氰基固化温度较高,加入催化剂后往往需要在300℃以上的高温反应十多个小时,所以该课题组并没有对固化物的其他性能,如加工性、力学性能等进行研究。20世纪90年代后期开始,未见关于该方向的其他报道。

7.5 邻苯二甲腈树脂的研究情况

邻苯二甲腈树脂的研究始于 20 世纪 70 年代,80 年代开始受到关注,美国航空航天局(NASA)下属海军实验室(Naval Research Laboratory,NRL)在该领域开展了大量的基础及应用研究,近十年俄罗斯莫斯科国立大学研究和产业化进展迅速。21 世纪初期,国内开始有科研人员关注该类树脂体系,当前国内研究机构主要有中国科学院化学研究所、电子科技大学、大连理工大学等。

自 20 世纪 80 年代起,多种结构的邻苯二甲腈单体被合成出来,单体的合成基本都遵循一个原则,如图 7.7 所示,即 4-硝基邻苯二甲腈与某种二元酚在无水 K_2CO_3 的催化下生成两边封端的双邻苯二甲腈单体[8],反应一般在 N,N-二甲基甲酰胺(DMF)或者 N,N-二甲基乙酰胺(DMAc)等强极性溶剂中进行,反应温度可以从 80 ℃至 140 ℃。由于单体的熔点与加工性能密切相关,根据文献的报道,将各种单体结构与熔点的关系列于表 7.4 中。其中联苯结构的邻苯二甲腈单体为国外学者研究最多。

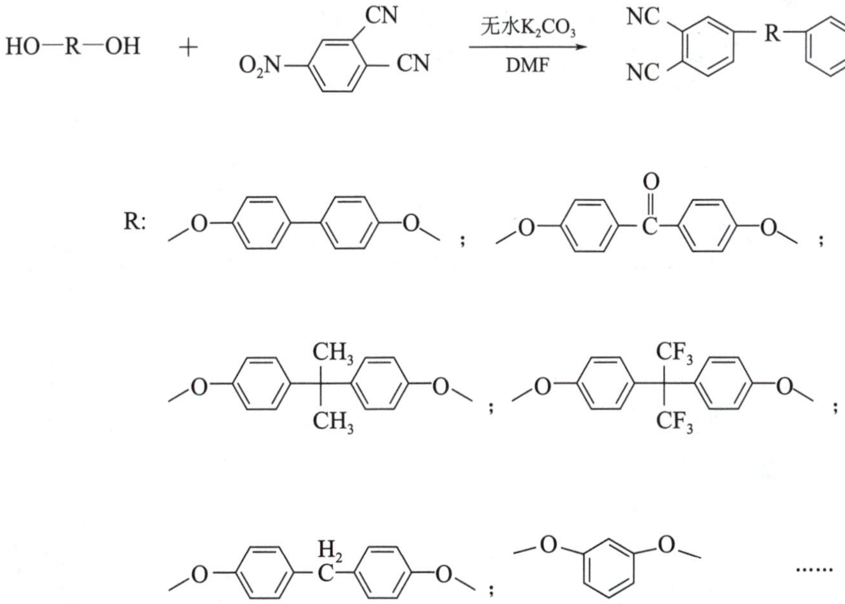

图 7.7 邻苯二甲腈单体的合成反应及结构

由此可以看出,邻苯二甲腈单体均具有较高的熔点,接近或者超过 200 ℃,这给成型加工带来了一定的不便。国外学者研究较多的联苯结构邻苯二甲腈单体的熔点更是高达 230 ℃,与催化剂共混后,树脂体系的加工窗口较窄。基于此,国外学者开始试图降低邻苯二甲腈单体的熔点,合成了一系列封端基团之间桥基链段较长的单体,见表 7.5。表中所列分子主链具有一定的长度,分子的结晶度逐渐降低,有可能成为非晶状态,熔点

或者 T_g 也降低到 100 ℃ 左右，甚至更低，给加工成型带来了一定的便利，对于提高韧性也有利，但是对于固化温度和固化物的玻璃化转变温度有一定的影响。但是，如果分子链的长度特别长，整个分子具有很强的热塑性聚合物倾向，可以软化但是不能流动，反而不利于加工，只能向其中加入塑化剂（低分子量的组分）才能进行加工，得到没有孔隙率的制品。

表 7.4　各种结构邻苯二甲腈单体的熔点

R 基的结构	缩　写	熔点（DSC 测试）/℃
（联苯基双醚结构）	BPh	232～237
（间苯二醚结构）	mPN	185
（双酚A双醚结构）	BAPh	195～200
（六氟双酚A双醚结构）	6FPh	235～238
（二苯砜双醚结构）	—	250～255
（双邻苯二甲酰亚胺双醚结构）	—	255～260

表 7.5　含有较长链节的邻苯二甲腈单体结构与熔融温度区间

R 基	聚合度 n	熔点或 T_g	DSC(10 ℃/min)
（含两个醚键的间苯二甲醚结构）[52]	$n=2$	42 ℃	熔融峰很小,吸热量很低 5~7 kJ/mol,说明结晶度很低
	$n=4$	39 ℃	
（含羰基的芳醚结构）R=C(CF$_3$)$_2$ 或者 R=—[46]	$n=1$	100 ℃	
	$n=25$		可以软化但不能流动
—O—A—O—⟨⟩—SO$_2$—⟨⟩—O—A—O—，A 为双酚 A[53]	$n=1$	115~125 ℃	
	$n=10$		非晶
	$n=43$		不能熔化,300 ℃ 变软
（含膦氧基结构）R= 间苯二酚 a；双酚 A b[41]	a: $n=1$	75 ℃	
	b: $n=1$	90 ℃	

另外,低分子量的邻苯二甲腈单体和具有一定重复单元的邻苯二甲腈化合物熔融后很难自身聚合,在 260~300 ℃ 的高温下,放置数十个小时乃至数天仍保持熔融状态,所以需要向体系中引入催化剂,使得邻苯二甲腈化合物交联成网络结构。

邻苯二甲腈树脂体系具有优异的耐高温性能,NRL 的研究表明其耐热温度可以高达 350 ℃,甚至 450 ℃ 仍没有明确的玻璃化转变温度[3,9]。该树脂体系还具有良好的力学性能,NRL 研究表明,邻苯二甲腈聚合物/碳纤维复合材料与传统应用性能较优的聚酰亚胺树脂 PMR-15 性能相当,甚至略优[10],从而有可能以复合材料基体树脂和胶黏剂等形式应用[11,12]。同时,邻苯二甲腈聚合物具有很高的交联密度和高温残重率,在 1 000 ℃ 仍有 50% 以上的残重率,具有作为烧蚀材料的潜力。此外,邻苯二甲腈聚合物还具有低吸水率特性,加之玻璃纤维增强复合材料阻燃性能优异,有可能在舰船领域应用[13]。由于邻苯二甲腈属于一种新型耐高温树脂体系,国内研究较少,为了对该树脂体系有个全面的认识,以下分别介绍树脂体系的制备及各项性能。

7.5.1 含芴基邻苯二甲腈树脂

芴是煤焦油中的重要组分之一,具有特殊 Cardo 骨架结构(见图 7.8),与联苯结构相比,亚甲基将两个苯环固定于一个平面,结构上具有更强的刚性,因此具有更好的热稳定性。同时由于更大的共轭吸收波长,具有更明显的光致和电致发光特性[14]。

图 7.8 芴的结构式

基于芴环结构优异的耐热性和独特的电子结构,近年来芴基高分子材料备受关注,国内外研究者合成了大量芴基热固性树脂,并对其性能进行了研究,内容涵盖了聚酰亚胺[15]、聚苯并噁嗪[16]、环氧树脂[17]、双马树脂[18]和苯并环丁烯树脂[19]等,取得了较好的效果。研究表明,在热固性树脂的主链结构中引入刚性的芴环结构,能够显著提高树脂的耐热性能和力学强度。同时芴环的大体积效应有利于降低分子间的作用力,增加分子间的自由体积,从而改善树脂的溶解性能和材料的介电性能。

赵璐璐等合成了含有芴基 Cardo 结构的邻苯二甲腈单体(见图 7.9),并对性能进行了测试,由于芴基的刚性结构,含芴的两种单体的熔融温度均在 250 ℃ 左右,250~310 ℃ 固化物 $T_{5\%}$ 在 411~440 ℃ 之间。但由于加工条件下单体熔融黏度较大,催化剂混合不均,未能得到浇注体进行力学性能测试。

双胺型单体中柔性乙氧基等的引入,使单体熔点下降至 120~167 ℃,改善了工艺加工性能。进一步的热性能测试结果表明,树脂的耐热性能得到提高,固化物 $T_{5\%}$ 在 440~511 ℃ 之间,DMA 测试固化后的浇注体 T_g 在 362~413 ℃ 之间,50 ℃ 储能模量为 1.15~2.18 GPa。

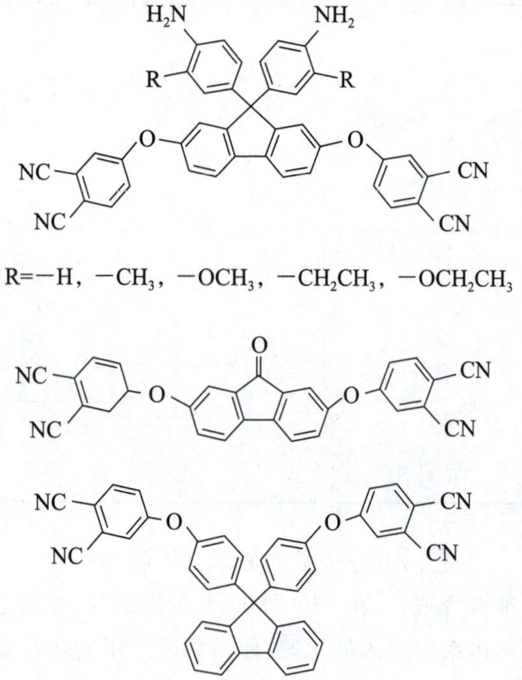

塞锡高[20]课题组报道了含三氟甲基双酚芴的邻苯二甲腈低聚物(见图 7.10),在二氮杂萘酮和双酚芴的协同作用下,低聚物表现出良好的溶解性。

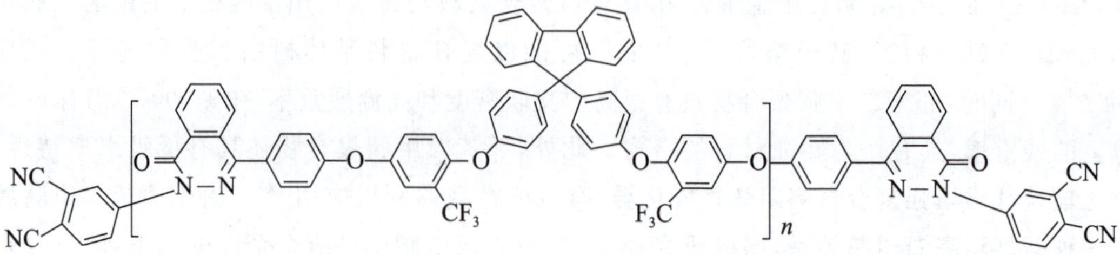

图 7.9 含芴基的 Cardo 型邻苯二甲腈单体

图 7.10 含三氟甲基双酚芴的邻苯二甲腈低聚物

对固化物和石英纤维增强复合材料的力学以及介电性能的研究结果表明,在 $ZnCl_2$ 和 DDS(4,4'-二氨基二苯砜)为催化剂作用下固化物 $T_{5\%}$ 达到 510 ℃,800 ℃ 残碳率为 79.6%。石英纤维复合材料在 8~18 GHz 的介电常数和损耗分别为 2.94~3.27 和 0.002~0.019,弯曲强度和模量分别为 319.5 MPa 和 20.5 GPa,可以达到透波材料的要求。

赵彤课题组[21-24]设计合成了一系列具有不同分子量和共聚结构的新型邻苯二甲腈封端低聚物(见图 7.11),并对固化物和石英纤维复合材料的性能进行了测试。

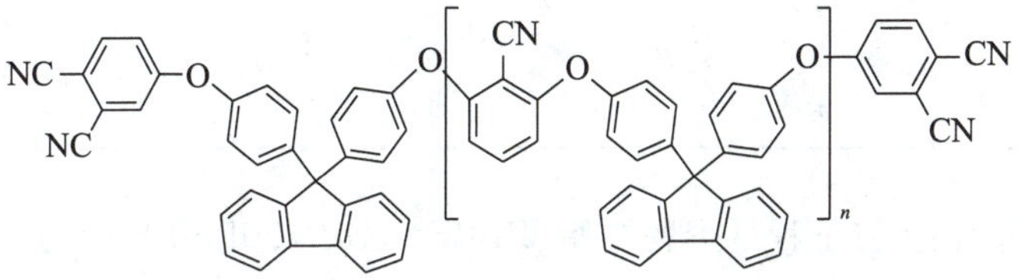

(a) BPPEN

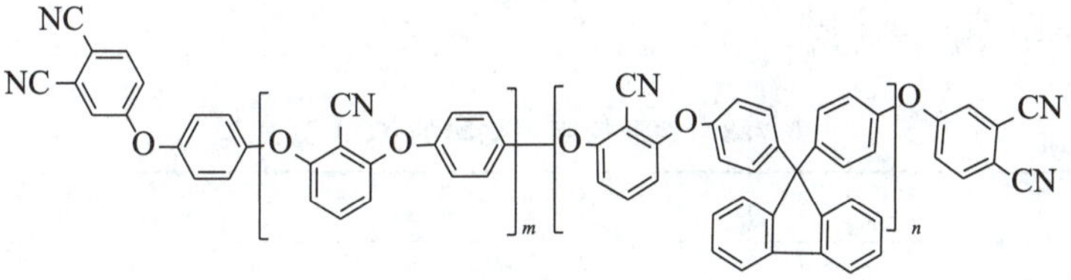

(b) BPN

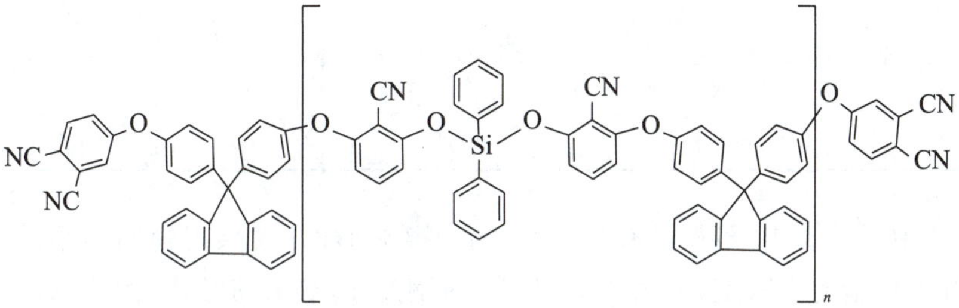

(c) BPSiPEN

图 7.11 邻苯二甲腈封端含芴基聚芳醚腈低聚物

固化物的热失重和动态力学分析表明(见表 7.6),芴基的刚性结构和侧链氰基的可交联性提高树脂基体的耐热性。375 ℃ 固化后氮气气氛的 $T_{5\%}$ 达到 508~512.5 ℃,1 000 ℃ 残碳率为 70.8%~74.8%,tan δ 对应的玻璃化转变温度最高达到 464 ℃。

表 7.6 邻苯二甲腈封端含芴聚芳醚腈固化物的 TGA 测试结果

固化物	拐点温度/℃	$T_{5\%}$/℃	tan δ/℃	$C_{y1\,000}$/%
BPPEN	479.9	512.5	395	72
BPN	483.9	508.6	459	70.8
BPSiPEN	478.2	511	464	74.8

对石英纤维增强复合材料进一步的性能测试表明,通过刚性和柔性结构共聚比例的调控,可以获得良好的加工性能,共聚结构对应复合材料可获得比全芴结构更加优异的力学性能,其弯曲强度、弯曲模量和层间剪切强度最高分别达到 942 MPa、35 GPa 和 55 MPa,见表 7.7。

表 7.7　石英纤维增强复合材料力学性能测试数据

树脂	弯曲强度/MPa	弯曲模量/GPa	层间剪切强度/MPa
BPPEN	488	24.1	29
BPN	942	35	55
BPSiPEN	550	24.5	34

在上述研究基础上,将三种低聚物树脂(BPPEN、BPN、BPSiPEN)与单体型邻苯二甲腈树脂(PN)进行共混改性,制备了新型双组分共固化邻苯二甲腈树脂(BPAPN、p-BPAPN、s-BPAPN),并对共混树脂及其复合材料的加工性、耐热性、弯曲性能、层间和冲击韧性等进行了详细的表征[15],见表 7.8。

表 7.8　共混树脂固化物的 TGA 测试

样品	N_2			
	拐点温度/℃	$T_{5\%}$/℃	$\tan \delta$/℃	$C_{y1\,000}$/%
APN	494	548	473.8	76
BPAPN	485	533	467.9	77
p-BPAPN	483	541	472.6	75
s-BPAPN	481	536	466.6	76

从表 7.8 中可以看出,虽然具有长链结构低聚物的加入使共混树脂体系的总体氰基密度下降,影响了树脂的交联度,但由于同时引入了刚性的双酚芴结构,固化物的耐热性并没有受到明显的影响。其中 $T_{5\%}$、1 000 ℃残碳率和 $\tan \delta$ 对应的玻璃化转变温度分别为 481～485 ℃、75%～76% 和 466～472.6 ℃。

对树脂固化物的冲击性能进行了表征,长链低聚物的加入使共混树脂的冲击强度得到明显提升,当添加比例为 10% 时,冲击强度最高达到 11.7 kJ/m²,比 APN 提高了 60%,详见表 7.9。

表 7.9　树脂固化物的冲击性能

树脂固化物	低聚物质量分数/%	冲击强度/(kJ·m^{-2})	树脂固化物	低聚物质量分数/%	冲击强度/(kJ·m^{-2})
APN	0	7.3	p-BPAPN-10	10	9.0
BPAPN-10	10	11.7	s-BPAPN-10	10	8.6

石英纤维复合材料的弯曲强度、弯曲模量和层间剪切强度也获得了明显的改善，p-BPAPN 复合材料的弯曲强度和弯曲模量大幅提升，最高达到 1 107 MPa 和 36 GPa，比 APN 提高了 107% 和 66%；材料的层间剪切强度呈现出与弯曲性能相同的变化趋势，最高达到 62 MPa，比 APN 提高了 107%，见表 7.10。

表 7.10　石英纤维增强复合材料力学性能测试数据

树脂固化物	弯曲强度/MPa	弯曲模量/GPa	层间剪切强度/MPa
APN	535	22	30
BPAPN	841	25	38
p-BPAPN	1 107	36	62
s-BPAPN	1 084	33	60

7.5.2　生物基邻苯二甲腈树脂

通常情况下，邻苯二甲腈树脂的单体合成主要依赖相应酚与 4-硝基邻苯二甲腈之间的亲核取代反应而实现[25]。石油基的双酚，如双酚 A、联苯二酚[26]、间苯二酚是研究最多的体系。但是，使用这些化石燃料而来的化学品引起了环境保护方面的深入思考。此外，石油基邻苯二甲腈单体的高熔点，对复合材料成型提出了苛刻的需求[3]，限制了其批量应用。

与此相反的是，生物基替代原料被认为是环境保护、油品资源节约的良好途径。近年来，生物基热固性聚合物，尤其是环氧、氰酸酯的研究发展迅速。这些树脂表现出与石油基类似树脂相似的性能，从而具有广阔的应用前景[27]。但是，对于邻苯二甲腈树脂而言，大多数生物基原料中存在的柔性链节对于高温性能是灾难性的，可用的酚类化学品十分有限[28,29]。可再生双酚，如白藜芦醇及二氢藜芦醇已被用于邻苯二甲腈单体的合成，并表现出加工工艺性的改善和相当的热性能[29]。此外，白藜芦醇基邻苯二甲腈树脂被用于共混树脂的制备，并用于复合材料制备[30]。儿茶酚是一种含有多个酚羟基的天然产物，可用于邻苯二甲腈树脂的制备。王锦艳团队[28]通过调节儿茶酚与 4-硝基邻苯二甲腈的投料比，得到了含有不同邻苯二甲腈取代程度的混合物。这一树脂混合物表现出自催化固化特性，热性能与双酚 A 型邻苯二甲腈树脂体系相当。赵彤团队基于生物基的香草醛进行了含烯丙基/炔丙基邻苯二甲腈单体的合成，在加工工艺性、热性能上获得了良好平衡。表 7.11 列举了典型生物基邻苯二甲腈树脂的加工工艺性及热性能，并与典型石油基树脂体系进行了对比。从中可发现，生物基原料在不降低热性能前提下，可获得更优异的加工工艺性，具有广阔应用前景。

表 7.11 生物基与石油基邻苯二甲腈树脂体系的对比

单体			固化物		文献
化学结构	熔点/℃	加工窗口/℃	T_g/℃	T_{d5}/℃	
生物基					
(烯丙氧基-甲氧基苯氧基邻苯二甲腈)	94.5	185	>500	482	[26]
(炔丙氧基-甲氧基苯氧基邻苯二甲腈)	130.4	148	>500	477	[26]
(二苯乙烯三邻苯二甲腈)	100~125	约100	>400[①]	510	[24]
(二苯乙烷三邻苯二甲腈)	75	约125	>400[①]	500	[24]
石油基					
(联苯双邻苯二甲腈)	232	<20	>450[②]	>500	[17]
(双酚A型双邻苯二甲腈)	197	约70	>400[③]	461	[27]
(间苯二酚型双邻苯二甲腈)	185	约60	>400[③]	503	[27]

注:① 以 4-(4-氨基苯氧基)邻苯二甲腈固化;
② 以双[3-(4-氨基苯氧基)苯]砜固化;
③ 以 1,3-双(3-氨基苯氧基)苯固化。

7.5.3 邻苯二甲腈树脂催化剂

邻苯二甲腈单体催化剂的种类有金属及金属盐类、强有机酸类、有机胺类、有机酸胺盐类等。最开始被研究的是金属及金属盐类,其中催化效果最好的是氯化亚锡。氯化亚锡的催化效率很高,比较容易在熔融态的邻苯二甲腈中分散,且不会引入气体。但是,金属或者金属盐类进行催化有很大的问题,首先是要符合一定的化学计量比,如果催化剂过少,则不能形成完整的交联结构;如果催化剂过多,金属或者金属盐类生成的金属氧化物在高温下(如280 ℃)对苯环结构的破坏性很大。此外,为了保证分散效果好,金属或者盐类的尺寸必须在100 μm以下,而且充分的分散需要在单体熔点以上的温度(一般不低于200 ℃)进行操作,不易进行,所以科研工作者开始开发其他类型的催化剂。

有机或者无机酸均可以催化邻苯二甲腈化合物的聚合,尤其是对于具有高于150 ℃,最好是高于200 ℃熔点的邻苯二甲腈化合物具有很好的催化效果。酸类催化剂具有质子氢,也就是质子的给体,电子的受体,可以催化氰基的聚合物。推广至路易斯酸碱理论,针对邻苯二甲腈化合物,只要是电子的受体都具有一定催化效果。但需要注意的一点是,所用酸类催化剂必须在固化温度保持稳定,否则至少其分解物中有一种成分具有催化效果。可想而知,如果分解物具有催化效果,也会影响固化物块体的致密性。对于强酸类催化剂,加入量可以少些;对于弱酸类催化剂,相应的要加入的多些。在保证催化效率的前提下,加入量越少越好,也就是说,固化物体系中引入的没有反应的组分越少越好。此外,如果树脂体系作为复合材料基体使用,为了保证制品的均一性和脱气性,所加入的酸类催化剂最好不是金属类路易斯酸或者盐类化合物。综合考虑以上,含有芳环的高温稳定性较好的有机酸类为比较适宜的酸类催化剂。虽然有机酸类催化剂(如对甲苯磺酸)具有很好的催化效率,某些还略高于芳香类有机二元胺类催化剂,但是固化物的热稳定性不如芳香类有机二元胺类催化剂[8]。

由于起初使用的芳香类有机二元胺类催化剂并没有较高的熔点及高温热稳定性,固化起始阶段,有可能挥发出部分,导致催化效率的不足或者是块体不够致密。为此,研究者利用有机二元胺和酸形成的盐作为催化剂,发现这种盐类催化剂不仅具有很高的催化效率,而且固化物的玻璃化转变温度还要高于相应的有机二元胺催化的固化物。表7.12所列为不同盐及相应二胺催化剂在315 ℃固化数小时后的玻璃化转变温度。该盐类催化剂的最大不足即为不溶于有机溶剂,如果树脂体系作为复合材料基体使用,则很难得到均相的树脂溶液,从而给成型加工带来困难[31]。

表7.12　不同有机酸+二胺的盐及相应有机二元胺固化物玻璃化转变温度

固化剂	T_g/℃	固化剂	T_g/℃
1,3-双(3-氨基苯氧基)苯	256	4,4-二氨基二苯甲烷	289
1,3-双(3-氨基苯氧基)苯+对甲苯磺酸盐①	302	N-苯基苄脒对甲苯磺酸盐	304
对苯二胺+对甲苯磺酸盐	294	2,2-双(4-羟苯基)丙烷	173
4,4-二氨基二苯甲烷	263	对甲苯磺酸—水合物	295

注:①胺和酸分别加入。

常用的催化剂是分子链具有一定长度、熔点较高、热稳定性较好的芳香类有机二元胺,如图 7.12 所示,p-APB 的熔点为 170 ℃,m-APB 的熔点为 109 ℃,起始热分解温度大于 250 ℃;p-BAPS 的熔点为 188 ℃,m-BAPS 的熔点为 130 ℃,BAPS 在惰性气氛下的起始分解温度均超过 350 ℃[12]。由于 p-APB 熔点较高,催化活性高导致加工窗口较窄,所以关于 m-APB 的研究较多[13]。又由于邻苯二甲腈树脂的固化程序一般从 250 ℃ 左右的高温开始,至 300 ℃ 以上的高温才结束,而 m-APB 在 300 ℃ 已经有超过 10% 的失重率,所以 BAPS 以优异的热稳定性、适宜的催化效率得到了更为广泛的关注。

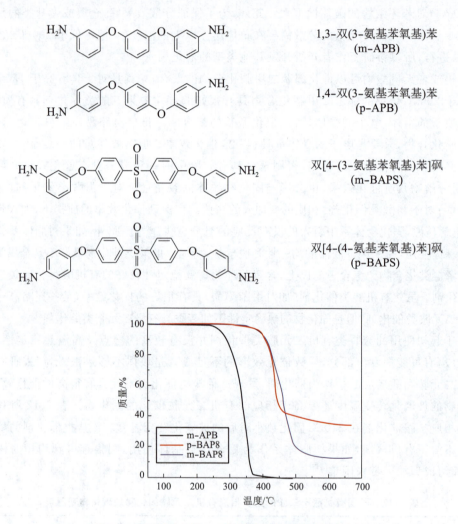

图 7.12 不同芳香类二元胺催化剂的结构及热稳定性

由于在芳香二元胺作为催化剂固化邻苯二甲腈体系的过程中,待树脂完全固化所需时间仍然较长。研究人员开始探索可否在邻苯二甲腈的固化反应中加入其他催化剂。由于邻苯二甲腈的固化反应是亲核取代反应,所以研究人员设想是否可以加入促进亲核取代反应进行的路易斯酸作为固化反应的催化剂。研究表明,钼酸铵的加入可以催化邻苯二甲腈的固化反应,加速形成三嗪环或酞菁环的过程。虽然钼酸铵作为催化剂的机理还没有统一的结论,但它优异的催化作用引起了研究人员的重视。

以上介绍的催化剂均为邻苯二甲腈单体熔融后才加入体系中,搅拌均匀后冷却至室温,形成树脂体系,称为 B-Stage 预聚物。邻苯二甲腈单体的熔融温度一般大于200 ℃,所以催化剂的共混温度一般为 230～250 ℃,在如此高温进行加入催化剂并共混的操作,具有一定的不便性,所以研究人员试图开发具有自催化功能的邻苯二甲腈化合物。杨刚等[32]合成了一系列含有羟基基团的邻苯二甲腈单体,如图 7.13 所示;还合成了带有氨基的自催化邻苯二甲腈单体[33],如图 7.14 所示,研究表明分子结构中的羟基及氨基均可以实现自催化的功能,红外表征有和邻苯二甲腈/催化剂二元体系固化物一致的结构生成,但是除了固化行为及热性能外,并没有其他性能的报道。课题组也合成了一系列含有氨基的自催化邻苯二甲腈化合物[34],研究了不同的氨基位置对固化行为的影响及固化动力学,还研究了熔体流变行为和固化物的热性能及机械性能。

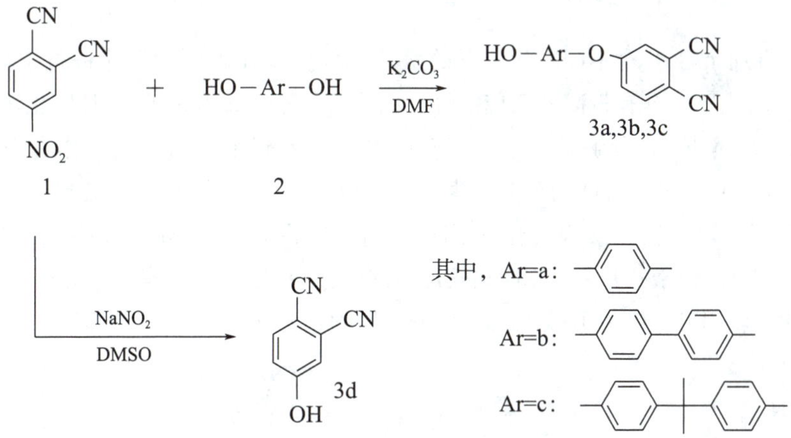

图 7.13 羟基自催化单体的合成及结构

图 7.14 氨基自催化单体的合成及结构

7.5.4 自催化邻苯二甲腈树脂

如前文所述,在单体中加入胺类或 Lewis 酸等固化剂能够有效加速氰基的交联固化反应,但小分子的氨基固化剂在高温下会大量挥发,影响催化效率,同时容易导致材料形成缺陷。而无机酸类固化剂的混合均一性难于保证,可能存在局部固化的情况。因此,研究者开始将具有催化活性的基团直接引入分子结构,制备自催化型单体。自催化氰基单体主要分为两大类,分别是氨基自催化和羟基自催化型结构。

2010 年,赵彤课题组[34,35]首先合成了一系列含有氨基的邻苯二甲腈单体(见图 7.15),并对其自催化工艺进行了研究。所有单体的固化物 $T_{5\%}$ 均达到 510 ℃ 以上,玻璃化转变温度 T_g 高于 460 ℃,最高达到 580 ℃。张庆新等[3]在结构中引入萘环,合成了氨基自催化单体,利用萘环的刚性提高树脂的耐热性能。文中对比了不同固化温度下树脂固化物的 TGA 分析结果,280 ℃ 固化树脂的 $T_{5\%}$ 可达到 517 ℃,800 ℃ 残碳率为 79.8%,基本与苯酚型自催化单体相当。但其玻璃化转变温度远低于后者,只有 302 ℃。

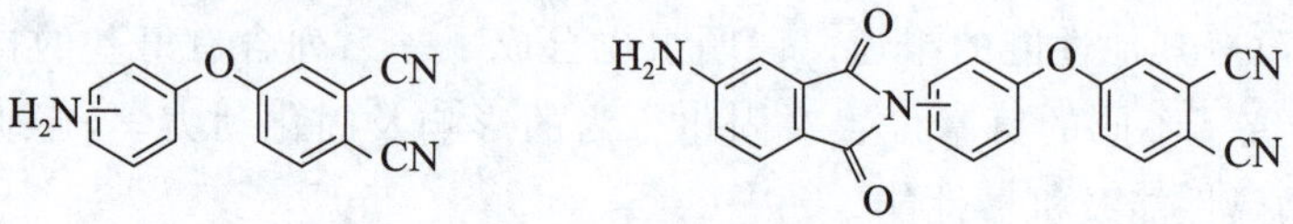

图 7.15　氨基自催化邻苯二甲腈单体

2016 年,肖加余等[36]对不同取代位置的氨基自催化单体的固化反应进行了详细的研究,发现邻位氨基取代单体具有较高的反应活性。固化反应在 2 h 内完成,并且固化物获得了较好耐热性能,氮气环境下 5% 分解温度达到 517 ℃,800 ℃ 残碳率达到 77%。作者进一步研究了固化反应动力学,并提出了可能的反应机理。认为树脂固化过程中,首先氨基的活泼氢与邻近的氰基发生了反应,根据取代氨基的位置不同,分别形成了分子内和分子间氢键结构。如图 7.16 所示,邻位取代单体,由于氨基与氰基距离较近,易形成分子内氢键,具有较低的反应活化能,因此固化反应速率大幅提升。但为了得到良好的耐热性,固化温度仍需在 360 ℃ 以上。

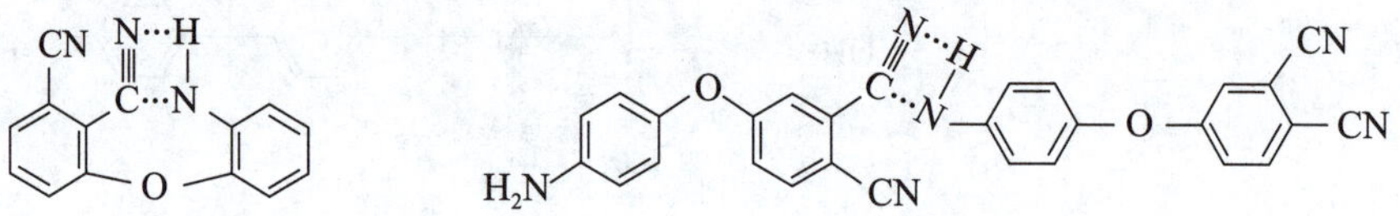

图 7.16　氨基自催化单体形成的分子内和分子间氢键

另一类自催化单体是基于羟基活泼氢的催化固化机理,通常分子结构中含有羟基[37]或反应过程中能够生成羟基的活性基团,如烯丙基[38]、炔丙基[39]和苯并噁嗪[40]结构等。2014 年,杨延华等[41]合成了一种羟基封端的聚醚醚酮型自催化邻苯二甲腈单体(见图 7.17),并对其固化行为进行了研究,该单体 225 ℃ 下可自催化固化,氮气环境下 800 ℃ 残碳率达到 55%,T_g 均超过 400 ℃。

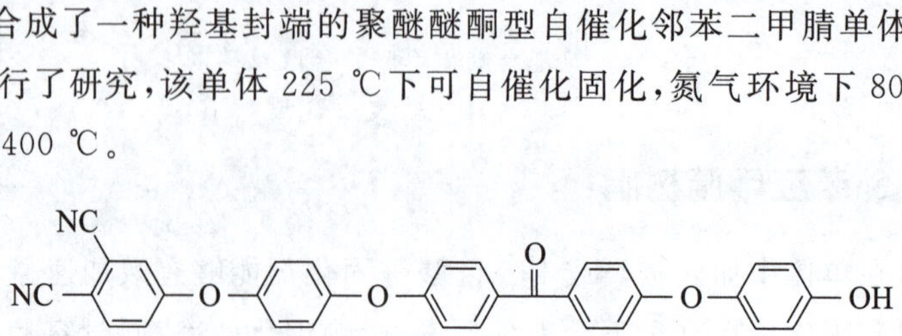

图 7.17　羟基自催化邻苯二甲腈单体

上述自催化单体虽然具有结构均一、高温无固化剂挥发等特点,但单封端氰基单体在固化过程中难以形成三维的网络结构,未参与反应的端基多以活性基团方式悬挂于网络结构之外,因此,经常被添加到其他类型的双封端邻苯二甲腈树脂体系中作为固化剂应用。

2016 年刘孝波课题组[40]设计合成了一种含有烯丙基的苯并噁嗪型双封端自催化邻苯二甲腈单体(见图 7.18)。单体熔点仅 52 ℃,具有良好的加工性能,对其固化行为的研究发现,固化过程可分为两个阶段。首先在 150～270 ℃,烯丙基和苯并噁嗪发生开环聚合,同时产生羟基。当温度上升到 280 ℃后,在羟基活泼氢的催化作用下,氰基发生了明显的交联固化反应。280 ℃固化后,树脂固化物的 $T_{5\%}$ 达到了 497 ℃,玻璃化转变温度为 380 ℃。

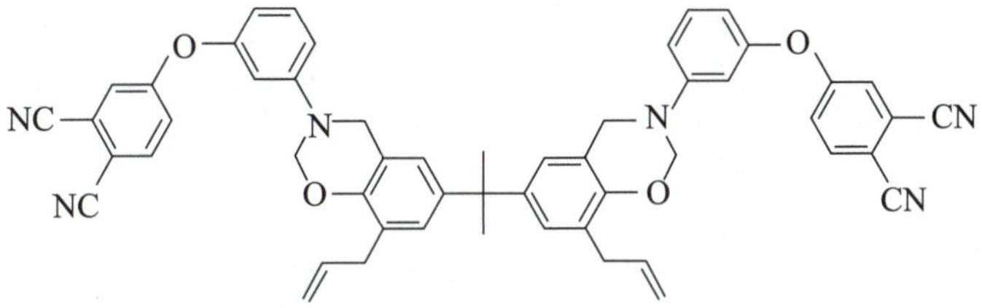

图 7.18 含苯并噁嗪的自催化邻苯二甲腈单体

以上各种新型催化剂和自催化单体虽然解决了一些工艺性的问题,但从文献报道的结果来看,为了保障优异的耐热性和力学性能,大部分单体的固化反应终止温度为 330～375 ℃,固化时间为 10～50 h。此外,对于固化机理的研究尚不充分,特别是对于后固化温度与结构之间的关系等问题还没有明确的报道,因此反应时间长和后固化温度高的问题还没有得到解决。

7.5.5　邻苯二甲腈树脂固化机理及固化制度

邻苯二甲腈树脂具有十分优异的热稳定性的根本原因在于:其结构中存在大量的邻苯二甲腈基团,这些氰基基团受热很容易形成以芳杂环为主的体型网络结构,而芳杂环本身的耐温性非常好,因此,许多工作者对邻苯二甲腈基团的聚合反应机理展开了研究,以便更清楚地找到芳杂环的形成过程及影响因素,从而有针对性地调整聚合条件来控制反应过程,以调控材料的结构与性能,同时寻找合适的加工路线来获得适合不同环境的材料。

早在 1934 年,Linstead 的研究报道中就指出酞菁铜(结构如图 7.19 所示)在 560 ℃的氮气氛围内可以升华,而无任何的分解。Marvel 和 Martin 在 1958 年尝试合成邻苯二甲腈化合物,并首次提出邻苯二甲腈化合物可以用于耐高温聚合物的合成[42]。这些研究促使许多研究者设想,如果将酞菁环引入聚合物的结构中,是否能获得热稳定性非常优异的高性能聚合物。

自 20 世纪 70 年代起,Keller 等对邻苯二甲腈树脂做了大量的研究工作。研究表明对于邻苯二甲腈的热交联固化反应,在无催化剂参与的情况下,其热固化反应非常缓慢,而在金属及其盐类、酚类、芳香族伯胺、有机强酸及有机酸/胺盐等催化剂的存在下能明显缩短后固化时间,促进邻苯二甲腈及其衍生物的固化,所以,在固化反应机理的研究中,交联剂的研究与选择是至关重要的。本节将着重介绍不同催化剂的固化机理。

最早研究的金属或其盐类可以提供酞菁环的形成过程中所必需的 2 mol 电子,有助于邻苯二甲腈单体聚合成,如图 7.20 所示。Griffith 的研究表明,金属或其盐类难以在聚合物体系中完全形成分子水平的分散,这限制了氰基的进一步交联[43]。此外,体系中存在金属粒子,金属粒子容易被氧化,从而也会降低生成的聚合物的热氧稳定性。针对这个问题,他利用与聚合物体系有更好相容性的有机还原剂(如氢醌)来替代金属作为邻苯二甲腈树脂的交联剂,并成功地获得了高交联密度的邻苯二甲腈树脂,结构如图 7.21 所示。

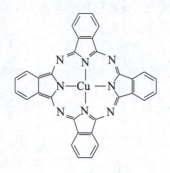

图 7.19　酞菁铜分子结构 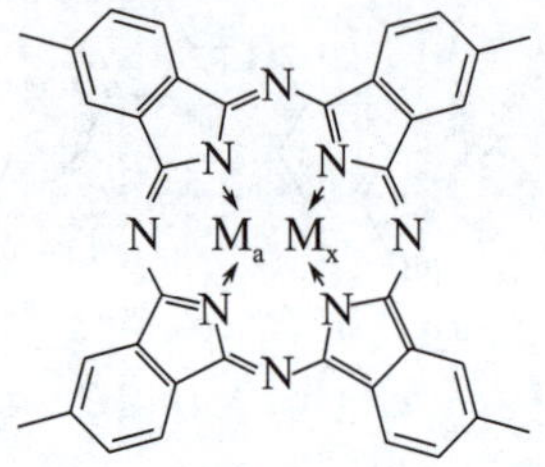　　　　图 7.20　金属或金属盐类催化后形成酞菁环

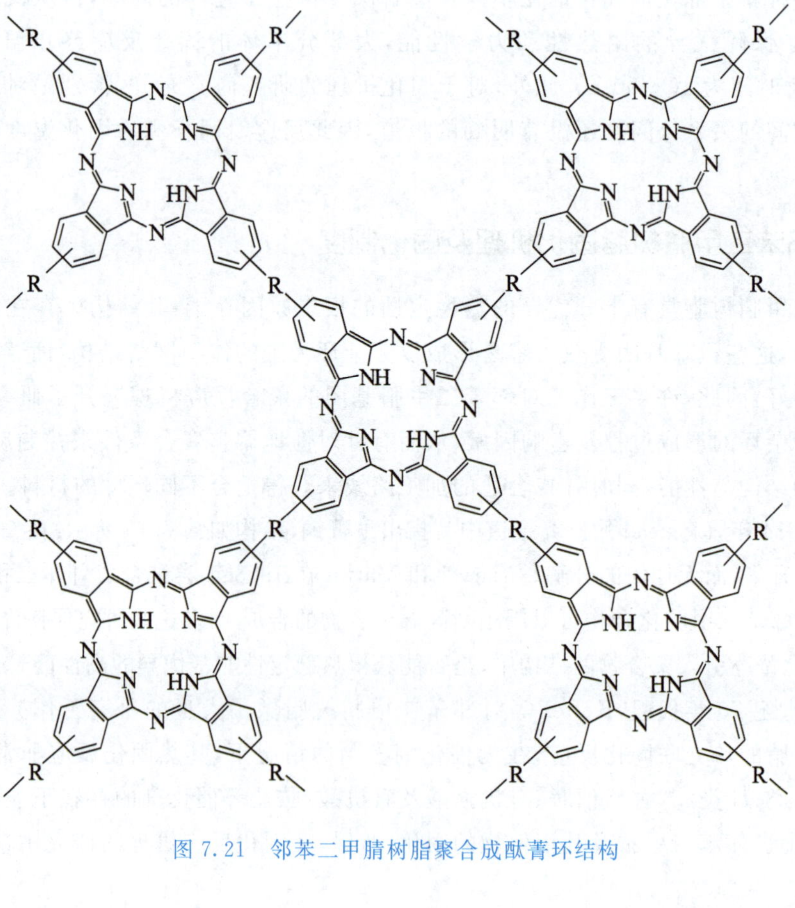

图 7.21　邻苯二甲腈树脂聚合成酞菁环结构

Snow 等[43]深入研究了活性氢催化剂催化条件下邻苯二甲腈单体的聚合反应的产物类型。他们分别选用氢醌、联苯二酚和四氢吡啶作为活性氢源。首先选择单邻苯二甲腈为模型化合物,加入适量活性氢源进行熔融反应。活性氢源的用量以 2 mol 活性氢催化 8 mol 腈基参与反应形成 1 mol 酞菁环为基准来确定。他们发现,氢醌易分解,联苯二酚需要量又大,三者中四氢吡啶的催化效果最好。采用红外、核磁、XRD 等分析测试手段对产物进行分析,结果发现产物中生成的芳杂环以酞菁环结构为主;当模型化合物中含有水分,并进行封闭反应时,产物中则会出现三嗪环结构。以对模型化合物的研究结果为基础,选用四氢吡啶作为活性氢源,他们对图 7.22 所示的双邻苯二甲腈单体的聚合反应进行了研究,发现产物中只有酞菁环结构而无三嗪环结构;他们又以联苯二酚为活性氢源,将模型化合物和双邻苯二甲腈单体分别与活性氢催化剂和溴化钾混合,于 275 ℃下进行原位红外检测,结果发现在模型化合物体系中不存在三嗪环结构,而在双邻苯二甲腈单体体系中出现了三嗪环结构,具体原因不详。综合分析,他们认为这种反应体系产物中可能存在的芳杂环结构主要有四种,分别为异吲哚啉、三嗪环、去氢酞菁环和酞菁环,这四种芳杂环的结构如图 7.22 所示。由于去氢酞菁环结构不稳定,难于检测出来,而异吲哚啉分子由于交联点的存在缺乏足够的运动能力不能继续反应形成酞菁环。他们认为去氢酞菁环结构及异吲哚啉结构的产物均为副产物。

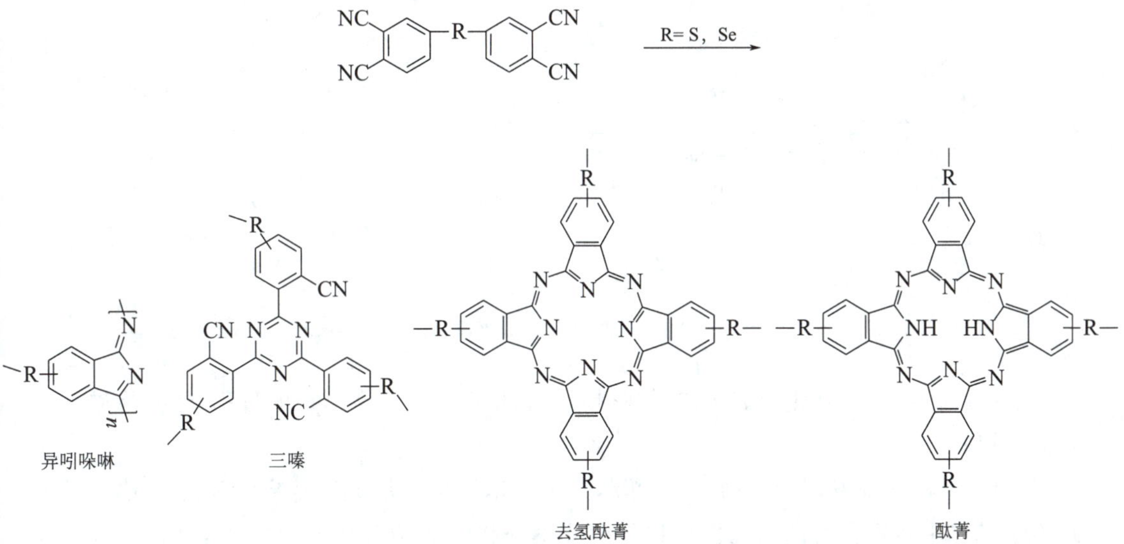

图 7.22 双邻苯二甲腈单体及在活泼氢源催化下可能得到的四种结构

Sumner 等[44]采用 2-苄基苯酚与联苯型双邻苯二甲腈单体进行熔融反应,加入 2-苄基苯酚与单体的摩尔比为 25∶1。反应产物可能的结构也是四种,分别为异吲哚啉、三嗪环、酞菁环及双二甲胺环,如图 7.23 所示。他们采用红外和核磁测试对产物进行了详细的分析,发现反应产物只有含异吲哚啉结构的物质存在。他们还指出 2-苄基苯酚的含量变化时,生成产物的结构也会发生变化,具体的研究结果没有公布。

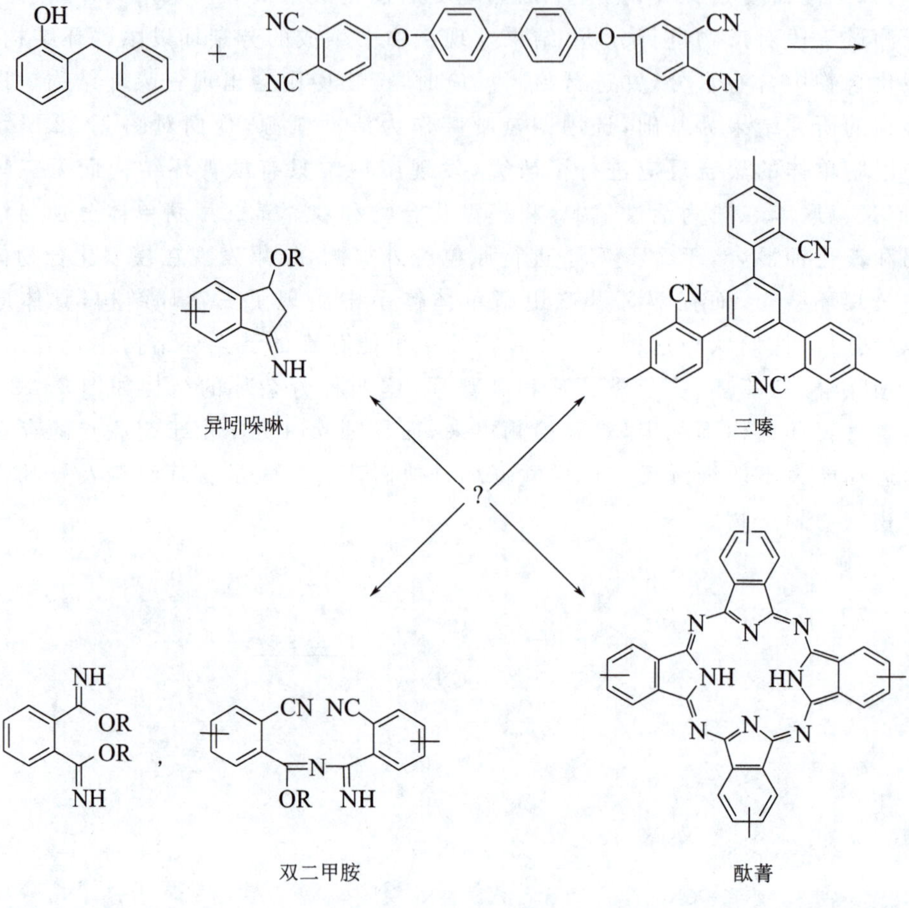

图 7.23　苄基苯酚催化 BPh 可能得到的四种结构

由此看来,活性氢催化双邻苯二甲腈树脂的固化反应是非常复杂的过程,还有待进行更加透彻的研究。

Lintsead 的研究发现,有机胺可与邻苯二甲腈单体反应形成氨基异吲哚[45]。他当时推断,双邻苯二甲腈聚合物的结构主要以异吲哚啉连接的芳杂环结构为主[46],聚合反应历程如图 7.24 所示。

此后,Burchill 等对有机胺和有机酸铵盐催化邻苯二甲腈单体聚合的反应机理进行了详细的研究和报道。他们认为有机胺或有机酸铵盐作为交联剂催化氰基的交联反应时[47],其产物是以三嗪环结构为主要交联点的聚合物,并提出了图 7.25 所示的反应历程。

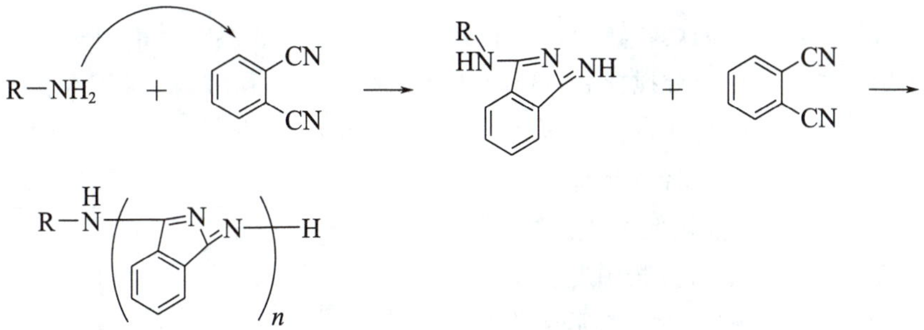

图 7.24　有机胺催化邻苯二甲腈基团反应历程

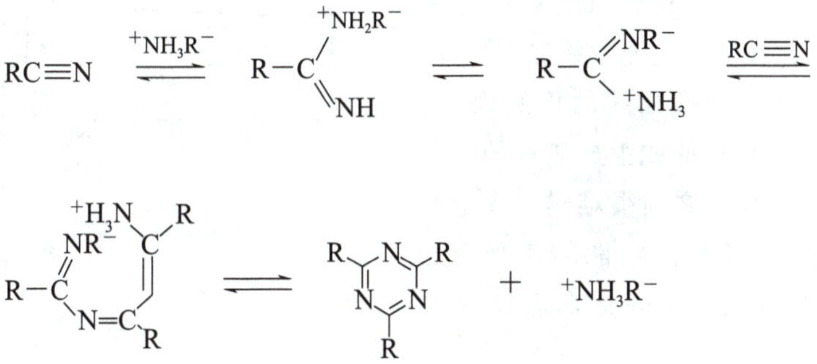

图 7.25　有机酸胺盐催化邻苯二甲腈基团反应历程

Keller 等在研究中也通过红外和紫外光谱等表征手段证实了联苯型双邻苯二甲腈 (BPh) 聚合物中三嗪环的存在。他曾在多篇文章中提到，邻苯二甲腈树脂的完全固化物做红外测试时，可以观察到 2 230 cm^{-1} 处氰基的特征吸收峰显著减弱但并没有消失，3 290 cm^{-1} 和 1 010 cm^{-1} 处酞菁环的吸收峰出现并逐渐加强[3]，1 360 cm^{-1} 处也出现了较强的三嗪环的特征吸收峰[12]。图 7.26 是 BPh 单体固化过程中氰基的红外相对吸收强度的变化曲线。从图中可以看出，即使在完全固化的邻苯二甲腈聚合物中，也有近 1/3 的氰基未发生反应。如果假设氰基的吸收系数是一个定值，那么该结果就与前面的 Burchill 等关于"三嗪环"的推论非常吻合[47]。

基于以上报道，研究人员对于邻苯二甲腈基团在不同催化剂下的固化机理有了一定的认识，为了使邻苯二甲腈树脂在固化后获得最优异的性能，研究人员开始研究固化反应进行程度与固化温度之间的关系。

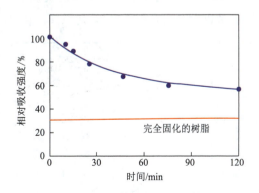

图 7.26　原位红外测试法研究氰基吸收相对强度的变化

（以 1 008 cm^{-1} 为基准）

Keller 等研究芳香族二元胺和双邻苯二甲腈单体的粉末状混合物,在 DSC 一次扫描曲线上一般表现出它们各自的熔融转变和一个明显的比较小的放热峰[38],如图 7.27 所示。将芳香胺加入熔融的单体中充分搅拌后,再降至室温,通过 DSC 研究,该混合体系不会出现两种单体相应的单独的熔融转变,而只会表现出一个较低的玻璃化转变温度(一般在几十摄氏度范围内),这表明芳香胺已经和单体发生了快速的反应,形成了分子量较低的齐聚物,芳胺和单体反应速率的大小与芳胺中氨基碱性的大小有关[12]。对经 DSC 一次扫描后的化合物,再进行二次扫描,也能观察到其玻璃化转变,但高温的放热峰消失。但是,放热峰的消失并不能说明邻苯二甲腈树脂固化完全,氰基的进一步交联固化反应速度非常缓慢,其放热量太低,以致超出了 DSC 曲线的检测限[48]。Keller 等认为,DSC 扫描曲线上放热峰的面积与树脂体系的固化程度之间很难建立起定量的联系。那么,为了获得高性能的树脂聚合物,进行充分的后固化仍是必要的,后固化程序通常会选在 300~375 ℃进行数十小时[9]。

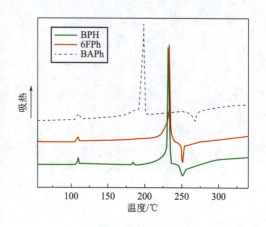

图 7.27 不同主链结构邻苯二甲腈单体粉末混合 m-APB 后的 DSC 曲线

动态机械性能分析(DMA)可以有效地研究固化温度、固化时间与固化程度之间的关系。如图 7.28 所示,如果以模量拐点定义 T_g,则不同的固化程序获得的邻苯二甲腈聚合物具有不同的 T_g,为了使邻苯二甲腈树脂固化完全,即获得较高的 T_g,则最终固化至 375 ℃ 的高温是必要条件,所以通常邻苯二甲腈树脂的固化程序为 250 ℃＋315 ℃(＋350 ℃)＋375 ℃,每个温度点持续数个小时(为了保证固化物不在高温有氧环境遭到氧化破坏,超过 315 ℃以上的固化程序一般在惰性气氛中进行)。经过上述固化程序后,直到 450 ℃的高温,模量也没有拐点下降(也就是说 $T_g > 450$ ℃)。

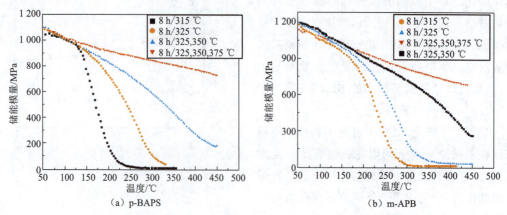

图 7.28 BPh 与 p-BAPS 及 m-APB 不同固化温度下的模量和温度曲线

7.5.6 邻苯二甲腈树脂工艺性能

邻苯二甲腈单体在低沸点溶剂中溶解度很差,在高沸点溶剂中溶解度较好。将胺类催化剂加入熔融态的邻苯二甲腈单体中混合均匀,迅速冷却至室温,得到的(B-Stage)预聚物在低沸点溶剂,如丙酮、二氯甲烷和氯仿中室温溶解度只有5%~15%左右,在高沸点溶剂,如 N,N-二甲基甲酰胺(DMF)、N,N-二甲基乙酰胺(DMAc)、N-甲基吡咯烷酮(NMP)中的室温溶解度为25%~35%[12]。该预聚物在室温下存储非常稳定,利用高沸点溶剂或者混合溶剂可以进行湿法预浸料的制备[13]。

该树脂作为复合材料基体树脂有着自身的优势。首先,其熔融后黏度较低,处于0.1~0.5 Pa·s 之间,易于浸润纤维;其次,树脂固化过程为加成反应,没有气体及小分子等副产物放出,可以得到均一、无气泡的复合材料制品;最后,该树脂体系还可以通过变换催化剂种类、调节催化剂用量和加工温度来控制聚合速度,适用于不同成型条件制备复合材料制品,且可适用制备壁厚、复杂结构的制品。

对于同一种催化剂的固定添加量,邻苯二甲腈单体中不同的主链结构具有不同的反应活性,聚合速度由大到小为 6FPh、BPh、BAPh,如图 7.29 所示。这可能是由于主链结构的吸电子能力不同导致的,—C(CF$_3$)$_2$— 的吸电子能力最强,联苯结构的吸电子能力介于—C(CF$_3$)$_2$—和—C(CH$_3$)$_2$—之间[9]。

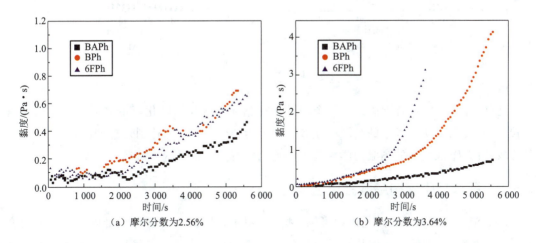

图 7.29 不同主链结构混合 m-APB 在 260 ℃下的黏度变化

对于同一种邻苯二甲腈单体,不同结构的二元胺催化活性不同[12],p-APB 活性>m-APB 活性>m-BAPS 活性>p-BAPS 活性,同一种二元胺不同的添加量也会影响树脂体系的固化速率,添加量越多,固化速率越快,如图 7.30 所示。

结合上述特点,邻苯二甲腈树脂及复合材料可以通过传统的预浸料/模压工艺、预浸料/热压罐工艺成型,也可以通过低成本的液态成型方法成型,如树脂传递模塑(RTM)成型和树脂注射(resin infusion)成型[13]。

虽然邻苯二甲腈树脂有如上很多优点，但是在成形加工方面也存在一些问题。单体的熔融温度很高（见表7.4），导致加工窗口较窄（15～20 ℃）。为了改善树脂体系的加工性，Keller 等开展了大量的研究工作，合成了一系列邻苯二甲腈端基之间具有一定分子链长的邻苯二甲腈化合物，见表7.5，该系列化合物的熔融温度较低，大大拓宽了树脂体系的加工窗口，改善了邻苯二甲腈树脂体系的加工性能，但是如前所述，分子链的增长影响了交联密度，从而影响了固化物的 T_g 以及热性能，为了达到 BPh 等单体的固化物特性，需要更高的固化温度。为了弥补主链延长导致的弊端，Keller 等还将长链芳醚邻苯二甲腈化合物与 BPh 进行共混，研究不同比例混合物的熔融行为和固化物性能，如果长链芳醚化合物比例较大，仍需要更高的温度来实现完全固化[48]。

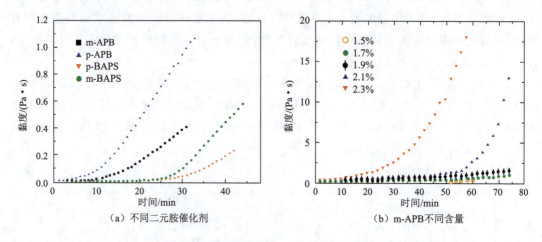

图 7.30　不同二元胺催化剂及 m-APB 不同含量等温流变研究

此外，邻苯二甲腈树脂的另外一个问题是树脂体系从起始固化至最终完全固化的过程比较长，需要在 300 ℃以上的高温处理数个甚至十余个小时才能达到理想的固化状态，才能具有较高的 T_g 及优异的高温力学性能。当前仍没有办法解决这个难题。

7.5.7　邻苯二甲腈树脂耐高温性能

由邻苯二甲腈基团的固化机理可知，邻苯二甲腈树脂固化后含有大量由氰基加成聚合所形成的芳杂环，而邻苯二甲腈基团封端的主链结构也为热稳定性优异的联苯或者苯醚结构，这是这类树脂具有优异耐高温性能的本质原因。

从固化物降解机理入手，可以从另一角度解释其具有优异耐热性能的原因。邻苯二甲腈单体固化后，聚合物为网状结构，在聚合物表面受热时，温度升高，链接开始断裂，对于线性结构来说，链接断裂，会从聚合物中产生小分子，并进入燃烧区域；对网状结构来说，在聚合物表面受热时，其链接虽然会出现断裂，但仍有其他侧链与聚合物相联接，不会产生小分子，这就起到了耐高温、阻燃的作用，如图 7.31 所示；此外，邻苯二甲腈聚合物受热时在其表面形成热绝缘炭层，在惰性气氛中温度升到 1 000 ℃仍有 60%左右的残重率。

绝热炭层可防止热能直接作用到下层的聚合物表面并有效防止其燃烧,提高其耐高温性能的。

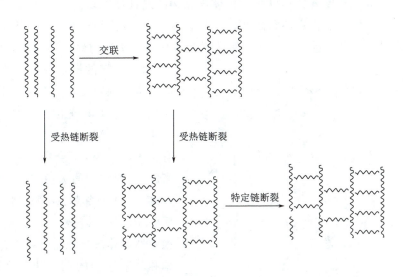

图 7.31　邻苯二甲腈固化物的热降解模式

研究聚合物耐高温性能最常用的方法就是热失重分析(TGA)。如图 7.32 所示,三种邻苯二甲腈与 m-APB 固化至 375 ℃后,表现出优异的耐高温性能,空气及氮气氛围中,固化物的起始分解温度均超过 450 ℃[BAPh 由于含有—C(CH$_3$)$_2$—基团,热氧稳定性稍差],5%失重温度超过 500 ℃。当失重温度为 500~600 ℃时,固化物的结构被大量破坏。在空气氛围中,由于热氧化作用,固化物被完全分解;但是在氮气氛围中,固化物在 1 000 ℃仍有 50%~65%的残重率,体现出很好的热稳定性[9],表明邻苯二甲腈树脂有作为防火、耐烧蚀材料使用的潜力。

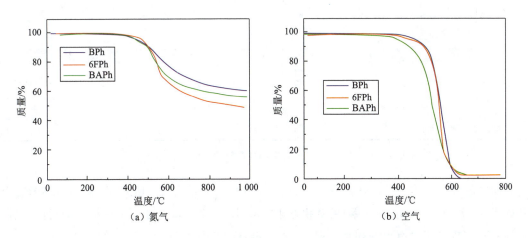

图 7.32　三种邻苯二甲腈单体与 m-APB 固化后热失重曲线

为了降低邻苯二甲腈单体的熔点,改善树脂的加工性能,Keller 等合成了一系列邻苯二甲腈封端基团中间分子链具有一定长度的化合物,该方法的确有效拓宽了树脂的加工窗口,但是需要更高的固化温度才能达到短链单体固化物的热性能。以双醚和多醚结构为例,分子结构如图 7.33 所示,热稳定性数据见表 7.13。由表中数据可知,在 375 ℃条件下固化时,由低分子量间苯和联苯连接的双邻苯二甲腈树脂加热固化所得的聚合物,其热性能较 $n=2$ 和 $n=4$ 连接的树脂更为优异。此外,不同结构的固化交联剂对树脂热性能的影响也很大。Keller 推测等量的四种树脂相比,由短链间苯和联苯连接的树脂含有更多的氰基,聚合物具有更高的交联密度,因而它们的热稳定性更好。然而,多醚连接的双邻苯二甲腈树脂经过 425 ℃后固化以后,其热性能大大提高,并且热稳定性和热氧化稳定性甚至超过了由间苯和联苯连接的双邻苯二甲腈聚合物。他认为,柔性的多芳醚链节具有更大的构象自由度,这利于体系中所含的氰基进一步发生交联反应[49]。

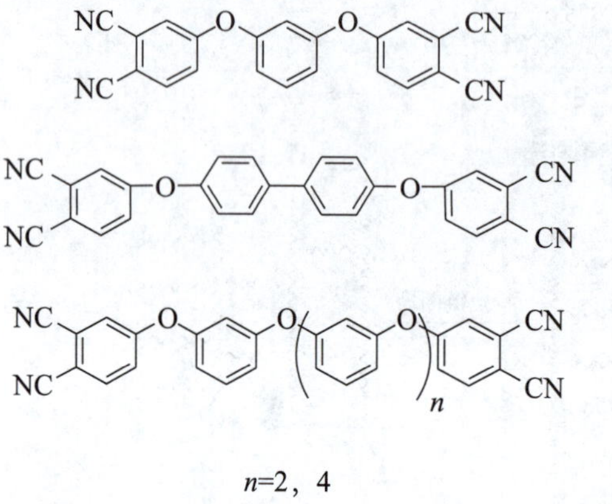

图 7.33 双醚或多醚结构邻苯二甲腈化合物结构式

表 7.13 由 p-BAPS 及 m-APB 固化的双醚及多醚邻苯二甲腈树脂热稳定性比较

聚合物		375 ℃/8 h			425 ℃/8 h		
		TOS_5/℃	T_5/℃	残碳率/%	TOS_5/℃	T_5/℃	残碳率/%
p-BAPS 为交联剂	$n=2$	506	501	67	551	567	73
	$n=4$	507	509	68	547	557	70
	联苯	517	511	69	—	—	—
	间苯	533	530	72			
m-APB 为交联剂	$n=2$	479	487	55	558	565	72
	$n=4$	486	493	62	552	560	69
	联苯	524	519	72			
	间苯	553	527	73			

注:TOS_5:空气中 5% 失重温度;T_5:氮气中 5% 失重温度;残碳率:氮气中 1 000 ℃残碳量。

同样的规律也体现在固化温度与 T_g 的关系上[49]。如图 7.34 所示,$n=4$ 多醚邻苯二甲腈树脂在 375 ℃后固化 16 h 后,模量拐点刚刚超过 200 ℃,而经过 425 ℃/8 h 的后固化后,直到 450 ℃模量仍没有出现拐点,达到了和短链双醚单体固化至 375 ℃的水平,如图 7.35 所示。

除了利用 TGA 及 DMA 进行耐热性分析外,结合应用需求,Keller 等还进行了短期热氧老化试验及长期热氧老化试验,考察不同结构的邻苯二甲腈树脂的抗热氧老化性能[9]。

短期热氧老化试验为粉末样品在 TGA 中进行,空气流速为 100 mL/min,分别在 250 ℃、300 ℃、325 ℃、350 ℃ 和 375 ℃ 保温 5 h,测试样品的失重行为,该试验可以快速检测不同结构邻苯二甲腈单体固化后的热氧稳定性。如图 7.36 所示,6FPh 的总失重率为 3%,小于 BPh 的 4.5%,小于 BAPh 的 6%。说明三氟甲基的存在增强了热氧稳定性,而脂肪结构—$C(CH_3)_2$—的热氧稳定性不如联苯结构。

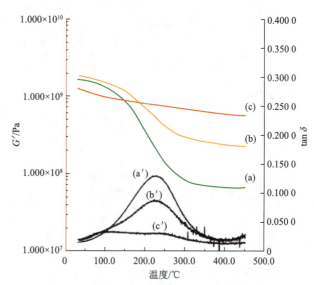

图 7.34　$n=4$ 多醚不同固化温度下模量与损耗角正切随温度变化情况
(a)、(a′)375 ℃/8 h;(b)、(b′)375 ℃/16 h;(c)、(c′)425 ℃/8 h

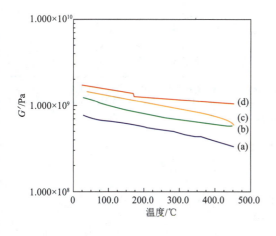

图 7.35　双醚及多醚邻苯二甲腈单体固化物模量随温度变化
(a)间苯单体 375 ℃/8 h;(b)$n=4$ 单体 425 ℃/8 h;
(c)联苯单体 375 ℃/8 h;(d)$n=2$ 单体 425 ℃/8 h

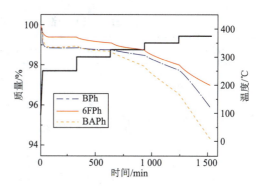

图 7.36　不同结构邻苯二甲腈固化物短期热氧老化失重曲线

除了以上三种分子链节较短的邻苯二甲腈单体,Keller 等还研究了长链单体的短期热氧老化行为[11]。图 7.37 所示的分子结构,和质量分数为 3% 的 p-BAPS 固化后,短期热氧老化数据见表 7.14,其中每一温度保温时间为 8 h。由数据可以看出,三苯基磷的引入明显提高了固化物的热氧稳定性,醚键链节的热氧稳定性要优于双酚 A 链节,同样说明—C(CH$_3$)$_2$—的热氧稳定性较差。

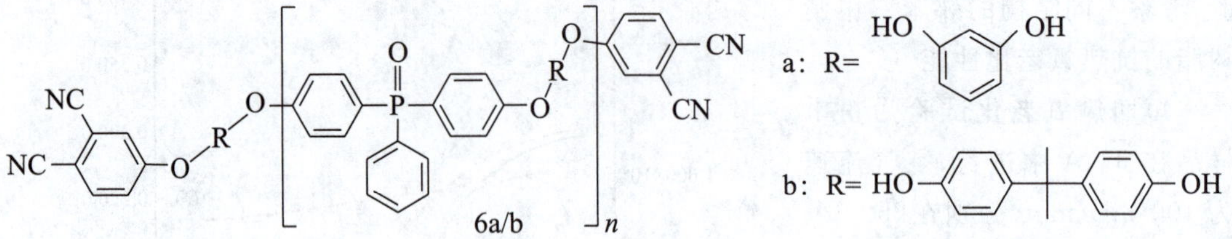

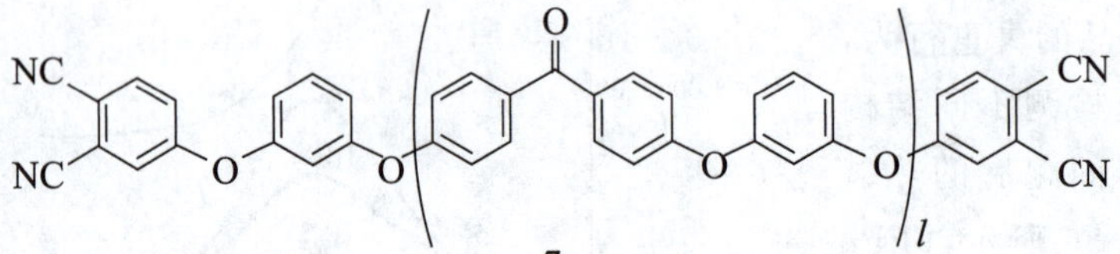

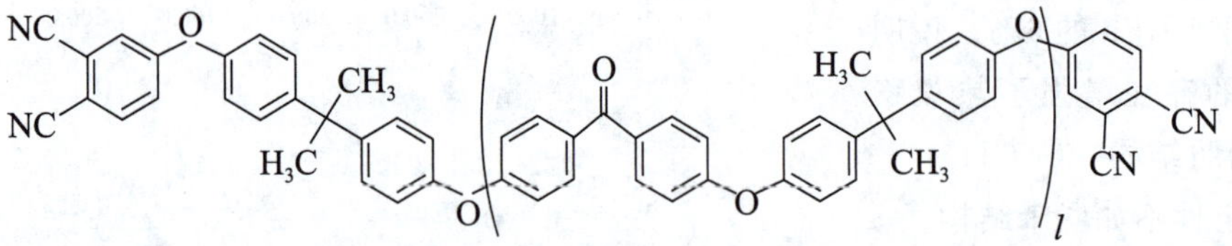

图 7.37　三种长链邻苯二甲腈单体结构式

表 7.14　三种长链邻苯二甲腈固化物短期热氧老化数据

温度/℃	总失重(6a)/%	总失重(7a)/%	总失重(6b)/%	总失重(7b)/%
250	0.0	0.0	−0.4	−0.1
300	0.1	0.1	−0.4	0.5
325	0.3	0.5	0.3	1.6
350	1.1	1.3	1.7	3.3
375	3.9	4.0	4.2	7.2
400	7.9	17.1	10.8	20.4

长期热氧老化试验为将直径为 2.54 cm、厚度为 3～4 mm 的邻苯二甲腈固化物圆片放置于一定高温的老化箱中,控制空气流速为 100 mL/min,老化一定的时间后测试样品质量的损失[11]。表 7.15 中,给出了三种邻苯二甲腈树脂固化物(最终后固化温度为 375 ℃,惰性气氛)在 315 ℃ 和 343 ℃ 老化 100 h 的失重数据,三种邻苯二甲腈固化物均表现出比 PMR-15 优异的热氧稳定性,其中尤以含有—C(CF$_3$)$_2$—基团的化合物的热氧稳定性最好。

表 7.15　三种结构邻苯二甲腈固化物长期热氧老化失重情况

聚合物	在恒定温度下的失重/(g·cm^{-2})	
	315 ℃	343 ℃
BAPh	0.003(1.4%)	0.016(4.9%)
BPh	0.002(<1%)	0.019(5.8%)
6FPh	0.002(<1%)	0.007(2.5%)
PMR-15	0.014	0.027

四种邻苯二甲腈单体在氯化亚锡的催化下，230 ℃固化 24 h 后，放置于 280 ℃空气中，热氧老化失重曲线如图 7.38 所示。经过 2 800 h 后，联苯结构 BPh 的失重率仅为 1.6%，其次为间苯二酚结构，略微超过 2%[50]。

此外，研究 $n=4$ 多醚邻苯二甲腈固化物在 260 ℃老化 100 h 后失重 2%左右，老化 200 h 失重 5%左右。

以上研究表明，邻苯二甲腈固化物具有优异的热稳定性及高温热氧稳定性。

7.5.8　邻苯二甲腈树脂及复合材料力学性能

Keller 等除了对邻苯二甲腈固化条件与热性能的关系进行研究外，还研究了邻苯二甲腈固化物本身的力学性能[50]。表 7.16 中给出了联苯结构邻苯二甲腈树脂固化物的性能数据，并将其与经典的聚酰亚胺树脂 PMR-15 及环氧树脂进行了对比，可以看出，邻苯二甲腈聚合物相比其他高性能聚合物力学性能相当或更好。

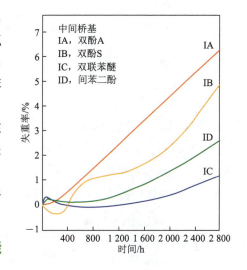

图 7.38　四种邻苯二甲腈固化物在 280 ℃空气氛围中的长期老化失重曲线

表 7.16　联苯型邻苯二甲腈树脂固化物、PMR-15 及环氧树脂固化物力学性能

性能	BPh	PMR-15	环氧树脂	高性能环氧树脂
拉伸强度/MPa	80±5.6	43~84	41~59	89
拉伸模量/GPa	4.4±0.22	4	2.7~4.1	6.3
断裂伸长率/%	1.2±0.06	1.4~2.5	1.1~4.9	2.1
弯曲强度/MPa	80±7.2	76	86~116	159
弯曲模量/GPa	4.2±0.13	3.2	2.7~3.9	6.4
断裂韧性/(J·m^2)	120~130	87	—	—
玻璃化温度/℃	>450	327	—	—
吸水率(24 h)/%	0.2	0.4	—	—
吸水率 1 d/%	0.6	1.6	—	—

Keller 等还研究了不同结构的邻苯二甲腈的力学性能随固化条件变化的关系。表 7.17 中列出了三种邻苯二甲腈树脂在不同固化温度处理后弯曲强度的对比数据。由对比数据可以看出,联苯连接的邻苯二甲腈聚合物的弯曲强度是最低的,而弯曲强度最高的是双酚 A 型双邻苯二甲腈聚合物,由六氟取代的双酚 A 型双邻苯二甲腈树脂的弯曲强度居中。另外,经 375 ℃ 后固化后,各聚合物在室温下的弯曲强度均显著减小。

表 7.17 不同固化温度处理后邻苯二甲腈聚合物弯曲强度的对比

聚合物	后固化温度及时间对弯曲强度(MPa)的影响	
	315 ℃/16 h	325 ℃/8 h,375 ℃/16 h
BPh	84	72
BAPh	130	114
6FPh	94	87

此外,Keller 还研究了联苯型邻苯二甲腈聚合物的力学性能和断裂行为随固化条件的变化[51],见表 7.18,经后固化处理的邻苯二甲腈树脂拉伸性能有一定下降,但高温力学性能得到了很好的保持。据研究,联苯型双邻苯二甲腈聚合物在室温时表现出较大的脆性,其断裂强度为 0.61~0.63 MN/m$^{2/3}$,断裂能为 120~130 J/m^2。

表 7.18 BPh 预聚物(240 ℃/6 h + 280 ℃/6 h)室温下拉伸强度随固化条件的变化

温度/℃	固化反应时间/h	后处理气氛	断裂拉伸强度/MPa
315	24	空气	94±17
315	100	空气	72±5
350	12	氩气	94±21
375	12	氩气	80±7

除了研究邻苯二甲腈固化物的力学性能外,Keller 等制备了联苯型邻苯二甲腈/碳纤维增强复合材料,研究了不同的后固化温度对复合材料力学性能的影响,并与经典的聚酰亚胺树脂 PMR-15/碳纤维增强复合材料进行了对比[50],见表 7.19。不同后固化过程的碳纤维增强邻苯二甲腈复合材料的数据表明,在较高温度(350 ℃ 和 375 ℃)进行后固化有利于增强其耐高温和力学性能。375 ℃ 后固化后,邻苯二甲腈基复合材料与 PMR-15 基复合材料力学性能相当或是更优。邻苯二甲腈复合材料的纵向弯曲强度为 2 350 MPa,远高于 PMR-15 的 1 530 MPa。同时其横向拉伸强度为 41 MPa,高于 PMR-15 的 29 MPa 大约 40%。虽然碳纤维增强邻苯二甲腈复材的纵向拉伸强度为 2 000 MPa,远低于 PMR-15 的 2 500 MPa,但不同批次预浸料制得的碳纤维增强邻苯二甲腈复材的纵向拉伸强度高达 2 400 MPa,与 PMR-15 的相当,这说明通过优化预浸过程和固化工艺可增强其性能。值得一提的是,邻苯二甲腈树脂具有优异的注塑加工性能,且加成固化过程没有小分子放出,工艺性能优于 PMR-15。

表 7.19 不同后固化温度的碳纤维增强邻苯二甲腈复合材料力学性能及与 PMR-15 进行对比

性能	聚邻苯二甲腈/IM7 后固化过程：315 ℃/8 h,375 ℃/8 h	聚邻苯二甲腈/IM7 后固化过程：325 ℃/8 h	PMR15/IM7
0°拉伸			
强度/MPa	200(2 400)±20	2 100±21	2 500±175
模量/GPa	183(162)±3.7	172±3.4	146±4.4
应变/%	1.0(1.36)±0.07	1.14±0.002	1.6±0.064
90°拉伸			
强度/MPa	41±4.1	33±2.0	29±2.03
模量/GPa	10±0.80	10±1.0	9±0.27
应变/%	0.4±0.048	0.33±0.020	0.5±0.15
0°弯曲			
强度/MPa	2 350±47	2 380±190	1 530±76.5
模量/GPa	174±3.5	183±7.3	122±4.9
应变/%	1.3±0.23	1.3±0.026	1.3±0.078
90°弯曲			
强度/MPa	80±1.0	79±7.9	—
模量/GPa	11±0.99	10±1.0	—
应变/%	0.6±0.024	0.5±0.015	—
短梁剪切			
强度/MPa	85±1.7	80±2.4	105±2.1

此外,Keller 等还研究了不同类型二元胺催化剂的使用对于复合材料力学性能的影响[52],见表 7.20,m-APB 固化的复合材料弯曲强度高于 p-BAPS 固化的复合材料,但是前者的层间剪切强度低于后者。

表 7.20 不同类型二元胺作为催化剂后碳纤维增强复合材料力学性能的比较

性能	p-BAPS 固化复合材料	m-APB-固化复合材料[①]
0°拉伸		
强度/(MPa,±%)	1 975(3)	2 000(1)
模量/(GPa,±%)	159(2)	183(2)
0°弯曲		
强度/(MPa,±%)	2 287(18)	2 350(2)
模量/(GPa,±%)	144(4)	174(2)
短梁剪切		
强度/(MPa,±%)	93(1)	85(2)

注:①m-APB 固化的复合材料后固化条件:350 ℃/8 h,375 ℃/8 h。

除了碳纤维增强邻苯二甲腈复合材料的力学性能外，为了研究邻苯二甲腈聚合物在潜艇上的应用可能性，Keller 等还制备了玻璃纤维增强的邻苯二甲腈复合材料[13]。不仅研究了不同后固化温度对力学性能的影响(见表 7.21)，还研究了不同的制备工艺对力学性能的影响(见表 7.22)。

表 7.21　不同后固化温度对玻纤增强邻苯二甲腈复合材料力学性能的影响

后固化条件	强度/MPa	应变/%	模量/GPa
无	733(1±2%)	3.2(1±1%)	30.7(1±2%)
325 ℃/8 h	824(1±7%)	3.1(1±2%)	31.0(1±1%)
350 ℃/4 h,370 ℃/4 h	819(1±3%)	2.6(1±6%)	32.9(1±2%)

表 7.22　不同成型工艺对对玻纤增强邻苯二甲腈复合材料力学性能的影响

性能	树脂熔渗法	预浸料热压罐法
纤维体积含量	54	60
密度/(g·cm^{-3})	2.04	2.10
16-ply 板厚度/mm	3.2	2.9
未经后固化的 T_g/℃	180	320
经 350 ℃/4 h,370 ℃/4 h 后固化的 T_g/℃	>450	>450
短梁剪切强度/MPa	52	54

7.5.9　邻苯二甲腈复合材料阻燃性能

前述章节中提到邻苯二甲腈聚合物具有优异的热稳定性，惰性气氛下高温残重率很高(1 000 ℃为 60%左右)，即表明其可能具有出色的阻燃性能。本节中着重介绍邻苯二甲腈固化物的阻燃性能，以研究其在水面舰艇和潜艇部件上应用的可能性[13]。

聚合物复合材料可通过测量点燃时间及热释率(定量的材料在火中的点燃时间和释放的热量)来确定其燃烧危害。美军标准 MIL-STD-2031 中描述了潜艇材料热释率的测定方法。表 7.23 列出了玻璃纤维增强邻苯二甲腈复合材料及类似的有机聚合物复合材料的点燃时间及热释率比较，并列出了 MIL-STD-2031 的要求值。可以看出，只有玻璃纤维增强聚酰亚胺和玻璃纤维增强邻苯二甲腈树脂完全满足 MIL-STD-2031 要求。

表7.23 玻璃纤维增强复合材料在不同热流下的点燃时间及热释率

玻璃纤维增强复合材料	不同热流下的点燃时间/s			
	25kW/m²	50kW/m²	75kW/m²	100kW/m²
MIL-STD-2031	300	150	90	60
玻纤/聚邻苯二甲腈	不燃	不燃	84	60
玻纤/乙烯酯	180	67	34	24
玻纤/环氧树脂	535	105	60	38
玻纤/马来酰亚胺	503	141	60	38
玻纤/酚醛树脂	不燃	214	57	25
玻纤/聚酰亚胺	不燃	175	75	55
	不同热流下的热释率/(kW·m^{-2})			
	25kW/m²	50kW/m²	75kW/m²	100kW/m²
MIL-STD-2031要求值	50	65	100	150
玻纤/聚邻苯二甲腈	—	—	98	106
玻纤/马来酰亚胺	128	176	245	285
玻纤/聚酰亚胺	—	40	78	85
玻纤/乙烯酯	100	132	165	187
玻纤/酚醛树脂	—	47	97	133
玻纤/环氧树脂	39	178	217	232

表7.24给出了在100 kW/m²的热流下的碳纤维增强邻苯二甲腈复合材料与其他五种聚合物复合材料的阻燃性能。从表中可知,在100 kW/m²的热流下,碳纤增强复合材料只有以邻苯二甲腈树脂为基体时,才能满足MIL-STD-2031的要求。综合以上数据,玻璃纤维、碳纤维增强邻苯二甲腈复合材料是唯一满足美军阻燃标准的一系列轻质聚合物复合材料。

表7.24 碳纤维增强复合材料在100 kW/m²热流下的点燃时间及最高热释率

复合材料	点燃时间/s	最高热释率/(kW·m^{-2})
MIL-STD-2031	60	150
碳纤维/聚邻苯二甲腈	75	115
碳纤维/聚酰亚胺 PMR-15	55	85
碳纤维/双马来酰亚胺	22	270
碳纤维/PEEK	42	85
碳纤维/环氧树脂	28	232
碳纤维/酚醛树脂	25	96

除了一定热流下的点燃时间及热释率外,烟密度是聚合物复合材料能否在舰船上应用的另一个重要指标。表7.25列出了邻苯二甲腈复合材料和其他五种聚合物复合材料燃烧后产生的烟密度和有害气体浓度。可以看出,玻璃纤维增强邻苯二甲腈复合材料与玻璃纤维增强乙烯酯、环氧、双马来酰亚胺树脂、酚醛和聚酰亚胺相比,产生的有害气体比较少,例如$CO(40×10^{-6})$、HCN(痕量)和HCl(未检测出)。

表 7.25　玻璃纤维增强复合材料燃烧后的烟密度和有害气体质量分数

复合材料	D_s(300 s)	D_{max}	w(CO) /10^{-6}	w(CO$_2$) /10^{-6}	w(HCN) /10^{-6}	w(HCl) /10^{-6}
玻纤/聚邻苯二甲腈	1	1	40	0.5	痕量	—
玻纤/乙烯酯	463	576	230	0.3	—	—
玻纤/环氧树脂	56	165	283	1.5	5	—
玻纤/双马来酰亚胺	40	130	300	0.1	7	痕量
玻纤/酚醛树脂	7	20	300	1.0	1	1
玻纤/聚酰亚胺	3	15	200	1.0	痕量	2

7.5.10　邻苯二甲腈复合材料吸水性及其他性能

除了阻燃性外,吸水性是邻苯二甲腈聚合物能否在舰船上应用的另外一个重要指标。而且在有些航空航天领域,由于材料长期暴露在湿热条件下,吸水率也是复合材料的一个关键指标。

图7.39中给出了三种不同结构邻苯二甲腈树脂固化物的吸水测试,固化物为直径为2.54 cm、厚度为3~4 mm的圆片,后固化至375 ℃。可以看出,在大气环境中浸在水中7个月后,树脂固化物的吸水率小于3%。由图7.40可见,碳纤维增强邻苯二甲腈复合材料15个月后吸水率小于1%,玻璃纤维增强邻苯二甲腈复合材料5个月后吸水率小于1%。综合以上数据,邻苯二甲腈树脂固化物及其复合材料吸水率很低,满足在舰艇等潮湿环境的应用[37,43]。

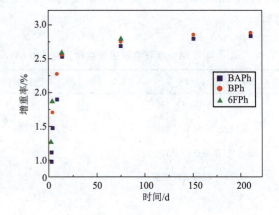

图 7.39　三种不同结构邻苯二甲腈树脂固化物的吸水率

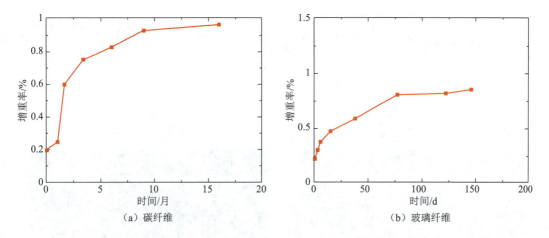

图 7.40 邻苯二甲腈复合材料吸水率测试

在研究邻苯二甲腈树脂高性能化的同时，Keller 也研究了邻苯二甲腈树脂的导电行为[53]。由图 7.41 可知，经高温 500~900 ℃ 的处理，树脂可从绝缘体成为半导体，甚至其电导率可接近金属，且热裂解后的聚合物可保持原有的形状，并具有与碳纤维近似的热稳定性，同时还具有优异的环境稳定性。

邻苯二甲腈树脂具有导电性的一个重要原因是：经过不断的高温处理后，邻苯二甲腈树脂材料中形成了三嗪环或是具有 π-π 共轭的酞菁环。因为三嗪环结构和 π-π 共轭的酞菁环结构的微观尺寸都在纳米数量级，通过化学反应形成环核，且此种结构具有一定的电子传导性。这为发展新型的功能材料奠定了科学基础。

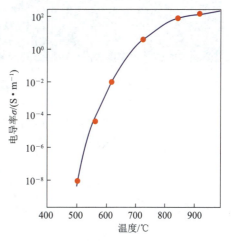

图 7.41 邻苯二甲腈树脂电导率与热解温度的关系

Keller 等还发现将邻苯二甲腈固化物在 $Co_2(CO)_8$ 存在下裂解至 1 000~1 300 ℃，可以原位得到碳纳米管复合材料，如图 7.42 所示。

Walton 等合成了图 7.43 所示结构的邻苯二甲腈化合物，固化后的聚合物在 215 ℃ 几乎没有失重，在 325 ℃ 经 100 h 后失重仅为 20%。然而进一步提高该树脂的热性能却比较困难。将该树脂进行黏结试验，用 $n=2$ 的树脂黏结了铝、钛和铜，并测定了剪切强度，结果见表 7.26。由表可看出，该树脂对铝的黏结差，而对铜的黏结最好，特别是随着热处理时间延长，改进铜的表面处理方法，使其剪切强度得到很大提高，在高温下测试的结果更佳。这主要是由于在热处理时有利于氰基的开环聚合，进一步提高了树脂的交联密度，从而使聚合物的性能更趋完善。

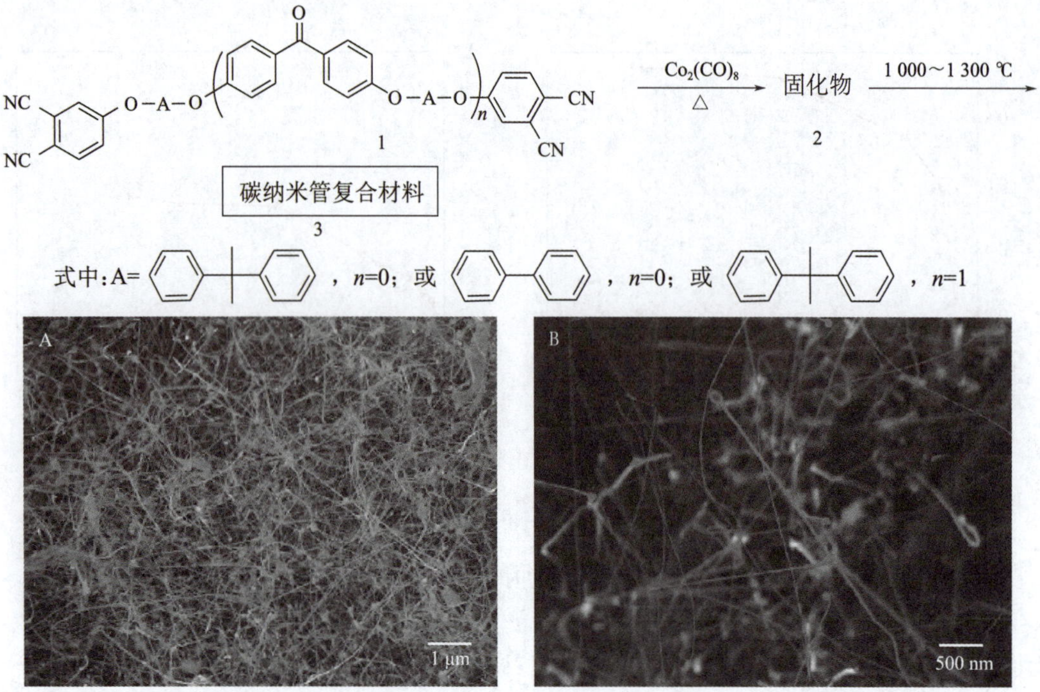

图 7.42　邻苯二甲腈固化物裂解过程及原位生成碳纳米管 SEM 图像

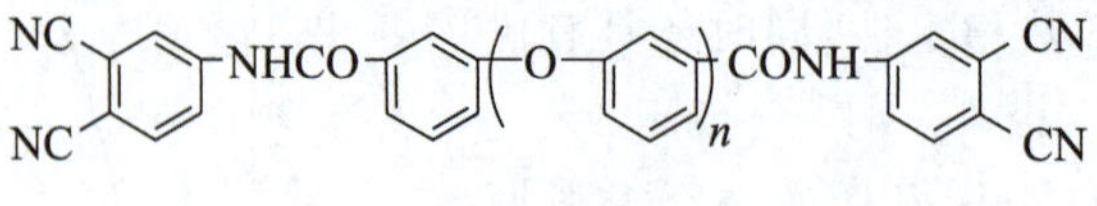

图 7.43　含酰胺结构的邻苯二甲腈化合物

表 7.26　含有酰胺结构邻苯二甲腈树脂黏结铜、铝和钛的剪切强度数据

金属	表面处理	固化条件	黏结后热处理	测试温度	剪切强度/MPa
铜	$FeCl_3$-HNO_3 室温/3 min	232 ℃/1 h	205 ℃/66 h	室温	6.40
		205 ℃/18 h			3.83
铜	$Fe(SO_4)_2$-H_2SO_4 65 ℃/10 min	232 ℃/1 h	190 ℃/54 h	室温	8.58
		205 ℃/19 h	190 ℃/100 h	205 ℃	11.03
7075-T6 铝	$Na_2Cr_2O_7$-H_2SO_4 室温/3 min 后,$Na_2Cr_2O_7$-H_2SO_4 65 ℃/10 min	232 ℃/24 h	215 ℃/91 h	室温	1.71
6-6-2 钛	$Na_2Cr_2O_7$-H_2SO_4 65 ℃/10 min	232 ℃/1 h 205 ℃/18 h	190 ℃/54 h	室温	4.84

7.5.11 潜在应用领域及不足

20世纪末美国国防部制定了《各军种先进复合材料技术嵌入计划》,其中美国海军提出了一项积极嵌入计划,旨在扩大和加速复合材料在水面舰艇和潜艇中的应用。邻苯二甲腈树脂基复合材料引起特别关注,因为它可以降低着火和因着火而产生毒性物质的风险。近些年,美国海军研究实验室和 NSWC Carderock 已经开始合作研究邻苯二甲腈复合材料用作海军潜艇和水面舰艇耐高温、阻燃材料的可行性。该工作包括正在对邻苯二甲腈复合材料进行用于潜艇耐压壳体内部结构的合格检验,同时包括研究邻苯二甲腈复合材料和邻苯二甲腈乙烯酯覆层在舰艇上应用的技术可行性和采用真空辅助树脂传递模塑成型技术的适用性。真空辅助树脂传递模塑成型技术是当前美国海军优选的制造高质量聚合物复合材料部件的技术。邻苯二甲腈复合材料层板可用作当前非常流行的用于水面舰艇的乙烯酯复合材料的防火材料。

碳纤维增强邻苯二甲腈树脂基复合材料具有较好的室温及高温力学性能,有可能应用于航空航天领域对耐温性要求比较高的零部件上。而且由于其具有较好的高温残碳率,有可能作为烧蚀材料进行应用。但是,这方面的公开报道比较少,可能是由于和军工领域相关所致。

近些年研究表明,热固性邻苯二甲腈树脂的5%热失重温度($T_{5\%}$)达到550~580 ℃,10%热失重温度($T_{10\%}$)接近600 ℃,残碳率高达83%,拉伸强度达到140 MPa,拉伸模量可以达到3.7 GPa。诸多性能接近或优于已经广泛应用的耐高温树脂,如热固性PI、PBZ等,而且经过几十年的发展,已经逐渐形成具有丰富单体结构和理论研究基础的树脂体系。包括对邻苯二甲腈树脂的阻燃性和介电性、导热性和电磁屏蔽性能的研究,使其逐渐向着结构、功能一体化的树脂体系发展。但是,在研究中也遇到了许多瓶颈。总结起来主要包括如下几个方面:

(1)虽然研究者普遍认为邻苯二甲腈树脂固化过程中主要形成异吲哚啉、均三嗪和酞菁等氮杂环结构,但由于固化后树脂具有较强的耐溶剂性,常规分析方法无法对其聚合过程进行监控,只能通过红外、固体核磁等对其可能存在的基团进行定性分析,对于活泼氢催化加成聚合的机理研究尚不清晰。

(2)传统邻苯二甲腈树脂单体分子量较小,结晶性较强,一般熔点较高,因此,加工窗口较窄,而且固化速率低、反应时间长。研究者通过改变单体结构虽然可以有效改善或者解决部分问题,但其难度和工作量却是十分巨大的,特别后固化温度过高的问题一直没有得到很好解决,而且现阶段这部分研究基本处于停滞状态。

(3)邻苯二甲腈树脂一般具有较高的交联密度和刚性结构,以保证获得优异的耐热性能,但是,过高的氰基密度增加了交联网络固有的脆性,导致氰基树脂及其复合材料的冲击韧性和层间剪切性能欠佳,严重限制了其应用领域的进一步拓展。

(4)邻苯二甲腈树脂的性能研究还局限于耐热、力学等结构特性,对于该树脂体系的功能性研究较少,基本处于起步阶段。

7.6 聚芳醚腈的研究情况

聚芳醚腈(Polyarylene ether nitriles,PEN)是一种以芳环和醚键为主链结构,并带有氰基侧基的热塑性高聚物,是聚芳醚家族中最重要的成员之一。聚芳醚类聚合物具有耐热等级高、耐辐射、耐腐蚀、尺寸稳定性好、电性能优良等优异的综合性能,因此,在满足国防军工需求外,很快就在民用高技术领域的飞机制造、电子信息、家用电器、汽车制造、石油化工、医疗卫生等诸多领域得到了推广应用[54]。

侧链氰基的存在使得聚芳醚腈相比于其他聚芳醚类聚合物在性能上有了很大的改进。由于强吸电性氰基的存在,分子链间的偶极-偶极作用力增大,提高了耐热等级和机械强度;氰基作为侧基出现在分子链中,对高聚物的成型加工影响较小,即获得较高耐热性能的同时没有损伤成型加工性能;而且氰基也可作为潜在的交联点使得聚芳醚腈的耐热性能经过后处理进一步提高。

7.6.1 聚芳醚腈的性能

聚芳醚腈一般由1,3-二氯苯甲腈与二元酚在碳酸钾催化下合成制备,由于刚性的主链结构从而具有很好的耐温性能,因此其力学性能与特种工程塑料聚醚醚酮(PEEK)相当。以日本出光兴产公司(Idemitsu Kosan Co.,Ltd)开发的聚芳醚腈品种 PEN ID300 为例,其结构式如图 7.44 所示,典型性能见表 7.27,并将其与 PEEK 相比,性能数据见表 7.28。

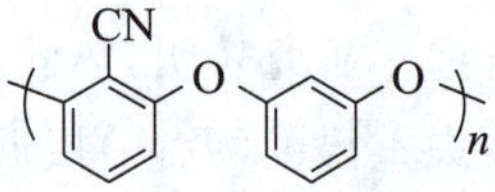

图 7.44 日本出光兴产公司生产的 PEN 结构式

表 7.27 PEN ID300 典型性能

性能	纯料	30%玻纤增强	30%碳纤增强
密度/(g·cm^{-3})	1.32	1.53	1.42
模压收缩率(TD)/%	2.5	1.3	0.7
吸水率(23 ℃)/%	0.3	0.1	0.1
拉伸强度(23 ℃)/MPa	132	200	230
拉伸模量/MPa	3 300	7 500	12 300
断裂伸长率/%	10.0	3.2	1.8
弯曲强度/MPa	194	260	2 940
弯曲模量/MPa	2 800	11 000	16 400
缺口冲击强度/(kJ·m^{-2})	4.7	7.0	4.0

表 7.28 PEN ID300 与 PEEK 性能对比

性能	PEN ID300	PEEK
熔点/℃	340	335
玻璃化转变温度/℃	148	145
热变形温度(1.81 MPa)/℃	165(330①)	160(300①)
连续使用温度/℃	225	230
拉伸强度/MPa	132(173①)	95(153①)
拉伸模量/GPa	3.3(7.7①)	3.2(8.6①)
断裂伸长率/%	10(3①)	30(3①)
弯曲强度/MPa	194(214①)	153(224①)
弯曲模量/MPa	3.8(8.4①)	3.6(9.1①)
极限氧指数(3.2 mm)/%	42	35
洛氏硬度(M grade)	114	98

注:①30%玻纤增强。

PEN ID300 的耐热性能优异,纯树脂的热变形温度为 165 ℃,经纤维增强后热变形温度高达 330 ℃,连续使用温度可达 225 ℃。纯树脂的介电常数为 3.5 左右,且介频稳定性好。纯树脂不加阻燃剂即可达到 UL94 V-0 级,极限氧指数可达 42%。PEN 与 PEEK 的热性能十分相近,玻纤增强的 PEN 热变形温度比 PEEK 玻纤增强塑料提高 30 ℃,这主要是由于其高熔点和高结晶性所导致的。PEN 的拉伸和弯曲强度均好于 PEEK,这主要是由于强极性氰基侧基的存在增强了聚合物的黏结能力,玻璃纤维增强的聚芳醚腈的拉伸强度可高达 200 MPa,相比玻璃纤维增强的聚醚酮、聚对苯二甲酸丁二酯、聚酰胺和聚苯硫醚等增强材料具有明显优势。

日本出光兴产公司开发的 PEN ID300 为 20 世纪 80 年代的产品[55],后续没有相关研究报道。近年来,刘孝波研究团队进行了大量有关于 PEN 的研究,形成了系列化的产品,涵盖了高结晶型、半结晶型及非晶型 PEN 聚合物[56],申请了覆盖该领域的生产技术专利。短切玻纤及碳纤增强后 PEN 的力学性能数据见表 7.29[57]。

表 7.29 短切玻纤、碳纤增强后 PEN 复合材料的力学性能

PEN 复合材料 (质量分数)	拉伸强度/MPa	弯曲强度/MPa	弯曲模量/GPa	Izod 冲击强度/ (kJ·m^{-2})	热变形温度/℃
30% GF	204	282	10.86	9.7	218
20% CF	195	271	16.71	6.6	214

各种结构 PEN 的热性能及力学性能见表 7.30。

表 7.30 各种结构 PEN 的热性能及力学性能

	分子式	1	2	3
	结晶度	高结晶	共聚	非晶
热性能	T_g/℃	173	173	175
	T_m/℃	357	313	—
	T_d/℃	516	508	505
	HDT/℃	148	144	149
力学性能	拉伸强度/MPa	112	115	95
	拉伸模量/GPa	3.27	—	—
	弯曲强度/MPa	117	146	130
	弯曲模量/GPa	3.50	3.38	2.78
	冲击强度/(kJ·m^{-2})	10.2	15~18	5.9

7.6.2 侧链氰基的交联研究

前文介绍了侧链氰基的存在给聚芳醚腈带来的优势,本节着重介绍氰基交联后如何进一步提高聚合物的耐热等级。Haddad 最早对含氰基侧基的聚苯硫醚的交联反应进行了研究,证实了三嗪环结构的存在[58]。Verborgt and Marvel[24]证明了氰基聚芳醚在氮气保护下于 225 ℃ 热处理 20 h,使得聚合物交联,而后完全不溶于有机溶剂,甚至不溶于浓硫酸。刘孝波等以氯化锌为催化剂对聚芳醚腈共聚物进行热交联处理,研究发现聚芳醚腈在氯化锌的催化作用和长时间受热条件下,能够发生交联反应。在 260 ℃ 下处理 30 min 就有交联反应发生,并且处理时间越长,反应温度越高,交联程度越好。聚芳醚腈经过催化交联后,由于三嗪环交联网络的形成,其耐热性和机械强度得到增加,玻璃化温度、初始分解温度、残重率、拉伸强度都得到一定提高。处理温度及时间对拉伸强度和 T_g 的影响见表 7.31。

表 7.31 处理温度及时间对聚芳醚腈拉伸强度及 T_g 的影响

处理温度及时间	320 ℃					350 ℃				
	0 h	1 h	2 h	3 h	4 h	0 h	1 h	2 h	3 h	4 h
拉伸强度/MPa	111	108	122	145	166	111	130	134	144	174
T_g/℃	195	203	203	207	207	195	206	207	216	214

7.6.3 聚芳醚腈的功能化研究

氰基侧基的存在除了给 PEN 及其复合材料的力学性能等带来益处之外,还能进行功能化处理,增加材料的功能性。刘孝波等对 PEN 的功能化进行了一些研究[59,60],为了降低 PEN 的介电常数及介电损耗,制备了 PEN/富勒烯纳米复合薄膜;为了增大介电常数,制备了 PEN/钛酸钡纳米复合薄膜;将 PEN 与酞菁铁混合后,纺出了具有"玫瑰枝"状突起的纤维,且该纤维可以很大程度增强树脂基体,用于复合材料制备。

7.6.4 超支化聚芳醚腈的研究

脆性是氰基树脂体系应用于主承力结构的最大障碍。研究人员已采用分子层面、配方层面的不同策略尝试对邻苯二甲腈树脂进行了增韧。超支化聚合物是充满希望的选择,并已被用于多种耐高温热固性聚合物增韧[61]。相比线性聚合物,超支化聚合物的骨架高度分叉并表现出极轻微缠结。由此产生的高溶解性、低黏度特性对于形成稳定共混物十分有利,并可改善加工工艺性。此外,通过封端反应可轻易实现表面官能化,从而调节树脂基体与超支化聚合物之间的界面黏结[62]。

赵彤团队基于前期聚芳醚腈合成[21]及活性炭负载氧化钙催化的亲核取代[25]等相关工作,开发了独特的超支化聚芳醚腈(HBPAENs)合成路线(见图 7.45)。将具有不同分子量、表面官能团的 HBPAENs 混入邻苯二甲腈树脂,并研究了其加工工艺性、热性能、力学性能[63]。

通过 GPC 表征可粗略估计不同 HBPAENs 的分子量,结果表明该路线确实获得了具有大分子量的产物,部分 HBPAENs 的 M_w 甚至高达 10^6 量级。且特定结构 HBPAENs 的本征黏度 η_{inh} 极低,为高度支化聚合物(支化度 DB 分别为 87%、80%)的典型特点。通过与常规邻苯二甲腈树脂熔融共混,获得了 B 阶预聚物。相比传统邻苯二甲腈树脂,含有 HBPAENs 的低聚物在更低温度处实现了黏度降低至 1 Pa·s。更为重要的是,含有 HBPAENs 的预聚物的最低黏度均处于 10^{-1} Pa·s 量级,与原始邻苯二甲腈树脂接近。相反,线性热塑性聚合物的引入导致加工工艺性的显著恶化,对于液体复合材料成型工艺是灾难性的[64]。经过 375 ℃ 固化处理,可得到邻苯二甲腈固化物,并对其进行了热性能、力学性能表征。其中 MPN100+HBPAEN-PN-1.1 体系表现出了与传统氰基树脂 MPN100 相当的热稳定性、抗氧化性、耐热性及弯曲性能。更为重要的是,其冲击强度可达 12.92 kJ/m²。出色的综合性能、良好加工工艺性及提升的韧性,使 MPN100+HBPAEN-PN-1.1 成为高温结构复合材料基体树脂的良好选择。

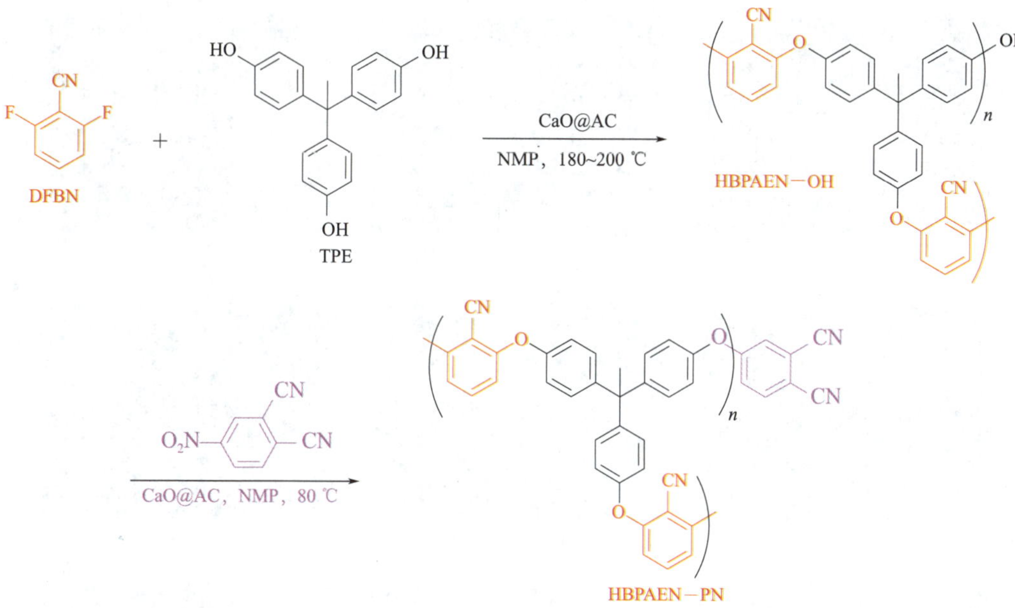

图 7.45 超支化聚芳醚腈的合成路线

表面官能团为羟基的 HBPAENs 表现出冲击韧性的下降,而表面官能团为邻苯二甲腈的 HBPAENs 可显著增韧。通过在裂纹扩展区进行了显微拍照(见图 7.46),对其韧性机理进行了对比分析。剥层状区域、镜面形貌[见图 7.46(a)]及较大的颗粒[见图 7.46(b)]是传统邻苯二甲腈树脂 MPN100 的典型微观形貌。镜面形貌是高脆性热固性聚合物的典型特征。而剥层及大颗粒特征表明,体系中交联密度不足且不均匀。加入羟基封端的 HBPAEN-OH-1.1 后,不再观察到剥层形貌[见图 7.46(c)],且颗粒更小、更均匀(表明交联程度更高、更均匀)。样品中出现了奇怪的大孔结构,并部分被不均匀[见图 7.46(d)]或近球形[见图 7.46(e)]颗粒填充。HBPAEN-OH-1.1 的 T_g 极高(253 ℃),这些微粒在熔融共混阶段(200 ℃)未能软化。由此,它们并未得到充分分散,并且包裹的空气并未得到释放。凝胶后(约 255 ℃,根据流变判定),颗粒逐渐软化、被包裹并与空气气泡融合。这些孔洞在冲击测试时将作为缺陷存在,从而冲击强度大幅下降。其他 HBPAEN-OHs 的 T_g 略低,从而形成该类缺陷的可能性略低,因此表现出了冲击强度值的回升。在邻苯二甲腈封端的 MPN100+HBPAEN-PN-1.1 体系中,冲击断面处可见更为粗糙的形貌,并存在河流分叉状形貌[见图 7.46(f)]。此外,并未发现孔洞、空穴等。相反,可发现球形颗粒处的裂纹偏转[见图 7.46(g)]及裂纹终止[见图 7.46(h)]。即使承受冲击载荷后,颗粒与基体间的强界面连接仍旧可见[见图 7.46(i)]。这些形貌是热固性聚合物成功增韧的典型特征[65]。HBPAEN-PN-1.1 的玻璃化转变温度为 193 ℃,由此在熔融共混阶段(200 ℃)聚合物微粒将轻微软化并融合。同时,内部包裹的空气将在真空脱泡阶段排出。凝胶后,这些融合的粒子将与树脂基体通过基体及 HBPAEN-PN 表面的邻苯二甲腈基团紧密连接。更为关键的是,聚芳醚腈的模量[66]低于固化后邻苯二甲腈聚合物的模量[38],这样的刚度差异将对于冲击载荷的吸收十分有利[64]。

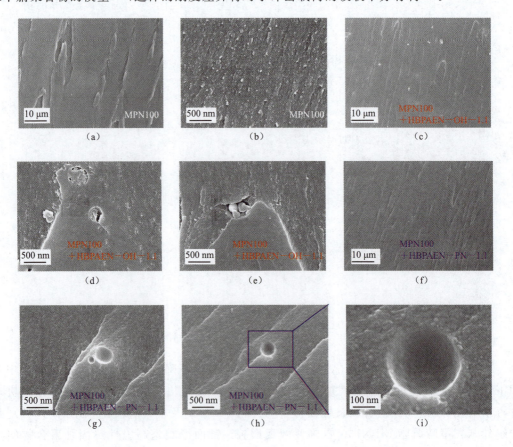

图 7.46 (a,b)MPN100;(c～e)MPN100+HBPAEN-OH-1.1;
(f～i)MPN100+HBPAEN-PN-1.1 的断面 SEM 照片

7.6.5 聚芳醚腈的应用领域及不足

聚芳醚腈作为耐热等级较高的特种工程塑料,具有与广泛使用的聚醚醚酮类似的性能,且具有比聚醚醚酮更好的加工性和纤维界面结合能力,从而其树脂本体或者纤维增强复合材料可以应用于航空航天、电子电气、化工医药、交通运输等众多领域。

聚芳醚腈作为热塑性聚合物已经具有了较高的耐热等级,其纤维增强复合材料的热变形温度可达 330 ℃,连续使用温度可达 225 ℃,虽然经过高温后处理,氰基交联后,耐热等级进一步提高,但是距离设计开发可在 300 ℃ 以上温度长期使用或能够耐受短时高温的树脂基体仍有差距。

参考文献

[1] KELLER T M. Phthalonitrile-based high temperature resin[J]. Journal of Applied Polymer Science: Part A: Polymer Chemistry, 1988, 26: 3199-3212.

[2] WANG H, WANG J, GUO H, et al. A novel high temperature vinylpyridine-based phthalonitrile polymer with a low melting point and good mechanical properties[J]. Polymer Chemistry, 2018, 9(8): 976-983.

[3] KELLER T M, DOMINGUEZ D D. High temperature resorcinol-based phthalonitrile polymer[J]. Polymer, 2005, 46(13): 4614-4618.

[4] CHEN Y C, LO W C, JUANG T Y, et al. Thermally stable hyperbranched nonlinear optical polyimides using an "A(2)+B-3" approach[J]. Materials Chemistry and Physics, 2011, 127(1-2): 107-113.

[5] YAMANAKA K, JIKEI M, KAKIMOTO M. Preparation and properties of hyperbranched aromatic polyimides via polyamic acid methyl ester precursors[J]. Macromolecules, 2000, 33(19): 6937-6944.

[6] CAO G P, CHEN W J, LIU X B. Synthesis and thermal properties of the thermosetting resin based on cyano functionalized benzoxazine[J]. Polymer Degradation and Stability, 2008, 93(3): 739-744.

[7] DU R, LI W, LIU X. Synthesis and thermal properties of bisphthalonitriles containing aromatic ether nitrile linkages[J]. Polymer Degradation and Stability, 2009, 94(12): 2178-2183.

[8] KELLER T M. Synthesis and polymerization of multiple aromatic ether phthalonitriles[J]. Chemistry of Materials, 1994, 6(3): 302-305.

[9] SATYA B, SASTRI T M K. Phthalonitrile polymers: cure behavior and properties[J]. Journal of Polymer Science: Part A: Polymer Chemistry, 1999, 37: 2105-2111.

[10] BULGAKOV B A, SULIMOV A V, BABKIN A V, et al. Phthalonitrile-carbon fiber composites produced by vacuum infusion process[J]. Journal of Composite Materials, 2017, 51(30): 4157-4164.

[11] LASKOSKI M, DOMINGUEZ D D, KELLER T M. Synthesis and properties of aromatic ether phosphine oxide containing oligomeric phthalonitrile resins with improved oxidative stability[J]. Polymer, 2007, 48(21): 6234-6240.

[12] SATYA B, SASTRI T M K. Phthalonitrile cure reaction with aromatic diamines[J]. Journal of Polymer Science: Part A: Polymer Chemistry, 1998, 36: 1885-1890.

[13] SASTRI S B,ARMISTEAD J P ,KELLER T M. Phthalonitrile-glass fabric composites[J]. Polymer Composites,1997,18(1):48-54.

[14] KISHPAUGH D,HAJAGOS T,LIU C,et al. Applications of fluorene moiety containing polymers for improved scintillation light yield[J]. Nuclear Instruments and Methods in Physics Research Section A:Accelerators,Spectrometers,Detectors and Associated Equipment,2017,868:59-65.

[15] YI L,LI C,HUANG W,et al. Soluble and transparent polyimides with high T_g from a new diamine containing tert-butyl and fluorene units[J]. Journal of Polymer Science Part A:Polymer Chemistry,2016,54(7):976-984.

[16] FENG T,WANG J,WANG H,et al. Copolymerization of fluorene-based main-chain benzoxazine and their high performance thermosets[J]. Polymers for Advanced Technologies,2015,26(6):581-588.

[17] XIONG Y,LIU H,OU E,et al. Crystal structure,curing kinetics,and thermal properties of bisphenol fluorene epoxy resin[J]. Journal of Applied Polymer Science,2010,118(2):827-833.

[18] ZHANG L,CHEN P,GAO M,et al. Synthesis,characterization,and curing kinetics of novel bismaleimide monomers containing fluorene cardo group and aryl ether linkage[J]. Designed Monomers and Polymers,2014,17(7):637-646.

[19] FANG Q,WANG Y,DIAO S,et al. Benzocyclobutene resin with fluorene backbone:A novel thermosetting material with high thermostability and low dielectric constant[J]. RSC Adv. 2014(4).

[20] WU Z,LI N,HAN J,et al. Low-viscosity and soluble phthalonitrile resin with improved thermostability for organic wave-transparent composites[J]. Journal of Applied Polymer Science,2018,135(13).

[21] WANG G X,HAN Y,GUO Y,et al. Phthalonitrile terminated fluorene based copolymer with outstanding thermal and mechanical properties[J]. European Polymer Journal,2019(113):1-11.

[22] WANG G,HAN Y,GUO Y,et al. Phthalonitrile-terminated Silicon-containing oligomers:synthesis,polymerization,and properties[J]. Industrial & Engineering Chemistry Research,2019,58(23):9921-9930.

[23] WANG G,GUO Y,LI Z,et al. Synthesis and properties of phthalonitrile terminated polyaryl ether nitrile containing fluorene group[J]. Journal of Applied Polymer Science,2018,135(34).

[24] WANG G X,GUO Y,HAN Y,et al. Enhanced properties of phthalonitrile resins reinforced by novel phthalonitrile-terminated polyaryl ether nitrile containing fluorene group[J]. High Performance Polymers,2020,32(1):3-11.

[25] HAN Y,WANG G,QIU W,et al. Activated-carbon-supported calcium oxide:a selective and efficient catalyst for nitrile-containing diaryl ether synthesis[J]. Asian Journal of Organic Chemistry,2018,7(12):2511-2517.

[26] SONG Y,ZONG L,BAO F,et al. Reduced curing kinetic energy and enhanced thermal resistance of phthalonitrile resins modified with inorganic particles[J]. Polymers for Advanced Technologies,2018,29(7):1922-1929.

[27] AUVERGNE R,CAILLOL S,DAVID G,et al. Biobased thermosetting epoxy:present and future[J]. Chem. Rev,2014,114(2):1082-1115.

[28] QI Y,WENG Z,WANG J,et al. A novel bio-based phthalonitrile resin derived from catechin:synthe-

sis and comparison of curing behavior with petroleum-based counterpart[J]. Polymer International, 2018,67(3):322-329.

[29] LASKOSKI M, CLARKE J S, NEAL A, et al. Sustainable high-temperature phthalonitrile resins derived from resveratrol and dihydroresveratrol[J]. Chemistry Select,2016,1(13):3423-3427.

[30] LASKOSKI M,SHEPHERD A R,MAHZABEEN W,et al. Sustainable,fire-resistant phthalonitrile-based glass fiber composites[J]. Journal of Polymer Science Part A:Polymer Chemistry,2018,56(11):1128-1132.

[31] BURCHILL P J, KELLER T M. Curing phthalonitrile resins with acid and amine[P]. US Patents: 1993,US5237045 A.

[32] ZENG K,ZHOU K,ZHOU S,et al. Studies on self-promoted cure behaviors of hydroxy-containing phthalonitrile model compounds[J]. European polymer journal,2009,45(4):1328-1335.

[33] ZENG K,ZHOU K,TANG W R,et al. Synthesis and curing of a novel amino-containing phthalonitrile derivative[J]. Chinese Chemical Letters,2007,18(5):523-526.

[34] ZHOU H,BADASHAH A,LUO Z,et al. Preparation and property comparison of ortho,meta,and para autocatalytic phthalonitrile compounds with amino group[J]. Polymers for Advanced Technologies,2011,22(10):1459-1465.

[35] AMIR B,ZHOU H,LIU F,et al. Synthesis and characterization of self-catalyzed imide-containing pthalonitrile resins[J]. Journal of Polymer Science Part A:Polymer Chemistry,2010,48(24):5916-5920.

[36] SHENG L P, YIN C P, XIAO J Y. A novel phthalonitrile monomer with low post cure temperature and short cure time[J]. Rsc Advances,2016,6(27):22204-22212.

[37] AUGUSTINE D, VIJAYALAKSHMI K P, SADHANA R, et al. Hydroxyl terminated PEEK-toughened epoxy-amino novolac phthalonitrile blends-Synthesis, cure studies and adhesive properties[J]. Polymer,2014,55(23):6006-6016.

[38] HAN Y,TANG D H,WANG G X,et al. Low melting phthalonitrile resins containing methoxyl and/or allyl moieties:Synthesis,curing behavior,thermal and mechanical properties[J]. European Polymer Journal,2019,111:104-113.

[39] AUGUSTINE D, MATHEW D. NAIR C P R. One component propargyl phthalonitrile novolac: Synthesis and characterization[J]. European Polymer Journal,2015,71:389-400.

[40] XU M,JIA K,LIU X. Self-cured phthalonitrile resin via multistage polymerization mediated by allyl and benzoxazine functional groups[J]. High Performance Polymers,2016,28(10):1161-1171.

[41] ZHANG H,LIU T,YAN W,et al. Synthesis and properties of cross-linkable poly(aryl ether ketone) oligomers terminated with phthalonitrile group[J]. High Performance Polymers,2014,26(8):1007-1014.

[42] MARVEL C,RASSWEILER J H. Polymeric phthalocyanines1[J]. J. Am. Chem. Soc,1958,80(5): 1197-1199.

[43] SNOW A W, GRIFFITH J R, MARULLO N. Syntheses and characterization of heteroatom-bridged metal-free phthalocyanine network polymers and model compounds[J]. Macromolecules,1984,17(8): 1614-1624.

[44] SUMNER M, SANKARAPANDIAN M, MCGRATH J, et al. Flame retardant novolac-bisphthalonitrile

structural thermosets[J]. Polymer,2002,43(19):5069-5076.

[45] SIEGL W O. Metal ion activation of nitriles. Syntheses of 1,3-bis(arylimino)isoindolines[J]. The Journal of Organic Chemistry,1977,42(11):1872-1878.

[46] KELLER T M,PRICE T R. Amine-cured bisphenol-linked phthalonitrile resins[J]. Journal of Macromolecular Science-Chemistry,1982,18(6):931-937.

[47] BURCHILL P J. On the formation and properties of a high-temperature resin from a bisphthalonitrile[J]. J. Polym. Sci. Pol. Chem,1994,32(1):1-8.

[48] DOMINGUEZ D D,KELLER T M. Properties of phthalonitrile monomer blends and thermosetting phthalonitrile copolymers[J]. Polymer,2007,48(1):91-97.

[49] DOMINGUEZ D D,KELLER T M. Low-melting phthalonitrile oligomers:preparation,polymerization and polymer properties[J]. High Performance Polymers,2016,18(3):283-304.

[50] SASTRI S B,ARMISTEAD J P,KELLER T M. Phthalonitrile-carbon fiber composites[J]. Polymer composites,1996,17(6):816-822.

[51] WARZEL M,KELLER T. Tensile and fracture properties of a phthalonitrile polymer[J]. Polymer,1993,34(3):663-666.

[52] DOMINGUEZ D D,JONES H N,KELLER T M. The effect of curing additive on the mechanical properties of phthalonitrile-carbon fiber composites[J]. Polymer Composites,2004,25(5):554-561.

[53] KELLER T,PRICE T. Polymerization of polysulphone phthalonitriles[J]. Polymer communications (Guildford),1985,26(2):48-50.

[54] 张连来,顾宜,江璐霞,等. 特种工程塑料:聚芳醚腈[J]. 中国塑料,1995,9(3):11-18.

[55] SAXENA A,RAO V,NINAN K. Synthesis and properties of polyether nitrile copolymers with pendant methyl groups[J]. European polymer journal,2003,39(1):57-61.

[56] LI C,GU Y,LIU X. Synthesis and properties of phenolphthalein-based polyarylene ether nitrile copolymers[J]. Materials Letters,2006,60(1):137-141.

[57] LI C,LIU X. Mechanical and thermal properties study of glass fiber reinforced polyarylene ether nitriles[J]. Materials Letters,2007,61(11-12):2239-2242.

[58] HADDAD I,HURLEY S,MARVEL C. Poly(arylene sulfides) with pendant cyano groups as hightemperature laminating resins[J]. Journal of Polymer Science:Polymer Chemistry Edition,1973,11(11):2793-2811.

[59] LI C,LIU X,GAO N,et al. Preparation and characterization of poly(arylene ether nitriles)/glass fibers/$BaTiO_3$ ternary composites[J]. Materials Letters,2008,62(2):194-197.

[60] LI C,TANG A,ZOU Y,et al. Preparation and dielectric properties of polyarylene ether nitriles/TiO_2 nanocomposite film[J]. Materials Letters,2005,59(1):59-63.

[61] BAEK J B,QIN H,MATHER P T,et al. A new hyperbranched poly(arylene-ether-ketone-imide): synthesis,chain-end functionalization,and blending with a bis(maleimide)[J]. Macromolecules,2002,35(13):4951-4959.

[62] ZHENG Y,LI S,WENG Z,et al. Hyperbranched polymers:advances from synthesis to applications[J]. Chem. Soc. Rev,2015,44(12):4091-4130.

[63] HAN Y,TANG D H,WANG G X,et al. Crosslinkable hyperbranched poly(arylene ether nitrile) modifier for phthalonitrile resins:Synthesis,chain-end functionalization and properties[J]. Polymer,

2019,173:88-102.

[64] IREDALE R J,WARD C,HAMERTON I. Modern advances in bismaleimide resin technology:a 21st century perspective on the chemistry of addition polyimides[J]. Progress in Polymer Science,2017, 69:1-21.

[65] HAN Y,ZHOU H,GE K,et al. Toughness reinforcement of bismaleimide resin using functionalized carbon nanotubes[J]. High Performance Polymers,2014,26(8):874-883.

[66] YANG X,LI K,XU M,et al. Crystallization behaviors and properties of poly(arylene ether nitrile) nanocomposites induced by aluminum oxide and multi-walled carbon nanotubes[J]. Journal of Materials Science,2018,53(20):14361-14374.

第8章 高性能聚酰亚胺树脂

8.1 概 述

8.1.1 聚酰亚胺树脂的发展历史

聚酰亚胺（PI）是一类在主链上有酰亚胺环的高性能聚合物材料，由于这种特殊的分子链结构，PI 具有优良的耐热性能、机械性能、电性能、耐化学腐蚀性以及耐辐射性能，因此被广泛应用于航空航天、电气、机械、化工、微电子等现代工业中。

早在 1908 年，Bogert 和 Renshaw 就通过 4-氨基苯甲酸酐的熔融自缩聚反应在实验室首次制备了 PI[1]，但是当时由于 PI 的本质还未被充分认识，所以未受到应有的重视。直到 1955 年美国杜邦公司申请了世界上第一项有关 PI 在材料方面应用的专利[2]。但其真正作为一种材料且实现商品化则是在 20 世纪 60 年代，当时杜邦公司申请了一系列专利，如 1961 年开发出聚均苯四甲酰亚胺薄膜（Kapton®），1964 年开发生产聚均苯四甲酰亚胺膜塑料（Vespel®），1965 年公开报道了该聚合物的薄膜和塑料。随后，有关 PI 黏合剂、涂料、泡沫和纤维的产品相继出现，1972 年美国 Amoco 公司开发出了热塑性聚酰胺酰亚胺（PAI），商品名 Torlon®。1978 年美国 GE 公司成功开发出热塑性聚醚酰亚胺（PEI），商品名为 Ultem。随着微电子工业的发展，1978 年日本宇部兴产公司成功开发出聚联苯四甲酰亚胺薄膜（Upilex®），该薄膜的线膨胀系数为 $(12\sim20)\times10^{-6}$，远低于 Kapton 薄膜，接近铜的线膨胀系数 17×10^{-6}，因此被广泛应用于柔性印制线路板的基膜。1994 年日本三井东压化学公司报道了全新的热塑性聚酰亚胺（Aurum）注射和挤出成型用粒料，该树脂的薄膜商品名为 Regulus。主要商业化的聚酰亚胺产品及其化学结构见表 8.1。

传统的聚酰亚胺薄膜具有特征黄色，因此素有"黄金薄膜"之称。近年来，伴随着光电显示技术的蓬勃发展，具有优异光学透明性的聚酰亚胺薄膜被相继成功开发出来。2007 年日本三菱瓦斯化学公司开发出了含脂环结构的无色透明聚酰亚胺薄膜 Neopulim®；2015 年韩国 Kolon 公司推出了高透明聚酰亚胺薄膜 CPI，这种高透明性聚酰亚胺薄膜已在新型柔性显示器的制造中得到应用[3]。随着人们对聚酰亚胺研究的不断深入以及许多新兴行业的不断涌现，聚酰亚胺焕发出勃勃生机，已成为高分子材料家族中重要的一员并在现代工业中得到了广泛的应用，被称为"解决问题的能手"，因此在航空航天、汽车、电器绝缘、原子能工业、卫星、核潜艇、微电子、光电显示、医疗、包装精密机械等方面得到越来越广泛的应用。

表 8.1　主要商业化的聚酰亚胺产品及其化学结构

商品名	生产公司	化学结构	开发日期
Kapton	DuPont		1961
Torlon	Amoco		1972
Ultem	GE		1978
Upilex-R	宇部兴产		1978
Aurum	三井东压		1993

8.1.2　聚酰亚胺树脂的性能

(1) 优异的耐高温/低温性能。聚酰亚胺的分解温度一般在 500 ℃ 以上，T_g 超过 250 ℃，部分产品甚至高达 400 ℃，在 −269~400 ℃ 的温度范围内能保持较高的物理机械性能，可在 −240~260 ℃ 温度范围内的空气中长期使用。此外，其热膨胀系数(CTE)也较低。如 PuPont 公司开发的 Kapton E 系列聚酰亚胺薄膜的 CTE 可达 $15 \times 10^{-6}/K^{-1}$ 左右，与铜的热膨胀系数较为接近。

(2) 良好的力学性能。杜邦公司的 Kapton 薄膜拉伸强度高达 230 MPa，拉伸模量 2.5 GPa，而日本宇部公司的联苯型聚酰亚胺 Upilex 薄膜达到 390 MPa，拉伸模量高达 8.6 GPa。

(3) 优异的介电性能。聚酰亚胺薄膜的介电常数在 3.0～3.6(1 MHz)之间，介电损耗达到 10^{-3} 数量级，介电强度为 100～250 kV/mm。表面电阻和体积电阻分别达到 10^{14} Ω 和 10^{15} Ω·cm 数量级。

(4) 良好的化学稳定性。聚酰亚胺材料一般不溶于有机溶剂，具有较好的耐腐蚀性。对稀酸稳定，但在碱作用下容易水解，但可用此特点来回收处理聚酰亚胺中的原料二酐和二胺，如 Kapton 薄膜，其回收率可达 80%～90%。

(5) 优异的耐辐射性能。薄膜在吸收剂量达到 5×10^7 Gy 的电子辐照后强度保持率可保持在 86%。

(6) 聚酰亚胺具有自熄性，发烟率低，并且无毒，具有良好的生物相溶性等特点。

8.1.3 聚酰亚胺的合成方法与工艺

PI 在合成上具有多样性，合成上的易操作性可便于根据需要来对其进行分子设计和化学设计。主要合成方法包括：二酐与二胺缩聚反应、四酸与二胺缩聚反应、四酸的二酯与二胺缩聚反应、二酐与二异氰酸酯反应、聚异酰亚胺转化为聚酰亚胺等，合成方法见表 8.2[5]。

表 8.2 聚酰亚胺的典型合成方法

合成方法	反应方程式
二酐与二胺缩聚反应	
四酸与二胺缩聚反应	
四酸的二酯与二胺缩聚反应	

续表

合成方法	反应方程式
二酐与二异氰酸酯反应	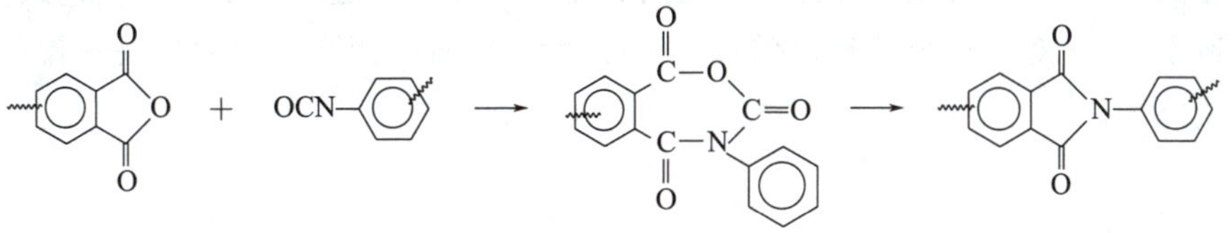
聚异酰亚胺转化为聚酰亚胺	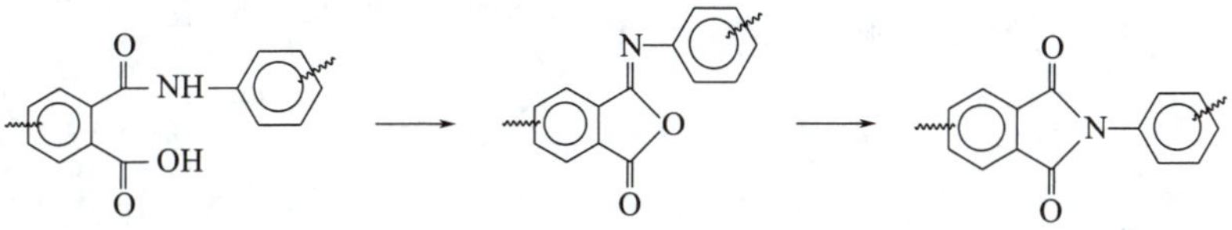

无论是研究还是工业化生产，最为普遍的合成方法都是采用二酐单体和二胺单体为原料进行缩聚制备聚酰亚胺。这种方法是将二胺和二酐单体在极性溶剂中进行缩合聚合后形成聚酰胺酸树脂溶液(PAA)，再经高温脱水(又称亚胺化或环化)而形成聚酰亚胺(PI)。由二酐和二胺聚合而成为聚酰亚胺主要包括一步法和二步法两种制备方法。

1. 一步法

一步法是二酐和二胺在高沸点溶剂中直接聚合生成聚酰亚胺，即单体不经由聚酰胺酸而直接合成聚酰亚胺。采用的溶剂主要为酚类或多卤代苯溶剂，如间甲酚、对苯二酚、邻二氯苯等，这种方法的聚合反应温度在150~250 ℃，在反应过程中为提高聚合物的相对分子质量，应尽量脱去水分。通常采用带水剂进行共沸以脱去生成的水，或用异氰酸酯替代二胺和生成的聚酰胺酸盐在高温高压下聚合。这种方法只适用于可溶性聚酰亚胺合成，对于反应活性较低的二酐和二胺可以制备得到高分子量的聚酰亚胺。图8.1为一步法制备聚酰亚胺的典型合成路线。

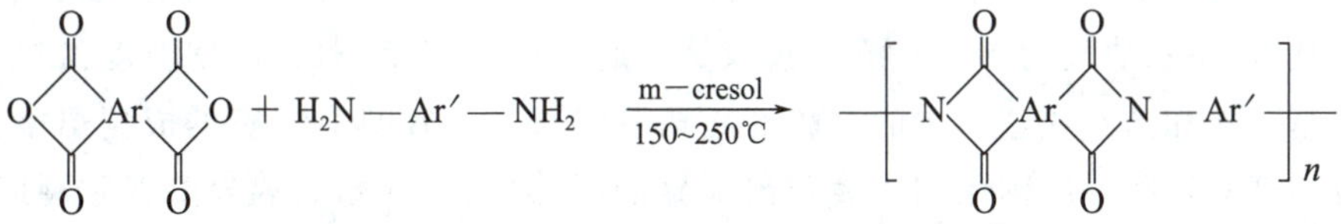

图 8.1　一步法制备聚酰亚胺的典型合成路线

2. 二步法

二步法是先将二胺溶解于极性溶剂，如 DMF、DMAc、NMP 等，然后加入二酐，在溶解同时与二胺发生开环加成反应，形成高分子量的前驱体聚酰胺酸，再通过加热或化学方法，分子内脱水闭环生成聚酰亚胺。热亚胺化法是将聚酰胺酸溶液涂膜或纺丝，经高温脱水环化得到聚酰亚胺。化学亚胺化法则是在聚酰胺酸溶液中加入酸酐脱水剂和叔胺类催化剂进行催化脱水得到聚酰亚胺。然而，这种方法化学环化后生成的聚酰亚胺中含有大量异酰亚胺,该法制得的聚酰亚胺与用加热方法制得的聚酰亚胺物理和化学性能有差异,特别是异酰亚胺环具有较低的热稳定性和高化学反应活性;应用不同的脱水剂,环化产物中亚胺/异酰亚胺的比例不同,可认为是互变异构的高度不稳定所引起的。二步法工艺成熟,但聚酰胺酸溶液不稳定,对水汽很敏感,存储过程中常发生分解。图 8.2 为两步法制备聚酰亚胺的典型合成路线。

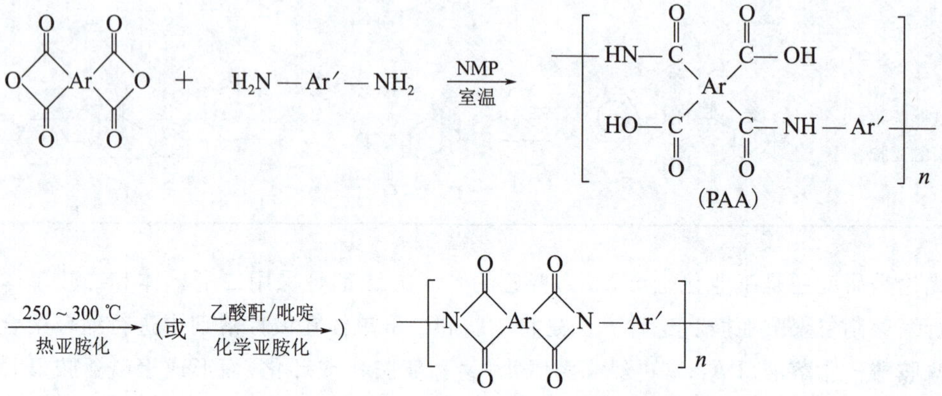

图 8.2 两步法制备聚酰亚胺的典型合成路线

8.2 热固性聚酰亚胺树脂

热固性聚酰亚胺树脂是主链具有酰亚胺结构以反应性端基进行封端的一类预聚物,这类预聚在热或辐射等作用下发生交联固化反应,形成体型结构,即得到热固性(交联型)的聚酰亚胺。这类聚酰亚胺的主要特点是:预聚物设计分子量低,溶解性好,熔体黏度较低,加工时基本没有或很少有挥发性物质产生,易于加工成型,活性基团交联固化后赋予材料优异的耐热性能和机械强度。一般常用于聚酰亚胺预聚物封端的基团有降冰片烯基、乙炔基、苯乙炔基等。其中,由乙炔基封端的聚酰亚胺预聚物起始固化温度较低,成型温度窗口窄;而由降冰片烯基封端和苯乙炔基封端的聚酰亚胺树脂预聚物不仅具有较宽的成型温度窗口,同时其相应的聚酰亚胺树脂固化物还表现出优异的耐热性,因此耐高温聚酰亚胺树脂研制过程中封端基团通常选用降冰片烯基和苯乙炔基。下面将主要对这两类基团封端的耐高温聚酰亚胺树脂进行详细介绍。

8.2.1 降冰片烯基封端热固性聚酰亚胺树脂

单体反应物原位聚合法(PMR)是最为广泛应用的热固性聚酰亚胺制备方法。PMR 法保证了酰亚胺低聚物的成型工艺性,通过改变反应各单体的化学计量比可以实现高温下树脂流动行为的调控[6]。降冰片烯酸酐作为最早成功发展的一类封端剂,被广泛应用于 PMR 型聚酰亚胺树脂的制备。PMR-15 就是一种常用的降冰片烯基封端 PMR 型聚酰亚胺基体树脂,其分子主链结构基于酮酐 3,3′,4,4′-二苯甲酮四酸二酐(BTDA)和二胺 4,4′-二氨基二苯甲烷(MDA),设计分子量为 1 500 g/mol,制备过程如图 8.3 所示。PMR-15 树脂具有非常高的耐热性,其后固化处理后的玻璃化转变温度可达 365 ℃,同时由其制备的纤维增强复合材料可在 316 ℃的高温下长时使用[7,8]。基于以上优点,PMR-15 成为第一个被广泛使用的基体树脂。虽然 PMR-15 在航空航天领域获得了广泛的应用,但是其仍存在一些问题。其中之一就是 PMR-15 的韧性不足,由其制备的复合材料经历高温或者湿热循环后会在其内部出现许多微裂纹从而影响复合材料的性能[9,10];其次是其熔体黏度仍不足以满足复杂构件的制备要求,需要进一步改善[11];同时 MDA 和甲醇的毒性问题也同样值得考虑。

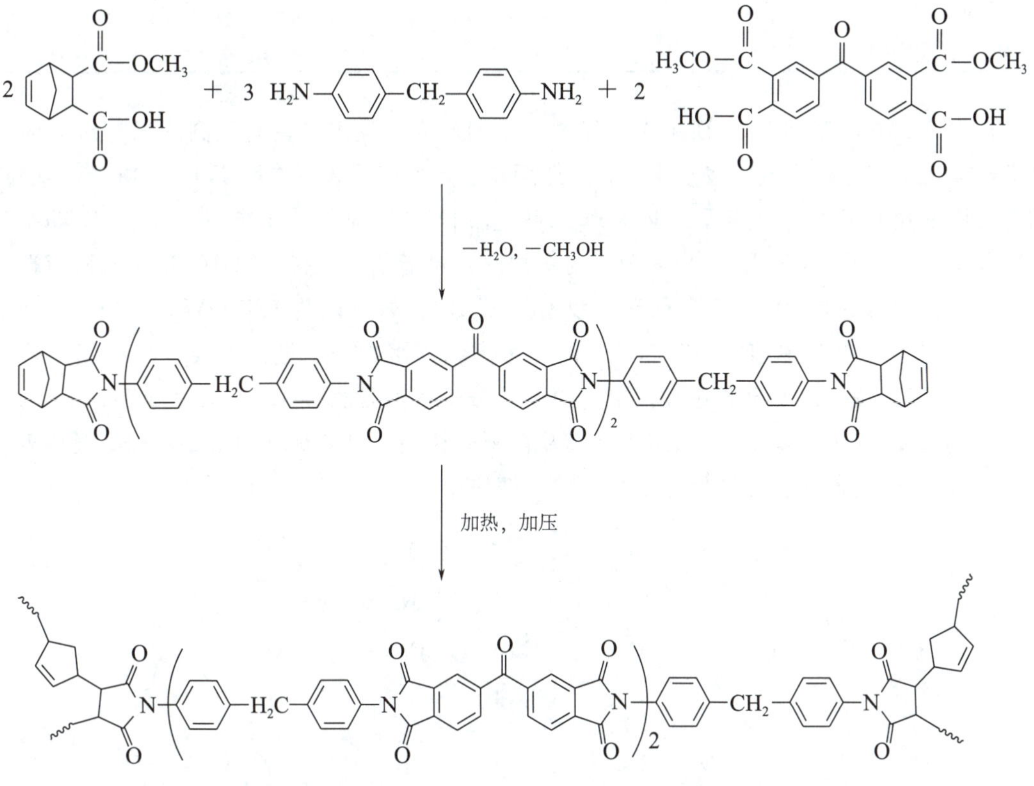

图 8.3 PMR-15 聚酰亚胺树脂制备过程

针对 PMR-15 的脆性以及毒性问题,NASA 的 Ruth H. Pater 通过将 PMR-15 中的 4,4′-二氨基二苯甲烷(MDA)替换为 3,4′-二氨基二苯醚(3,4′-ODA)开发了一种低毒性高温高韧的 PMR 型树脂 RP-46[12],此树脂的结构如图 8.4 所示。二胺 3,4′-ODA 结构中的柔性醚键赋予了树脂良好的韧性,由此树脂制备的石墨纤维增强复合材料 Celion 6K/RP-46 断裂韧度 G_{IC} 为 301 J/m²,而复合材料 Celion 6K/PMR-15 的断裂韧度 G_{IC} 数值仅为 145 J/m²。同时经过合理的固化成型后 RP-46 树脂的玻璃化转变温度最高可达 391 ℃,由其制备复合材料在 371 ℃高温下的弯曲强度和层间剪切强度分别为 793 MPa 和 33 MPa,表现出优异的高温力学性能,具体性能见表 8.3。

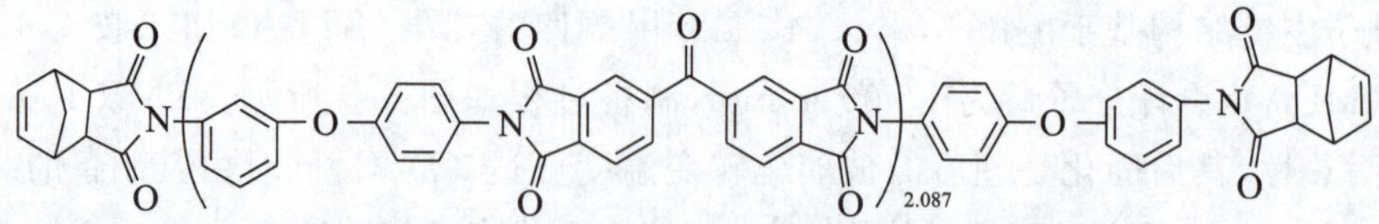

图 8.4　RP-46 聚酰亚胺树脂预聚物的结构

表 8.3　Celion 6K/PR-46 复合材料不同温度下的力学性能

复合材料	弯曲强度/MPa		弯曲模量/GPa		短梁剪切强度/MPa	
	室温	371 ℃	室温	371 ℃	室温	371 ℃
Celion 6K/PR-46	1 186	793	71	60	97	33
Celion 6K/PMR-15	—	317	—	—	—	21

在 PMR-15 的基础上,科研工作者经过一系列研究开发出了具有更高耐温等级同时兼具良好成型工艺性的聚酰亚胺基体树脂。选用热稳定性好的含氟二酐 4,4-(六氟异丙基)双邻苯二甲酸酐(6FDA)和芳香二胺对苯二胺(p-PDA)分别代替 PMR-15 中的 BTDA 和 MDA,成功发展了 PMR-Ⅱ 和 AFR-700 的聚酰亚胺树脂基体。其中 PMR-Ⅱ 预聚物两端均被降冰片烯酸酐封端,AFR-700 预聚物仅有一端封端,另一端为氨基(AFR-700B)或酐基(AFR-700A)[13,14],具体结构如图 8.5 所示。考虑到预聚物分子量太大会导致树脂熔体流动性变差,因此,PMR-Ⅱ 聚酰亚胺预聚物的设计分子量通常为 5 000 g/mol,AFR-700 的设计分子量为 4 400 g/mol。这两类 PMR 型聚酰亚胺树脂均具有优异的耐热性和高温热氧化稳定性,由它们制备的复合材料可在 371 ℃ 长期使用[15]。

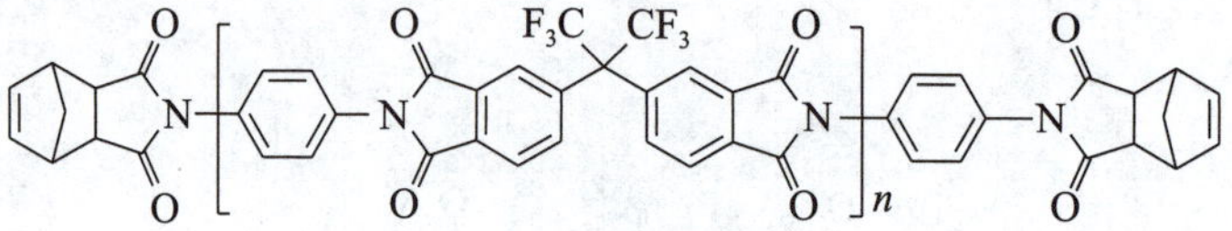

PMR-Ⅱ

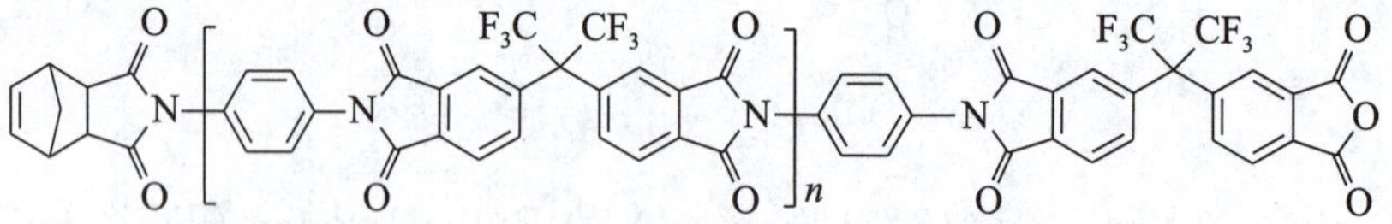

AFR-700A

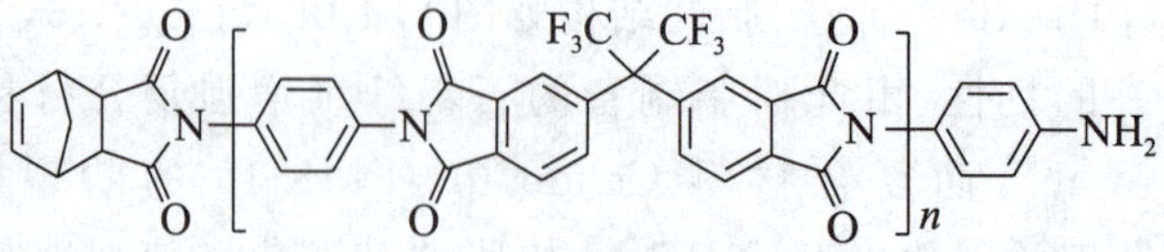

AFR-700B

图 8.5　PMR-Ⅱ 与 AFR-700 树脂结构

AFR-700B 的一端为氨基,在热固化成型过程中其与降冰片烯反应形成共轭结构的化学键,其刚性大于降冰片烯端基之间相互反应形成的饱和单键,因此,AFR-700B 的 T_g 很高,可达 400 ℃。同时 AFR-700B 预聚物的分子量较 PMR-Ⅱ的低,因此,其树脂熔体流动性要更优,成型过程中更容易浸渍纤维制备高质量的复合材料。基于以上两点,AFR-700B 复合材料性能要优于 PMR-Ⅱ复合材料,两者常温及高温性能对比见表 8.4[15]。

表 8.4 AFR-700B 和 PMR-Ⅱ复合材料力学性能对比

复合材料	弯曲强度/MPa		短梁剪切强度/MPa	
	室温	371 ℃	室温	371 ℃
PMR-II/T-40R	1 160	296	66	20
PMR-II/C60	1 840	324	112	23
AFR-700B/石英	848	430	59	52

NASA 格伦研究中心通过将 PMR-15 中的 4,4′-二氨基二苯甲烷(MDA)替换为 2,2′-二甲基联苯(DMBZ)发展了一种具有高 T_g 的 PMR 型聚酰亚胺树脂(DMBZ-15),其具体结构如图 8.6 所示。DMBZ 中联苯结构上的甲基增大了聚合物主链自由旋转的能垒,因而由此树脂制备的纤维织物复合材料 T650-35/DMBZ-15 的玻璃化转变温度为 430 ℃,远高于 T650-35/PMR-15 的玻璃化转变温度 376 ℃。T650-35/DMBZ-15 纤维织物复合材料在 371 ℃和 427 ℃的弯曲强度分别为 466 MPa 和 193 MPa、层间剪切强度分别为 36 MPa 和 17 MPa,同时复合材料在 288 ℃的压缩强度仍高达 436 MPa,表现出优异的高温性能,具体数据见表 8.5[16]。

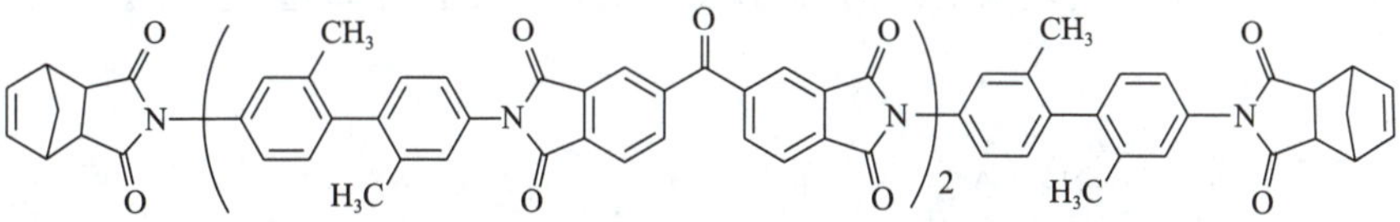

图 8.6 DMBZ-15 聚酰亚胺树脂预聚物的结构

表 8.5 T650-35/DMBZ-15 与 T650-35/PMR-15 复合材料热性能与力学性能对比

复合材料体系		T650-35/DMBZ-15	T650-35/PMR-15
玻璃化转变温度/℃		430	376
弯曲强度/MPa	23 ℃	1 027±15	1 082±89
	371 ℃	466±32	244±29
	427 ℃	193±19	146±5
弯曲模量/GPa	23 ℃	58±1	58±2
	371 ℃	52±2	31±2
	427 ℃	24±1	16±3

续表

复合材料体系		T650-35/DMBZ-15	T650-35/PMR-15
层间剪切强度/MPa	23 ℃	58±4	61±2
	371 ℃	36±1	25±1
	427 ℃	17±3	6±1
压缩强度/MPa	23 ℃	603±18	758
	288 ℃	436±29	489
压缩模量/MPa	23 ℃	59±2	66
	288 ℃	55±1	65

8.2.2 苯乙炔基封端热固性聚酰亚胺树脂

近年来,苯乙炔基封端聚酰亚胺受到越来越多的关注。与降冰片烯基封端聚酰亚胺相比,苯乙炔基封端聚酰亚胺树脂成型过程中不仅没有挥发性物质产生,而且表现出更宽的加工温度窗口[17,18]。同时,苯乙炔基热固化反应过程中同时存在链增长、枝化和交联反应[19],这赋予了聚酰亚胺树脂固化物优异的力学和热性能[20,21]。Smith 等将 1,3-双(3-氨基苯氧基)苯(1,3,3-APB)、1,3-双(4-氨基苯氧基)苯(1,3,4-APB)和 1,4-双(4-氨基苯氧基)苯(1,4,4-APB)分别与 3,4′-二氨基二苯醚(3,4′-ODA)按照相同比例混合而后与 3,3′,4,4′-联苯四酸二酐(s-BPDA)聚合并使用 4-苯乙炔基苯酐(PEPA)封端,制备了一系列苯乙炔基封端酰亚胺预聚物[22,23],具体结构如图 8.7 所示。系统研究了预聚物结构与树脂成型工艺性和耐热性之间的关系。研究发现,树脂固化物的耐热性随 APB 结构刚性(1,4,4>1,3,4>1,3,3)的增大而提高,但预聚物的成型工艺性却随之变差。

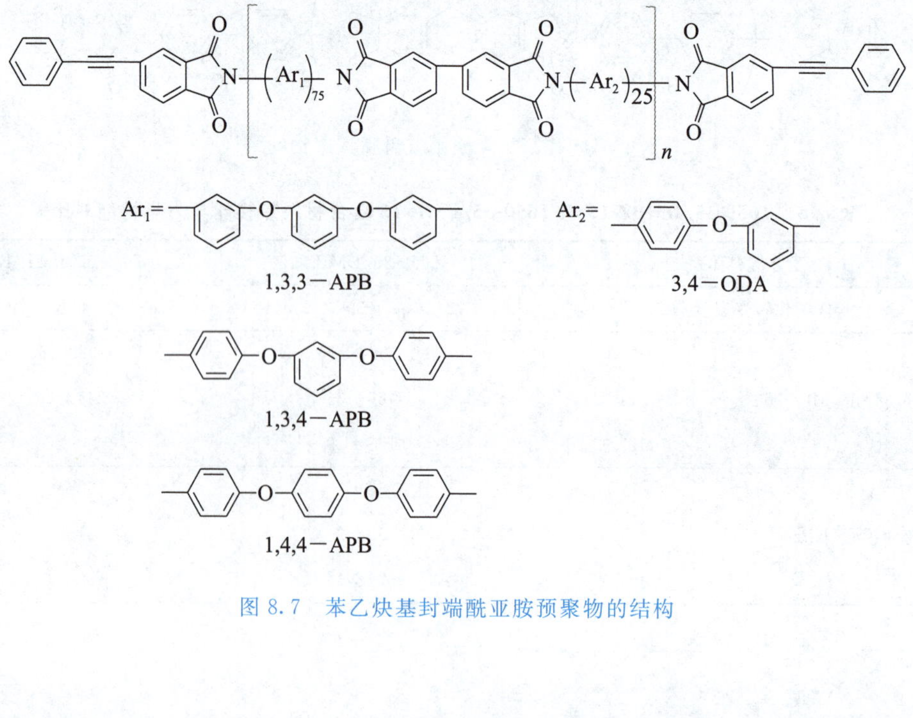

图 8.7 苯乙炔基封端酰亚胺预聚物的结构

日本 JAXA 宇宙科学研究所的 Yokota 等基于异构二酐 2,3,3',4'-联苯四酸二酐(a-BPDA)成功发展了 Tri-A 型聚酰亚胺树脂[24]。他们指出异构联苯二酐不对称的分子结构降低了聚酰亚胺分子链间的相互作用,改善了树脂预聚物的成型工艺性,增大了树脂固化物分子链曲轴运动的限制,提高了其 T_g。研究过程中通过将 a-BPDA 与 3,4'-二氨基二苯醚(3,4'-ODA)和/或 4,4'-二氨基二苯醚(4,4'-ODA)共聚并用 4-苯乙炔基苯酐(PEPA)封端,成功制备了一系列的 Tri-A 型聚酰亚胺树脂,其结构如图 8.8 所示。通过调整 3,4'-ODA 与 4,4'-ODA 的比例以及预聚物的分子量,可以实现对树脂成型工艺性、耐热性和韧性的进一步调控。当 3,4'-ODA 与 4,4'-ODA 的摩尔比为 50:50,预聚物分子量为 1 340 g/mol 时,树脂预聚物最低熔体黏度仅为 0.2 Pa·s,同时树脂固化物的 T_g 达到了 341 ℃;而当预聚物分子量为 5 240 g/mol 时,树脂预聚物最低熔体黏度为 20 Pa·s,树脂固化物的 T_g 为 308 ℃。通过优化后筛选出结构基于 a-BPDA,4,4'-ODA,PEPA,分子量为 2 490 g/mol 的树脂预聚物,其最低熔体黏度仅在 10 Pa·s 左右,同时其固化物的 T_g 为 343 ℃,伸长率达到了 13%。此类树脂可用于干法预浸料制备,制备过程无须溶剂,仅需将树脂粉末均匀铺洒在纤维带上,经过热辊挤压而后冷却即可得到高质量预浸料[25]。基于干法预浸料的无溶剂特性以及树脂本身优异的熔体流动性,制备得到的复合材料孔隙率低;同时,树脂优异的耐热性以及力学性能也赋予了碳纤维增强复合材料出色的高温力学性能,其 300 ℃ 下的开孔压缩强度高达 176.2 MPa,高温力学性能保持率为 62.5%,具体性能见表 8.6。

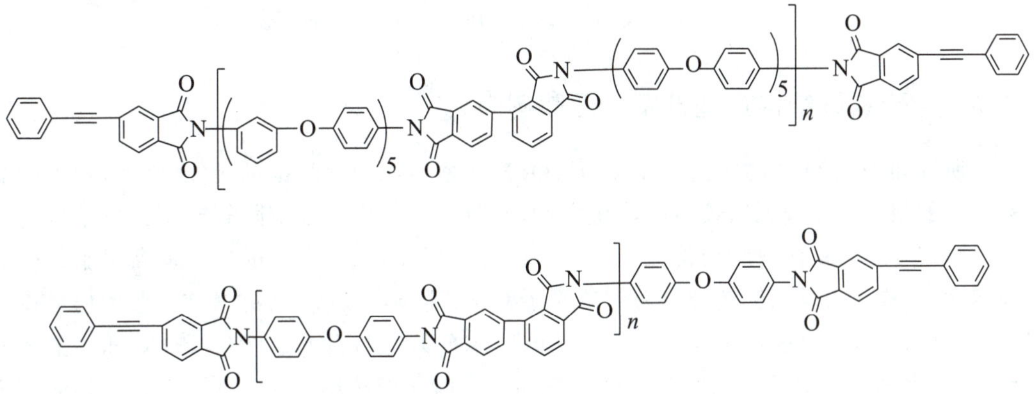

图 8.8　Tri-A 型聚酰亚胺树脂预聚物的结构

表 8.6　IM600/TriA-PI 各向同性复合材料的力学性能

测试温度/℃	SBS①/MPa	NHT②/MPa	NHC③/MPa	OHC④/MPa
25	106.4	790.7	546.5	282.1
177	60.0	819.6	451.3	212.4
250	48.3	819.3	411.6	208.4
300	35.2	763.4	382.0	176.2

注:①短梁剪切强度;②无孔拉伸强度;③无孔压缩强度;④开孔压缩强度。

Yokota 等为了进一步改善 Tri-A 型聚酰亚胺的溶解和熔融性能，开发了基于非共平面芳香二胺 2-氨基-4,4′-二氨基二苯醚（p-ODA）的聚酰亚胺。通过将 1,2,4,5-均苯四酸二酐（PMDA）与 p-ODA 聚合并使用 PEPA 封端制备了聚酰亚胺树脂预聚物，树脂结构如图 8.9 所示[26]。p-ODA 结构中的大体积苯侧基降低了聚酰亚胺预聚物分子链间的堆砌程度，减弱了分子链间的相互作用，从而改善了树脂熔体流动性；同时，大体积苯侧基限制了 ODA 中醚键的自由旋转，增大了树脂固化物的 T_g。研究发现当树脂预聚物的聚合度为 4 时，其最低熔体黏度在 200 Pa·s 左右，同时树脂固化物的 T_g > 350 ℃，断裂伸长率超过 15%，树脂综合性能优异[27]。

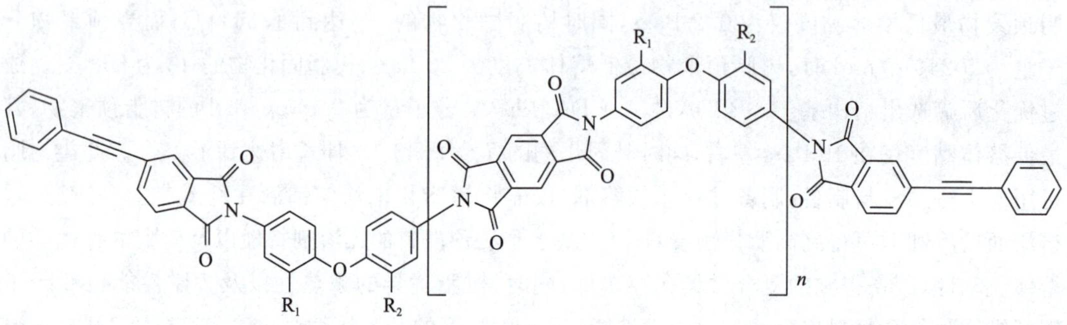

R_1=H, R_2=Phenyl 或 R_1=Phenyl, R_2=H

图 8.9　基于 PMDA/p-ODA 的苯乙炔基封端聚酰亚胺预聚物结构

8.2.3　含硅氧烷结构热固性聚酰亚胺树脂

众所周知，Si—O 键的键能高于 C、H、O、N 元素组成的化学键的键能，因此，包含硅氧烷等结构的聚酰亚胺表现出较高的热稳定性，同时这类结构高温下降解产生无机结构的产物可以阻挡外部热量使树脂结构免于进一步破坏。Lincoln 等为了进一步提高树脂的热氧化稳定性，合成了一系列侧链部分为苯基的硅氧烷二胺 SD-n-x（n 为硅氧烷二胺中硅氧烷链段的聚合度；x 为二苯基硅在硅氧烷链段中的摩尔分数），与对苯二胺（p-PDA）和六氟酸酐（6FDA）共聚制备了 PEPA 封端的含硅氧烷结构聚酰亚胺树脂[28]，硅氧烷二胺的具体结构如图 8.10 所示，含硅氧烷结构聚酰亚胺树脂的组成见表 8.7。

表 8.7　含硅氧烷结构聚酰亚胺树脂的化学结构组成

化学结构	C	硅氧烷二胺在二胺中的摩尔分数/%						
		SD-4-100				SD-8-50		
		5	20	50	100	5	20	50
6FDA/p-PDA/PEPA	B1	B2	B3	B4	B5	B6	B7	B8

注：C 树脂中不含硅氧烷结构。

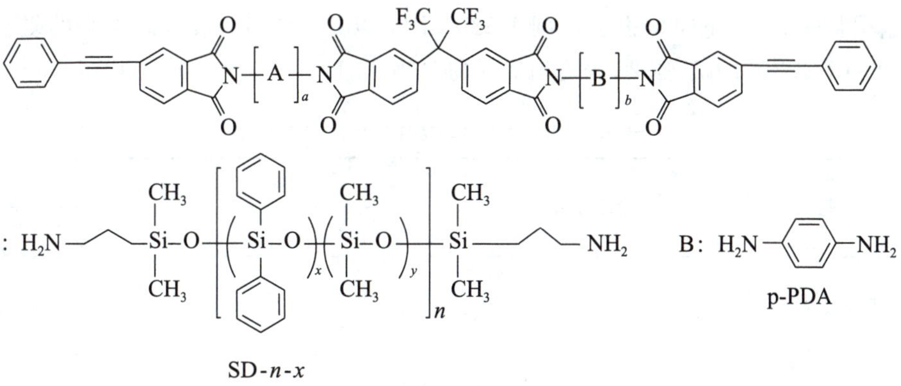

图 8.10　含硅氧烷结构聚酰亚胺树脂预聚物结构

16781/含硅氧烷结构聚酰亚胺玻璃纤维增强复合材料表现出优异的耐热性能。DMA 测试结果表明，其储能模量随温度的升高缓慢下降，并且在 450 ℃之前没有出现急剧的降低。T650-35/含硅氧烷结构聚酰亚胺复合材料在 400 ℃下空气气氛中老化 100 h 后的质量损失和力学性能测试结果表明（见表 8.8），在硅氧烷二胺 SD-n-x 含量相同的情况下，二苯基硅在硅氧烷结构中占的比例越大，由其制备的含硅氧烷结构聚酰亚胺树脂基复合材料的质量损失率相对较低，表现出更高的热氧化稳定性。同时研究还发现，当硅氧烷含量超过一定值时，树脂表现出的特性更像聚硅氧烷而不是聚酰亚胺，因此材料的热氧化稳定性会反而会出现下降。

表 8.8　T650-35/含硅氧烷结构复合材料老化后力学性能及质量损失

结构	质量损失率/%	老化前		老化后	
		弯曲强度/MPa	层剪强度/MPa	弯曲强度/MPa	层剪强度/MPa
B1	8.58	641	97.5	376	81.3
B2	4.34	226	49.2	30	19.3
B3	3.19	848	97.4	562	75.9
B4	2.05	323	49.8	59	29.7
B5	10.4	206	31.9	—	—
B6	4.08	622	93.7	517	86.5
B7	3.29	781	105.2	581	76.8
B8	8.39	305	55.9	46	18.1

美国 Performance Polymer Solutions 公司以上述研究为基础，推出了材料牌号为 P2SI900HT 的有机/无机杂化聚酰亚胺树脂，纯树脂固化物的玻璃化转变温度高达 489 ℃[29]。

从表 8.9 列出的 P2SI900HT 复合材料的力学性能数据可以看到，T650-35/6K 碳纤维增强的复合材料在 427 ℃下拉伸强度达到 1 320 MPa，以 16781 S-2 玻璃纤维增强的复合材料在 538 ℃仍具有较高的力学强度，表现出优异的耐热性能。

表 8.9 P2SI900HT 复合材料的力学性能

性能	测试温度/℃	增强材料	
		T650-35/6K	16781 S-2
压缩强度/MPa	23	707	—
	316	521	—
拉伸强度/MPa	23	1 340	—
	427	1 320	240
	482	—	232
	538	—	117
弯曲强度/MPa	316	1 371	—
	371	1 095	—
双缺口剪切强度/MPa	23	57	—
	316	47	—
层间剪切强度/MPa	23	—	45
	371	—	29

8.3 热塑性聚酰亚胺树脂

8.3.1 聚酰胺酰亚胺

聚酰胺-酰亚胺(PAI)是一类热变形温度高达 275～280 ℃的非晶聚合物树脂。其最初被开发用作耐高温磁漆，是第一种商业化的可注射成型 PI 树脂。由于其在长期暴露于高温下时能够保持优良的性能，因此，成为金属的良好替代物，用于压铸件、轴承以及齿轮的制造。PAI 其他特性包括优异的耐磨损性能、低蠕变性、阻燃性以及自润滑性能。PAI 树脂的主要缺点在于其加工性。其成型温度超过 200 ℃，完全固化时间经常数以天计，因此需要特殊的处理。此外，PAI 树脂具有吸湿性，因此加工前必须充分干燥以防止加工过程中产生发泡等问题。

最为著名的商业化 PAI 树脂是 Solvay 公司的 Torlon® 系列产品，其在 20 世纪 60 年代末期商业化。Torlon® PAI 树脂是由偏苯三酸酐(TMA)或偏苯三酸酐酰氯与芳香族二胺，如 4,4′-二氨基二苯醚(ODA)、对苯二胺(PDA)聚合而成。据报道 Torlon® 4000T PAI 的合成路线如图 8.11 所示[30]。

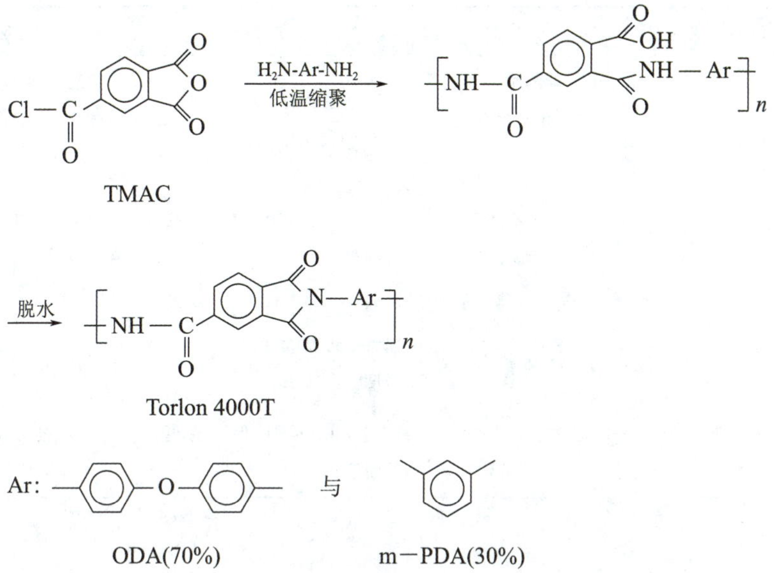

图 8.11　Torlon 4000T 的合成路线

Torlon® PAI 树脂的典型性能、价格以及应用情况见表 8.10。在美国 Torlon® PAI 主要用于工业与机械应用，大约 70% 用于国内消费，20% 用于商业航天，10% 用于其他应用，例如办公室机械等。该材料主要用于苛刻、高温、高应力领域中金属的替代品。在日本 Torlon® PAI 主要用于电气/电子、机械与汽车工业，2001 年消费量约 100 t。在汽车工业中，Torlon® PAI 树脂主要用于制作传动推力垫圈、密封环、耐磨垫、齿轮以及发动机内部件，如定时齿轮、阀杆、活塞裙以及升降杆等。而在航空工业中，Torlon® PAI 树脂主要用来制作加速器、喷气发动机轴衬、整流罩密封件等。

表 8.10　Torlon® PAI 树脂的价格、性能及应用

Torlon®级别	价格/(美元·kg^{-1})	成分	性能	应用
高强度：				
4203L	46.85	3% TiO$_2$ 0.5%氟碳化合物	最优的耐冲击性，优良的伸长率、脱模性以及电性能	连接器、开关、继电器、推力垫圈、阀座、提升阀、机械连接、轴衬、磨损环、绝缘子等
5030	43.00	30%玻璃纤维 1%氟碳化合物	高刚性、高温下良好的刚性保持率、非常低的蠕变性与高强度	齿轮、阀片、整流罩、管夹、叶轮、转子、外壳、绝缘子、托架等
7130	66.15	30%石墨纤维 1%氟碳化合物	与 5030 类似，但具有更高的刚性及高温下的刚性保持率，最好的耐疲劳性与导电性	金属替代物、机械连接、齿轮、加速器、托架、阀、管夹、支座绝缘子、叶轮、护罩等

续表

Torlon® 级别	价格/(美元·kg⁻¹)	成分	性能	应用
7330	67.25	碳纤维与氟碳化合物共混	高刚性及润滑性	需要高刚性及润滑的领域，如滑片泵、EMI 屏蔽等
耐磨损：				
4347	43.55	12%石墨粉末 8%氟碳化合物	适于往复运动或低速高负荷轴承	轴承、推力垫圈、磨损垫、垫座、活塞环等
4301	43.55	12%石墨粉末 3%氟碳化合物	与4347类似，优良的耐磨损性、低摩擦系数、高压缩强度	轴承、推力垫圈、磨损垫、叶片、阀座等
4275	43.55	20%石墨粉末 3%氟碳化合物	与4301类似，但具有更好的耐磨损性	轴承、推力垫圈、磨损垫、叶片、阀座等
涂层级：				
AI-10	27.55	—	—	—

8.3.2 聚醚酰亚胺

聚醚酰亚胺（PEI）是一类非晶型热塑性材料，在 PI 材料中成本相对较低，产量相对较大，并具有优良的综合性，与如聚醚砜、聚醚醚酮等其他特种工程塑料相比更具有竞争力。其典型特征在于高强度、高模量、优异的电性能、琥珀色透明、本质阻燃性以及良好的耐化学稳定性。其热变形温度为 200 ℃，长期使用温度为 170 ℃[31]。PEI 树脂一个最大的卖点在于其优异的加工性能。与其他 PI 材料不同，PEI 可方便地通过传统的模压以及挤出机械进行加工，这主要是由于其熔融流动性以及熔体稳定性均十分优异。PEI 可以通过挤出成型加工成被复线、薄板以及薄膜。

GE 塑料公司在经过十几年的研制以及近三年的全方位商业化运作，于 1982 年以 Ultem® 为商标将该公司的 PEI 产品推向市场。在开发该系列产品的过程中，GE 公司先后获得了 100 多项专利。

GE 公司当前尚未明确透露该公司 Ultem® 系列产品的合成与生产工艺。普遍认为该树脂由双酚 A、苯酐、甲胺以及间苯二胺反应制得，Ultem® 树脂的典型结构如图 8.12 所示，纯树脂与 30%玻纤增强树脂的性能见表 8.11[4]。

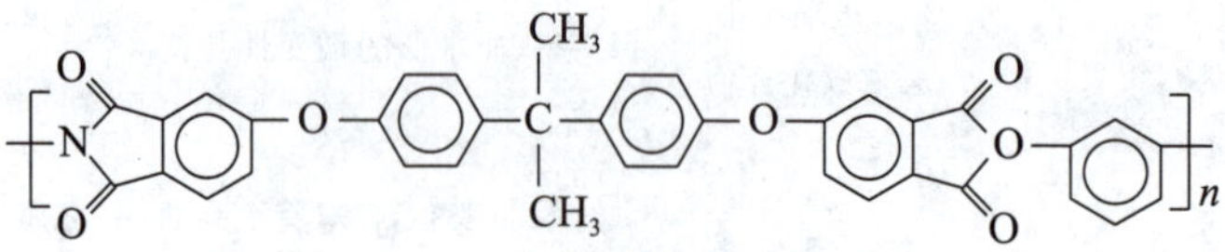

图 8.12　Ultem® 树脂的典型结构

表 8.11　Ultem® 树脂的典型性能

性能参数	测试方法	Ultem® 1000	Ultem® 2300（30%玻纤增强）
密度/(g·cm^{-3})	ASTM D792	1.28	1.49
拉伸强度/MPa	ASTM D638	114	156
拉伸模量/GPa	ASTM D638	3.45	5.52
弯曲强度/MPa	ASTM D790	138	207
弯曲模量/GPa	ASTM D790	3.45	6.21
压缩强度/MPa	ASTM D695	152	221
压缩模量/GPa	ASTM D695	3.31	4.31
艾式缺口冲击强度/(J·m^{-1})	ASTM D256	27	53
线膨胀系数(×10^{-6})/K	ASTM E831	56	20
热变形温度(1.82 MPa)/℃	ASTM D648	204	210
玻璃化转变温度/℃	ASTM D3418	215	215
空气中连续使用温度/℃	—	171	171
热导率/(W·m^{-1}·K^{-1})	—	0.12	0.22
击穿强度/(kV·mm^{-1})	ASTM D792	33	30
体积电阻/(Ω·cm)	—	1 016	1 016
介电常数(1 MHz)	ASTM D150	3.15	3.7
损耗因子(1 MHz)	ASTM D150	0.001 3	0.001 5
氧指数/%	ASTM D2863	47	—

Ultem® 树脂可以纯树脂形式提供，也可以 10%～40% 玻纤增强树脂形式提供。此外，GE 公司还提供易流动级、耐磨级、碳纤维增强级以及一系列高耐热级品种。GE 公司的 Ultem® 树脂产量可达 18 100 t/a，混料能力更是达到 25 800 t/a。

Ultem® PEI 树脂主要用于汽车、航空、计算机、电子/电气医疗以及食品包装等市场，由该树脂制作的工业零部件如图 8.13(a) 所示。例如，Ultem® PEI 材料以其优异的强度、耐冲击性以及尺寸稳定性而成为汽车发动机组件的理想候选材料。图 8.13(b) 给出了由该材料制作的商业交通工具空气启动器的叶轮部件。该部件是空气启动器的核心，空气启动器正在逐步取代电子启动器用于卡车、巴士以及其他商业交通工具中。该叶轮主要用来将空气压力转化为旋转动力，随后通过齿轮减速系统传递到调速轮。该叶轮在几秒内即会旋转加速到 60 000 r/min，从而产生足够的能量启动发动机。该叶轮是通过将碳纤维增强的 Ultem® PEI 树脂通过传统的注射成型方法加工的，PEI 树脂的高强度、高模量、高尺寸稳定性以及耐疲劳特性可保证该叶轮部件能够经受多年的重复启动。

图8.13　Ultem的工业应用

电气/电子工业中，Ultem® PEI树脂主要用于连接器、印制线路板、集成电路芯片托架以及刚性计算机磁盘。PEI薄膜也用于柔性印制线路板的制作。

食品包装工业中，PEI树脂的耐水蒸气性、热稳定性、微波透过性以及符合FDA认证等特性使得该树脂成为理想的包装材料。PEI可与聚碳酸酯（PC）共挤出生产食品托盘、微波炉器具等。

医疗领域中，PEI树脂主要用于制作神经刺激器（使用绝缘探针定位末梢神经位置的仪器）以及手术室外科灯等医疗器械。由于PEI树脂可以耐受反复消毒处理，并且可以耐受清洁剂，因此是医疗器具制作的理想材料。

日本三井公司于1988年注册了商品名为Aurum®的新型热塑性PEI树脂，并于1990年开始投入市场。三井公司还曾以Regulus®为商标推出了基于Aurum®树脂的薄膜产品，但1999年后因利润率有限而退出市场。作为当前世界上为数不多的几种可以进行挤出或注射成型的PEI材料，Aurum®在短短的十几年时间里成为对尺寸稳定性、长期热稳定性、耐化学与腐蚀性以及机械性能要求较高的领域中首选的材料之一。Aurum®树脂的T_g为250℃，是已商品化可注射成型热塑性聚酰亚胺中最高的。

图8.14为Aurum®树脂与其他特种工程塑料的热形变温度比较图，从图中可以看出，Aurum®系列树脂的热变形温度较PES与PEEK要高出许多。三井公司是Aurum®及其单体3,3'-二氨基双苯氧基联苯的唯一生产厂商。该单体及Aurum®的合成方法如图8.15所示。

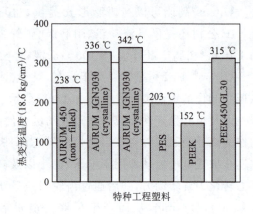

图8.14　Aurum®系列树脂的热变形温度

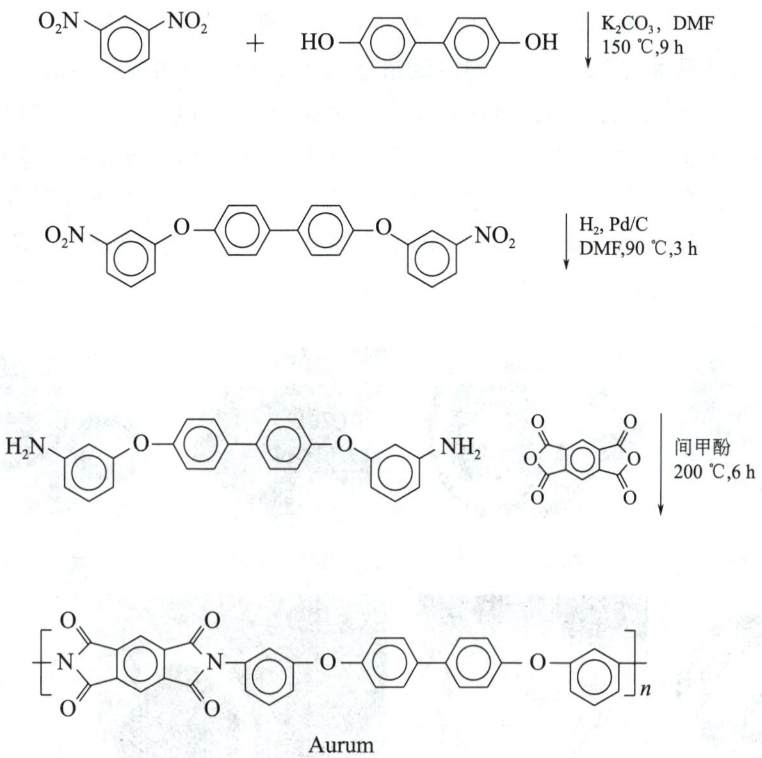

图 8.15 3,3'-二氨基双苯氧基联苯单体及 Aurum® 树脂的合成方法

虽然 Aurum® 的综合性能很好,但是其结晶速率较慢,因此,这种材料的注射成型制品一般呈无定形态,为提高其使用温度,往往需要长时间的高温热处理,这使其生产效率下降,成本提高。图 8.16 是 Aurum® 的结晶化处理条件与使用温度的关系。另外,这种材料需要在 420 ℃ 以上的高温加工,在这样高的温度下,聚合物的熔体稳定性较差,不利于熔融加工,且对成型设备的要求较高。这也限制了 Aurum® 的广泛应用。三井化学公司在 Aurum® 的基础上,开发出性能更好的 Super Aurum,并于 2003 年投放市场。与 Aurum® 相比,Super Aurum 具有更快的结晶速率,注射成型制品冷却后结晶度很高,其热变形温度高达 359 ℃,在结晶型工程塑料(PET、PPS、PEEK)中,熔点和玻璃化温度均最高,可用于耐高温要求达 250 ℃ 以上甚至

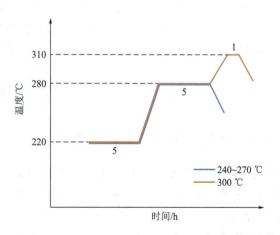

图 8.16 Aurum® 的结晶化热处理条件与使用温度关系

Aurum®可以球状颗粒或粉末形式提供,也可以与碳纤维、玻璃纤维以及石墨的混合形式提供。由于某些品种的Aurum®模制温度超过400 ℃,因此有可能在传统的机器上无法进行注射成型。Aurum®的最大消费市场在于汽车工业与电气/电子工业,大约占总消费量的70％。Aurum®树脂已被日本喷气发动机制造商石川岛播磨公司、NSK(世界最大的轴承制造商之一)、福特汽车公司、多家高速打印机、高速复印机制造厂商等众多制造商采用,产品包括喷气发动机的外壳、静子叶片、轴承、轴承支撑器、密封件、止推垫圈、打印机、复印机上的多个部件、薄膜、无缝管膜等。图8.17是Aurum®树脂在各种制品中的应用[32]。

挤出后双向拉伸薄

喷气发动机外壳和静子

电缆绝缘层

高速打印机、复印机用齿

汽车用轴承保持

汽车用止推垫

高速复印机、打印机硒鼓用轴头

图8.17 Aurum®树脂在各种制品中的应用

2004年三井公司的Aurum®纯树脂的产量大约为500 t,其中大约半数被日本本国消耗,日本的Aurum®消耗以5％的年平均增长率增加,其余主要出口到美国。虽然当前欧洲的消费量较小,但在汽车工业中的消耗呈现逐渐增加的趋势。

8.4 聚酰亚胺薄膜

8.4.1 聚酰亚胺薄膜主要产品与性能

在聚酰亚胺树脂中应用最为广泛的商业化产品主要为聚酰亚胺薄膜,代表性的聚酰亚胺薄膜主要包括均苯型聚酰亚胺薄膜和联苯型聚酰亚胺薄膜两类。前者为美国杜邦公司产品,商品名为Kapton,由均苯四甲酸二酐(PMDA)与二苯醚二胺(ODA)制得。后者由日本宇部兴产公司生产,商品名为Upilex,由联苯四甲酸二酐(BTDA)与二苯醚二胺(R型)或对苯二胺(p-PDA)(S型)制得。典型的聚酰亚胺薄膜Kapton H、Upilex-R和Upilex-S的化学结构如图8.18所示。

美国杜邦公司是最早向市场提供聚酰亚胺薄膜的公司,1965年将最初开发的均苯型PI

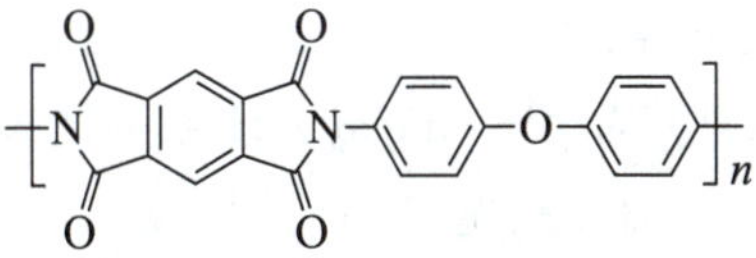

Kapton H

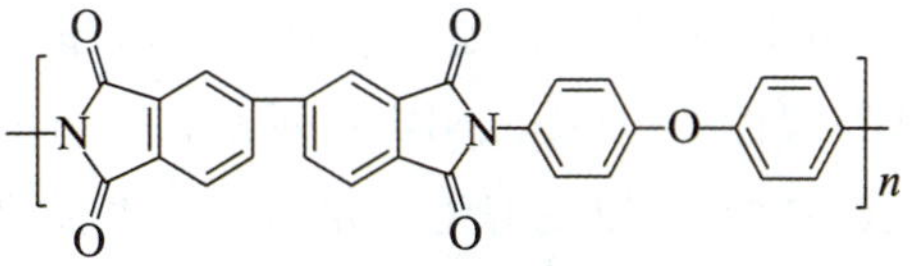

Upilex-R

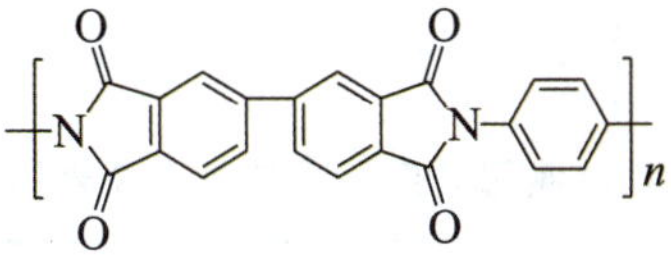

Upilex-S

图 8.18　典型聚酰亚胺薄膜的化学结构

美国杜邦公司是最早向市场提供聚酰亚胺薄膜的公司,1965 年将最初开发的均苯型 PI 薄膜在布法罗大规模生产,商品名为 Kapton H 系列产品。Kapton 薄膜有 H 型、F 型、V 型等三种类型。到 1980 年,生产有三种型号 20 多种规格,薄膜幅宽达到 1 500 mm。通过技术改进,杜邦公司又于 1984 年推出了三种改良型 Kapton 薄膜,分别为 HN 型、FN 型、VN 型。改良型聚酰亚胺薄膜在当前的生产中已占全部聚酰亚胺薄膜产量的 85%。表 8.12 列举了不同厚度的 Kapton HN 型薄膜的主要性能参数。

表 8.12　Kapton HN 型聚酰亚胺薄膜的主要性能参数

膜厚/μm	25	50	75	125
极限拉伸强度/MPa	231(23 ℃) 139(200 ℃)	231(23 ℃) 139(200 ℃)	231(23 ℃) 139(200 ℃)	231(23 ℃) 139(200 ℃)
极限延伸率/%	72(23 ℃) 83(200 ℃)	82(23 ℃) 83(200 ℃)	82(23 ℃) 83(200 ℃)	82(23 ℃) 83(200 ℃)
拉伸模量/GPa	2.5(23 ℃) 2.0(200 ℃)	2.5(23 ℃) 2.0(200 ℃)	2.5(23 ℃) 2.0(200 ℃)	2.5(23 ℃) 2.0(200 ℃)
密度/(kg·m^{-3})	1 420	1 420	1 420	1 420
泊松比	0.34	0.34	0.34	0.34
线膨胀系数/(10^{-6}·℃$^{-1}$)	20(−14~38 ℃测定),32(100~200 ℃测定)			
表面电阻率/Ω	$1.5×10^{17}$			
介电常数	3.4		3.5	
绝缘强度/(kV·mm^{-1})	303	240	205	154
体积电阻率/(Ω·cm)	$1.5×10^{17}$	$1.5×10^{17}$	$1.4×10^{17}$	$1.0×10^{17}$

1978 年日本的宇部兴产公司向市场推出联苯型聚酰亚胺薄膜 Upilex-S 系列产品,薄膜因具有高模量低膨胀的特点,因此主要作为电子级绝缘材料在微电子封装应用中表现出明显的竞争优势。1995 年日本钟渊化学公司向市场推出 Apical AH 系列产品,薄膜的化学结

构与 Kapton 薄膜相同,但是工艺有所差别,薄膜厚度包括 12.5～22.5 μm。此后,又研发成功高尺寸稳定性的 Apical NPI 系列和 Apical HP 系列产品,与 Apical AH 系列薄膜相比线性膨胀系数更低,可以更好地满足微电子产品高密度微细线路绝缘的应用需求。2010 年该公司开发的膜厚仅为 7.5 μm 的超薄型聚酰亚胺薄膜 Apical AH-7.5,并成功应用于日本宇宙航空开发机构(JAXA)研制的 IKAROS 太阳帆的主体结构。表 8.13 列举了日本宇部兴产和钟渊化学聚酰亚胺薄膜的主要性能参数。

表 8.13　日本宇部兴产和钟渊化学聚酰亚胺薄膜主要的性能参数(膜厚 25 μm)

商品名	Upilex-S	Apical AH	Apical NPI	Apical HP
拉伸强度/MPa	520	245	303	360
拉伸模量/GPa	9.1	3.2	4.1	6.1
延伸率/%	42	115	90	45
线膨胀系数/(×10^{-6})/℃	12 (20～200 ℃测定)	32	16 (100～200 ℃测定)	11
密度/(kg·m^{-3})	1 470	—	—	—
介电常数	3.5	3.3	3.3	3.1
表面电阻率/Ω	>10^{16}	>10^{16}	>10^{16}	>10^{16}
体积电阻率/(Ω·cm)	>10^{17}	>10^{16}	>10^{16}	>10^{16}

8.4.2　聚酰亚胺薄膜生产工艺

聚酰亚胺薄膜的生产基本上是二步法:第一步是合成聚酰胺酸,第二步是成膜亚胺化。为了实现 PAA 前驱体树脂溶液的流延成膜,早期人们采用铝箔浸渍法。将具有适当黏度和固体含量的 PAA 前驱体树脂溶液浸渍在多程浸胶机的铝箔载体上,经多次浸渍后在 350 ℃下高温处理使 PAA 树脂脱水环化发生亚胺化反应。待冷却后将 PI 薄膜从铝箔上剥下得到 PI 薄膜产品。该方法生产设备简单、投资少,见效快,生产工艺简单,操作较为方便。但所生产的 PI 薄膜表面平整度差,厚度均匀性难于精确控制,力学性能和电性能较差,不能满足多种使用要求,因此该方法已被淘汰。二十世纪七八十年代,钢带流延法逐渐成熟,并成为国内外生产厂家普遍采用的主流生产工艺技术。90 年代后又进一步向双向拉伸法到化学亚胺化-双向拉伸法工艺发展[33]。

首先,根据制膜工艺的不同主要分为流延法和双向拉伸法。

(1)流延法:这种薄膜制备工艺过程是将二酐与二胺在极性溶剂中进行缩合反应制备得到具有适当黏度和固体含量的聚酰胺酸(PAA)树脂溶液,再经模具挤出流延到连续运转的镜面不锈钢带上,经烘道加热使部分溶剂蒸发后成为固态韧性前驱体树脂膜,将其从钢带上剥离后经导向辊引入烘道,经高温脱水完成热亚胺化反应后,收卷得到 PI 薄膜。这种流延法制备薄膜的工艺设备成本低,但是薄膜的力学性能偏低,主要用于生产低端薄膜产品。

(2)双向拉伸法:这种薄膜制备工艺过程与流延法的主要区别在于树脂流延热烘得到前驱体树脂膜后增加拉伸定型,将薄膜在连续的纵向和横向拉伸力作用下进行高温热亚胺化,最后收卷得到 PI 薄膜。薄膜经过双向拉伸后使分子链沿拉伸取向,因此薄膜的力学性能、电学性能和热稳定性较流延法制备的薄膜均有显著提高。国外均采用双向拉伸工艺制备聚酰亚胺薄膜。但是,薄膜双向拉伸设备投入较大,工艺相对复杂。双向拉伸法制备聚酰亚胺薄膜的工艺流程如图 8.19 所示。

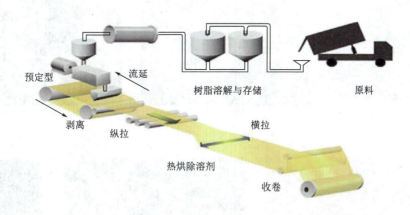

图 8.19 双向拉伸法制备聚酰亚胺薄膜的工艺流程

其次,聚酰亚胺薄膜的工程化制备技术根据树脂合成工艺的不同,又分为热亚胺化法和化学亚胺化法。

(1)热亚胺化法:传统聚酰亚胺薄膜制备的树脂合成工艺主要采用热亚胺化法,即前驱体 PAA 树脂经高温热烘完成脱水环化反应形成 PI 树脂。这种方法工艺控制相对简单,但是存在如果高温处理时间不够亚胺化程度不完全,进而影响到薄膜的力学和电学性能的问题,并且生产效率较低。

(2)化学亚胺化法:这种树脂合成工艺过程与热亚胺化法的主要区别是在前驱体 PAA 树脂合成后加入脱水剂和催化剂,使树脂进行环化脱水反应得到部分亚胺化的前驱体树脂,在经进一步加热除去溶剂和亚胺化试剂的同时完成亚胺化反应。这种方法由于不需要长时间高温热烘即可达到较高的亚胺化程度,从而大幅度提高了生产效率,并且由于亚胺化程度的提高,薄膜在力学和电学性能上均优于热亚胺化法制备的薄膜,因此,国外企业主要采用化学亚胺化法结合双向拉伸工艺制备聚酰亚胺薄膜。

8.4.3 聚酰亚胺薄膜的应用

经过 50 多年的不断发展,聚酰亚胺薄膜已经在电工电气、微电子、光电显示、航天航空等高新技术领域得到了广泛应用。在电力电机产业中,聚酰亚胺薄膜作为高性能绝缘材料已广泛应用于输配电设备、风力发电设备、变频电机、高速牵引电机及高压变压器等的制造。在微电子制造与封装中,电子级聚酰亚胺薄膜已广泛应用于超大规模集成电路的制造与封装、载带自动键合(TAB)的载带、柔性封装基板、柔性连接带线等方面。例如,PI 薄膜柔性封装基板正在代替传统的金属铜引线框架直接附载 IC 芯片而成为笔记本电脑、手机、照相机、摄像机等微薄小型化电子产品的主流封装技术;PI 薄膜 TAB 载带则成为微电子产品卷对卷(roll-to-roll)生产线的支撑技术。图 8.20 和图 8.21 分别为聚酰亚胺薄膜在电力电气及微电子领域的应用实例。

图 8.20 聚酰亚胺绝缘胶带在电力电气中的应用

图 8.21 聚酰亚胺柔性印制线路板及 TAB 载带在微电子产品中的应用

随着全球微电子制造与光电显示技术向着薄型化、柔性化、便携化、高密度化、多功能化、低成本化等方向的快速发展,聚酰亚胺薄膜的应用正在不断拓展。在光电显示领域,高透明聚酰亚胺薄膜作为柔性显示薄膜导电触控层和透明封装盖板基板正在得到普及与应用。耐高温低膨胀特性的聚酰亚胺薄膜则用于柔性显示器薄膜晶体管(TFT)以及柔性薄膜太阳能电池制造的耐高温基板材料。图 8.22 为聚酰亚胺薄膜在柔性显示与柔性太阳能电池中的应用。

图 8.22 聚酰亚胺薄膜在柔性显示器和柔性太阳能电池中的应用

由于聚酰亚胺薄膜具有优异的空间环境稳定性，因此在航天航空领域中也具有不可替代的作用。例如，在 PI 薄膜表面贴附太阳能电池可形成矩阵式大面积卫星用太阳能电池；在 PI 薄膜表面黏附电炉丝可制成带式加热器，用于卫星等空间飞行器的设备加热保温；在 PI 薄膜表面蒸镀金属铝箔可用于制作空间飞行器的多层绝热保护毯；超薄型 PI 薄膜已被成功用于深空探测飞行器的太阳帆等。图 8.23 为聚酰亚胺薄膜在空间飞行器中的应用实例。

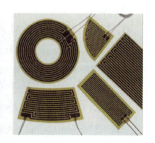

图 8.23　聚酰亚胺薄膜在空间飞行器中的应用

从全球范围分析，PI 薄膜的需求量呈快速上升趋势，美国、日本、欧洲、韩国、中国、俄罗斯等成为 PI 薄膜的主要消费国。据统计[34]，2016 年全球高性能聚酰亚胺薄膜的总产量达到 15 000 t，其中电子级 PI 薄膜 9 600 t/a，电工级 PI 薄膜达到 5 500 t/a。然而，聚酰亚胺薄膜的研发和制造技术几乎完全被美日韩等国垄断，主要集中于美国杜邦（含日本东丽-杜邦）、日本钟渊化学、日本宇部兴产、以及韩国 SKC-KOLON 等生产商，市场占有率达到全球总量的 90％以上。我国 20 世纪 60 年代末开始进行小批量生产聚酰亚胺薄膜，但是产业化制造技术一直处于低水平徘徊的状态，大多采用传统的流延生产线，只能生产低端的普通电工级绝缘薄膜，而且薄膜产量小，种类单一，产品质量差，仅能用于电磁导线绕包绝缘和绝缘黏带。2002 年起国内薄膜制造工艺逐渐转向双向拉伸法，国产薄膜的性能有了大幅度提升。伴随着我国微电子产业与电力电器产业的高速发展，除通用型电工级薄膜外，国产高性能电工级薄膜和电子级薄膜也开始陆续投入市场。

参考文献

［1］ BOGERT M T, RENSHAW R R. 4-amino-o-phthalic acid and some of its derivatives[J]. Journal of the American Chemical Society, 1908, 30(7): 1135-1144.
［2］ Mital K L. Polyimides: Synthesis, characterization and applications[M]. New York: Plenum, 1986.
［3］ CHOI M C, KIM Y, HA C S. Polymers for flexible displays: from material selection to device applications [J]. Progress in Polymer Science, 2008, 33(6): 581-630.
［4］ 丁孟贤. 聚酰亚胺：化学、结构与性能的关系及材料[M]. 北京：科学出版社, 2006.
［5］ 今井淑夫, 横田力男. 最新聚酰亚胺：聚酰亚胺的基础和应用[M]. 东京：日本 NTS 出版社, 2002.
［6］ SERAFINI T T, DELVIGS P, LIGHTSEY G R. Thermally stable polyimides from solutions of monomeric reactants[J]. Journal of Applied Polymer Science, 1972, 16(4): 905-915.
［7］ ABADIE M J M, VOYTEKUNAS V Y, RUSANOV A L. State of the art organic matrices for

high-performance composites: A review[J]. Iranian Polymer Journal, 2006, 15(1):65-77.

[8] SERAFINI T T, DELVIGS P. PMR polyimides-review and update[R]. NASA TM 82821, 1982.

[9] WILSON D. PMR-15 Processing, properties and problems-a review[J]. British Polymer Journal, 1988, 20(5):405-416.

[10] OWENS G A, SCHOFIELD S E. Thermal cycling and mechanical property assessment of carbon-fiber fabric reinforced PMR-15 polyimide laminates[J]. Composites Science and Technology, 1988, 33(3):177-190.

[11] QU X M, FAN L, JI M A, et al. Fluorinated PMR polyimides with improved melt processability and impact toughness[J]. High Performance Polymers, 2011, 23(2):151-159.

[12] PATER R H. Low toxicity high temperature PMR polyimide[P]. United States, 5171822. 1992-12-15.

[13] VANNUCCI R D, CIFANI D. 700F Properties of autoclave cured PMR-Ⅱ composites[C]//Proceedings of the 33rd International SAMPE Symposium and Exhibition, Long Beach, CA, 1988:562-575.

[14] RUSSELL J D, KARDOS J L. Crosslinking characterization of a polyimide: AFR700B[J]. Polymer Composites, 1997, 18(5):595-612.

[15] 包建文,陈祥宝. 发动机用耐高温聚酰亚胺树脂基复合材料的研究进展[J]. 航空材料学报, 2012, 32(6):1-13.

[16] CHUANG K C, BOWLES K J, PAPADOPOULOS D S, et al. A high T_g PMR polyimide composites (DMBZ-15)[J]. J Adv Mater, 2001, 33(4):33-38.

[17] TAKEKOSHI T, TERRY J M. High-temperature thermoset polyimides containing disubstituted acetylene end-groups[J]. Polymer, 1994, 35(22):4874-4880.

[18] HERGENROTHER P M, SMITH J G. Chemistry and properties of imide oligomers end-capped with phenylethynylphthalic anhydrides[J]. Polymer, 1994, 35(22):4857-4864.

[19] PHALAKORNKULE C, FRY B, ZHU T, et al. ^{13}C NMR evidence for pyruvate kinase flux attenuation underlying suppressed acid formation in Bacillus subtilis[J]. Biotechnology Progress, 2000, 16(2):169-175.

[20] HERGENROTHER P M, CONNELL J W, SMITH J G. Phenylethynyl containing imide oligomers[J]. Polymer, 2000, 41(13):5073-5081.

[21] YOKOTA R. Recent trends and space applications of polyimides[J]. Journal of Photopolymer Science and Technology, 1999, 12(2):209-216.

[22] SMITH J G, CONNELL J W, HERGENROTHER P M, et al. Resin transfer moldable phenylethynyl containing imide oligomers[J]. Journal of Composite Materials, 2002, 36(19):2255-2265.

[23] CONNELL J W, SMITH J G, CRISS J M. High temperature transfer molding resins: Laminate properties of PETI-298 and PETI-330[J]. High Performance Polymers, 2003, 15(4):375-394.

[24] YOKOTA R, YAMAMOTO S, YANO S, et al. Molecular design of heat resistant polyimides having excellent processability and high glass transition temperature[J]. High Performance Polymers, 2001, 13(2):61-72.

[25] OGASAWARA T, ISHIDA Y, YOKOTA R, et al. Processing and properties of carbon fiber/Triple-A polyimide composites fabricated from imide oligomer dry prepreg[J]. Composites Part A-Applied Science and Manufacturing, 2007, 38(5):1296-1303.

[26] MIYAUCHI M, ISHIDA Y, OGASAWARA T, et al. Synthesis and characterization of soluble phenylethynyl-terminated imide oligomers derived from pyromellitic dianhydride and 2-phenyl-4,4′-diaminodiphenyl ether[J]. Reactive & Functional Polymers, 2013, 73(2): 340-345.

[27] MIYAUCHI M, ISHIDA Y, OGASAWARA T, et al. Novel phenylethynyl-terminated PMDA-type polyimides based on KAPTON backbone structures derived from 2-phenyl-4,4′-diaminodiphenyl ether[J]. Polymer Journal, 2012, 44(9): 959-965.

[28] LINCOLN J E, MORGAN R J, CURLISS D B. Effect of matrix chemical structure on the thermo-oxidative stability of addition cure poly(imide siloxane) composites[J]. Polymer Composites, 2008, 29(6): 585-596.

[29] P2SI-900HT-Datasheet[R/OL]. http://www.p2si.com/prepregs/datasheets/P2SI-900HT-Datasheet.

[30] ROBERTSON G P, YASHIKAWA M Y, BROWNSTEIN S. Structural determination of Torlon® 4000T polyamide-imide by NMR spectroscopy. Polymer. 2004, 45: 1111-1117.

[31] 王凯, 高生强, 詹茂盛, 等. 热塑性聚酰亚胺研究进展[J]. 高分子通报, 2005(03): 25-32.

[32] 王凯. 新型热塑性聚酰亚胺的制备与性能研究[D]. 北京: 北京航空航天大学, 2005.

[33] 2010版电子产品用聚酰亚胺PI薄膜行业市场调研报告[R]. 中国电子材料行业协会经济技术管理部, 2010.1.

[34] 2017—2022年中国聚酰亚胺(PI)行业市场评估分析及行业前景调研战略研究报告[R]. 博思数据研究中心, 2017.9.

第9章 聚合物陶瓷前驱体

聚合物陶瓷前驱体是一类主链含有目标陶瓷元素,经固化交联后,在一定条件下裂解可得到陶瓷的可熔/可溶聚合物。1959年,Ainger等首次利用有机硅聚合物为前驱体,经过有机—无机转变,制备出硅基陶瓷,并提出聚合物转化陶瓷(polymer-derived ceramics,PDC)的概念[1,2]。1975年,Yajima等利用有机硅聚合物前驱体制备出具有高强度的SiC连续纤维(见图9.1)[3],开启了聚合物陶瓷前驱体的实用化研究,PDC路线制备陶瓷才开始被认可。自此,关于聚合物前驱体制备陶瓷的研究层出不穷,涉及的陶瓷种类从简单组元的SiC[4-6]、Si_3N_4[7,8]陶瓷发展到三元陶瓷(SiOC[9,10]、SiCN[8,11-13]、Ta_4HfC_5[14]等)、四元陶瓷(SiBCN[15-20]、SiAlOC[21]、SiAlCN[22,23]等),甚至五元陶瓷(SiHfBCN[24,25]、SiHfCNO[26,27]等)。基于聚合物前驱体优异的加工成型性,聚合物前驱体法制备的陶瓷材料涵盖了纤维[7,8,15,28-31]、块材[32-36]、涂层/薄膜[37-41]、复合材料[25,42-45]等多种形态,前驱体独特的分子结构可设计性及优异的本征性能使其在耐高温结构材料(陶瓷纤维、热障涂层、黏结材料、陶瓷基复合材料、陶瓷泡沫、气凝胶等)和先进功能材料(微电子器件、气体传感器、光催化剂、电磁屏蔽材料等)领域具有广泛的应用前景。

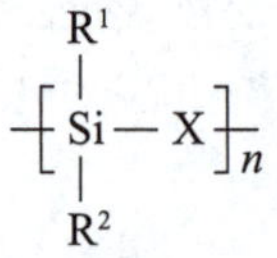

图9.1 有机硅前驱体的简单结构式[46]

9.1 聚合物陶瓷前驱体的合成与设计

聚合物陶瓷前驱体的分子结构是影响陶瓷化产物的化学组成、相组成和微纳结构的重要因素,并最终影响陶瓷材料的性能和功能。通常,聚合物陶瓷前驱体有两种合成路线:一是单体路线,即起始原料为小分子单体,经过缩聚/加聚反应,生成聚合物陶瓷前驱体;二是聚合物改性路线,即改性剂与已有前驱体中存在的活性基团发生反应(如硼氢化反应、硅氢加成反应等),实现对已有前驱体分子水平上的修饰,得到改性聚合物前驱体。聚合物前驱体裂解法制备陶瓷具有分子可设计性强、成型加工性好、陶瓷化温度低、陶瓷产物晶粒尺寸小且元素分布均匀等特点,可实现纳米陶瓷和具有特殊微结构的陶瓷的制备。根据产物陶瓷的使用温度不同,以下将对有机硅前驱体和超高温前驱体分别进行介绍。

9.1.1 有机硅陶瓷前驱体

有机硅前驱体的简单结构式如图9.1所示。主链的X和侧基R^1、R^2为可设计基团,X决定有机硅前驱体的种类(见图9.2),侧基R^1和R^2影响前驱体的化学稳定性、热稳定性及溶解性,并且通过侧基修饰,可实现前驱体的功能化,实现对陶瓷产物电学、磁学、光学和流变学等性能的调节和改性。有机取代基 R^1 和 R^2 决定最终陶瓷中的自由碳含量。

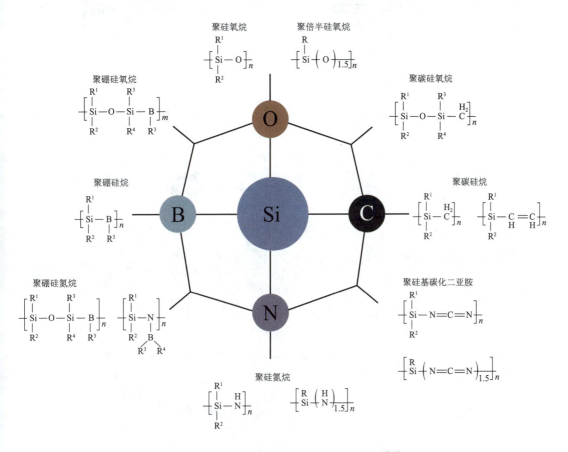

图 9.2　有机硅前驱体的种类和简单结构式[46]

1. 聚碳硅烷(polycarbosilane)

首例报道的聚碳硅烷(PCS)的合成方法是将聚甲基硅烷进行热重排,称为 Kumada 重排反应[47]。后来,Yajima 等利用该反应制备的聚碳硅烷进行纺丝,经交联热解后得到高温热稳定性和力学性能优异的 SiC 连续纤维,具体路线如图 9.3 所示。

已有多种商品化的聚碳硅烷。不同分子结构的 β-SiC 前驱体如图 9.4 所示。

Yajima 路线合成的 SiC 纤维具有优异的高温性能,但是当使用温度超过 1 300 ℃时,受限于抗氧化性能的降低,纤维的力学强度大大下降,因此,为了提高 SiC 纤维的高温抗氧化性,研究人员开始致力于金属改性 SiC 前驱体(PMCS,M＝Ti,Zr,Al 等)的合成工作,以期获得具有良好高温抗氧化性的 SiCM(M＝Ti,Zr,Al 等)陶瓷[48-50]。改性路线主要通过 PCS 与金属醇盐或金属乙酰丙酮配合物反应实现。有研究认为,PCS 与金属醇盐通过脱烷烃反应,形成 Si—O—M 结构;PCS 与金属乙酰丙酮配合物反应则通过脱除乙酰丙酮反应,形成 Si—M 结构,但仍缺少足够的证据支持。

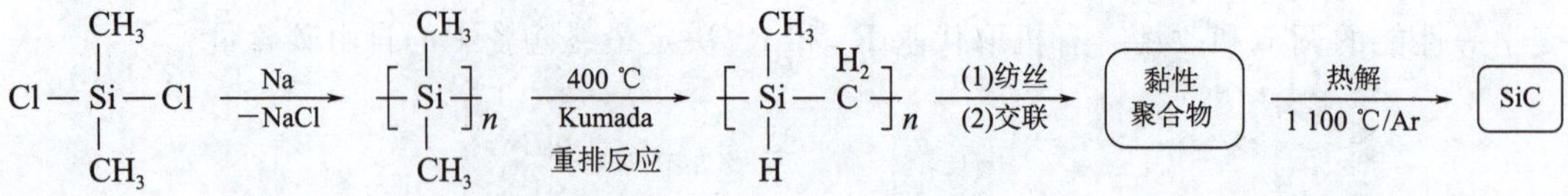

图 9.3　Yajima 路线示意图[4]

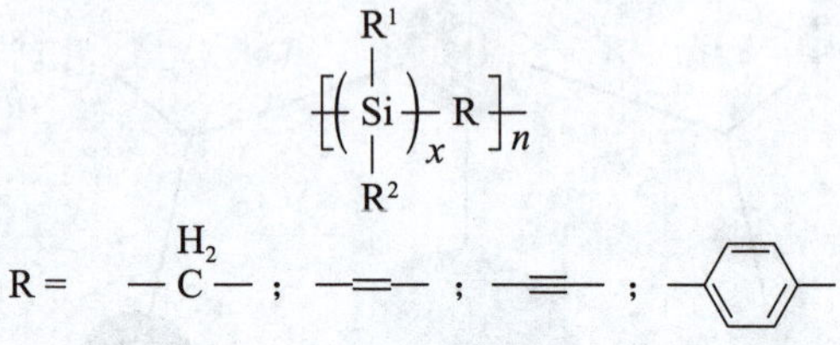

图 9.4　几种类型的聚碳硅烷简单结构式[46]

PCS 与钛醇盐的反应[49]：

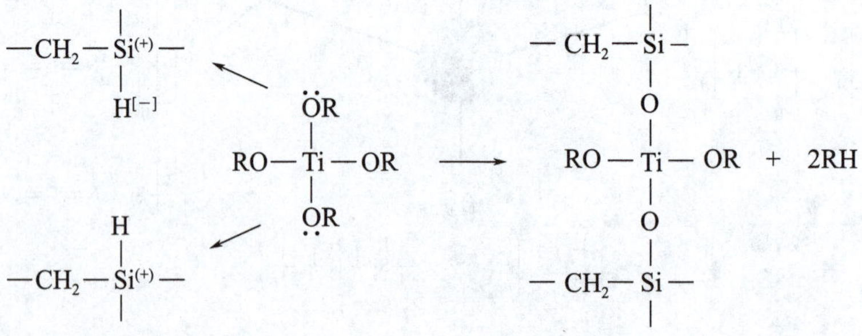

PCS 与乙酰丙酮锆的反应[50]：

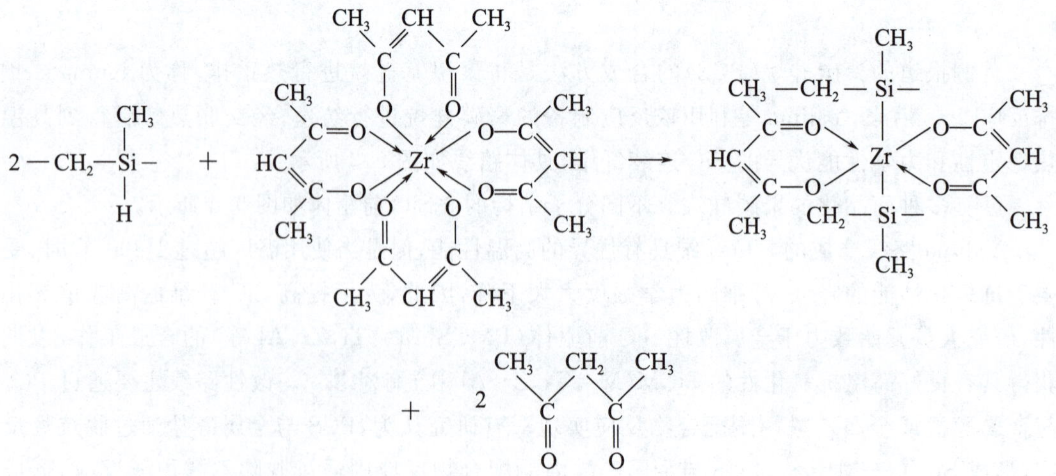

2. 聚硅氮烷（polyorganosilazane）

当前已报道的聚硅氮烷前驱体的合成主要包括氯硅烷氨（胺）解、催化脱氢偶合、开环聚合等方法。在一定条件下裂解聚硅氮烷，可得到 Si_3N_4 或 SiCN 陶瓷。

聚硅氮烷最初的合成方法为氯硅烷氨（胺）解，典型反应如图 9.5 所示。两条路线均面临副产物 NH_4Cl 或 H_3NRCl 难以脱除的问题，且氯硅烷氨（胺）解所得的聚硅氮烷一般分子量都较低，多为小环体和线性低聚物的混合物[51]，裂解后难以实现高陶瓷产率。为提高陶瓷产率，可将氨解产物进一步聚合。谢择民等以甲基氯硅烷为原料，加入少量乙烯基氯硅烷，经氨解后，在 NH_4Cl 催化下进一步聚合得到聚硅氮烷，其陶瓷产率达 70%～80%[52]。

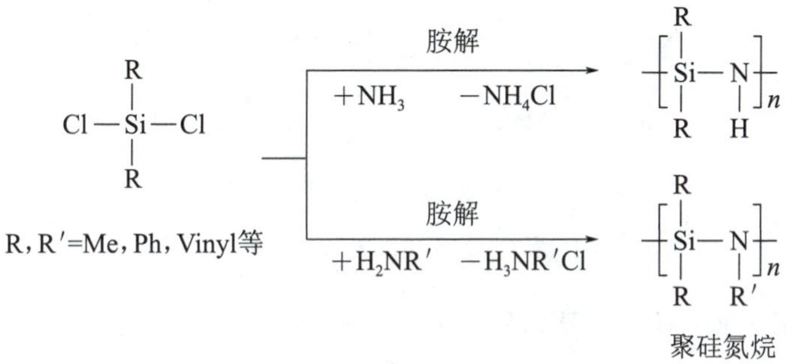

图 9.5 氯硅烷氨（胺）解反应[46,53]

一般条件下，N—H 键和 Si—H 键难以反应，但当存在合适的催化剂时，在较温和的条件下就可发生 N—H 键和 Si—H 键的脱氢偶合反应，形成 Si—N 键。这种催化脱氢偶合反应被广泛应用于聚硅氮烷的合成中。

碱金属氢化物催化脱氢[54]：

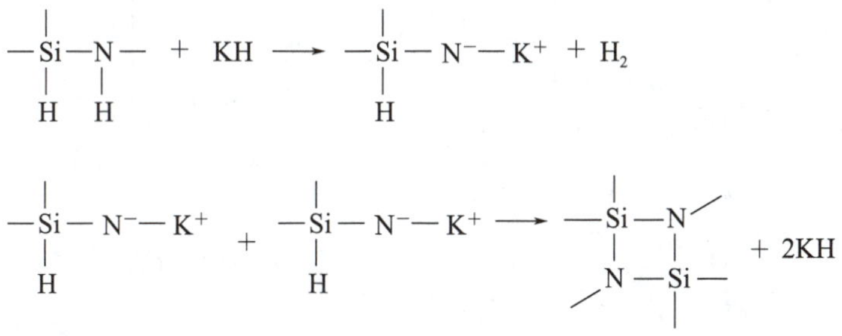

过渡金属化合物催化脱氢[55]：

$$RSiH_3 + NH_3 \xrightarrow[60\sim 90\,°C]{Ru_3(CO)_{12}} -[RSiHNH]_n- \longrightarrow [RSiHNH]_x[RSi(NH_2)NH]_y[RSi(NH)_{1.5}]_z$$

线性聚合物中间体

开环聚合是合成聚酯、聚醚、聚硅氧烷等高分子量聚合物的常用方法，也被用于聚硅氮烷陶瓷前驱体的合成中。适当结构的环二硅氮烷可由阳离子或阴离子引发开环聚合，制备高分子量线性聚硅氮烷。如图9.6(a)所示,式中无论 R_1、R_2 为何种取代基,只有当氮原子上的取代基 R 为甲基时,才可通过开环聚合生成高分子量聚合物;当 R 为芳基或其他烷基时,只能得到齐聚物,甚至根本不反应;当 R、R_1、R_2 均为甲基时,该环二硅氮烷由阳离子和阴离子均可引发开环聚合,生成分子量高达10万的线性聚硅氮烷[55,56]。图9.6(a)中 R_1 或 R_2 为反应性基团时,开环聚合产物可进一步交联,从而作为前驱体。图9.6(a)的开环聚合产物经 AIBN 引发自由基聚合交联后,1 000 ℃ 裂解的陶瓷产率为40%;以 H_2PtCl_6 催化与 $HSiMe_2NHMe_2SiH$ 加成交联裂解后,陶瓷产率达50%[55]。

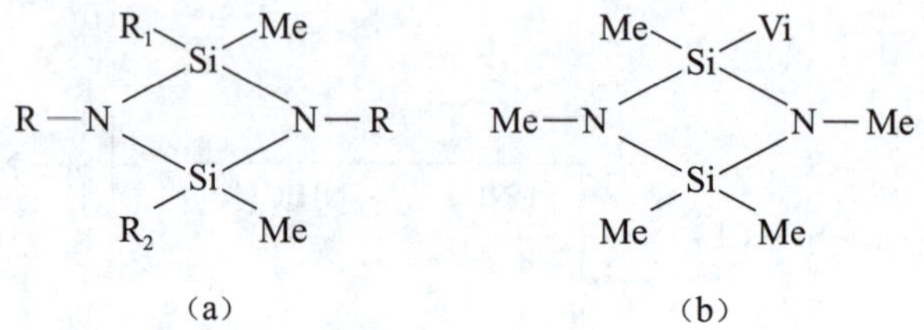

图9.6 环二硅氮烷结构式

部分聚硅氮烷已商品化,主要牌号有 Polysilazane HTT1800、Ceraset® Polysilazane 20 和 CerasetR Polyureasilazane 等。

3. 聚有机硅氧烷(polyorganosiloxane)

聚硅氧烷是一类相对比较廉价的有机硅聚合物,其多种衍生物已实现商品化生产,主要用作封装材料,裂解后可得到 SiOC 陶瓷。典型的聚硅氧烷合成是通过氯硅烷与水的反应实现。近年来,也有研究报道利用开环聚合合成富硅的聚硅氧烷(即聚硅醚),反应如图9.7所示。

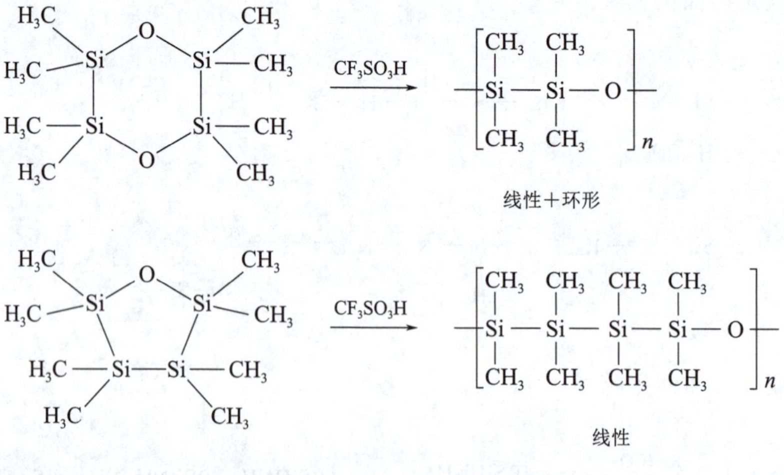

图9.7 开环聚合反应合成聚硅醚[57,58]

另一类主要的 SiOC 前驱体是聚倍半硅氧烷,因具有独特的超支化结构而可呈现不同构型。典型的聚倍半硅氧烷结构如图9.8所示。

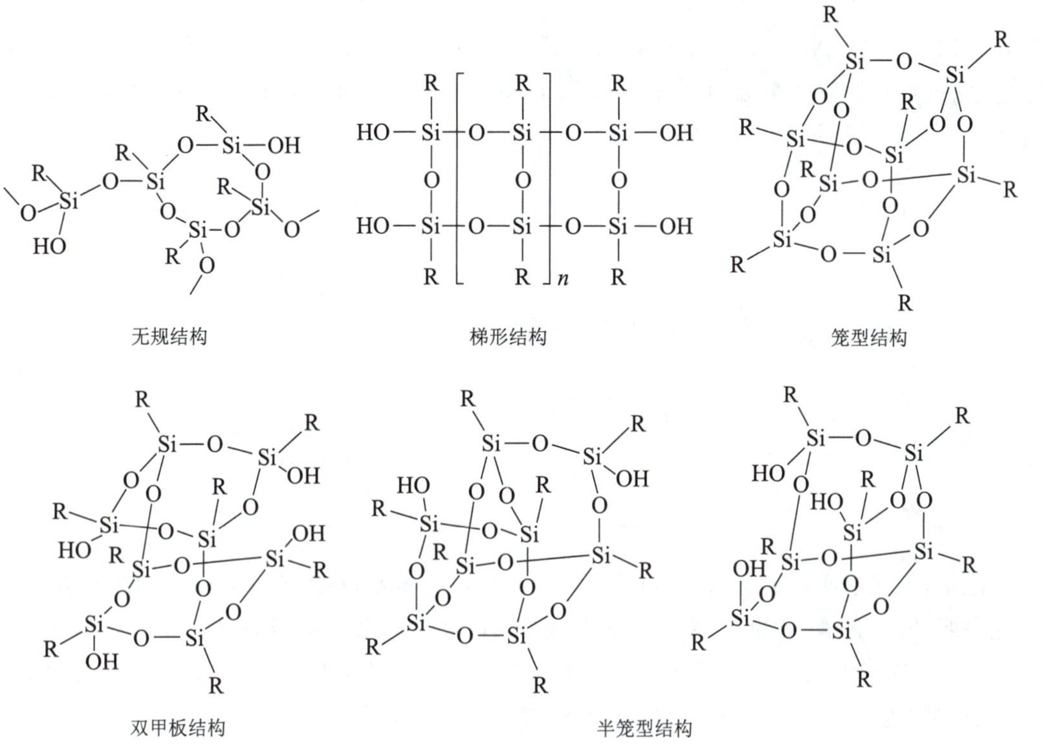
无规结构
梯形结构
笼型结构
双甲板结构
半笼型结构

图 9.8　典型的聚倍半硅氧烷结构[59,60]

交联的聚硅氧烷或硅树脂，可通过溶胶-凝胶法制备：以硅酸酯 $R_xSi(OR')_{4-x}$ 为原料，通过水解缩合凝胶后，形成 $R_xSiO_{(4-x)/2}$，其中 R 为烷基、烯丙基或芳基，R′通常为 CH_3 或 C_2H_5。溶胶-凝胶法可精确控制硅树脂前驱体的组成，陶瓷化后可生成化学计量比的、富碳的或富硅的 SiOC 陶瓷[61]。将硅酸酯与金属醇盐进行共水解，可在聚硅氧烷前驱体的网络结构中均匀地引入 Ti、Al、B 等元素[62]。

4. 聚有机硅基碳化二亚胺 poly(organosilylcarbodiimides)

聚硅基碳化二亚胺是一类新型的 SiCN 陶瓷前驱体，其合成主要通过氯硅烷与三甲基硅基碳化二亚胺反应实现(见图 9.9)，副产物三甲基氯硅烷可通过蒸馏除去。与氨(胺)解反应相比，碳亚胺化反应为一步无盐反应，且聚硅基碳化二亚胺的陶瓷化产率较高。选用不同的氯硅烷，可以得到线性、环状和超支化的聚硅基碳化二亚胺前驱体[63]。

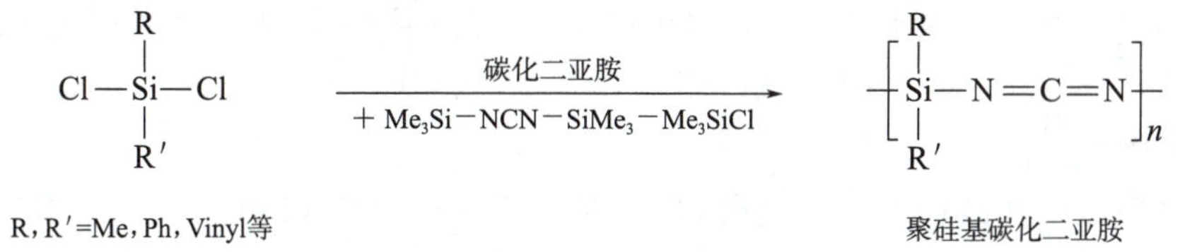
碳化二亚胺
+ Me₃Si−NCN−SiMe₃ −Me₃SiCl
R, R′=Me, Ph, Vinyl等
聚硅基碳化二亚胺

图 9.9　聚有机硅基碳化二亚胺的合成反应[64,65]

当 Si 原子上连接反应性基团(如 H 或乙烯基等)时,可对聚硅基碳化二亚胺进行修饰,得到 SiMCN(M=Al、B)陶瓷的聚合物前驱体。Al 和 B 的引入,可以显著提高 PDC 的高温稳定性、抗氧化性以及高温力学性能。Weinmann 等利用溶胶-凝胶法制备了聚硼硅碳化二亚胺,如图 9.10 所示[66,67],裂解后得到 SiBCN 陶瓷。

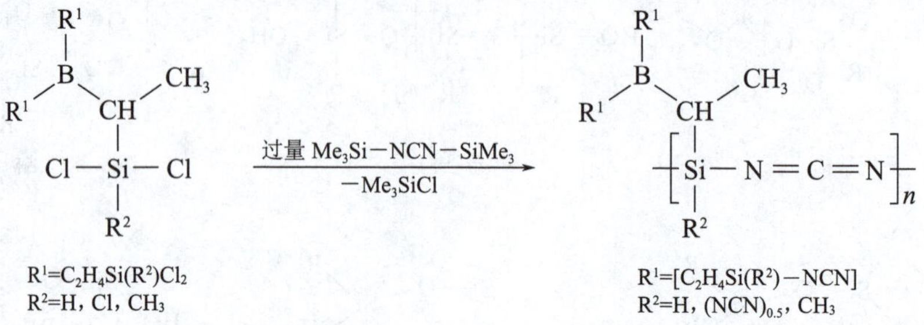

图 9.10　溶胶-凝胶法制备聚硼硅碳化二亚胺[66,67]

但是,上述前驱体裂解所得 SiBCN 陶瓷的高温稳定性较差,在 1 500 ℃时发生热降解。研究表明,SiBCN 陶瓷的热降解温度取决于 N 含量。为了降低陶瓷产物中的 N 含量,Weinmann 等利用脱氢偶合反应制备了低氮含量的聚硼硅碳化二亚胺,如图 9.11 所示[68]。该前驱体陶瓷化后所得 SiBCN 的热稳定性提高到 1 900 ℃。

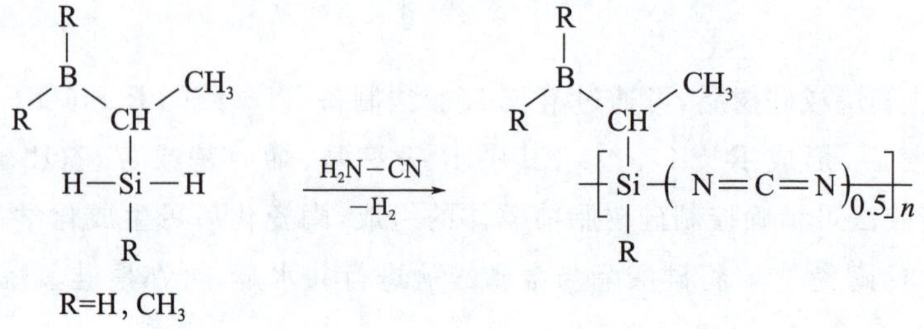

图 9.11　脱氢偶合法制备低氮含量聚硼硅碳化二亚胺[68]

5. 聚硼硅氮烷

聚硼硅氮烷作为 SiBCN 前驱体,其合成分为单体路线和聚合物路线。对单体路线来讲,若选取不同单体进行共缩聚,由于结构不均匀性导致的相分离,陶瓷化产物往往在较低温度即发生分解,为此,研究人员开发出单源前驱体路线设计合成聚硼硅氮烷。Viard 等以三氯甲硅烷基氨基-二氯硼烷(TADB)为单源单体,经过氨解/胺解聚合反应,生成聚硼硅氮烷。所得前驱体在 1 200 ℃不同气氛氛围中裂解后可得到 SiBN 或 SiBCN 陶瓷,具体反应如图 9.12 所示[69,70]。

Riedel 等以甲基乙烯基二氯硅烷(DCMVS,CH_2=$CHSi(CH_3)Cl_2$)与二甲基硫硼烷(BDMS)进行硼氢化反应,制备出单源单体二氯硼硅烷(TDSB),通过进一步聚合,得到聚硼硅氮烷,反应如图 9.13 所示[71]。该前驱体陶瓷化后所得 SiBCN 可热稳定至 2 000 ℃。

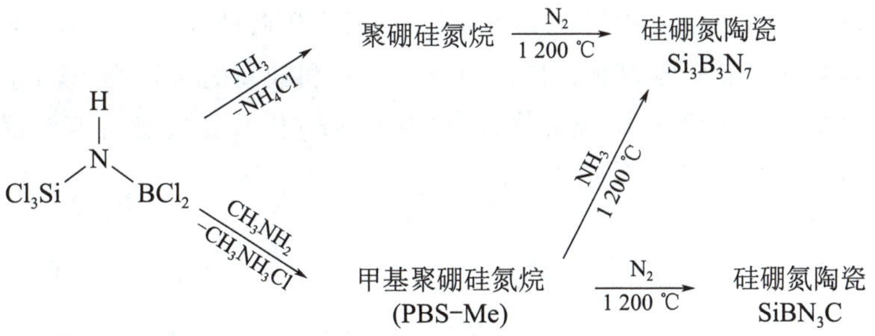

图 9.12 TADB 的聚合和裂解反应[69,70]

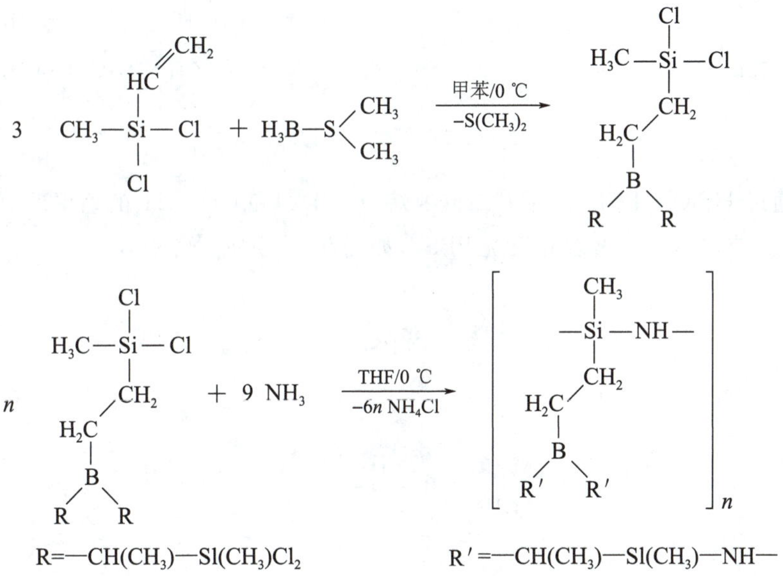

图 9.13 DCMVS 的合成和聚合反应[71]

Bernard 等[72]以 DCMVS 为原料合成出 TDSB 后,利用甲胺进行胺解聚合后,在最终前驱体的 N 原子上引入甲基,合成出流变行为适于熔融纺丝的 SiBCN 前驱体,合成反应如图 9.14 所示。但是,所得的聚硼硅氮烷虽具有优异的黏弹性,陶瓷产率却仅有 13%。

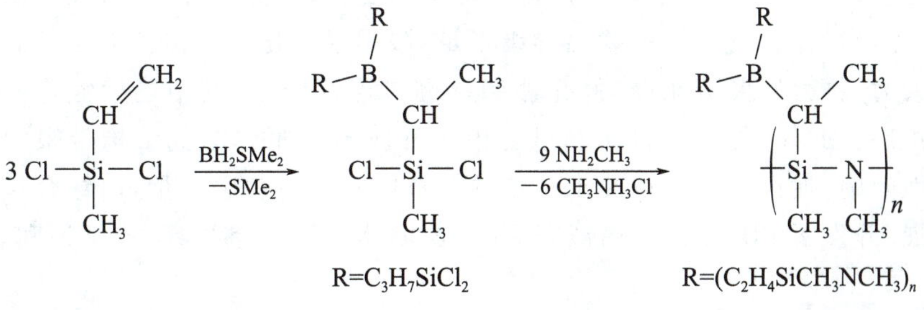

图 9.14 可熔融纺丝 SiBCN 前驱体的合成[72]

为提高陶瓷产率,Viard 等以 TDSB 为原料,同时采用胺解和氨解反应,合成出聚硼硅氮烷共聚物。该共聚型聚硼硅氮烷兼具良好的流变性能和较高的陶瓷产率,适用于 SiBCN 纤维的制备。合成反应见如图 9.15 所示[73]。利用 $LiNH_2$ 代替氨气进行氨解反应,有利于控制聚合物主链中 N—H 链段的含量[74]。

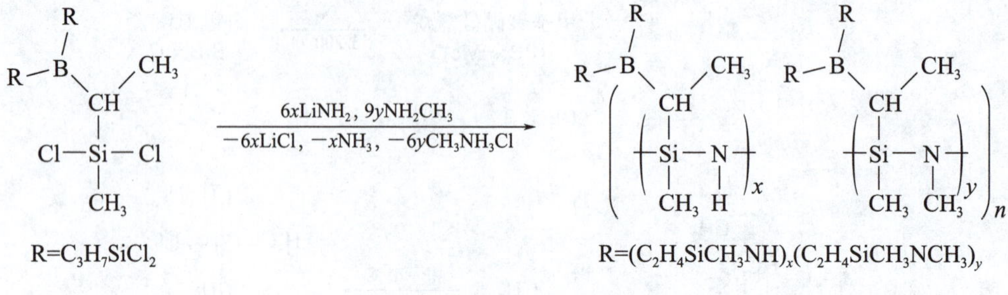

图 9.15　聚硼硅氮烷共聚物的合成[73]

Liu 等通过 $HSiCl_3$、BCl_3、六甲基二硅氮烷(HMDZ)和 CH_3NH_2 的缩聚反应制备出适于纺丝的 SiBCN 前驱体——聚硼硅氮烷 PBSZ,如图 9.16 所示[75]。

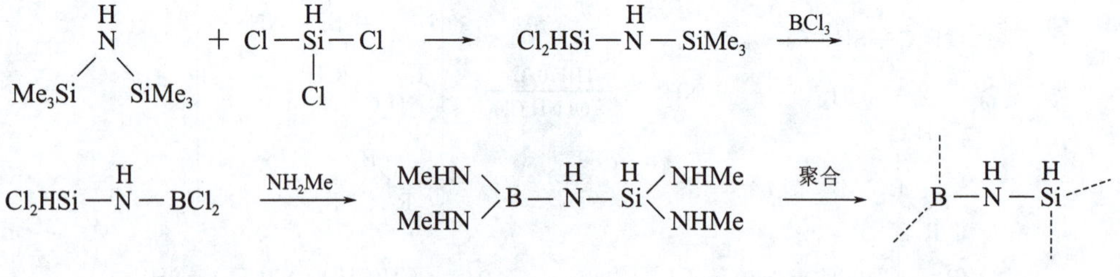

图 9.16　PBSZ 的合成[75]

6. 透波前驱体

氮化物透波陶瓷基复合材料是继石英/石英复合材料之后,有望应用于 1 400 ℃ 以上环境的新一代透波陶瓷材料。早期透波前驱体研究集中在聚硅氮烷、聚硼氮烷,并且从陶瓷产物低碳含量、高透波性能角度出发,选用的是全氢聚硅氮烷和全氢聚硼氮烷。复合材料考核评价结果初步验证了氮化物陶瓷基复合材料成型的可行性及高温抗氧化性能,但作为增强体石英纤维的耐温等级不足,限制了氮化物基体性能发挥。国家已投入了大量人力、物力发展氮化硅、氮化硼和硅硼氮连续纤维,其中连续氮化硅纤维已经取得突破进展。此外,复合材料研制过程中还暴露出前驱体全氢结构带来的存储稳定性和安全性问题,促进对前驱体要求从单独考核陶瓷产率和碳含量,向综合性能统筹考虑方向发展,开发了 PIP 工艺专用液态 SiBN 前驱体。以下介绍 Si_3N_4、BN 和 SiBN 透波前驱体。

(1)Si_3N_4 前驱体

Stock 等通过氨解的方法合成出全氢聚硅氮烷,研究了 H_2SiCl_2 在甲苯中氨解,得到主链结构为$\pm\text{SiH}_2\text{NH}\pm_n$的黏性油状低聚物,稳定性差,室温放置即可交联成为硬脆玻璃状物。Seyferth 将 H_2SiCl_2 在极性溶剂(如乙醚、二氯甲烷)中氨解,得到全氢聚硅氮烷,裂解陶瓷产率 70%,裂解产物中仍然含有少量碳,据称是溶剂未脱除干净[76]。

研究人员对采用 HSiCl_3 和 SiCl_4 进行氨解和肼解合成硅氮烷的研究也进行了尝试,结果表明,合成的聚硅氮烷经分离后很难再溶解/熔融,不能作为陶瓷前驱体,只能作为高纯 Si_3N_4 微粉的制备原料。

美国专利 5294425、5132354 分别报道了采用 $\text{H}_2\text{SiCl}_2+\text{HSiCl}_3$、$\text{H}_2\text{SiCl}_2+\text{SiCl}_4$ 进行氨解获得了液体的硅氮烷,但是稳定性很差,溶剂脱除后放置一夜就变成了固体,不能再溶解或熔融。

美国 Dow Corning 公司在 1986 年以三氯硅烷(HSiCl_3)和六甲基二硅氮烷($\text{Me}_3\text{SiNH-SiMe}_3$)为原料,按摩尔比 1/3 混合,缓慢升温至 200~230 ℃,保温约 1 h,减压蒸馏以除去微量的未反应原料及小分子低聚体,得到一种稳定的、可熔融纺丝的氢化聚硅氮烷(Hydridopolysilazane,HPZ)。

日本东亚燃料公司采用二氯硅烷(H_2SiCl_2)为起始原料,在惰性气氛中,使吡啶与二氯硅烷反应生成白色固体络合物,然后进行氨解、聚合反应制备得到以—SiH—NH—为主链结构的全氢聚硅氮烷(Perhydropolysilazane,PHS)前驱体。其合成的前驱体全氢聚硅氮烷由于为全氢结构,脱氢交联反应活性高,自身交联速度很快,在操作过程中很难控制。

由于全氢硅氮烷的原料 H_2SiCl_2 反应活性高且易燃易爆,合成过程中易堵塞管道,同时合成的硅氮烷活性高,不易稳定存储,不适于陶瓷基复合材料的制备,因此后续的研究集中在比较稳定的低碳含量硅氮烷上。在 NASA 与美国海军支持下,研究人员合成出含烷基的聚硅氮烷,在惰性气氛中裂解后得到以氮化硅为主的陶瓷材料,同时含有碳化硅和游离碳。在氨气等还原性气氛中进行裂解,获得碳含量很低的 Si_3N_4 陶瓷。

聚甲基氢硅氮烷是比较典型的一类低碳含量的硅氮烷,通过纤维布叠层、浸渍、交联后得到的陶瓷基体中碳含量可以低至 0.2%,具有较好的电气性能。

(2)BN 前驱体

氮化硼陶瓷介电常数低,透波性能优异。BN 前驱体的合成路径可以分为三大类:第一类为由环硼氮烷出发制备氮化硼前驱体;第二类为由 B,B,B-三氯环硼氮烷(B,B,B-trichloroborazine,TCB)出发制备氮化硼前驱体;第三类为其他方法。

①由硼氮烷出发制备氮化硼前驱体。

Stock 和 Pohland 在 1926 年首先报道了热解络合物 $[\text{H}_2\text{B}(\text{NH}_2)_2]^+[\text{BH}_4^-]$ 得到环硼氮烷(HBNH)$_3$,但是由于其较多的潜在活性基团 B—H 和 N—H,使其很容易通过脱氢自聚合而交联。研究者们试图在硼氮烷上的 B—H 或 N—H 上引入不同的官能团对其物理和化学性能进行调控。硼氮环结构如图 9.17 所示。

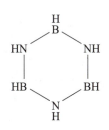

图 9.17 硼氮环结构示意图

关于硼氮烷的合成和研究，Paciorek 研究组合成了具有不同结构的以硼氮六元环为母体的 BN 前驱体[77]。Sneddon 等在过渡金属催化剂 $RhH(CO)(PPh_3)_3$ 的作用下引入乙烯基与硼氮烷反应(见图 9.18)。改性后的聚合物的溶解性和热稳定性较未改性的有所提高。但是，通过该方法并不能引入长链烷基，聚合物的玻璃化转变温度仍然不能降低到交联反应的温度以下，因此所得聚合物并不能熔融，并且乙烯基上的碳并不容易在裂解过程完全脱除。通过引入仲胺化合物对硼氮烷进行改性发现，通过二乙胺、二戊胺等仲胺化合物改性后的聚硼氮烷的可加工性能有了很大改善。其主要原因是硼氮烷中部分 B—H 键与仲胺中的 N—H 发生脱氢反应后降低了活性，同时保持了硼氮环的结构单元，延迟了交联反应的发生，降低了聚合物的玻璃化转变温度(见图 9.19)[78]。

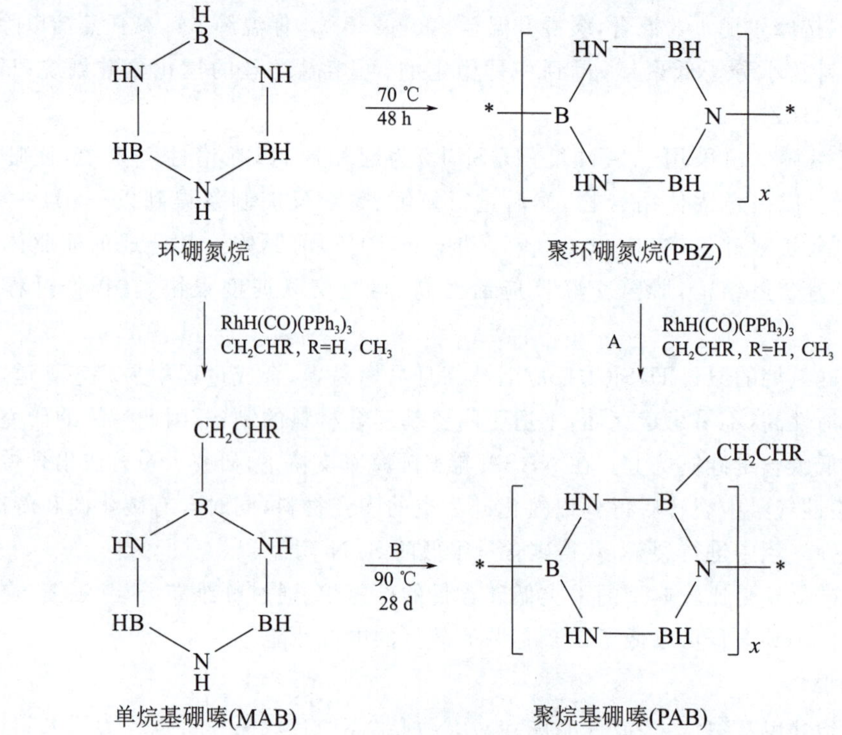

图 9.18 Sneddon 改性聚硼氮烷的路线示意图[78]

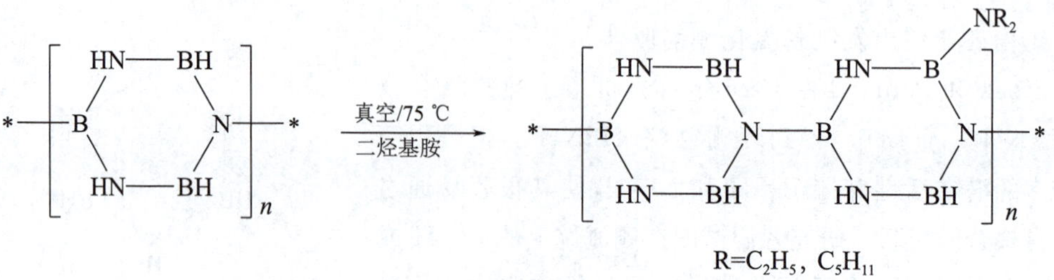

图 9.19 二烷基胺改性硼氮烷示意图[78]

②由 TCB 出发制备 BN 纤维前驱体。

硼氮烷极高的活性使其真正的应用受到很大限制,并且其结构特点也不利于对其直接进行改性。研究人员主要关注另一种可以用于制备 BN 前驱体的化合物三氯环硼氮烷(TCB)。其与环硼氮烷在结构上很相似,将环硼氮烷上 B—H 用 B—Cl 取代后即得到 TCB。用卤素取代 H 后,TCB 的活性增加,用于改性反应的可选择的官能团的范围更大。

Taniguchi 等由 TCB 出发,得到了一种衍生物 2,4,6,B-三氨基-1,3,5-三苯基硼氮烷(H_2NBNPh)$_3$,在 250 ℃的氮气中加热 4 h 后可以得到软化点为 150～200 ℃的聚合物。

Paine 研究组通过 TCB 与六甲基二硅氮烷 HMDZ 反应得到了的 BN 前驱体聚氨基硼氮烷。通过控制 HMDZ 的用量得到了可用于熔融纺丝的具有线性结构的聚氨基硼氮烷前驱体(见图 9.20)[79]。

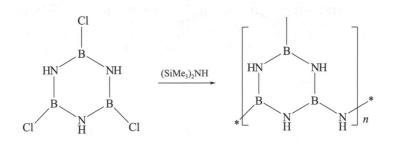

图 9.20　HMDZ 改性 TCB 反应示意图[79]

Kimura 研究组由 TCB 出发,首先通过与甲胺反应得到 B,B,B-三甲胺基硼氮烷产物,然后将该产物与适量的十二烷基胺反应,通过脱氨反应,也得到了可用于纺丝加工的 BN 聚合物前驱体。他们认为,长烷基链的引入增加了硼氮环之间的位阻,由此降低了环之间的反应活性。长链烷基在最终裂解烧成中很容易通过氨基转移反应脱除而获得低碳含量的 BN 陶瓷(见图 9.21)[80]。

法国的 Miele 小组合成得到了一系列能够用于纺丝加工的聚甲基氨基硼氮烷前驱体(见图 9.22)[81]。

(3)SiBN 陶瓷前驱体

由于 BCl_3 和 H_2SiCl_2 性质相近,都易于氨解,可以通过共氨解的方法合成不含碳的 SiBN 的陶瓷前驱体,经裂解后转化为 SiNB 陶瓷。然而,该前驱体与全氢聚硅氮烷和全氢聚硼氮烷性质类似,存储和使用稳定性不够,原料来源困难且危险性大,因此合成和使用难度很大。

SiBN 陶瓷的另一个制备方法是以含少量碳的 SiBNC 前驱体为原料,通过氨气气氛裂解获得 SiBN 陶瓷。唐云以甲基氢二氯硅烷、三氯化硼、六甲基二硅氮烷为原料,采用单体路线,合成了无色透明的固态聚硼硅氮烷前驱体,用其纺制的 SiBN 陶瓷纤维力学强度>1 GPa[82]。

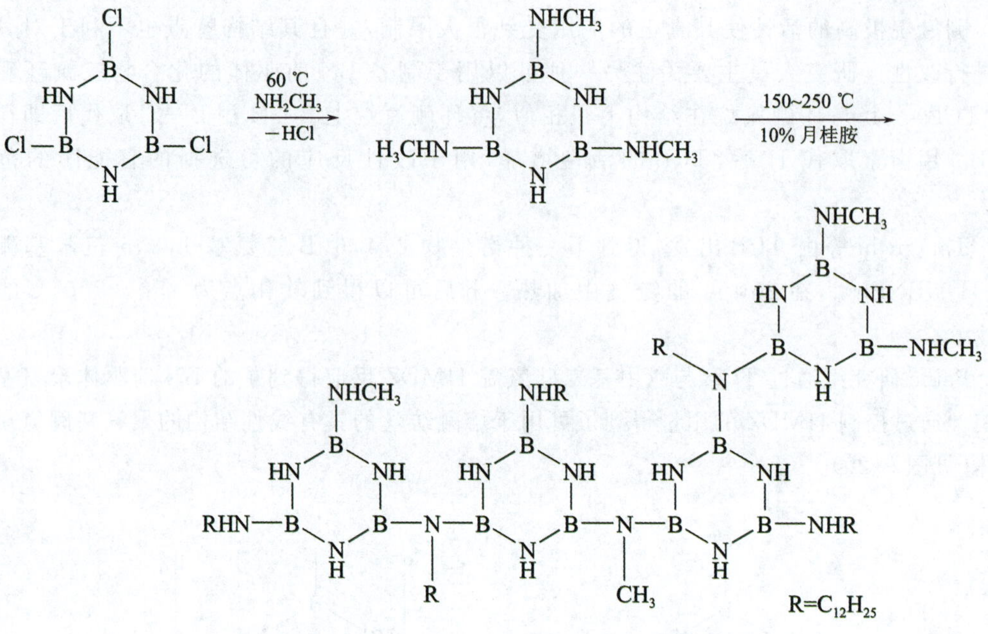

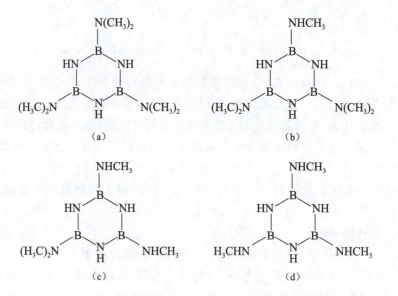

图 9.21 Kimura 制备 BN 前驱体路线示意图[80]

图 9.22 Miele 研究组得到的含不同取代基的硼氮环结构示意图[81]

为了满足氮化物陶瓷基复合材料 PIP 工艺对 SiBN 前驱体存储稳定性、浸渍工艺适用性和裂解产物透波性和耐高温性的综合要求，赵彤团队在固态 SiBN 前驱体基础上，通过选用小分子氨源，并控制氨解反应程度，制备了适用于 PIP 工艺的液态 SiBN 前驱体。其存储稳定性好，碳易除去，陶瓷产率≥40%，硼含量为 2%～3%。

几类主要的硅基陶瓷前驱体的合成反应总结如图 9.23 所示[46]。

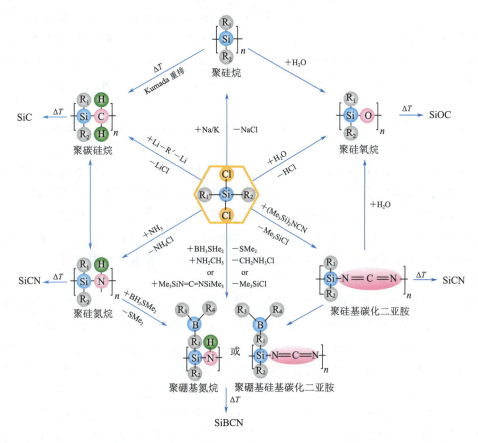

图 9.23　典型硅基陶瓷前驱体的合成路线示意图[46]

9.1.2　超高温陶瓷前驱体

超高温陶瓷(ultra-high temperature ceramics,UHTCs)是指在超高温(1 650 ℃)和反应气氛中(如原子氧)能够保持物理和化学稳定性的特种陶瓷,优异的高温性能使其可能胜任于高超声速长时飞行、大气层再入、跨大气层飞行和火箭推进系统等极端环境。近年来,UHTCs 受到了广泛的关注和研究,其研究对象通常是一些难熔金属的硼化物、碳化物或氮化物,如 TiB_2、ZrB_2、TaB_2、HfB_2、TiC、TaC、HfC、NbC、ZrC、TaN、HfN 等,其中锆、铪、钽的硼化物、碳化物的性能最为优越[83]。锆基陶瓷的原材料较易获得,ZrB_2、ZrC 相关的研究工作开展得比较多。钽基、铪基陶瓷具有更高的熔点,性能更为优越,铪钽碳的固溶体 Ta_4HfC_5 曾被报道是已知熔点(4 215 K)最高的物质,有望成为新一代更高耐温等级材料。但铪、钽的原材料稀少且价格昂贵,严重阻碍了它们的工程化应用。

尽管具有众多优异的性能,但超高温陶瓷固有的脆性导致其材料断裂韧性低、断裂应变小,抗热震性和抗冲击性能差,大尺寸的纯陶瓷部件难以直接用在高承载、高可靠性要求的航空航天领域。采用连续纤维(如 C、SiC 纤维)为增强体,UHTCs 为基体,制备出的复合材料可以一定程度上克服这些缺点。连续纤维增强的超高温陶瓷基复合材料具有 UHTCs 固有的高化学稳定性和耐高温/超高温性能,连续纤维的增强既解决了陶瓷的脆性断裂难题又使材料具有高比强度、高比模量等优点,从而使超高温陶瓷基复合材料成为航天领域备受关注的材料体系,成为制备高超声速飞行器、火箭推进系统结构件最有前途的候选材料之一[84]。

制备连续纤维增强的超高温陶瓷基复合材料的方法主要有前驱体浸渍裂解法(PIP)、反应熔体浸渗法(RMI)、化学气相渗透法(CVI)、泥浆法(SI)等,其中,PIP 工艺在制备超高温陶瓷基复合材料时具有其他工艺所不具备的优势,是当前大尺寸厚壁、异形陶瓷基复合材料构件的主要制备方法。采用 PIP 法制备超高温陶瓷基复合材料与其他方法相比具有以下优点:①陶瓷前驱体可设计,可实现对超高温陶瓷基体组成、结构与性能的控制;②工艺简单,成型温度相对较低;③对纤维的机械损伤和热损伤小、基体组成调节范围广;④能获得成分均匀、纯度高的单组元或多组元的超高温陶瓷基体;⑤可制备形状复杂的近尺寸的复合材料零部件[46]。

超高温陶瓷前驱体是 PIP 法制备超高温陶瓷基复合材料的关键原材料,前驱体对 PIP 工艺的致密化效率、制得的复合材料的结构和性能都具有决定性的影响,因此能否获得合适的锆/铪/钽基等超高温陶瓷前驱体直接决定了能否成功制备出超高温陶瓷基复合材料。近年来锆/铪/钽基陶瓷前驱体合成制备方面的研究工作逐渐增多,制得的超高温陶瓷基复合材料综合性能优越,已经开始在航空航天领域得到一些实际应用。

国内外关于硅基如 SiC、Si_3N_4、BN 及 SiBCN 等陶瓷前驱体的研究报道较多,其中 SiC 前驱体聚碳硅烷及其改性产物已经被广泛应用,但关于超高温陶瓷前驱体的研究工作相对较少。已报道的超高温陶瓷前驱体合成方法主要可以分成三类:溶胶凝胶法、聚合物前驱体法和有机无机杂化法。由于原料易于获得,锆基陶瓷前驱体的相关研究工作开展得比较多。自然界中的锆元素主要以锆英砂($ZrSiO_4$)形式存在,其中伴生约 2% 的铪,以及少量 Si_2O_3 和 Fe_2O_3 等杂质,冶炼获得金属锆需先将锆英沙转化成四氯化锆($ZrCl_4$)或氯氧化锆($ZrOCl_2·8H_2O$),提纯之后再经镁热还原获得高纯度海绵锆,$ZrCl_4$ 可进一步制备锆醇盐化合物。$ZrCl_4$、氯氧化锆和锆醇盐是制备锆前驱体的初始原材料。同理,铪、钽的氯化物、醇盐化合物是铪基、钽基陶瓷前驱体的主要初始原材料。

1. 单相超高温陶瓷前驱体

单相超高温陶瓷前驱体的合成路线按照反应物不同,可分为两类。一类是金属醇盐或金属盐反应,属于有氧路线;另一类是有机金属化合物反应,属于无氧路线。

第一类反应主要包括金属(醇)盐与二元醇、水杨酸、乙酰丙酮等(见图 9.24)[85]。在 800~1 300 ℃范围内,惰性气氛保护下,所得聚合物裂解,与自由碳发生碳热还原反应,可生成碳化物陶瓷。若所得聚合物的碳含量不足以完成陶瓷化过程的碳热还原反应,则需外加碳源补足。

金属醇盐与二元醇反应[86,87]：

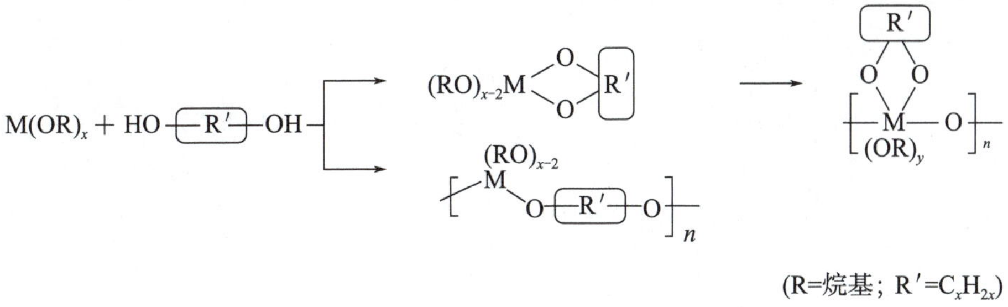

(R=烷基；R'=C_xH_{2x})

金属盐与水杨醇反应[88]：

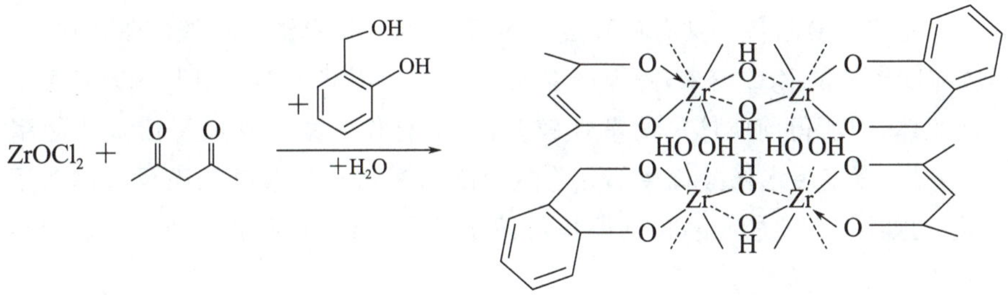

金属醇盐与乙酰丙酮配位水解反应[14,89]：

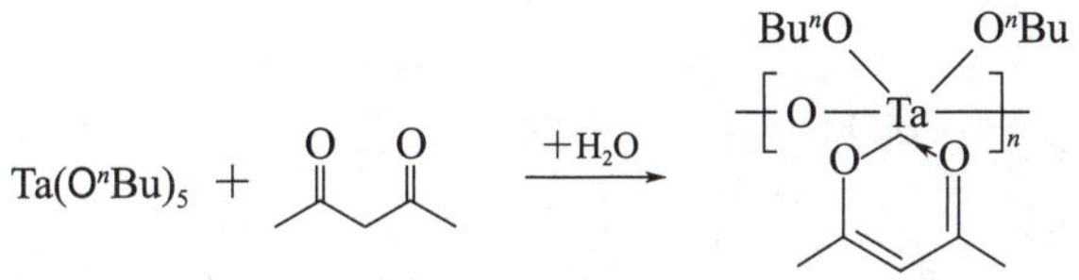

图 9.24　金属醇盐配位水解反应示意图

金属醇盐与乙酰丙酮配位水解反应路线也适用于铝基、钛基、锆基、铪基等聚合物前驱体的制备。Lu 等利用乙酰丙酮配位的铪醇盐和钽醇盐进行共水解反应，制备出 Ta_4HfC_5 固溶体的聚合物前驱体，该前驱体在 1 600 ℃ 裂解可以得到平均晶粒尺寸为 21 nm 的 Ta_4HfC_5 超高温纳米陶瓷[14]。

含过渡金属元素的高分子具有特殊性，难以适用于常规有机物分析测试手段，所以，尽管其中部分文献提供了所合成聚合物的少量谱图数据（红外、核磁、X 射线近边吸收精细结构谱图等），现阶段对这类超高温陶瓷前驱体的分子结构分析仍处在探索阶段，合成反应的机理也尚不明确。

若裂解在活性气体氛围中进行，聚合物前驱体可转化为其他类型陶瓷。例如，在氨气氛围下裂解，可生成氮化物陶瓷[90]。添加硼酸等作为硼源，可形成硼化物前驱体，热裂解后形成氧化物、氧化硼和自由碳的混合物,进一步高温热处理后可转化为硼化物陶瓷(见图9.25)[91]。

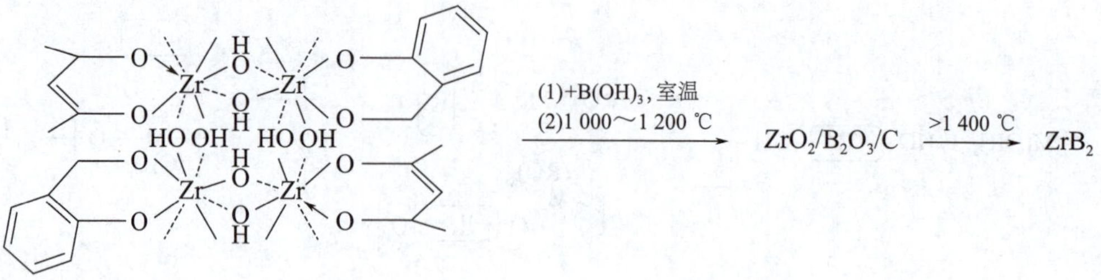

图 9.25 硼化锆陶瓷前驱体的制备和裂解过程[91]

赵彤团队在金属杂化聚合物法制备超高温陶瓷前驱体方面做了大量的研究工作。采用氯氧化锆、乙酰丙酮及三乙胺为原料,合成了可溶的配位聚合物聚乙酰丙酮锆(PZO),然后与水杨醇进行配体交换制备了具有良好溶解性的碳化锆前驱体PZS,该前驱体在1 300 ℃裂解即可形成纯度较高的ZrC粉末,陶瓷产率大于50%。PZO与羟甲基炔丙基酚醛也可反应制备ZrC前驱体,但所得前驱体的溶解性较差,不适合作为复合材料浸渍基体使用[92]。为了简化制备工艺,直接用水杨醇代替部分乙酰丙酮与氯氧化锆及三乙胺反应制备了ZrC前驱体PCZ(结构如图9.26所示),该前驱体可溶于多种有机溶剂,在1 300 ℃就可以转化为ZrC陶瓷,陶瓷产率45%[88]。

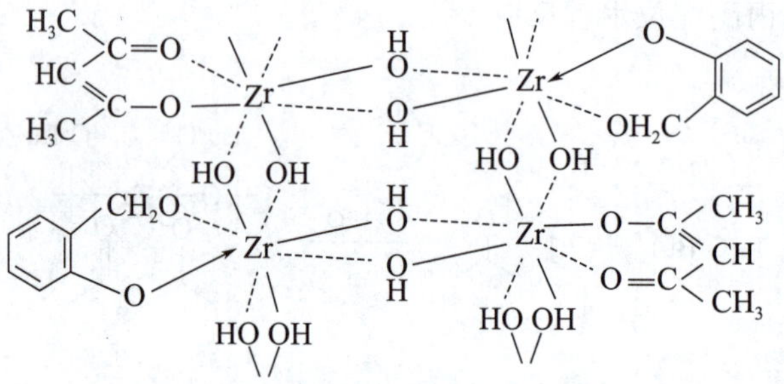

图 9.26 前驱体 PCZ 结构示意图

总的来看,聚合物前驱体具有分子设计性强、易成型加工、陶瓷化温度较低、陶瓷产物元素分布均匀且晶粒尺寸小等优点,其复合材料成型工艺具备良好的可重复性。相比于溶胶-凝胶法,聚合物前驱体的有效浓度高、存储稳定性好,用聚合物前驱体作为PIP工艺浸渍基体树脂,虽然复合材料的工艺流程长、成本较高,但成型工艺易于实施、工艺稳定性良好、批次重复性好,已发展成为PIP工艺制备超高温陶瓷基复合材料的主要原材料。由于金属杂化聚合物法制备的前驱体存储及工艺性能更为优越,陶瓷产率较高,成为当前PIP法制备大尺寸、厚壁超高温陶瓷基复合材料构件的首选原材料。

第二类反应主要包括茂金属化合物和含有其他烷基/烯基/芳基/炔基配体的金属络合物的反应等。作为碳化物陶瓷前驱体时,由于不经过碳热还原反应,该类前驱体通常陶瓷化温度较低,且陶瓷产物中自由碳含量较高。

由过渡金属 IVB 族茂金属化合物合成相应的碳化物陶瓷前驱体及其裂解过程如图 9.27 所示。

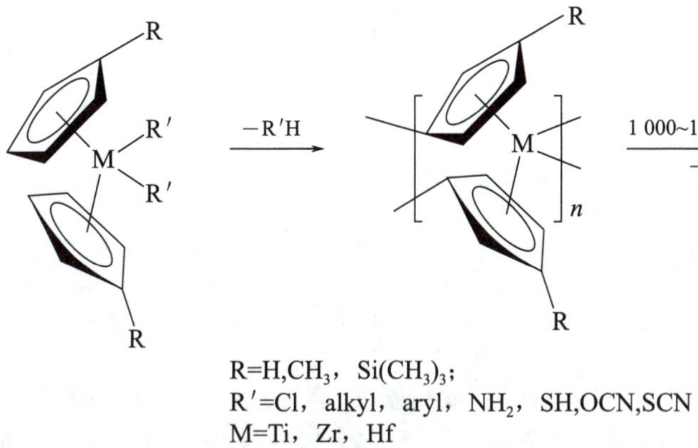

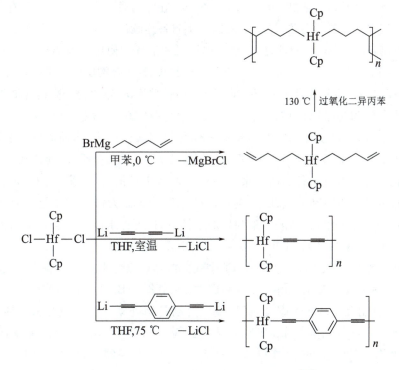

R=H,CH₃,Si(CH₃)₃;
R′=Cl, alkyl, aryl, NH₂, SH,OCN,SCN
M=Ti, Zr, Hf

图 9.27　IVB 族茂金属化合物制备纳米碳化物陶瓷过程[93]

Inzenhofer 等利用 Cp_2HfCl_2 为原料,通过自由基聚合合成了含铪无氧前驱体,经裂解后得到 HfC/C 陶瓷(见图 9.28)[94]。

图 9.28　Cp_2HfCl_2 合成 HfC 无氧前驱体[94]

Wang 等合成了二乙烯基取代的二茂锆,进一步与硼烷反应,得到 ZrC/ZrB$_2$ 无氧前驱体。经 1 000~1 500 ℃ 裂解后,该前驱体转化为 ZrC/ZrB$_2$ 纳米陶瓷(见图 9.29)[95]。

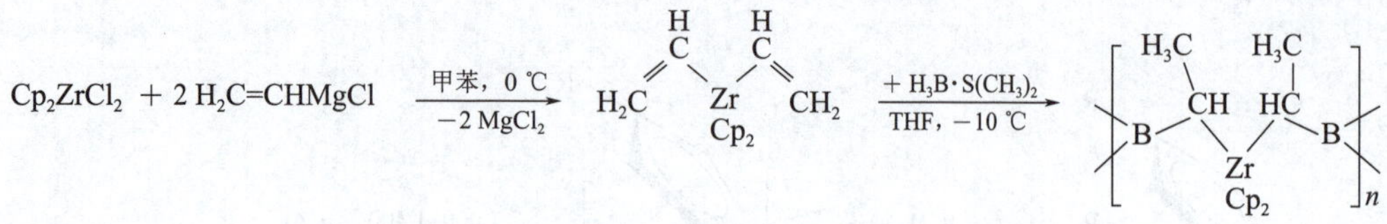

$$Cp_2ZrCl_2 + 2\ H_2C=CHMgCl \xrightarrow[-2\ MgCl_2]{\text{甲苯,}0\ ℃} \underset{Cp_2}{\overset{H_2C\overset{H}{C}=\ \ \overset{H}{C}=CH_2}{Zr}} \xrightarrow[THF,\ -10\ ℃]{+H_3B\cdot S(CH_3)_2} \left[\underset{\underset{Cp_2}{Zr}}{B-\overset{H_3C}{\underset{}{CH}}-\overset{H_3C}{\underset{}{HC}}-B}\right]_n$$

图 9.29 二乙烯基取代二茂锆的合成及聚合反应[95]

以上两条路线中,通过调整外加碳源的用量、金属源聚合物的分子结构、热裂解温度等,可以灵活调控陶瓷化产物的化学组成。

2. 复相超高温陶瓷前驱体

碳化锆(ZrC)具有优异的物理和化学性能,如高硬度、高熔点(3 400 ℃)、热力学稳定性和良好的抗热震性,是非常受关注的超高温材料之一。纯 ZrC 材料抗氧化能力较差,通常需要在体系中引入其他陶瓷组元来改善材料性能,研究表明向 ZrC 中添加碳化硅(SiC)能有效提高材料的抗氧化能力,ZrC-SiC 复相陶瓷块材在高温有氧环境下表面的锆、硅组元氧化物能够形成致密的氧化保护层,氧化层高温熔融时具有一定的流动性,能够填充到孔隙之间,实时形成连续的阻挡层阻止氧进入基体内部,从而有效降低材料内部的氧化,提高材料的整体抗氧化性。

传统方法制备 ZrC-SiC 复相陶瓷多采用 ZrC、SiC 粉体的通过热压烧结制备,存在烧结活性差、制备温度高、难于加工等问题,热压工艺也无法制备连续纤维增强陶瓷基复合材料。由陶瓷前驱体法可制备 ZrC-SiC 陶瓷基复合材料,前期研究工作所使用的前驱体主要是由 PCS 改性得到的,利用 PCS 分子存在的 Si—H 与小分子锆醇盐、锆配合物反应将锆元素引入聚合物结构中,此方法存在的主要问题是不易调控前驱体中的锆硅比例、难以得到高锆含量的体系。

通过氯氧化锆为初始原材料合成得到溶解性良好的聚锆氧烷 PZO,以 PZO、聚碳硅烷分别为锆源和硅源,通过复配能够制得锆硅一体化复相陶瓷前驱体,前驱体的黏度、固含等性能适用于 PIP 工艺制备 CMCs,由于是通过复配方式引入锆、硅组元,元素比例易于调控。

以氯氧化锆为原料所制备的锆源聚合物中残留有少量的 Cl 元素,而 Cl 元素的存在对设备及复合材料都极为不利。近几年,赵彤团队在以锆醇盐为锆源制备超高温陶瓷前驱体方面做了大量的研究工作,以锆酸丙酯为反应单体,通过可控水解反应合成了新的锆源化合物—聚锆氧烷 PNZ(合成路线如图 9.30 所示),PNZ 能够溶解于甲苯、二甲苯、二乙烯基(DVB)等非极性溶剂。以 PNZ 为锆源,烯丙基酚醛为碳源可制备 ZrC 陶瓷前驱体[96]。以 PNZ 为锆源,聚硼硅氮烷兼作硼源、硅源和碳源,可制备 ZrB$_2$-SiC 液相前驱体[97]。以 PNZ 为锆源、PCS 作为硅源、DVB 为碳源,通过复配可制备锆硅碳一体化液相前驱体,前驱体的锆硅比可根据需要进行任意调节,当锆硅质量比为 1∶1 时(编号 ZS11),前驱体的黏度为 120 mPa·s,水热釜固化后 1 500 ℃ 处理可得到 ZrC-SiC 复相陶瓷(见图 9.31),陶瓷产率为 46%,所得陶瓷的经验式为 ZrSi$_{3.11}$C$_{4.42}$O$_{0.41}$,ZS11 陶瓷中过量的自由碳质量分数仅为 1.6%,可以认为 ZS11 陶瓷样品是高纯度的 ZrC-SiC 复相陶瓷,陶瓷产物的粒子尺寸为

100～400 nm，样品中各元素分布均匀（见图9.32）[98]。

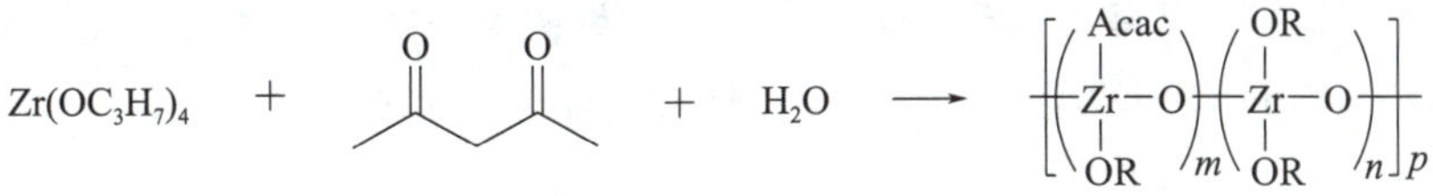

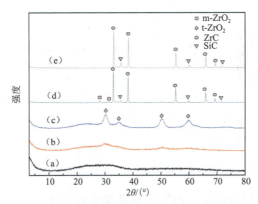

图 9.30　PNZ 的合成路线

图 9.31　ZS11 样品经不同温度热处理后的 XRD 谱图
(a)800 ℃；(b)1 000 ℃；(c)1 200 ℃；(d)1 400 ℃；(e)1 500 ℃

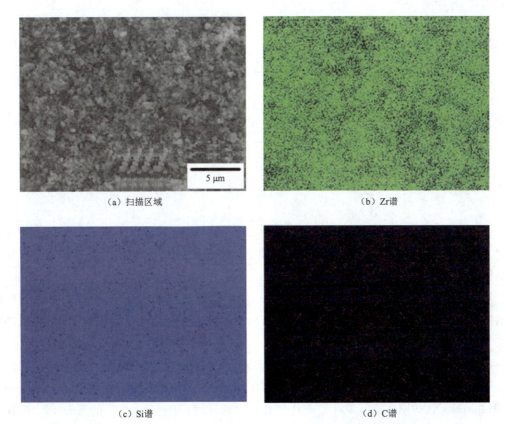

图 9.32　1 500 ℃ ZS11 陶瓷样的 SEM 图及其相应的面扫描能谱图

Li 等利用硼酸改性的聚锆氧烷与聚甲基硅炔共混,制备出 $ZrB_2/ZrC/SiC$ 复相陶瓷前驱体,经 1 300~1 600 ℃裂解后得到 $ZrB_2/ZrC/SiC$(见图 9.33)[99]。类似的聚合物共混法也被应用于 ZrC-SiC、HfC-SiC 和 TaC-SiC 复相陶瓷前驱体的制备[89,98,100,101]。

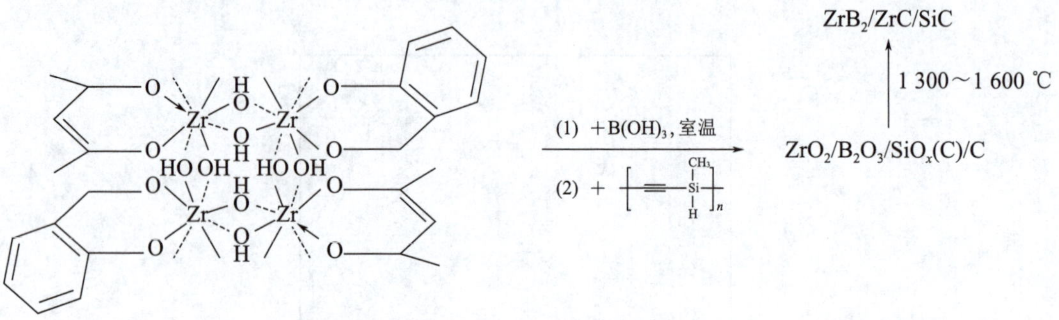

图 9.33　硼酸改性聚锆氧烷与聚甲基硅炔共混制备 $ZrB_2/ZrC/SiC$ 复相陶瓷[99]

Amorós 等将茂金属化合物 Cp_2MCl_2 分别和聚碳硅烷 PCS、聚二甲基硅烷 PDMS 进行共混,制备出复相前驱体,该前驱体在 900~1 350 ℃裂解得到 MC/SiC/C(M＝Ti,Zr,Hf) 复相陶瓷(见图 9.34)[102]。

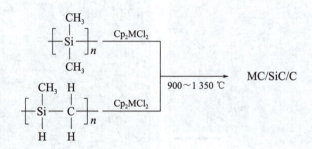

图 9.34　PDMS 和 PCS 与 Cp_2MCl_2 共混制备 MC/SiC/C 复相陶瓷(M＝Ti,Zr,Hf)[102]

聚硅烷或聚碳硅烷等硅源含有 Si—H 等活性基团,因此通过含金属元素的化合物与硅源聚合物前驱体中活性基团反应,对有机硅前驱体进行化学修饰,也是制备超高温复相陶瓷前驱体的常用方法。

Wang 等利用二乙烯基二茂锆与聚甲基硅烷(PMS)进行加成反应,合成了 ZrC/SiC 陶瓷前驱体 PZMS(见图 9.35),陶瓷产率高达 78.4%,且 ZrC 的引入大大限制了 β-SiC 的晶粒生长[103]。

Long 等将二氯二茂锆和有机镁试剂进行取代反应合成了二烯丙基二茂锆(DACZ),进而与低分子量聚碳硅烷 LPCS 进行自由基聚合,得到 ZrC/SiC 复相陶瓷前驱体 PCS-DACZ(见图 9.36)。该前驱体在 1 400 ℃惰性气氛裂解后,得到可耐 2 000 ℃的 ZrC/SiC/C 复相纳米陶瓷,陶瓷产率高达 80%。[104]

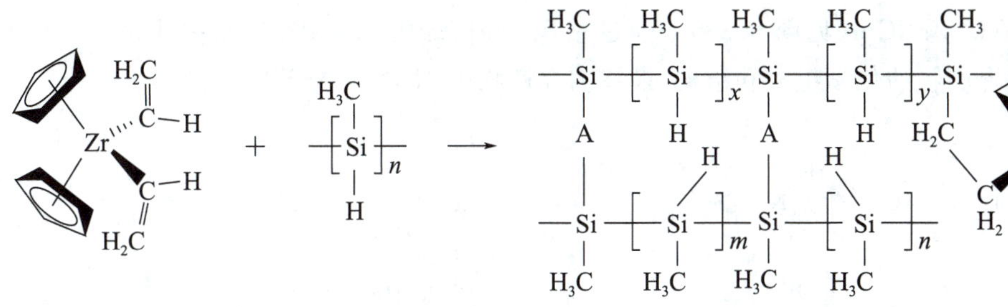

图 9.35 ZrC/SiC 前驱体 PZMS 的合成[103]

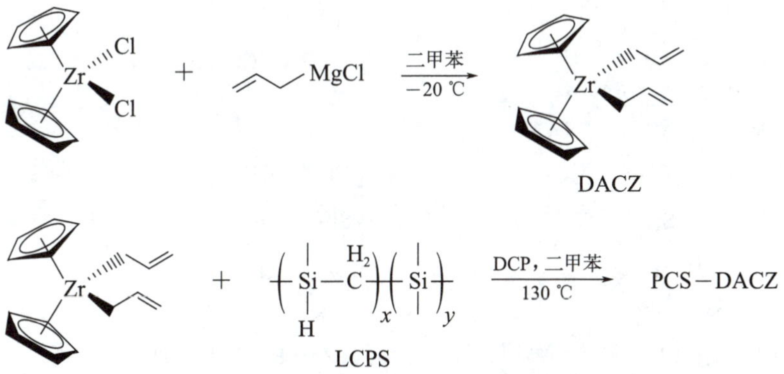

图 9.36 DACZ 与 LPCS 聚合反应[104]

除了含乙烯基活性基团的反应物，含 Zr—O 或 Zr—N 键的化合物也被用于合成超高温复相陶瓷前驱体。Vijay 等通过乙酰丙酮锆与聚碳硅烷 PCS 反应，合成了聚锆碳硅烷 PZrCS（见图 9.37）。该前驱体在 1 650 ℃ 裂解后得到 SiC/ZrC 复相陶瓷。[105]

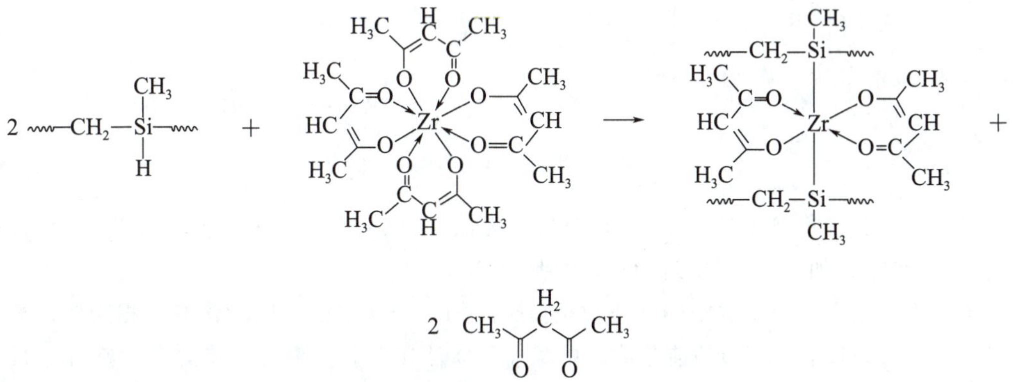

图 9.37 乙酰丙酮锆与 PCS 反应[105]

Chen 等利用 C_3H_7N、$ZrCl_4$ 和聚甲基硅烷 PMS 的硅氢化反应，合成了可溶的 ZrC-SiC 复相陶瓷前驱体 ZrNCSi（见图 9.38）。通过格氏试剂（烯丙基氯化镁）除去残余的 Zr—Cl 键，可优化陶瓷产物的化学组成和结构，最终陶瓷产物中 N 含量小于 2%。[106]

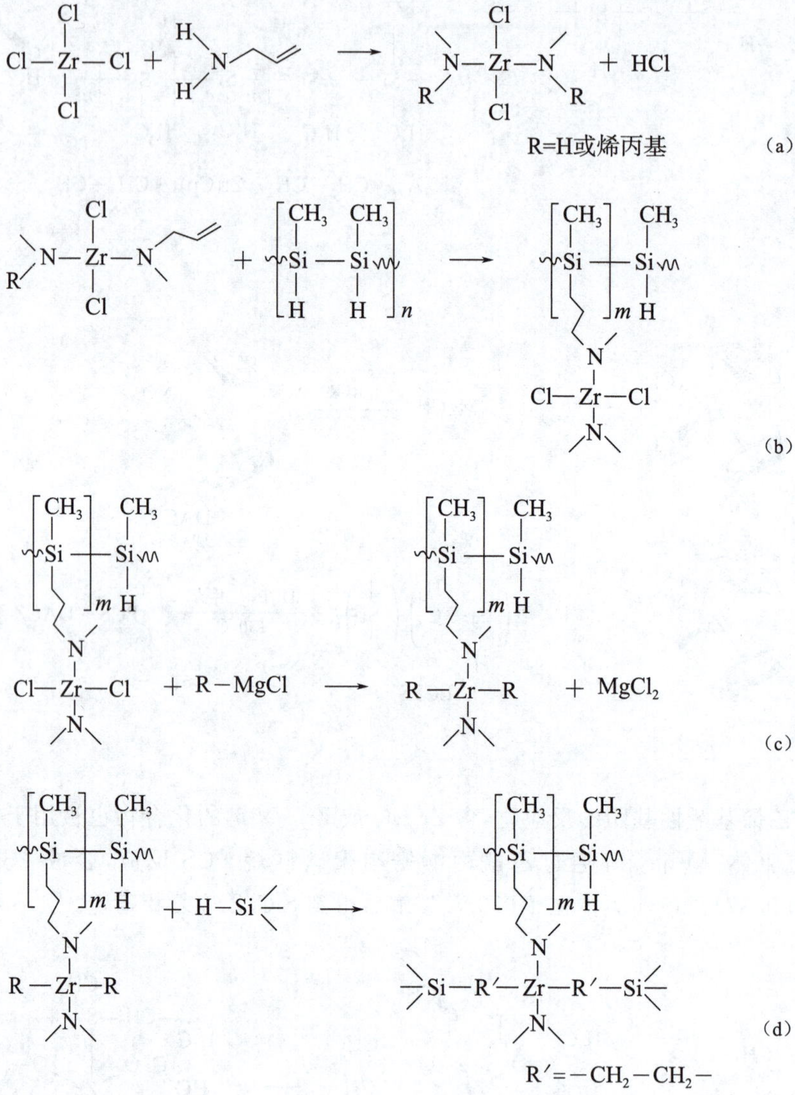

图 9.38　ZrC-SiC 陶瓷前驱体 ZrNCSi 的合成[106]

Wen 等利用 $Hf[N(CH_3)_2]_4$（TDMAH）修饰 AHPCS，合成了 HfC_xN_{1-x}/SiC 陶瓷前驱体，合成过程有 α-加成和 β-加成两种方式（见图 9.39）[107]。

超高温复相陶瓷的单源前驱体通常是指聚合物分子链主链中同时含有复相陶瓷主要元素（如 Zr 和 Si，Hf 和 Si 等）的前驱体。单源前驱体法制备超高温复相陶瓷的优势在于前驱体的化学组成可控，可得到具有分子水平精细结构的复相陶瓷。

以 PZO、硼酸、高酚酚醛和聚甲基氢硅乙炔为原料可制备 ZrB_2-SiC 陶瓷前驱体 BZHP

(见图 9.40),该前驱体在相对低温(1 400 ℃)下热解得到超细的纳米硼化锆-碳化硅复相陶瓷,引入 SiC 后,ZrB_2 晶粒的生长受到明显抑制,陶瓷产物的晶粒尺寸约为 30 nm。PCZ 与硼酸混合,1 500 ℃ 裂解可制备 ZrB_2 陶瓷,陶瓷产率 36%。以 PCZ、硼酸和聚甲基氢硅乙炔为原料可制备了 ZrB_2-ZrC-SiC 陶瓷前驱体 BZHPC,该前驱体在 1 400 ℃ 下热解 2 h 得到平均粒子尺寸约 100 nm ZrB_2-ZrC-SiC 复相陶瓷(见图 9.41)[108]。

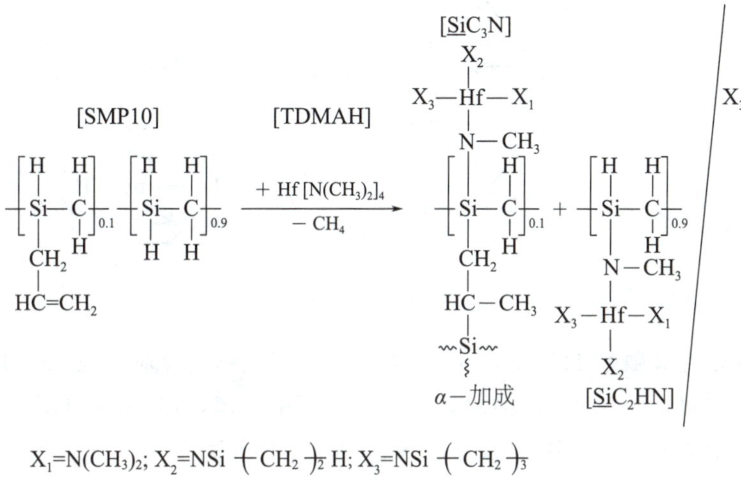

图 9.39 TDMAH 修饰改性 APHCS 的反应过程[107]

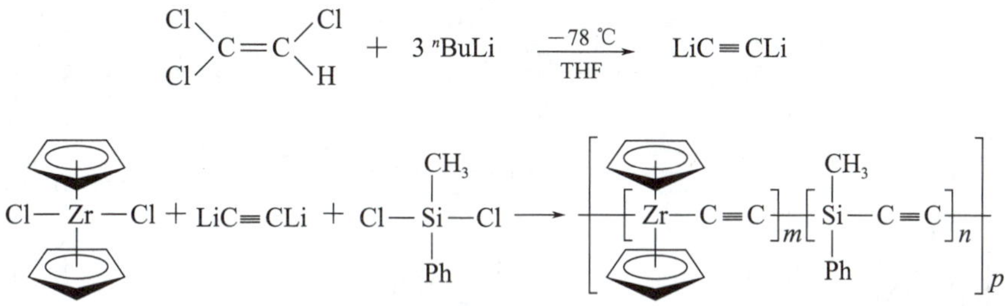

图 9.40 盐复分解反应合成 ZrC-SiC 单源前驱体[108]

类似的方法也可用于合成含铪的陶瓷前驱体。首先以氯氧化铪为原料合成可溶的配位聚合物聚乙酰丙酮铪(PHO),然后 PHO 与聚甲基氢硅乙炔、线型酚醛及硼酸复配可制备出 HfB_2-HfC-SiC 复相陶瓷前驱体。

Zhang 等利用 $Cp_2Zr(CH_3)_2$ 与丁基锂反应生成 Zr-Li 盐,然后与三种不同的氯硅烷进行聚合反应,合成了三种不同的 ZrC-SiC 单源前驱体(见图 9.42)。[109]

图 9.41 ZrB_2-ZrC-SiC 复相陶瓷的 SEM 照片

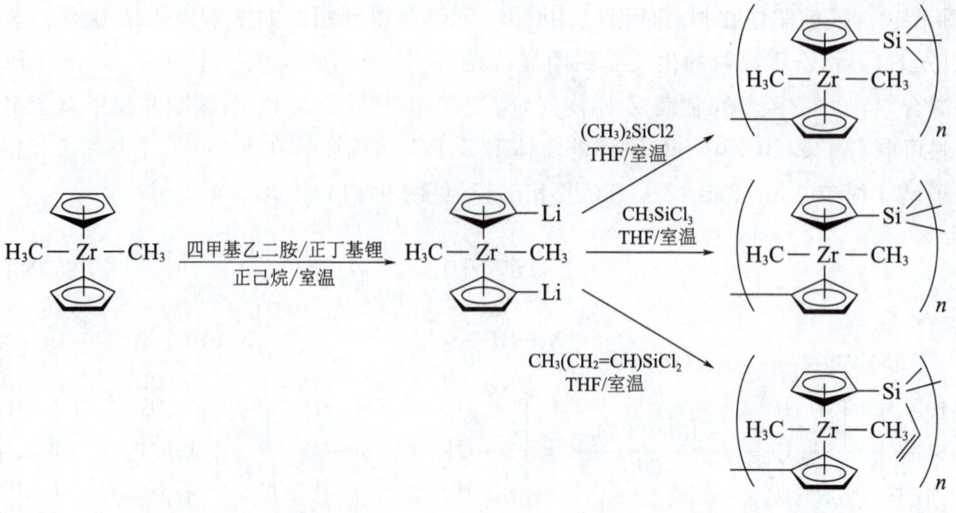

图 9.42　二锂代二茂锆与不同氯硅烷反应合成 ZrC-SiC 单源前驱体[109]

Yuan 等利用商品化的聚硼硅氮烷 HTT1800 和 Hf(NEt$_2$)$_4$、BH$_3$SMe$_2$ 反应,得到 Si-Hf-B-C-N 复相陶瓷的单源前驱体(见图 9.43)。该前驱体在氩气氛围中裂解,得到 HfC/HfB$_2$/SiC 复相纳米陶瓷;在氮气氛围中裂解,得到 HfN/Si$_3$N$_4$/SiBCN 纳米复相陶瓷。[24]

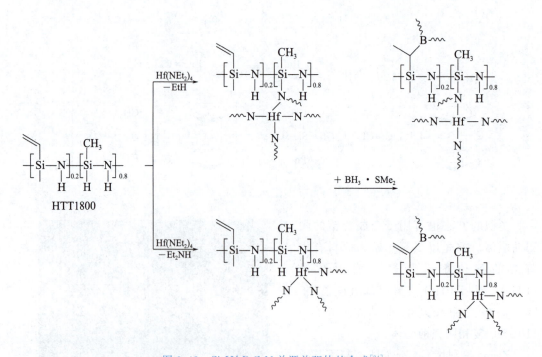

图 9.43　Si-Hf-B-C-N 单源前驱体的合成[24]

通过将锆氧聚合物和硅源聚合物如聚碳硅烷、聚硼硅氮烷等复配可以方便地制得锆硅一体化陶瓷前驱体,前驱体的黏度、固含等性能适用于 PIP 工艺制备 CMCs,由于是通过复配方式引入锆、硅组元,元素比例也易于调控。对前驱体热解产物的晶相、组成、微观形貌等进行的研究表明前驱体固化物经 1 500 ℃ 左右热处理后能够形成锆硅复相陶瓷,陶瓷产物中锆、硅陶瓷组元均匀分布,由于锆硅陶瓷组元晶粒生长的彼此互相抑制,获得的复相陶瓷晶粒尺寸往往为百纳米级。

面向未来需求,超高温陶瓷基复合材料将向更长时间、更高服役温度、更高力学强度方向发展,这将对前驱体原材料提出更高的要求。总而言之,超高温陶瓷前驱体是制备超高温陶瓷基复合材料的关键基础原材料,经过多年发展,其制备工艺日趋成熟,相应的陶瓷基复合材料综合性能表现出明显优势,已在航空航天领域得到应用。可获得纳米尺度均匀分散的多元复相陶瓷是前驱体法的一个很大优势,Zr 基、Hf 基陶瓷中 SiC、TaC、Y_2O_3 等第二组元甚至多组元的加入有助于形成纳米尺度均匀分散的多元复相陶瓷,从而大大提高超高温陶瓷材料的高温抗氧化性能,并有效减小晶粒尺寸及抑制高温下晶粒尺寸的快速增长。因此多元/复相陶瓷基体将是未来超高温陶瓷基复合材料的重要发展方向。

9.2 前驱体陶瓷化

聚合物前驱体法制备陶瓷(PDC)一般包括三个步骤:①聚合物前驱体的合成;②成型和交联;③聚合物-陶瓷转变。陶瓷化转变后进一步退火处理,PDC 会发生相分离或结晶。不同温度范围内对应的过程如图 9.44 所示。

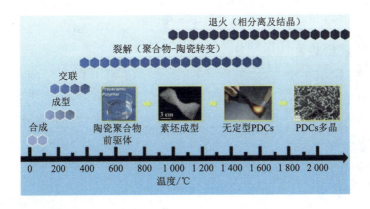

图 9.44　PDC 制备过程的各个工段及温度范围[46,110]

9.2.1　加工成型(shaping)

陶瓷前驱体本质上是高分子,可液相加工或熔融态加工,适用于多种高分子的加工成型工艺,为制备陶瓷纳米粉体、陶瓷纤维、陶瓷块材、陶瓷涂层、多孔陶瓷、陶瓷基复合材料和陶瓷增材制造提供了多种可能性。相比于陶瓷加工成型,聚合物前驱体的成型方式更加灵活简便,可净成型,避免了脆性陶瓷直接机加工的问题;相比于溶胶-凝胶法成型,聚合物前驱体不需很长的老化和干燥时间,存储稳定,且陶瓷产率较高。陶瓷前驱体用于黏结时,可在较低温度下实现牢固黏结;陶瓷前驱体用于纺丝时,流变行为可由分子结构调节,易制备细纤维;陶瓷前驱体用于聚合物浸渍裂解工艺制备复合材料时,环境友好且可成型大制件和复杂构型制件;陶瓷前驱体用于发泡/吹塑工艺时,制孔剂引入方便,易实现孔径和孔隙率可控;陶瓷前驱体用于增材制造时,通过对聚合物分子结构改性,引入光活性基团,易于实现光固化。此外,聚合物前驱体还可以用于成型陶瓷纳米线、纳米带及图案化构件等。

表9.1列举了部分已报道的适于陶瓷聚合物前驱体加工的工艺及相应的材料体系。聚合物前驱体直接经过交联裂解后可得到PDC纳米粉体,可利用传统陶瓷的粉末加工工艺对PDC纳米粉体进行加工。常用的PDC粉体烧结方法有热压烧结(hot press)[111-116]和放电等离子烧结(SPS)[14,34,107,111,117-119]。一般利用PDC粉体烧结制备的陶瓷比前驱体成型后再裂解制备的陶瓷机械性能更好。

表9.1 部分已报道的适于陶瓷聚合物前驱体加工的工艺及材料体系

工艺	材料形态	陶瓷体系
模压成型	块材	Al_2O_3-SiC[120],SiBCN[16]
铸造/冷冻铸造成型	陶瓷管、多孔陶瓷等	SiOC(N)[121],SiC[122,123]
涂膜 (喷涂/旋涂/浸涂/化学气相沉积等)	涂层/薄膜	SiOC[124,125],Si_3N_4[126],SiCN[19],SiBCN[127]
流延成型	陶瓷薄片	SiOC[128,129],SiAlON-SiC[130]
注射成型	多孔陶瓷、复合材料、块材	SiC[131,132],SiOC[133],SiAlON[134]
纺丝 (熔融纺丝/溶液纺丝/静电纺丝等)	纤维	SiC[135],SiC-TiC[136],Si_3N_4[137],SiOCN[138],SiCN[139]
吹塑/发泡工艺	多孔陶瓷	SiOCN[140],SiOC[141,142],SiC[143,144]
黏结	黏结剂	聚硼硅氮烷[145,146],PCS[147]
挤出成型	陶瓷泡沫、陶瓷线、陶瓷纤维等	SiOC[148,149],SiC[131],SiBCN[150]
乳液加工	微球	SiOC[151],SiBCN[152]
自组装	微胶囊、有序结构	SiON[153],SiC[154],SiCN[155],Fe/SiC[156]
聚合物浸渍-裂解(PIP)工艺	陶瓷基复合材料	C_f/SiOC[157],C_f/SiBCN[158],C_f/SiBOC[159],SiC_f/SiCN[160],$SiBCN_f$/SiCN[160],C_f/ZrC-SiC[150],C_f/ZrB_2-ZrC-SiC[161],C_f/SiHfBCN[25]
增材制造	多种(含复杂形状)	SiOC[110,162,163],Si_3N_4[164],SiCN[165]

9.2.2 交联(crosslinking)

陶瓷聚合物前驱体成型后,素坯需经过交联固化形成热固性树脂材料再陶瓷化,以减少陶瓷化过程中的体积收缩,维持形状稳定性,且交联固化可提高聚合物前驱体的陶瓷产率。

通过加入惰性填料或活性填料，可进一步减少热固化及裂解过程中的体积收缩，同时提高陶瓷产率。

热交联是陶瓷前驱体的主要交联方式，交联反应通常在 200 ℃ 以下进行，通过 Si—H、Si—OH、乙烯基、炔基的缩聚/加聚反应形成热固性聚合物，涉及的反应类型有硅氢加成(Si—H/乙烯基)、加聚反应(乙烯基/炔基)、转氨基反应［脱胺(氨)、脱小分子硅氮烷］、脱氢偶合(Si—H/Si—H 或 Si—H/N—H)等。交联反应的活性顺序遵从：硅氢加成＞脱氢偶合＞转氨基反应＞乙烯基聚合[166]。加入催化剂可以降低交联反应发生的温度。

除了热交联外，聚合物陶瓷前驱体也可以通过氧化交联、选择性激光固化、紫外固化、活性气体固化、等离子体固化和电子束固化等形成热固性聚合物[4,127,135,167-174]。

9.2.3 聚合物-陶瓷转变(polymer-to-ceramic conversion)

交联后的聚合物前驱体需进一步裂解，才能陶瓷化。热裂解是聚合物前驱体陶瓷化的主要方式。前驱体的性质、填料的状态、裂解温度、升温速率、裂解氛围、裂解压力和时间等都会影响陶瓷化过程，最终陶瓷化产物的化学组成、相组成和微结构。例如，惰性气氛(氩气等)裂解得到含碳陶瓷，但是在 H_2、NH_3 或水蒸气氛围下进行裂解可得到无碳陶瓷[12,175-178]；真空环境裂解可促进碳的剥离，得到贫碳陶瓷，但是在加压条件下裂解，则可得到富碳陶瓷[46,179,180]。

除了热裂解外，激光热解[181-183]、快速退火[184]，微波热解[185,186]和离子辐照[187]等也被用于聚合物前驱体的陶瓷化。

用于研究聚合物-陶瓷转变过程的表征技术主要包括固体核磁共振(solid NMR)、傅里叶变换红外光谱(FT-IR)、热重(TGA)以及一些原位分析技术(TGA-MS 联用、TGA-FTIR 联用、TGA-FTIR-MS 联用等)。但由于交联聚合物结构的复杂性和陶瓷化的过程多变性，关于聚合物陶瓷前驱体的聚合物-陶瓷转变的机理尚不清晰。

9.2.4 PDC 微纳结构

聚合物前驱体在裂解过程中先生成无定形相，进而通过化学键重组发生相分离，随着温度进一步升高，发生纳米晶成核和粗化，即结晶。PDC 中未与其他元素原子形成化学键键接的碳称为自由碳。PDC 相分离过程中形成的自由碳随温度升高会经历石墨化过程，形成不同形态的微纳结构。PDC 的微纳结构对 PDC 的高温抗结晶性、高温氧化性、高温热稳定性等高温性能具有重要影响。研究表明，陶瓷化后的 PDC 中会形成纳米微区(nanodomain)，是 PDC 具有高温抗结晶性的主要原因[188]。

应用于 PDC 微纳结构表征的技术包括 MAS-NMR、XRD、SAXS、SANS、FTIR、Raman、TEM、SEM、EELS 和 EF-TEM 等。随着计算化学的发展，模拟和计算方法也逐渐被用于 PDC 微纳结构演变规律的分析。以下将着重对几种典型的 PDC 微纳结构分析进行介绍。

1. X 射线衍射(XRD)

XRD 是一种快速且有效的确定 PDC 晶型、晶相组成和晶粒尺寸的检测方法。选用合适的函数进行 Rietveld 精修,可以得到晶格常数、晶粒尺寸和晶相含量等信息[189]。基于 XRD 谱图,PDC 的平均晶粒尺寸也可由 Scherrer 计算公式得到:

$$D = \frac{K\gamma}{B\cos\theta}$$

式中,D 为晶粒垂直于晶面方向的平均厚度,nm;B 为实测样品衍射峰半高宽度(必须进行双线校正和仪器因子校正,单位为弧度 rad);K 为 Scherrer 常数,若 B 为衍射峰的半高宽则 $K=0.89$,若 B 为衍射峰的积分半高宽则 $K=1$;θ 为布拉格衍射角(°);γ 为 X 射线波长,当采用 Cu 靶 XRD 时为 0.154 056 nm。

PDC 中的自由碳只有高温石墨化后才有可能由 XRD 检测到,且其含量需要高于 XRD 的检测限(体积分数为 1%~2%)[177]。

2. 魔角核磁共振(MAS-NMR)

MAS-NMR 用于精确检测 PDC 无定形相和结晶相中敏感元素(^{1}H、^{29}Si、^{11}B、^{13}C、^{15}N 等)的化学环境。PDC 的相分离过程最初就是通过 MAS-NMR 检测分析[46]。

^{29}Si MAS-NMR 对聚硅氮烷和聚硅基碳化二亚胺转化的无定形 SiCN 陶瓷进行分析,表明两者得到的 SiCN 陶瓷具有完全不同的微结构,如图 9.45 所示。聚硅氮烷裂解后形成单相 $SiC_xN_y(x+y=4)$ 陶瓷,Si 与 C 和 N 相键接;聚硅基碳化二亚胺裂解后发生相分离,形成无定形 Si_3N_4 和 SiC 及碳团簇[63,190,191]。

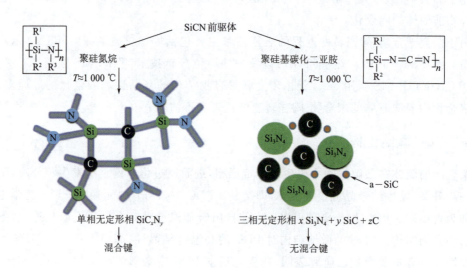

图 9.45 聚硅氮烷和聚硅基碳化二亚胺转化的无定形 SiCN 结构

^{13}C 固体 MAS-NMR 可用于表征 PDC 中自由碳的化学环境,自由碳中的 sp^2-杂化碳化学位移在 120~150 ppm(1ppm=1.0×10^{-6}),与 sp^3-杂化碳的化学位移(0~60 ppm)有明显区别。图 9.46 是聚乙烯基硅氮烷在 300~1 500 ℃ 热处理所得陶瓷化粉体的 ^{13}C MAS-NMR 谱图。600 ℃ 开始,在 135 ppm 左右出现 sp^2 碳的特征峰,说明 600 ℃ 开始形成自由

碳,其宽峰型表明自由碳尚处于无定形态。高温(1 200～1 500 ℃)范围内,自由碳的化学位移往高场移动,且峰形变窄,说明自由碳的结构逐渐趋于有序[192]。在 SiCN 或 SiBCN 等有其他原子(B、N 等)与 C 键接或掺杂的 PDC 中,sp^2 碳的化学位移会往约 150 ppm 的低场移动[190,193-195]。

3. 拉曼光谱(Raman Spectroscopy)

拉曼光谱是表征 PDC 中碳形态的有力工具,可呈现长程有序的石墨烯片层碳的信号,而无定形态自由碳的特征带常存在交叉重叠现象,需通过分峰模拟后才能确定碳结构。拉曼光谱对追踪 PDC 中碳结构的演化规律具有指导意义。自由碳在一级 Raman 光谱中的两个特征带分别为 D 带(约 1 350 cm^{-1})和 G 带(约 1 580 cm^{-1})。G 带是由 sp^2-碳在理想石墨晶格的基面(即 E_{2g}-对称性)的伸缩振动引起,通常表现为高度定向多晶石墨(HOPG)或 La 大于 100 nm 的单石墨晶体的特征带[196,197]。D 带是由缺陷引起,对应于具有 A_{1g} 对称性的石墨晶格振动模式,代表自由碳的无序程度[198]。在某些 PDC 中,约 1 620 cm^{-1} 位置会出现 G 带的肩峰,成为 D' 带,与 E_{2g} 对称性的石墨晶格振动有关[197,199]。由于共振效应,随着激发源波长的增加,D 和 D' 带的相对强度均提高[200]。在 PDC 的二级 Raman 光谱中,还会出现 G'、D+G 和 2D' 等叠加带。二阶拉曼光谱中的所有分析谱带都可以归因于已知晶格振动模式的组合和叠加[201]。PDC 的 Raman 谱图中各特征带及振动模式如图 9.47 所示。

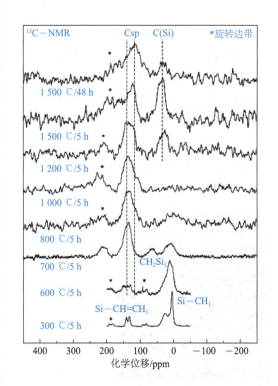

图 9.46 聚乙烯基硅氮烷在 300～1 500 ℃ 热处理所得陶瓷化粉体的 ^{13}C MAS-NMR 谱图

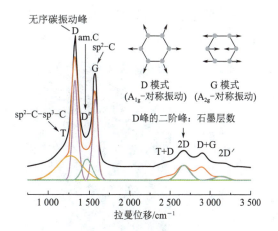

图 9.47 PDC 的 Raman 谱图中各特征带及振动模式[201]

Raman 光谱中,D 带和 G 带的强度比 $I(D)/I(G)$ 用于表示自由碳的无序程度。$I(D)/I(G)$ 值越高,自由碳的无序程度越高[107,202]。PDC 中自由碳的无序性来源于石墨烯片层的边缘,与石墨烯片层平面的偏移以及 sp3-碳的存在[201]。碳簇的横向微晶尺寸,即沿着六元环平面方向上的尺寸 L_a(nm)也可由 $I(D)/I(G)$ 根据 TK 关系式计算出[203,204]。

TK 关系式:

$$\frac{I(D)}{I(G)} = \frac{C(\lambda)}{L_a}$$

式中,$I(D)/I(G)$ 为 Raman 光谱中 D 带和 G 带的积分面积之比;λ 为激发源的入射波长,当 400 nm<λ<700 nm 时,$C(\lambda) = -12.6$ nm $+ 0.033$ nm。TK 关系式只适用于计算 $L_a > 2$ nm 的碳簇横向微晶尺寸。当 $L_a < 2$ nm 时,L_a 可通过 Ferrari-Robertson 关系式或 Cançado 关系式计算。

Ferrari-Robertson 关系式[204]:

$$\frac{I(D)}{I(G)} = C'(\lambda) \times L_a^2$$

式中,$C'(\lambda)$ 为与波长有关的常数,当 $\lambda = 514.5$ nm 时,$C'(\lambda) \approx 0.55$ nm^{-2}[205]。

Cançado 关系式[206]:

$$L_a = (2.4 \times 10^{-10})\lambda^4 \left[\frac{I(D)}{I(G)}\right]^{-1}$$

式中,λ 为可见光波长。

4. 透射电镜(TEM)及电子衍射技术

透射电镜(TEM)可直观地观测 PDC 纳米尺度上的微结构,追踪从无定形态开始转变为纳米晶态的演变过程。无定形态 PDC 的 TEM 谱图没有明显特点,但纳米的乱层碳或石墨化碳可由 TEM 表征。以聚氧烷前驱体为例,在较低裂解温度时,PDC 中的自由碳均匀分布在无定形陶瓷基体中;温度≥1 100 ℃时,开始形成基本结构单元(BSU)或原位富集的石墨碳乱层结构,如图 9.48(a)所示;温度≥1 400 ℃时,自由碳呈现较为清晰的面间距为 0.34 nm 的晶格条纹,如图 9.48(b)所示[207,208]。但某些抗结晶性较好的 SiCN 或 SiBCN 陶瓷,在低于 1 400 ℃裂解时,TEM 仍无法探测到自由碳层[205,209]。

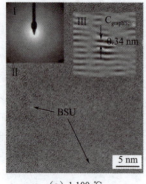
(a) 1 100 ℃

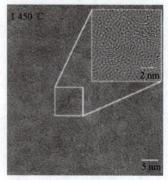
(b) 1 450 ℃

图 9.48 1 100 ℃和 1 450 ℃裂解的 SiOC 陶瓷的 HR-TEM 图像[207,210,211]

TEM结合电子衍射技术可用于表征PDC中的微晶和纳米晶结构,也可揭示无定形材料中的短程有序结构。Stormer等对TEM图像无明显差别的SiCN样品进行电子衍射分析,发现了其由组成和退火工艺造成的短程结构的细微差别,如图9.49所示[212]。

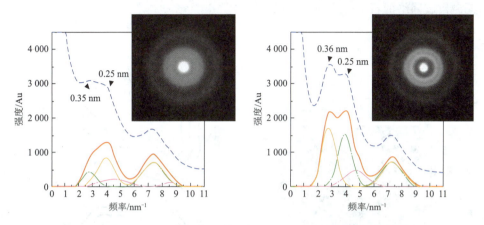

图9.49 1 400 ℃裂解的两种无定形SiCN陶瓷的电子衍射谱[212]

在一些超高温PDC或引入Hf、Ti、Ta等元素的硅基PDC中,会呈现完全不同的微结构:自由碳通常会形成一层薄壳,包裹着超高温组元的纳米颗粒,形成核-壳结构,如图9.50所示[89,202]。

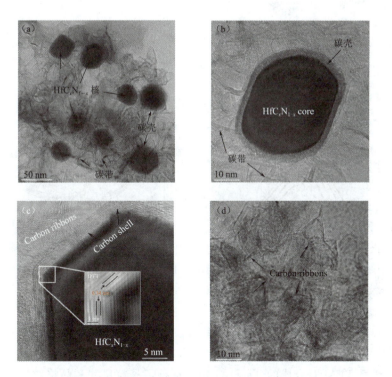

图9.50 SiC/HfC$_x$N$_{1-x}$/C在1 700 ℃(a,b)、
1 900 ℃(c)和SiC/C在1 700 ℃(d)退火后的TEM图像

综合 TEM、MAS-NMR、Raman 等多种先进分析技术，研究人员提出随着退火温度升高，PDC 中自由碳的微结构演变将经历四个步骤（见图 9.51）[177,213,214]：①氢化的无定形碳通过分解沉淀析出；②基本结构单元（BSU）的成核；③层状游离碳通过 BSU 的边对边连接生长；④游离碳网络的石墨化或纳米簇沉淀析出。

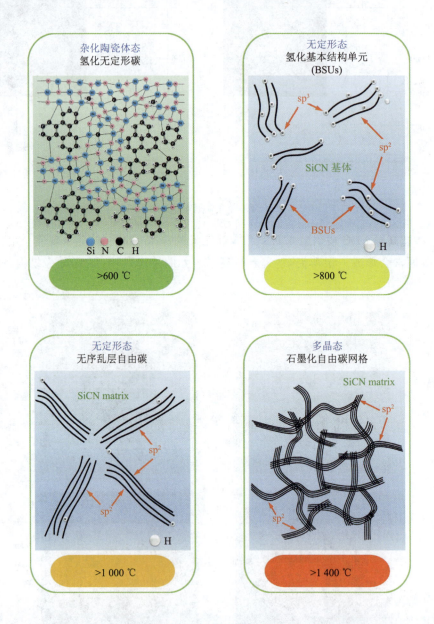

图 9.51 PDC 中自由碳的微结构演变示意图

Jiang 等利用 TEM 对合成的 Ta_4HfC_5 粉体进行了晶粒尺寸和晶格结构的分析，并通过 SAED 衍射环的标定证实了 Ta_4HfC_5 高度结晶的多晶结构和晶型（见图 9.52）[215]。

5. 光电子能谱(XPS)

XPS 是一种研究固体表面电子结构的分析技术,可用于研究固体表面组成和结构(包括元素的种类和含量、化学价态和化学键形成等)。化学键相对浓度的变化可以由 XPS 光谱中对应峰的积分面积比计算得出,进而可推测出 PDC 结构的演变规律。XPS 1s 轨道谱图中,C—Si、C=C、C—C/H 的化学键结合能大约为 283.6 eV、284.4 eV 和 285.0 eV。图 9.53 为 SiBCN 陶瓷的 XPS 谱图。Si 2p 谱图中的 102.1 eV 和 100.58 eV 归属于 Si—N 键和 Si—键;C 1s 谱图中的 283.97 eV 和 284.7 eV 分别归属于 SiC 中的 C—Si 键和石墨的 C—C 键;B 1s 谱图中的 190.48 eV、190.03 eV 和 189.58 eV 归属于 h-BN 中的 B—N 键;N 1s 谱图中的 397.3 eV 和 397.77 eV 分别归属于 N—B 和 N—Si 键[216]。

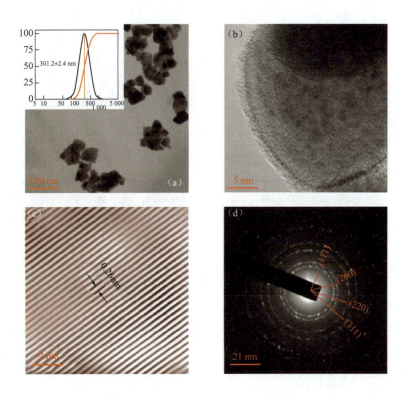

图 9.52 Ta_4HfC_5 粉体的 TEM 图像[215]
(a. 粒径及分布;b. 高分辨图像;c. 晶格的 Fourier 变换;d. SAED)

6. 电子损失能量谱(EELS)

EELS 可检测 Si(L-edge)和 C(K-edge)原子的局部配位结构的变化。Si—C、Si—N 和 Si—O 键具有不同能量,所以 Si 原子 L 边的阈值能量随配位原子种类变化而变化。105 eV 特征峰归属于 Si—C 键,108 eV 特征峰和 115 eV 特征峰归属于 Si—O 键。通过监测 C 的 K 边可以分析自由碳的结构演变过程,285 eV 特征峰归属于 sp^2—C,292 eV 归属于 sp^3—C[46]。Li 等利用 EELS 监测了无定形 SiBCN 的结晶演变过程[217]。

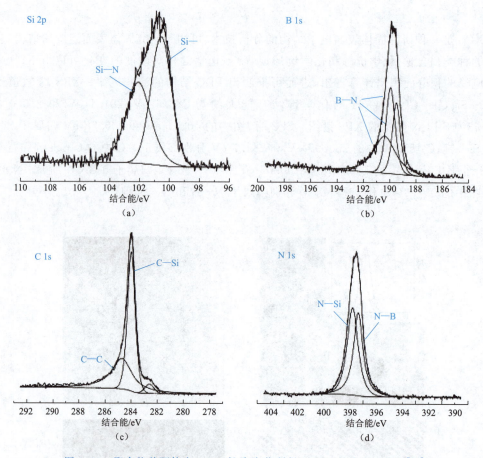

图 9.53 聚合物前驱体在 1 800 ℃ 陶瓷化所得 SiBCN 的光电子能谱[216]

7. 小角 X 射线散射(SAXS)

SAXS 提供纳米簇和微晶的尺寸分布信息,但是不能提供纳米簇的化学和结构信息。SAXS 作为 NMR 的补充,证明了 PDC 相分离过程中出现短程结构的有序性。Saha 等根据 SAXS 得到比表面积数据,提出 SiOC 纳米结构的几何模型,并推测了其纳米簇的尺寸(见图 9.54)[2]。

Mera 等对聚甲基苯基硅基碳化二亚胺在 1 300 ℃、1 500 ℃、1 700 ℃ 和 2 000 ℃ 陶瓷化所得的富碳 SiCN 进行 SAXS 分析,首次提供了纳米簇的尺寸、形状、组成、取向和体积分数等信

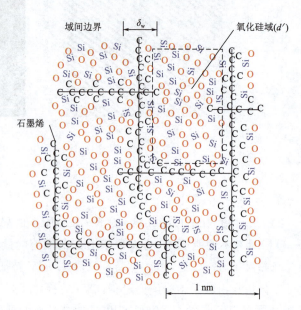

图 9.54 聚合物前驱体裂解所得 SiOC 的纳米簇结构模型[2]

息,并提出了富碳的 SiCN 陶瓷中自由碳、SiC、Si_3N_4 纳米团簇随温度变化的模型,如图 9.55 所示。模型表明,SiCN 纳米簇结构随温度的变化受自由碳影响较大[218]。

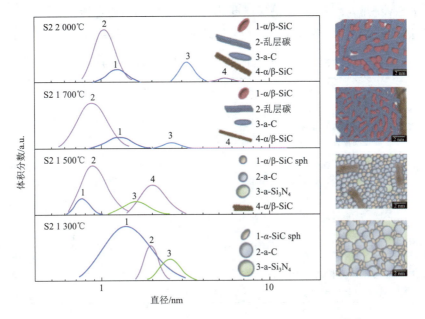

图 9.55 不同温度退火后的富碳 SiCN 陶瓷 SAXS 模型[218]

富碳的 SiCN 表现出优异的高温抗结晶性,当 $T>1\ 500\ ℃$ 时,无定形 SiCN 通过自由碳和 Si_3N_4 的碳热还原反应,直接结晶生成 α 和 β-SiC;而无自由碳的无定形 Si_3N_4 在 $T \geqslant 1\ 200\ ℃$ 时就已经结晶。研究认为,自由碳可以封锁无定形 Si_3N_4 纳米簇,阻碍成核过程,且 Si_3N_4 纳米簇界面处的自由碳能阻碍 N 原子向外扩散,从而提高 Si_3N_4 纳米簇的稳定性[191,219]。

9.3 PDC 的性能

9.3.1 力学性能

1. 纤维

PDC 最初是通过高性能 SiC 纤维的成功制备才被认可,Yajima 等利用 PDC 路线制备的 SiC 纤维拉伸强度和杨氏模量分别达到 6.2 GPa 和 440 GPa。第一代 Nicalon 纤维在 Yajima 路线的基础上,通过 200 ℃ 空气中固化,引入了质量分数约为 12% 的 O,实际上为 Si(O)C 纤维,其室温拉伸强度和弹性模量分别为 3 GPa 和 200 GPa。但是引入 O 后形成的 SiOC 相在 1 200 ℃ 即发生分解,造成 SiC 结晶和纤维高温力学性能衰退。采用离子辐照固化以降低氧含量,SiC 纤维的耐温性可提高到 1 350 ℃,弹性模量增加到 280 GPa。近化学计量比的 SiC 纤维耐温性可提高到 1 400 ℃,拉伸强度和弹性模量分别为 2.5 GPa 和 400 GPa。第二代纤维是 Hi-Nicalon 纤维(SiC)和 Tyranno ZMI 纤维(Si-Zr-C-O)等。Si-Ti-C-O 纤维耐温等级为 1 200 ℃,拉伸强度和弹性模量分别为 3 GPa 和 220 GPa;

Si-Al-C-O 纤维拉伸强度和弹性模量分别为 2.5 GPa 和 300 GPa,且力学性能能保持到 1 900 ℃。第三代纤维为化学计量比 SiC 纤维、Hi-Nicalon TypeS 纤维、Sylramic TM 纤维和 Tyranno SA 纤维,在 1 400 ℃仍保持良好的抗蠕变性和热稳定性。[135]

PDC 法还可制备 SiBCN、BN、SiAlON 等纤维。PDC 法制备纤维的力学性能见表 9.2。

表 9.2　PDC 法制备陶瓷纤维的种类和力学性能

纤维	前驱体	拉伸强度/GPa	弹性模量/GPa	密度/($g·cm^{-3}$)	参考文献
Si(O)C	聚碳硅烷	3	200	2.55	Hasegawa 等[173]
SiC	聚钛碳硅烷	2.5	400	3.05	Takeda 等[176]
Si-Ti-C-O	聚钛碳硅烷	3	220	2.35	Yajima 等[220]
Si-Al-C-O	聚铝碳硅烷	3	300	3.0	Ishikawa 等[221]
Si-B-C-N	硼改性聚硅氮烷	1.3	170	—	Bernard 等[72]
SiBN	聚硼硅氮烷	1.8	196	—	Tang 等[222]
SiBN	聚硼硅氮烷	0.91	—	—	Liu 等[75]
BN	聚甲基氨基硼嗪	1.48	365	1.95	Bernard 等[223]
Si-Al-O-N	聚铝碳硅烷	1.75	—	2.6	Soraru 等[224]
MWNT-SiC	多壁碳纳米管/聚碳硅烷	1.8	273	—	Wang 等[225]
Al_2O_3-ZrO_2	锆掺杂聚铝氧烷	0.72	—	—	赵彤团队

2. 块材

PDC 块材的制备有三种方法:(1)将部分交联的聚合物前驱体粉料进行模压得到素坯,然后素坯直接高温裂解得到无裂纹的 PDC 块材;(2)聚合物前驱体流延成型;(3)聚合物前驱体先交联裂解得到 PDC 粉体,后进行粉末烧结。

聚合物前驱体转化法制备的 SiOC 陶瓷块材的力学性能见表 9.3。

表 9.3　聚合物前驱体转化法制备的 SiOC 块材的力学性能

样品	密度/($g·cm^{-3}$)	自由碳质量分数/%	热处理温度/℃	维氏硬度/GPa	杨氏模量/GPa	断裂韧性/($MPa·m^{1/2}$)	参考文献
$SiC_{0.33}O_{1.33}$	2.23	<1	1 000	8.6	—	0.70	Rouxel 等[226]
$SiC_{0.375}O_{1.25}$	2.2	4.01	1 000	10.6	—	0.57	Rouxel 等[226]
$SiC_{0.33}O_{1.33}$	2.28	<1	1 200	8.4	102	—	Soraru 等[227]
$SiC_{0.43}O_{1.29}$	2.26	1.56	1 200	9.2	102	—	Soraru 等[227]
$SiC_{0.49}O_{1.25}$	2.25	2.78	1 200	9.3	113	—	Soraru 等[227]
$SiC_{0.80}O_{1.60}$	2.23	11.39	1 100	6.4	101	—	Moysan 等[228]
$SiC_{0.99}O_{1.25}$	2.32	12.2	1 200	11.0	107.9	—	Soraru 等[229]
$SiC_{1.02}O_{1.21}$	2.16	12.3	1 200	10.8	106.7	—	Soraru 等[229]
$SiC_{2.34}O_{1.06}$	1.95	30.6	1 200	9.7	95.8	—	Soraru 等[229]
$SiC_{3.36}O_{1.00}$	1.83	40.7	1 200	9.4	92.8	—	Soraru 等[229]
$SiC_{4.07}O_{1.18}$	1.82	52.7	1 200	8.4	93.3	—	Soraru 等[229]
$SiC_{4.30}O_{1.20}$	1.82	54.2	1 200	8.8	86.7	—	Soraru 等[229]
$SiC_{6.43}O_{1.32}H_{0.11}$	1.6~1.7	61	1 100	5.5~8.6	66	—	Ralf 等[211]

聚合物前驱体转化法制备的 Si(B)CN 陶瓷块材的力学性能见表 9.4。已报道的 SiOC 和 Si(B)CN PDC 的硬度为 8~26 GPa，断裂韧性在 0.56~3 MPa·m$^{1/2}$ 范围内[46]。

表 9.4 聚合物前驱体转化法制备的 Si(B)CN 陶瓷块材的力学性能[166]

样品	密度/(g·cm^{-3})	自由碳质量分数/%	热处理温度/℃	维氏硬度/GPa	杨氏模量/GPa	断裂韧性/(MPa·m$^{1/2}$)	参考文献
$SiC_{0.95}N_{0.85}O_{0.1}H_{0.14}$	2.3	14.42	1 000	15~26	155	—	Shah 等[230]
$SiCN_{0.78}O_{0.08}H$	1.85	14.10	800	8.3	82	0.56	Janakiraman 等[231,232]
$SiC_{0.98}N_{0.84}O_{0.05}H_{0.78}$	1.90	14.35	900	9.5	106	0.57	Janakiraman 等[232]
$SiCN_{0.80}O_{0.07}H_{0.51}$	2.00	14.42	1 000	11.3	117	0.88	Janakiraman 等[232]
$SiC_{0.96}N_{0.80}O_{0.05}H_{0.39}$	2.10	13.52	1 100	9.7	127	1.1	Janakiraman 等[232]
$SiC_{0.95}N_{0.77}O_{0.18}$	2.16	14.02	1 200	9.6	140	0.72	Janakiraman 等[232]
$SiC_{0.90}N_{0.76}O_{0.14}$	2.15	12.54	1 300	7.9	117	1.23	Janakiraman 等[232]
$SiC_{4.47}N_{1.03}O_{0.06}H_{0.58}$	1.96	52.52	1 100	8.5	92	—	Klausmann 等[233]
$SiC_{1.20}N_{1.29}O_{0.04}H_{0.02}$	2.49	23.31	1 100	10.8	116	—	Klausmann 等[233]
$SiC_{0.67}N_{0.80}$	2.32	6.86	1 100	13	121	—	Galusek 等[234]
$Si_{2.5}B_{1.0}C_{4.8}N_{1.5}O_{0.2}$	2.57	—	1 800	3.3	90	—	Bechelany 等[111]
$Si_{2.4}B_{1.0}C_{4.4}N_{0.7}O_{0.1}$	2.6	—	1 900	5.4	102	—	Bechelany 等[111]
$Si_{3.0}B_{0.8}C_{0.7}N_{4.7}O_{0.1}$	2.82	—	1 800	15	150	—	Bechelany 等[111]

关于超高温 PDC 块材的力学性能报道较少，见表 9.5。

表 9.5 超高温 PDC 块材的力学性能

样品	烧结方法	热处理温度/℃	相对密度/%	维氏硬度/GPa	杨氏模量/GPa	断裂强度/MPa	参考文献
90ZrC-10SiC	SPS	1 950	100	27	425	—	Lucas 等[117]
80ZrC-20SiC	SPS	1 950	99	22	451	—	Lucas 等[117]
70ZrC-30SiC	SPS	1 950	97	27	290	—	Lucas 等[117]
Ta_4HfC_5-10% $MoSi_2$	SPS	1 600	>99	17.58	—	466	Lu 等[14]
SiC-HfC$_x$N$_{1-x}$-C	SPS	2 200	>99	29	381	320	Wen 等[235]

9.3.2 热性能

PDC 的热性能包括：①热导率(k)，代表材料的传热能力[236-238]；②热膨胀系数(CTE)，描述构件尺寸随温度的变化[239,240]；③比热容(c_p)，衡量将 1 kg 物质提高 1 K 所需要的热量[241]；④热扩散系数(α)，表征热从材料热端传递到冷端的速率[241]；⑤抗热震性(TSR)，表明材料承受加热或冷却过程中温度突然变化的能力[242-245]。表9.6列举了部分PDC的热力学性能,关于超高温PDC力学性能的报道很少。

表9.6 PDC的热力学性能[177]

样品	开孔率/%	自由碳含量/%	处理温度/℃,压力/MPa	热导率/(W·m^{-1}·K^{-1})	热膨胀系数(10^{-6})/K	比热容/(J·g^{-1}·K^{-1})	参考文献
SiO$_{1.38}$C$_{0.32}$	0.3	0.27	1 100,PL①	1.18(100 ℃) 1.60(1 300 ℃)	3.23(LT①)	0.79(50 ℃) 1.18(1 000 ℃)	Stabler 等[241]
SiO$_{1.41}$C$_{0.30}$	0	0.11	1 600,50	1.42(100 ℃) 1.77(1 300 ℃)	2.02(LT) 4.87(HT①)	0.79(50 ℃) 1.11(1 000 ℃)	Stabler 等[241]
SiO$_{1.50}$C$_{0.71}$	0	9.12	1 600,50	1.50(100 ℃) 1.92(1 300 ℃)	3.09(LT) 5.29(HT)	0.78(50 ℃) 1.22(1 000 ℃)	Stabler 等[241]
SiO$_{1.27}$C$_{0.97}$	0	12.07	1 600,50	1.46(100 ℃) 2.06(1 300 ℃)	3.23(LT)	0.70(50 ℃) 1.24(1 000 ℃)	Stabler 等[241]
SiO$_{0.94}$C$_{1.13}$	1.6	12.67	1 600,50	2.15(100 ℃) 2.72(1 300 ℃)	1.84(LT) 4.41(HT)	0.73(50 ℃) 1.22(1 000 ℃)	Stabler 等[241]
SiC$_{0.40}$O$_{1.77}$	30	5.68	1 300,10	1.37(RT)	—	—	Mazo 等[246]
SiC$_{0.42}$O$_{1.72}$	10	5.55	1 300,80	1.38(RT)	—	—	Mazo 等[246]
SiC$_{0.46}$O$_{1.84}$	1	7.24	1 500,10	1.38(RT)	—	—	Mazo 等[246]
SiC$_{0.40}$O$_{1.61}$	8	4.11	1 500,80	1.37(RT)	—	—	Mazo 等[246]
SiC$_{1.10}$O$_{1.51}$	0	15.70	1 450,40	1.3(RT)	—	—	Eom 等[247]
SiC$_{1.10}$O$_{1.48}$	0	15.54	1 550,40	1.6(RT)	—	—	Eom 等[247]
SiC$_{1.11}$O$_{1.52}$	0	15.90	1 650,40	1.8(100 ℃)	—	—	Eom 等[247]
SiO$_{1.54}$C$_{0.53}$	12	6.10	1 100,PL	0.5(100 ℃)	—	—	Gurlo 等[116]
SiO$_{1.59}$C$_{0.66}$	0	8.90	1 600,30	1.3(100 ℃)	—	—	Gurlo 等[116]
SiO$_{1.65}$C$_{0.42}$	0	4.95	1 600,PL	1.3(100 ℃)	—	—	Gurlo 等[116]
SiC$_{0.60}$O$_{1.53}$	—	7.4	1 650,41	—	3.14	—	Renlund 等[239]
SiC	3.0	—	900,PL	2.4	—	—	Rahman 等[248]
SiC	4.1	—	1 150,PL	3.8	—	—	Rahman 等[248]
SiC	9.7	—	1 400,PL	12	—	—	Rahman 等[248]
SiC fiber	—	2.37	>1 700,PL	64.6(RT)	4.5(LT)	1.4(RT)	Lee 等[249]
SiC$_{1.6}$N$_{1.3}$	9.6	28.90	1 400,PL	—	3.08(100 ℃) 3.96(1 200 ℃)	—	Nishimura 等[240]
SiC(rGO,Gx)	—	—	—	7.47	—	—	Han 等[250]

注:①PL—无压(presurless);HT—high temperature的缩写,指玻璃让温度转变到1600℃;LT—low temperature的缩写,指低温。

由于存在玻璃基质、残余氢和悬键，无定形态的 PDC 热导率通常较低，例如无定形 SiOC 的室温热导率仅为约 1.2 W/(m·K)[241]。孔隙的存在可降低热导率，大孔 SiOC 的热导率可降低到 0.041 W/(m·K)，是一种有应用潜力的隔热材料[243]。PDC 中自由碳的热导率在 2.2（无定形碳）～600（石墨化碳）W/(m·K) 范围内[244,245]。SiOC 相分离过程形成 SiC 纳米晶和聚集碳，当形成互穿网络结构时，热导率会大大提高。在 PDC 中引入石墨烯也可大大提高 PDC 的热导率。

大部分硅基 PDC 的热膨胀系数在 3×10^{-6}/K 左右，通过调控自由碳含量，可实现对 PDC 热膨胀系数的调控。

9.3.3 抗氧化性能

PDC 最初即是面向高温应用而开发的，普遍具有优异的高温抗氧化性。硅基 PDC(Si-C, Si-C-O, Si-C-N 和 Si-B-C-N) 经过氧化后，表面会形成致密且连续的氧化层，该氧化层与陶瓷基体间具有明显界面。氧化层的厚度与氧化时间的关系曲线如图 9.56 所示，其良好的线性关系说明硅基 PDC 呈现抛物线形氧化动力学。一般，单相超高温 PDC 的抗氧化性较差，引入含硅组元，可显著提高超高温陶瓷体系的抗氧化性。当该超高温复相陶瓷经历高温氧化后，表面会形成氧化物薄膜，阻碍氧扩散进入基体；若进一步高温氧化，难熔金属氧化物和 SiO_2 还会形成具有自愈合作用的硅酸盐薄膜，大大降低氧扩散渗入基体的速率。Chen 等制备的 ZrC-SiC 复相 PDC，在 1 700 ℃ 具有良好的抗氧化性[106]；Yu 等制备的 ZrB_2-ZrC-SiC 复相 PDC，在 1 800 ℃ 仍具有良好的热力学稳定性和抗氧化性[251]。

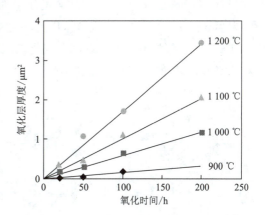

图 9.56　不同温度下硅基 PDC 的氧化层厚度与氧化时间的关系[252]

9.3.4 耐腐(烧)蚀性能

PDC 的具有良好的耐腐(烧)蚀性能与 PDC 的化学组成/相组成和微结构密切相关。现阶段已报道了 PDC 在碱性溶液[221,253]、氢氟酸溶液[254,255]、热硫酸溶液[256]、水蒸气[257,258]、水热条件[259]、钠盐[255,258]和超高温烧蚀环境[249]等多种工况下的耐腐蚀性能。Sararu 等研究了 SiOC 在碱性溶液和氢氟酸溶液中的腐蚀性，发现 SiOC 比 SiO_2 更耐腐蚀。这是因为，SiOC 中存在 Si—C 键，Si—C 键比强极化的 Si—O—Si 键更能耐受 OH^- 和 F^- 的亲核攻击[260,261]。自由碳对 PDC 腐蚀性能的影响有两方面：一方面，自由碳作为 SiO_2 纳米簇和 SiO_xC_y 的晶间相，限制了 SiO_xC_y 分解形成 SiO_2，防止与 SiO_2 纳米簇形成连续网络结构；另一方面，自由碳不溶于碱性溶液和氢氟酸，可在 SiOC 陶瓷表面富集，阻止 OH^- 和 F^- 的攻击，提供物理屏障防止 SiOC 基体被腐蚀[2,261]。Jothi 等研究了 SiHfCN(O)在钠盐(NaCl、Na_2SO_4)和氢氟酸中的腐蚀行为,发现钠盐催化结晶,加速相转变,SiHfCN(O)在 1 000 ℃的热 Na_2SO_4 溶液中 24 h 被完全腐蚀;氢氟酸将 SiHfCN(O)陶瓷完全腐蚀成碎片,只残留 SiC 和 Si_3N_4 晶粒沉积在容器底部,而纯 SiCN 陶瓷耐氢氟酸腐蚀性优异[255]。

9.3.5 电性能

1. 电导率

PDC 的室温直流电导率在 $10^{-10} \sim 1\ \Omega^{-1} \cdot cm^{-1}$ 范围内,与前驱体的组成和结构、裂解温度、裂解氛围等因素有关。

PDC 中自由碳的含量和结构对 PDC 的电导率具有重要影响。PDC 中含有足量自由碳时,形成互穿网络结构[见图 9.57(a)],此时 PDC 的导电机理为自由电子的直接传输;自由碳含量不足以形成互穿网络结构,但稍高于相邻自由碳簇产生隧道效应的阈值时,(即相邻的碳带虽然不互穿,但是距离非常接近),PDC 的导电机理为隧道渗流效应[见图 9.57(b)],此时若对 PDC 施加外力,可产生较高的压阻性;当自由碳含量低于隧道效应的阈值时,PDC 导电为半导体机制[见图 9.57(c)],PDC 的电导率具有温度依赖性,随着 PDC 退火温度的改变,PDC 电导率与温度的关系也在变化,表明不同温度退火导致的自由碳成核和石墨化过程对无定形 PDC 的带宽具有重要影响[177,235]。

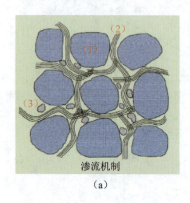
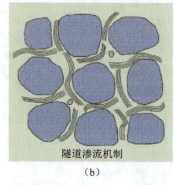
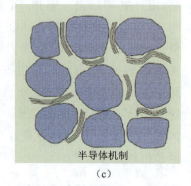

渗流机制 (a)　　　隧道渗流机制 (b)　　　半导体机制 (c)

图 9.57　PDC 导电机制模型

PDC 中原位生成的碳与包裹的陶瓷晶粒形成胶囊结构(核壳结构),也会对 PDC 的电学性能产生重要影响。Lu 等利用聚合物前驱体法制备了 Ta_4HfC_5 陶瓷,检测到由自由碳和 Ta_4HfC_5 晶粒形成的胶囊结构,所得 PDC 的电导率为 1.5×10^4 S/m[14]。Wen 等测得聚合物前驱体转化的 SiC/HfC_xN_{1-x} 电导率约 136.2 S/cm[107]。

PDC 的电导率还可通过添加填料来调控。Dalcanale 等在聚碳硅烷 SMP10 中引入 2% 的多壁碳纳米管(MWCNT),经 800 ℃裂解后所得 MWCNT/SiC 的电导率为 5×10^{-5} S/cm,比纯 SiC 基体的电导率高出一个数量级[262]。

2. 压阻性

压阻性是指由压力变化引起电阻率变化的性质。研究发现,聚合物前驱体转化所得的 SiCN 陶瓷具有超高的压阻性,压阻系数高达 1 000~4 000,比所有已知陶瓷的压阻系数都高[263];含甲基聚硅氧烷裂解所得的 SiOC 则具有高达 145 的压敏因子(k 因子)[264]。PDC 的压阻性与导电的自由碳形成互穿网络结构有关,遵从隧道渗流模型,SiCN 和 SiOC 的压阻行为如图 9.58 所示。

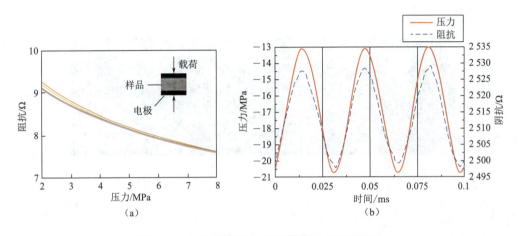

图 9.58　SiCN[263](a)和 SiOC[264](b)的压阻行为

9.3.6　磁性能

含铁、镍或钴的 PDC 表现出良好的磁性能。含铁 PDC 的制备方法有两类:一类是含铁粉体掺杂前驱体,如 Fe_3O_4 粉体掺入液相聚硅氮烷前驱体后经石墨还原[265]或 Fe 粉掺入前驱体后在氩气保护下热处理[266];另一类是在聚合物的分子链中引入 Fe,如二茂铁[267]或 $Fe(CO)_5$[266]与聚合物前驱体的反应。Hauser 等将(Fe,Co)粉引入聚硅氮烷 Ceraset® 中,经 1 100 ℃氩气氛围中裂解得到 Fe 掺杂的 SiCN,其饱和磁化强度高达约 57 emu/g[266]。Manners 及其同事通过裂解二茂铁开环聚合制备了聚二茂铁基硅烷[267],900 ℃以下裂解所得陶瓷具有超顺磁性,900 ℃以上裂解所得陶瓷具有铁磁性[268]。

Yu 通过裂解乙酰丙酮镍改性的烯丙基氢化聚碳硅烷(Ni-AHPCS)制备出多孔 Ni/SiOC(H)纳米复相陶瓷,其饱和磁化强度为 1.71~7.08 emu/g[269]。

选用超支化的聚合物前驱体有利于提高陶瓷产率。多炔与乙酰丙酮钴化合物制备有机-无机杂化前驱体,经氩气氛围 1 000 ℃裂解后,陶瓷产率约 65%,所得产物饱和磁化强度最高达约 118 emu/g,并具有接近于零的剩磁和矫顽力[270]。

9.3.7　光性能

关于 PDC 光性能的研究主要集中在 PDC 的光致发光行为。自由碳会吸收发射出的可见光,对 PDC 的光致发光性能极为不利,因此必须严格控制 PDC 的自由碳含量以提高光致发光性能。Karakuscu 等通过控制原料组成和裂解温度制备了符合化学计量比的 SiOC 薄膜,自由碳含量极少。在 800~1 000 ℃ 裂解所得的 SiOC 薄膜产生 UV-蓝光(410 nm),在 1 100 ℃ 以上裂解所得 SiOC 薄膜产生绿-黄光(560 nm)(见图 9.59)。UV-蓝光归因于 PDC 基体中的缺陷(悬键等),高温造成的颜色变化归因于相分离过程 SiC 相和少量自由碳的析出。Narisawa 等在氢气氛围、1 000~1 300 ℃ 裂解前驱体以除去自由碳,得到长时光致发光的无定形 SiOC(—H)陶瓷[271]。Karakuscu 通过引入 B 形成 B—C 键来降低自由碳含量,制备出宽带可调的发射可见光的 SiBOC 薄膜[272]。

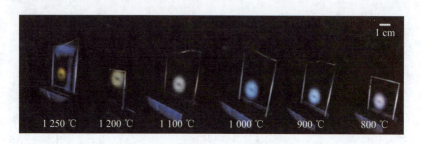

图 9.59　800~1 250 ℃ 裂解所得 SiOC 薄膜的光致发光现象

He 等通过含乙烯基的单源前驱体在 1 500 ℃ 陶瓷化制备出 SiBCN,该 PDC 在可见光范围内(417 nm,466 nm,498 nm,593 nm)具有光致发光性[273]。Zhang 等利用聚合物前驱体法制备了 SiCN-BN 核-壳纳米复相陶瓷。由于 SiCN 纳米线形成的核和 BN 纳米片形成的壳在界面处形成异质结,SiCN/BN 在可见光到近红外范围内(400~700 nm)具有光致发光行为[274]。

对 PDC 掺杂改性,也可改善 PDC 的光致发光性能。Qiu 等通过乙酰丙酮铕与 PCS 反应,后经氨气氛围裂解,制备了 Eu 改性的 SiON 陶瓷,其在 430~440 nm 有光致发光现象[275]。

9.3.8　介电性能

材料的介电性能一般通过复介电常数 ε 来表示,$\varepsilon = \varepsilon' - j\varepsilon''$,式中,$\varepsilon'$ 为复介电常数的实部,即通常所说的介电常数;ε'' 是复介电常数的虚部,反映介电损耗的大小。如果材料具有低 ε'(1~5)和低 ε''(<0.01),则为透波材料;如果材料具有较低的 ε'(5~20)和适中的 ε''(1~10),则为吸波材料;如果材料具有高 ε'(>20)和高 ε''(>10),则为电磁屏蔽材料[276]。一些已报道的 PDC 在 10 GHz 的复介电常数如图 9.60 所示,PDC 通常为良好的吸波材料。富碳的 PDC 及添加导电填料的 PDC 可作为电磁屏蔽材料[277-280]。

PDC 中的自由碳作为介电损耗相,会同时提高 ε' 和 ε''。Li 等以二茂铁改性的聚硅氮烷为前驱体,制备了原位成碳的 SiCN 陶瓷,并研究了自由碳对 SiCN 介电性能的影响。结果表明,随着二茂铁的质量分数从 0 增大到 7%,PDC 的 ε' 从 5 增加到 14,ε'' 从 0.3 增加到 10。PDC 的退火温度也对介电性能有影响,一般来说,高温退火的 PDC 由于自由碳聚集和石墨化导致的电导率升高,从而呈现更高的 ε' 和 ε''。Zhang 等[287]以二茂锆化合物为锆源,与不同类型的氯硅烷反应,得到硅锆一体化陶瓷前驱体,陶瓷化得到 Zr/Si/C 微球,其最大回波损耗达到 -34 dB,超过 PDC-SiC(-10 dB)、石墨烯(-11 dB)、SiO_2 复相材料(-13 dB)和 MWCNTs/铁素体(-18 dB)[109]。

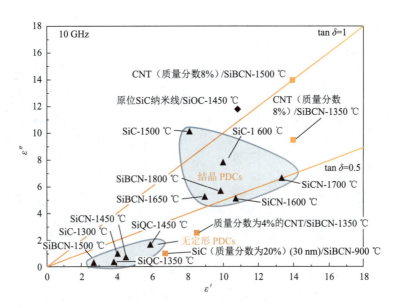

图 9.60　一些已报道的 PDC 的复介电常数[281-286]

9.4　陶瓷前驱体的应用

PDC 表现出优异的物理-化学性质和独特且可设计的功能性,特别是其灵活多样的可加工性,使其在信息、国防、交通、生物、医学等领域具有广阔的应用前景。

9.4.1　陶瓷前驱体在结构陶瓷中的应用

1. 纤维

(1) SiC 纤维

陶瓷前驱体最先实现应用的是 PDC 法制备 SiC 连续纤维,PDC 法制备的纤维成为陶瓷基复合材料重要的组成部分。SiC 纤维的发展经历了三代,氧的质量分数从 15% 降到 <0.5%,且高温稳定性提高,并能保持良好的高温力学性能,拉伸强度在 2.6~3.3 GPa;通过掺杂 B、N 制备的 SiBCN 纤维耐温等级可达到 1 800 ℃。第一代商品化 SiC 纤维是 Nicalon 纤维(主要成分是 SiCO)和 Tyranno Lox M 纤维(主要成分是 Si-Ti-C-O);第二代商品化的 SiC 纤维是 Hi-Nicalon(氧的质量分数降低到 <1% 的 SiCO 纤维)和 Tyranno ZM 纤维(主要成分为 Si-Zr-C-O);第三代商品化的 SiC 纤维是 Hi-Nicalon Type S、Tyranno SA 和 Sylramic TM 纤维,是近化学计量比的 SiC 纤维。实现商品化的三代 SiC 纤维的组成和微结

构如图 9.61 所示[288]。氮化硅相关的纤维现阶段仍未实现商品化,已报道的文献中只有 SiBN₃C 纤维实现中试规模生产[289]。

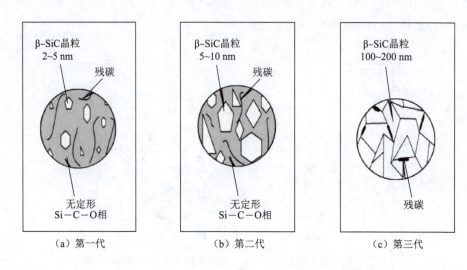

图 9.61　三代商品化 SiC 纤维的组成和微结构[288]

(2) Al_2O_3 纤维

中科院化学研究所赵彤团队通过异丙醇铝可控水解和缩聚反应合成了含铝氧主链的聚合物前驱体。通过熔融纺丝技术制备出与日本 Nextel720 组成完全相同的 Al_2O_3 连续纤维,其工艺路线如图 9.62 所示。通过 Zr、Hf 等元素掺杂,该团队制备的 Al_2O_3 连续纤维拉伸强度超过 720 MPa,在 1 500 ℃ 退火 0.5 h 后,纤维强度无明显下降。

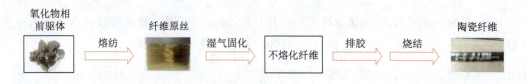

图 9.62　聚合物前驱体法制备 Al_2O_3 连续纤维

同时,该团队通过 PDC 路线,采用熔融喷吹法制备了氧化物陶瓷纤维棉;采用静电纺丝/气流喷吹法制备了纳米氧化物陶瓷纤维,直径为 200~700 nm,相应样品如图 9.63 所示。

(3) 其他 PDC 纤维

Tan 等制备了含 Si_3N_4 的 h-BN 纤维,平均模量达到 90 GPa,拉伸强度达 1 040 MPa[137]。Ren 等以环硅氮烷和聚甲基丙烯酸酯为原料,通过手工拔丝制备了 SiOCN 纤维[138]。Joo 等通过对异丙醇钛改性的 PCS 进行静电纺丝,制备了 SiC-TiC 纤维毡[136]。Long 等通过对 PCS 纤维在氨气氛围的可控氮化,制备了 SiCN 连续纤维[139]。

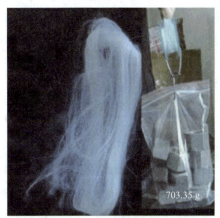

(b) Al$_2$O$_3$纤维棉

(c) Al$_2$O$_3$微纳纤维陶瓷隔膜

(a) Al$_2$O$_3$纤维样品

图9.63　Al$_2$O$_3$纤维样品

PDC法制备陶瓷纤维呈现出诸多优势，但当前大多仍处于研究阶段，大部分PDC纤维距离商品化生产还有相当的距离。利用PDC法制备纤维实现国外产品替代化和国内产品自给化仍是长远目标。

2. 陶瓷基复合材料

纤维增强陶瓷基复合材料可克服传统陶瓷的脆性造成的抗热震性能差等缺点，是一类满足轻质、高强、高温等结构应用需求的理想材料。利用聚合物陶瓷前驱体制备的陶瓷基复合材料广泛应用于航空航天领域，如航空发动机、火箭发动机燃烧室、超高音速飞行器和导弹的尖锐前缘等。由于具有良好的高温性能和优异的摩擦性能，所得陶瓷基复合材料也被应用于化学工程泵的密封件以及传动系统中的制动盘等[290]。此外，由于Zr、Hf、Ta等大原子序数的原子具有抗射线辐照作用，超高温陶瓷基复合材料也可用于核反应堆相关材料中。

聚合物前驱体用于陶瓷基复合材料的形式有两种：一是制备陶瓷纤维，用作复合材料的增强体；二是通过聚合物浸渍裂解工艺（PIP）制备复合材料的陶瓷基体。与CVI、注浆工艺等其他成型方法相比，PIP工艺制备陶瓷基复合材料具有工艺设备简单、加工温度低（纤维强度保留率高）、环境友好、净成型及可成型形状复杂制件和大制件等优点。为提高陶瓷产率，减少复合材料的孔隙率，通常需要多轮浸渍裂解。添加粉体填料进行浸渍，可提高陶瓷产率，从而减少浸渍轮次，提高复合材料成型效率。

(1) 硅基陶瓷基复合材料

① C_f/SiC。Kumar等采用PCS作为SiC前驱体，通过PIP工艺制备了2DC_f/SiC陶瓷基复合材料，拉伸强度约200 MPa，断裂强度最高可达450 MPa，1 000 ℃的热膨胀系数和热扩散速率分别在$0.3 \times 10^{-6} \sim 2.2 \times 10^{-6}$/K 和 $32 \sim 6$ mm^2/s 的范围内[291]。Li等利用PIP工艺制备了针刺碳纤维增强的C_f/SiC陶瓷基复合材料，模量为(45.6 ± 2.7)GPa，断裂强度达到(397 ± 24)MPa，断裂过程中发生纤维拉出，使复合材料未发生毁灭性损坏[292]。

Wang 等以 PCS 为 SiC 前驱体,添加 $MoSi_2$ 填料,通过 PIP 工艺制备了 C_f/SiC 陶瓷基复合材料。$MoSi_2$ 填料的引入,减少了复合材料中的开孔和缺陷,将复合材料的水平断裂强度从 196 MPa 提高到 249 MPa,垂直断裂强度从 160 MPa 提高到 197 MPa,同时复合材料的抗氧化性也大大提高[293]。Liao 等先以 PCS 为 SiC 前驱体,通过 7 轮次浸渍-裂解,制备出多孔 C_f/SiC 复合材料,通过进一步加压浸渗铝合金,制得 3D C_f/SiC-Al 复合材料,将孔隙率从 27.23% 降低到 4.63%,3D C_f/SiC-Al 复合材料的压缩强度和模量分别为 $(445±15)$ MPa 和 $(47±3)$ GPa[294]。

纤维与基体的界面结构和组成对复合材料的性能具有重要影响。Wang 等先通过熔盐法在碳纤维表面涂覆 TiC/Ti_2AlC 涂层,后经过 PIP 工艺制备 C_f/SiC 复合材料,发现 TiC/Ti_2AlC 界面中间相可有效防止辐照引起的剥离现象,该材料有望应用于核裂变聚变领域[295]。Chang 等在碳纤维表面先沉积了裂解碳(PyC)涂层后再进行 PIP 工艺,制备了含无定形碳为界面层的 C_f/SiC 复合材料,弯曲强度为 215.5 MPa,热膨胀系数为 $1.90×10^{-6}$/K[296]。裂解碳作为界面中间层使基体沿 SiC 和碳纤维界面的微裂纹偏转,提高复合材料的断裂强度。

②SiC_f/SiC。Li 等利用 PIP 结合电泳沉积工艺制备了 SiC_f/SiC 复合材料,并研究了烧结温度对复合材料力学性能和热导率的影响。结果表明,随着烧结温度的提高,复合材料的力学性能大大降低,但由于高温促进结晶,复合材料的热导率随温度升高而迅速增加,1 800 ℃ 烧结的复合材料的室温热导率高达 43.15 W/(m·K)[297]。

③C_f/SiCN。Yang 等[298]利用 PIP 工艺,经过 6 轮浸渍裂解,制备了相对密度为 81% 的 3D C_f/SiCN 复合材料,并对影响复合材料力学性能的因素进行了探究,最优弯曲强度为 75.2 MPa,杨氏模量为 66.3 GPa,断裂韧性 1.65 MPa·m$^{1/2}$。

④C_f/SiBCN。Jia 等将聚硼硅氮烷与碳纤维通过 PIP 成型后,800 ℃ 即可完成陶瓷化,得到 C_f/SiBCN 复合材料。所得复合材料的密度为 1.61 g/cm^3,开孔率为 6.05%,弯曲强度和模量分别为 324 MPa 和 56.9 GPa[299]。Ding 等[158]采用聚甲基乙烯基硼硅氮烷为 SiBCN 前驱体,通过 7 轮次浸渍-裂解后制备了 C_f/SiBCN 复合材料,开孔率约 10%,弯曲强度为 371 MPa,断裂韧性为 12.9 MPa·m$^{1/2}$。

除上述类型的复合材料外,硅基陶瓷基复合材料的报道还有 Al_2O_3 纤维增强 SiOC[300]、C_f/SiOC[157]、C_f/SiCN[301] 复合材料等,适于中温结构应用。

(2) 超高温陶瓷基复合材料

①C_f/ZrC。Li 等[302]利用一种可熔的 ZrC 前驱体进行 PIP 工艺成型,制备了 C_f/ZrC-C 复合材料。可熔 ZrC 前驱体的应用使浸渍周期降低到 12 轮,并改善了复合材料的力学性能,使其断裂强度达 149 MPa,断裂韧性达 8.68 MPa·m$^{1/2}$。

②C_f/ZrC-SiC。Hu 等[303]以液相 PCS 为 SiC 前驱体,添加 ZrC 粉体,通过 PIP 工艺制备出 C_f/ZrC-SiC 复合材料,密度为 4.19 g/cm^3,断裂强度为 $(286±25)$ MPa,断裂韧性为 $(11.12±1.25)$ MPa·m$^{1/2}$。Li 等利用 PIP 工艺制备了多孔 C_f/SiC 复合材料,后进一步利用反应熔渗(RMI)在多孔骨架中引入 ZrC,最终制备出 C_f/ZrC-SiC 复合材料[161]。Li 等将中

国科学院过程工程研究所提供的 ZrC 前驱体 PZC 与 PCS 共混，进行 PIP 成型，制备了弯曲强度和模量分别为(582±80) MPa 和(167±25) GPa 的 2D C_f/ZrC-SiC 复合材料；并通过氧丙烷焰烧蚀测试了所得复合材料的烧蚀性，发现复合材料表面形成的熔融 $ZrSiO_4$ 能有效保护内部基体，减小氧化速率[304]。另外，该团队利用相同的前驱体(PZC/PCS)为原料，设计了带有 PyC 为界面层的 3D C_f/ZrC-SiC 复合材料，弯曲强度和模量分别达 376 MPa 和 138 GPa[305]。

③C_f/ZrB_2-SiC。Ran 等以 PCS 为 SiC 前驱体，添加高固含 ZrB_2 料浆，通过 PIP 工艺制备了 C_f/ZrB_2-SiC-C 陶瓷基复合材料，断裂强度达 309.3 MPa；2 300 ℃氧乙炔焰烧蚀试验显示该复合材料具有较好的抗烧蚀性，质量烧蚀率和线性烧蚀速率分别为 0.40 mg/s 和 0.91 μm/s[306]。

④C_f/ZrB_2-ZrC-SiC。Li 等利用 ZrC 前驱体、PCS 和 ZrB_2 粉体为原料，经 PIP 工艺后，制备出具有良好力学性能和抗烧蚀性能的 3D C_f/ZrB_2-ZrC-SiC 复合材料[162]；Xie 等采用有机 ZrC 前驱体、有机 ZrB_2 前驱体和 PCS 为原料进行 PIP 成型，制备了弯曲强度为 126.31 MPa 的 C_f/ZrB_2-ZrC-SiC-C 复合材料；氧乙炔焰烧蚀 120 s 后，复合材料的线性烧蚀速率为 -2.5×10^{-4} mm/s[307]。

3. 特种纳米粉体

特种纳米粉体作为特种陶瓷的基础原材料，在结构陶瓷的应用中至关重要。利用聚合物前驱体裂解制备的陶瓷粉体，具有纯度高、元素分布均匀、晶粒尺寸小、组成可设计性强等特点。

中科院化学研究所赵彤团队，采用硅锆复相前驱体为原料，基于湿化学方法，制备出高纯 ZrC-SiC 和 Ta_4HfC_5 亚微米级粉体。采用原位晶种和快速裂解工艺，制备出 100 nm 级的 ZrC 粉体，并认为中间产物氧化锆的晶粒尺寸决定最终产品 ZrC 的尺寸。粉体的微观结构如图 9.64 所示。

(a) ZrC-SiC   (b) Ta_4HfC_5 (c) ZrC

图 9.64　高纯 PDC 纳米粉体的 SEM 图

此外，该团队还利用聚合物前驱体凝胶裂解技术，实现了 Al、N、O 元素在分子水平上的均匀混合，制备出 AlON 粉体(见图 9.65)，有望成为工程化制备 AlON 粉体的全新路线。

4. 高熵陶瓷

高熵陶瓷通常是指含有 5 种或 5 种以上陶瓷组元形成的单相多组元固溶体材料,当每种组元的含量相同时,高熵陶瓷的构型熵最大。相较于单组元陶瓷,高熵陶瓷呈现更高的硬度、模量和更低的热导率。

赵彤团队以醇盐共水解的方式合成了单源前驱体,在 1 450~1 700 ℃ 裂解后得到五元的 $(TiZrHfMoW)C_x$、$(ZrHfTaMoW)C_x$、$(TiHfNbTaMo)C_x$,六元的 $(TiZrHfNbTaMo)C_x$、$(TiZrHfTaYLa)C_x$ 和七元的 $(TiZrHfNbTaMoW)C_x$、$(TiZrHfNbTaYLa)C_x$ 高熵陶瓷,并采用静电纺丝法制备了相应的纤维(见图 9.66)。

图 9.65　AlON-PDC 纳米粉体的 SEM 图　　图 9.66　静电纺丝法制备高熵 PDC 陶瓷纤维

5. 多孔陶瓷

多孔陶瓷在结构陶瓷方面的应用主要是轻质结构件和隔热材料。根据孔径大小,将多孔材料分为大孔(>50 nm)、介孔(2~50 nm)和微孔(<2 nm)材料。聚合物前驱体法制备多孔陶瓷的优势在于:①陶瓷化温度低;②可塑性成型,加工成本低;③PDC 本征性能优异;④聚合物前驱体在有机-无机转变过程中的中间产物既具有类似高分子的微纳结构,又具有类似陶瓷的性质[308]。利用聚合物前驱体制备多孔陶瓷的主要方法有牺牲模板法、吹塑法、刻蚀法、冷冻干燥法、胶体法和增材制造等[308,309]。

Zhang 等选用不同类型的聚硅氧烷为前驱体,通过冷冻干燥技术制备了大孔/介孔 SiOC 陶瓷,其最高压缩强度达到 (14.0 ± 4.3) MPa(77 K)和 (7.7 ± 1.8) MPa(293 K),最低热导率为 0.2 W/(m·K),有望作为低温芯吸材料[310]。Fu 等通过 3D 打印制备了超轻超强 ZrOC 多孔陶瓷[309],密度为 1.097 g/cm³,工艺路线和构件样貌如图 9.67 所示。

6. 涂层

(1) 环境屏蔽涂层(environmental barrier coating,EBC)

环境屏蔽涂层包括热障涂层、防腐涂层、防污涂层、抗辐照涂层和抗氧化/烧蚀涂层等,其作用是防止某些环境因素对材料造成损坏,保护基体材料。聚合物前驱体可通过旋涂、喷涂、滴涂、浸涂等工艺成膜,后经陶瓷化裂解为陶瓷薄膜/涂层。基于 Si-N 聚合物可设计的涂层应用如图 9.68 所示。

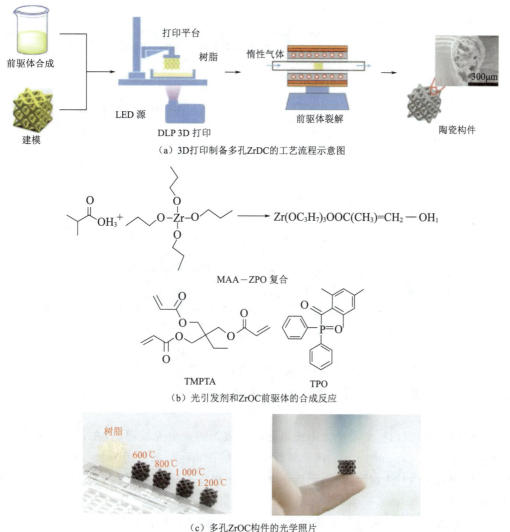

图 9.67　多孔 ZrOC-PDC[309]

Riffard 等利用全氢聚硅氮烷 PHPS 作为前驱体,通过浸涂工艺在 AISI 304 不锈钢基底制备了 Si-N 涂层,实现了不锈钢在 900 ℃的抗氧化保护[311]。Smokovych 等以全氢聚硅氮烷为前驱体,添加 MAX 相填料 Ti_3AlC_2,通过浸涂工艺在钛合金基底上制备出抗氧化涂层,引入 MAX 相填料提高了涂层的耐高温性能和抗腐蚀性能[312]。

聚合物-陶瓷转变过程中有机基团的脱除会造成明显的体积收缩,导致涂层产生孔隙和裂纹等缺陷,通常需在聚合物前驱体中加入填料制成浆后涂膜。填料分为惰性填料和活性填料。活性填料包括金属、金属间化合物和陶瓷,如 B、Si、Al、Ti、Mo、$CrSi_2$、$MoSi_2$、AlN、B_4C 等,通过与裂解过程释放的 C、N_2、NH_3、CH_4、O_2 等反应生成碳化物、氮化物和/或氧化物,存在于 PDC 基体中,增加陶瓷产率;惰性填料在陶瓷化过程中不参与反应,通过减小聚合物的体积分数和填充聚合物形成的孔隙来减少涂层的整体体积收缩,常用的惰性填料有 YSZ、Si_3N_4、Al_2O_3、NbC 和 BN 等[313]。

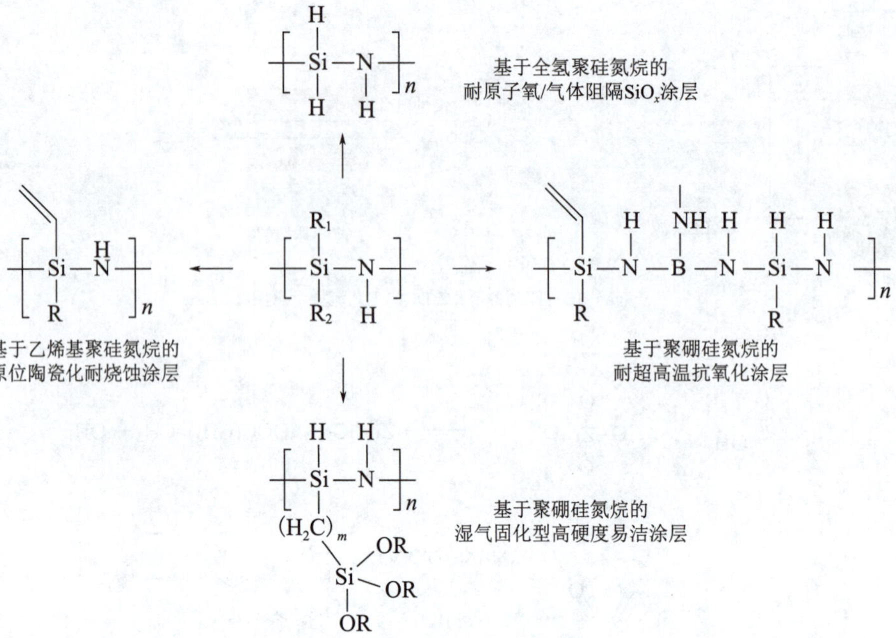

图 9.68　Si-N 聚合物前驱体制备的几类涂层

Kraus 等在聚硅氮烷 ABSE 中加入 cBN 填料,经过浸涂工艺在不锈钢基底上制备了 BN/SiCN 涂层,通过对其进行静态和动态氧化测试发现,涂覆 BN/SiCN 的不锈钢可抗氧化到 700 ℃[314]。

空间站的有机材料,如柔性太阳能电池电缆表面的聚酰亚胺薄膜,在原子氧辐照下,剥蚀速率达 3.0×10^{-24} cm^3/atom,严重降低了电缆的正常运行和使用寿命。曹彰轶等将电缆在全氢聚硅氮烷涂料中浸涂,经固化后在电缆表面制备了 SiON 涂层,显著提高了电缆的抗原子氧辐照性能[315]。

防污易清洁涂层一般为与水的接触角大于 90°的疏水涂层。张宗波等[316]利用全氢聚硅氮烷为前驱体,在玻璃基底和 PET 基底上旋涂,经 60～200 ℃固化后,制备出透明高硬的 SiON 疏水涂层,接触角分别为 98°和 102°。

(2) 耐磨/润滑涂层

现代工业的发展对高温摩擦学材料提出新的需求,如航空航天(机翼轴承,各种卫星部件和滚动元件轴承)和汽车(发动机轴承,活塞组件和牵引驱动器)的涂层,要求涂层材料具有高硬度、高温下的耐磨性能以及抗氧化和抗腐蚀性能[317,318]。Akhtar 等[40]采用聚甲基倍半硅氧烷 PMS 为前驱体,分别添加惰性填料 Ag 和活性填料 ZrSi$_2$ 在 AISI 304 不锈钢基底上旋涂,陶瓷化后制备了含填料的 PDC 涂层。以 E52100 不锈钢球为摩擦副,测试了该 PDC 涂层室温到中高温(150 ℃,200 ℃,300 ℃,400 ℃)的摩擦因数,SiOC-ZrSi$_2$ 涂层的摩擦因数为 0.08～0.2,SiOC-Ag 涂层的摩擦因数为 0.02～0.3,表明所得 PDC 涂层具有良好的润滑性能。

7. 陶瓷黏结剂

高温陶瓷黏结剂一般用于核工业和航天领域等比较极端苛刻的环境中。传统的黏结剂通常需要较高的固化/裂解温度及严格的裂解氛围,限制了其工程应用。利用陶瓷前驱体法制备陶瓷黏结剂,可实现低温固化/裂解。

一些黏结剂及性能数据见表 9.7~表 9.9。SiCN 陶瓷前驱体为高温固化型黏结剂,基材为石墨时的黏结性能见表 9.7;SiBCN 陶瓷前驱体为中温固化型黏结剂,黏结性能见表 9.8;SiOC 陶瓷前驱体为室温固化型黏结剂,黏结性能见表 9.9。

表 9.7　基于 SiCN 陶瓷前驱体的高温固化型黏结剂及黏结性能

类型	测试温度	剪切强度/MPa
PNSB1-N-SiC-17	室温	5.68
	400 ℃	10.19
	800 ℃	12.11

表 9.8　基于 SiBCN 陶瓷前驱体的中温固化型黏结剂及黏结强度　　　　单位:MPa

基材	室温	1 200 ℃	1 500 ℃
石墨	8.72	—	12.4
SiC 陶瓷	8.52	13	—
Si_3N_4 陶瓷	11.2	—	5.1
C_f/SiC 复合材料	9.8	—	3.4

表 9.9　基于 SiOC 陶瓷前驱体的室温固化型黏结剂及黏结强度　　　　单位:MPa

基材	室温	400 ℃	600 ℃	800 ℃	1 000 ℃
合金	2.43	1.39	1.76	2.06	1.21
SiC 陶瓷	3.05	—	—	1.63	1.52

Luan 等[319]以聚乙烯基硼硅氮烷 PSNB 为前驱体,添加聚硅氧烷 PSO、聚硼硅氮烷 PBSZ 和纳米氧化铝粉体改性,制备了基于 SiBCN 前驱体的黏结剂(见图 9.69)。当基材为氧化铝时,该黏结剂在 120 ℃空气氛围中固化 2 h,室温黏结强度达到 12.08 MPa,1 000 ℃的黏结强度为 6.65 MPa,成为一种新型的低温固化型 SiBCN 前驱体黏结剂。

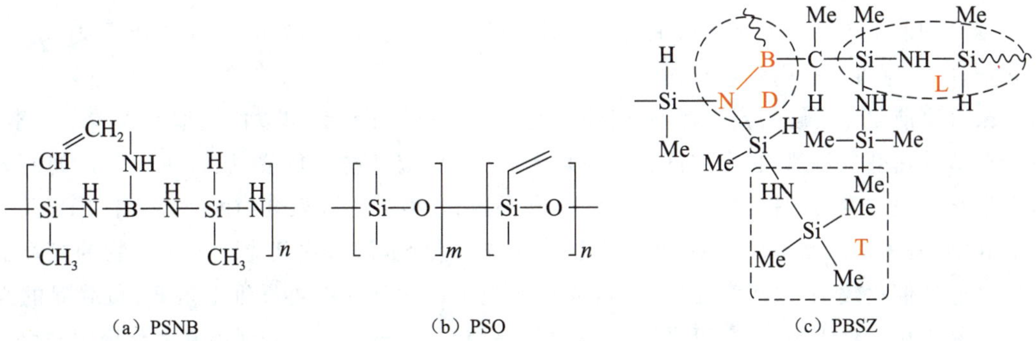

图 9.69　PSNB、PSO 和 PBSZ 的分子结构[319]

9.4.2 陶瓷前驱体在功能陶瓷中的应用

1. 传感器

聚合物前驱体转化的 SiAlCO、SiCN 和 SiOC 陶瓷不但高温性能优良,而且具有极好的压阻性,在横向和纵向均呈现极高的压阻系数,特别是聚合物前驱体独特的微加工成型优势,使其在压力、振动、加速以及化学和生物传感器领域有诸多应用[263,264,320,321]。PDC 的电阻率具有温度依赖性,根据这一特性,可将 PDC 设计成通量传感器或温度传感器。例如,Nagaiah 等利用聚合物前驱体衍生的 SiCN 陶瓷设计了燃气涡轮发动机的高温热通量传感器,这种新型传感器电阻温度系数为 4 000 ppm/℃,并且在 1 400 ℃的长时间表现明显优于传统热通量传感器[322]。

近年来,PDC 也开始用于气体传感器,用于感应和监测 NO_2、H_2、NH_3 等气体。Vakifahmetoglu 等用氢氟酸将 SiOC 中的 Si 刻蚀掉,形成比表面积为 310 m^2/g 大孔碳材料,用于监测 NO_2 气体。由于具有较高的电导率和孔隙率,传感器呈现出易于读取的电导(mS 范围),快速响应动力学(5 min)和完整的信号恢复[323]。Hu 等采用聚硅氮烷为前驱体,经紫外光固化和 1 400 ℃裂解后得到无定形 SiCN,所得 PDC 可用作高温(最高到 500 ℃)氢气传感器[324]。

2. 环境与能源

(1) 分离/吸收(附)

聚合物前驱体转化的陶瓷组成和微结构可控,可通过多种成孔方法制备出大孔、介孔或微孔的陶瓷膜材料,且孔径、孔隙率可调,是一类理想的分离和吸收(附)材料。

Dong 等利用聚硅氧烷 PSO 为 SiOC 前驱体,聚二甲基硅氧烷 PDMS 为制孔剂,在 1 200 ℃裂解温度下制备了具有窄孔径分布的多孔 SiOC 薄膜,所得多孔膜对油水乳液(油液滴直径为 0.83 μm)实现高效分离,油截留率达 95%[125]。Iwase 等通过 $ROSiCl_3$ 的氨解反应,合成了多种聚烷氧基倍半硅氧烷 $[ROSi(NH)_{1.5}]_n$,[R = Et, ^{n}Pr, ^{i}Pr, ^{n}Bu, ^{s}Bu, ^{n}Hex, ^{s}Hex, ^{c}Hex, 十氢萘基(DHNp)],在 550~800 ℃裂解后得到微孔 SiOC 陶瓷。当 R=DHNp 时,所得微孔 SiOC 陶瓷的比表面积为 750 m^2/g,对 CO_2 具有极强的吸附能力,CO_2 吸附容量达 3.9 mmol/g(0 ℃、101325 Pa(1 atm) CO_2)[325]。

(2) 催化剂和催化剂载体

聚合物前驱体用于催化领域主要有两种形式:一是利用聚合物前驱体的分子设计制备催化剂;二是制备多孔陶瓷,作为催化剂载体。

聚合物前驱体裂解陶瓷作为催化剂时,通过聚合物分子设计可以便捷地引入掺杂元素,便于调节催化剂的带隙,且采用液相前驱体,易于在反应基材上负载,从而便于催化剂的分离和催化剂使用寿命的提高。Yu 等设计合成了 N 改性的含 Ti 聚合物前驱体,引入 PEG 作为制孔剂,陶瓷化后制备出 N 掺杂的多孔 TiO_2 光催化剂,该催化剂对水中污染物的光降解具有良好的催化效果;采用液相前驱体,成功实现了催化剂在石英纤维上负载,负载后的光催化剂易于从处理水中分离,可进行 15 次循环使用[326]。Feng 等利用烯丙基氢化聚碳硅烷与 $MoO_2(acac)_2$ 反应,合成了单源聚合物前驱体;前驱体在 1 400 ℃裂解后得到三元 Nowotny 相

陶瓷 $Mo_{3+2x}Si_3C_{0.6}$ ($x=0.9\sim0.764$),具有良好的电催化产氢活性[327]。Schumacher 等利用乙酰丙酮镍与聚甲基硅氧烷反应,合成了含镍前驱体,结合冷冻干燥技术,制备了负载 Ni 的微孔和大孔 SiOC 陶瓷。原位生成的 Ni 尺寸为 (3.61 ± 1.49)nm,均匀地分散在 SiOC 基体中,催化 CO_2 甲烷化反应的转化率可达 0.49,CH_4 最大选择率 0.74[328]。

利用聚合物前驱体成型多孔陶瓷,制孔方法灵活多样,孔结构可控,适于作为催化剂载体。Pan 等以硅树脂为前驱体,采用稻壳作为生物模板,制备了多孔 SiOC 陶瓷;多孔 SiOC 陶瓷负载的 $g-C_3N_4$ 光降解速率常数为原始 $g-C_3N_4$ 的 2.28 倍,说明所得 SiOC 多孔材料是一种优异的催化剂载体[329]。Zhang 等以聚锆氧烷为前驱体,添加细菌纤维素为模板,经冷冻干燥和裂解后,制备了具有梯度孔结构、比表面积为 9.7 m^2/g 的多孔 ZrO_2 块体;以聚碳硅烷 PCS、二乙烯基苯 DVB 和十氢化萘为原料,通过反应诱导相分离(见图 9.70),制备了比表面积高达 100.6 m^2/g、具有梯度孔结构的 SiC 块体。两者均有望作为催化剂载体使用[330,331]。

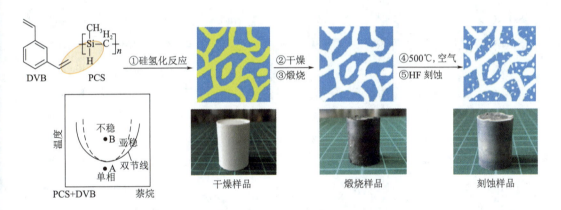

图 9.70　反应诱导相分离制备多孔 SiC 块材的工艺及原理[331]

(3) 锂电池

聚合物前驱体转化的 SiOC 和 SiCN 陶瓷轻质高强,对锂电池的化学组分呈现惰性,能减少锂离子的聚集,特别是陶瓷化后可生成具有连续网状结构的自由碳,有利于导电和存储锂离子,因此在锂离子电池方面拥有巨大的应用潜力。

与 Si 阳极相比,SiOC-和 SiCN-PDC 作为锂电池的阳极,体积变化小,具有优异的抗结晶性,能获得更高的容量和倍率性能。一些已报道的 SiOC-和 SiCN-PDC 作为锂电池的阳极所呈现的性能数据见表 9.10。

锂离子电池的隔膜材料通常为聚乙烯和聚丙烯,但是聚烯烃的疏水性,造成其与电解质的浸润性差、难以吸附电解质等缺点,而且聚烯烃的孔隙率较低,也限制了离子的传输。近年来,PDC 被用于锂离子电池的隔膜。Smith 等[348]利用聚丙烯腈和有机聚硅氮烷的混合溶液进行静电纺丝,制备了 PAN/PDC 纳米纤维无纺布作为锂离子电池隔膜。无定形陶瓷的存在提高了离子电导率和锂离子电池的循环性能,PDC 质量分数为 30% 的隔膜将离子电导率从 0.29 mS/cm 提高到 1.05 mS/cm。

表 9.10 SiOC-和 SiCN-PDC 的电化学性质[177]

样品	自由碳质量分数量/%	首次可逆容量/(mAh·g^{-1})	不可逆容量/(mAh·g^{-1})	库伦效率/%	循环电流/(mAh·g^{-1})	容量保留率	参考文献
SiO$_{1.5}$C$_{3.9}$	44.3	640	340	65	14.8	—	Wilson 等[332]
SiO$_{0.51}$C$_{7.78}$	65.2	608	259	70	32.7	95%(40 次循环后)	Fukui 等[333]
SiO$_{0.29}$C$_{5.07}$	54.1	520	272	72	32.7	—	Fukui 等[334]
SiO$_{1.56}$C$_{7.36}$	64.3	580	267	68	32.7	93%(40 次循环后)	Fukui 等[335]
SiO$_{2.78}$C$_{13.1}$	70.5	469	266	64	32.7	86%(40 次循环后)	Fukui 等[336]
SiO$_{0.85}$C$_{1.99}$	25.9	794	370	68	100	—	Ahn 等[337]
SiO$_{0.90}$C$_{4.40}$	48.5	568	330	63	18	循环稳定	Pradeep 等[338]
SiO$_{0.98}$C$_{2.47}$	32.0	605	325	65	18	循环稳定	Pradeep 等[339]
SiO$_{1.59}$C$_{3.36}$	43	600	680	47	360	循环稳定	Pradeep 等[340]
SiO$_{1.18}$C$_{5.52}$	54.2	504.3	287.1	63.7	37	68.8%(60 次循环后)	Kaspar 等[341]
SiO$_{0.95}$C$_{3.72}$	43.6	535.9	335.8	61.5	37	56%(60 次循环后)	Kaspar 等[341]
SiO$_{1.01}$C$_{2.93}$	36.8	434.3	273.8	61.3	37	58.7%(60 次循环后)	Kaspar 等[341]
SiO$_{0.93}$C$_{2.26}$	29.5	501.4	302.7	62.3	37	47.3%(60 次循环后)	Kaspar 等[341]
SiO$_{0.87}$C$_{1.62}$	20.6	682.5	495.8	57.9	37	13.5%(60 次循环后)	Kaspar 等[341]
SiO$_{1.00}$C$_{1.05}$	11.6	706.1	375.5	65.3	37	5.2%(60 次循环后)	Kaspar 等[341]
SiO$_{1.40}$C$_{0.70}$	8.1	500.7	754.6	39.9	37	1.5%(60 次循环后)	Kaspar 等[341]
SiC$_{5.35}$N$_{0.98}$O$_{0.19}$	57.04	383	172	69	18	循环稳定	Kaspar 等[342]
SiC$_{3.70}$N$_{0.69}$O$_{0.62}$	46.02	241	291	45	18	循环稳定	Graczyk-Zajac 等[343]
SiO$_{0.06}$C$_{1.54}$N$_{0.74}$	23.2	69	67	50.6	18.6	127.5%(114 次循环后)	Liu 等[344]
SiO$_{0.05}$C$_{2.22}$N$_{0.84}$	33.4	278	199	58.3	18.6	112.9%(114 次循环后)	Liu 等[344]
SiO$_{0.10}$C$_{4.04}$N$_{0.69}$	49.3	374	227	60.5	18.6	115.9%(114 次循环后)	Liu 等[344]
SiC$_{3.90}$O$_{0.10}$N$_{0.80}$	48	703	375	65	18	89%(134 次循环后)	Reinold 等[345]
SiC$_{10.59}$O$_{1.56}$N$_{0.21}$	69.1	570	367	61	18	循环稳定	Wilamowska 等[346]
SiC$_{3.70}$O$_{0.10}$N$_{1.30}$H$_{0.90}$	48.1	674	525	56	18.6	68%(134 次循环后)	Reinold 等[347]
SiC$_{5.30}$O$_{0.30}$N$_{1.20}$H$_{0.20}$	56.0	282	224	56	18.6	109%(134 次循环后)	Reinold 等[347]
SiC$_{5.3}$O$_{0.2}$N$_{1.2}$	56	612	421	59	—	68%(134 次循环后)	Reinold[345]
SiC$_{3.0}$O$_{0.2}$N$_{1.9}$	48	703	375	52	—	83%(134 次循环后)	Reinold[345]
SiC$_{3.2}$O$_{0.1}$N$_{0.9}$	—	486	444	52	—	47%(134 次循环后)	Reinold[345]
SiC$_{3.2}$O$_{0.1}$N$_{0.9}$	43	724	487	60	—	75%(134 次循环后)	Reinold[345]

3. 电磁屏蔽/吸波/透波材料

PDC 具有极好的热力学性能和可调节的介电性能,是理想的电磁吸收/屏蔽/透波材料之一,特别适用于严苛工况(高温/氧化/腐蚀/高负载等)下的电磁吸收/屏蔽/透波[202]。PDC 中的自由碳对介电性能具有重要影响,自由碳作为介电损耗相,会同时提高 ε' 和 ε'' 值。若 PDC 的 ε' 值在 5~20 范围内,自由碳含量和结构有序性的增加,可提高材料的介电损耗($\varepsilon''/\varepsilon'$),增强电磁吸收功能;若 PDC 的 ε' 值超过 20,阻抗不匹配性增大,PDC 成为电磁屏蔽材料,此时自由碳含量和结构有序性的增加可提高屏蔽效能(SE_T)[278,349]。当 PDC 中的自由碳被完全除去时,PDC 可成为透波材料。

(1) 电磁吸收材料

吸波材料主要用于飞机、船舶、导弹、坦克的隐身以及工业、科学、医疗等领域的设备电磁辐射防护。通常,材料的吸波性能用回波损耗 RL 表示:

$$RL = 20\lg \left| \frac{\sqrt{\frac{\mu}{\varepsilon}} \tan h\left(j\frac{2\pi fd}{c}\sqrt{\mu\varepsilon}\right) - 1}{\sqrt{\frac{\mu}{\varepsilon}} \tan h\left(j\frac{2\pi fd}{c}\sqrt{\mu\varepsilon}\right) + 1} \right|$$

式中,d 代表厚度;$\mu = \mu' - j\mu''$ 代表复磁导率;$\varepsilon = \varepsilon' - j\varepsilon''$ 代表复介电常数;c 是自由空间中的光速;f 是入射电磁波的频率。RL 值一般为负值,RL 绝对值越大,表明吸波性能越好。通常来说,RL 值小于 −10 dB 才能成为有效的电磁吸收材料[350-352]。

与其他电磁吸收材料相比,PDC 的优势在于:①无定形陶瓷基体可降低介电常数,提高阻抗匹配性;②通过原位生成或共混,可在陶瓷基体中均匀嵌入其他介电损耗相;③陶瓷基体具有高熔点及优异的热力学性、化学稳定性和抗结晶性能,更能适应苛刻环境中使用[177]。表 9.11 为一些报道的含硅 PDC 吸波材料的性能数据。

表 9.11 一些报道的含硅 PDC 吸波材料的性能数据[177]

样品	基体	介电损耗相	最优厚度/mm	RL_{min}/dB	有效吸收带宽/GHz	参考文献
多孔 SiC	SiC	自由碳	2.75	−10.8	2.6	Li 等[281]
SiC/C	SiC	碳纳米线	2.85	−21	3.2	Li 等[278]
多孔 Si_3N_4/SiC	Si_3N_4	SiC	3.35	−53	3.0	Li 等[282]
SiBCN/SiC	无定形 SiBCN	SiC 纳晶	2.31	−16.2	36	Ye 等[284]
SiOC/SiC 纳米线	无定形 SiOC	SiC 纳米线	3.3	−20.0	18	Duan 等[283]
SiCNO 气凝胶	SiCNO	自由碳	3	−42.5	6.6	Zhao 等[353]
富碳 SiCN	无定形 SiCN	自由碳	2.3	−59.59	4.2	Song 等[354]
富碳 SiBCN	无定形 SiBCN	自由碳	3.08	−71.80	3.65	Luo 等[355]
SiOC	无定形 SiOC	乱层碳	2.64	−46	3.2	Duan 等[356]
RGO-SiCN	无定形 SiCN	还原氧化石墨烯(RGO)	2.10	−62.1	3.0	Liu 等[349]
1D C/SiC 纳米复相材料	SiC	自由碳	1.9	−57.8	7.3	Wang 等[357]

(2)电磁屏蔽材料

电磁屏蔽材料主要用于屏蔽便携式电子产品、电脑(笔记本)、通信制品(移动电话)、网络硬件(服务器等)、医疗仪器、消费电子、家用电子产品和航天及国防等电子设备的电磁波干扰。当 $\varepsilon'>20$ 和 $\varepsilon''>10$ 时,PDC 可作为电磁屏蔽材料。但是一般情况下,PDC 的本征复介电常数没有那么高,需要加入导电填料来实现电磁屏蔽功能。常用的导电填料有碳纳米管(CNTs)、还原氧化石墨烯(rGO)、Ti_3SiC_2 等。

材料的电磁屏蔽性能用屏蔽效能 SE 表示[277,358,359]:

$$SE = 10\lg\left(\frac{1}{|S_{ij}|^2}\right)$$

式中,S_{ij} 代表从 i 点到 j 点传播的能量。

总屏蔽效能 SE_T、吸收屏蔽效能 SE_A、反射屏蔽效能 SE_R,可由下列公式计算:

$$SE_R = -10\lg(1-R)$$

$$SE_A = -10\lg\left(\frac{T}{1-R}\right)$$

$$SE_T = SE_A + SE_R = -10\lg T$$

$$R = |S_{11}|^2 = |S_{22}|^2$$

$$T = |S_{12}|^2 - |S_{21}|^2$$

$$A = 1 - R - T$$

SE_T 值越高,可穿过电磁屏蔽材料的电磁波越少,电磁屏蔽性能越强。一般来讲,实际用于电磁屏蔽的材料要求在目标频率段内的 SE_T 值至少高于 20 dB[360]。一些已报道的 PDC 用于电磁屏蔽的性能数据见表 9.12。

表 9.12 一些已报道的 PDC 用于电磁屏蔽的性能数据

样品	基体	介电损耗相	厚度/mm	频率/GHz	SE_T/dB	参考文献
SiC/HfC$_x$N$_{1-x}$/C	SiC	HfC$_x$N$_{1-x}$ 和自由碳	2	8.2~12.4	42.1	Wen 等[235]
SiC$_f$/SiC-Ti$_3$SiC$_2$	SiC	Ti$_3$SiC$_2$ 和自由碳	3	8.2~12.4	45	Mu 等[280]
SiC/C	SiC	自由碳	3.2	8.2~12.4	36	Li 等[278]
SiC$_f$/SiCN 复合材料	SiCN	自由碳	3	8.2~12.4	25	Li 等[361]
SiC$_f$/SiC 复合材料	SiC	自由碳和裂解碳	3	8.2~12.4	30	Mu 等[362]
RGO/CNTs-SiCN 纳米复相材料	SiCN	RGO 和 CNTs	2	8.2~12.4	67.2	Liu 等[277]
SiC/C 纳米复相材料	SiC	自由碳	2.8	12.4~18	36.8	Li 等[363]
Si$_3$N$_4$-SiOC	多孔 Si$_3$N$_4$	SiC 纳米线和自由碳	2	8.2~12.4	35	Mu 等[362]
RGO-SiCN 纳米复相材料	SiCN	RGO	2	8.2~12.4	41.2	Liu 等[349]

（3）透波材料

透波材料主要用于制造飞机、导弹的雷达天线罩和天线窗板。对它的基本要求是：具有较大的透波率（功率透过系数），低的反射率和损耗，对雷达的天线方向性影响很小，满足雷达搜寻及瞄准目标的精度等。低介电常数（$\varepsilon'=1\sim5$）和低介电损耗角正切值的材料具有较高的透波率[364]。

透波陶瓷的研究主要集中在 SiO_2、Si_3N_4、h-BN、SiBN 等体系，其微结构如图 9.71 所示[365]。

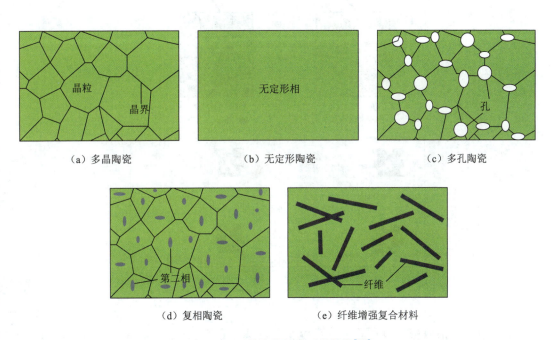

(a) 多晶陶瓷　　(b) 无定形陶瓷　　(c) 多孔陶瓷

(d) 复相陶瓷　　(e) 纤维增强复合材料

图 9.71　透波陶瓷的典型微结构[365]

Song 等将聚乙烯基硼硅氮烷转化的无定形 SiBCN 陶瓷在 900~1 100 ℃空气中静态氧化，表面形成自愈合硼硅酸玻璃，保护内部的无定形 SiBCN 基体。随着氧化过程的进行，表面的介电损耗相 C、SiC_x 和 B_xC 反应生成 SiO_2 和 B_2O_3，PDC-SiBCN 的透波性能提高，介电常数 ε' 从 4.91 降到 0.052（1 100 ℃氧化后），介电损耗由 0.016 降到 0.012[366]。除此之外，将 PDC 法制备的 SiBCN 在氨气中热处理，可去除 PDC 中的碳，得到 SiBN 陶瓷，具有较好的透波性能。

4. 生物与医疗

陶瓷聚合物前驱体的 3D 打印可将成型与陶瓷化结合，简化了陶瓷的制备过程[110]，且可成型复杂形状构件。利用聚合物前驱体添加硅灰石（$CaSiO_3$）[367]、钙蒙脱石（$Ca_2ZnSi_2O_7$）[368]、钙锰矿（$Ca_2MgSi_2O_7$）[369]等陶瓷填料，经 3D 打印后制备成生物陶瓷支架，可用于负载药物和骨头再生。Fu 等利用聚倍半硅氧烷负载 $CaCO_3$ 粉体进行 3D 打印，制备了生物陶瓷骨架用于骨头再生和负载抗肿瘤药物（图 9.72）[370]。

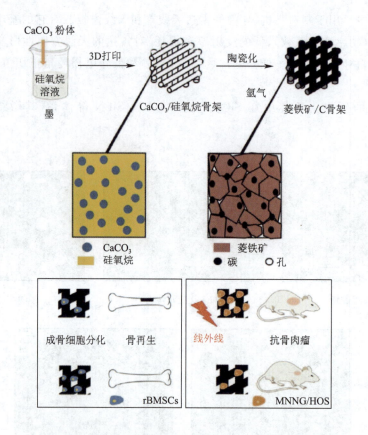

图9.72 3D打印菱铁矿/C生物陶瓷骨架及功能应用[370]

陶瓷聚合物前驱体本质是一类可陶瓷化的高分子材料,具有分子可设计性。利用陶瓷聚合物前驱体转化法制备陶瓷突破了传统陶瓷制备和成型方法的局限,可制备新型、多功能、特殊微结构的先进陶瓷,所得陶瓷呈现强力学性能、高耐热性和抗氧化性、良好的耐腐蚀性以及电、光、磁、介电等一系列优异的性能。陶瓷聚合物前驱体独特的高分子加工优势,使其便于成型为陶瓷纤维、陶瓷涂层、陶瓷基复合材料、多孔陶瓷等材料,在中高温/超高温结构陶瓷领域以及功能陶瓷领域具有广阔的应用前景。

陶瓷聚合物前驱体属于学科交叉领域,通过高分子的概念来调控陶瓷的微纳结构,在有机-无机杂化材料的开发中将具有重大意义。未来,陶瓷聚合物的研究仍须进一步开拓创新,涉及的研究方向有:①新型前驱体的开发设计及低成本批量化制备;②裂解陶瓷化机理的研究,阐明多尺度结构演变规律,揭示构效关系;③材料成型新工艺的开发与控制,如陶瓷基复合材料和陶瓷纤维的成型,须优化工艺路线,降低成本,并寻求新型合适的成型工艺;④与精细陶瓷结合,如聚合物前驱体替代传统高分子助剂,用于注射成型、流延成型、3D打印等;⑤功能陶瓷材料,拓展陶瓷聚合物前驱体在催化、能源和环境、生物医疗等领域的应用等。

参考文献

[1] AINGER F W, HERBERT, J. M. The preparation of phosphorus-nitrogen compounds as non-porous solids[J]. Angewandte Chemie-International Edition, 1959, 71: 653-653.

[2] SAHA A, RAJ R, WILLIAMSON D L. A model for the nanodomains in polymer-derived SiCO[J]. Journal of the American Ceramic Society, 2006, 89: 2188-2195.

[3] SEISHI Y, JOSABURO H, MAMORU O. Continuous silicon carbide fiber of high tensile strength [J]. Chemistry Letters 1975, 4, 931-934, doi: 10.1246/cl.1975:931.

[4] YAJIMA S, HAYASHI J, OMORI M, et al. Development of a silicon carbide fibre with high tensile strength[J]. Nature 1976, 261: 683-685.

[5] YAJIMA S. Simple synthesis of the continuous SiC fiber with high tensile strength[J]. Chemistry Letters 1976, 5: 551-554.

[6] BURNS G T, TAYLOR R B, XU Y R, et al. High-temperature chemistry of the conversion of siloxanes to silicon-carbide [J]. Chemistry of Materials, 1992, 4: 1313-1323, doi: 10.1021/cm00024a035.

[7] MATSUO H, FUNAYAMA O, KATO T, et al. Crystallization behavior of high-purity amorphous-silicon nitride fiber[J]. Nippon Seramikkusu Kyokai Gakujutsu Ronbunshi-Journal of the Ceramic Society of Japan, 1994, 102: 409-413.

[8] VAAHS T, BRUCK M, BOCKER W D G. Polymer-derived silicon-nitride and silicon carbonitride fibers[J]. Advanced Materials, 1992, 4: 224-226, doi: 10.1002/adma.19920040314.

[9] DIRE S, OLIVER M, SORARU G D. Innovative processing and synthesis of ceramics, glasses and composites[J]. Ceramic Transactions, 1999, 94: 251-261.

[10] EGUCHI K, ZANK G A. Silicon oxycarbide glasses derived from polymer precursors[J]. Journal of Sol-Gel Science and Technology, 1998, 13: 945-949, doi: 10.1023/a:1008639727164.

[11] BAHLOUL D, PEREIRA M, GOURSAT P. Silicon carbonitride derived from an organometallic precursor-influence of the microstructure on the oxidation behavior[J]. Ceramics International, 1992, 18: 1-9, doi: 10.1016/0272-8842(92)90055-i.

[12] GALUSEK D. In-situ carbon content adjustment in polysilazane derived amorphous SiCN bulk ceramics[J]. Journal of the European Ceramic Society, 1999, 19: 1911-1921, doi: 10.1016/s0955-2219(98)00288-x.

[13] BILL J. Structure analysis and properties of Si-C-N ceramics derived from polysilazanes[J]. Physica Status Solidi a-Applied Research, 1998, 166: 269-296, doi: 10.1002/(sici)1521-396x(199803)166:1<269:aid-pssa269>3.0.co;2-7.

[14] LU Y. Polymer-derived Ta_4HfC_5 nanoscale ultrahigh-temperature ceramics: synthesis, microstructure and properties[J]. Journal of the European Ceramic Society, 2019, 39: 205-211, doi: 10.1016/j.jeurceramsoc.2018.10.012.

[15] BERNARD S, WEINMANN M, CORNU D, et al. Preparation of high-temperature stable Si-B-C-N fibers from tailored single source polyborosilazanes[J]. Journal of the European Ceramic Society, 2005, 25: 251-256, doi: 10.1016/j.jeurceramsoc.2004.08.015.

[16] KUMAR R, CAI Y, GERSTEL P, et al. Processing, crystallization and characterization of polymer derived nano-crystalline Si-B-C-N ceramics[J]. Journal of Materials Science, 2006, 41:7088-7095, doi:10.1007/s10853-006-0934-6.

[17] SCHIAVON M A, SORARU G D, YOSHIDA I V P. Poly(borosilazanes) as precursors of Si-B-C-N glasses:synthesis and high temperatures properties[J]. Journal of Non-Crystalline Solids, 2004, 348:156-161, doi:10.1016/j.jnoncrysol.2004.08.240.

[18] CINIBULK M K, PARTHASARATHY T A. Characterization of oxidized polymer-derived SiBCN fibers[J]. Journal of the American Ceramic Society, 2001, 84:2197-2202.

[19] HAUSER R, NAHAR-BORCHARD S, RIEDEL R, et al. Polymer-derived SiBCN ceramic and their potential application for high temperature membranes[J]. Journal of the Ceramic Society of Japan, 2006, 114:524-528, doi:10.2109/jcersj.114.524.

[20] KONG J, ZHANG G, LIU Q. Molecular design and synthesis of polyborosilazane precursors for SiBCN ceramics[J]. Progress in Chemistry, 2007, 19:1791-1799.

[21] BABONNEAU F, SORARU G D, THORNE K J, et al. Chemical characterization of Si-Al-C-O precursor and its pyrolysis[J]. Journal of the American Ceramic Society, 1991, 74:1725-1728, doi:10.1111/j.1151-2916.1991.tb07172.x.

[22] DHAMNE A. Polymer-ceramic conversion of liquid polyaluminasilazanes for SiAlCN ceramics[J]. Journal of the American Ceramic Society, 2005, 88:2415-2419, doi:10.1111/j.1551-2916.2005.00481.x.

[23] WANG Y, FAN Y, ZHANG L, et al. Polymer-derived SiAlCN ceramics resist oxidation at 1400 degrees C[J]. Scripta Materialia, 2006, 55:295-297, doi:10.1016/j.scriptamat.2006.05.004.

[24] YUAN J. Single-source-precursor synthesis of hafnium-containing ultrahigh-temperature ceramic nanocomposites(UHTC-NCs)[J]. Inorganic Chemistry, 2014, 53:10443-10455.

[25] LUAN X. Laser ablation behavior of Cf/SiHfBCN ceramic matrix composites[J]. Journal of The European Ceramic Society, 2016, 36:3761-3768.

[26] TERAUDS K, RAJ R, KROLL P. Ab inito and FTIR studies of HfSiCNO processed from the polymer route[J]. Journal of the American Ceramic Society, 2014, 97:742-749.

[27] TERAUDS K, RAJ R. Limits to the stability of the amorphous nature of polymer-derived hfsicno compounds[J]. Journal of the American Ceramic Society, 2013, 96:2117-2123, doi:10.1111/jace.12382.

[28] HURWITZ F I, FARMER S C, TEREPKA F M, et al. Silsesquioxane-derived ceramic fibers[J]. Journal of Materials Science, 1991, 26:1247-1252, doi:10.1007/bf00544462.

[29] ICHIKAWA H. Annual Review of Materials Research[J]. Annual Review of Materials Research, 2016, 46:335-356.

[30] GUO A, ROSO M, MODESTI M, et al. Hierarchically structured polymer-derived ceramic fibers by electrospinning and catalyst-assisted pyrolysis[J]. Journal of the European Ceramic Society, 2014, 34:549-554, doi:10.1016/j.jeurceramsoc.2013.08.025.

[31] LIU Y. Effects of hydrolysis of precursor on the structures and properties of polymer-derived SiBN ceramic fibers[J]. Ceramics International, 2018, 44:10199-10203, doi:10.1016/j.ceramint.2018.03.012.

[32] MA B, WANG Y. Fabrication of dense polymer-derived silicon carbonitride ceramic bulks by precursor infiltration and pyrolysis processes without losing piezoresistivity[J]. Journal of the American Ceramic Society, 2018, 101: 2752-2759, doi: 10. 1111/jace. 15442.

[33] RIEDEL R, SEHER M, MAYER J, et al. Polymer-derived si-based bulk ceramics . 1. preparation, processing and properties[J]. Journal of the European Ceramic Society, 1995, 15: 703-715, doi: 10. 1016/0955-2219(95)00041-r.

[34] BERNARDO E. Polymer-derived SiC ceramics from polycarbosilane/boron mixtures densified by SPS [J]. Ceramics International, 2014, 40: 14493-14500, doi: 10. 1016/j. ceramint. 2014. 07. 008.

[35] FENG B, ZHANG Y, LI B, et al. Medium-temperature sintering efficiency of ZrB_2 ceramics using polymer-derived SiBCN as a sintering aid[J]. Journal of the American Ceramic Society, 2019, 102: 855-866, doi: 10. 1111/jace. 16064.

[36] LU B, ZHANG Y. Hot pressed SiC ceramics employing polymer-derived SiBCN as sintering aid[J]. Materials Letters, 2014, 137: 483-486, doi: 10. 1016/j. matlet. 2014. 09. 074.

[37] BILL J, HEIMANN D. Polymer-derived ceramic coatings on C/C-SiC composites[J]. Journal of the European Ceramic Society, 1996, 16: 1115-1120, doi: 10. 1016/0955-2219(96)00025-8.

[38] TORREY J D, BORDIA R K. Processing of polymer-derived ceramic composite coatings on steel[J]. Journal of the American Ceramic Society, 2008, 91: 41-45, doi: 10. 1111/j. 1551-2916. 2007. 02019. x.

[39] TORREY J D, BORDIA R K. Mechanical properties of polymer-derived ceramic composite coatings on steel[J]. Journal of the European Ceramic Society, 2008, 28: 253-257, doi: 10. 1016/j. jeurceramsoc. 2007. 05. 013.

[40] ALVI S A, AKHTAR F. High temperature tribology of polymer derived ceramic composite coatings [J]. Scientific Reports, 2018, 8, doi: 10. 1038/s41598-018-33441-8.

[41] MINH DAT N. Novel polymer-derived ceramic environmental barrier coating system for carbon steel in oxidizing environments[J]. Journal of the European Ceramic Society, 2017, 37: 2001-2010, doi: 10. 1016/j. jeurceramsoc. 2016. 12. 049.

[42] LIU Y F, TANAKA Y. In situ characterization of tensile damage behavior of a plain-woven fiber-reinforced polymer-derived ceramic composite[J]. Materials Letters 57: 1571-1578, doi: 10. 1016/s0167-577x(02)01034-0.

[43] VANSWIJGENHOVEN E, HOLMES J, WEVERS M, et al. The influence of loading frequency on the high-temperature fatigue behavior of a nicalon-fabric-reinforced polymer-derived ceramic-matrix composite [J]. Scripta Materialia, 1998, 38: 1781-1788, doi: 10. 1016/s1359-6462(98)00105-5.

[44] LESLIE C J. Innovative processing and manufacturing of advanced ceramics and composites[J]. Ceramic Transactions, 2014, 243: 33-46.

[45] VOLKMANN E. Influence of fiber orientation and matrix processing on the tensile and creep performance of nextel 610 reinforced polymer derived ceramic matrix composites[J]. Materials Science and Engineering a-Structural Materials Properties Microstructure and Processing, 2014, 614: 171-179, doi: 10. 1016/j. msea. 2014. 07. 027.

[46] COLOMBO P, MERA G, RIEDEL R, et al. Polymer-derived ceramics: 40 years of research and innovation in advanced ceramics[J]. Journal of the American Ceramic Society, 2010, 93: 1805-1837.

[47] SHIINA K, KUMADA M. Notes-thermal rearrangement of hexamethyldisilane to trimethyl

(dimethylsilylmethyl)silane[J]. Journal of Organic Chemistry,1958,23:139-139.

[48] ISHIKAWA T. A tough,thermally conductive silicon carbide composite with high strength up to 1600 degrees C in air[J]. Science,1998,282:1295-1297,doi:10.1126/science.282.5392.1295.

[49] ISHIKAWA T,YAMAMURA T,OKAMURA K. Production mechanism of polytitanocarbosilane and its conversion of the polymer into inorganic materials[J]. Journal of Materials Science,1992,27:6627-6634,doi:10.1007/bf01165946.

[50] ISHIKAWA T,KOHTOKU Y,KUMAGAWA K. Production mechanism of polyzirconocarbo-silane using zirconium(IV)acetylacetonate and its conversion of the polymer into inorganic materials[J]. Journal of Materials Science,1998,33:161-166,doi:10.1023/a:1004362116892.

[51] 徐彩虹,谢择民.氮化硅陶瓷前驱体研究进展[J].高分子通报,2000:27-33.

[52] 谢择民,李光亮.硅氮聚合物研究的进展[J].高分子通报,1995:138-144+137.

[53] HORZ M. Novel polysilazanes as precursors for silicon nitride/silicon carbide composites without "free" carbon[J]. Journal of The European Ceramic Society,2005,25:99-110.

[54] SEYFERTH D,WISEMAN G H. High-yield synthesis of Si_3N_4/SiC ceramic materials by pyrolysis of a novel polyorganosilazane[J]. Journal of the American Ceramic Society,1984,67:C132-C133.

[55] DUGUET E,SCHAPPACHER M,SOUM A. High molar mass polysilazane-a new polymer[J]. Macromolecules,1992,25:4835-4839,doi:10.1021/ma00045a001.

[56] BOUQUEY M. Ring-opening polymerization of nitrogen-containing cyclic organosilicon monomers [J]. Journal of Organometallic Chemistry,1996,521:21-27,doi:10.1016/0022-328x(96)06351-6.

[57] KURJATA J,CHOJNOWSKI J. Equilibria and kinetics of the cationic ring-opening polymerization of permethylated 1,4-dioxa-2,3,5,6-tetrasilacyclohexane. Comparison with cyclosiloxanes [J]. Macromolecular Chemistry and Physics,1993,194:3271-3286.

[58] CHOJNOWSKI J,KURJATA J,RUBINSZTAJN S. Poly(oxymultisilane)s by ring-opening polymerization. Fully methylated silicon analogues of oxirane and THF polymers [J]. Die Makromolekulare Chemie,Rapid Communications,1988,9:469-475.

[59] HURWITZ F I,FARMER S C,TEREPKA F M,et al. Silsesquioxane-derived ceramic fibres[J]. Journal of Materials Science,1991,26:1247-1252.

[60] ZESCHKY J. Polysilsesquioxane derived ceramic foams with gradient porosity[J]. Acta Materialia,2005,53:927-937.

[61] SORARU G D,DANDREA G,CAMPOSTRINI R,et al. Structural characterization and high-temperature behavior of silicon oxycarbide glasses prepared from sol-gel precursors containing Si-H bonds[J]. Journal of the American Ceramic Society,1995,78:379-387.

[62] GERVAIS C,BABONNEAU F,DALLABONNA N,et al. Sol-gel-derived silicon-boron oxycarbide glasses containing mixed silicon oxycarbide(SiC_xO_{4-x})and boron oxycarbide(BC_yO_{3-y})units[J]. Journal of the American Ceramic Society,2004,84:2160-2164.

[63] RIEDEL R,MERA G,HAUSER R,et al. Silicon-based polymer-derived ceramics:synthesis properties and applications-a review[J]. Jouranl of the Ceramic Society of Japan,2006,114:425-444.

[64] RIEDEL R. Inorganic solid-state chemistry with main group element carbodiimides[J]. Chemistry of Materials,1998,10:2964-2979.

[65] GABRIEL A O,RIEDEL R,STORCK S,et al. Synthesis and thermally induced ceramization of a non-oxidic

poly(methylsilsesquicarbodi-imide)gel[J]. Applied Organometallic Chemistry,1997,11:833-841.

[66] WEINMANN M. Boron-containing polysilylcarbodi-imides:a new class of molecular precursors for Si-B-C-N ceramics[J]. Journal of Organometallic Chemistry,1997,541:345-353,doi:10.1016/s0022-328x(97)00085-5.

[67] WEINMANN M,HAUG R,BILL J,et al. Boron-modified polysilylcarbodi-imides as precursors for Si-B-C-N ceramics: Synthesis, plastic-forming and high-temperature behavior [J]. Applied Organometallic Chemistry,1998,12:725-734,doi:10.1002/(sici)1099-0739(199810/11)12:10/11<725::aid-aoc777>3.0.co;2-2.

[68] WEINMANN M. Dehydrocoupling of tris(hydridosilylethyl)boranes and cyanamide:a novel access to boron-containing polysilylcarbodiimides[J]. Journal of Organometallic Chemistry,2002,659:29-42,doi:10.1016/s0022-328x(02)01668-6.

[69] VIARD A,MIELE P,BERNARD S. Polymer-derived ceramics route toward SiCN and SiBCN fibers: from chemistry of polycarbosilazanes to the design and characterization of ceramic fibers[J]. Journal of the Ceramic Society of Japan,2016,124:967-980,doi:10.2109/jcersj2.16124.

[70] MERA G,GALLEI M,BERNARD S,et al. Ceramic nanocomposites from tailor-made preceramic polymers[J]. Nanomaterials,2015,5:468-540,doi:10.3390/nano5020468.

[71] RIEDEL R. A silicoboron carbonitride ceramic stable to 2 000 ℃[J]. Nature,1996,382:796-798.

[72] BERNARD S,WEINMANN M,GERSTEL P,et al. Boron-modified polysilazane as a novel single-source precursor for SiBCN ceramic fibers:synthesis melt-sinning,curing and ceramic conversion[J]. Journal of Materials Chemistry,2005,15:289-299,doi:10.1039/b408295h.

[73] VIARD A. Molecular design of melt-spinnable co-polymers as Si-B-C-N fiber precursors[J]. Dalton Transactions,2017,46:13510-13523,doi:10.1039/c7dt02559a.

[74] MAJOULET O. Silicon-boron-carbon-nitrogen monoliths with high, interconnected and hierarchical porosity[J]. Journal of Materials Chemistry A,2013,1:10991-11000,doi:10.1039/c3ta12119d.

[75] LIU Y. Fabrication and properties of precursor-derived SiBN ternary ceramic fibers[J]. Materials & Design,2017,128:150-156.

[76] SEYFERTH D,WISEMAN G H,PRUDHOMME C. A liquid silazane precursor to silicon-nitride[J]. Journal of the American Ceramic Society,1983,66:C13-C14.

[77] PACIOREK K J L,KRATZER R H,HARRIS D H,et al. Study of borazine condensation processes [J]. Abstracts of Papers of the American Chemical Society,1984,187:49-POLY.

[78] FAZEN P J. Synthesis, properties, and ceramic conversion reactions of polyborazylene-a high-yield polymeric precursor to boron-nitride [J]. Chemistry of Materials, 1995, 7: 1942-1956, doi: 10.1021/cm00058a028.

[79] SRIVASTAVA D,DUESLER E N,PAINE R T. Synthesis of silylborazines and their utilization as precursors to silicon-containing boron nitride[J]. European Journal of Inorganic Chemistry,1998:855-859.

[80] KIMURA Y,KUBO Y,HAYASHI N. High-performance boron-nitride fibers from poly(borazine) preceramics[J]. Composites Science and Technology,1994,51:173-179,doi:10.1016/0266-3538(94)90188-0.

[81] MIELE P,BERNARD S,CORNU D,et al. Recent developments in polymer-derived ceramic fibers

(PDCFs): preparation, properties and applications-a review[J]. Soft Materials, 2007, 4:249-286, doi: 10.1080/15394450701310228.

[82] TANG Y. Polymer-derived SiBN fiber for high-temperature structural/functional applications[J]. Chemistry-a European Journal, 2010, 16:6458-6462, doi:10.1002/chem.200902974.

[83] OPEKA M M, TALMY I G, ZAYKOSKI J A. Oxidation-based materials selection for 2000 degrees C plus hypersonic aerosurfaces: theoretical considerations and historical experience[J]. Journal of Materials Science, 2004, 39:5887-5904, doi:10.1023/b:jmsc.0000041686.21788.77.

[84] YAN C, LIU R, CAO Y, et al. Research progress in preparation techniques of ultrahigh temperature ceramics based composites[J]. Aerospace Materials & Technology, 2012, 42:7-11.

[85] IONESCU E. Polymer-derived ultra-high temperature ceramics (UHTCs) and related materials[J]. Advanced Engineering Materials, 2019, 21:1900269.

[86] INOUE M, KOMINAMI H, INUI T. Reaction of aluminum alkoxides with various glycols and the layer structure of their products[J]. Journal of the Chemical Society-Dalton Transactions, 1991:3331-3336, doi:10.1039/dt9910003331.

[87] MCMAHON C N, ALEMANY L, CALLENDER R L, et al. Reaction of Al(Bu-t)(3) with ethylene glycol: intermediates to aluminum alkoxide (alucone) preceramic polymers[J]. Chemistry of Materials, 1999, 11:3181-3188, doi:10.1021/cm990284q.

[88] TAO X, QIU W, LI H, et al. Synthesis of nanosized zirconium carbide from preceramic polymers by the facile one-pot reaction[J]. Polymers for Advanced Technologies, 2101, 21:300-304, doi:10.1002/pat.1664.

[89] LU Y. Polymer precursor synthesis of TaC-SiC ultrahigh temperature ceramic nanocomposites[J]. Rsc Advances, 2016, 6:88770-88776, doi:10.1039/c6ra17723a.

[90] KUROKAWA Y, ISHIZAKA T, SUZUKI M. Preparation of refractory nitride fibers by thermal decomposition of transition metal(Ti, Nb) alkoxide-cellulose precursor gel fibers in NH_3 atmosphere [J]. Journal of Materials Science, 2001, 36:301-306, doi:10.1023/a:1004847722451.

[91] LI Y, TAO X, QIU W, et al. Preparation of powdered zirconium diboride by a solution precursor conversion method[J]. Journal of Beijing University of Chemical Technology. Natural Science Edition, 2010, 37:78-82.

[92] TAO X. Synthesis and Related Studies of Ultra-High Temperature Ceramic Precursors[D]. Beijing: University of Chinese Academy of Sciences, 2010.

[93] LANG H, SEYFERTH D. Pyrolysis of metallocene complexes $\eta(C_5H_4R)_2MR'_2$: an organometallic route to metal arbide(MC) materials (M=Ti, Zr, Hf)[J]. Applied Organometallic Chemistry, 1990, 4:599-606, doi:10.1002/aoc.590040604.

[94] INZENHOFER K, SCHMALZ T, WRACKMEYER B, et al. The preparation of HfC/C ceramics via molecular design[J]. Dalton Transactions, 2011, 40:4741-4745, doi:10.1039/c0dt01817a.

[95] WANG H. Synthesis and characterization of a novel precursor-derived ZrC/ZrB_2 ultra-high-temperature ceramic composite[J]. Applied Organometallic Chemistry, 2013, 27:79-84, doi:10.1002/aoc.2943.

[96] 刘丹,邱文丰,蔡涛,等.碳化锆液相陶瓷前驱体的制备及陶瓷化[J].宇航材料工艺,2014,44:79-83.

[97] 葛凯凯. ZrB$_2$/SiC 前驱体的制备、表征及裂解行为[J]. 高等学校化学学报,2014,35:2050-2054.

[98] LIU D. Synthesis, characterization, and microstructure of ZrC/SiC composite ceramics via liquid precursor conversion method[J]. Journal of the American Ceramic Society,2014,97:1242-1247,doi:10.1111/jace.12876.

[99] LI Y,HAN W,LI H,et al. Synthesis of nano-crystalline ZrB$_2$/ZrC/SiC ceramics by liquid precursors [J]. Materials Letters,2012,68:101-103,doi:10.1016/j.matlet.2011.10.060.

[100] CAI T. Synthesis of ZrC-SiC powders by a preceramic solution route[J]. Journal of the American Ceramic Society,2013,96:3023-3026,doi:10.1111/jace.12551.

[101] CAI T,LIU D,QIU W,et al. Polymer precursor-derived HfC-SiC ultrahigh-temperature ceramic nanocomposites[J]. Journal of the American Ceramic Society, 2018, 101: 20-24, doi: 10.1111/jace.15192.

[102] AMOROS P,BELTRAN D,GUILLEM C,et al. Synthesis and characterization of SiC/MC/C ceramics(M=Ti, Zr, Hf)starting from totally non-oxidic precursors[J]. Chemistry of Materials,2002,14:1585-1590,doi:10.1021/cm011200s.

[103] WANG H. Synthesis and pyrolysis of a novel preceramic polymer PZMS from PMS to fabricate high-temperature-resistant ZrC/SiC ceramic composite[J]. Applied Organometallic Chemistry,2013,27:166-173,doi:10.1002/aoc.2959.

[104] LONG X,SHAO C,WANG J,et al. Synthesis of soluble and meltable pre-ceramic polymers for Zr-containing ceramic nanocomposites[J]. Applied Organometallic Chemistry,2018,32:doi:10.1002/aoc.3942.

[105] VIJAY V V,NAIR S G,SREEJITH K J,et al. Synthesis, ceramic conversion and microstructure analysis of zirconium modified polycarbosilane[J]. Journal of Inorganic and Organometallic Polymers and Materials,2016,26:302-311,doi:10.1007/s10904-015-0314-2.

[106] CHEN S,GOU Y,WANG H,et al. Fabrication and characterization of precursor-derived non-oxide ZrC-SiC multiphase ultrahigh temperature ceramics[J]. Journal of the European Ceramic Society,2016,36:3843-3850,doi:10.1016/j.jeurceramsoc.2016.06.047.

[107] WEN Q. Single-source-precursor synthesis of dense SiC/HfC$_x$N$_{1-x}$-based ultrahigh-temperature ceramic nanocomposites[J]. Nanoscale,2014,6:13678-13689,doi:10.1039/c4nr03376k.

[108] CAI T. Synthesis of soluble poly-yne polymers containing zirconium and silicon and corresponding conversion to nanosized ZrC/SiC composite ceramics[J]. Dalton Transactions,2013,42:4285-4290,doi:10.1039/c2dt32428h.

[109] ZHANG Q. Preparation and characterization of polymer-derived Zr/Si/C multiphase ceramics and microspheres with electromagnetic wave absorbing capabilities[J]. Journal of the European Ceramic Society,2017,37:1909-1916,doi:10.1016/j.jeurceramsoc.2017.01.006.

[110] ECKEL Z C. Additive manufacturing of polymer-derived ceramics[J]. Science,2016,351:58-62.

[111] BECHELANY M C. Preparation of polymer-derived Si-B-C-N monoliths by spark plasma sintering technique[J]. Journal of the European Ceramic Society, 2015, 35: 1361-1374, doi: 10.1016/j.jeurceramsoc.2014.11.021.

[112] ISHIHARA S,GU H,BILL J,et al. Densification of precursor-derived Si-C-N ceramics by high-pressure hot isostatic pressing[J]. Journal of the American Ceramic Society,2004,85:1706-1712.

[113] TANG B,ZHANG Y,HU S,et al. A dense amorphous SiBCN(O)ceramic prepared by simultaneous pyrolysis of organics and inorganics[J]. Ceramics International,2016,42:5238-5244,doi:10.1016/j. ceramint. 2015. 12. 050.

[114] WANG X,MERA G,MORITA K,et al. Synthesis of polymer-derived graphene/silicon nitride-based nanocomposites with tunable dielectric properties[J]. Journal of the Ceramic Society of Japan,2016, 124:981-988,doi:10. 2109/jcersj2. 16089.

[115] LU B,ZHANG Y. Densification behavior and microstructure evolution of hot-pressed SiC-SiBCN ceramics[J]. Ceramics International,2015,41:8541-8551,doi:10. 1016/j. ceramint. 2015. 03. 061.

[116] GURLO A,IONESCU E,RIEDEL R,et al. The thermal conductivity of polymer-derived amorphous Si-O-C compounds and nano-composites[J]. Journal of the American Ceramic Society,2016,99:281-285,doi:10. 1111/jace. 13947.

[117] LUCAS R. Elaboration of ZrC-SiC composites by spark plasma sintering using polymer-derived ceramics[J]. Ceramics International,2014,40:15703-15709,doi:10. 1016/j. ceramint. 2014. 07. 093.

[118] PIZON D. Oxidation behavior of spark plasma sintered ZrC-SiC composites obtained from the polymer-derived ceramics route[J]. Ceramics International, 2014, 40: 5025-5031, doi: 10. 1016/j. ceramint. 2013. 08. 105.

[119] TAMAYO A,MAZO M A,RUBIO F,et al. Structure properties relationship in silicon oxycarbide glasses obtained by spark plasma sintering[J]. Ceramics International,2014,40:11351-11358,doi: 10. 1016/j. ceramint. 2014. 03. 111.

[120] GALUSEK D,SEDLACEK J,RIEDEL R. Al_2O_3-SiC composites prepared by warm pressing and sintering of an organosilicon polymer-coated alumina powder[J]. Journal of The European Ceramic Society,2007,27:2385-2392.

[121] MELCHER R,CROMME P,SCHEFFLER M,et al. Centrifugal casting of thin-walled ceramic tubes from preceramic polymers[J]. Journal of the American Ceramic Society,2003,86:1211-1213.

[122] YOON B,LEE E,KIM H,et al. Highly aligned porous silicon carbide ceramics by freezing polycarbosilane/camphene solution[J]. Journal of the American Ceramic Society,2007,90:1753-1759.

[123] YOON B, PARK C S, KIM H, et al. In situ synthesis of porous silicon carbide (SiC) ceramics decorated with SiC nanowires[J]. Journal of the American Ceramic Society,2007,90:3759-3766.

[124] GOERKE O, FEIKE E, HEINE T, et al. Ceramic coatings processed by spraying of siloxane precursors(polymer-spraying)[J]. Journal of The European Ceramic Society,2004,24:2141-2147.

[125] DONG B-B. Polymer-derived porous SiOC ceramic membranes for efficient oil-water separation and membrane distillation[J]. Journal of Membrane Science,2019,579:111-119,doi:10. 1016/j. memsci. 2019. 02. 066.

[126] PARK C H,JOO Y J,CHUNG J K,et al. Morphology control of a silicon nitride thick film derived from polysilazane precursor using UV curing and IR heat treatment[J]. Advances in Applied Ceramics,2017,116:376-382,doi:10. 1080/17436753. 2017. 1339490.

[127] HE W, CHEN L, PENG F. Coating formed by SiBCN single source precursor via UV-photopolymerization[J]. Materials Letters,2017,206:121-123,doi:10. 1016/j. matlet. 2017. 06. 016.

[128] SILVA T C D A E,BHOWMICK G D,GHANGREKAR M M,et al. SiOC-based polymer derived-ceramic porous anodes for microbial fuel cells[J]. Biochemical Engineering Journal,2019,148:29-36,doi:10.

1016/j. bej. 2019. 04. 004.

[129] SILVA T C D A E. Novel tape-cast SiOC-based porous ceramic electrode materials for potential application in bioelectrochemical systems[J]. Journal of Materials Science,2019,54:6471-6487,doi:10. 1007/s10853-018-03309-3.

[130] ROCHA R M,BRESSIANI J C,BRESSIANI A H A. Ceramic substrates of beta-SiC/SiAlON composite from preceramic polymers and Al-Si fillers[J]. Ceramics International,2014,40:13929-13936,doi:10. 1016/j. ceramint. 2014. 05. 114.

[131] EOM J-H,KIM Y-W,PARK C B,et al. Effect of forming methods on porosity and compressive strength of polysiloxane-derived porous silicon carbide ceramics[J]. Journal of the Ceramic Society of Japan,2012,120:199-203,doi:10. 2109/jcersj2. 120. 199.

[132] ZHANG T,EVANS J R G,WOODTHORPE J. Injection-molding of silicon-carbide using an organic vehicle based on a preceramic polymer[J]. Journal of the European Ceramic Society,1995,15:729-734,doi:10. 1016/0955-2219(95)00049-z.

[133] WEICHAND P,GADOW R. Basalt fibre reinforced SiOC-matrix composites: Manufacturing technologies and characterisation[J]. Journal of the European Ceramic Society,2015,35:4025-4030,doi:10. 1016/j. jeurceramsoc. 2015. 06. 002.

[134] COLOMBO P,BERNARDO E,PARCIANELLO G. Multifunctional advanced ceramics from preceramic polymers and nano-sized active fillers[J]. Journal of the European Ceramic Society,2013,33:453-469,doi:10. 1016/j. jeurceramsoc. 2012. 10. 006.

[135] BUNSELL A R,PIANT A. A review of the development of three generations of small diameter silicon carbide fibres[J]. Journal of Materials Science,2006,41:823-839.

[136] JOO Y J,KHISHIGBAYAR K-E,KIM C J,et al. Fabrication and morphological study of converged SiC-TiC fiber mats by electrospinning[J]. Advanced Composite Materials,2019,28:397-408,doi:10. 1080/09243046. 2019. 1565133.

[137] TAN J,GE M,YU S,et al. Microstructures and properties of ceramic fibers of h-BN containing amorphous Si_3N_4[J]. Materials,2019,12:doi:10. 3390/ma12233812.

[138] REN Z,GERVAIS C,SINGH G. Preparation and structure of SiOCN fibres derived from cyclic silazane/poly-acrylic acid hybrid precursorb. Royal Society Open Science,2019,6:doi:10. 1098/rsos. 190690.

[139] LONG X,SHAO C,WANG J. Continuous SiCN fibers with interfacial SiC_xN_y phase as structural materials for electromagnetic absorbing applications[J]. Acs Applied Materials & Interfaces,2019,11:22885-22894,doi:10. 1021/acsami. 9b06819.

[140] ZHAO W. Facile preparation of ultralight polymer-derived SiOCN ceramic aerogels with hierarchical pore structure[J]. Journal of the American Ceramic Society,2019,102:2316-2324,doi:10. 1111/jace. 16100.

[141] CERNY M. Si-O-C ceramic foams derived from polymethylphenylsiloxane precursor with starch as foaming agent[J]. Journal of the European Ceramic Society,2015,35:3427-3436,doi:10. 1016/j. jeurceramsoc. 2015. 04. 032.

[142] CHAUHAN P K,SUJITH R,PARAMESHWARAN R,et al. Role of polysiloxanes in the synthesis of aligned porous silicon oxycarbide ceramics[J]. Ceramics International,2019,45:8150-8156,doi:

10.1016/j.ceramint.2019.01.116.

[143] DURIR C. Open-celled silicon carbide foams with high porosity from boron-modified polycarbosilanes[J]. Journal of the European Ceramic Society,2019,39:5114-5122,doi:10.1016/j.jeurceramsoc.2019.08.012.

[144] COLOMBO P. Engineering porosity in polymer-derived ceramics[J]. Journal of The European Ceramic Society,2008,28:1389-1395.

[145] LUAN X G,CHANG S,RIEDEL R,et al. The improvement in thermal and mechanical properties of TiB_2 modified adhesive through the polymer-derived-ceramic route[J]. Ceramics International,2018,44:19505-19511,doi:10.1016/j.ceramint.2018.07.190.

[146] WANG X, SHI J, WANG H. Preparation, properties, and structural evolution of a novel polyborosilazane adhesive, temperature-resistant to 1600 degrees C for joining SiC ceramics[J]. Journal of Alloys and Compounds,2019,772:912-919,doi:10.1016/j.jallcom.2018.09.110.

[147] KITA K I,KONDO N,IZUTSU Y,et al. Joining of alumina by using organometallic polymer[J]. Journal of the Ceramic Society of Japan,2011,119:658-662,doi:10.2109/jcersj2.119.658(2011).

[148] CERON-NICOLAT B. Graded cellular ceramics from continuous foam extrusion[J]. Advanced Engineering Materials,2012,14:1097-1103,doi:10.1002/adem.201200039.

[149] SCHLIER L, TRAVITZKY N, GEGNER J, et al. Surface strengthening of extrusion-formed polymer/filler-derived ceramic composites[J]. Journal of Ceramic Science and Technology,2012,3:181-188,doi:10.4416/jcst2012-00018.

[150] GOTTARDO L. Chemistry, structure and processability of boron-modified polysilazanes as tailored precursors of ceramic fibers[J]. Journal of Materials Chemistry, 2012, 22: 7739-7750, doi: 10.1039/c2jm15919h.

[151] BAKUMOV V,SCHWARZ M,KROKE E. Emulsion processing and size control of polymer-derived spherical Si/C/O ceramic particlesb. Soft Materials,2007,4:287-299,doi:10.1080/15394450701310251.

[152] LIU H. Preparation of Si-B-C-N ceramic microsphere via polymer-derived-ceramic method[J]. New Chemical Materials,2016,44:224-226.

[153] SUSCA E M. Self-assembled gyroidal mesoporous polymer-derived high temperature ceramic monoliths[J]. Chemistry of Materials,2016,28:2131-2137,doi:10.1021/acs.chemmater.5b05011.

[154] NGHIEM Q D, KIM D-P, KIM S O. Well-ordered nanostructure sic ceramic derived from self-assembly of polycarbosilane-block-poly(methyl methacrylate) diblock copolymer[J]. Journal of Nanoscience and Nanotechnology,2008,8:5527-5531,doi:10.1166/jnn.2008.1285.

[155] WAN J,MALENFANT P R L,TAYLOR S T,et al. Microstructure of block copolymer/precursor assembly for Si-C-N based nano-ordered ceramics[J]. Materials Science and Engineering a-Structural Materials Properties Microstructure and Processing,2007,463:78-88,doi:10.1016/j.msea.2006.08.126.

[156] RIDER D. A. Nanostructured magnetic thin films from organometallic block copolymers:pyrolysis of self-assembled polystyrene-block-poly(ferrocenylethylmethylsilane)[J]. Acs Nano,2008,2:263-270, doi:10.1021/nn7002629.

[157] WU Q-Q. C/SiOC Composites by a modified PIP using solid polysiloxane:fabrication,microstructure and mechanical properties [J]. Journal of Inorganic Materials, 2019, 34: 1349-1356, doi: 10.

15541/jim20190080.

[158] DING Q. 3D C_f/SiBCN composites prepared by an improved polymer infiltration and pyrolysis[J]. Journal of Advanced Ceramics,2018,7:266-275,doi:10.1007/s40145-018-0278-0.

[159] NAIR S G,SREEJITH K J,PACKIRISAMY S,et al. Polymer derived PyC interphase coating for C/SiBOC composites [J]. Materials Chemistry and Physics, 2018, 204: 179-186, doi: 10.1016/j.matchemphys.2017.10.012.

[160] KLATT E,FRASS A,FRIESS M,et al. Mechanical and microstructural characterisation of SiC-and SiBNC-fibre reinforced CMCs manufactured via PIP method before and after exposure to air[J]. Journal of the European Ceramic Society,2012,32:3861-3874,doi:10.1016/j.jeurceramsoc.2012.05.028.

[161] ZHANG L. 3D C-f/ZrC-SiC composites fabricated with ZrC nanoparticles and ZrSi$_2$ alloy[J]. Ceramics International,2014,40:11795-11801,doi:10.1016/j.ceramint.2014.04.009.

[162] LI Q,DONG S,WANG Z,et al. Fabrication and properties of 3-D C-f/ZrB$_2$-ZrC-SiC composites via polymer infiltration and pyrolysis[J]. Ceramics International,2013,39:5937-5941,doi:10.1016/j.ceramint.2012.11.074.

[163] XU X. 3D printing of complex-type SiOC ceramics derived from liquid photosensitive resin[J]. Chemistryselect,2019,4:6862-6869,doi:10.1002/slct.201900993.

[164] WANG M. Polymer-derived silicon nitride ceramics by digital light processing based additive manufacturing[J]. Journal of the American Ceramic Society,2019,102:5117-5126,doi:10.1111/jace.16389.

[165] GYAK K-W. 3D-printed monolithic SiCN ceramic microreactors from a photocurable preceramic resin for the high temperature ammonia cracking process[J]. Reaction Chemistry & Engineering,2019,4:1393-1399,doi:10.1039/c9re00201d.

[166] YIVE N S C K, CORRIU R J P, LECLERCQ D, et al. Silicon carbonitride from polymeric precursors:thermal cross-linking and pyrolysis of oligosilazane model compounds[J]. Chemistry of Materials,1992,4:141-146.

[167] LIEW L. International conference on micro electro mechanical systems[Z]. 2013:120-134.

[168] LAINE R M, BABONNEAU F. Preceramic polymer routes to silicon carbide[J]. Chemistry of Materials,1993,5:260-279.

[169] SU Z, ZHANG L, LI Y, et al. Rapid preparation of sic fibers using a curing route of electron irradiation in a low oxygen concentration atmosphere[J]. Journal of the American Ceramic Society,2015,98:2014-2017.

[170] CRAMER N B. Thiol-ene photopolymerization of polymer-derived ceramic precursors[J]. Journal of Polymer Science Part A,2004,42:1752-1757.

[171] PHAM T A,KIM P,KWAK M,et al. Inorganic polymer photoresist for direct ceramic patterning by photolithography[J]. Chemical Communications,2007:4021-4023,doi:10.1039/b708480c.

[172] SCHULZ M. Cross linking behavior of preceramic polymers effected by UV-and synchrotron radiation[J]. Advanced Engineering Materials,2004,6:676-680,doi:10.1002/adem.200400082.

[173] HASEGAWA Y. New curing method for polycarbosilane with unsaturated hydrocarbons and application to thermally stable SiC fibre[J]. Composites Science and Technology,1994,51:161-166.

[174] LIPOWITZ J. Infusible preceramic polymers via plasma treatment[Z]. Google Patents,1988.
[175] MUTIN P H. Control of the composition and structure of silicon oxycarbide and oxynitride glasses derived from polysiloxane precursors[J]. Journal of Sol-Gel Science and Technology,1999,14:27-38.
[176] TAKEDA M,SAEKI A,SAKAMOTO J,et al. Effect of hydrogen atmosphere on pyrolysis of cured polycarbosilane fibers[J]. Journal of the American Ceramic Society,2004,83:1063-1069.
[177] WEN Q,YU Z,RIEDEL R. The fate and role of in situ formed carbon in polymer-derived ceramics[J]. Progress in Materials Science,2020,109:100623.
[178] LIANG T,LI Y-L,SU D,et al. Silicon oxycarbide ceramics with reduced carbon by pyrolysis of polysiloxanes in water vapor[J]. Journal of the European Ceramic Society,2010,30:2677-2682,doi:10.1016/j.jeurceramsoc.2010.04.005.
[179] BREVAL E,HAMMOND M,PANTANO C G. Nanostructural characterization of silicon oxycarbide glasses and glass-ceramics[J]. Journal of the American Ceramic Society,1994,77:3012-3018,doi:10.1111/j.1151-2916.1994.tb04538.x.
[180] ESFEHANIAN M,OBERACKER R,FETT T,et al. Development of dense filler-free polymer-derived sioc ceramics by field-assisted sintering[J]. Journal of the American Ceramic Society,2008,91:3803-3805.
[181] COLOMBO P,MARTUCCI A,FOGATO O,et al. Silicon carbide films by laser pyrolysis of polycarbosilane[J]. Journal of the American Ceramic Society,2001,84:224-226.
[182] MULLER A. Comparison of Si/C/N pre-ceramics obtained by laser pyrolysis or furnace thermolysis[J]. Journal of The European Ceramic Society,2003,23:37-46.
[183] WILDEN J,FISCHER G. Laser synthesis of nanostructured ceramics from liquid precursors[J]. Applied Surface Science,2007,254:1067-1072.
[184] MA R,ERB D,LU K. Flash pyrolysis of polymer-derived SiOC ceramics[J]. Journal of The European Ceramic Society,2018,38:4906-4914.
[185] ZUNJARRAO S C,DYJAK P,RAHMAN A,et al. Microwave processing of actively seeded precursor for fabrication of polymer derived ceramics[J]. Journal of the American Ceramic Society,2016,99:2260-2266.
[186] DANKO G A,SILBERGLITT R,COLOMBO P,et al. Comparison of microwave hybrid and conventional heating of preceramic polymers to form silicon carbide and silicon oxycarbide ceramics[J]. Journal of the American Ceramic Society,2000,83:1617-1625.
[187] PIVIN J C,COLOMBO P,TONIDANDEL M. Ion irradiation of preceramic polymer thin films[J]. Journal of the American Ceramic Society,1996,79:1967-1970.
[188] RIEDEL R,PASSING G,SCHONFELDER H,et al. Synthesis of dense silicon-based ceramics at low-temperatures[J]. Nature,1992,355:714-717,doi:10.1038/355714a0.
[189] LI W. A study on the thermal conversion of scheelite-type ABO_4 into perovskite-type $AB(O,N)_3$[J]. Dalton Transactions,2015,44:8238-8246.
[190] MERA G,RIEDEL R,POLI F,et al. Carbon-rich SiCN ceramics derived from phenyl-containing poly(silylcarbodiimides)[J]. Journal of The European Ceramic Society,2009,29:2873-2883.
[191] IWAMOTO Y. Crystallization behavior of amorphous silicon carbonitride ceramics derived from organometallic precursors[J]. Journal of the American Ceramic Society,2004,84:2170-2178.

[192] NYCZYKMALINOWSKA A. New precursors to SiCO ceramics derived from linear poly (vinylsiloxanes) of regular chain composition[J]. Journal of The European Ceramic Society, 2014, 34: 889-902.

[193] SCARMI A, SORARU G D, RAJ R. The role of carbon in unexpected visco(an)elastic behavior of amorphous silicon oxycarbide above 1273 K[J]. Journal of Non-crystalline Solids, 2005, 351: 2238-2243.

[194] WIDGEON S. Effect of precursor on speciation and nanostructure of SiBCN polymer-derived ceramics[J]. Journal of the American Ceramic Society, 2013, 96: 1651-1659.

[195] SEHLLEIER Y H, VERHOEVEN A, JANSEN M. NMR studies of short and intermediate range ordering of amorphous Si-B-N-C-H pre-ceramic at the pyrolysis stage of 600 degrees C[J]. Journal of Materials Chemistry, 2007, 17: 4316-4319, doi: 10. 1039/b707446h.

[196] NEMANICH R, SOLIN S A. First-and second-order Raman scattering from finite-size crystals of graphite[J]. Physical Review B, 1979, 20: 392-401.

[197] SADEZKY A, MUCKENHUBER H, GROTHE H, et al. Raman microspectroscopy of soot and related carbonaceous materials: spectral analysis and structural information[J]. Carbon, 2005, 43: 1731-1742.

[198] THOMSEN C, REICH S. Double resonant raman scattering in graphite[J]. Physical Review Letters, 2000, 85: 5214-5217.

[199] PIMENTA M A. Studying disorder in graphite-based systems by Raman spectroscopy[J]. Physical Chemistry Chemical Physics, 2007, 9: 1276-1290.

[200] MATTHEWS M J, PIMENTA M A, DRESSELHAUS G, et al. Origin of dispersive effects of the Raman D band in carbon materials[J]. Physical Review B, 1999, 59.

[201] MERA G, NAVROTSKY A, SEN S, et al. Polymer-derived SiCN and SiOC ceramics-structure and energetics at the nanoscale[J]. Journal of Materials Chemistry A, 2013, 1: 3826-3836, doi: 10. 1039/c2ta00727d.

[202] WEN Q. Microwave absorption of SiC/HfC$_x$N$_{1-x}$/C ceramic nanocomposites with HfC$_x$N$_{(1-x)}$-carbon core-shell particles[J]. Journal of the American Ceramic Society, 2016, 99: 2655-2663, doi: 10. 1111/jace. 14256.

[203] KNIGHT D S, WHITE W B. Characterization of diamond films by Raman spectroscopy[J]. Journal of Materials Research, 1989, 4: 385-393.

[204] FERRARI A, ROBERTSON J. Interpretation of Raman spectra of disordered and amorphous carbon [J]. Physical Review B, 2000, 61: 14095-14107.

[205] GAO Y. Processing route dramatically influencing the nanostructure of carbon-rich SiCN and SiBCN polymer-derived ceramics. Part I: Low temperature thermal transformation[J]. Journal of The European Ceramic Society, 2012, 32: 1857-1866.

[206] CANCADO L G. General equation for the determination of the crystallite size L-a of nanographite by Raman spectroscopy[J]. Applied Physics Letters, 2006, 88, doi: 10. 1063/1. 2196057.

[207] TURQUAT C, KLEEBE H, GREGORI G, et al. Transmission electron microscopy and electron energy-loss spectroscopy study of nonstoichiometric silicon-carbon-oxygen glasses[J]. Journal of the American Ceramic Society, 2004, 84: 2189-2196.

[208] KLEEBE H, TURQUAT C, SORARU G D. Phase separation in an sico glass studied by

[209] TRASSL S. Characterization of the free-carbon phase in Si-C-N ceramics: part II, comparison of different polysilazane precursors[J]. Journal of the American Ceramic Society, 2004, 85: 1268-1274.

[210] KLEEBE H, BLUM Y D. SiOC ceramic with high excess free carbon[J]. Journal of The European Ceramic Society, 2008, 28: 1037-1042.

[211] MARTINEZCRESPIERA S, IONESCU E, KLEEBE H, et al. Pressureless synthesis of fully dense and crack-free SiOC bulk ceramics via photo-crosslinking and pyrolysis of a polysiloxane[J]. Journal of The European Ceramic Society, 2011, 31: 913-919.

[212] STORMER H, KLEEBE H, ZIEGLER G. Metastable SiCN glass matrices studied by energy-filtered electron diffraction pattern analysis[J]. Journal of Non-crystalline Solids, 2007, 353: 2867-2877.

[213] MANIETTE Y, OBERLIN A. TEM characterization of some crude or air heat-treated SiC Nicalon fibres[J]. Journal of Materials Science, 1989, 24: 3361-3370.

[214] CORDELAIR J, GREIL P. Electrical conductivity measurements as a microprobe for structure transitions in polysiloxane derived Si-O-C ceramics[J]. Journal of The European Ceramic Society, 2020, 20: 1947-1957.

[215] JIANG J, WANG S, LI, W. Preparation and characterization of ultrahigh-temperature ternary ceramics $Ta_4H_fC_5$[J]. Journal of the American Ceramic Society, 2016, 99: 3198-3201, doi: 10.1111/jace.14436.

[216] NGHIEM Q D, JEON J K, HONG L Y, et al. Polymer derived Si-C-B-N ceramics via hydroboration from borazine derivatives and trivinylcyclotrisilazane[J]. Journal of Organometallic Chemistry, 2003, 688: 27-35, doi: 10.1016/j.jorganchem.2003.08.025.

[217] LI L-Y, GU H, SROT V, et al. Initial nucleation of amorphous Si-B-C-N ceramics derived from polymer-precursors[J]. Journal of Materials Science & Technology, 2019, 35: 2851-2858, doi: 10.1016/j.jmst.2019.07.004.

[218] MERA G, TAMAYO A, NGUYEN H, et al. Nanodomain structure of carbon-rich silicon carbonitride polymer-derived ceramics[J]. Journal of the American Ceramic Society, 2010, 93: 1169-1175, doi: 10.1111/j.1551-2916.2009.03558.x.

[219] LAINE R M. The evolutionary process during pyrolytic transformation of poly(n-methylsilazane) from a preceramic polymer into an amorphous-silicon nitride carbon composite[J]. Journal of the American Ceramic Society, 1995, 78: 137-145, doi: 10.1111/j.1151-2916.1995.tb08373.x.

[220] YAJIMA S, HAYASHI J, OMORI M, et al. Development of a silicon-carbide fiber with high-tensile strength[J]. Nature, 1976, 261: 683-685, doi: 10.1038/261683a0.

[221] ISHIKAWA T, KOHTOKU Y, KUMAGAWA K, et al. High-strength alkali-resistant sintered SiC fibre stable to 2,200 degrees C[J]. Nature, 1998, 391: 773-775, doi: 10.1038/35820.

[222] TANG Y. Preparation of high performance Si-B-N ceramic fibers by polymer derived method[J]. Acta Chimica Sinica, 2009, 67: 2750-2754.

[223] BERNARD S. Evolution of structural features and mechanical properties during the conversion of poly[(methylamino)borazine] fibers into boron nitride fibers[J]. Journal of Solid State Chemistry, 2004, 177: 1803-1810.

[224] SORARU G D, MERCADINI M, MASCHIO R D, et al. Si-Al-O-N fibers from polymeric precursor: synthesis, structural, and mechanical characterization[J]. Journal of the American Ceramic Society, 1993, 76: 2595-2600.

[225] WANG H Z, LI X D, MA J, et al. Multi-walled carbon nanotube-reinforced silicon carbide fibers prepared by polymer-derived ceramic route [J]. Composites Part a-Applied Science and Manufacturing, 2012, 43: 317-324, doi: 10. 1016/j. compositesa. 2011. 12. 007.

[226] ROUXEL T, SANGLEBœUF J, GUIN J, et al. Surface damage resistance of gel-derived oxycarbide glasses: hardness, toughness, and scratchability[J]. Journal of the American Ceramic Society, 2004, 84: 2220-2224.

[227] SORARU G D, DALLAPICCOLA E, DANDREA G. Mechanical characterization of sol-gel-derived silicon oxycarbide glasses[J]. Journal of the American Ceramic Society, 1996, 79: 2074-2080.

[228] MOYSAN C, RIEDEL R, HARSHE R, et al. Mechanical characterization of a polysiloxane-derived SiOC glass[J]. Journal of The European Ceramic Society, 2007, 27: 397-403.

[229] SORARU G D, KUNDANATI L, SANTHOSH B, et al. Influence of free carbon on the Young's modulus and hardness of polymer-derived silicon oxycarbide glasses[J]. Journal of the American Ceramic Society, 2018, 102: 907-913.

[230] SHAH S R, RAJ R. Mechanical properties of a fully dense polymer derived ceramic made by a novel pressure casting process[J]. Acta Materialia, 2002, 50: 4093-4103.

[231] JANAKIRAMAN N, ALDINGER F. Fabrication and characterization of fully dense Si-C-N ceramics from a poly(ureamethylvinyl)silazane precursor[J]. Journal of The European Ceramic Society, 2009, 29: 163-173.

[232] JANAKIRAMAN N, BURGHARD Z, ALDINGER F. Fracture toughness evaluation of precursor-derived Si-C-N ceramics using the crack opening displacement approach[J]. Journal of Non-crystalline Solids, 2009, 355: 2102-2113.

[233] KLAUSMANN A. Synthesis and high-temperature evolution of polysilylcarbodiimide-derived SiCN ceramic coatings[J]. Journal of The European Ceramic Society, 2015, 35: 3771-3780.

[234] GALUSEK D, RILEY F L, RIEDEL R. Nanoindentation of a polymer-derived amorphous silicon carbonitride ceramic[J]. Journal of the American Ceramic Society, 2001, 84: 1164-1166.

[235] WEN Q. Mechanical properties and electromagnetic shielding performance of single-source-precursor synthesized dense monolithic SiC/HfC$_x$N$_{1-x}$/C ceramic nanocomposites[J]. Journal of Materials Chemistry C, 2019, 7: 10683-10693, doi: 10. 1039/c9tc02369k.

[236] KOUSAALYA A B, KUMAR R, SRIDHAR B T N. Thermal conductivity of precursor derived Si-B-C-N ceramic foams using Metroxylon sagu as sacrificial template[J]. Ceramics International, 2015, 41: 1163-1170.

[237] HWANG Y, AHN K, KIM J. Silicon carbonitride covered SiC composites for enhanced thermal conductivity and electrical insulation[J]. Applied Thermal Engineering, 2014, 70: 600-608.

[238] BARROSO G, KRENKEL W, MOTZ G. Low thermal conductivity coating system for application up to 1000 ℃ by simple PDC processing with active and passive fillers[J]. Journal of The European Ceramic Society, 2015, 35: 3339-3348.

[239] RENLUND G M, PROCHAZKA S, DOREMUS R H. Silicon oxycarbide glasses: Part II. structure

and properties[J]. Journal of Materials Research,1991,6:2723-2734.

[240] NISHIMURA T,HAUG R,BILL J,et al. Mechanical and thermal properties of Si-C-N material from polyvinylsilazane[J]. Journal of Materials Science,1998,33:5237-5241.

[241] STABLER C. Thermal properties of SiOC glasses and glass ceramics at elevated temperatures[J]. Materials,2018,11:doi:10.3390/ma11020279.

[242] BERGERO L,SGLAVO V M,SORARU G D. Processing and thermal shock resistance of a polymer-derived $MoSi_2$/SiCO ceramic composite[J]. Journal of the American Ceramic Society,2005,88:3222-3225.

[243] QIU L. Thermal-conductivity studies of macro-porous polymer-derived SiOC ceramics [J]. International Journal of Thermophysics,2014,35:76-89.

[244] BULLEN A J,OHARA K E,CAHILL D G,et al. Thermal conductivity of amorphous carbon thin films[J]. Journal of Applied Physics,2000,88:6317-6320.

[245] MAZO M A,TAMAYO A,CABALLERO A C,et al. Electrical and thermal response of silicon oxycarbide materials obtained by spark plasma sintering[J]. Journal of The European Ceramic Society,2017,37:2011-2020.

[246] MAZO M A. Dense bulk silicon oxycarbide glasses obtained by spark plasma sintering[J]. Journal of The European Ceramic Society,2012,32:3369-3378.

[247] EOM J,KIM Y,KIM K J,et al. Improved electrical and thermal conductivities of polysiloxane-derived silicon oxycarbide ceramics by barium addition[J]. Journal of The European Ceramic Society,2018,38:487-493.

[248] RAHMAN A,ZUNJARRAO S C,SINGH R P. Effect of degree of crystallinity on elastic properties of silicon carbide fabricated using polymer pyrolysis[J]. Journal of The European Ceramic Society,2016,36:3285-3292.

[249] LEE J,YANO T. Fabrication of short-fiber-reinforced SiC composites by polycarbosilane infiltration [J]. Journal of The European Ceramic Society,2004,24:25-31.

[250] HAN Y. Enhanced electrical and thermal conductivities of 3D-SiC(rGO,Gx)PDCs based on polycarbosilane-vinyltriethoxysilane-graphene oxide(PCS-VTES-GO)precursor containing graphene fillers[J]. Ceramics International,2020,46:950-958,doi:10.1016/j.ceramint.2019.09.056.

[251] YU Z. ZrC-ZrB2-SiC ceramic nanocomposites derived from a novel single-source precursor with high ceramic yield[J]. Journal of Advanced Ceramics,2019,8:112-120,doi:10.1007/s40145-018-0299-8.

[252] BHARADWAJ L,FAN Y,ZHANG.G,et al. Oxidation behavior of a fully dense polymer-derived amorphous silicon carbonitride ceramic[J]. Journal of the American Ceramic Society,2004,87:483-486,doi:10.1111/j.1551-2916.2004.00483.x.

[253] NGUYEN V L. Processing, mechanical characterization, and alkali resistance of siliconboronoxycarbide (SiBOC)glass fibers[J]. Journal of the American Ceramic Society,2014,97:3143-3149.

[254] JOTHI S,RAVINDRAN S,KUMAR R. Corrosion of polymer-derived ceramics in hydrofluoric acid and sodium salts[J]. Advances in Science and Technology,2014,89:82-87.

[255] JOTHI S,RAVINDRAN S,NEELAKANTAN L,et al. Corrosion behavior of polymer-derived SiHfCN (O)ceramics in salt and acid environments[J]. Ceramics International,2015,41:10659-10669.

[256] WANG K,UNGER J,TORREY J D,et al. Corrosion resistant polymer derived ceramic composite

environmental barrier coatings[J]. Journal of The European Ceramic Society,2014,34:3597-3606.

[257] WANG Y G,FEI W F,AN L N. Oxidation/corrosion of polymer-derived SiAlCN ceramics in water vapor[J]. Journal of the American Ceramic Society,2006,89:1079-1082,doi:10.1111/j.1551-2916. 2005.00791.x.

[258] AN L. Silicoaluminum carbonitride with anomalously high resistance to oxidation and hot corrosion [J]. Advanced Engineering Materials,2004,6:337-340.

[259] YUAN J,LUAN X,RIEDEL R,et al. Preparation and hydrothermal corrosion behavior of C_f/SiCN and C_f/SiHfBCN ceramic matrix composites[J]. Journal of The European Ceramic Society,2015,35: 3329-3337.

[260] WEN Q. Laser ablation behavior of SiHfC-based ceramics prepared from a single-source precursor: effects of Hf-incorporation into SiC[J]. Journal of The European Ceramic Society,2019,39: 2018-2027.

[261] SORARU G D. Chemical durability of silicon oxycarbide glasses[J]. Journal of the American Ceramic Society,2002,85:1529-1536.

[262] DALCANALE F. CNT and PDCs: A fruitful association? Study of a polycarbosilane-MWCNT composite[J]. Journal of the European Ceramic Society,2015,35:2215-2224,doi:10.1016/j. jeurceramsoc.2015.02.016.

[263] ZHANG L. A Silicon carbonitride ceramic with anomalously high piezoresistivity[J]. Journal of the American Ceramic Society,2008,91:1346-1349.

[264] RIEDEL R. Piezoresistive effect in SiOC ceramics for integrated pressure sensors[J]. Journal of the American Ceramic Society,2010,93:920-924.

[265] SAHA A,SHAH S R,RAJ R,et al. Polymer-derived SiCN composites with magnetic properties[J]. Journal of Materials Research,2003,18:2549-2551.

[266] HAUSER R,FRANCIS A A,THEISMANN R,et al. Processing and magnetic properties of metal-containing SiCN ceramic micro-and nano-composites[J]. Journal of Materials Science,2008,43:4042-4049.

[267] TANG B Z. Novel ceramic and organometallic depolymerization products from poly(ferrocenylsilanes) via pyrolysis[J]. Journal of The Chemical Society,Chemical Communications,1993:523-525.

[268] MACLACHLAN M J. Shaped ceramics with tunable magnetic properties from metal-containing polymers[J]. Science,2000,287:1460-1463,doi:10.1126/science.287.5457.1460.

[269] YU Z,LI S,ZHANG P,et al. Polymer-derived mesoporous Ni/SiOC(H)ceramic nanocomposites for efficient removal of acid fuchsin[J]. Ceramics International,2017,43:4520-4526,doi:10.1016/j. ceramint.2016.12.104.

[270] HAUSSLER M,LAM J W Y,DONG H,et al. Metal-containing and metallosupramolecular polymers and materials Vol.928 ACS symposium series[Z]. 2006:244-257.

[271] NARISAWA M. Long-lived photoluminescence in amorphous Si-O-C(-H) ceramics derived from polysiloxanes[J]. Journal of the American Ceramic Society,2012,95:3935-3940.

[272] KARAKUSCU A,GUIDER R,PAVESI L,et al. Broad-band tunable visible emission of sol-gel derived SiBOC ceramic thin films[J]. Thin Solid Films,2011,519:3822-3826.

[273] HE W,CHEN L,XU T,et al. Borazine-type single source precursor with vinyl to SiBCN ceramic

[J]. Journal of the Ceramic Society of Japan,2018,126:253-259,doi:10.2109/jcersj2.17236.

[274] ZHANG Q. Facile synthesis, microstructure and photophysical properties of core-shell nanostructured (SiCN)/BN nanocomposites[J]. Scientific Reports,2017(7):39866.

[275] QIU J. Enhanced quantum efficiency with magnesium doping in europium-containing silicon oxynitride phosphor[J]. Ceramics International,2017,43:14858-14864,doi:10.1016/j.ceramint.2017.08.001.

[276] YIN X. Electromagnetic properties of Si-C-N based ceramics and composites[J]. International Materials Reviews,2014,59:326-355.

[277] LIU X. Single-source-precursor derived RGO/CNTs-SiCN ceramic nanocomposite with ultra-high electromagnetic shielding effectiveness[J]. Acta Materialia,2017,130:83-93.

[278] LI Q. Improved dielectric and electromagnetic interference shielding properties of ferrocene-modified polycarbosilane derived SiC/C composite ceramics[J]. Journal of The European Ceramic Society,2014,34:2187-2201.

[279] WANG Y. Microstructures, dielectric response and microwave absorption properties of polycarbosilane derived SiC powders[J]. Ceramics International,2018,44:3606-3613,doi:10.1016/j.ceramint.2017.11.101.

[280] MU Y. High-temperature dielectric and electromagnetic interference shielding properties of SiC_f/SiC composites using Ti_3SiC_2 as inert filler[J]. Composites Part A-applied Science and Manufacturing,2015,77:195-203.

[281] LI Q. Electrical,dielectric and microwave-absorption properties of polymer derived SiC ceramics in X band[J]. Journal of Alloys and Compounds,2013,565:66-72,doi:10.1016/j.jallcom.2013.02.176.

[282] LI Q. Dielectric and microwave absorption properties of polymer derived SiCN ceramics annealed in N_2 atmosphere[J]. Journal of the European Ceramic Society,2014,34:589-598,doi:10.1016/j.jeurceramsoc.2013.08.042.

[283] DUAN W. Synthesis and microwave absorption properties of SiC nanowires reinforced SiOC ceramic [J]. Journal of the European Ceramic Society,2014,34:257-266,doi:10.1016/j.jeurceramsoc.2013.08.029.

[284] YE F. Dielectric and EMW absorbing properties of PDCs-SiBCN annealed at different temperatures [J]. Journal of the European Ceramic Society,2013,33:1469-1477,doi:10.1016/j.jeurceramsoc.2013.01.006.

[285] YE F. Dielectric and microwave-absorption properties of SiC nanoparticle/SiBCN composite ceramics [J]. Journal of the European Ceramic Society,2014,34:205-215,doi:10.1016/j.jeurceramsoc.2013.08.005.

[286] ZHANG Y, YIN X, YE F, et al. Effects of multi-walled carbon nanotubes on the crystallization behavior of PDCs-SiBCN and their improved dielectric and EM absorbing properties[J]. Journal of the European Ceramic Society,2014,34:1053-1061,doi:10.1016/j.jeurceramsoc.2013.11.044.

[287] LI Q, YIN X, DUAN W, et al. Improved dielectric properties of PDCs-SiCN by in-situ fabricated nano-structured carbons[J]. Journal of the European Ceramic Society,2017,37:1243-1251,doi:10.1016/j.jeurceramsoc.2016.11.034.

[288] FLORES O, BORDIA R K, NESTLER D, et al. Ceramic fibers based on SiC and SiCN systems:

current research, development, and commercial statust[J]. Advanced Engineering Materials, 2014, 16:621-636.

[289] BALDUS H P. Properties of amorphous SIBNC-ceramic fibres[J]. Key Engineering Materials, 1996: 177-184.

[290] ZIEGLER G, RICHTER I, SUTTOR D. Fiber-reinforced composites with polymer-derived matrix: processing, matrix formation and properties[J]. Composites Part A-applied Science and Manufacturing, 1999, 30:411-417.

[291] KUMAR S, MISHRA R, RANJAN A, et al. Synthesis of polycarbosilane, polymer impregnation pyrolysis-based C/SiC composites and prototype development[J]. Defence Science Journal, 2019, 69: 599-606, doi:10.14429/dsj.69.13572.

[292] LI B. High-performance C_f/SiC composites with a novel needle-punched carbon fiber fabric fabricated by PIP process[J]. Materials Research Express, 2016(6):5070.

[293] WANG H-L, ZHOU X-G, PENG S-M, et al. Fabrication, microstructures and properties of SiC_f/SiC composites prepared with two kinds of SiC fibers as reinforcements[J]. New Carbon Materials, 2019, 34:181-187, doi:10.1016/s1872-5805(19)60010-7.

[294] LIAO J. Microstructure and mechanical properties of C_f/SiC-Al composites fabricated by PIP and vacuum pressure infiltration processes[J]. Journal of Alloys and Compounds, 2019, 803:934-941, doi:10.1016/j.jallcom.2019.06.364.

[295] WANG J. Irradiation behavior of C_f/SiC composite with titanium carbide(TiC)-based interphase[J]. Journal of Nuclear Materials, 2019, 523:10-15, doi:10.1016/j.jnucmat.2019.05.043.

[296] CHANG Y-H. Synthesis and characterization of carbon fiber-reinforced silicon carbide composites with an interlayer of amorphous carbon thin film prepared by precursor infiltration and pyrolysis processes[J]. Advanced Engineering Materials, 2019(21):583.

[297] LI M, YANG D, WANG H, et al. Property evolvements in SiC_f/SiC composites fabricated by combination of PIP and electrophoretic deposition at different pyrolysis temperatures[J]. Ceramics International, 2019, 45:15689-15695, doi:10.1016/j.ceramint.2019.05.083.

[298] YANG Z. Processing and mechanical performance of 3D C_f/SiCN composites prepared by polymer impregnation and pyrolysis[J]. Ceramics International, 2019, 45:17344-17353, doi:10.1016/j.ceramint.2019.05.293.

[299] JIA Y. Preparation of C/SiBCN composites by precursor infiltration and pyrolysis using a novel precursor[J]. Materials Research Express, 2019(6):doi:10.1088/2053-1591/ab08fd.

[300] WOLFF N, LANGHOF N, KRENKEL W. Oxidation behavior of alumina fiber reinforced SiCO composites for a co-firing process on steel pipes[J]. Advanced Engineering Materials, 2019(21):doi:10.1002/adem.201900233.

[301] YUAN Q, CHAI Z-F, HUANG Z-R, et al. A new precursor of liquid and curable polysiloxane for highly cost-efficient SiOC-based composites[J]. Ceramics International, 2019, 45:7044-7048, doi:10.1016/j.ceramint.2018.12.206.

[302] LI Y. Properties of C/C-ZrC composites prepared by precursor infiltration and pyrolysis with a meltable precursor[J]. Materials Research Express, 2019(6):doi:10.1088/2053-1591/ab2785.

[303] HU P. From ferroconcrete to C-f/UHTC-SiC: A totally novel densification method and mechanism at

1300 degrees C without pressure[J]. Composites Part B-Engineering, 2019(174): doi: 10.1016/j. compositesb. 2019. 107023.

[304] LI Q. Mechanical properties and microstructures of 2D C_f/ZrC-SiC composites using ZrC precursor and polycarbosilane[J]. Ceramics International, 2012, 38: 6041-6045, doi: 10.1016/j. ceramint. 2012. 04. 005.

[305] LI Q. Fabrication and comparison of 3D C_f/ZrC-SiC composites using ZrC particles/polycarbosilane and ZrC precursor/polycarbosilane[J]. Ceramics International, 2012, 38: 5271-5275, doi: 10.1016/j. ceramint. 2012. 02. 023.

[306] RAN L-P, RAO F, PENG K, et al. Preparation and properties of C/C-ZrB_2-SiC composites by high-solid-loading slurry impregnation and polymer infiltration and pyrolysis (PIP)[J]. Transactions of Nonferrous Metals Society of China, 2019, 29: 2141-2150, doi: 10.1016/s1003-6326(19)65120-4.

[307] XIE J, KEZHI L, QIANGANG F, et al. Preparation and properties of C/C-ZrC-SiC-ZrB_2 composites via polymer infiltration and pyrolysis: preparation and properties of C/C-ZrC-SiC-ZrB_2 composites via polymer infiltration and pyrolysis[J]. Journal of Inorganic Materials, 2013, 28: 605-610.

[308] VAKIFAHMETOGLU C, ZEYDANLI D, COLOMBO P. Porous polymer derived ceramics[J]. Materials Science & Engineering R-Reports, 2016, 106: 1-30, doi: 10.1016/j. mser. 2016. 05. 001.

[309] FU Y, CHEN Z, XU G, et al. Preparation and stereolithography 3D printing of ultralight and ultrastrong ZrOC porous ceramics[J]. Journal of Alloys and Compounds, 2019, 789: 867-873, doi: 10.1016/j. jallcom. 2019. 03. 026.

[310] ZHANG H, FIDELIS C L, WILHELM M, et al. Macro/mesoporous SiOC ceramics of anisotropic structure for cryogenic engineering[J]. Materials & Design, 2017, 134: 207-217, doi: 10.1016/j. matdes. 2017. 08. 039.

[311] RIFFARD F, JOANNET E, BUSCAIL H, et al. Beneficial effect of a pre-ceramic polymer coating on the protection at 900 degrees C of a commercial AISI 304 stainless steel[J]. Oxidation of Metals, 2017, 88: 211-220, doi: 10.1007/s11085-016-9705-1.

[312] SMOKOVYCH I, SCHEFFLER M, LI S, et al. New-type oxidation barrier coatings for titanium alloys[J]. Advanced Engineering Materials, 2020, doi: 10.1002/adem. 201901224.

[313] PETRIKOVA I. Passive filler loaded polysilazane-derived glass/ceramic coating system applied to AISI 441 stainless steel, part 1: Processing and characterization[J]. International Journal of Applied Ceramic Technology, 2019, doi: 10.1111/ijac. 13417.

[314] KRAUS T, GUENTHNER M, KRENKEL W, et al. CBN particle filled SiCN precursor coatings[J]. Advances in Applied Ceramics, 2009, 108: 476-482, doi: 10.1179/174367609x422153.

[315] 曹章轶. SiON/SiO_2复合膜层对太阳能电池阵板间电缆的表面改性及其耐空间环境性能[J]. 中国表面工程, 2018, 31: 55-62.

[316] ZHANG Z. Hydrophobic, transparent and hard silicon oxynitride coating from perhydropolysilazane [J]. Polymer International, 2015, 64: 971-978.

[317] BAKER C C, CHROMIK R R, WAHL K J, et al. Preparation of chameleon coatings for space and ambient environments[J]. Thin Solid Films, 2007, 515: 6737-6743, doi: 10.1016/j. tsf. 2007. 02. 005.

[318] TUNG S C, MCMILLAN M L. Automotive tribology overview of current advances and challenges for the future[J]. Tribology International, 2004, 37: 517-536, doi: 10.1016/j. triboint. 2004. 01. 013.

[319] LUAN X G, CHANG S, RIEDEL R, et al. An air stable high temperature adhesive from modified SiBCN precursor synthesized via polymer-derived-ceramic route[J]. Ceramics International, 2018, 44: 8476-8483, doi: 10.1016/j.ceramint.2018.02.045.

[320] TERAUDS K, SANCHEZ-JIMENEZ P E, RAJ R, et al. Giant piezoresistivity of polymer-derived ceramics at high temperatures[J]. Journal of the European Ceramic Society, 2010, 30: 2203-2207, doi: 10.1016/j.jeurceramsoc.2010.02.024.

[321] CAO Y. Giant piezoresistivity in polymer-derived amorphous SiAlCO ceramics[J]. Journal of Materials Science, 2016, 51: 5646-5650.

[322] NAGAIAH N R, KAPAT J S, AN L, et al. International Mems Conference 2006 Vol. 34 Journal of Physics Conference Series[Z]. 2006: 458-463.

[323] VAKIFAHMETOGLU C. High surface area carbonous components from emulsion derived SiOC and their gas sensing behavior[J]. Journal of The European Ceramic Society, 2015, 35: 4447-4452.

[324] HU L, RAJ R. Semiconductive behavior of polymer-derived SiCN ceramics for hydrogen sensing[J]. Journal of the American Ceramic Society, 2015, 98: 1052-1055.

[325] IWASE Y, HORIE Y, HONDA S, et al. Microporosity and CO_2 capture properties of amorphous silicon oxynitride derived from novel polyalkoxysilsesquiazanes[J]. Materials, 2018(11): doi: 10.3390/ma11030422.

[326] YU H, YE L, ZHANG T, et al. Synthesis, characterization and immobilization of N-doped TiO_2 catalysts by a reformed polymeric precursor method[J]. Rsc Advances, 2017, 7: 15265-15271, doi: 10.1039/c6ra27187a.

[327] FENG Y. Nowotny phase $Mo_{3+2x}Si_3C_{0.6}$ dispersed in a porous SiC/C matrix: A novel catalyst for hydrogen evolution reaction[J]. Journal of the American Ceramic Society, 2020, 103: 508-519, doi: 10.1111/jace.16731.

[328] SCHUMACHER D, WILHELM M, REZWAN K. Porous SiOC monoliths with catalytic activity by in situ formation of Ni nanoparticles in solution-based freeze casting[J]. Journal of the American Ceramic Society, 2020, doi: 10.1111/jace.16988.

[329] PAN J. Difunctional hierarchical porous SiOC composites from silicone resin and rice husk for efficient adsorption and as a catalyst support[J]. Colloids and Surfaces a-Physicochemical and Engineering Aspects, 2020(584): doi: 10.1016/j.colsurfa.2019.124041.

[330] ZHANG B-X. Hierarchically porous zirconia monolith fabricated from bacterial cellulose and preceramic polymer[J]. Acs Omega, 2018, 3: 4688-4694, doi: 10.1021/acsomega.8b00098.

[331] ZHANG B-X. Monolithic silicon carbide with interconnected and hierarchical pores fabricated by reaction-induced phase separation[J]. Journal of the American Ceramic Society, 2019, 102: 3860-3869, doi: 10.1111/jace.16263.

[332] WILSON A M, REIMERS J N, FULLER E W, et al. Lithium insertion in pyrolyzed siloxane polymers[J]. Solid State Ionics, 1994, 74: 249-254.

[333] FUKUI H, OHSUKA H, HINO T, et al. A Si-O-C composite anode: high capability and proposed mechanism of lithium storage associated with microstructural characteristics[J]. Acs Applied Materials & Interfaces, 2010, 2: 998-1008, doi: 10.1021/am100030f.

[334] FUKUI H, OHSUKA H, HINO T, et al. Influence of polystyrene/phenyl substituents in precursors

on microstructures of Si-O-C composite anodes for lithium-ion batteries[J]. Journal of Power Sources,2011,196:371-378,doi:10.1016/j.jpowsour.2010.06.077.

[335] FUKUI H,OHSUKA H,HINO T,et al. Polysilane/acenaphthylene blends toward Si-O-C composite anodes for rechargeable lithium-ion batteries[J]. Journal of The Electrochemical Society,2011(158).

[336] FUKUI H,OHSUKA H,HINO T,et al. Silicon oxycarbides in hard-carbon microstructures and their electrochemical lithium storage[J]. Journal of the Electrochemical Society,2013,160:A1276-A1281,doi:10.1149/2.095308jes.

[337] AHN D,RAJ R. Thermodynamic measurements pertaining to the hysteretic intercalation of lithium in polymer-derived silicon oxycarbide[J]. Journal of Power Sources,2010,195:3900-3906.

[338] PRADEEP V S,GRACZYKZAJAC M,WILAMOWSKA M,et al. Influence of pyrolysis atmosphere on the lithium storage properties of carbon-rich polymer derived SiOC ceramic anodes[J]. Solid State Ionics,2014,262:22-24.

[339] PRADEEP V S,GRACZYK-ZAJAC M,RIEDEL R,et al. New insights in to the lithium storage mechanism in polymer derived SiOC anode materials[J]. Electrochimica Acta,2014,119:78-85,doi:10.1016/j.electacta.2013.12.037.

[340] PRADEEP V S,AYANA D G,GRACZYKZAJAC M,et al. High rate capability of sioc ceramic aerogels with tailored porosity as anode materials for li-ion batteries[J]. Electrochimica Acta,2015,157:41-45.

[341] KASPAR J,GRACZYK-ZAJAC M,CHOUDHURY S,et al. Impact of the electrical conductivity on the lithium capacity of polymer-derived silicon oxycarbide(SiOC)ceramics[J]. Electrochimica Acta,2016,216:196-202,doi:10.1016/j.electacta.2016.08.121.

[342] KASPAR J,MERA G,NOWAK A P,et al. Electrochemical study of lithium insertion into carbon-rich polymer-derived silicon carbonitride ceramics[J]. Electrochimica Acta,2010,56:174-182,doi:10.1016/j.electacta.2010.08.103.

[343] GRACZYK-ZAJAC M,MERA G,KASPAR J,et al. Electrochemical studies of carbon-rich polymer-derived SiCN ceramics as anode materials for lithium-ion batteries[J]. Journal of the European Ceramic Society,2010,30:3235-3243,doi:10.1016/j.jeurceramsoc.2010.07.010.

[344] LIU G,KASPAR J,REINOLD L M,et al. Electrochemical performance of DVB-modified SiOC and SiCN polymer-derived negative electrodes for lithium-ion batteries[J]. Electrochimica Acta,2013,106:101-108,doi:10.1016/j.electacta.2013.05.064.

[345] REINOLD L M,GRACZYK-ZAJAC M,GAO Y,et al. Carbon-rich SiCN ceramics as high capacity/high stability anode material for lithium-ion batteries[J]. Journal of Power Sources,2013,236:224-229,doi:10.1016/j.jpowsour.2013.02.046.

[346] WILAMOWSKA M,GRACZYK-ZAJAC M,RIEDEL R. Composite materials based on polymer-derived SiCN ceramic and disordered hard carbons as anodes for lithium-ion batteries[J]. Journal of Power Sources,2013,244:80-86,doi:10.1016/j.jpowsour.2013.03.137.

[347] REINOLD L M. The influence of the pyrolysis temperature on the electrochemical behavior of carbon-rich SiCN polymer-derived ceramics as anode materials in lithium-ion batteries[J]. Journal of Power Sources,2015,282:409-415,doi:10.1016/j.jpowsour.2015.02.074.

[348] SMITH S A,PARK J H,WILLIAMS B P,et al. Polymer/ceramic co-continuous nanofiber

[349] membranes via room-curable organopolysilazane for improved lithium-ion battery performance[J]. Journal of Materials Science,2017,52:3657-3669,doi:10.1007/s10853-016-0574-4.

[349] LIU X. Single-source-precursor synthesis and electromagnetic properties of novel RGO-SiCN ceramic nanocomposites[J]. Journal of Materials Chemistry C,2017,5:7950-7960.

[350] SHEN G,XU Z,LI Y. Absorbing properties and structural design of microwave absorbers based on W-type La-doped ferrite and carbon fiber composites[J]. Journal of Magnetism and Magnetic Materials,2006,301:325-330.

[351] QIN F,BROSSEAU C. A review and analysis of microwave absorption in polymer composites filled with carbonaceous particles[J]. Journal of Applied Physics,2012,111:061301.

[352] KANG Y. Incorporate boron and nitrogen into graphene to make BCN hybrid nanosheets with enhanced microwave absorbing properties[J]. Carbon,2013,61:200-208.

[353] ZHAO W. Ultralight polymer-derived ceramic aerogels with wide bandwidth and effective electromagnetic absorption properties[J]. Journal of The European Ceramic Society,2017,37:3973-3980.

[354] SONG Y. Highly efficient electromagnetic wave absorbing metal-free and carbon-rich ceramics derived from hyperbranched polycarbosilazanes[J]. Journal of Physical Chemistry C,2017,121:24774-24785.

[355] LUO C,TANG Y,JIAO T,et al. High-temperature stable and metal-free electromagnetic wave-absorbing SiBCN ceramics derived from carbon-rich hyperbranched polyborosilazanes[J]. ACS Applied Materials & Interfaces,2018,10:28051-28061.

[356] DUAN W. Microwave-absorption properties of SiOC ceramics derived from novel hyperbranched ferrocene-containing polysiloxane[J]. Journal of the European Ceramic Society,2017,37:2021-2030,doi:10.1016/j.jeurceramsoc.2016.12.038.

[357] WANG P,CHENG L,ZHANG L. One-dimensional carbon/SiC nanocomposites with tunable dielectric and broadband electromagnetic wave absorption properties[J]. Carbon,2017,125:207-220,doi:10.1016/j.carbon.2017.09.052.

[358] LIU X. Fabrication and electromagnetic interference shielding effectiveness of carbon nanotube reinforced carbon fiber/pyrolytic carbon composites[J]. Carbon,2014,68:501-510.

[359] ARJMAND M,MAHMOODI M,GELVES G A,et al. Electrical and electromagnetic interference shielding properties of flow-induced oriented carbon nanotubes in polycarbonate[J]. Carbon,2011,49:3430-3440.

[360] YAN D. Structured reduced graphene oxide/polymer composites for ultra-efficient electromagnetic interference shielding[J]. Advanced Functional Materials,2015,25:559-566.

[361] LI Q,YIN X,ZHANG L,et al. Effects of SiC fibers on microwave absorption and electromagnetic interference shielding properties of SiC_f/SiCN composites[J]. Ceramics International,2016,42:19237-19244.

[362] MU Y. Mechanical and electromagnetic shielding properties of SiC_f/SiC composites fabricated by combined CVI and PIP process[J]. Ceramics International,2014,40:10037-10041.

[363] LI Z,WANG Y. Preparation of polymer-derived graphene-like carbon-silicon carbide nanocomposites as electromagnetic interference shielding material for high temperature applications[J]. Journal of

Alloys and Compounds,2017,709:313-321,doi:10.1016/j.jallcom.2017.03.080.

[364] 蔡德龙.高温透波陶瓷材料研究进展[J].现代技术陶瓷,2019,40:4-120.

[365] YIN X. Electromagnetic properties of Si-C-N based ceramics and composites[J]. International Materials Reviews,2014,59:326-355,doi:10.1179/1743280414y.0000000037.

[366] SONG C,YE F,LIU Y,et al. Microstructure and dielectric property evolution of self-healing PDC-SiBCN in static air[J]. Journal of Alloys and Compounds,2019,811:doi:10.1016/j.jallcom.2019.07.296.

[367] ELSAYED H,COLOMBO P,BERNARDO E. Direct ink writing of wollastonite-diopside glass-ceramic scaffolds from a silicone resin and engineered fillers[J]. Journal of the European Ceramic Society,2017,37:4187-4195,doi:10.1016/j.jeurceramsoc.2017.05.021.

[368] ZOCCA A. Direct ink writing of a preceramic polymer and fillers to produce hardystonite($Ca_2ZnSi_2O_7$)bioceramic scaffolds[J]. Journal of the American Ceramic Society,2016,99:1960-1967.

[369] ZOCCA A. 3D-printed silicate porous bioceramics using a non-sacrificial preceramic polymer binder [J]. Biofabrication,2015,7:025008.

[370] FU S,HU H,CHEN J,et al. Silicone resin derived larnite/C scaffolds via 3D printing for potential tumor therapy and bone regeneration[J]. Chemical Engineering Journal,2020,382:doi:10.1016/j.cej.2019.122928.